"十三五"国家重点图书

# 中国少数民族服饰文化与传统技艺

# 概 论

杨 源◎著

国 家 一 级 出 版 社
全国百佳图书出版单位
中国纺织出版社
·北京·

本地邮政编码：
557100

# 内 容 提 要

中国是一个多民族的国家，各民族丰富多彩的传统服饰文化，形成了中华文化的多样性。那些存在于中国少数民族生活习俗中久远的生存现象和历史文化一直流传到近现代，在20世纪80~90年代还能见到。本书以民族田野考察笔记为写作基础，以书中表述内容为永久留存的记忆，图文并茂地展现出来，具有重要的史料价值。本书对中国各民族的服饰特点、装饰形态、服装的类型、款式结构以及制作技艺进行了全面的展现和论述，同时也分析了民族服饰的文化价值、装饰功能以及色彩审美和图案内涵等文化特征。

在这些文化现象已经离我们远去的今天，在人类可持续发展的道路上，如何重新认识祖先留给我们的文明和文化遗产，如何重拾人与自然和谐共生的生存智慧，如何保护和弘扬民族服饰这一珍贵的文化遗产，也是本书的思考。

**图书在版编目（CIP）数据**

中国少数民族服饰文化与传统技艺•概论 / 杨源著. -- 北京：中国纺织出版社，2019.3

ISBN 978-7-5180-5860-0

Ⅰ. ①中… Ⅱ. ①杨… Ⅲ. ①少数民族—民族服饰—服饰文化—中国②少数民族—民族服饰—服装工艺—中国 Ⅳ. ①TS941.742.8

中国版本图书馆CIP数据核字（2019）第004888号

---

策划编辑：郭慧娟　李炳华
责任编辑：魏　萌　苗　苗　谢冰雁　谢婉津
责任校对：寇晨晨　楼旭红　王花妮
责任设计：何　建　　　　责任印制：王艳丽

---

中国纺织出版社出版发行
地址：北京市朝阳区百子湾东里A407号楼　邮政编码：100124
销售电话：010－67004422　传真：010－87155801
http://www.c-textilep.com
E-mail：faxing@c-textilep.com
中国纺织出版社天猫旗舰店
官方微博 http://weibo.com/2119887771
北京华联印刷有限公司印刷　各地新华书店经销
2019年3月第1版第1次印刷
开本：889mm×1194mm　1/16　印张：47.25
字数：950千字　定价：498.00元　印数：1—2000册

---

# 序

在人类创造的所有物质文明中，服饰被视为最直观、最形象地反映人们日常生活及观念的文化形式，是人类文化变迁及文化心理外化的重要载体。中国少数民族服饰是民族身份认同的文化表征，亦有族群认同和身份归属之意义，是民族自信的表达；少数民族服饰也是民族形象识别的文化符号，白族的“风花雪月”、纳西族的“披星戴月”、彝族的“察尔瓦”、赫哲族的鱼皮衣、苗族的银饰、维吾尔族的小花帽、阿昌族插鲜花的高包头、基诺族的尖顶帽……这些独具特色、个性化的服饰，成为人们识别不同民族的显著标志。同时，亦有助于我们探寻一个民族的文化及心理变迁，认识一个民族的文化特性。

作为中华民族优秀传统文化的重要组成部分，民族服饰不仅织绣染工艺精湛，款式多样，制作精美，图案丰富，色彩绚丽，更是与各民族的社会历史、民族信仰、经济生产、节日庆典、婚丧嫁娶有着密切的关系，承载着各民族古老而辉煌的历史、丰富而博大的文化。少数民族服饰被誉为“穿在身上的史书”，对于少数民族特别是那些没有文字的民族而言，其记录历史、传承民族记忆的意义和价值显得尤为重要。少数民族服饰是见证民族发展弥足珍贵的文化遗产，作为特定时期和环境下的文化产物，民族服饰以其个性化、象征性的方式叙述着每个民族远古的传说和文化的故事，让我们可以更好地了解不同少数民族的前世今生。

作为中国民族服饰研究的资深专家，自20世纪80年代初期，杨源教授就致力于民族服饰的抢救和保护，她注重田野调查，足迹遍布中国各民族地区，掌握了大量调研资料，熟知中国各民族及其支系的服饰。本书是她潜心撰写的一部厚重之作，详细阐述了中国各少数民族的服装类型、款式结构、制作技艺、色彩图案以及头饰、面饰、佩饰、文身，深入揭示了各地区不同民族服饰的文化价值、装饰功能以及技艺特点。其中，民族服饰技艺及其相关文化属于非物质文化遗产，主要包括工艺技术、款式结构、纹饰内容和传承方式等技艺和文化两大部分，最能体现文化多样性和民族特性。因此，完整的民族服饰工艺研究应包括相关文化的研究，这也正是本书所涉及的内容。纵览全书，感觉层次分明，内容丰富，资料翔实，研究深入，读来十分真切感人。

当前中国正处在前所未有的社会文化发展变迁之中，传统文化的传承创新成为当下的重要命题。进入新时代，如何在民族地区越来越受到跨地域经济影响的情况下，保护民族与地域文化特征；如何推动少数民族服饰创造性转化和创新性发展，实现涅槃重生、破茧成蝶，这对所有热爱和关心民族服饰的人们来说，既是机遇，也是期待。

是为序。

周建新

2019年1月11日于文山湖畔

# 目 录

CONTENTS

# 导论

中国是一个多民族的国家，在长期的历史发展中，各民族共同创造了博大精深、灿烂辉煌的中华文明。丰富多彩的中华民族服饰是中华文明的重要组成部分，同时也是重要的世界文化遗产。每个民族的风俗习惯、宗教礼仪、生产方式、生存环境、民族性格、艺术传统都无不体现在他们的衣冠服饰上，因而民族服饰又是重要的非物质文化遗产。

综观少数民族服饰，纷繁的服装款式、精湛的服饰工艺、丰富的服饰内涵、多样的装饰形式，与少数民族的文化景观融合在一起，深刻地反映了中国各民族在历史长河中所逐步凝聚起来的文化传统。服装和饰物，都是少数民族的杰出创造，服与饰共同构成了少数民族服饰的多姿多彩。

# 第一节　中国少数民族服饰的社会作用和文化价值

在中国少数民族的主要聚居区，民族服饰极为丰富，堪称是中华民族服饰最为突出之地。在飞速发展的社会经济、高效快捷的信息传媒的大环境中，在政府和企业进行的非遗保护、文化产业的小气候中，少数民族服饰被各种力量交互作用，正在迅速改变。少数民族服饰及其文化在当代社会发展进程中正面临着严峻考验，这让我们必须思考：在人类可持续发展的未来道路上，如何重新认识祖先留给我们的文明和文化遗产？如何重拾人与自然和谐共生的生存智慧？因此有必要强调民族服饰文化研究对传统文化传承发展的重要性，以期对少数民族服饰文化遗产的保护工作起到推动作用。

## 一、中国少数民族服饰的社会作用

少数民族服饰与少数民族的经济生活及其所处的自然环境相适应，从原料、工艺、款式到色彩、装饰、用途等都保持着鲜明的民族和地区特色。少数民族服饰积淀了人类知识、经验、信仰、价值观、物质财富、社会角色、社会阶层结构等一切文化层面的因素，是各民族精神生活和物质生活的结晶，是文化财富和文明的体现，并构成了中华民族服饰的主要内容，是中华民族丰富的文化资源的一部分。我们也看到，中国少数民族服饰的传承发展不是封闭、孤立的，而是随着我国多民族国家的形成而发展，随着各民族经济文化交流的增加而丰富。因此，少数民族服饰对整个中华民族社会和文化的研究、地区史的研究以及各少数民族发展史及现代发展的研究，都是不可缺少的珍贵资料，并具有重要的社会和文化价值。

少数民族服饰对民族发展有着承前启后的作用。可以说，少数民族服饰是少数民族在一定历史时期地区政治、经济、文化的反映，这种反映是能动的、多方面、多层次的。其一，在历史发展的长河中，民族服饰的形成在横向上有传递和交流的因素，纵向上有传承和创新的作用。在代际之间进行的传承过程中，服饰文化得以传承下来，成为人类的共同财富，在族际之间进行的交流过程中，它又不断从时代的发展和其他文化中汲取营养，使民族之间、地区之间、国家之间的信息得以交换。民族服饰文化的交流与传承，在横向与纵向两个方面为民族文化的形成不断注入新的活力，使少数民族的社会历史得以不断地发展。其二，从人类文明史的角度来看，在农业文明向工业文明、传统社会向现代社会转型的过程中，现代文化对传统文化，包括对民族传统服饰文化的冲击是不可避免的。作为一种独特的文化符号，传统民族服饰随着民族地区经济社会的发展，对外交往的加深，受到的冲击和影响越来越大。然而文化是不断发展的，传统文化是建设现代文化的基础，而现代化又是未来的传统文化。因此，传统文化不会消亡，现代化也不会停止。少数民族传统服饰文化在现代文明的冲击下虽然发生了难以避免的变迁，但民族服饰作为民族的标志和民族传统文化中最为鲜活的表现形式，历经漫长的岁月洗礼，仍然承载着民族发展的使命，焕发着独特的文化魅力。

少数民族服饰研究有利于增强建设民族共同体文化的积极性。民族共同体是一定地域内形成的具有特殊历史文化联系、稳定经济活动特征和心理素质的民族综合体，可以是一个氏族或一个部落，也可以是部落联盟、部族或现代民族。民族是历史的产物，政治、经济、文化、生活方式等方面的特征随着历史的发展，在民族共同体内表现出较稳定的共性。民族共同体所拥有的共同语言、共同地域、共同经济生活和表现于共同文化上的共同心理素质中，共同地域联系是其形成的基础，且随着民族的发展而不断加强和巩固。如“中华民族”“斯拉夫民族”“印度民族”“日本民族”等就是这种在紧密的历史地域联系基础上形成的民族共同体。少数民族服饰是各少数民族所拥有的民族认同的表征，各民族在其所居土地上扎根越深，形成的民族共同体生存能力和团结精神越强。地域上的阻隔能起到分割民族共同体的作用，地域联系对民族共同体的其他特征如经济生活、文化性格、服饰习俗等产生着重要影响。一个民族社会经济愈发展，对周围地理环境开发利用愈强烈，在地域上活动愈频繁，共同的地域联系就愈密切。服饰是少数民族共同体的体现。少数民族服饰研究，不仅能作为民族物质文化研究方面的一般性质的比较资料，还可以作为社会史和文化史的比较资料，从服饰文化角度可以认识少数民族的历史和现状，促进民族共同体文化的建设，提升民族凝聚力，达到传承民族文化的目的。这正是中国民族服饰的社会作用之所在。

## 二、中国少数民族服饰的文化价值

少数民族服饰在服饰史研究中具有重要的文化价值。从服饰起源的时期起，人们就已逐渐将其生存环境、习俗信仰以及种种文化心态、宗教观念、审美情趣等，都积淀于服饰之中，构筑了服饰文化的精神文明内涵。中国服装发展史上任何一个时期的服装款式，都可以在少数民族服装里看到。因此，少数民族服饰可以称为一部活的服装发展史。纵观少数民族的服饰，从最原始的树皮衣、狍[1]皮衣到最华美的锦缎袍服、婚礼盛装，造型各异、款式丰富的民族服装为我们以实物的形式诠释了一部服装发展进化史，反映出人类在服饰发展史中表现出来的创造性智慧。

少数民族服饰在边疆史研究中具有重要价值。由于特殊的历史、地理原因，我国少数民族地区与中亚、南亚、中南半岛有诸多“亲缘关系”和“地缘关系”。少数民族地区在民族、政治、经济、文化等方面都具有鲜明的特点。西部少数民族地区自古就是中原与中亚和西方国家交流的重要通道，使中国的丝织品在国际交流中起到了重要作用。中国的边疆是随着统一多民族国家的形成和发展而逐渐

[1] 狍：又称狍子，已被列入中国《国家保护的有益的或有重要经济、科学研究价值的陆生野生动物名录》，列入《世界自然保护联盟》（IUCN）2013年濒危物种红色名录ver 3.1——低危（LC）。——出版者注

形成和固定下来的，它既是一个地理概念，又是一个历史概念。我国有35个民族属于跨境民族，这些民族在族源上、语言上、文化习俗上与周边国家存在着天然的不可分割的联系。在民族地区开展边疆史研究，要涉及许多方面，其中服饰研究是一个重要的方面。通过对少数民族服饰的研究，可以多层次多角度地探究边疆史的各种问题，能够对边疆民族、治边政策、边疆文化、边疆外交、边疆考古方面的研究提供借鉴，还能更好地规划边疆经济文化发展战略，更好地同周边国家进行经济贸易和友好往来。

少数民族服饰在民族宗教信仰研究中具有重要价值。宗教信仰以民族文化或民族亚文化的形式广泛存在于各民族社会生活中，以致在民族文化区别要素中，宗教往往是一个最为显著的特征，其与民族心理要素、风俗习惯紧密相连。宗教对一个国家、一个民族往往意味着一种无形而巨大的向心力和凝聚力，容易获得社会成员的普遍认同。自古以来，我国各民族都有自己对自然崇拜和宗教信仰的形式。宗教文化已是少数民族传统文化的一部分，宗教影响已渗透少数民族生活的各方面中。少数民族服饰中有很多服饰现象能够反映少数民族的自然崇拜和宗教信仰，民族服饰中包含着该民族深刻的自然崇拜或宗教方面的内容。自然崇拜中有图腾崇拜、祖先崇拜、鬼神崇拜、英雄崇拜等；有些服饰在自然宗教仪式或巫术魔法中就是最好的祭物或法器。宗教对服饰的影响也是显而易见的，西南民族的服饰多受佛教影响，西北民族服饰多受伊斯兰教影响。所以，研究少数民族服饰对研究少数民族宗教信仰的起源、演变以及各种宗教对现代各民族的影响等，都具有重要的价值。

少数民族服饰在地方人文研究中具有重要价值。“人文”是指人类的各种文化现象，民族服饰在地方人文方面内容广泛、丰富多彩，对人文科学的研究具有重要参考价值。民族服饰在一定程度上能够反映一个地区的地理、历史、政治、经济、艺术、审美等方面的人文状况，同时，也是蒙古学、敦煌学、西夏学、丝绸之路学等地方性综合学科研究的珍贵资料。少数民族妇女的服饰中，包含着各种文化艺术的创意组合，承载着深厚的民族文化内涵，一条花裙子绣着一段古老的歌谣；一顶帽子的花纹寓意着一个动人的传说；一条腰带、一段织绣，可以有许多有趣的故事；在多彩多姿的服装绣饰中，更有着千古积淀的民族历史事件和神话诗篇。在历史漫长岁月中，心灵手巧的各民族妇女在创造民族历史的同时，也在开创着自己的生活。她们采用传统技艺在服饰上织绣出各种纹样图案，或反映祖先崇拜，或讲述传统故事，或象征吉祥，或展示美的追求。服饰中总会或多或少地留下一些历史的影响和印迹，有的表现得十分明显，有的则比较隐蔽；有的保留着母系制向父权制转化的痕迹，也有的表现出民族大迁移的征程，或反映出进入阶级社会以后的等级差别和一些特殊的财产观念。此外，少数民族服饰还反映出不同民族、不同时期的装饰习俗和其中蕴藏着的审美情趣。

少数民族一些特殊质料的服饰在民族科技史研究中具有重要价值，并且能够为中国纺织科技史的研究提供支持。服饰是为满足保护身体的需求而产生的，人类发挥出自己的创造力，利用自然物，或改造自然物，将其做成衣物。这是人类文化史的发端之一。因此，服饰材料是不同的生产力发展水平的标志。一般来说，一个民族的服饰质料、工艺、形制与该民族的生产技术水平是相适应的，与他们生活的自然环境是相和谐的。服饰的质料、工艺、形制，是一个民族生产力发展水平的标志。所以，少数民族的服饰发展史，也就是人类生产力发展史的一个侧面。如：纺织工艺流程和工具都是应纺织原料而设计的，原料在纺织技术中十分重要。纺织技术具有悠久的历史，早在原始社会时期，古人为了适应气候的变化，就地取材，利用自然资源作为纺织和印染的原料，并制造出简易的纺织工具。手工纺织时期分为两个阶段：采集原料为主阶段和培育原料为主阶段。手工机器纺织时期极为漫长，大约形成于夏朝至战国，在秦汉至晚清纺织机器逐步发展，出现了多种形式，纺织技术和材料加工的创新基本都是在手工机器纺织时期。少数民族的传统纺织生产经历了手工纺织时期和机具纺织时期，并一直保存至今，为早期纺织科技史研究提供了实证。

少数民族服饰体现了少数民族对人类文明的贡献。服饰是人类生活中不可或缺的部分，“衣食住行”是人类物质生活的四大要素，而“衣”又摆在了四位之首。在人类发展的历史长河中，服饰起到了文明启蒙的作用。同时，服饰又是人类文化的重要组成部分，反映着人类文明进化的过程，凝聚着人类精神文化的成果。因此说，少数民族服饰对于了解人类社会物质文明与精神文明的发展状况，具有重要的价值。民族服饰的继承和发扬有助于保持中国少数民族的团结稳定，促进民族凝聚力，激发同一民族子孙的民族认同感，积极促进民族和谐进步，为中华民族的发展构筑坚实的基础。

少数民族服饰能够加深少数民族对其历史文化的认同感。少数民族服饰秉承着本民族的优秀文化传统。服饰作为民族文化的外在表现，除了具有御寒、遮体、象征和装饰等功能外，还在一定程度上反映一个民族的内心世界和精神崇尚。但周围是主流文化海洋的环境下，对本民族文化的认同意识会趋于衰微。少数民族年轻的一代对传统文化的漠视和对当代城市文化的盲从是由于长期以来忽略本土文化和民族文化教育而形成的。现今少数民族需要重新激发对本民族优秀传统文化的自豪感和认同意识，重塑一个弘扬和振兴民族优秀文化的氛围。

作为民族文化的重要组成部分，虽然民族服饰在日常生活中已不占主导地位，但在少数民族的心目中仍然具有特殊位置。它是体现民族文化个性魅力的外化特征，凝聚着深厚的民族感情，因此，许多民族在节庆、婚嫁等传统节日要身着盛装。在民族地区，经济的发展并不是衡量一个民族发展和繁荣的唯一标准，少数民族的文化自觉意识使他们开始保护和维持本民族的文化特征，认识到这样才能实现自己民族的振兴和幸福，给后世留下永恒的精神财富。同时，也必然能够实现经济社会发展中社会效益和经济效益的统一，促进民族地区经济的快速发展。

因此，对少数民族服饰的研究和保护，有利于在弘扬优秀民族服饰文化的基础上，进一步发挥普及民族文化知识的作用，使民族文化得到真正继承与弘扬，并树立民族自信心。其二，研究和保护少数民族服饰有助于激发其民族文化自豪感与文化自觉意识，使各民族主动去认识本民族文化的价值，主动去维护本民族的优秀文化传统。其三，对少数民族服饰的研究和保护，还有利于增强国家意识和民族团结意识，增强中华各民族的凝聚力。

## 第二节　中国南北方少数民族服饰比较

由于少数民族服饰是利用本民族地域所特有的材料制作并受自然环境、经济形态和生活习俗的影响，因而北方少数民族与南方少数民族在服装的款式、装饰、材料、种类、制作工艺等方面有着明显的区别，正是这些区别令少数民族服饰极为丰富。世界上很难找到类似中国这样的情况，在同一个区域、同一段时期里可以拥有这样丰富多彩、风格款式迥异的民族服饰。

## 一、南北方少数民族服饰差异

总体上讲，中国少数民族在传统上基本分属游牧和农业两种经济，分别为游牧文明和农耕文明。北方各民族为游牧民族，其文化特性属于游牧文化，即开放的平原文化；南方各民族为农耕民族，其文化特性属于农耕文化，即封闭的山地文化。我国的内蒙古、青海、西藏、四川、新疆有着极为广阔的草原。中国古代游牧民族匈奴、突厥、契丹、回鹘、鲜卑、党项、氐羌等，他们是今天中国的蒙古族、藏族、维吾尔族、乌孜别克族、哈萨克族、塔吉克族、裕固族、柯尔克孜族、撒拉族、土族、达斡尔族、鄂伦春族、鄂温克族、门巴族、彝族、傈僳族、纳西族、普米族、羌族等少数民族的先民。中国农耕民族的先民，是中原黄河流域的夏族、东部淮河流域的东方各少数民族、南部长江流域的南方各少数民族、东部珠江流域的百越各族和巴蜀以西以南地区的西南夷各族。其中的东方少数民族、南方少数民族、百越各族与今天的苗族、瑶族、壮族、侗族、布依族、毛南族、仡佬族、傣族、佤族、布朗族、德昂族等少数农业民族有着密切的族源关系。游牧民族与农耕民族在民族特性、生活习俗、生产方式、宗教信仰等多方面的差别，使游牧文化与农耕文化各有特性。游牧民族以肉、奶为主食，体格强壮，性情豪爽。游牧民族是马背上的民族，游牧即意味着不停地迁移，游牧民族逐水草而居（图 1、图 2）。农耕民族的生存空间多在南方温暖地区，他们以五谷杂粮为食，男耕女织，性格温良，自给自足，定居是农耕民族的一大特点。山地农耕民族，多居住于西南和中南广大的崇山峻岭之中。绵延的山地，交通闭塞，加上农耕文化自给自足的生活方式，形成一个个封闭的自然环境和社会环境。方圆百里，语言不通，习俗各异，服饰纷呈。游牧文化与农耕文化并没有文野之分、高下之别，他们对人类文明各有贡献。从装饰艺术的层面看，南方民族服饰更为讲究装饰；而从服装史的角度看，人类的服装是由北方寒冷地区的民族创造并发展起来的。[1]

南北方民族服饰有着明显的区别。北方民族服式多为宽袍阔带，装饰风格华

---

[1] 杨源：《中国南北方民族服饰之比较研究》，台湾实践大学《两岸服饰文化研讨会论文集》，2004年。

图1　游牧民族的生活环境

图2　游牧民族的高原牧场

贵或粗放；南方民族服式多为上衣下裳，装饰风格细致而丰富。可以用高天厚土、浑金璞玉这样的赞美之词来形容北方民族服饰，而南方民族服饰则要用瑰丽多姿、精美绝伦这样的字句来赞叹了。

长衣盛饰是中国北方各民族服饰的重要特色，属于平原文化的北方各民族的服装款式在丰富中趋于统一，多为大襟或对襟式宽大厚实长袍，服装材料以皮毛、毡、氆氇和锦缎为主，装饰物则以华贵的金银、珠玉、珊瑚、松石为主。蒙古族服饰在西北民族中极有代表性，其服装宽袍阔带、装饰富丽堂皇，充分展示出蒙古人热情、剽悍、豪放的性格和民族的文化风采。由于部落不同，蒙古族服饰既有统一性又各具特色。藏族分布地域极为广阔，雪域高原造就了特色强烈的藏族服饰，它们与神秘的高原文化融为一体，华贵、沉重。厚实宽大的藏袍特别适合于高原气候昼夜温差变化大的特点，既能防寒又能散热。居住于兴安岭原始森林中的鄂伦春族曾世代以游猎为生，鄂伦春人的袍服多用狍皮制作，狍皮装十分适合于骑马奔跃的游猎生活。

生活在南方地区各民族的服装款式多为上衣下裳式，其服装材料以棉、麻、丝织品为主，装饰物极为丰富，从华贵的金银到质朴的花草、果实、兽牙、羽毛等应有尽有。属于山地文化的南方各民族的服饰是多样化的，其服装工艺之精湛可谓精美绝伦，其服装款式变化之多和装饰物之丰富可谓瑰丽多姿，山地文化特征使南方民族服饰至今依然是特色各异（图 3）。苗族是中国南方民族中极有代表性的一个，有一百多个支系，亦有一百多种服饰。贵州黔东南地区，是苗族服饰最为精美之地，其服装、刺绣、蜡染、纺织、银饰都很出色，分别体现着最有特色的苗族服饰文化。绚丽的花衣和丰富的银饰构成了苗族服饰的独特风貌。哈尼

图3 高山苗族的木楼

族僾尼少女服饰装饰最为丰富，除了银泡、花带之外，还有鲜花、草珠、藤条、羽毛、海贝、甲壳虫、雕花竹片……自然界一切美丽的东西都可成为她们的饰物。南方民族是极富艺术才华的民族，衣装上精美的手工刺绣、织锦、蜡染都是巧夺天工的艺术。

少数民族服饰之所以引人注目，不仅在于它精湛的工艺技术，独特的造型款式，还在于它运用了大量神奇而完美的图案花纹作为装饰。中国各民族的装饰习俗在很大程度上与宗教信仰和民俗信仰有关，这种信仰深刻地影响了各民族的装饰行为，并最终演绎出丰富的象征性图案。无论西北民族还是西南民族，象征性图案都在服饰纹样中占有显著的位置，它们具有吉祥祝福的美好含义，也是民族信仰和生活习俗的体现。

## 二、跨境少数民族服饰特点

中国的少数民族服饰与接壤邻国及跨境民族的服饰具有一定的相似性。从人类文化的角度来说，人类文化要保存活力，必须保持多样性。从少数民族族源来看，亚洲地区的主要民族都可以在众多少数民族中找到相同或相近的族源；从文化关系上看，中国西部是中原文化和中亚文化、东南亚文化、印度文化的交汇点，具有许多共同文化特征。在少数民族多姿多彩的服装服饰和众多的民俗民风之间，可以找到人类服饰文化多样性的众多渊源，因此，少数民族的服饰文化反映了亚洲民族服饰的文化交流与融合。

我国西南、西北、东北地区与蒙古国、俄罗斯、塔吉克斯坦、哈萨克斯坦、吉尔吉斯斯坦、巴基斯坦、阿富汗、不丹、锡金、尼泊尔、印度、缅甸、老挝、越南14个国家接壤，并与东南亚一些国家隔海相望。在漫长的边境线上，有30多个少数民族跨境而居。当今世界，同一民族生活在若干国家的现象十分普遍。因此，跨境民族研究是当代民族问题中的热点之一，也是民族服饰研究的一个重要领域。这些跨境而居的少数民族虽然属于同一民族，但因居住在不同国家，一方面具有人文关系上的类同性；另一方面也受各自国家的政治、经济、习俗等方面直接或间接的影响，服饰文化上呈现出不同的风貌。

### ❶ 蒙古族及其跨境部族

蒙古族堪称世界民族，在世界各地都散布着蒙古部族，亚欧大陆人口最多，大致分布情况如下：俄罗斯联邦境内的卡尔梅克人和布里亚特蒙古人，总数不到100万人；蒙古国的蒙古族主要是喀尔喀蒙古族，约235万人；中国境内的蒙古族分布在内蒙古、新疆、青海等地，有鄂尔多斯、察哈尔、苏尼特、乌珠穆沁、土默特、阿拉善、布里亚特、科尔沁等众多蒙古部落，人数达500万左右，可以说蒙古族的主体在中国。喀尔喀蒙古人是蒙古国部族中最大的一支，主要居住于蒙古国的中部和南部地区，在政治、经济、文化方面较其他部族发达，保留有较多的民族特色。蒙古族曾经在我国历史和世界历史上产生过重大影响。蒙古族逐水草而迁徙的游牧生活，造就了丰富多彩的蒙古族服饰艺术，其服饰的形成、演变与蒙古族的政治、经济、军事以及自然环境、生活习俗，均有着密切联系。尤其是元代，由于军事上的胜利和版图的扩展，欧亚两洲的金银财宝、绫罗绸缎，云集蒙古地区，在客观上为蒙古族服饰的发展变化提供了物质材料，达到了日常服饰都镶以宝石、刺以金缕的程度。这种华丽风格一直影响着蒙古族服饰，使蒙古国的喀尔喀蒙古服饰与中国内蒙古很多部落的蒙古族服饰都呈现出富丽堂皇的特色。受东欧民族服饰影响，喀尔喀蒙古族已婚妇女传统女袍是隆肩式的，是用驼毛或者毡子垫在双肩下面，使之向上隆起呈驼峰状，这与蒙古族其他部落不同。此外，受其影响的还有巴尔虎蒙古女装。

### ❷ 新疆地区跨境少数民族

我国新疆与中亚五国的民族服饰体现了自古以来的民族文化交融。新疆地处欧亚大陆的中心地带，是我国向西开放的重要门户，在历史上是古丝绸之路的重要通道，从东北到西南分别与蒙古国、俄罗斯、哈萨克斯坦、吉尔吉斯斯坦、塔吉克斯坦等8个国家接壤，这一区域是古代丝绸之路的核心地段。新疆和中亚地区也是一个多民族聚居地区，由于历史的变迁，在中亚与新疆形成了一些跨境民族。我国新疆地区的各民族与中亚国家的哈萨克族、乌兹别克族、塔吉克族、俄罗斯族等主体民族跨境而居。居住在中亚国家和中国西北地区的跨境民族有哈萨克族、乌孜别克族（乌兹别克族）[1]、柯尔克孜族（吉尔吉斯族）、塔吉克族、俄罗斯族、维吾尔族、塔塔尔族（鞑靼族）、回族（东干族）、蒙古族。其中，哈萨克族、乌兹别克族、吉尔吉斯族、塔吉克族分别是哈萨克斯坦、乌兹别克斯坦、吉尔吉斯斯坦、塔吉克斯坦四个新独立国家的主体民族。在这9个民族中，与中国关系比较密切的民族是乌兹别克族、哈萨克族、塔吉克族、吉尔吉斯族以及维吾尔族。

新疆境内的10个信仰伊斯兰教的民族，与中亚各国居民的文化背景和文化特征十分接近，并与中亚国家的主体民族同族同源，语言相近或相通；区域的民族和风俗习惯非常接近，形成了睦邻友好交往的天然纽带。哈萨克族、柯尔克孜族、俄罗斯族、塔塔尔族、乌孜别克族等民族是清代从国外迁入我国新疆的。哈萨克族是在18世纪中叶，清军平定准噶尔后，哈萨克中玉兹首领阿布赉可汗向清廷上表称臣，在得到清廷同意后，部分哈萨克人迁入新疆境内的阿勒泰、塔城、伊犁地区游牧，成为今天中国哈萨克族的主要来源。柯尔克孜先民18世纪在沙俄势力压迫下，逐渐向南迁入新疆帕米尔高原、兴都库什山和喀喇昆仑山一带及其附近地区，1759年清统一新疆后，被称为“布鲁特”的柯尔克孜人也臣服清朝，构成柯尔克孜族的主要来源。乌孜别克族先民在中亚费尔干纳盆地建立浩罕汗国，1759年浩罕首领额尔德尼奉表称臣，成为清朝藩属，浩罕商人开始在新疆置产成家。1864年，浩罕军官阿古柏侵入新疆，有不少乌孜别克人随之而来。第一次世界大战期间及战后，又有许多乌孜别克人迁入新疆。主要分布在伊宁、塔城、乌鲁木齐、喀什、莎车、叶城等地。俄罗斯族是自18世纪陆续从俄国迁入我国的，多为来华贸易的商人。19世纪，随着俄国土地兼并的加剧，部分破产俄罗斯农民进入我国新疆地区。1871年俄国占领伊犁，迁居了大批俄罗斯人。俄国“十月革

[1] 括号内外为同一民族，括号外是在我国的称呼，括号内是在境外的称呼。——出版者注

命”以及第二次世界大战爆发后，很多俄罗斯人先后迁入我国新疆，散居在塔城、阿勒泰、伊宁、乌鲁木齐等地。塔塔尔族19世纪中叶随同大批俄罗斯商人和移民进入新疆。第一次世界大战期间及战后，又有不少塔塔尔人迁到新疆。主要分布在伊宁、塔城、乌鲁木齐等城市。新疆自古在地理与文化上与中西亚有着密切的关系，新疆最有特色的织物——艾德莱斯绸于19世纪初从乌兹别克斯坦传入，艾德莱斯绸中最古老的一个品种——黑艾德莱斯绸，在和田又被称为“安集延式”绸，是由于19世纪大量安集延人涌入新疆，南疆人泛称中亚乌兹别克斯坦为“安集延”而得名的。[1]因此，新疆与中亚的民族交融不仅带来了技术和服饰文化的交流，并且形成当地的特色服饰。此外，中西亚的毛织工艺对于新疆毛织物的发展也有着较大的影响。

### 3 西藏地区跨境少数民族

我国西藏与印度、尼泊尔的服饰文化都深受佛教影响。西藏位于我国的西南边疆，自古以来就是中国与南亚国家友好交往的重要门户。吐蕃王国的建立者松赞干布曾派大臣到印度学习梵文，后来对藏文首次进行了文字改革并将佛教引入西藏。公元8世纪，来自印度的莲花生大士应吐蕃王赤松德赞之邀入藏，在山南兴建了颇具印度风格的桑耶寺。尼泊尔是佛祖释迦牟尼的故乡，古代就是西藏高僧心中的圣地。在共同的信仰基础上，我国西藏与印度、尼泊尔建立了长达一千多年的友好交往史。在开展文化交流的同时，历史悠久的经贸交往也在持续进行。中国西藏与印度、缅甸、尼泊尔、不丹和克什米尔等国家和地区接壤，形成了许多传统的边贸市场、口岸和边贸点。被称作“世界屋脊”的西藏地域广阔，人烟稀少，这些因素都决定了古代西藏本地出产物品的品种和数量有限，必须通过开展边境贸易互通有无，从南亚国家和中国其他地区获得大量供应，来满足人们尤其是贵族阶层的消费。从服饰角度来看，藏族常用于制作盛装袍服的面料—金花锦，就是印度织造的。藏族主要从事毛纺织，而不善于丝织，因此印度华美的金花锦便成为藏族盛装的主要面料。金花锦是用蚕丝和金银丝织成，

[1] 楼淑琦，沈国庆：《丝路撷英——新疆艾特莱斯绸与和田织机》，《丝绸》1998年第6期。（本书统一织物名称：艾德莱斯绸。——出版者注）

花纹大气、色彩艳丽，为藏族服饰带来了雍容华贵的效果。除了服饰材料的交流，服装款式也存在相互交融的现象。藏族服饰与印度、尼泊尔两国的民族服饰关系密切，尤其是早期西藏僧侣服饰受印度影响甚大。据传说贝霞帽最早是由印度国王赠给宁玛法王莲花生而流传下来，成为西藏僧帽中的一种。20世纪上半叶，由西藏迁居到了印度措班玛地区的藏族，其服饰已与当地民族服饰相互交融。老年妇女虽然大多头戴流行于康巴一带藏族传统的白顶绿边圆形帽，但她们不再穿藏袍、系腰带和彩条围裙，而是身着当地的轻便布料制作的裙、裤，肥大宽松，色彩艳丽。此外，还喜欢使用“披单”。可以看出，各民族在交往过程中往往会在彼此认同的基础上，根据自己的需要去选用对方服饰中有用的部分。[1]

### ④ 云南地区跨境少数民族

我国云南省与东南亚地区有16个少数民族跨境而居，数量之多堪称“跨境民族博物馆”。我国云南地区与缅甸、老挝、越南接壤，缅甸的掸族与我国的傣族在族称上不同，自称却是相同的。从历史文献和现代民族学资料看，他们之间血脉相连，实际上是同一族体，由于处在不同的国家，他们之间又有一些差异，既有共性，也有个性，而由于长期的密切交往，共性很多。缅甸的掸族有近250万人，主要分布在掸邦，占掸邦人口一半多，掸邦北部与云南省德宏州相毗邻，东部与我国云南省临沧、思茅、西双版纳等地区相连。越南民族源于我国古代的百越，后来有大量汉族移居越南，逐渐融合在越南民族之中。柬埔寨的主体民族是高棉族，起源于我国古代的百濮，与柬埔寨高棉人同一族源的还有广泛分布在东南亚的克木人，在我国云南也有分布。我国云南地区的佤族、德昂族、布朗族等民族在东南亚地区也有分布。老挝民族起源于我国古代的百越，老挝语、泰语和中国的傣语、壮语、侗语、布依语有密切的关系，老挝族的大部分族群分布在泰国东北部，称为东北泰人，其语言、风俗和我国西双版纳地区的傣族相似。缅甸民族来源与我国的藏族、景颇族、彝族等一样，出自我国古代广泛分布于西北和西南的氐羌族系。从服饰上看，这些民族的服饰多有相似之处，如女子穿筒裙；建筑

[1] 王云，洲塔:《印度、尼泊尔藏人文化变迁研究》,《青海民族学院学报(社会科学版)》2009年第1期。

方面也有共同之处，佛塔分布广泛，佛寺处处存在。

### 5 广西地区跨境少数民族

我国广西的世居民族以及东南亚的跨境民族主要有壮族、汉族、瑶族、苗族、京族，这些民族与东南亚诸国一些民族有亲缘与血缘关系。苗族、瑶族是从中国迁到东南亚的少数民族，在泰国、越南、缅甸和老挝等国都有分布。京族是广西人口较少的一个民族，也是中国唯一的海洋民族。中国的京族来源于越南，与越南的京族同源。越南的京族是该国的主体民族，占越南总人口近90%。京族历史上有"越人""京人"之称，京族在明朝时期迁移到京族三岛时自称为"越族"，此称呼一直延续到新中国成立初期。[1] 广西东兴的京族三岛是我国京族的聚居地。据京族民间传说，大约四百多年前，京族的祖先在越南涂山、宜安海面捕鱼，追踪鱼群来到今京族三岛所在的海面，发现这里水深鱼多，是天然的渔场，岛上四季如春，又无人居住，于是便定居下来，繁衍生息。后来又有其他京族人从越南陆续迁来，逐渐形成了中国的京族。越南的京族服饰与我国广西京族相同，传统男女装为褐色或白色窄袖无领上衣，妇女穿窄袖、开衩至腰部的长袍及宽腿长裤。

## 第三节　中国少数民族服饰的起源与发展

少数民族服饰中，西南地区一些民族的服饰堪称人类服饰史的活化石。西南各民族由于各自的历史、地理、政治、经济等诸多原因，社会发展水平不平衡，其服制相应地反映出各民族社会的层次性和生产力发展水平。这种由不同社会形态带来的服制特征，至今仍体现在一些民族的服装形制中。较早进入发达文化阶段的民族，服装形制比较复杂，用绸缎、细布、呢料、裘皮等材料制衣，工艺讲究，制作精美；而处于原始文化阶段的民族，服装形制简单，服装材料多为家织的麻布、棉布或树皮布等。

---

[1] 陈鹏：《东南亚各国民族与文化》，民族出版社，1991年。

从实用功能角度看，服饰保护人的身体，在很大程度上决定其被人创造产生的历史必然性。人类所居住的不同地理生活环境从根本意义上支配着人类穿或不穿，适合穿或不适合穿某种服饰的行为。只有具备了这个先决条件，才有可能相继出现服饰的其他文化符号功能。从这一点来讲，服饰又作为特殊的文化载体，在人类的文明进程中，占据着举足轻重的地位。它的文化符号性意义比起其他物质民俗事项，在某种意义上，更能反映出某个民族或族群在特定的历史发展中所被影响或接受的某种思想体系或文化基因。也可以说，对于民族服饰研究能够印证人类服装起源发展史的猜想。

## 一、服饰起源的猜想

在地球上，人类是唯一懂得穿衣服的生物，按照达尔文进化论的说法，远古人类也跟其他动物一样，处于裸态的生活中。在长期的进化过程中，由于火的使用或气候原因，人类体毛逐渐退化脱落，露出表皮。为了适应气候变化，保护身体不受风霜的侵袭及野兽的伤害，人类开始利用生存环境中的各种材料护体，达到保暖、防御伤害的目的，从而创造了服装。

虽然目前尚不能从史前文化中找出服装起源的实物证据，但却可以从民族服饰现象中作一些猜想，民族学也能为我们提供一些可以参考的资料。从民族服饰现存的情况和各种简单加工的服饰中，可以推测服饰的起源。

人类最早利用的服饰材料应当是直接取自天然、极易加工的植物或动物材料。少数民族服饰中的树叶衣、岩羊[1]皮坎肩、狍皮衣物、贯头衣以及昼则披、夜则卧的独龙毯，都让人感受到服装起源的形式及发展过程。加工过程最简单的当属树叶衣，陈鼎《滇黔纪游》说云南“夷妇纫叶为衣。飘飘欲仙。叶以野栗，甚大而软，故耐缝纫，具可却雨。”光绪《丽江府志稿》卷一也说：“傈人，男女皆披发……树叶之大者为衣，耳穿七孔，坠以木环。”可见，不同民族都有以树叶为衣的习俗。在云南的高山密林中生长着一种名叫菠萝麻栗的乔木，其叶片宽大而具有韧性，柔软结实，不易折断，是用于制作树叶衣服的最佳原料。每年夏秋之季，

[1] 岩羊：国家二级重点保护野生动物。——出版者注

当地苗族妇女在采集野菜的过程中，顺便将成熟的叶片摘回去，先用水煮一下，然后将它阴干，缝制成衣。缝线是用林中的葛麻制成，她们将葛麻采回后，再根据所需分割成1.5米左右长的段，将其纤维剔下除去表皮，再把它搓成线。在加工过程中，一般都是根据所需宽窄、长短先从衣服的脚边一层一层往上缝，上片压下片，滤水性能好，晴天用来遮阳，雨天可当雨衣，冬天可以避风寒，可谓功能多、用途广。[1]

加工过程较为复杂，但适用范围最广、最耐用的就是兽皮了，这也是人类应用时间最长的衣物材料。在以狩猎为主要生产方式的一些地区，山中的野生动物种类很多，这些丰富的野生动物资源为长期从事狩猎活动的少数民族创造了条件。他们先将猎获的兽皮用竹棍绷紧晒干，然后用草木灰反复多次揉搓，直到皮革柔软。早先用于披、盖，后来则根据需要制成坎肩。除猎取林中的走兽外，空中的飞禽也是猎取的对象，早期人们将山鸡、白鹇[2]、箐鸡的皮剥下晒干，然后反复用石灰和草灰轻轻搓揉，再根据自己所需缝制衣裙或者帽子等。皮衣耐磨性强，羽毛衣服轻便，所以飞禽走兽的皮毛常用来做衣服，树皮则用作护腿布。在生产力水平很低的历史条件下，树叶、树皮、兽皮、羽毛等制作的服饰是与同时期的经济基础相吻合的。所以，经济基础、生产力水平都会在服饰的用料、款式、工艺技术等方面反映出来。

## 二、少数民族服装款式的发展与变化

同样，对于民族服饰的研究也能够印证我们对服装款式形成的推测。

从民族学资料来看，服装出现在人类社会发展的早期，古代人类利用生存环境中的各种材料做成粗陋的衣服，用以护身。北方人类最初的衣服是用兽皮制成的，南方人类包裹身体的“织物”用麻类纤维和草制成。在原始社会阶段，人类开始有简单的纺织生产，采集野生的纺织纤维，搓绩编织以供服用。随着农、牧业的发展，人工培育的纺织原料渐渐增多，制作服装的工具由简单到复杂不断发

❶ 颜恩泉：《云南苗族服饰文化的传统与发展》，唐山出版社（中国台北），2004年。

❷ 白鹇：国家二级保护动物。——出版者注

展，服装材料品种也日益增加。织物的原料、组织结构和生产方法决定了服装形式。用粗糙坚硬的织物只能制作结构简单的服装，而柔软的细薄织物才有可能缝制复杂的服装。

最古老的服饰是腰带，用以佩挂武器等必需物件。装在腰带上的兽皮、树叶以及编织物，就是早期的裙子。至今，在少数民族中还可以看到各式各样的腰带及腰刀、火镰、奶钩等佩戴物。

最早的服装款式是披裹式。人类用树叶、兽皮披裹于身护体御寒；当能编结织布，才用布料披裹于身。披裹式的服饰款式，是属于原始衣式的遗存，独龙族的披毯、纳西族的羊皮披肩、凉山彝族的察尔瓦和披毡都是古老的披裹形态的衣式。

最早的上衣应是贯首服式。最初的贯头衣是用整块兽皮或整幅布做成的“坎肩”，其做法是在一块兽皮或一幅布中间挖一孔作为领口，使头能够套入。贯头服式最初是没有缝合的，系一条腰带；后有少量缝合，剪裁很少，整件衣服是正方形、长方形面料制成。护臂也是最初的保护身体的服饰，用兽皮或简单织物制成，形似套袖。当人们将“坎肩”和“套袖”缝制在一起时，上衣就产生了，并形成基本的服装形制。少数民族贯首服式的形制特点分为前短后长、前长后短或前后同长几种形式。贯首衣也可以加领子，领子完全起着装饰或象征作用。现在珞巴族、门巴族、佤族、苗族、彝族都保存着贯头衣的服式。在皮毛加工技术逐渐发达、鞣制技术更加成熟、缝合技术更加先进时，出现了由贯首衣发展而来的开襟服式，如现今还存在的云南彝族的羊皮褂和四川羌族的羊皮坎肩，其形制简单，穿脱方便。

最早的下装是兜裆布和片裙。兜裆布使用的时间相当长，如佤族在新中国成立后还有男穿兜裆布和女着片裙的习俗。围住腰身的片裙初有兽皮、麻布、草编等质料，并通行于许多南方地区的苗族、侗族、布依族、水族、瑶族、哈尼族、景颇族、基诺族、土家族等民族之中，片裙使用的时间相当长。南方民族通用的围裙（围腰）也是源于片裙。最初的护腿是为了保护小腿不被岩石草木划伤和蚊虫蛇蚁叮咬，人们将兽皮或树皮、竹片裹在腿上而形成的，护腿有长短之分，短的称为“裹腿”，长至膝盖；长的称为“套裤”，可至胯骨。当人类将兜裆布和护腿连起来，就形成了裤子。裤子最早产生于北方游牧民族中，既是为了保证腿部不受寒冷，也是骑马的需求，腿部和裆部的整体包裹防护成为必须的条件。因此，裤子至少是在马被驯服的年代就已经产生了。

裙子的出现比裤子要早，形制是从片裙到筒裙，缝住片裙的一侧就是筒裙。直至今天，西南地区的很多少数民族仍然保持着各种各样的裙子款式，有的是筒裙，有的是缠裙，长短不一。云南的傣族习尚男女都穿裙子，这应该是一种古老的着装方式。帽子在南方最早是用树叶树皮等制作的斗笠以及麻布制作的风帽，在北方则是用兽皮制作的各式兽皮帽。鞋是由北方民族裹脚的兽皮再发展到最初的靰鞡鞋；南方民族先将笋壳捆在脚底当鞋，继而发展为简单的木屐。西南地区一些民族的传统服装还有多重功能，白天可穿，夜晚可盖。比如独龙族，一条独龙毯就实现了护身和寝具的双重功能。

20世纪以来，民族地区的一些墓葬中的出土实物也为古代少数民族服饰的产生和发展提供了很好的证据。新疆地区气候干燥，对古代服饰的保存独具地理优势。如新疆哈密五堡地区发现距今约3000年的古墓葬出土较多古代服饰，皮裘大衣皮质柔韧，形制完好，可谓西域皮裘衣袍的发端；彩色毛织品上出现了缉针绣的工艺，说明此时织、绣、染工艺都有所发展。距今2800多年前的且末县扎滚鲁克古墓出土的服装鞋帽工艺及款式种类显示出“通经断纬”的缂织法出现了，毛织品装饰纹样更加华美，动物纹饰活泼神奇。距今2500多年历史的鄯善县的苏贝希与海洋古墓出土的古代苏贝希与海洋女性，头戴奇丽的棒形高帽、身穿彩条纹长裙的服饰，魅力十足。和田洛浦县山普拉古墓出土的汉晋服饰，原料有毛、丝、棉织物，而毛织品上饰有奇特的变形动物纹、希腊神话中马人图像和武士人像。尉犁县营盘墓地出土汉晋时期营盘人的服饰，表现出东西文化交流融合的特色。百褶灯笼毛裤、毛布裥色裙的发现，更透露出汉晋时期营盘人对衣装文化多样美的追求。从远古到近代，新疆出土的服饰几乎涵盖了每一个重要历史时期，打开了一幅认知西域民族服饰的画卷。同时云南、贵州、四川、西藏、青海、内蒙古等各个省区都有民族服饰出土，分别展现了其当地的古代服饰文化，结合图画或文字的古代文献，可以勾勒出少数民族服饰发展及地方风格的概貌。

# 第一章 少数民族服饰

中国的每一个民族都有自己灿烂的文化，每个民族的生产方式、风俗习惯、宗教礼仪、民族性格、艺术传统等无不体现在他们的衣冠服饰上面。世界上很难找到类似我国这样的情况：在一个国家的疆域里、在同一时间里可以出现这样丰富多彩、风格款式迥然各异的民族服饰。从这些极其丰富、古朴的民族服饰中，可以发现极有意味的东方文化珍品。

服饰是文明的窗口、思想的形象，又是民族精神的外化，而且还是民族构成要素之一和识别民族的标记之一，每一个民族都有自己所特有的服饰文化。古语所说的“十里不同风，百里不同俗”表现于衣食住行方面特别显著。服饰习俗是人类物质和精神文化生活的重要表现，从热带到温带，从平原到山区，由于地域气候因素的差异，加上受到外来文化影响程度的不同，就出现了着装形式上的各异。尽管不同性别和不同年龄对服饰的形式、颜色和装饰有不同的需求，但同一地区同一民族的服饰风格是趋于一致的。

人类生活的其他方面可能都不会像服饰那样明显地表现出观念和情感的总趋势。只要大致地浏览某一民族的服饰，就能够比较清楚地知其意识形态和社会状况、道德标准和男女间地位差异、对待儿童的态度以及是否盛行战争等，因为这些都能在服饰装束中反映出来。中国民族服饰正是这类最能代表民族特性的视觉艺术。鄂伦春族的狍头帽、赫哲族的鱼皮衣、蒙古族的腰刀、高山族的獐牙冠、苗族的绣衣、哈萨克族妇女的盖头等，都能清楚地表达出这个民族的特性来。例如，伊斯兰教义规定妇女居家或外出都必须戴盖头。我国信仰伊斯兰教的回族、维吾尔族、哈萨克族、柯尔克孜族、塔塔尔族、乌孜别克族、塔吉克族、东乡族、撒拉族、保安族10个民族的妇女均有戴盖头或以大披巾掩面的习俗。又如蒙古族大都从事畜牧业，以羊肉为主食，故腰刀便是蒙古族人不可缺少的餐具。同时，精美的腰刀也是个人身份地位的显示。赫哲族特有的鱼皮衣则是他们以捕鱼为生、食肉衣皮的自然生活的写照。

苗族的服装和刺绣代表了该民族的特性。在苗族的服饰刺绣图案里，不仅有记述人类起源神话内容的“蝴蝶妈妈”图案和苗族祖先从母系发展至父系时代的“姜央射日月”等图案，更有追述苗族先民悲壮迁徙史的“黄河”“长江”“平原”“城池”“洞庭湖”“骏马飞渡”等主题图案。这些图案被视为苗族群体的标志世世代代奉行着，显示出苗家人对历史和祖先故土的回忆及缅怀之情。在岁月的苍茫中，这些图画语言作为联系苗族群体生存的、最重要的经验而传承，使苗族群体在形式上拥有他们的黄河、长江、平原、城池、洞庭湖、骏马飞渡，完成其壮丽辉煌的“精神还乡”。苗族的服饰向世人昭示：我们是苗族，我们来自黄河之滨、长江之畔；我们长途迁徙，历尽艰辛；我们有自己独特的文化……正是在这样的心态之下，苗家人倾其心血去绣、去染、去展示他们的情结，才有如此优秀的、民族特色极强的苗族服饰艺术。

由于少数民族服饰都是利用本民族地域所特有的材料制作并受自然环境、经济形态和生活习俗的影响，因而北方民族与南方民族在服装的款式、材料、种类、制作、装饰等方面有着较大的区别，以下分别述之。

## 第一节　北方少数民族服饰

长衣盛饰是北方各民族服饰的特色。属于平原文化的北方各民族的服装款式比较统一，装饰物以金银、珠玉、珊瑚、绿松石为主。北方诸民族多身着宽大厚实长袍，服装材料以皮毛、毡、氆氇、锦缎为主。满族、蒙古族、藏族、鄂伦春族、鄂温克族、达斡尔族、塔吉克族、哈萨克族、锡伯族、裕固族等民族均如此。现今生活在西南地区的羌族、彝族、傈僳族、普米族等民族曾是北方地区古氐羌族的后裔，故此仍穿长衣。

### 一、东北和内蒙古地区少数民族服饰

#### 1 满族

满族服装庄重华丽，民族特色很强，对中国近代服装的发展产生过巨大的影响。众所周知的“旗袍”便是由满族旗袍演绎而来并成为深受东西方人士青睐、经久不衰的典雅服式。这种尤能显示东方女子秀丽端庄气质的旗袍被视为中国近现代民族服装的代表。传统的满族旗袍是宽大直身的，适合于满族早期的射猎生活。男袍无领、箭袖、右衽大襟，下摆的前后左右有四个开衩，穿时紧束腰带，

图1-1　弹八角鼓唱曲儿的满族老人和少女（内蒙古归绥市）

图1-2　满族女子盛装（北京）

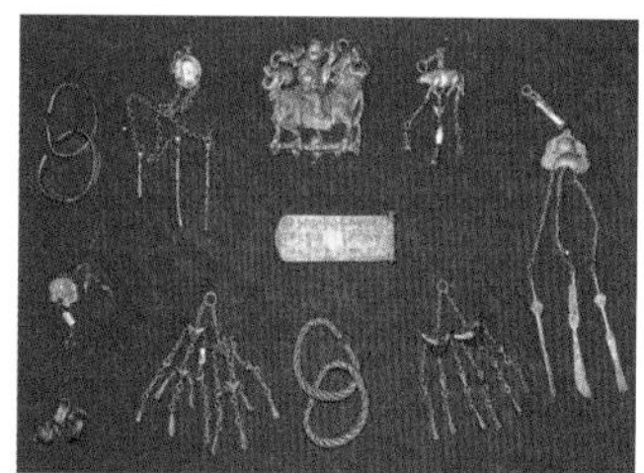
图1-3　满族妇女银饰（吉林伊通县）

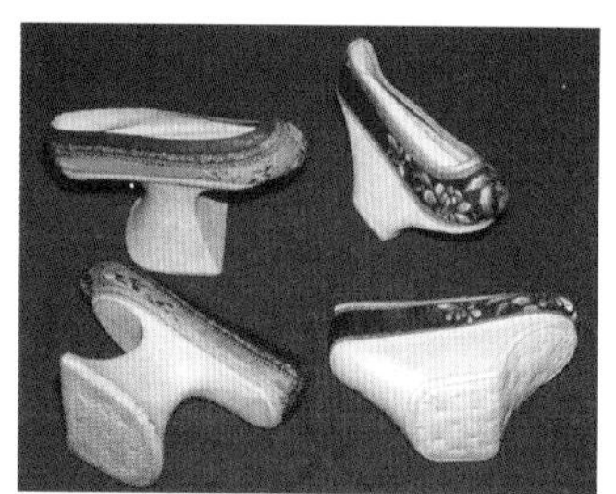
图1-4　满族女子的花盆底鞋（吉林伊通县）

既保暖又便于骑射。满族男子特有的“巴鲁图”坎肩，也称“勇士坎肩”，穿在长袍外面，以示其英武。女袍的特点是直腰身、宽袖、右衽大襟，袍长至脚面，穿着时不束腰，其线条简练优美，造型质朴大方。旗袍特别讲究装饰，领口、袖口、衣襟都镶有多层花边，以镶有十八道花边的旗袍为最美，称为“京城十八镶”。通常还要套穿绣工精细的坎肩。“大拉翅”又称作“旗头”，是满族妇女的典型头饰，原是贵族妇女特有的礼冠，后来平民妇女也可在结婚典礼时将其作为头饰。贵妇用珠翠宝石装点其上，皇后皇妃用镂金花、珍珠和紫金花，平民妇女则饰以绢花（图1–1~图1–3）。身着漂亮旗袍的满族妇女梳“旗头”，脚穿花盆底鞋（图1–4），走起路来挺拔庄重，越发显得雍容华贵。

### ❷ 蒙古族

蒙古族大多数生活在辽阔的大草原上，是马背上的民族，这种自然环境和生活习俗对其服装和民族个性都有影响。蒙古族服装以宽袍阔带著称，色彩明亮浓郁，充分显示出蒙古族人热情、剽悍、豪放的性格（图1–5、图1–6）。摔跤服是蒙古族男子特有的服饰，蒙古语称为“卓铎格”。上衣为坎肩式的牛皮短褂，缀铜扣，绣有吉祥图案；下衣为肥大的白色灯笼裤和套裤，套裤的膝盖处绣有圆形图案，原为部落标志；脚蹬皮靴，腰系围裙，脖子上的彩绸圈“勒布格”被视为吉祥物（图1–7）。由于地区不同、部落不同，蒙古族服饰既有统一性又各具特色（图1–8、图1–9）。

蒙古靴为船型高筒靴，靴面上有一道中缝，

靴尖翘起，用牛皮制成，它的特点是舒服、合脚和便于骑马认蹬（图1–10）。

布里亚特蒙古族服装有其独特的风格，其红缨帽和分割式长袍保留着部落和姓氏的特点，以帽顶象征太阳、红缨象征阳光，并在帽子上缝制横线道来显示不同的氏族和姓氏（图1–11）。布里亚特蒙古族妇女的长袍在腰、肩、肘等部位有分割工艺，其特点为上紧下宽，样式明显区别于其他地区的蒙袍（图1–12）。传说布里亚特蒙古族妇女穿这种款式的长袍是为了纪念民族女英雄巴拉金皇后。陈巴尔虎旗蒙

图1–5　蒙古族男女袍服（内蒙古海拉尔）

图1–6　蒙古族男孩皮袍（内蒙古呼伦贝尔市）

图1–7　蒙古族摔跤手服饰（内蒙古海拉尔）

图1–8　蒙古族男子服饰（内蒙古鄂尔多斯）

图1–9　蒙古族妇女服饰（内蒙古察哈尔）

古族服装较多地保留着古代蒙古族服饰的特点，男女均穿宽下摆长袍，男子将腰带系在胯上，以上身袍服宽松为美；女子则将腰带紧系腰部，以袍服紧贴上身为美（图1-13）。巴尔虎蒙古族妇女的头饰十分奇特，具有部落服饰的传统风格（图1-14）。

乌珠穆沁蒙古族的长袍十分肥大，色彩绚丽，以镶边工艺著称。男袍右衽琵琶大襟、马蹄袖，与其他地区蒙古袍有所不同。该地蒙古族喜欢在长袍外面套穿坎肩，年轻人穿大襟短坎肩，已婚妇女穿对襟长坎肩。坎肩有盛装和常装之分，盛装坎肩面料华丽，镶边工艺十分精细。注重礼仪的鄂尔多斯蒙古族的服装从头到脚都有讲究。女子穿长至脚面的蒙古袍，外套精美的锦缎长坎肩，头戴富丽堂皇的金银珠玉头饰，脚蹬镶花软皮靴，服饰雍容华贵（图1-15）。男袍肥而较短，其长坎肩用软缎作面料，金线织锦镶边，工艺精湛。特色强烈的蒙古族服饰对中国西北部和东北部的其他民族有很大的影响。

通海蒙古族服饰与其他地区蒙古族服饰有很大的差异，这里的蒙古族服饰较

图1-10　蒙古族牛皮雕花靴（内蒙古呼伦贝尔市）

图1-13　蒙古族贵族女袍（内蒙古陈巴尔虎旗）

图1-11　布里亚特蒙古族儿童服饰（内蒙古呼伦贝尔市）

图1-12　布里亚特蒙古族女子服饰（内蒙古）

图1-14　蒙古族女袍立体结构（内蒙古陈巴尔虎旗）

图1-15　蒙古族妇女服饰（内蒙古呼伦贝尔市）

图1-16　蒙古族儿童服饰（云南通海县）

图1-17　蒙古族少女服饰（云南通海县）

图1-18　蒙古族萨满"行博"（内蒙古科尔沁旗）

多地吸收了当地民族的服饰特点，仅在服饰色彩和上衣的高领上还保留着蒙古族服饰的特点（图1-16）。通海蒙古族女子的发式也不同于其他地区，少女梳长辫交叉于头顶，样式奇特，婚后则改变发式，头饰也相应变化（图1-17）。

萨满教曾盛行于蒙古族、满族、达斡尔族、鄂温克族等民族中。现今仅能在内蒙古西部草原见到萨满"行博"（跳神）的身影，其服饰仍具有神秘性（图1-18）。

### ③ 达斡尔族

达斡尔族较为先进的生产力和多种经济形式并存的局面，决定了达斡尔族服饰原料的多样性。不同地区的衣饰原料中，往往都是犴、驼鹿[1]、羊等兽皮和布帛等兼而有之，但又各有侧重。总的来看，男装以皮质为主，女装以棉布居多。男子头戴皮帽，身穿长袍，下着皮裤，脚蹬皮靴。帽子多用狍、狼或狐狸的毛皮做成，毛朝外，双耳、犄角挺立，形象逼真，出猎时，既防寒又护身。靴子多选用

❶ 驼鹿：国家二级保护动物。——出版者注

狍、犴、牛等兽皮。除皮质服装外，达斡尔族还穿布制的袍子和裤子。冬天穿棉袍，天冷时外套犴皮背心，春秋穿夹袍，夏季穿单袍，做客时穿长袍。在袍服外面围中间开衩的围裙，有装饰图案或饰边，围裙外穿短坎肩，坎肩的样式有大襟、半偏襟、对襟，戴礼帽或黑绸瓜皮帽，腰束布带，脚穿皮靴，劳动时穿皮套裤。男人出外打猎时，穿狍皮制的猎衣（图1-19、图1-20）。过去达斡尔族男子都喜欢扎腰带，而且要佩挂烟具和火镰，近些年已很少见。

达斡尔族妇女心灵手巧，会做各种狍皮被、大衣、坎肩、手套、靴子等。妇女早期着皮衣，清朝以后以布衣为主，服装的颜色多为蓝、黑、灰，老年妇女还喜欢在长袍外套上坎肩。长袍袖管肥大，上绣美丽图案，饰花边，内里有两层假袖，一层比一层长。色彩浅淡素雅，不束腰带，不穿短衣，颜色以蓝色为主。青年妇女喜穿浅蓝色，中年人喜穿蓝色。夏天脚穿白布袜、绣花鞋，戴头饰、耳环、手镯、戒指等装饰品。冬季内穿单裤，外套夹布套裤，穿皮衣、皮靴。年节或喜庆之时，女子才穿各色绣花绸缎衣服，外套坎肩，与清代满族服装样式基本相同（图1-21）。

达斡尔族的传统靴子有三种："奇卡米"——用狍腿皮拼缝靴面，用鹿脖子皮做靴底，里边穿狍皮袜子，垫乌拉草，轻暖柔软，最适涉雪，猎人喜穿这种靴子。"斡洛奇"——布勒，布底或是皮底，是春夏秋穿用的便靴。"得热特莫勒"——布勒皮底，有长绑带，里边穿毡袜，垫乌拉草，系扎绑带防止进雪，质地轻暖，适合冬季劳动时穿。另外，还有皮底、犴腿皮拼缝的靴子。

达斡尔族男女冬季喜戴只有一个大拇指的连臂皮"手闷子"，用细皮条将口在

图1-19　达斡尔族男子狩猎装（内蒙古莫力达瓦旗）

图1-20　戴狍皮帽的达斡尔族男子（内蒙古莫力达瓦旗）

图1-21　达斡尔族女子服饰（内蒙古扎兰屯布特哈旗）

图1-22　达斡尔族萨满服饰（内蒙古海拉尔）

胳膊上扎紧，手腕处有一道开口，必要时能从开口处伸出手。冬季劳动时戴长毛皮套袖，可防止冻手，劳动操作也很方便。

达斡尔族服饰受蒙古族和满族服饰影响较大，内蒙古地区的中年妇女还保持着梳满式发髻的习俗。古老的达斡尔族萨满服饰古朴而神秘，其身穿贝壳衣、法帽、大裙、腰悬铜铃铜镜，作法时手击皮鼓（图1–22）。

### 4 鄂伦春族

居住在大兴安岭原始森林中曾以狩猎为生的鄂伦春族，无论男女都精骑善猎，在林海中追捕獐、狍、野鹿和猛兽。鄂伦春人的服装多用狍皮制作，有皮袍、皮裤、皮帽、皮手套、皮靴等，种类繁多，制作工艺也很讲究。

鄂伦春族男女都穿大襟长皮袍。男皮袍稍短些，长度到膝盖，前后开衩。女皮袍较长，左右开衩，在袖口、衩口、下摆处都绣有花草纹（图1–23、图1–24）。男子腰间多系麋鹿皮带，女子多系彩色的布腰带，老年妇女系素色腰带。鄂伦春男子穿的皮裤腰间肥大，裤脚折起来用带子系住，塞进皮靴里。到野外打猎时还要在外面穿上皮套裤。皮套裤是用耐磨的鹿、驼鹿皮制作的，而且要刮掉毛，熟得非常软，这样，骑马打猎时不仅结实抗磨，而且灵巧方便。女皮裤和现在有背带的裤子差不多，比男裤稍瘦些，前面带兜肚，裤腰从左右向前折，系上腰带，这种裤子适合鄂伦春妇女骑马、采集野菜和山果。由于长年生活在深山老林中，鄂伦春人脚上穿的都是靴子，即使是在夏季也是如此。皮靴底是用结实的鹿脖子皮或野猪皮、驼鹿皮、熊皮纳成的，靴靿是用狍、鹿、驼鹿的腿皮制作的。穿这样的皮靴出猎，里面再套上狍皮袜，轻便暖和，走路没有声音，不易惊动野兽。

在长期的游猎生活中，鄂伦春人独具匠心，创造了极富民族特色的兽皮服饰文化。其衣裤、鞋帽、被褥以及手套、挎包等都是用兽皮缝制的，其原料主要是狍子皮、鹿皮等，尤以狍子皮居多。狍皮不仅经久耐磨，而且防寒性能极好。不同季节的狍皮，可以制作各种不同的衣着（图1–25~图1–31）。如秋冬两季的狍皮毛长而密，皮厚结实，防寒力强，适宜做冬装。夏季的狍皮毛质稀疏短小，适宜做春夏季的衣装。鄂伦春族最具特色的服饰品是狍皮帽。狍皮帽是用一副完整的狍子头皮缝制而成的。将狍子头皮剥下后晒干，按原状衬上布或者皮，眼睛的圆洞用黑皮子镶上，有的还将两只角保留下来。鄂伦春人选择狍子头皮作伪装的皮

图1-23　鄂伦春族女子服饰（内蒙古莫力达瓦旗）

图1-24　制作桦皮盒的鄂伦春族妇女（内蒙古布特哈旗）

图1-25　狩猎途中的鄂伦春族猎人（内蒙古布特哈旗）

图1-26　身着狍皮衣帽的鄂伦春族儿童（内蒙古布特哈旗）

图1-27　河边浣洗的鄂伦春族女子（内蒙古布特哈旗）

图1-28　鄂伦春族猎人（内蒙古鄂伦春旗）

图1-29　鄂伦春族狍皮男装（内蒙古鄂伦春旗）

图1-30　鄂伦春族狍皮女装（内蒙古鄂伦春旗）

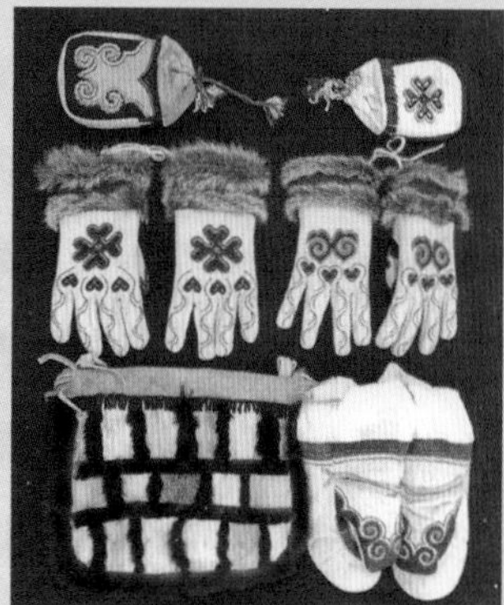

图1-31　鄂伦春族精美的狍皮制品（内蒙古莫力达瓦旗）

帽，颇具匠心。鄂伦春族的孩子们从小就要学习射猎技术，小小的狍头帽预示着他们将成为勇敢的猎手。

鄂伦春族女子善于鞣制皮革，她们用本色或染色狍皮制作的皮装柔软结实，其上镶绣云纹、波纹、花草动物纹等图案，装饰色彩以红、绿、黄、蓝、黑为主。鄂伦春族妇女是雕绘和镶绣能手，她们善于制作各种桦皮日用品。

## 5 鄂温克族

鄂温克族的衣着，不久前仍然保留着以兽皮制作衣袍的习俗。在敖鲁古雅生活的鄂温克族的衣帽、鞋靴、被褥都用兽皮制作。衣服是用刮去毛的犴皮制作，用树皮水洗或烟熏等方法，把皮衣褥染成黑色、黄色。过去，冬季皮帽常用狍头皮做面，用灰鼠或猞猁[1]皮毛做里，暖和、美观，在狩猎时作为伪装不易被野兽发现。近一百多年来，他们开始使用棉布做衣服。女子一般外穿连衣裙，衣领较大，领上有白绿道镶边，对襟，下摆较宽（图1–32），过去衣服曾以兽骨做扣。老年妇女多穿蓝色、黑色（图1–33），少女穿红色、天蓝色。男女都穿犴皮靴子，冬靴是裘皮的，夏靴是脱毛板皮的，隔潮、轻便，走路无声，便于狩猎和在山林中行走。在缝制皮衣物时，需用犴、鹿筋捻线缝，这样即使被树枝刮也不会开线。在衣服的边角、开衩处缝绣图案装饰。

在嫩江流域居住的鄂温克族过去多以狍子皮制作衣服。根据春季和冬季猎获的狍子皮的质地，制作不同季节的衣服。其中狍子皮长衣侧面开襟，下摆两边开衩，穿时腰系皮带或布带（图1–34）。也用狍子皮做裤子和套裤。猎人用的狍子皮手套分两衩，小衩套里插大拇指，便于拿东西。手套腕处有一道横开口，在寒冷的冬天，可十分方便地把手露出，推弹上膛，举枪射击。有一种靴子称为“敖斯勒温特”，是用16张狍子腿皮制作的。也用狍子皮做帽子、皮袜子等。自清代以来，他们越来越多地使用布料制作衣服。妇女的布料衣服多仿效八旗服装样式，袖宽、有镶边，穿的鞋也用布制作，绣有花草图案，男女均穿坎肩（图1–35）。

牧区鄂温克族多以羊皮制作衣服，在不同季节有长短之别（图1–36）。带毛长大衣皮板朝外，毛朝里，侧方开襟，穿时束长腰带，在野外骑马放牧时能挡风御寒，是

[1] 猞猁：国家二级保护动物，列入《濒危野生动植物种国际贸易公约》附录Ⅱ，列入《世界自然保护联盟》（IUCN）2014年濒危物种红色名录ver3.1——无危（LC）。——出版者注

图1-32　鄂温克族敖鲁古雅女子（内蒙古呼伦贝尔根河市）

图1-33　鄂温克族妇女服饰（内蒙古鄂温克旗）

图1-34　鄂温克族老人（内蒙古鄂温克旗）

图1-35　鄂温克族家庭（内蒙古鄂温克旗）

图1-36　鄂温克族通古斯人传统服饰（内蒙古索伦旗）

牧区鄂温克族经常穿的劳动服。还有一种称为“胡儒木”的外套皮上衣，是鄂温克人结婚办喜事时常穿的礼服。而被称为“浩布策苏翁”的羔皮袄是做客、会亲友和节日穿的服装，在衣服的边角讲究缝各种花纹。过去衣服上曾用铜扣、杏木扣和玉石扣。

陈巴尔虎旗鄂温克族妇女冬夏都穿连衣裙，上身较窄，下身裙部多褶宽大。已婚妇女的衣袖中间，缝有宽约3.3厘米的彩布绕袖，称为“陶海”，穿有彩色布镶边的坎肩，连衣裙以青、蓝色为多，镶边多用绿色。男人的帽子呈圆锥形，顶尖有红缨穗，帽面用蓝色布料缝制，夏帽为单布帽，冬帽以羔皮、水獭[1]皮或猞猁皮制作。

鄂温克族服饰有农区和牧区之分。大兴安岭南麓从事农业生产的鄂温克人穿大襟长袍，女袍华丽，男袍素雅。内蒙古呼伦贝尔根河地区以饲养驯鹿著称的鄂温克人服饰较独特，男子穿对襟皮短袄，女子穿鹿皮镶边的大翻领对襟皮长袍。在陈巴尔虎草原上放牧的鄂温克人穿蒙式长袍，唯装饰不同，其领襟、双肩、前后胸、下摆开衩等处饰有卷云纹图案，男袍纹饰简练，女袍繁复。

## ❻ 赫哲族

赫哲族曾是以捕鱼为生的民族，鱼类是他们衣食的主要来源。鱼皮衣是赫哲族典型的传统服饰（图1-37）。赫哲妇女挑选1米多长的鲑鱼、鲟鱼、鳇鱼等，将鱼皮鞣制后，染色制衣。鱼皮衣均是由数张鱼皮缝合而成，领襟、袖口、衣摆等处用染色鹿皮镶饰云纹、卷草纹等图案纹样，缀以鱼骨、海贝、铜币等物，装饰风格粗放（图1-38、图1-39）。古老的赫哲族服装，头饰分为帽和披肩两部分，帽顶有兽尾作装饰，披肩宽大，可避风寒（图1-40、图1-41）。帽子、披肩和衣裤均刺绣有精细的卷草几何纹，反映出赫哲妇女高超的手工艺水平。除鱼皮衣外，还有鱼皮靰鞡、鱼皮包等工艺品，精致美观，别具特色（图1-42、图1-43）。

图1-37　赫哲族鱼皮衣（黑龙江抚远县）

[1] 水獭：国家二级保护动物，列入《世界自然保护联盟》（IUCN）2015年濒危物种红色名录ver3.1——近危（NT）。——出版者注

图1-38　身着鱼皮衣的赫哲族老人（黑龙江同江市街津口）

图1-39　赫哲族鱼皮衣（黑龙江同江市街津口）

图1-40　赫哲族传统服饰正面（黑龙江同江市）

图1-41　赫哲族传统服饰背面（黑龙江同江市）

图1-42　赫哲族鱼皮靰鞡（黑龙江同江市街津口）

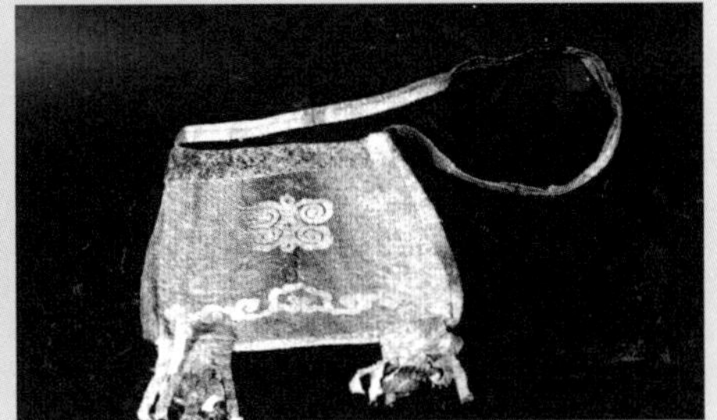
图1-43　赫哲族鱼皮包（黑龙江同江市街津口）

## ⑦ 朝鲜族

我国朝鲜族虽然生活在北方，但却是稻作农业民族，生活习俗与南方民族相似。朝鲜族素有“白衣民族”之称，无论男女皆喜欢白色衣衫，尤其是老年人的服装，白衣白裤，十分洁净。据说古代朝鲜人崇拜太阳神，他们认为太阳创造了世界，赋予万物以生命；他们自称是太阳的子孙。白色代表着太阳的光，穿上白色的衣衫，人便与神同在，这就是有关白色衣服来源的说法（图1-44）。在日常生活中，青年女子喜爱色彩艳丽的长裙，但老年妇女和男子们总是身着白色衣装，显得十分洁净。朝鲜族男子穿白色斜襟短上衣，外套深色坎肩，下着白色宽大灯笼裤，用黑布带扎紧裤脚。外出时套穿斜襟长袍，戴直筒礼帽（图1-45）。女子的短衣长裙，用丝绸或软面料做成，走路时长裙飘飘，颇有飘逸淡雅的独特风格（图1-46）。

朝鲜族女装分为袄和裙两部分，其最大特点为短袄长裙，色彩和纹饰都很讲究，优雅而漂亮。女袄的袄襟很短，无扣，用绸带系住；襟和下摆略呈弧形，线条柔和。年轻女子喜欢在短袄的领襟袖口等处镶饰绸缎边和彩色绸缎做成的长飘带。中老年妇女穿缠裙，穿时围绕在身体上，将裙边的下端提起掖在腰带里，这是雍容华贵的象征（图1-47）。年轻妇女可以穿缠裙和褶裙，未婚少女则只能穿褶裙，褶裙为直筒式，腰间打有许多细褶，宽大而飘逸。

古代朝鲜族服装具有唐代服饰的风范，男女皆宽袍阔袖，服饰十分华美，这

图1-44　朝鲜族老年妇女服装（吉林长白县）

图1-45　朝鲜族男子服装（吉林长白县）

图1-46　穿缠裙的朝鲜族妇女（吉林吉安市）

图1-47　朝鲜族青年女子服饰（吉林吉安市）

类服装在传统的婚礼上还能见到。唐代服装在中国服装史上是最灿烂、最有特色的。唐人既保持了华夏古风，又融合了西北各族，尤其是中亚各国的文化传统，开创了中国服装史上最丰富、最完美的服装体系，唐代服装对后世、日本、朝鲜以及整个东南亚都产生了深远的影响。这些过去由古代朝鲜族皇家贵族穿着的华丽服饰中仍能领略到唐装的风采（图1-48~图1-52）。如今，在吉林延边朝鲜族传统的婚礼上依然有穿着这类华服（图1-53）。

图1-48　阅衣（公主服饰）

图1-49　雉翟衣（皇后礼服）

图1-50　正五品女官常服

图1-51　红圆衫（太子妃礼服）正面

图1-52　红圆衫（太子妃礼服）背面

图1-53　朝鲜族传统服饰新娘服（吉林延边）

阔衣，本是宫廷及贵族的婚礼服，后逐渐流传到民间为新娘礼服。深红色缎衣，绣有金色百花图案及吉祥字样，袖口是白色。穿着时，内穿上衣小褂和红色大摆衣裙，脚踏绣鞋，头戴七宝花冠、插龙簪、佩“到头乐”辫带，华丽而庄重。

正五品女官所穿之常服，上衣前后片延长呈箭头形，款式较奇。

雉翟衣是朝鲜王朝时代王妃或太子妃受封庆典时穿戴的大礼服，深蓝色缎衣满绣锦雉，佩饰七翟冠、霞帔、红缎大带、玉革带、蔽膝、佩玉、绶青玉圭等，华贵典雅。

红圆衫是太子妃在正式场合穿的大礼服，上衣缀织金圆形五爪龙补，其他纹饰为云纹、风纹、花草纹，腰系织金红色腰带，装束雍容华贵。

短衣长裙是朝鲜族女子的民族装，不论地位高低、年老年幼，都以此为基本服装，从三国时代至今，一点都没改变。地位的高低，可能在质料、颜色、佩饰和裙子的宽窄等方面稍有不同，但款式和制作方面没有差异。

## 二、西北地区少数民族服饰

### 1 裕固族

裕固族主要分布在甘肃和青海等省，世代从事牧业，游牧于戈壁草滩，其服饰具有畜牧民族特色。裕固族无论男女，多穿高领的宽松长袍，束以腰带，服饰喜欢用红、蓝、黑、白等对比强烈的色彩，给人以深刻的印象。这种以强烈对比色彩来造成图案醒目、生动的手法，在绿色的大草原中，显得很得体、大方、庄重，与裕固族粗犷、豪放的性格相协调。“衣领高、帽有缨”，是裕固族服饰的一大特点，生活和文化传统形成了服饰上的审美标准，服饰的样式、色彩、刺绣图案、花纹都按其民族习惯形成并代代相传。

裕固族妇女的帽子特点非常鲜明。裕固族有一种帽子是尖顶，帽檐后部卷起，用白色绵羊羔毛擀制而成，宽檐上镶有一道黑边，内镶狗牙花边并用各色丝线绲边，帽筒的前部有一块刺绣精致的图案。还有一种是大圆顶帽，形似礼帽，顶比礼帽细而高，是用芨芨草杆和羊毛线编织成坯，用红布缝帽里，白布缝帽面，帽檐缝黑边或镶花边。不论是尖顶还是大圆顶，帽顶都用红线缝成帽缨。裕固族妇女的帽子，是少女和已婚妇女的区别标志，少女到了成婚年龄，举行出嫁戴头面仪式时才能戴帽子，表示已婚（图1-54、图1-55）。

裕固族的女孩子三岁剃头时，要把头顶和两边的头发全部剃掉，只保留后脑勺的一片头发，将头发和串有珊瑚珠的丝线编成一条辫子，辫梢垂线穗被塞到背后的腰带里。两鬓的头发随着年岁的增长每年多保留一部分逐渐编入小辫，一直到十三四岁时，留出满头秀发。这时前额要戴“沙日达升戈”，即在一长条红布上，用各色珊瑚珠缀成美丽的图案，做成一条约10厘米宽的长带，带的下缘用红色或红、白两色小珠子串成很多穗子，把带子从前额缠过系到脑后，穗子像珠帘一样齐眉垂在姑娘的前额。身穿类似大人的小袍褂，腰束彩色腰带，胸前戴“舜尕尔”，背后带“曲外代尕”，即用红布做成的两块长方形硬布牌，上缀有鱼骨做的圆块、各色珊瑚珠组成的图案，下边有红色线穗，并用各色珊瑚、玛瑙、玉石珠串成的珠链把两块布牌连起来，戴在脖子上，分别垂挂在胸前和背后。

在婚礼戴头面仪式上，姑娘便换下少女的服装，开始穿上新婚礼服。而妇女则身穿高领偏襟长袍，按季节分为夹棉和皮衣，衣领高齐耳根，衣领外面边缘用各色丝线上劲合股，模仿天上的彩虹，用赤、橙、黄、绿、青、蓝、紫等七色或九色、十三色，精心盘绣成波浪形、三角形、菱形、长方形等几何图案。袍子一

图1-54 裕固族妇女服饰（甘肃肃南县）

图1-55 裕固族少女服饰（甘肃肃南县）

般用绿色或蓝色布料制作，下摆两边开衩，大襟上部、下摆、衣衩边缘都镶有云字花边。腰扎桃红色或绿色腰带，腰带右下方挂红、绿或天蓝色的正方形绸帕，少则两块，多则四块。腰带上还佩挂长约10厘米小腰刀，刀鞘上饰有精美的刺绣图案和红缨穗。大襟衣扣上挂有刺绣的荷包和针扎。

“红缨帽”“头面”和“辫套”使裕固女子的服饰与众不同。有的裕固族女子服饰极为华丽。长袍外套穿鲜艳的彩缎高领坎肩，两条“头面”垂至长袍下摆处。妇女长袍上面一般要罩一件高领偏襟坎肩，用料考究，做工精细，华丽大方，一般都用红色、紫色缎子缝制，下摆左右开衩，镶上彩色丝绸花边，后背从左肩到右肩镶一道半圆形花边，或者衣领用彩色丝线盘绣，偏襟边缘上到领口、下到腋下绣上各种动物花边。

裕固族妇女过去在日常生活中很少穿鞋，夏天放牧、挤奶时常打赤脚，冬天穿一种前面尖而翘的皮靴。逢年过节和有重大喜庆活动时，则穿一种尖鼻子软腰绣花鞋，这是一种布靴，鞋帮上绣花草、小鹿、小羊等动物图案。

裕固族男子服饰也有独特的地方，头戴金边白毡帽，帽檐后边卷起，形成后高前低的扇面状。帽檐镶黑边，帽顶多在蓝缎上用金线织成圆形或八角形图案。身穿大领偏襟长袍，过去富裕人家多用布、绸、缎等面料缝制，穷人家把白羊毛捻成毛线并织成白褐子来缝制。冬天，富裕人家男人多穿用绸缎或布料做面子的皮袍，穷人家只能穿没有布面的白板皮袄。

男子一般都系大红腰带，腰带上挂腰刀、火镰、鼻烟壶。不论单、棉服，衣襟都用彩色布条和织金缎镶边，富裕人家也有用水獭皮镶外边的。单、夹袍下摆左右开衩，在衣衩和下摆处镶边。上了年纪的老人，腰间要挂香牛皮缝制的烟荷包，荷包呈长脖子大肚皮的花瓶状，底部垂红缨穗，荷包上还带有弩烟针和铜火盅。旱烟锅多是长约33厘米的乌木杆，两头分别装上玉石、玛瑙烟嘴和青铜、黄铜烟锅头，总长66厘米左右，平时从脖子后面插入衣领，烟嘴露在外面。裕固族男子，逢年过节或重大活动，要在长袍上面罩一件青色长袖短褂，左右开小衩。男子下穿单裤，冬季脚穿用牛皮制成的高腰尖鼻的皮靴，内穿毛袜。明花区男子也穿手工制作的双鼻梁圆头高腰布靴，靴帮多用青布，上面纳白线转云字图案。

## ❷ 锡伯族

锡伯族主要聚居在察布察尔地区，生活习俗方面保持着较多的民族特色。传统的锡伯族男装为大襟长袍和对襟短袄，腰系宽带，外罩坎肩，头戴圆顶礼帽，脚穿长筒皮靴，服装兼有满族、蒙古族服饰的特点（图1-56）。女子穿长衫，外罩齐腰小坎肩，衣襟、袖口、领口、下摆多有边饰。头饰与蒙古族相似，年轻女子的头箍上缀有银币、贝壳、宝石和金花银饰（图1-57）。

图1-56　锡伯族老年人服饰（新疆察布察尔县）

图1-57　锡伯族男女服饰（新疆察布察尔县）

## ❸ 维吾尔族

维吾尔族服饰款式简洁，纹饰多样，色彩鲜明，图案古朴，工艺精湛，其发展演变规律清楚，有些服饰款式与新疆出土文物颇为相似，体现了一个地区、一个文化的历史积淀，又具有鲜明的民族文化特色，可从中窥见民族服饰的传承性与地域性的习俗。

维吾尔族帽类及头饰种类很多，传统帽子主要有皮帽和花帽两大类。皮帽主要用于御寒，大多用羊皮制作，也有狐狸皮、兔皮、旱獭[1]皮、海獭[2]皮、貂[3]皮

---

❶ 旱獭：全部列入《世界自然保护联盟》（IUCN）2016年濒危物种红色名录 ver 3.1。——出版者注

❷ 海獭：列入《世界自然保护联盟》（IUCN）2015年濒危物种红色名录ver 3.1——濒危（EN）。亚种“加州海獭”列入《华盛顿公约》CITES 附录Ⅰ级，其余两个亚种列入“CITES 附录Ⅱ级”保护动物。——出版者注

❸ 宠物貂，如安格鲁貂和玛雪儿貂实际上是鼬。但野生貂，为十分濒危的动物。紫貂现已被列为一级保护动物，严禁捕猎紫貂。——出版者注

等。花帽的图案与纹样千变万化，不同的样式、花纹与图案也与各自的地域环境有关，各地的花帽，都具有明显的地方特色。

维吾尔族的服装一般都比较宽松。男装比较简单，主要有长外衣、长袍、短袄、上衣、衬衣、腰巾等（图1-58~图1-60）。这些衣服多用黑、白布料或蓝、灰、白、黑等各种本色团花绸缎料等制作。维吾尔族将外衣统称为袷袢，喜用彩色条状绸作面料，这种名为“切克曼”的传统衣料深受欢迎，其次是“拜合散”，它织造细密，质地轻软，也是缝制“袷袢”的好面料。

老年人的袷袢则以黑色、深褐色等布料裁制，显得古朴大方。下身多着青色长裤，长及脚面。讲究的男裤常在裤角边装饰花纹，多以植物的茎、蔓、枝藤组成连续性纹饰，显得雅致美观。过去富有的人还在袷袢外再穿长袍。

维吾尔族妇女爱穿裙装，喜用鲜艳的丝绸或毛料裁制，常见的有红、绿、金黄等颜色，常用“艾德莱斯绸”缝制连衣裙，富有独特的民族风格。每逢假日或喜庆佳节，随处都可见到身穿不同花色、纹样的艾德莱斯绸缝制的花裙。丝绸的花纹如彩云飘飞，色泽浓郁，明艳华丽，维吾尔人誉称它“玉波甫能卡那提古丽”，即给人们带来春天气息、美好的祝福之意。维吾尔族妇女在连衣裙外面大多穿外衣或坎肩，裙子里面穿长裤，裤子多用彩色印花布料或彩绸缝制（图1-61~图1-63），并在裤角绣上一些花纹。

女装样式很多，主要有长外衣、短外衣、坎肩、背心、衬衣、长裤、裙子等。妇女的长外衣主要有合领、直领两种，衣服上缀有铜、银、金质圆球形、圆片形、橄榄形扣襻，讲究的在衣领、袖口等处绣花。年轻妇女服装喜用红、绿、紫等鲜艳的颜色，老年妇女喜欢用黑、蓝、墨绿等团花、散花绸缎或布料制衣。女式短外衣有对襟短上衣、右衽短上衣、半开右衽短上衣三种。

维吾尔族传统男装为内穿贯头式衬衣，领和胸襟挑绣几何纹，外套对襟长袍“袷袢”，腰系一条花巾，下穿长裤，长筒皮靴，靴上插一把“英吉沙”小刀。头戴四方花帽。旧时的金银线盘绣的盛装“袷袢”极为华丽，款式为平面结构式，具有典型的东方服饰特色。于田、和田、民丰、且未一带的维吾尔族妇女服饰与众不同，最有特色之处是戴在头上的小帽，维吾尔族语称作“塔里拜克”。这种小帽仅酒杯大小，帽顶用彩缎或白色羔皮制作，帽身用珍珠般的卷毛黑羔皮制作，

图1-58　喀什集市上的维吾尔族男子日常装（新疆喀什市）

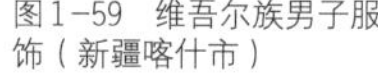

图1-59　维吾尔族男子服饰（新疆喀什市）

图1-60　维吾尔族旧时贵族男子盛装（新疆乌鲁木齐市）

图1-61　维吾尔族已婚妇女服饰（新疆于田县）

图1-62　维吾尔族女子服饰（新疆喀什市）

图1-63　维吾尔族传统贵妇长袍（新疆乌鲁木齐市）

小巧玲珑。维吾尔族贵族妇女的绣花长袍，款式和装饰受清代旗袍影响，绣工十分精细。

### ④ 哈萨克族

哈萨克族在历史上过着逐水草而居的游牧生活，因而其服饰带有浓郁的山地草原畜牧文化的特征，便于骑乘，不同地区和部落的衣饰有一定的差异。民族服装多用羊皮、狐狸皮、鹿皮、狼皮等制作，牧民主要用牲畜的皮毛作为衣服原料。哈萨克族男子喜欢穿棉毛衣裤，喜欢以条绒、华达呢等作衣料，颜色上多选用黑色、咖啡色等深色。冬季主要穿皮大衣、皮裤，选材以羊皮为主，也有用狼皮、狐狸皮或其他珍贵兽皮的。为了便于上、下马，裤子用羊皮缝制成大裆裤，宽大结实，经久耐磨。男子内穿套头式高领衬衣，青年人的衣领上多刺绣有彩色图案，套西式背心，外穿布面或毛皮大衣。

冬春季的帽子有“吐马克”或“库拉帕热”两种。“吐马克”是用狐狸皮或羊羔皮做的尖顶四棱形帽，左右有两个耳扇，后面有一个长尾扇，帽顶有四个棱，顶上还饰有猫头鹰毛。“库拉帕热”则形似圆锥体，内缝狐皮或黑羊羔皮，外面饰以色彩艳丽的绸缎，美观实用。这两种帽子可以遮风雪、避寒气。夏秋季的帽子是用羊羔毛制作的白毡帽，帽的翻边分为两瓣，用黑平绒制作，这种帽既防雨又防暑，很有特色。

哈萨克族男子喜欢扎一条牛皮制成的腰带，腰带上镶嵌有金、银、宝石等各种装饰品，腰带右侧佩有精美的刀鞘，内插腰刀，以备随时使用。

哈萨克族男子的鞋、靴比较讲究，多用皮革制成，根据游牧中不同的需要制成不同的种类。打猎时的靴子后跟很低，轻便柔软、易行，不易为猎物察觉。长筒靴子有高跟，长及膝盖，全牛皮制成，在靴底上钉上铁掌，结实耐用。穿长筒靴时，常穿毡袜，袜口用绒布镶边，十分美观。软鞋子，顾名思义为软皮制作，没有高后跟，往往和套鞋一起使用。在牧区，套鞋使用比较广泛，套鞋既能保护软鞋不受雨雪侵蚀，同时进帐篷时只需脱去套鞋即可，十分方便。

哈萨克族女子的服饰种类很多，她们根据年龄选择不同的样式。她们喜用白、红、绿、淡蓝色的绸缎、花布、毛纺织品等为原料制作连衣裙，年轻姑娘和少妇穿袖子有绣花、下摆有多层荷叶边的连衣裙，夏季外穿坎肩或短上衣，冬季外罩棉衣，外出时穿棉大衣。中年妇女夏季喜欢穿半袖长襟袷袢和坎肩，坎肩的胸前下摆用彩绒绣边，两边有口袋，冬季喜穿用羊羔皮裁制的、布面的“衣什克”，或穿绣有图案、罩以绸缎面“库鲁”（皮大衣）等（图1-64）。哈萨克族妇女的鞋、靴也有多种样式，通常穿皮靴加套靴，较为讲究的还要在袜子上绣花，在套鞋上进行一番装饰。

不同地区和部落的衣饰有一定差异（图1-65、图1-66）。哈萨克族男子冬天穿结实的冬羊皮大氅，不挂布面；腰束镶有金属花饰的皮带，右侧佩小刀。裤子也多用羊皮缝制，镶有花纹。还有一种用驼毛絮里的大衣，称为“库普”。哈萨克族年轻女子穿紧身连衣裙，裙下摆和袖口饰有三层飞边皱褶，外穿一件镶绣精美的小坎肩，中老年妇女穿对襟长衫。

图1-64　哈萨克族妇女、儿童服饰（新疆木垒县）

图1-65　哈萨克族男子服饰（新疆阿勒泰县）

图1-66　哈萨克族男子服饰（新疆伊犁州）

## 5 塔吉克族

塔吉克族服饰习俗与他们生活的环境有密切关系。塔吉克人长年生活在帕米尔高原，那里是高寒地区，他们的服装主要以棉衣、皮衣和夹衣为主。塔吉克男子的传统装束为贯头式绣花衬衫和绣花坎肩，扎腰带，着长裤，裤脚两侧开衩，饰有花边，足蹬长靴，头戴黑绒面羔皮圆筒帽。冬天穿对襟无纽棉袍或皮大氅（图1–67、图1–68）。袷袢的腰间还要系一块三角形的腰巾，腰巾上也绣有花纹和图案，裤脚两侧开衩。服装颜色多为黑色、白色和蓝色。脚上穿牛皮乔鲁克靴，看起来很英武。

塔吉克族人青年女子外套一件绣有花边的对襟无领长衫，已婚妇女身后系一条彩色绣花围腰。头戴绣花小帽，披一块大方巾，脚穿绣花毡袜和皮制尖头绣花软底靴。塔吉克族妇女善绣，服饰刺绣十分精美（图1–69）。

体魄健壮的塔吉克族青年与老人，都有一套优质的皮装。夏季，为适应高山多变的气候，也穿皮装或絮驼毛大衣。另外还有一种染成红色的翘尖长筒皮靴，尖头，鞋帮是羊皮制成的，牦牛皮作底，制作讲究，舒适保暖，男女冬夏都可以穿。

塔吉克族男子戴黑色棉绒布高顶圆形帽，塔吉克语称之为“吐马克帽”。吐马克是塔吉克族男人的一个重要标志，男孩子也戴吐马克。“塔吉克”据说是“皇冠”的意思，人人戴帽是对先人的尊敬和纪念，所以延续下来成为人们的一种习俗。吐马克的里子是用黑羔皮做的，十分保暖，皮帽的顶部和四周是用绒布，帽顶上用红线绣有一圈一圈的花纹，做工十分考究。老年人和青年人的皮帽在选用绸料颜色和花纹方面有所不同。小孩的皮帽用白色丝绸作面，里面仍然是羔皮。无论哪种皮帽，帽檐都可以放下来，天冷时，帽檐可护住脖子。

图1–67　穿皮大氅的塔吉克族男子正面（新疆塔什库尔干县）

图1–68　穿皮大氅的塔吉克族男子背面（新疆塔什库尔干县）

图1–69　塔吉克族女子日常服饰（新疆塔什库尔干县）

塔吉克族妇女肤色白皙，俏丽健美，一年四季都喜欢穿连衣裙，其裙边、领口、袖口上绣有美丽的花纹。老年妇女一般穿蓝、绿花色的连衣裙，年轻妇女和姑娘则穿红、黄花色的连衣裙。冷天外罩大衣，戴圆顶绣花棉帽，外出时再披上方形大头巾，颜色多为白色，新娘则一定要用红色。年轻妇女一般都穿衬衣，紧腿小口长裤，外套连衣裙，夏季在裙外加一个背心，冬天外面罩一件棉袷袢。女帽的前檐垂饰一排色彩鲜艳的串珠或小银链（图1–70）。

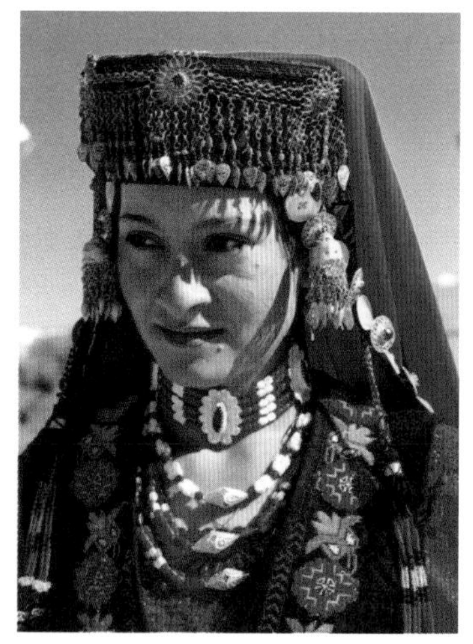

图1–70　新疆塔吉克族女子盛装服饰（新疆塔什库尔干县）

塔吉克族妇女的头饰和帽也十分讲究，无论是小姑娘或已婚的妇女，都讲究佩戴首饰，她们身后的长辫子上缀串珠、银元扣、宝石等，光彩夺目。塔吉克族女性的首饰硕大，有的老年妇女在胸前佩戴“阿勒卡”圆形大银饰，直径约有十几厘米，格外引人注目。

## 6 柯尔克孜族

柯尔克孜族男子传统服饰为白色绣花边贯头衫，外套对襟无纽扣绣花短衣，系腰带，下着绣花长裤、长筒皮靴。首服为翻檐毡帽，帽顶白色，以十字纹为饰；帽檐黑色，檐边翻卷。天寒时套穿羊皮袷袢（图1–71）。柯尔克孜族女装有上衣下裳和连衣裙两种，连衣裙外套一件精美小坎肩。盛装时戴丝绒圆顶帽或饰有珠子、缨穗、羽毛的水獭皮帽。牧区妇女的大包头是极有特色的，尤其是新娘的包头，用绣花帕层层缠绕并佩戴金银、珠宝、珊瑚等华丽头饰，十分漂亮（图1–72）。

柯尔克孜族男子上身穿白色绣花边的圆领衬衫，袖口紧束，外套坎肩，颜色多为黑、灰、蓝三色，外出时穿用羊皮或黑、蓝色棉布做成的无领对襟长衣“袷袢”（也有用驼毛织成的），袖口多用黑布缘边，称“托克切克满”；亦有穿皮衣的，称“衣切克”，系皮腰带，带上拴小刀、打火石等物，下穿布制或皮制长裤。还有一种竖领、对襟的短上衣也是牧民常穿的，同时下身穿宽脚裤，高筒靴，有的还用牛皮裹上，称为“巧考依”鞋。

图1-71　柯尔克孜族男子传统装（新疆喀什市）

图1-72　牧场上的柯尔克孜族妇女和儿童（新疆阿克陶县）

柯尔克孜族男子一年四季最常戴用羊毛制作的白毡帽（恰尔帕克），这也是从服饰上识别柯尔克孜族最鲜明的标志。帽子里面的下檐镶有黑布或黑色平线，向上翻卷，露出黑边，有左右开口或不开口之分，也有圆顶和方顶之分，帽顶有珠、穗等饰物。柯尔克孜族人非常珍惜它，将其奉为“圣帽”。平日不用时，把它挂在高处或放在被褥、枕头等上面，不能随便抛扔，更不能用脚踩踏，也不能用它来开玩笑。

妇女四季常戴被称为“塔克西”的红色丝绒圆顶小帽或顶系珠子、缨穗、羽毛的大红色水獭皮帽，多系红、绿头巾。另一种帽子叫“艾力其克”，镶有装饰品和刺绣，戴这种帽子时，里面要戴绣花软帽。冬季，男子戴羊羔皮或狐狸皮做的卷檐圆形帽子“台别太依”，姑娘则戴以水獭皮或白羊皮制作的皮帽“昆都孜”。此外，不论老少，四季都可以戴绿、红、蓝或黑色丝绒圆顶小帽“托甫”，外加高顶卷檐皮帽或毡帽。

柯尔克孜族妇女衣服的色彩以红、蓝、白为主，领、袖、前胸等处多绣有精美的几何图案。衬衫宽大无领，长度不超过膝盖，对襟镶嵌银扣，多褶的长裙下端镶皮毛。也有的穿连衣裙，裙子下端带褶裥，外套黑色坎肩或“袷袢”。青年女子穿红色连衣裙，老年妇女尚白色。

妇女的头饰很复杂，未婚女子梳许多小辫，婚后改扎两辫，用“绣花布条”绑扎发辫，辫梢系银链或圆形银质小钱、钥匙等，再用珠链将发辫连结在一起。柯尔克孜族不论男女，都喜欢佩戴银质的装饰品。

妇女喜戴银质耳环、项链、戒指、手镯等，有的地方还佩戴铸有花纹的银质胸饰。男子除戴戒指外，还在腰带上镶嵌金银饰物。此外，额敏县信仰藏传佛教的柯尔克孜族老人穿蒙古式的大红袍子。

## 7 俄罗斯族

我国俄罗斯族是近代由俄国迁徙到新疆伊犁州伊宁市生活居住。

俄罗斯族的服饰丰富多彩，在不同季节里，选择不同颜色、不同款式的衣着，尤其是青年人，爱穿各种时装。男子夏季多穿长及膝盖的套头白色丝绸衬衫、长裤，腰扎带子。春秋季节，外穿茶色或铁灰色粗呢上衣，佩戴各色领带，有时穿皮夹克、短上衣；也有少数人穿白色、宽袖口的绣花衬衫和灯笼裤，头戴八角帽（图1–73）。冬季穿翻领皮大衣或棉衣，戴羊皮剪绒皮帽，穿高筒皮靴或毡靴，喜庆节日爱穿彩色衬衣。

俄罗斯族妇女无论老幼都穿裙子，而不单穿长裤（图1–74）。妇女夏季多穿淡色、短袖、半开胸、卡腰式、大摆绣花或印花的连衣裙。春秋季节穿粗布衬衣，外套无袖、高腰身的对襟长袍，下穿毛织长裙；或穿西服上衣、西服裙。冬季穿裙子，外套半长皮大衣，脚穿高筒皮靴，头戴毛织大头巾。青年女子裙长及膝，一般

图1–73　俄罗斯族男子传统服饰（新疆伊宁市）

图1–74　俄罗斯族少女（新疆伊宁市）

用浅淡色调的花布制作，衣裾边缘都装饰有蕾丝。中老年女子穿长至脚面的连衣裙，头戴色彩鲜艳的呢礼帽，上面插着羽毛做装饰。

少女梳独辫，把彩色发带和小玻璃球编在辫子里，头发可外露。已婚妇女则梳两条辫子，盘于头顶，再用头巾或帽子罩上。

老年人的衣着保持了传统的款式。男子大多穿制服、马裤、皮靴或皮鞋，也有穿分衩长袍、大裆长裤的。妇女大多穿无领绣花短衣，下穿自织的棉布长裙，腰系一条花布带，也有穿连衣裙的。男女衬衫的衣领、袖口和前胸等部位刺绣精美细密的几何图案或花草图案，色彩鲜艳，对比强烈。男女都穿毡靴、皮靴和皮鞋。

## 8 回族

回族主要聚居在我国西北部地区，因信仰伊斯兰教，回族服装色彩崇尚黑白色，男子戴白色软帽，穿白布对襟上衣、黑色中式长裤，套黑坎肩。阿訇的装束与阿拉伯人服饰相似，穿宽大长衫，包白色头帕。按照穆斯林的习俗，只有男子才能进入礼拜堂，其头戴白帽，身着黑衣，庄重肃穆（图1–75）。回族女子传统装束为素色右衽大襟或对襟长衫，领口、衣襟、下摆都饰有绲边，下穿蓝色或黑色长裤，衣装不尚花饰。盖头是回族妇女装束的显著标志。回族传统新娘服饰充分体现了回族崇尚黑白色的习俗。新娘头戴黑绒圆帽，饰玉石头花，身着白衣黑裤，十分素雅（图1–76）。回族穆斯林也喜爱蓝色和绿色，蓝、绿色象征着水，是生命之源，故回族年轻女子日常戴蓝、绿色盖头。

回族服饰的主要标志在头部。男子戴白布制作的圆形软帽，圆帽分两种，一种是平顶的（图1–77），一种是六棱形的。讲究的人，还在圆帽上刺绣精美的图案。女子戴盖头，未婚女子戴绿色盖头，显得清新秀丽；已婚妇女戴黑色盖头，显得庄重高雅；老年妇女戴白色盖头，显得洁净大方。盖头制作精美，大都选用丝、绸等高中档细料制作。在样式上，老年人的盖头较长，要披到背心处，少女和少妇的盖头比较短，前面遮住前颈即可。回族妇女还喜欢在盖头上嵌金边，刺绣风格素雅的花草图案，看上去清新、秀丽、明快、悦目。如今随着时代的发展，有些青年回族女性的盖头也有了一些样式、色彩上的变化，显得更加活泼和大方。

已婚妇女也有戴白色或黑色的带檐圆帽的习俗，圆帽分两种，一种是用白漂

图1-75　回族男子服饰（宁夏银川市）

图1-76　回族女子传统婚礼服（宁夏同心县）

图1-77　礼拜寺中的回族男子服饰（宁夏银川市）

布制成的，一种是用白线或黑色丝线织成的，织有秀美的几何图案。

回族妇女的传统服装样式都是大襟为主，虽然颜色素雅，装饰却很丰富。少女和年轻妇女的服装上饰有嵌线、镶色、绲边等，有的还在衣服的前襟处绣色彩鲜艳的小花。回族女子的传统花鞋在鞋头上绣花，袜子主要讲究遛跟和袜底，遛跟大都绣花草纹样，袜底多绣有各种几何图案。

回族人根据不同的季节，穿不同的坎肩，有夹的、棉的，还有皮的，既可当外套，又可穿在里面。皮坎肩选料颇讲究，要用胎皮和短毛羊皮，柔软平展，轻便保温，又不臃肿。

回族男子还喜欢随身佩带一把小刀，俗称腰刀。回族人挂腰刀，一是为了装饰，二是为了随时宰、救牲畜。这种习俗与唐代杜环记载的阿拉伯人"系银带、佩腰刀"的习俗是一样的，是从阿拉伯传入回族地区的，后来逐渐成为回族人的习惯。

回族女子从小就要扎耳眼，七八岁时开始戴耳环，同时还佩戴戒指、手镯。已婚妇女要经常开脸，有的还点额、用凤仙花染指甲等。

回族无论男女老少都备有节日服装，经常礼拜的人，还专门有一套礼拜服。[1]

## ⑨ 撒拉族

撒拉族初居青海循化时，其服饰尚保留着中亚风格，男子头戴卷檐羔皮帽，脚

[1] 束锡红：《宁夏回族文化图史》，宁夏人民出版社，2008年。

图1-78　撒拉族少女服饰（青海循化县）

图1-79　留大胡须的撒拉族阿訇（青海循化县）

穿半腰皮靴，身着“袷木夹”（类似维吾尔族的袷袢），腰系红绫布。妇女头戴赤青的缫丝头巾。后来，由于自然环境与人文环境的变迁，撒拉族也逐渐“入乡随俗”。撒拉族服饰有两方面的特点，既有伊斯兰教特色，又受回族、藏族、汉族等民族服饰的影响。总体上，撒拉族的服饰与回族相似，区别在于撒拉族上衣较为宽大，腰系布带，富裕人家系绸缎带。男子头戴黑色或白色的六牙帽或平顶圆帽，脚穿平底布鞋。老年人则大多穿长衫，做礼拜时头缠“达斯达尔”。在服装色彩上，男子以白、黑色为主，忌讳红、黄色及花色繁缛的服饰。妇女除了参加宗教仪式的场合外，则衣裤色彩鲜艳，外套黑或紫色的坎肩，显得妩媚俊俏。中年妇女的衣服极长，裤脚拖地，脚穿绣花翘尖的“姑姑鞋”。其制作精巧，鞋面鞋帮都绣有花卉图案，鞋尖翘起，上勾，并缀以丝穗。鞋底分厚薄两种，用细麻线密纳，式样美观，穿着舒适，平稳轻巧。相比宁夏甘肃一带信仰伊斯兰教的少数民族，撒拉族的服饰色彩是相对艳丽的（图1-78）。妇女爱戴耳坠、手镯、戒指。20世纪20年代以来，妇女沿用回族妇女的“盖头”。

撒拉族女子穿右衽大襟上衣，外套坎肩下着长裤，戴盖头，衣色较为鲜艳。无论男女上衣皆长于坎肩，以露出衣襟为美。女子坎肩做工精美，造型小巧。撒拉族、东乡族和信仰伊斯兰教的其他民族一样，中老年男子喜欢留大胡须，他们十分讲究胡须的样式和整洁，并以此作为美饰和民族的标识（图1-79）。

## ⑩ 塔塔尔族

我国的塔塔尔族是近代由俄国陆续迁至新疆地区的。塔塔尔族的男子服饰与维吾尔族相似，通常内穿套头、宽袖、绣花边的白衬衣，腰系三角绣花巾，外套齐腰的黑色坎肩或黑色“袷袢”，背心和长衫均用淡黄色金线镶边。多数男子穿黑色长裤，腰系绸缎或织锦腰带。青年人的腰带色彩艳丽，中年人的腰带色彩较淡雅，冬季穿皮棉大衣。

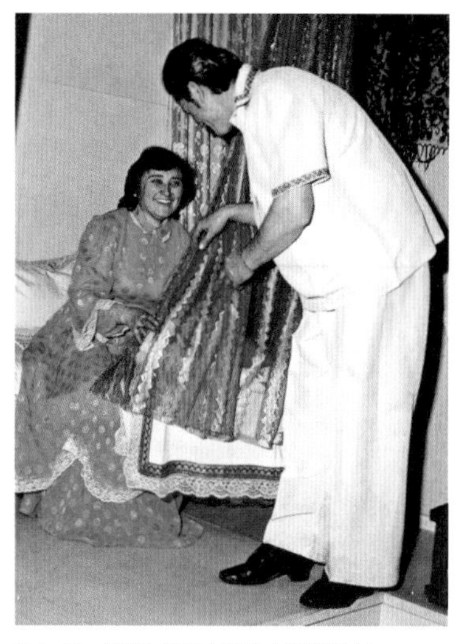

图1-80 塔塔尔族男女服饰（新疆塔城）

塔塔尔族妇女的服饰艳丽大方，接近欧洲民间服饰。上穿窄袖花边短衫，下着褶边长裙，或穿宽大荷叶边的连衣裙（图1-80），颜色以黄、白、紫红色居多，外套西服上衣或绣花紧身深色小坎肩，头上纱巾系向脑后打结，腰间一条绣花小围裙。脚穿长筒袜、皮鞋。耳环、手镯、戒指、项链、领口上的别针，是女子通常的装饰品。牧区妇女喜欢把银质或镍质的货币钉在衣服上。

塔塔尔族无论男女都喜欢戴帽，并把戴帽看作是一种礼节，请客、做客、送葬、礼拜、聚会都要戴帽子。帽子分男式和女式两种。男子喜欢戴绣花小帽和圆形平顶丝绒花帽，多用深黑、墨绿、淡绿色绸缎或平绒作面，用淡黄色、金黄色金丝线绣花；也有不绣花的枣红面黑帽檐的单帽。冬季戴黑色羔皮帽，帽檐上卷。女式帽子大多用深红、淡红、紫红的金丝绒，面用咖啡色或棕色平绒，帽檐用白色或乳白色金丝绣花。冬季则戴一种黑色卷毛皮帽。女子喜欢戴镶有珍珠的小花帽，有的还喜欢再加上一块大头巾。

塔塔尔族男女皆穿皮鞋或长筒皮靴，女子喜爱“喀以喀”花皮鞋。大多数人都有穿套鞋的习惯，尤其是下雨天或下雪天，一般都在皮鞋外再套一双胶鞋。穿套鞋既保暖，又可保护皮鞋。进屋前，把套鞋脱下放在门外，可避免把泥土或雪带进屋。

## ⑪ 东乡族

东乡族信奉伊斯兰教，在生活习俗上与西北地区回族相似，服饰上也带有回族的特点，颜色素净，多用青、蓝色或藏青色布制成，少女也有着红、绿色者。东乡族男子多穿宽大长袍，束腰带，挂腰刀、烟荷包。妇女多穿圆领、大襟、宽袖的绣花上装，下穿套裤，裤筒后面开小衩，裤筒、裤脚有镶或绣的花边，喜庆节日则穿绣花裙，高跟绣花鞋。

女孩子年幼时头发周围剃一圈，中间平分梳着两条小辫，8岁开始留发，梳成一条辫子。妇女在家戴绣着花纹的便帽，外出戴遮住全部头发的丝绸盖头。少女和新婚者戴绿色盖头，婚后及中年妇女戴黑色，老年妇女戴白色。妇女的首饰以银质耳环和手镯以及玛瑙珠子为主。东乡族妇女所穿袜子由黑布缝制而成，鞋子也以蓝黑色居多。年轻女子多在鞋头上绣上一些花朵。较早时期，妇女还喜爱高约7厘米的木底黑跟鞋。

男子多穿短衫和深色坎肩，下穿及踝长裤，冬天穿山羊皮袄，在袖口处缝有黑色或红色的宽边，平时还穿毛织的褐衣，所穿的袜子是布缝的套袜。鞋是自家做的布鞋、麻鞋，麻鞋用晒干的胡麻草编织而成。还有用牛羊皮自制的皮鞋，叫"杭其"，鞋掌鞋帮用一张整皮子缝制，冬天里面填草末，用来暖脚。

男子喜戴号帽。号帽是一种平顶软帽，有黑、白两色，多用布缝制，有钱的人家用绸缎缝制或用线织成。黑色多是夹帽，白色多是单帽。伊斯兰教有老教和新教之分，老教的黑色号帽帽顶用六块布缝制而成，新教的帽顶则用整块布缝成。号帽不大，仅可覆盖头顶。

"仲白"是东乡族男子喜穿的一种礼服。"仲白"的样式是一种小翻领对襟长衫式的外套，用黑色、灰色或白色布料缝制而成。人们穿上仲白，会给人一种庄严朴素之感。由于仲白是上清真寺聚礼和婚嫁、丧礼或探亲访友时的礼服，必须经常保持洁净，若不慎被秽物污染，要立即清洗干净。

中老年人到清真寺做礼拜，一般头上爱戴一种名叫"台丝达日"的缠巾，通常用白纱、黄纱或白绸、黄绸制成。青年妇女头戴黑色"昂处"（一种帽子），其特点是帽子的后面留有一个束口，帽檐上穿着一根丝线，丝线两头挽有丝穗，戴上帽子，束好束口，然后再把穗子别在两鬓。

东乡族是古老的游牧民族，羊毛制成的褐褂曾非常普遍。褐褂是用东乡族自制的褐子缝制而成。褐子有深棕、米黄、黑、白四色，都是羊毛的本色，坚固耐用。褐褂分长、短两种，短褐褂一般在日常生活劳动时穿用，长褐褂则在探亲访友或上清真寺做礼拜时穿用。20世纪60年代，褐褂的式样改变为时尚的中山装了。

古时东乡族妇女的上衣流行假袖，在肘到袖口间，用红、绿、蓝各色布缝成数段，并在假袖各段上绣上花边。这样，一方面看起来美观，另一方面使人有穿着数件衣服的感觉。20世纪40年代，妇女服饰发生了较大的变化，服装颜色趋向单一（图1-81）。

传说东乡族的先民为蒙古人，故21世纪初东乡族男子仍身着蒙古袍服与佩饰，后改为头戴白色软帽身穿白色对襟衣，外套黑坎肩，装束颇似回族，一些男子腰间横系三角花巾，又似维吾尔族（图1-82）。妇女服饰也类似回族，如盖头、大襟衣、长裤、布鞋等，但未婚女子的折子帽和坎肩颇有本民族服饰特色。

图1-81 东乡族女子服饰（甘肃临夏州康乐县）

图1-82 东乡族男子服饰（甘肃东乡族自治县）

## ⑫ 乌孜别克族

我国乌孜别克族于16～17世纪由中亚地区迁入新疆各地，散居于城镇地区，服饰习俗与维吾尔族相似。男子穿斜领长袍，无纽扣，腰间系三角形绣花腰带，衬衣的领边、前襟和袖口都绣有彩色花边，头戴小花帽，脚穿皮靴（图1-83、图1-84）。女子穿艾德莱斯绸宽松式连衣裙，外套西服上衣戴小花帽，披绣花头巾。乌孜别克族妇女以善于刺绣和镂空著称，传统袍服刺绣精美，东方色彩浓郁（图1-85）。

图1-83　乌孜别克族男子服饰（新疆伊宁市）

图1-84　身着传统服装的乌孜别克族男孩（新疆伊宁市）

图1-85　穿袍服的乌孜别克族妇女（新疆伊宁市）

乌孜别克族男子的传统服装是一种长度过膝的袍服。乌孜别克族长袍的布料十分讲究，过去多用一种质地厚软的绸料“伯克赛木绸”或金丝绒，现在也用各种质地优良的毛料。长袍有两种款式，一种为直领袷袢，在门襟、领边、袖口上绣花边，十分美观；另一种为斜领、右衽的长衣，无纽扣和口袋，长及膝盖，有的还饰花边，多用较厚实的绒、绸、棉布等缝制。腰束三角形的绣花腰带，一般年轻人的腰带色彩都很艳丽，所穿袍服领边、袖口、前襟开口处都绣着红、绿、蓝相间的彩色花边图案，表现了乌孜别克族工艺美术的特点。

老年人喜穿黑色长袍，腰带的颜色也偏于淡雅。坎肩无领、无袖、无扣，胸前绣上大朵带枝花。青年人的坎肩用鲜艳的颜色，如黄底蓝花等，老年人的坎肩则多用黑色。乌孜别克族男子夏季喜欢穿绸制的白色套头圆立领短袖衬衣，衬衣的领口、袖口和前襟开口用红、绿、蓝相间的丝线绣成各种几何纹等纹饰。春秋两季，穿长度超过膝盖的袷袢，腰束绸缎或棉布制成的三角形绣花腰带，冬天穿毛衣、毛裤、羊皮袄等。

妇女夏天穿丝绸衬衣，和开领、宽大多褶的“魁纳克”连衣裙等。老年妇女穿的连衣裙颜色单调，不束腰带，多穿黑、深绿、咖啡等色裙。青年妇女多穿黄色等艳丽色彩的连衣裙，胸前绣有各样的花纹和图案，并缀上五彩珠和亮片，有时在连衣裙的外面加上绣花衬衫、西服上衣或各种颜色坎肩，秀雅不俗，别具风采。

妇女穿的冬装除毛衣、毛裤、呢子大衣之外，还有昂贵的狐皮、水獭、旱獭等裘皮大衣，再穿上一双高筒皮靴，更显得气质高雅，雍容华贵。乌孜别克族妇女上衣款式独特，长度到大腿位置，无领、无袖、对襟，下摆的正中和正面两边都开衩，形成两片长襟，边缘绣花，美观大方。

乌孜别克族服饰以男女都戴各式各样的小花帽为特点。花帽为硬壳四棱形，还可以折叠。花帽布料通常为墨绿、黑色、白色、枣红色的金丝绒和灯芯绒，帽子顶端和四边镶有各种别具匠心的几何或花卉图案，做工精美，色彩鲜艳。著名的花帽种类有“托斯花帽”，也就是“巴旦木花帽”，绣有白色巴旦木图案，白花黑底，风格古朴；“塔什干花帽”，源出中亚塔什干，一般色彩鲜艳，对比强烈；“胡那拜小帽”，图案精美，久负盛名。

乌孜别克族对戴花帽十分讲究，戴法和维吾尔族有所不同。乌孜别克族花帽中红色和黄色花帽很少，青年人和老年人都爱戴巴旦木花帽，有时戴白色绣花的花帽。妇女戴花帽时，常在小帽外再罩上花色纱巾，别有一番风韵。过去，按宗教习惯，妇女外出要穿斗篷、戴面纱，现在这种情况已经很少见了。

乌孜别克族妇女，不论老幼，都梳着辫子，小孩梳许多小辫，妇女梳两根长辫。她们喜爱戴耳环、戒指、手镯、项链、发卡等首饰，每逢节日庆典、亲友欢聚，她们都要将首饰佩戴齐全，精心打扮，显得华贵典雅。今天，佩戴首饰已经成为乌孜别克族妇女礼仪文化中的一部分。

乌孜别克族男女，传统上都爱穿皮靴、皮鞋，长靴外面还常穿胶制浅口套鞋，进屋时脱下套鞋，就可以不把泥土带进屋内，十分卫生。妇女穿的“艾特克”靴，上面绣着各种图案，堪称做工精湛的手工艺品。

### ⑬ 保安族

保安族先民曾是元明时期在青海同仁一带屯军垦牧的蒙古人，经与回族、汉族、藏族、土族等的长期融合逐渐形成一个新的民族。保安族男女服饰均具有回族服饰特征。

保安族男子平时戴白色号帽，号帽加有星月图案彩带，既是宗教信仰符号，又是识别民族符号之一。身穿白色对襟衬衣，黑色坎肩，蓝色或灰色裤子（图1–86、

图1-86　保安族男子服饰（甘肃临夏市）

图1-87　田间休息的保安族群众（甘肃临夏市）

图1-87）。走亲访友或外出时，多穿中山服或军便服。遇有喜庆节日，则戴礼帽，穿翻领大襟长袍。长袍边缘用宽度不同的彩色布条、绸缎、氆氇等加边，并喜欢束红、绿、蓝等颜色的绸制长腰带，然后系上著名的“什样锦”“波日季”“鱼刀”等腰刀，长度一般大至三十多厘米，小到十多厘米，足蹬长筒马靴，显得十分威武而潇洒。

未婚女子多穿鲜艳的各色上衣，梳两条辫子，头戴细薄柔软透亮的绿绸盖头，或戴自制的绣花圆顶檐帽（圆形卷檐帽左边缝有绢花、吊穗），显得活泼俊俏。少妇以及中年妇女平时多戴白色卫生帽，头发盘起，藏于帽下，外出时则戴黑色盖头。老年妇女多着深色服饰，戴白盖头。保安族妇女身上穿老式大襟衣服，外套“坎肩”，下穿蓝色和黑色宽裆裤或直筒裤等。衣和裤边绣花，或以不同的绸缎加边，面料一般为平绒、灯芯绒或其他棉、毛呢等。遇到喜庆节日，妇女打扮十分俊俏，一般为苹果绿或粉红色的上衣，桃红色或紫红色的裤子。女性老少均佩戴金银耳环，手上戴镯子，脚穿圆口或偏带绣花鞋。

## 14 土族

土族妇女一般穿绣花小领斜襟“花袖衫”。花袖长衫外面套有黑色、紫红色或镶边的蓝色坎肩，腰系白褐或蓝绿布带，腰带的两头有花、鸟、虫、蝶、彩云刺

图1-88 土族妇女服饰（青海互助县）

绣或盘线的花纹图案。腰带上有罗藏和钱褡裢。罗藏，是用铜、银薄片制成，有兽头形、圆形、桃形等样式，其上有孔，一般用于系花手巾、小铃铛、针扎等什物，垂吊于腰带左侧。钱褡裢，一般为长约50厘米、宽13厘米的小袋，两端有绣花或盘线图案饰物。女式的钱褡裢由三块白底绣花条块缝合而成，下端连三绺彩线穗，用作钱袋和装饰品（图1-88）。下穿褶裙或裤子。有镶白边的绯红百褶裙，裙分左右两扇，形似蝴蝶两扇红翅膀。裤子膝下部分套着一节蓝色或黑色的裤筒，土族语称“帖弯”。土族妇女的金、银、铜制耳环多刻有花纹或镶有红珊瑚、绿宝石，下面还垂有五色珠，并在珠上缀挂穗子，其中最讲究的要数“上七下九”或“上五下七”的银耳坠。用数串五色瓷珠把耳环连在一起，珠串长长地垂在胸前，好似数条项链。喜庆节日或探亲访友时，还要在耳坠下吊一对“面古苏格”，即银耳坠，如铜钱大小，桃形，正面有刺绣图案，戴时用数串珍珠把两只“面古苏格”连起来，挂在额带上。土族妇女颈上所戴项圈称作“索尔”，用芨芨草扎成圆环，蒙上红布面，镶以铜钱大小的圆海螺片约二十枚即成。

土族妇女讲究头饰，在土语里，头饰叫“扭达”，式样复杂，各地不一样，有的叫“三叉”“干粮”“羊腔”“马鞍橇”等。[1]现在，繁多的头饰已经很少有人使用，而是简单方便。少女一般梳三根发辫，已婚者梳两根，末梢相连，以珊瑚、松石等缀饰，再戴上织锦毡帽，十分漂亮美观。

土族青壮年男子一般戴红缨帽和“鹰嘴啄食”毡帽。红缨帽，是一种织锦镶边的圆筒形毡帽，为土族语“加拉·莫立嘎”的意译，相传由清代朝帽演变而来，因红顶连一绺长约16.5厘米的红缨而得名。“鹰嘴啄食”毡帽，其样式为帽子的后檐向上翻，前檐向前展开。老年男子多戴礼帽。冬天戴皮帽，即用毛蓝布缝成喇叭口，喇叭口内缝以羊羔皮，可翻上或放下，帽顶上加有一颗核桃大的红绿线顶子。

---

[1] 邢海燕：《青海土族服饰中色彩语言的民俗符号解读》，《西北民族研究》2004年第4期。

土族男子多穿小领斜襟的长衫，袖口镶有黑边，胸前镶有一块边长约13厘米的方块彩色图案，还有的穿绣花领高约10厘米的白色短褂，天冷时在领子上衬以羊羔皮。外套黑色或紫红色坎肩，纽扣多用铜制。腰系花头腰带，为一块约4米长的窄幅蓝布或黑布，其两端缝上约17厘米长的绣有花卉盘线图案的接头。穿蓝色或黑色大裆裤，系两头绣花的白色长裤带和花围肚。小腿扎“黑虎下山”的绑腿带，扎腿时把黑色的一边放在上面，故称“黑虎下山”，这也是青年男女表示爱情的信物，象征忠贞不贰。足穿白袜或黑袜，鞋子为双楞子鞋和福盖地鞋。

冬天下雪时，男子一般穿大领白板皮袄，领口、大襟、下摆袖口都镶着约13厘米宽的边子。劳动时穿褐褂，其式样为小圆领、大襟，配以蓝布、黑布缘边，所用褐子由白色或杂色羊毛捻线自织而成。富裕人家的男子多穿绸袍及带有大襟的绸缎背心、马褂。民和县三川一带土族男子的衣着同汉族一样。同仁县五屯的土族男子服饰与藏族相同。

土族女子的服饰可分为两种，一是上穿彩条袖大襟袄，下着宽大多褶长裙，外罩大襟坎肩，腰系绣花宽带，脚蹬绣花长靴。二是身穿五彩袖长袍，外套黑色坎肩，腰系绣花长带，脚穿卷云纹绣花靴、鞋（图1-89、图1-90）。现今土族妇女头戴镶有

图1-89　土族女子服饰（青海互助县）

图1-90　土族女子的绣花鞋（青海互助县）

图1-91　土族男子服饰（青海互助县）

织锦边的翘檐毡帽，过去则戴各种“扭达”头饰。土族是一个讲究服饰色彩的民族，以服饰色彩艳丽著称。男女长袍均兼有蒙袍和藏袍的特点并施以丰富的刺绣，色彩鲜艳明快。被称为“彩虹衣”的五彩袖长袍从肩至袖口用红、绿、黑、黄、白五种颜色的绸布条镶接而成，红色象征太阳，绿色象征草原，黑色象征土地，黄色象征五谷，白色象征乳汁，寓意吉祥幸福。土族男子传统服饰为内穿绣花高领白色短褂，外套黑色或紫色斜襟无袖长袍，腰间系精美绣花腰带，带端垂吊在前，俗称“前搭子”。脚穿白布袜，蒙式皮靴，头戴圆顶翘檐毡帽（图1–91）。

## 第二节　南方少数民族服饰

如果说属于平原文化的北方各民族的服饰在丰富中趋于统一，那么属于山地文化的南方各民族的服饰则是多样化的。南方族系各民族的服装多为上衣下裙，但其服装的款式变化和装饰物之丰富可谓瑰丽多姿，这是山地文化特征所决定的。过去中国南方民族绝大部分居住于西南和中南地区广大的崇山峻岭中，绵延的山地，交通闭塞，加上农耕文化自给自足的生活方式，各民族各群落之间除了特定的婚姻联系及节日需要外，往往是山寨对峙，鸡犬之声相闻却不相往来。山地的自然阻隔和心理上的自我封闭，在很大程度上影响了各民族群体间的相互沟通，于是形成了文化地理上的错落分布。各民族间、民族支系间，服饰纷呈，语言难通，方圆百里，风俗颇异。这种封闭式的山地文化特征，使得许多南方民族的服饰至今仍然是特色各异。

## 一、西南地区少数民族服饰

### ❶ 藏族

藏族分布地域极为广阔，不同地区服饰各有特色。自然环境、民风民俗、生产方式、宗教信仰造就了各具特色的区域服饰、季节服饰、宗教服饰；历史、政治、宗教、经济决定了藏族服饰具有丰富的文化内涵、复杂的结构和多样的层次。

藏族主要居住在四川、西藏、青海、甘肃、云南五省区，分布地域非常广阔。各地区藏族服装的共同特点为宽袍长袖，其主要区别在于头饰。藏族头饰的种类极为丰富，每个地区都各有特色，以青海和四川藏族的头饰最为奇特华丽。康巴藏族男女头饰都非常丰富，也最为奇特华丽，甘孜州18个县，每个县的头饰都不同，当地有一首民歌是这样形容的：

“我虽不是德格人，德格装饰我知道。
德格装饰要我说，头顶珊瑚宝光耀。
我虽不是康定人，康定装饰我知道，
康定装饰要我说，红丝发辫头上抛。
我虽不是理塘人，理塘装饰我知道，
理塘装饰要我说，大小银盘头上套。
我虽不是巴塘人，巴塘装饰我知道，
巴塘装饰要我说，银丝须子额上交。”

藏族少女在父母眼中犹如公主一般，全家的财产都装饰在她的发辫上。红珊瑚、黄蜡玉、绿松石和各种银饰是藏族喜爱的饰物。

四川藏族男子服饰极为华丽，其身着镶饰豹皮的金花锦皮袍，佩戴的各种装饰品丝毫不比女子逊色。他们在长发中掺入牦牛尾，用绸带缠绕盘在头上并饰以松耳石、珊瑚、蜡玉等（图1-92、图1-93）。甘孜藏族的毡帽十分漂亮，服饰也很有特色。印花氆氇袍上的十字纹“加珞”反映出他们对太阳的崇拜。十字纹的

图1-92　藏族男子盛装（四川甘孜州）

图1-93　藏族男子服饰（四川甘孜州）

图1-94　戴毡帽的藏族女子（四川甘孜州）

组合构成美丽的图案寓意为慈善、爱护、与人为善。“加珞”是藏族的典型服饰纹样，常运用于藏袍和藏靴上（图1–94）。

白马藏族人居住在川甘交界的岷山之中，甘肃文县和四川平武县是白马人的主要聚居地，他们的装束在藏族中独树一帜。白马人的服装有冬夏之分，冬天黑衣黑裙，夏天白衣白裙，女子用宽大的毛织彩带束腰，髋部缠数匝古铜币，胸前佩戴鱼骨牌为饰（图1–95）。男子的饰物是精致的烟荷包、火镰和两条花带，花带用来系羊毛毡绑腿。白马藏族女子善于纺织，工艺原始，技艺却不凡。白马人夏季穿的白色麻布长衫和冬天穿的黑色氆氇袍均为自织自做。

图1-95　白马藏族女子服饰（四川平武县）

神秘古朴、沉郁斑斓的藏族服饰存在着显著的地域差异和农牧区之别。草地藏族牧民强悍勇敢，其服饰风格亦粗犷豪放，冬穿皮袍，夏着毪衫。皮袍有光板皮袍和绒布面皮袍两种，装饰简练。农区藏族服饰华丽，皮袍多用锦缎作面，兽皮镶边。妇女的长袍尤为考究，不但讲究色彩搭配，而且还镶饰名贵的水獭皮或兽皮。不同地区的藏袍可分为长袖袍、无袖袍、绸缎袍、光板袍、氆氇袍、布袍等，款式结构适合于高原气候昼夜温差变化大的特点，既能防寒，又能散热，实用功能很好。藏袍的共同点为宽大、斜襟、长袖，穿着时系腰带（图1–96 ~ 图1–99）。

藏族宗教服装是藏族服饰中重要的组成部分。喇嘛们身着红色僧服，头戴黄色僧帽，这种宽博雍容的独特装束令信徒肃然起敬。僧衣起源于印度，随着佛教的传入，僧衣也传入藏区。藏区喇嘛的衣物分为森（披单）、堆嘎（无袖坎肩）、夏木特（下衣裙）、汗衫、靴、才曲玛、法衣等，比丘僧另还有袈裟、唐奎（网格裙）。律经规定僧服不能配任何装饰物，僧服的颜色也指定为红、蓝、赤黄三种，因为僧服是用于区别外道、俗人的职业装，是用于提醒僧侣自己乃释迦牟尼追随者的佛衣。藏区僧帽依不同僧位或不同教派而各有区别。如象征佛法至高无上的班智达帽只能供大寺院的活佛、赤巴、堪布、上师戴用，它代表着最高地位。僧帽卓孜玛和卓鲁都形似鸡冠，二者的区别在于卓孜玛的冠穗是拢在一起的，卓鲁是散的。大小执事喇嘛戴卓孜玛，一般喇嘛则戴卓鲁（图1-100~图1-104）。

常见的藏族服装为上穿绸布长袖短褂，外着宽大的斜襟右衽长袍，男子系腰带，以腰刀为饰；女子系一条色彩瑰丽的围裙，男女均穿氆氇靴或牛皮靴（图1-105、图1-106）。藏族服装对其邻近的其他民族的服装有一定的影响，独龙族、土族、纳西族等民族的男子有穿藏式服装的习惯。

图1-96　农区藏族女子盛装（青海海南州）

图1-97　牧区藏族少女服饰（甘肃甘南州夏河县）

图1-98　农区藏族女子服饰（甘肃甘南州）

图1-99　农区藏族少女盛装服饰（四川甘孜州）

图1-100　身披吉祥彩带的藏族喇嘛（四川阿坝州）

图1-101　佛法圣典中的喇嘛装（西藏拉萨市）

图1-102　藏族喇嘛服饰（青海省）

图1-103　身佩背牌的僧侣（甘肃甘南州拉卜楞寺）

图1-104　藏族僧侣服饰（甘肃甘南州拉卜楞寺）

图1-105　藏族一家人（青海海南州）

图1-106　城市藏族贵族妇女服饰（西藏拉萨市）

## ❷ 羌族

羌族的传统服饰为男女皆穿麻布长衫、羊皮坎肩，包头帕，束腰带，裹绑腿。羊皮坎肩两面穿用，晴天毛朝内，雨天毛向外，防寒遮雨。男子长衫过膝，梳辫，包青色或白色头帕，腰带和绑腿多用麻布或羊毛织成，一般穿草鞋、布鞋或牛皮靴，喜欢在腰带上佩挂嵌着珊瑚的火镰和刀。

女子衫长及踝，领镶梅花形银饰，襟边、袖口、领边等处都绣有花边，腰束绣花围裙与飘带，腰带上也绣着花纹图案，脚穿云云鞋，鞋面绣有云彩图案及波纹，鞋尖微翘，喜欢佩戴银簪、耳环、耳坠、领花、银牌、手镯、戒指等饰物，有的胸前带椭圆形的“色吴”，上用银丝编织的珊瑚珠，用来祈求佑福增寿。

妇女包帕有一定的讲究。姑娘梳辫盘头，包绣花头帕。已婚妇女梳髻，再包绣花头帕。羌族妇女挑花刺绣久负盛名。在靠近汉区和城镇附近的羌族人民，受汉族服饰影响，多着汉装，节假日才穿本民族服饰。

羌族的祖先，原是甘青高原的“西羌牧羊人”，故最能体现羌族服饰特色的是羌族男女人人皆穿的羊皮坎肩和宽大长袍。图1-107为老祖母留下的清道光年间的宽缘边绣花绸布袍，颇有北方民族的服饰特色。羌族先民曾以羊为图腾，故羌族男女皆有穿羊皮坎肩的习俗。图1-108所示的岩羊皮坎肩的制作十分精致讲究。

图1-107 羌族女子传统服饰（四川茂县）

图1-108 羌族岩羊皮坎肩（四川茂县）

刺绣精美的云云鞋代表着羌族的刺绣艺术水平，羊角花纹是云云鞋的主要纹饰，线条流畅如同行云。这种左右对称的羊角花纹被视为爱情的象征，故云云鞋多是作为信物赠送意中人（图1–109、图1–110）。

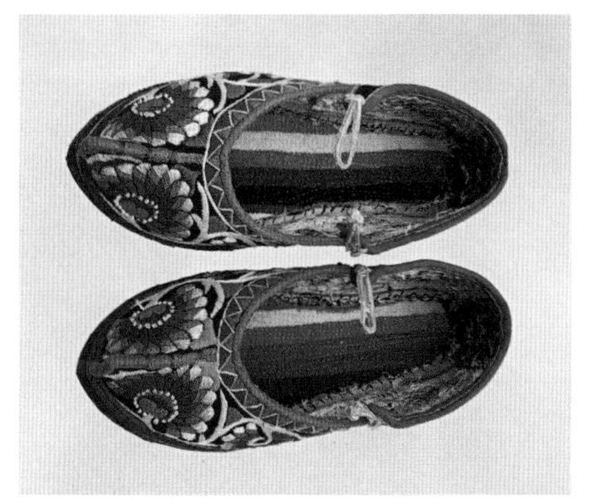
图1–109　羌族云云鞋（四川茂县）1

图1–110　羌族云云鞋（四川茂县）2

## ③ 门巴族

门巴族服饰有地区差异。门隅地区的男女皆穿藏式的赭色氆氇长袍，比藏族的袍子要短小一些，有领、袖和扣，无衣袋，有长短之分，短者过腰，长者过膝，束腰带。妇女在腰间系上白围裙，背披小块牛皮（图1–111）。戴褐色小圆帽，帽顶是用蓝色的或者是黑色的氆氇做成，帽子的下部是用红色的氆氇做成的，翻檐是黄褐色绒包蓝布边，前边留一个精巧、醒目的小缺口，戴帽子的时候，男子是缺口在右眼的上方，女子是缺口往后。门隅的门巴族男女还喜欢穿红、黑两色氆氇搭配缝制的牛皮软底花长筒靴，靴底与帮用牛皮缝制，靴筒用红氆氇缝制，靴面用黑氆氇缝制，靴筒外侧约15厘米处留一长“V”字形缺口，缺口边缘用布绲边，靴筒高至膝下。门巴族妇女擅长纺毛线、织氆氇和腰带，妇女喜欢佩戴嵌有珊瑚、绿松石等宝石的银手镯、耳环、戒指、项链（图1–112）。

勒布是门隅地区门巴族的主要聚居地，这一带的门巴男女穿赭色布袍或氆氇袍，脚蹬黑色氆氇软底长筒靴，头戴小帽，女子身前围一条白氆氇围裙，背上披一块羊皮或牛犊皮。饰物有松石、珊瑚、玛瑙珠串和藏区传入的嘎乌等。门巴族的小帽很有特色，蓝氆氇帽顶，红氆氇帽身，翻檐是橘黄色绒布包蓝布边，右侧有一缺口露出里面的蓝色，色彩十分醒目（图1–113~图1–115）。

在地处准热带的墨脱县，门巴族男女的服饰与他处不同。男子留长发，佩戴耳环，穿自织的棉麻布长衫，有长短两种款式，系腰带，腰部佩一把长刀，一把小刀和一把火镰（图1-116、图1-117）。女子穿白色棉麻布上衣，下着条纹长裙，套一件贯头式氆氇长坎肩，用腰带系住。脚穿绣花毡靴，佩戴珠串项饰、耳环、戒指、银镯、腰链、嘎乌等饰物（图1-118）。

图1-111　门巴族女子服饰（西藏墨脱县）

图1-112　织布的门巴族妇女（西藏墨脱县）

图1-113　门巴族的聚会（西藏错那县）

图1-114　门巴族女民兵（西藏错那县）

图1-115　门巴族女学生和她的藏族同学（西藏错那县）

图1-116　晾兽皮的门巴族男子（西藏墨脱县）

图1-117　搬运途中的门巴族男女（西藏墨脱县）

图1-118　背水的门巴族少女（西藏墨脱县）

## 4 珞巴族

珞巴族衣着的突出特点是充分利用野生植物纤维和兽皮为原料。男子的服饰充分显示出山林狩猎生活的特色。他们多穿用羊毛织成的黑色套头坎肩，长及腹部，背上披一块野牛皮，用皮条系在肩膀上，内着藏式氆氇长袍（图1–119、图1–120）。

珞巴族妇女喜穿麻布织的对襟无领窄袖上衣，外披一张小牛皮，下身围上略过膝部的紧身筒裙，小腿裹上裹腿，两端用带子扎紧（图1–121、图1–122）。她们很重视佩戴装饰品，除银质和铜质手镯、戒指外，还有几十圈的蓝白颜色相间的珠项链，腰部衣服上缀有许多海贝串成的圆球。珞巴族妇女身上的饰物可重达数千克，可装满一个小竹背篓。这些装饰品是每个家庭多年交换所得，是家庭财富的象征。

珞巴族的发式多种多样。有的部落剪短发；有的长发散披背后；有的女性梳几条辫子垂于肩后；有的男女均蓄长发，发置于头顶，穿一根竹签；热带地方全为光头。

帽式也各不相同。有戴圆形礼帽的，有戴氆氇圆形帽的，有戴自编藤帽的，有戴熊皮帽的，帽前两边各固定一个野猪獠牙，有的部落还在帽上插若干根鸟翎，十分美观。博嘎尔部落男子的帽子别具一格，用熊皮压制成圆形，类似有檐的钢盔。帽檐上方套着带毛的熊皮圈，熊毛向四周蓬张着，帽子后面还要缀一块方形熊皮。

图1-119　珞巴族博嘎尔部落服饰（西藏米林县）

图1-120　珞巴族德根人狩猎而归（西藏米林县）

图1-121　披小牛皮的珞巴族博嘎尔少女（西藏米林县）

图1-122　披“纳布”的珞巴族博嘎尔妇女用刀裁衣（西藏米林县）

这种熊皮帽十分坚韧，打猎时又能起到迷惑猎物的作用。男子平时出门时，背上弓箭，挎上腰刀，高大的身躯再配上其他闪光发亮的装饰品，显得格外威武英俊。

珞巴族聚集在西藏南部珞渝地区，由于喜马拉雅山脉南北两侧迥然不同的气候环境，分布在这里的珞巴族南北各部落服饰明显不同。

博嘎尔部落地处西藏珞渝地区的北端，海拔较高，冬天有霜雪，气候寒冷，因而服装较齐备。男子穿自制的羊皮、野牛皮上衣或藏式氆氇长袍，外套毛织黑色贯头式大坎肩"纳布"，系腰带；一般不穿裤，只系一块遮羞布，头戴熊皮帽或藤帽。女子穿野麻织物做的对襟无领短袖上衣，围有腰带，下穿过膝筒裙，小腿捆扎裹腿；冬天常用紫红或大红的织物披肩"纳布"，将身体包裹起来，防寒物还有牛皮和羊毛织物披肩等。博嘎尔部落靠近藏区，他们从那里输入食盐、铁器和装饰物，一些博嘎尔人穿藏式服装和藏靴等（图1-123、图1-124）。

珞巴族的传统服装中没有出现裤子，男子的下身多佩挂藤篾、棕丝等编成的保护物或使用竹筒、牛角一类的东西。珞巴族阿帕塔尼、米林、崩尼等部落位于珞渝一地的中心，受外来影响较少，加上气候炎热，因而服装比较原始。他们无论男女，都只将几块布围在身上，长及膝或臀，袒露手臂，崩尼人称之为"埃济"。雅鲁藏布江下游一带的部落着装也极不完备，身体大部分裸露，除受物质条件限制外，天气炎热，无须御寒是一个重要原因。

西藏察隅地区的珞巴族女子传统服装为上穿无领短袖对襟衫，下穿两层筒裙，内裙长及膝下，外裙仅至臀部。上衣、裙摆均有刺绣几何纹饰。裹绑腿，用彩带

图1-123　采集途中的珞巴族博嘎尔少女（西藏米林县）

图1-124　珞巴族博嘎尔巫师进行"米卜"（西藏米林县）

系住，女子绾大髻于头顶，髻式甚奇，内掺假发，用银簪、银箍固定。女子饰物较多，大耳筒、银币项串等都是极有特色的装饰（图1-125、图1-126）。

图1-125 珞巴族女子服饰（西藏察隅）1

图1-126 珞巴族女子服饰（西藏察隅）2

## ⑤ 苗族

苗族有100多个支系，就有100多种服饰。

苗族是一个保持传统习俗较多的民族，也是服饰种类繁多的民族。其服饰风格有的华丽富贵，有的古朴庄重，有的粗犷豪放，体现出各自的文化特色和审美情趣。就服饰的形式、用料与技法来看，传统的麻、棉、丝、毛等纤维是主要的服饰原料，银、铜、锡、羽毛、草珠等是常用的装饰品。服饰制作技法堪称丰富奇绝，织、染、绣、镶、补、缀、贴等各种工艺都有辉煌的成就。

苗族服饰有性别、年龄及盛装与常装之分，且有地区差别。据清代《百苗图》所载，苗族服饰共83种，另有考察资料称173种。纷繁复杂的苗族服饰分为湘西型、黔东型、川黔滇型、黔中南型以及海南型五大类别和若干款式。黔东南境内苗族男女便装均较为简朴。男上装一般为左衽上衣和对襟上衣以及左衽长衫三类，以对襟上衣最为普遍。下装一般为裤脚宽约33厘米的大脚长裤。苗族男装盛装为左衽长衫外套马褂，外观与便装相同，质地一般为绸缎、真丝等，颜色多为青、蓝、紫色，各地无异。女便装上装一般为右衽上衣和圆领胸前交叉上装两类，下装为各式百褶裤和长裤。女盛装一般下装为百褶裙，上装为缀满银片、银泡、银花的大领胸前交叉式上衣或镶花边的右衽上衣，外罩缎质绣花或挑花围裙。头戴银冠、银花或银角。盛装颜色为红、黄、绿等暖调色。

湘西型流行于湖南湘西州及湘、黔、川、鄂四省交界一带。男子服饰同汉装，女子穿圆领大襟短衣，盘肩、袖口等处有少许绣花，宽脚裤，裤筒边缘多饰花边，包扎又高又大的青布或花布头帕，戴银饰，尤以银披肩为美。

黔东型流行于黔东南。男装多为青色土布衣裤，包青头帕。女装以交领上衣和百褶裙为基本款，以青土布为料，花饰满身，图案多为平绣的各种龙、凤、鸟、鱼及花卉。雷公山一带女装独特，百褶裙甚短，只有20厘米左右，上衣用彩线挑以各种几何图案，妇女盛装银饰繁多。

川黔滇型流行于川、黔、滇、桂等省区讲少数方言的苗族地区。女装上为麻布衣，下为蜡染麻布花裙。色调较浅，花饰不多，银饰亦少。黔西北和滇东北一带，不论男女皆缀以织花披肩，为毛毡或毛织布质地。

黔中南型流行于贵州中南部以及黔、桂、滇交界处。女装上衣多披领、背帕等，下装有一青色百褶裙，也有蜡染裙。以挑花为主，兼用蜡染。贵阳、安顺、安龙等地的花溪式女装，其披领酷似一面旗帜，俗称“旗帜服”，花饰也多。

海南苗族由广西瑶族地区迁入海南，非海南世居民族，服饰具有瑶族服饰特点。

苗族服饰无论男女都有盛装（图1-127~图1-129）和常装（图1-130）两种。常装制作简便易于换洗，盛装则雍容华丽饰有刺绣、蜡染或织花、挑花并配有各种银饰。苗族的盛装服饰每件都是精美细致的艺术品，构成了苗族文化的艺术长廊，异彩纷呈，令人赞叹。苗族男女服饰各有特色，以女服最为瑰丽多姿。

苗族男子服饰的特点可归纳为：大包头，对襟、斜襟或大襟式上衣，宽大长裤，佩银质项圈、项链、头箍、手镯等，脚穿草鞋、布鞋、木板鞋。不同地区的苗族男子服装不同（图1-131、图1-132）。

剑河久仰地区苗族男子仍然保持着传统装束，穿青布宽大衣裤，系花带，佩银质项圈和手镯。其头帕长十余米，包头大如斗笠（图1-133）。

榕江高排一带苗族男子的传统服装为斜襟式上衣，衣身宽大，衣袖细长，领襟绣有花饰，古香古色；下着阔腿中式裤、布鞋，衣物皆为自织的亮布制作。一部分苗族男子还保持着髡发习俗，脑项留一撮长发挽髻，平常包青布帕，露出头顶发髻（图1-134）。

图1-127　苗族姑娘盛装银衣（贵州省雷山县西江地区）

图1-128　苗族女孩盛装（贵州安顺地区）

图1-129　佩戴银披肩的盛装苗女（湖南湘西地区）

图1-130　苗族女子常装（贵州凯里地区）

图1-131　苗族男子服饰（贵州黔西地区）

图1-132　苗族男子常装（贵州从江县停洞地区）

图1-133　苗族男子服饰（贵州剑河县）

图1-134　苗族男子传统服饰（贵州榕江县）

榕江月亮山地区苗族过牯藏节时穿用的盛装衣饰称为牯藏衣，亦称为“百鸟衣”。其下缀有百鸡羽毛，图案以抽象的龙、鸟、蝶纹为主，色彩古朴，绣饰粗犷（图1-135~图1-137）。背牌为男子盛装佩饰（图1-138），挑绣有精美几何纹，下缀料珠、海贝、线穗。月亮衣是榕江月亮山一带苗族古老的盛装上衣，背部及两袖施以层层绣饰，工艺精细。前襟因穿着时要佩戴若干银饰，故不施绣饰，此衣现已不多见（图1-139）。

头戴巍峨羽冠、肩披华丽坎肩的是六枝特区苗族青年男子最迷人、最风光的服饰。他们身着白布长衫，腰系黑白格布带，肩披宽大厚实、色调华丽、绣饰精美的坎肩，戴着由百十支锦鸡尾羽插饰的高大羽冠，随着青年“跳花场”的芦笙舞步翩跹翻转仪态万千（图1-140）。许多民族都崇尚羽毛装扮，但今已不多见，

图1-135　苗族牯藏衣（贵州榕江县）

图1-136　苗族男子百鸟衣（贵州榕江县）

图1-137　苗族牯藏衣背纹（贵州榕江县）

图1-138　苗族男子背牌（贵州龙里县）

图1-139　苗族月亮衣（贵州榕江县）

只有贵州高原的六枝苗族，仍将羽冠作为本民族的标志。贵州六枝特区的苗族青年男子服饰的最大特色为百褶裙裤和挑花围腰。裙裤由自织白色麻布制成，裤脚宽约80厘米，穿上犹如大裙一般。身前腰后系两块挑花围腰，前围腰长、后围腰短，且皆挑满精细几何花纹（图1-141）。

盘县特区的苗族男子身着花衣花裙，这种男女同装的古俗至今仍保持着，图1-142为该地区穿着花衣花裙吹大筒箫的男子。

平坝县中八地区苗族男子身着蓝布大襟长衫，服饰颇有清代遗风。佩戴银项圈和银锁是这里青年男子的盛装（图1-143）。

图1-140　芦笙广场跳芦笙（贵州雷山县）

图1-141　苗族男子挑花围腰（贵州六枝特区）

图1-142　苗族男子服饰（贵州盘县特区）

图1-143 苗族男子服饰（贵州平坝县）

苗族女子上衣多较宽大，有交领对襟、斜襟、大襟等式样，领襟衣袖及衣摆前后饰有强烈民族特色的花纹。百褶裙是苗女的主要下衣，有长、中、短之分，长裙及脚背，中裙至膝下，短裙仅20厘米（图1-144）。腰系花带或围腰，脚穿草鞋或翘尖花鞋（图1-145、图1-146）。较特殊的女装有花溪苗女和南丹苗女的贯头衣、织金苗女前短后长的尾巴衣、榕江苗女的百鸟衣、施洞苗女的银衣以及安龙苗女的大裙和桥港苗女的约20厘米的短裙等。苗族服饰的制作全凭个人手工独立完成，即使是同一种类的服饰也很难找到两套完全一致的，因而更显出苗装的丰富多彩。苗族羽毛衣裙，原为古代祭祀时吹跳芦笙时穿戴，后作节日盛装。衣式宽大，无领对襟衣，前胸和后背刺绣鸟、龙纹样，色彩绚丽。下为绣花帘裙，由7～11条花带组成，带端饰有白色鸡毛，带上绣有蛙、龙、鸟、蝶、虫等纹样，这些符号化的神秘纹饰显示出苗族古代巫文化的种种观念（图1-147、图1-148）。

最华丽的苗装要数施洞苗族女子的盛装，其以刺绣精、银饰多而著名。被称为绣衣的施洞苗衣，两袖和领、襟、两肩均有精美的刺绣图案，因其后背、前襟、袖口镶满錾花银片、银泡、银响铃等，又被称为银衣，这是苗族服饰中的精品（图1-149）。

穿裙最短的是雷山桥港苗族。不满20厘米的超短裙，天下罕见，但却是世居深山的桥港苗族女子喜爱的裙装。桥港苗女，内穿青布紧身大襟衣，外穿深红缎对襟短衣。20厘米长的细褶裙，层层缠绕腰间，使臀围显得特大。短裙外，前围腰长及膝部，后围腰长至脚跟。系织花腰带，又垂8根花带于身后，如锦鸡尾羽，下着青布紧腿裤，脚穿翘尖绣花鞋，头绾大髻，戴凤雀银钗，身佩各种银饰。

图1-144　短裙苗女子服饰（贵州榕江县）

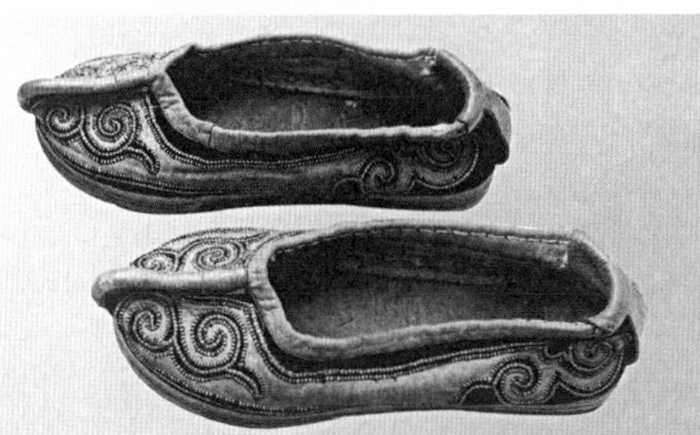

图1-145　舟溪苗绣花鞋（贵州凯里市）

图1-146　中裙苗花鞋（贵州从江县）

图1-147　穿百鸟衣的苗族妇女（贵州榕江县）

图1-148　苗族百鸟衣上的鸟头龙纹样（贵州榕江县）

图1-149　台江施洞苗族绣衣（贵州台江县施洞地区）

穿裙最多的是台江岩板苗。岩板苗女子身着右衽大襟短衣。自制的细褶短裙达30~40条之多，裙厚近40厘米，以显示自己富有和聪明。其身前系一条织花长围腰，垂至脚面，腰间缠4~5条花腰带，均系结飘于身后。裹绑腿，穿花鞋，服式较奇。在庆祝苗年的盛大节日活动中，当地人评价节日规模的标准是看盛装少女的人数（图1-150）。

以蚕锦绣著称的是舟溪苗族，其服饰独具特色，服装形制较其他苗装更为成熟装饰，绣工精细，纹样古朴（图1-151、图1-152）。

图1-150　苗族盛装少女（贵州台江县）

图1-151　舟溪苗蚕锦绣女上衣（贵州凯里地区）

图1-152　舟溪苗衣绣饰局部（贵州凯里地区）

筒裙最宽大者是安龙化力苗族。化力苗族女子身着斜襟长袖短衣，筒裙宽达6米之多，穿时将裙褶打在身体两侧，裙体蓬起长至脚面。裙的中段饰有精美的刺绣和蜡染，风格与众不同。腰系绣花小围腰，长长的腰带垂于身后。

榕江宰牙地区苗族少女的盛装极为华美，她们通身上下都饰有精美的挑绣，服饰纹样古朴神秘，色彩艳丽不凡。其服装款式为上穿大领对襟衣，胸兜和背牌连为一体，下穿3～5条百褶中裙；前围腰长至脚背，后围腰与裙摆齐，系3～5条花腰带，带端丝穗垂于身后；脚穿翘尖花鞋，系绑腿。其银饰十分丰富，有银花簪、银雀尾、银梳、银项圈、银锁、银链、银背扣、银镯、银耳环等。榕江空烈村短裙苗女子服饰装扮虽无甚花饰，但却很有特色，古朴原始。其身穿青布大襟无领半袖中长衫，宽大无纹饰；下着三条以上超短裙，裙长仅20~25厘米，细褶，亦无纹饰；不穿裤，着护腿，冬季棉护腿至膝盖以上，身前系一条精美挑花围腰。包头样式为锥形，用织花带系住（图1–153、图1–154）。盛装时项间佩若干条银链，领襟饰球形银扣，佩戴银镯和样式奇特的银耳环（图1–155）。榕江宰牙苗族儿童服饰中挑花刺绣等装饰较成年人更甚，男孩的装扮如同武士一般（图1–156）。古老苗王服装为无领大襟长袍，麻质，刺绣有兽头、龙、鸟、马等纹样，色彩古朴，造型神秘（图1–157、图1–158）。

惠水摆金苗族女子服饰别具一格，以外衣阔短、大袖和背牌、腰带为其特色。女子婚否以头饰为区别，已婚者包黑帕，未婚者包花帕并饰银头插（图1–159）。

贵州丹寨的白领苗盛装女服，领襟式样较奇，刺绣有花枝鸟蝶等纹样；肩、

图1–153　苗族少女盛装服饰（贵州榕江县宰牙地区）

图1–154　月亮山型苗女衣饰（贵州榕江县）

图1-155　苗族少女盛装服饰（贵州榕江县宰牙地区）

图1-156　苗族儿童盛装服饰（贵州榕江县宰牙地区）

图1-157　古老苗王服刺绣纹样（贵州榕江县）1

图1-158　古老苗王服刺绣纹样（贵州榕江县）2

图1-159　苗族女子头饰、服饰（贵州惠水县摆舍地区）

袖部位饰有传统的涡妥纹，蜡染花布在苗装中独具特色。传说其涡妥纹图案来自苗族宰牛祭祖的习俗，苗族妇女将牛头上的涡妥纹画染在衣服上，以示对祖先的尊敬和怀念（图1–160、图1–161）。古时的丹寨服装多饰以几何图案（图1–162、图1–163）。

图1–160　白领苗女服（贵州丹寨县）1

图1–161　白领苗女服（贵州丹寨县）2

图1–162　苗族丹寨古衣（贵州丹寨县）

图1–163　苗族丹寨古衣局部（贵州丹寨县）

图1-164　叙永苗女上衣（四川叙永县）

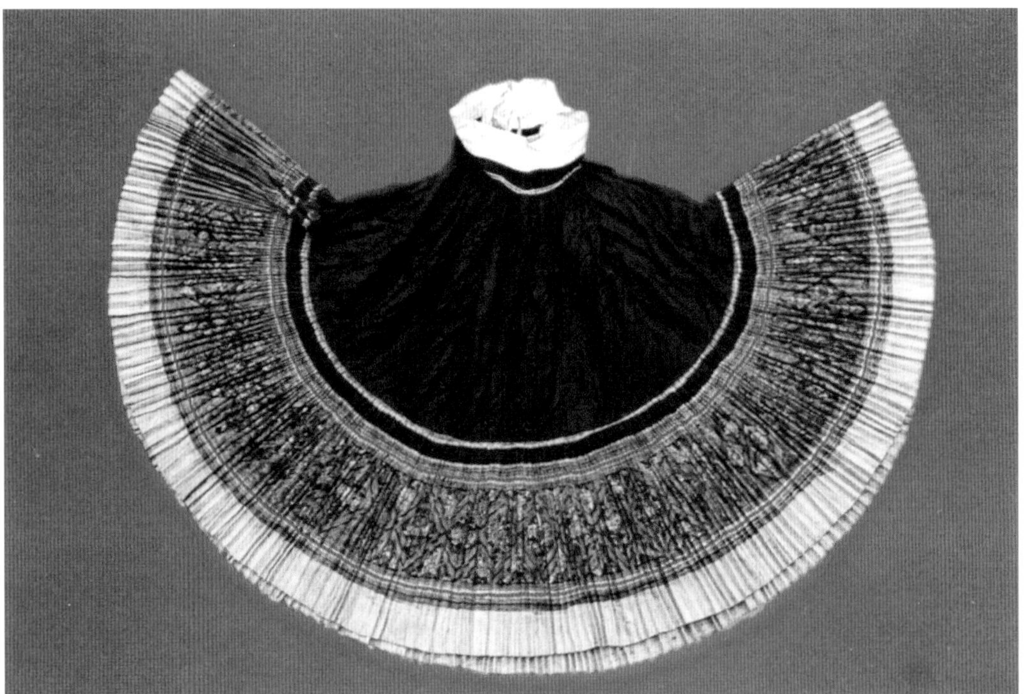

图1-165　叙永苗女裙（四川叙永县）

四川叙永苗族服饰极有特色，以刺绣蜡染为主要装饰。

叙永苗族古装，其上衣形制宽大若袍衫，长至膝，刺绣精细，色彩典雅。百褶大裙，蜡染，间以刺绣，精美之极为苗裙之上品（图1-164、图1-165）。现今叙永地区苗族传统女衣与此已完全不同，其绣工粗放，色彩艳丽。

### ❻ 瑶族

瑶族支系众多，分布广阔，各支系服饰也不尽相同。过去瑶族曾因服饰的颜色、裤子的式样、头饰的装扮不同而得各种族称。曾有“过山瑶”“红头瑶”“大板瑶”“平头瑶”“蓝靛瑶”“沙瑶”“白头瑶”等自称和他称。妇女有穿大襟上衣，束腰着裤的；有穿圆领短衣，下着百褶裙的；还有穿长衫配裤的。瑶族服饰的挑花构图风格独特，整幅图案均为几何纹。瑶族人精于织染、刺绣，色彩常用红、绿、黄、白、黑五种，服饰制作采用挑花、刺绣、织锦、蜡染等工艺。龙胜的瑶族由于穿红色绣花衣而得“红瑶”之称，侧面反映了瑶族服饰的色彩、款式之丰富。

防城花头瑶女子穿对襟交领长衣，衣襟绲边，袖口镶饰布条，下着短裤、绑腿，用红穗缠头，顶一方挑绣几何纹头帕。

大瑶山花篮瑶女子穿对襟交领式长衣，衣侧开衩，领襟、衣摆、袖子皆施以精美的红色绣饰，下着青布短裤、织锦绑腿、木屐，以青布帕、白帕包头，颈间佩带银圈等饰物。

金平红头瑶女子穿青布对襟长衣，领襟有红色绣饰和一排银牌，腰系青布带，带端刺绣几何纹，下着刺绣精美的宽大花裤，其裤子堪称珍贵的艺术精品。

贵州狗头瑶女子身着狗尾衫，其前襟长至衣下，两端精心缝制若狗尾，穿时两襟在胸前交叉，系结于腰后，“狗尾”自然垂下。这种服饰与瑶族崇拜“盘瓠”（犬）有关。史载盘瓠“其毛五彩”“狗头人身”，南方一些少数民族及其后裔均模仿盘瓠的颜色和形状制作衣物，瑶族至今仍穿五色服及狗尾衫，以示不忘祖先。

常见的瑶族男子服装有对襟、左大襟短衣或长衫，束腰带，裤子也有长裤和短裤之分，以蓝色为主，用家织青布制作。较为特殊的是南丹白裤瑶男子的白色灯笼裤，其宽臀紧腿的齐膝短裤，造型奇特。

瑶族头饰颇具有特色，有“龙盘”形、“A”字形、“月牙”形、“飞燕”形等。有的戴竹箭，有的竖顶板，有的戴尖帽，有的戴竹壳。广西贺州市的瑶族妇女戴十多层的塔形帽子，颇为壮观。湖南瑶族的女子以蜂蜡涂发，椎髻于顶，无论寒暑，均以花帕包裹呈梯形，用峨冠形的斗篷罩在上面，避风遮阳，清秀大方，犹如“学士帽”，又似宫妃绣冠。婚后则取下峨冠，表示已成家立业，开始新的生活。

南丹白裤瑶男子身穿青布对襟衣，下着白布灯笼裤，宽臀紧腿，款式奇特。女子穿贯头式无袖衣，衣背饰有一方盘王印，为该族标志，下着百褶绣花裙（图1–166）。按当地习俗，男孩的小帽上饰有银罗汉、银帽花、银响铃等物，意为辟邪，如图1–167所示，左为女孩，右为男孩。

土瑶服饰的最大特色为女子的木帽以及大量彩色线穗装饰的衣物（图1–168）。

图1–166　白裤瑶男女服饰（广西南丹县）

图1–167　白裤瑶母子服饰（广西南丹县）

图1–168　土瑶男女服饰（广西贺州市）

广东连南排瑶女子服饰已婚与未婚区别甚大，标志功能十分明显。排瑶女子的头饰在不同村社之间有明显区别，少女和已婚妇女之间亦有明显的差异。未婚少女头顶留长发，头部四周的头发均剪短，额前和两鬓的头发则剃掉。她们将头顶长发绾髻于顶，用白色藤条缠绕发髻，并饰以鲜花和白鸡尾羽。这种头饰和发式是少女未婚的标志（图1–169）。已婚妇女蓄长发绾髻于顶，用蓝花帕罩住，插饰羽毛；盛装时戴一梯形冠帽，用白带束缚，再用红布包裹，并插上银饰、羽毛等物（图1–170）。

另一种排瑶女子的头饰有所不同，未婚少女绾髻于头顶，发髻四周用藤条缠住，如同戴了一顶小帽，再插数支白鸡羽毛。额头及两鬓髡发，头部四周剪一圈短发，脑后系一片挑花巾。已婚妇女蓄长发绾髻于顶，用蓝色织花巾包裹发髻，系银链为饰，插两支白羽，这是常装。盛装时还要加戴头冠。头冠是用白色硬布壳和镶边红色绣花巾折叠而成，上插八支箭头形银饰和叶形银饰，垂挂圆形银牌和银铃以及羽毛、绒球等饰物，然后将头冠戴在发髻上即成华丽头饰。排瑶女子善绣，男子衣物皆饰有精美刺绣。排瑶男子无论老少均以红帕缠头，插饰白羽、雉尾等物（图1–171、图1–172）。

湖南宁远顶板瑶女子盛装时头戴“峨冠”，是女子未婚的标志。这里的女子长到十七八岁便要改变儿时的装束，戴上未婚少女特有的“峨冠”。她们绾发髻于头顶，用花巾缠头，再架上一个竹制的高架，竹架上蒙一块绣花镶边头罩，中间高高耸起，两边自然垂下，样式很引人注目，这就是“峨冠”。结婚后须取下峨冠，改用一方花帕罩住发髻（图1–173）。婚前婚后标志十分明显。

图1–169　排瑶少女盛装（广东连南县）

图1–170　排瑶已婚妇女盛装（广东连南县）

图1–171　大排瑶男子盛装（广东连南县）

图1–172　大排瑶儿童服饰、头饰（广东连南县）

图1–173　顶板瑶少女服饰（湖南宁远县）

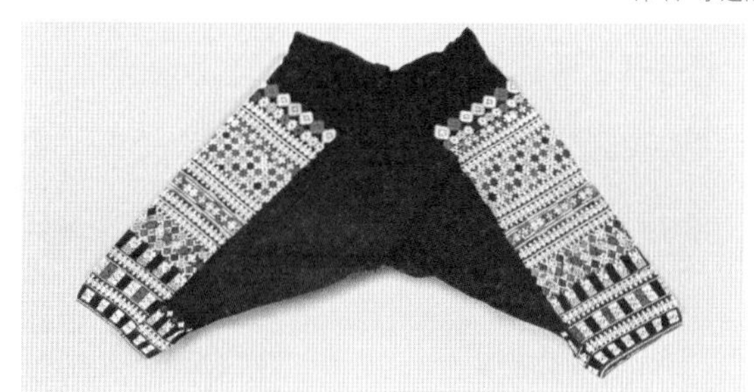

图1–174　尖头瑶绣花女裤（云南金平县）

除上述各支系以外，瑶族还有尖头瑶、坳瑶和盘瑶，他们的服饰也各具特色（图1-174~图1-176）。

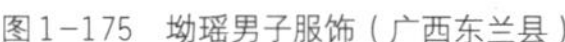

图1-175　坳瑶男子服饰（广西东兰县）

图1-176　盘瑶妇女服饰（广西田林县）

## ❼ 傣族

傣族主要聚居在云南西双版纳和德宏地区，支系众多，服饰各有特色。

傣族男子的服饰，保留着古代“衣对襟”“头缠布巾、喜挂背袋、带短刀”的特点，一般都比较朴实大方，上身为无领对襟或大襟小袖短衫，下着宽腰无兜净色长裤，多用白色、青色布包头，有的戴毛呢礼帽，天寒时喜披毛毯，四季常赤足。这种服装在耕作劳动时轻便舒适，在跳舞时又使穿着者显得健美潇洒。

傣族男子一般不戴饰物，镶金牙、银牙是他们的喜好。他们通常把自己的门牙拔去，而镶以金或银质的假牙。过去有文身习俗，在胸、背、腹、四肢等处文文字符号或狮虎、麒麟、孔雀等图案，以示勇敢或祈求吉祥之意。

傣族妇女的服饰，因地区而异。西双版纳的傣族妇女上着各色紧身内衣，外罩紧身无领窄袖短衫，下穿彩色筒裙，长及脚面，并用精美的银质腰带束裙。

德宏一带的傣族妇女，一部分也穿大筒裙短上衣，色彩艳丽；另一部分（如芝市、盈江等地）则穿白色或其他浅色的大襟短衫，下着长裤，束一绣花围腰，婚后改穿对襟短衫和筒裙。

新平、元江一带的“花腰傣”，穿开襟短衫，着黑裙，裙上以彩色布条和银泡装饰，缀成各式图案，光彩耀目。傣族妇女各种服饰均能显出女性的秀美窈窕之姿。

傣族妇女均爱留长发，束于头顶，有的以梳子或鲜花为饰，有的包头巾，有的戴高筒帽，有的戴尖顶大斗笠，各呈其秀，各显其美，颇为别致。

居住在云南红河畔新平、元江两地的花腰傣，因其少女们美丽的服饰而得名。花腰傣少女身穿镶银泡的小褂，外套一件锦缎为衣料、织锦镶边的超短上衣，仅22厘米长的短衣充分显示出她们腰饰的华美。花腰傣女孩的腰饰丰富至极——红色织花腰带在腰间层层缠绕，小褂下摆垂着的无数银坠均匀地排列在后腰，串串芝麻响铃在腰间晃动，长长的丝带将精美的“花央箩”系在腰边，还有斜挎腰间的银带，镶满银泡的长穗吊帕。黑红色的挑花筒裙，高高的发髻，耳侧旁挂花骨朵儿般的银响铃，别致的小笠帽……打扮得比孔雀还美丽的花腰傣女孩个个漂亮。花腰傣有傣雅（图1-177、图1-178）、傣庄（图1-179~图1-181）、傣洒（图1-182）、傣

图1-177 田间归来的傣雅少女（云南新平县）

图1-178 花腰傣傣雅女孩服饰（云南新平县）

图1-179 花腰傣傣庄女服（云南元江县）

图1-180 花腰傣傣庄女服刺绣局部纹样（云南元江县）

图1-181 花腰傣傣庄女上衣（云南新平县）

图1-182 花腰傣傣洒小坎肩（云南元江县）

仲（图1–183~图1–185）、傣卡（图1–186）等支系，其服饰共同特点为上衣短、腰饰丰富、紧身小坎肩、长筒裙。景洪傣雅女子服装款式与新平、元江傣雅女装相同，但装饰却不同，尤其是头饰区别很大。据说这种头饰是傣雅贵族的装扮。其用银链在头帕上层层缠绕呈筒状，如同戴了一顶银冠（图1–187、图1–188）。

西双版纳水傣服装很是秀丽，水傣女子穿紧身窄袖琵琶襟短衣，下着长及脚面的彩色花筒裙。绾髻于脑后，插饰鲜花和木梳。修长的衣裙和西双版纳女子的天生丽质，无不令人赞叹。

## ⑧ 侗族

以侗族妇女服装特点，可将侗族服装分为三种款式：紧束型裙装、宽松型裙装和裤装。她们平时穿着便装，讲求实用，盛装时注重装饰审美，朴素与华贵相得益彰。侗族女子的服饰或款式不同，或装饰部位不同，或图案和工艺不同，色彩和发型、头帕不同。

侗族服饰，因地区不同而各有区别。侗族有南侗和北侗之分，唯南部侗族服饰十分精美，妇女善织绣，侗锦、侗布、挑花、刺绣等手工艺极富特色。女子穿无领大襟衣，衣襟和袖口镶有精细的马尾绣片，图案以龙凤为主，间以水云纹、花草纹。下着短式百褶裙，脚蹬翘头花鞋。发髻上饰环簪、银钗或戴盘龙舞凤的银冠，佩挂多层银项圈和耳坠、手镯、腰坠等银饰。

三江侗族女子穿长衫短裙，其长衫为大领对襟式，领襟、袖口有精美刺绣，对襟不系扣，中间敞开，露出绣花围兜，下着青布百褶裙和绣花裹腿、花鞋，头上挽大髻，插饰鲜花、木梳、银钗等。

洛香妇女春节穿青色无领衣，围黑色裙，内衬镶花边衣裙，腰前扎一幅天蓝色围兜，身后垂青、白色飘带，配以红丝带。男子服饰为青布包头、立领对襟衣、系腰带，外罩无纽扣短坎肩，下着长裤，裹绑腿，穿草鞋或赤脚，衣襟等处有绣饰。

侗族的马尾背带堪称一流绣品，其造型古老、绣工精致、图案严谨、色彩富丽，充分展示出侗族女子的聪慧和高超技艺。

侗族辛地衣是侗族古老的盛装上衣，用于牯藏节或芦笙节，亦称为芦笙衣。上衣为左衽长袖式，下为草条式帘裙，饰有白羽。盘蛇纹与游蛇纹图案绣在深色布面上，既华丽又神秘。其“连环锁丝绣”技艺精湛、历史悠久（图1–189、图1–190）。

图1-183　花腰傣傣仲女上衣（云南新平县）

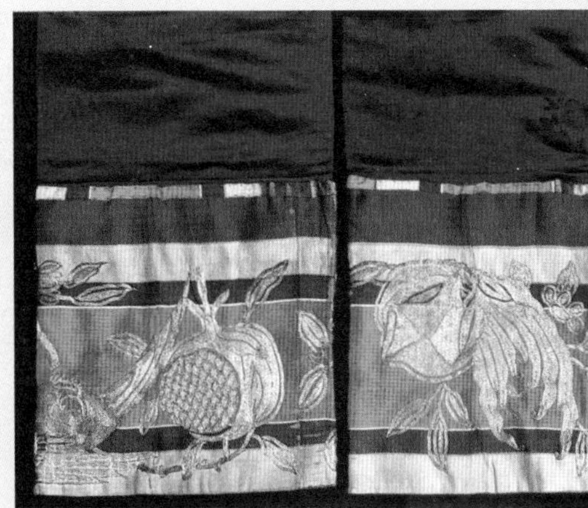

图1-184　花腰傣傣仲女上衣袖口绣饰（云南新平县）

图1-185　花腰傣傣仲少女服饰（云南元江县）

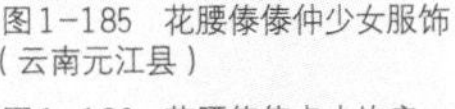

图1-186　花腰傣傣卡小坎肩（云南元江县）

图1-187　花腰傣傣雅女子服饰（云南西双版纳）

图1-188　花腰傣傣雅女子服饰背面（云南西双版纳）

图1-189　侗族辛地衣（贵州从江县）1

图1-190　侗族辛地衣（贵州从江县）2

图1-191　侗族翘尖花鞋(贵州黎平县)

侗族服饰，因地区不同而各有区别。南侗善绣，服饰极为精美，女子穿无领大襟衣，衣襟和袖口镶有精细的马尾绣片。图案以龙凤为主，间以水云纹、花草纹下着百褶裙，脚蹬翘头花鞋（图1–191）。

髻上饰环簪、银钗，头戴盘龙舞凤的银冠，并佩戴多层银项圈和耳坠、手镯、腰吊等银饰（图1–192、图1–193）。男子服饰为青色亮布立领对襟衣，系腰带，青布包头，下着宽大长裤，穿草鞋或赤脚。盛装时穿古老的牯藏衣、百鸟衣、银朝衣、月亮衣等（图1–194、图1–195）。

黎平侗衣后背缀一尾饰俗称“尾巴衣”。外出及参加活动时将刺绣精美的“尾巴”缀上，平时则仔细收好。该衣前后及两袖均镶有极细的侗锦十分精致，穿着时下配百褶短裙，外系花带帘裙（图1–196、图1–197）。

黎平毛拱乡侗族螺蛳衣是古老的传统盛装，现已不多见。因纹饰卷曲如螺蛳，被称为“螺蛳衣”；其刺绣精致图案结构完美。以侗族民间信仰来看，此螺蛳纹应当为龙纹（图1–198、图1–199）。与此衣相配的是螺蛳裙（图1–200）。

银朝衣是黎平侗族古老的盛装，绣饰精美华丽，婚嫁及重大活动时穿用，现今犹存其富丽堂皇的光彩。叶片式帘裙，令人追想起原始时代人们编草叶为裙的

图1-192 盛装的侗族少女（广西三江县）

图1-193 正在梳妆的侗族女子（贵州镇远县）

图1-194 节日中的侗族青年男子（广西三江县）

图1-195 侗族男子节日盛装（贵州黎平县）

图1-196 侗族尾巴衣（贵州黎平县）1

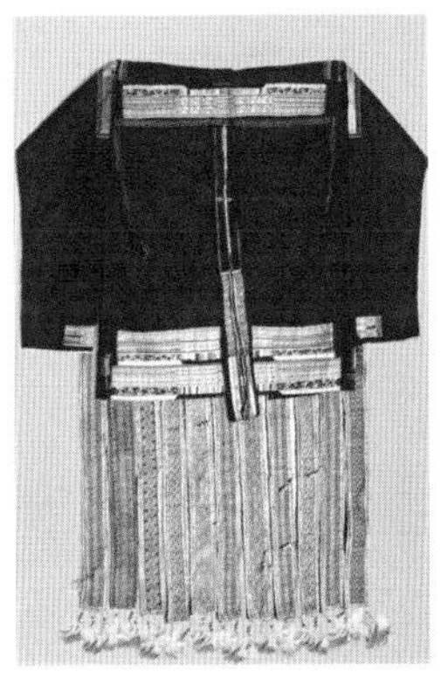

图1-197 侗族尾巴衣（贵州黎平县）2

图1-198 侗族螺蛳衣正面（贵州黎平县）

图1-199 侗族螺蛳衣背面（贵州黎平县）

图1-200 侗族螺蛳裙（贵州黎平县）

图1-201 侗族银朝衣(贵州黎平县)

图1-202 侗族银朝衣、裙(贵州黎平县)

图1-203 侗族歌傥衣正面(贵州黎平县)

图1-204 侗族歌傥衣背面(贵州黎平县)

情景。帘裙上绣饰的“滚圆形龙纹”，反映出侗族对龙蛇的崇拜(图1-201、图1-202)。

黎平侗族歌傥衣为节日盛装，踩歌傥时穿用，故得此名。前后身和两袖镶有精细织锦，款式古朴(图1-203、图1-204)。

## ⑨ 水族

水族自称“眭”，汉语译意为“水”，故名为水族，主要聚居在三都水族自治县。女子穿大襟圆领衫，绣饰不多。日常用青布帕包头，系围腰，穿长裤，绣花鞋。盛装时佩戴种类繁多的银饰物，有银头花、银梳、银项圈、银压领、银腰篓等，其造型奇特、工艺精致，是水族女子主要的佩饰(图1-205)。水族是个十分善绣的民族，其马尾绣十分著名，补花亦很出色。图1-206所示的补花背扇，工艺和配色均相当完美，堪称艺术佳作。水族的绣艺，多运用于背扇、花鞋，以背扇最有特色。平绣是三都水族常见的绣法，其图案造型饱满色彩绚丽(图1-207)。传统船形花鞋、鞋身马尾绣、镶绣鞋口数纱绣，工艺十分精细(图1-208、图1-209)。

图1-205　水族盛装少女（贵州三都县）

图1-206　水族补花背扇（贵州三都县）

图1-207　水族绣花背扇（贵州三都县）

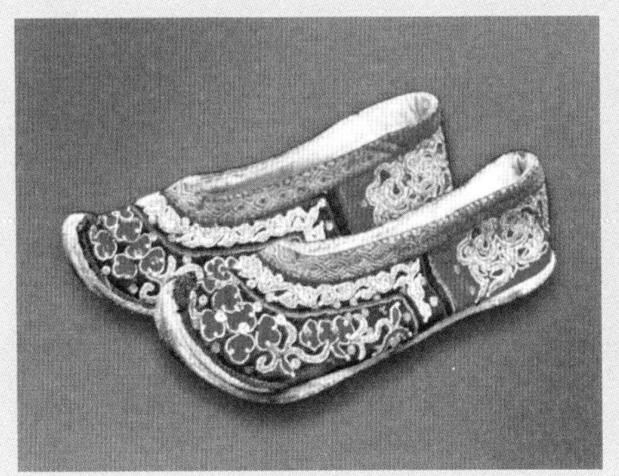

图1-208　水族马尾绣花鞋（贵州三都县）1

图1-209　水族马尾绣花鞋（贵州三都县）2

## ⑩ 布依族

布依族主要聚居在贵州，与苗族、侗族为邻。布依族男女喜穿蓝、青、黑、白等色布衣服。青壮年男子多包头巾，穿对襟短衣或大襟长衣和长裤。老年人大多穿对襟短衣或长衫（图1–210）。妇女的服饰各地不一，有的穿蓝黑色百褶长裙，有的喜欢在衣服上绣花，有的喜欢用白毛巾包头。惠水、长顺一带女子穿大襟短衣和长裤，系绣花围兜，头裹家织格子布包帕。花溪一带少女衣裤上饰有花边，系围腰，戴头帕，辫子盘压头帕上。镇宁扁担山一带的妇女的上装为大襟短衣，下装百褶大筒裙，上衣的领口、盘肩、衣袖都镶有花边，裙料大都是用白底蓝花的蜡染布，她们习惯一次套穿几条裙子，系一条黑色镶花边的围腰带。婚前头盘发辫，戴结花头巾，婚后则改戴“甲壳帽”，用青布和笋壳做成。在罗甸、望谟等地的布依族妇女，都穿大襟宽袖的短上衣和长裤。晴隆、花溪等地的妇女穿长到膝部的大襟短上衣和长裤，衣襟、领口、裤脚镶有花边，系绣有花卉图案的围腰，她们头上大多缠有青色花格头巾，有的脚上还穿细尖而朝上翘的绣花鞋，也有的穿细耳草鞋。都匀、独山、安龙等县部分地区布依族妇女的服装和汉族妇女基本相同。每逢节日、宴会，妇女喜佩戴各式各样耳环、戒指、项圈、发坠、簪子和手镯等银饰。

镇宁县扁担山区是布依族蜡染之乡，这里的布依族女子服饰以蜡染为主要装饰。蜡染百褶长裙布满菱形散点纹和水涡状圈纹，白底青花，风格明快清新。上衣袖子饰有三节袖筒花，上下两节为蜡染花，中节为织锦。“甲壳帽”是该地妇女服饰的又一特色，其是用织锦片包住笋壳，再用青布帕缠于头顶，形如长筒向脑后翘起（图1–211）。未婚少女头上戴织锦头帕，长辫在头帕上盘两圈（图

图1–210　布依族男子服饰（贵州贞丰县）

图1–211　戴“甲壳帽”的布依族已婚妇女服饰（贵州镇宁县）

图1–212　布依族未婚少女装束（贵州镇宁县）

1-212)，花帕前端压在辫下，后端飘垂于脑后。已婚与未婚二者头饰明显不同。

布依族妇女头戴“甲壳帽”，上穿青布窄腰斜襟短衣，领襟、两袖、衣摆均镶有织锦花边，袖筒饰有蜡染花；下为蜡染百褶大裙长及脚面，裙上蜡染纹样为银杏果、蕨菜花和万字连续回纹。穿裙可重叠七八条，以多为美。胸前系绣花围腰，用银链垂挂，镶织锦边和青缎边。

贞丰一带布依族男子身穿白色对襟长袖衫、青色阔腿中式裤，白底青布鞋，头上包青布头帕。布依族服饰尚青兰和白色，清爽洁净，男子服饰更是如此。

### ⑪ 彝族

彝族主要分布在四川、云南地区。彝族服饰可分为凉山型、乌蒙山型、滇西型、楚雄型、红河型、滇中及滇东南型六大类型。云南地区聚居着70%以上的彝族同胞，其服饰种类极多，穿着方式亦不同，可区别者近百种（图1-213、图1-214）。滇中、滇南的未婚女子多戴缀有红缨、料珠或银泡的鸡冠帽，已婚妇女包头帕，衣物多饰有精美刺绣。石屏、峨山一带妇女的围腰刺绣得特别精致美观。乌蒙山区彝族无论男女都披一件羊皮褂子，小凉山和滇东北彝族则披一件羊毛披毡。银泡装饰亦是云南彝族服饰的一大特色（图1-215）。

凉山型彝族服饰流行于四川、云南的大小凉山及毗邻的金沙江地区。大小凉山，山川险阻，过去交通闭塞，与外界交往很少，其服饰古朴、独特、较完整地保留了彝族传统风格（图1-216、图1-217）。当地彝族都穿“察尔瓦”。察尔瓦是用羊毛织成的披衫，有白、灰、青等色，上部用羊毛绳缩口，下部缀有长约33厘米的旒须。制作一条察尔瓦，往往要用几个月时间，彝族人的察尔瓦一年到头不

图1-213 彝族少女服饰（云南永仁县）

图1-214 彝族少女服饰（云南元谋县）

图1-215 彝族少女盛装（云南大姚县）

图1-216 旧时彝族头人的传统装束（四川凉山以诺地区）

图1-217 小凉山彝族少女服饰（云南宁蒗县）

离身，白天御风寒，夜晚当被盖，堪称凉山彝家服饰象征。男子还保留着古代遗风，头顶前脑门蓄一绺长发，俗称“天菩萨”，象征男性的尊严，神圣不可侵犯。用青布或蓝布包裹头部，在前额处扎出一长锥形结，称“英雄结”，以表示英勇威武的气概。男女上衣均为右衽大襟衣，传统衣料以毛、麻为主，喜用黑、红、黄色相配搭，常以挑、绣、镶、染等多种工艺技法制成头镰、羊角、涡形等传统图案。下装为长裤，因地域不同而有大、中、小裤脚之分。未婚少女戴各式头帕，育后妇女戴帽，或缠头帕，皆为黑色。妇女下着用多层色布拼接而成的百褶裙，上半部适体，下半部多褶，长可曳地。妇女双耳皆佩金、银、珊瑚、玉贝等耳饰，颈部戴银领牌（图1–218、图1–219）。

乌蒙山型彝族服饰流行于云南省昭通地区以及贵州、四川、广西交界等地，乌蒙山区是古代西南彝族文化的发祥地，过去的彝族服饰与凉山彝族服饰大体相同，明清以来服装款式变化较大。现在云南的彝族男女服饰通常为青蓝色大襟右衽长衫、长裤，缠黑色或白色头帕，系白布腰带，着绣花高钉“鹞子鞋”。男子服装无花纹，出门常披羊毛披毡。妇女服装领口、袖口、襟边、下摆及裤脚均饰彩色花纹及组合图案，汉语俗称“反托肩大镶绲吊四柱”，头缠青帕作人字形，并戴勒子、耳环、手镯、戒指等银饰，婚后则以耳坠取代耳环，系白色或绣花围腰，身后垂花飘带，个别地区妇女着短衣长裙。

滇西型彝族服饰主要流行于云南少数的大理、思茅、临沧、保山等地。过去男子穿右衽大襟长衫，宽脚裤，头包青帕，腰系布带或皮兜肚。妇女上装多为前短后

图1-218　彝族诺苏支系中年女服（四川凉山美姑）

图1-219　彝族诺苏支系青年女服（四川凉山昭觉）

长的右大襟衣，下着长裤，系围腰，套坎肩。巍山、弥渡两县之间的山区女装色彩艳丽，多绣花纹，佩带绣花毡裹背，其他地区较质朴、素雅。其头饰或戴布帽，或包青帕，喜缀五彩璎珞、串珠等饰品，颇有南诏王室贵族华美艳丽的遗风。❶

楚雄型彝族服饰主要流行于云南楚雄彝族自治州各县及邻近地区。这是古代各部彝族辗转迁徙之地，现时属彝语六大方言的交汇地带，故其服饰尤显纷繁多彩（图1-220、图1-221）。总体上看，上穿右衽大襟短上衣，下着长裤，女上装花饰繁多，色彩艳丽，图案以云纹和马樱花一类的花卉为主，多装饰在上衣的胸前、盘肩等特定部位，工艺以镶补、平绣最为普遍（图1-222~图1-224）。妇女头饰大体可分为包帕、缠头、戴绣花帽三类，若细分则有四十余种，而每种头饰又往往成为某一地区彝族的标志（图1-225）。男子服饰日趋汉化，但仍有不少地区保留着披羊皮褂、着火草和麻布衣的习俗，这是其他地区彝族服饰所罕见的。

红河型彝族服饰主要流行于滇南红河地区，以建水、石屏、元阳等县最为

❶ 巍山彝族回族自治县彝学会:《巍山彝族服饰》，云南人民出版社，2006年。

图1-220　彝族纳苏支系老年女服（云南楚雄武定）

图1-221　彝族乃苏支系中老年女服（云南楚雄武定）

图1-222　彝族纳苏支系青年女服（云南楚雄武定）

图1-223　彝族俚颇支系青年女服（云南楚雄大姚）

图1-224　彝族山苏支系女子服饰（云南楚雄）

图1-225　彝族罗罗支系中年女服（云南楚雄姚安）

图1-226　彝族纳苏支系中老年女服（云南红河弥勒）

图1-227　彝族尼苏支系中老年女服（云南红河石屏）

典型（图1-226、图1-227）。妇女服饰多彩多姿，既有大襟右衽长衫，也有中长衣和短装，普遍着长裤，衣罩外套坎肩，系围裙，头饰琳琅满目，多以银泡或绒线作装饰。服饰色调极浓，并惯用配套的对比色，鲜艳夺目，装饰性很强（图1-228、图1-229）。图案以自然纹形为多，几何纹次之。男子服饰与其他地方相差不大。

滇中及滇东南型彝族服饰主要流行于以昆明、文山，以及同这两个地区相邻的红河州部分地区。女装的主要款式为右襟或对襟上衣，以白、蓝、黑为底色，多饰动植物花纹图案和几何图案，长裤，个别地方着裙。其头饰各地差异很大。昆明地区的部分彝族青年妇女，头戴“鸡冠帽”，形如鸡冠，用大大小小各种银泡镶绣而成，做工精细，老年妇女一般挽发髻。圭山一带未婚妇女头饰布箍，在双耳部位缀一对三角形绣花布饰，脑后吊一束串珠垂向胸前。弥勒及路南部分地区彝族妇女以双辫缠头并包黑巾，留一束头发垂于脑后，以珠串、银链、贝壳、绒线花色为饰。文山、西畴、马关、富宁等部分地区妇女头包黑巾或顶花帕，头饰简单。而丘北、开远、泸西等部分地区的妇女头饰十分丰富，饰品有银泡、绒线球、花和贝壳等。这里的男子一般穿对襟衣、外套坎肩、着宽裆

图1-228 彝族尼苏支系青年女服（云南红河绿春）

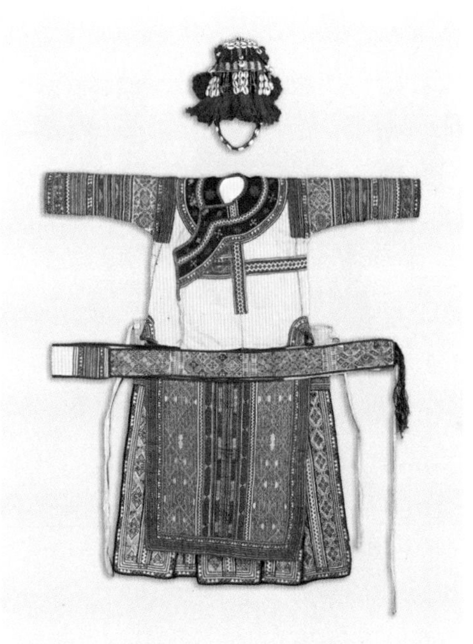
图1-229 彝族戈濮支系青年女服（云南红河泸西）

裤，有的还扎绑腿，头包黑巾。

凉山普格彝族男子身着大襟式宽饰边长袖衣，下着肥大长裤，头扎“英雄髻”，身披羊毛“察尔瓦”，脚穿布鞋，左耳佩一颗蜜蜡玉大珠（图1–230）；普格彝族女子穿无领大襟式窄袖衣，外罩一件镶绣精美纹样的深色短袖衣，下着宽大的五色百褶裙，脚穿绣花鞋，头顶一方绣帕，长辫盘在头帕上（图1–231）。

云南泸西彝族大白彝支系的古老女子服式，自织本色麻布制作，无领大襟长袖。用毛线挑绣几何花纹、彩色布条镶饰条纹和齿纹，装饰风格粗犷。穿时系有前围腰、后围腰、侧围腰和一条宽大挑花腰带、款式较奇（图1–232~图1–236）。

图1–237为彝族大白彝旧时男服，以麻布为料，上衣两袖、领、襟用羊毛线挑绣几何纹。坎肩亦用羊毛线满绣几何纹（图1–238）。

麻栗坡彝族男子蜡染上衣，堪称彝族蜡染服装的代表作，彝族妇女擅长蜡染，其男女服饰皆以蜡染为主要装饰。该彝族男子上衣为三件套，内为对襟窄袖衣，中为对襟宽袖衣，外为无袖坎肩（图1–239）。

图1–230　彝族巫师服饰（四川凉山州普格县）

图1–231　彝族女青年服饰（四川凉山州普格县）

图1-232　大白彝女服（云南泸西县）1

图1-233　大白彝女服（云南泸西县）2

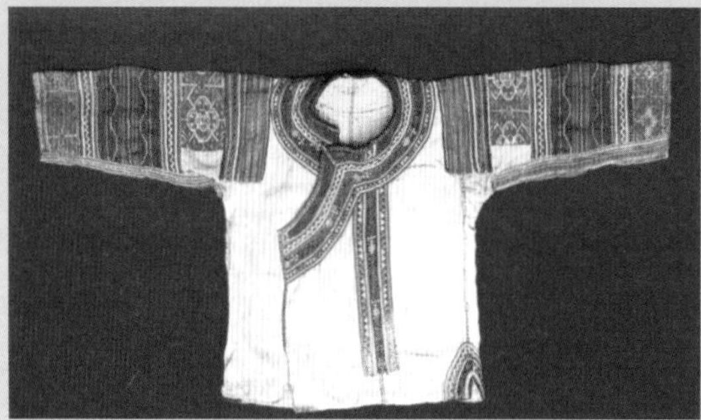

图1-234　大白彝女服（云南泸西县）3

图1-235　大白彝女服（云南泸西县）4

图1-236　大白彝女服（云南泸西县）5

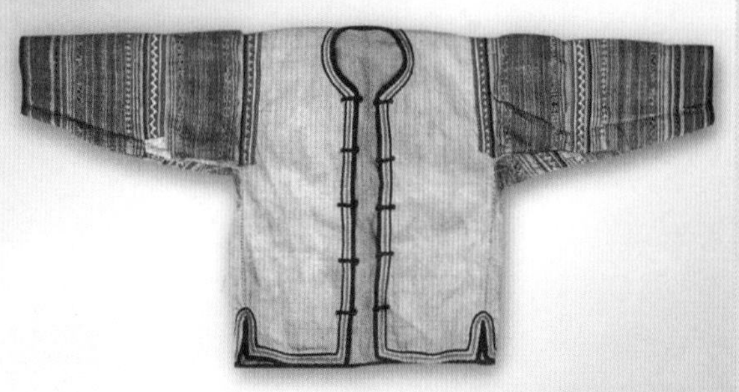

图1-237　大白彝男上衣（云南泸西县）

图1-238　大白彝坎肩（云南泸西县）

图1-239　彝族男子蜡染上衣（云南麻栗坡县）

## ⑫ 德昂族

德昂族服饰最显著的特色是用大方块银牌作纽扣，胸前挂满银牌和银泡，显示富有，再用许多红色小绒球作装饰（图1-240）。德昂族各支系间的服饰都有差别，但仍有共同特点。男子多穿蓝、黑色大襟上衣和宽而短的裤子，留短发，裹黑、白布头巾，青年用白色，中老年用黑色，头巾的两端饰以彩色绒球，戴大耳环和银项圈。

德昂族妇女用黑布缠绕包头，包头两端如发辫垂在背后，唐代史书描写为“出其余垂后为饰”。德昂族有文身的习俗，一般在手臂、大小腿和胸部刺以虎、鹿、鸟、花、草等自己喜爱的图案。

德昂族很喜欢银饰，不论男女都喜戴银项圈、银耳筒、银耳坠等。有的地区的德昂族姑娘脖子上套着十几个粗细不等的银项圈。青年女子的耳筒大多用石竹制作，外裹一层薄银皮，银皮上箍着八道马尾，前端还镶有小镜片，在阳光的照射下闪着耀眼的光芒。老年妇女多带雕刻精致，并涂有黑、红漆的竹管耳饰，显示出德昂族妇女的粗犷之美。

在德昂族的服饰中，最引人注目的是妇女身上的腰箍。姑娘成年后，都要在腰部佩戴数个甚至数十个腰箍。腰箍大多用藤篾编成，也有的前半部分是藤篾，后半部分是螺旋形的银丝。藤圈宽窄粗细不一，多漆成红、黑、绿等色，有的上面还刻有各种花纹图案或包上银皮、铝皮。这一独特的习俗是唐代德昂族先民茫人部落以“藤篾缠腰”为饰习俗的延续。德昂族认为，姑娘身上佩戴的“腰箍”越多，做得越精致，越能说明她聪明能干、心灵手巧。从女孩子成年时起，便有小伙子送给她漂亮光滑的藤竹腰箍。她佩带的腰箍越多说明喜爱她的男子越多。这些腰箍将伴随德昂女子的一生（图1-241）。德昂族的头饰和五色绒球饰是其服饰中最具特色的部分，各地德昂族妇女的头饰略有不同。

德宏地区的德昂族女子穿青色对襟紧身上衣，衣襟饰有银板、银币和红穗等，下摆缀彩色绒球。因妇女裙装花色不同，德昂族又分别称为“红崩龙”“黑崩龙”和“花崩龙”。红崩龙女子的筒裙横织着明显的红色条纹，黑崩龙筒裙织有细细的深红色条纹并镶有白色小条，花崩龙女子的筒裙下端镶有四条白布条纹，其间饰有16厘米宽的红色花带，黑、白、红三色对比十分强烈（图1-242、图1-243）。德昂族妇女用原始的腰织机织布（图1-244）。

图1-240　德昂族女子服饰（云南德宏州）1

图1-241　德昂族女子服饰（云南盈江县）2

图1-242　德昂族女子服饰（云南德宏州）3

图1-243　德昂族女子服饰（云南德宏州）4

图1-244　德昂族妇女织布（云南芒市）

## ⑬ 布朗族

布朗族的服饰，不同地区形式基本相同，但也略有一些差异。男子一般穿黑色或青色宽大长裤和对襟无领上衣，缠头巾。布朗族也有“染齿”这一风俗。他们认为只有染黑的牙齿才最坚固、最美观，经过染齿的男女青年才有权谈恋爱。

临沧、思茅的妇女身着蓝布高领大襟上衣，领边绣以花纹，左襟镶有三条各色花纹，袖口用红、黑、绿色布条镶边，外套一件对襟短褂，钉上15对或20对布纽扣，下着筒裙，拴腰带，小腿上缠护腿布，戴银环和银手镯，牙齿染成黑色，赤足。

西双版纳妇女上衣为左右两衽的黑色无领紧身短衫，在左腋下打结，下穿黑色筒裙，裙上部织有红、白、黑三色线条，也有年轻姑娘穿白、红、绿等色上衣，小腿缠白色护腿布，头缠黑色、青色包头巾，戴银耳环，下垂至肩，戴银手镯。年轻妇女喜欢带各色玻璃珠，牙齿染成黑色为美，留长发，挽髻，上缀彩色绒球，姑娘爱戴野花或自编的彩花，将双颊染红。

已婚妇女一般是彩色围巾包头，包头两端抽成须穗状，坠在头的左右两侧。戴银钏，少则十几圈，多则几十圈。富裕人家的女子还戴银镯或玉镯。中老年女性包黑色包头，穿黑色上衣，下着镶黑色或蓝色脚边的织锦筒裙，衣服上装饰较少。施甸县妇女还把包头折叠成三角形，接近额头处系着用线串成的各色玻璃珠。

西双版纳的布朗族男子还有文身的习俗。一般刺于两手臂、两腿、胸部、背部等处，花纹为各种几何图案、飞禽走兽和傣族文字。布朗族男子文身主要是为了能顺利地娶到妻子，但布朗族自己不会文身，一般是请坝区的傣族师傅，并付给一定报酬。

布朗族妇女大多穿黑、蓝色上衣，唯少女例外。少女穿浅色上衣或深色上衣饰以彩色条纹，佩戴珠串项饰和海贝腰带等饰物，耳饰上缀有彩色线穗，表明其未婚少女的身份（图1-245）。

图1-245 布朗族少女日常服饰（云南西双版纳）

## ⑭ 景颇族

景颇族的服饰风格粗犷豪放。男子多穿黑色圆领对襟上衣，下身着短而宽大的黑裤，包黑布或白布头巾，头巾两边以彩色小绒球作为装饰。出门时肩上挂筒帕，腰间挎长刀，如同气宇轩昂、矫勇彪悍的武士。

景颇族女子多穿着黑色对襟或左衽短上衣，下着黑红相间的筒裙，用黑色布条缠腿，节日喜庆时，盛装的女子上衣都镶有很多的大银泡，领上佩戴六七个银项圈和一串响铃式银链子，耳朵上戴一对很长的银耳环，手上戴着粗大且刻有花纹的银手镯作为装饰，各种银饰都达到较高的工艺水平。行走舞动时，银饰叮当作响，别有一番韵味。

景颇族饰物以银器为主，其他有藤制和草编的配饰物。许多景颇女子还将藤圈涂上红色或黑色的漆，围在腰间，来装扮自己，她们认为谁的藤圈越多谁就越美，这是一种独特的审美观。景颇族妇女善编织，能织出多彩的图案花纹数百种，其中大多是动植物，精美艳丽，富有民族特色。

景颇族服饰的最大特点是女子上衣缀满象征星月的大小银泡，并包裹红色几何纹织锦头帕，身着红色毛质织锦筒裙，肩挎镶银泡织锦筒包（图1–246）。

图1–246　景颇族男女服饰（云南德宏州临沧市）

## ⑮ 纳西族

纳西族居住于较寒冷的高山地带，历史上曾长期过着游牧生活，披羊皮是纳西人的传统服饰，这种习惯至今保留在放牧的纳西人中。盛装的香格里拉纳西姑娘仍身披羊皮，头上的银盘饰物格外引人注目（图1-247）。

纳西族服饰的颜色以黑白为主，青壮年多着白色，而老年人穿黑色，表示尊贵。由于纳西族受汉族的影响较深，男子服饰与汉族的基本相同，穿长袍马褂或对襟短衫，下着长裤。

纳西族女子服饰有两种类型。一种在丽江一带，穿的人数较多，分布较广。丽江纳西族女子留发编辫，顶头帕或戴帽子，一般内穿立圆领右衽宽腰大袖的袍褂，用蓝色、白色等布料制作，前幅及膝，后幅及胫，在领、袖、襟等处绣有花边，朴素大方，穿时将袖口卷齐肘部，外加用浅湖蓝色、蓝色、紫红色、大红色、黑色等颜色的棉布或毛质布料、灯芯绒缝制成的坎肩，下穿长裤，系用黑、白、蓝等色棉布缝制的百褶围腰，从腰至膝，形如扇子，背披七星羊皮背饰，足穿船形绣花鞋。

另一种类型见于香格里拉白地。纳西族妇女留长发，束于脑后或编成长辫，上饰有花纹的圆形银牌。身穿开长衩的搭襟白色麻布长衣，襟边为黑色并加彩绣，腰系黑底起彩色线格花并垂毛线须穗的腰带，下穿有彩色条纹的长百褶裙，穿毡鞋或靴，背披白毛山羊皮。其服饰色调素雅，古朴大方。

各地纳西族女子普遍戴耳环、戒指和手镯，有些胸前挂银须穗，服与饰搭配得体，自然谐和，很有风韵。

纳西族男子的传统穿戴也大致分两种：一种见于丽江一带；另一种见于香格里拉三坝一带。丽江纳西族男子短发，戴毡帽或缠包头。毡帽中有一种一半卷边，名为喜鹊窝帽，十分潇洒和别具一格。上身内穿麻布和棉

图1-247 纳西族少女盛装服饰（云南香格里拉地区）

图1-248　纳西族摩梭人女子服饰（云南宁蒗县泸沽湖）

布衣，外披羊毛毡或穿羊皮坎肩，下穿黑色或蓝色长裤，腰束带，穿布鞋、皮鞋。香格里拉三坝一带的纳西族男子穿麻布衣裤，衣为右衽或对襟、长袖外套，衣长到腹部，缠红布包头。

摩梭人服饰与纳西族其他支系不同，女子穿大襟短衫和长及脚面的百褶大裙，系宽大的毛织条纹腰带，将牛尾和黑线掺在长发中梳成粗辫盘于头顶，外缠黑布头帕，以包头越大为美（图1-248）。摩梭男子服饰受邻近藏族影响，习尚穿藏式服装。

## ⑯ 基诺族

生息于云南基诺山地区的基诺族，服饰具有古朴素雅的风格，基诺族多穿自织的蓝、红、黑色条纹的麻质土布，富有民族特色（图1-249）。其形制较为原始，尤其是裤子前裆垂有一片兜裆布，保持着早期男子着装的遗俗，反映出男下衣由兜裆布向裤演变的过程（图1-250）。基诺族男子上身穿镶边圆领对襟白色麻布衣，无纽扣，前襟和胸部缀饰红、蓝色花条。衣背以18厘米方黑布作底，上绣孔明印（月亮花）圆形图案，下穿白、蓝色宽裤，裤长齐膝，裹绑腿，用长布包头，戴刻着花纹的竹木或银制的耳环。

基诺族女子穿无领对襟衣，衣身用彩色布条镶出七色文锦，色彩艳丽，称作“彩虹衣”，无扣，露出里面的绣花兜；下着红黑色条纹布裙绲边，侧面开合，裹绑腿。成年女子皆戴尖顶风帽，此帽由长60厘米、宽20厘米的条纹麻布对折后缝其一侧而成（图1-251）。

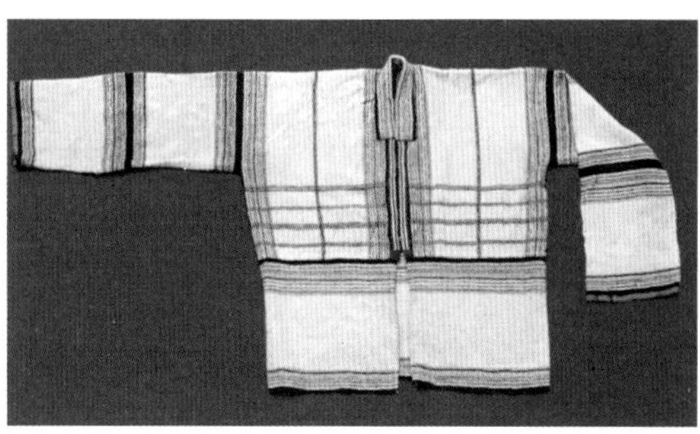
图1-249　基诺族男子上衣（云南景洪市）

图1-250　基诺族男子裤装（云南景洪市）

图1-251　穿彩虹衣的基诺族女子（云南景洪市）

基诺族还有染牙习俗，染牙大体有两种方法：一是槟榔和石灰放在嘴里嚼食，时间久了牙齿逐渐变黑，且经久不褪色，这种方法染的牙还能保护牙齿不被虫蛀；另一种是把燃烧的花梨木闷在竹筒里，用熏出的黑汁涂在牙齿上，这种方法是年轻姑娘们谈情说爱或结婚打扮时喜用的办法。受傣族影响，基诺族也有文身的习俗，一般是家庭富裕或有文身爱好的人才文，由傣族有经验者来黥刺。女性在小腿上黥刺，花纹与衣服上的边饰图案相仿，男性多黥在手腕、手臂上，花纹有动物、花草、星辰、日用器物等。

图1-252　捻线的基诺姐妹（云南基诺山）

基诺族妇女擅长纺织，她们在山间走路时常常手持纺轮捻线，稍有空闲就用原始的腰织机织布。麻或棉的条纹土布结实暖和，男女老少的衣物用布基本上都能自给自足（图1-252）。

## ⑰ 佤族

佤族服饰因地而异，基本上还保留着古老的山地民族特色，显示着佤族人粗犷、豪放的坚强性格。云南西盟佤族保持传统习俗最多，服饰最典型。男子穿无领对襟短衣和青布肥大短裤，布帕缠头，戴大耳环，下着绑腿、草鞋或跣足，青年男子常以佩戴竹藤圈为饰。一些男子仍然保持着系一片兜裆布为衣的传统装饰（图1-253）。女子穿贯头式紧身无袖短衣和家织红黑色条纹筒裙，赤足，戴耳柱或大耳环，项间佩挂银圈或数十串珠饰，喜戴臂箍、手镯，手镯宽约5厘米，多用白银制成，上面刻有各种精致的图案花纹，美观闪亮，腰间亦以若干藤圈竹串为饰，披发，发箍用红布或金属制作（图1-254、图1-255）。过去，佤族女子的脚上都戴有数个或数十个竹藤圈，按习惯，女子每增加一岁就增加一个脚圈。佤族女子十分注重身体装饰。

图1-253 佤族男子夏季装束（云南西盟县）

图1-254 佤族女子服饰（云南西盟县）

图1-255 佤族女子夏季装束（云南西盟县）

在炎热的夏季，佤族女子有赤裸上身的习惯。夏季里男子通常只穿“条子”，即兜裆布，这是典型的热带民族着装习俗。

天寒时，佤族男子披麻毯或棉毯御寒。此外佤族男子还有文身的习俗，其纹样大多为动物纹，也有少量的植物纹。

由于佤族社会发展的不平衡和生活习俗方面的差异，佤族分为大佤和小佤支系。大佤服饰受当地其他民族影响并饰有银泡、银扣等物，部分大佤妇女穿无领对襟短衣，红黑色条纹筒裙，腰间系白布长带，佩珠串项饰和金属项圈（图1-256~图1-259）。

孟连佤族（小佤）基本过着自给自足的农耕生活，衣物均为自己纺织的粗布、条纹布制作，纺线与织布工艺都很原始。小佤服饰比较古朴，女子身穿无袖贯头衣，下着条纹中筒裙，头戴风帽，用花带系住，盛装时项间佩戴若干珠串（图1-260~图1-263）。

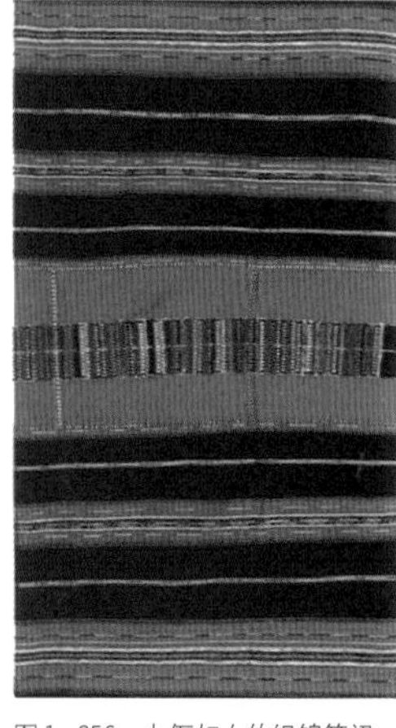

图1-256 大佤妇女的织锦筒裙（云南西盟县）

图1-257 大佤妇女的上衣和头帕（云南西盟县）

图1-258　大佤支系男女服饰（云南西盟县）

图1-259　大佤女子服饰（云南西盟县）

图1-260　小佤妇女弹棉花（云南孟连县）

图1-261　小佤妇女弹捻线（云南孟连县）

图1-262　小佤支系妇女弹织布（云南孟连县）

图1-263　小佤支系男服（云南孟连县）

## ⑱ 白族

白族崇尚白色，以白色衣服为重。大理白族男子的上衣、裤子、绑腿、包头等都喜用白色。其身着白色立领对襟衣，宽大中式裤，深色对襟坎肩、绣花肚兜、包头帕、打绑腿穿剪口布鞋或草鞋，肩挎彩绣筒包，服饰简洁大方。其他一些地区的白族男子，头戴瓜皮帽，穿大襟短上衣，外套羊皮领褂或数件皮质和绸质的领褂，谓之“三滴水”，显得敦厚英俊，洒脱大方（图1-264、图1-265）。享有“金花”美誉的白族妇女的服饰，更是色泽鲜美，绚丽多彩（图1-266、图1-267）。

白族女子穿浅色上衣，外罩黑色或紫色丝绒大襟坎肩，下着镶花边长裤，系绣花围腰，腰带刺绣精美，脚穿翘头花鞋，头顶一方花帕，这是较有代表性的白族女子服饰。

大理一带的妇女多穿白上衣、红坎肩或是浅蓝色上衣配丝绒黑坎肩，右衽结纽处挂“三须”“五须”的银饰，腰间系有绣花飘带，上面多用黑软线绣上蝴蝶、蜜蜂等图案，下着蓝色宽裤，脚穿绣花的“白节鞋”，手上多半戴纽丝银镯、戒指。

已婚妇女梳发髻，未婚少女则垂辫或盘辫于顶，有的则用红头绳缠绕发辫下的花头巾，露出侧边飘动的雪白缨穗，点染出白族少女头饰和发型所特有的风韵。剑川一带的年轻女子喜戴小帽或“鱼尾帽”。洱源西山及保山地区的白族妇

图1-264　白族男子服饰（云南大理市）

图1-265　白族男女传统服饰（云南大理市）

图1-266　白族女子服饰（云南丽江市）

图1-267　白族勒墨人传统服饰（云南碧江县）

女，常束发于顶，上插银管，再以黑布包头，穿右襟圆领长衣，系绣花腰带，衣袖和裤脚喜镶绣各色宽窄不同的花边，有的还喜束护腿，显得十分匀称协调和俊俏美观。

总之，各地白族的服饰虽呈现出某些地区性差异，但浅色为主、深色相衬、对比强烈、明快协调是共有的特征。其地域特点是越往南越显艳丽饰繁，越往北越显素雅饰简。山区与坝区比较，山区白族穿着较艳，坝区白族相对较素。

## ⑲ 傈僳族

傈僳族主要居于云南，不同地区的傈僳族妇女因服饰颜色的差异而被称为白傈僳、黑傈僳、花傈僳。云南怒江白傈僳妇女普遍穿右衽上衣、素白麻布长裙，戴白色料珠，行走时长裙摇曳摆动，如在云中。黑傈僳妇女多是右衽上衣配长裤，腰系小围腰，缠黑布包头，戴小珊瑚之类的耳饰。白、黑傈僳族妇女，已婚者耳戴大铜环或银饰，长可垂肩，头上以珊瑚、料珠串缝为帽，胸前戴玛瑙、海贝或银币。花傈僳妇女喜穿镶彩边的对襟坎肩，搭配缀有彩色贝壳的及地长裙，缠花布头巾，耳坠大铜环或银环，摇曳多姿，风情万种。

傈僳族妇女习惯在前额打一种人字形状的叠式包头，头缠3米多长的黑布绕子。傈僳族年轻姑娘喜欢用缀有小白贝的红绒系辫，有些傈僳族妇女还喜欢在胸前佩一串玛瑙、海贝或银饰，并在海贝上刻有简单的横竖纹或钻小圆孔，傈僳语称这种胸饰为“拉白里底”。

男子服饰最早模拟喜鹊的颜色与样式，称喜鹊服，上衣是麻布短衫，下穿及膝黑裤，在腰间系一条羊毛彩带，有的以青布包头，有的在脑后蓄发辫。大多数男子脚穿自家编织的草鞋或用麻线编织的麻草鞋。特别不可缺少的是，成年男子都要左腰配砍刀，右腰挂一个用熊等兽皮制成的箭包，用来盛箭，身背导弓，犹如一名武士，给人有一种粗犷、洒脱、刚毅、威武的感觉。

福贡地区傈僳族女子身穿右衽短衣，坎肩、下着长裙，胸前佩戴十余串珠饰，肩佩海贝肩带。衣物皆为自织麻布制成，白色有条纹。男女服装以白色为主，故为“白傈僳”。女子头饰由海贝、骨珠、珊瑚珠和银珠组成，是其贵重的装饰物（图1-268）。傈僳男子穿麻布长衫或短上衣，裤长及膝，腰佩砍刀、箭包。以布帕包头，中老年男子蓄长发缠绕在脑后。富裕之家的男子左耳戴一串红珊瑚，以示地位尊贵（图1–269）。

图1–268　傈僳族女子服饰（云南省福贡县）

图1–269　傈僳族男子服饰（云南腾冲市）

## ⑳ 怒族

怒族的服饰因居住区域的不同而略有差异，但都具有共同的民族特点。由于纺织技术传入怒族地区较早，怒族妇女用麻线纺织制作的怒毯很早以前就在怒江地区颇负盛名，而怒族男女服装多由麻布制成。

怒族男子的服饰风格古朴素雅，多蓄长发，披发齐耳，用青布或白布包头，传统服饰为交领麻布长衣，内穿对襟紧身汗衫，外穿敞襟宽胸长衫，长衫无纽扣，色彩以白色为基调，间着黑色线条，穿时衣襟向右掩，及膝长裤，穿时前襟上提，系宽大腰带，扎成袋状，以便装物。左耳佩戴一串珊瑚，成年男子喜欢在腰间佩挂怒刀，肩挎弩弓及兽皮箭包，脚打竹篾制作的绑腿，显得英武剽悍。

福贡地区女子穿右襟短衣，麻布长裙，已婚妇女喜欢在衣裙加上花边，头饰用珊瑚珠、玛瑙、料珠、银币和海贝制成，她们将贝壳磨成圆片，用兽皮连成发箍，并在额前垂挂珊瑚珠及小银坠，耳戴大铜环。贡山女子用白布帕裹大包头，只佩胸饰，不穿裙，仅用两块条纹麻布围在腰间，类似裙装。男子穿麻布长衫、短裤，亦穿大襟短衣，腰佩砍刀，右肩背弩弓和箭包（图1–270、图1–271）。

女子长发梳辫盘于头上，辫梢饰银管和红色流苏，也有用白布帕缠大包头的习惯。福贡怒族女子传统装束为右襟短衣，深色坎肩，麻布长裙。头饰用珊瑚珠和海贝制成，项间佩戴多串料珠或银币等饰物，耳戴大铜环。这一部分怒族与傈

图1-270　怒族男子传统服饰（云南贡山县）

图1-271　怒族服饰（云南贡山县）

图1-272　怒族女子服饰（云南福贡县）

图1-273　怒族日常服饰（云南福贡县）

图1-274　怒族女子服饰（云南福贡县）

傈族杂居共处，故服饰相似（图1-272~图1-274）。

怒族人最有特色的服饰叫“约多”。这种由怒族妇女编织的“约多”，工艺水平很高，男子们白天可以当衣穿，晚上可以当被盖，妇女们做成围裙系在腰间，既耐寒又耐脏，深受人们喜爱。

## 21 阿昌族

阿昌族主要居于云南，其服饰简洁、朴素、美观。男子多穿蓝色、白色或黑色的对襟上衣，裤脚短而宽的黑色长裤，喜欢在胸前戴朵红丝线结成的菊花。未婚男子戴白包头，已婚男子戴藏青色包头，有些中老年人还喜欢戴毡帽。青壮年在脑后留约33厘米长的包布，有随身佩刀的习俗，其中“户撒刀”最为有名。

妇女的服饰有年龄和婚否之别。未婚妇女留长发盘辫，穿白、蓝色对襟银扣上衣，黑、蓝色长裤，系绣花飘带黑布围裙。已婚妇女梳发髻，包黑布包头，下着长筒裙，系黑布围裙。

梁河地区的妇女一般穿红色或蓝色对襟上衣和筒裙，小腿裹绑腿，用黑布裹包头，包头顶端左侧还垂挂四五个五彩小绣球，颇具特色。每逢外出，妇女们取出珍藏的各种首饰，戴上大耳环、雕刻精致的大手镯、银项圈，还在胸前的四颗银纽扣上和腰间系挂上一条条长长的银链，走起路来银光闪闪。

腊撒地区姑娘爱穿蓝色、黑色对襟上衣和长裤，打黑色或蓝色包头，有的像高耸的塔形，高约33~66厘米，有的则用宽约6.6厘米的蓝布一圈圈地缠起来，包头后面还有流苏，长可达肩，前面用鲜花和极色绒珠、璎珞点缀，有的在左鬓角戴一银首饰，像一朵盛开的菊花，上面镶玉石、玛瑙、珊瑚之类。姑娘们还以银元、银链为胸饰，颈上戴多个银项圈，光彩夺目。

高包头是梁河地区已婚妇女特有的头饰，阿昌语称之为“屋摆”。这种头饰用自织自染的两头坠须的黑棉布长帕缠绕在梳好发髻的头上，造型高昂雄伟，将其展开，长达5~6米。在有包头饰习俗的众多民族中，阿昌族已婚妇女头饰的高度名列首位。

梁河阿昌族女子服饰的最大特点是能够反映出阿昌女子的婚姻状况，是否成婚，一看服饰就知道。已婚妇女用黑布帕包头，层层缠绕高达30多厘米，上覆黑布巾，称为“箭包”，是已婚妇女特有的标志；未婚少女包圆盘状头帕并饰以鲜花绒球。服装的区别在于，已婚妇女穿长筒裙，未婚少女穿青布长裤。阿昌族妇女善于纺织，织锦用于筒裙、筒包等（图1–275）。

梁河阿昌族男子成婚与否的区别在于头饰，未婚男子用白色长帕包头，饰有绒球，脑后系一条白布长带，带上绣有五彩花纹，已婚男子则用青布帕包头。筒包和阿昌刀是阿昌族男子不可缺少的配饰（图1–276）。

图1–275 阿昌族妇女织锦（云南梁河县）

图1–276 阿昌族男子服饰（云南梁河县）

## 22 普米族

普米族先民原是青藏高原上的游牧人，故普米族服饰装束仍保留着游牧民族的特色。普米族长期与纳西、彝、藏等民族杂居，服饰吸收了其他民族服饰特点，各地略有不同，但基本特征是相同的。普米族男子魁梧彪悍，这种特征也体现在男子的服饰上。

普米青壮年男子上衣为对襟金边短衣，以黑白两色为佳，扣双纽在肘下。下穿麻布宽裆裤，大多用黑色，少数用蓝色，不用裤带，下加3米长、16.5厘米宽的麻布绑腿至脚，上加16.5厘米宽的白麻布在裆口起收缩作用，外边穿一件长衫，腰间缠一根白羊毛制作的3米长腰带，两头绣花，衣裤一并拴紧，上下不分开，以便于活动。天寒时披羊毛坎肩，裹绑腿，穿皮鞋，春天穿草鞋。富贵人家则脚穿靴子，靴底钉上铁钉，走起路来格格作响，以示贵人一等。日常生产劳动中，则穿皮褂，用麂皮或岩羊皮制成，腰间插烟锅。受藏族服饰影响，男子也穿大襟立领上衣，外套皮袍，系腰带，头戴前檐高竖的皮帽，下着长裤、皮靴。天热时将皮袍褪至腰间，两袖系在身前。皮帽以黄色雏狐为最佳，不仅美观气派而且十分实用。此外，普米男子还戴毡帽，其形状与博士帽相似，可防雨遮阳，老年男子尤其喜欢戴这种帽子。普米男子喜爱佩带长刀和鹿皮口袋，内装火镰、火镜、火草、火石等取火之物。男子的装饰品有手镯和戒指，多为银制，有的也戴耳环，但仅扎左边一个耳眼。

普米族妇女的上衣为黑色、蓝色、白色的开襟短衣，和男子基本一样，但袖口有花边，领口用花线绣上吉祥的图案。下身着百褶筒裙，裙腰加白色厚布，裙脚宽大，有一圈红线，缝成褶皱，一般需布匹6.6米多。腰间系一根彩带，彩带多用山麻或羊毛捻线织成。宁蒗、永胜地区的普米族女子喜将牦牛尾和丝线缠在长发中编成粗大的辫子盘在头上，再缠绕长头帕，以包头大为美。其身穿高领右襟衫，下着宽大百褶裙，腰上缠绕织有红、黄、绿、蓝色条纹的羊毛宽带，有的还在背上披一张洁白的长毛羊皮。普米族女子喜佩红、白色珠饰，有的喜带耳坠银环。富裕人家在颈项还要挂上珊瑚、玛瑙和料珠，胸前佩戴“三须”“五须”的银链，手戴镯圈和宝石戒指等。

宁蒗、永胜地区的普米族女子身穿高领大襟衣，百褶长裙，腰系宽大的毛织

图1-277　普米族服饰（云南维西县）

图1-278　普米族女子服饰（云南兰坪县）

条纹彩带，足蹬长靴。兰坪、维西一带的普米族女子，穿青蓝或白色大襟短衣，外套坎肩，下穿长裤或宽大长裙，系腰带。兰坪地区普米族未婚少女用天蓝色绣花帕包头，头帕外垂一束红绒线，为未婚标志；已婚妇女用黑布帕包头（图1-277、图1-278）。

## ㉓ 哈尼族

哈尼族分布在云南红河和澜沧江两岸，支系众多，服饰明显有别（图1-279）。哈尼族服饰千姿百态、色彩斑斓，有一百多种不同的款式。适应于梯田农耕劳动，具有共同的刺绣图案、装饰物品和审美色彩，这是哈尼族服饰的基本特征。哈尼族以黑色为美、为庄重、为圣洁，将黑色视为吉祥色、生命色和保护色，所以，黑色是哈尼族服饰的主色调。哈尼族服饰上的装饰物品和刺绣图案，实质上都是自己民族生存区域地理环境的反映，也是对祖先英雄事迹的缅怀和记述。

哈尼男子多穿对襟上衣和长裤，以青或白布裹头。西双版纳哈尼族男子爱沿衣襟镶两行大银片和银币，两侧配以几何纹布，以黑布包头。

妇女服饰因地而异，较多地保持了本民族的特色。多数地区的妇女穿右襟无领上衣，以银币为纽，下穿长裤，衣服的托肩、大襟、袖口和裤脚镶彩色花边，胸前挂成串的银饰。

红河等地区妇女穿右襟无领上衣，以银币做纽扣，下穿长裤，盛装时外加披肩一件，有的还系花围腰，打花绑腿，并在衣服的托肩、大襟、袖口及裤脚上，都镶上几道彩色花边，坎肩则以挑花做边饰。

红河哈尼族姑娘有的也佩戴鸡冠帽，其式样接近彝族鸡冠帽，有的妇女则戴一种额头正中缀满银泡、有弧线的三角形帽，似鸡冠帽而略有变化，十分别致。另一支系“叶车”妇女则常戴一尖形披肩帽，穿无领开襟短衣和紧身短裤，适于梯田劳作，精干健美。

墨江哈尼族人口多，服饰因支系而有差别。“豪尼”穿无领右襟青布衣，下着长及膝短裤，腰系白带，头包蓝布或彩色头巾；“碧约”穿白长衣和藏青色土布筒裙，头悬红豆，耳坠大环，发巾结于头上；“西摩洛”上披黑衣，无纽，外钉成排银泡，腰系短裙，头用布扎成角形，脚腿上扎有浸过油漆的藤黑线。

西双版纳和澜沧一带的妇女，上穿挑花短衣，下穿及膝的折叠短裙，打护腿，头饰繁富，平时多赤脚，年节穿绣花尖头鞋。少女或青年妇女喜爱以银链和成串银币、银泡作胸饰，戴耳环或耳坠，澜沧、孟连等地喜戴大银耳环。蓄发编辫，少女多垂辫，婚后则盘结于头上。以黑或蓝布缠头，或制作各式帽子，上镶小银泡、料珠，或者缀上许多丝线编织的流苏。

僾尼服饰是哈尼族七个支系中较为突出的一个。僾尼人一般喜欢用自己染织的藏青色土布做衣服，男子穿右襟上衣，沿大襟有两行大银片做装饰，以黑布裹头。妇女多穿右襟无领上衣，下穿短裙，裹护腿，胸前挂成串的料珠。她们的头饰极为丰富，不同年龄头饰颇有不同，共同的是僾尼妇女每人都头戴一顶镶有小银泡并饰有料珠的方帽。年轻姑娘在帽子四周环绕着成串料珠，耳旁垂有流苏（图1–280）。

僾尼人是哈尼族的一支，内部又有若干支系，服饰各有特色，但都以装饰

图1–279　哈尼族男女服饰（云南西双版纳）

图1–280　云南哈尼族扁头僾尼服饰（云南西双版纳）

图1–281　哈尼族僾尼女子日常装束（云南西双版纳）

图1-282　哈尼族僾尼女子服饰
（云南勐腊县）

图1-283　哈尼族扁头僾尼男女服饰
（云南勐海县）

图1-284　哈尼族扁头僾尼妇女儿童
（云南勐腊县）

繁多著称（图1-281）。勐腊县的僾尼女子服饰最引人注目的是前襟缀满银币（图1-282）。银是贵重的东西，由它联想起来的是富有和美丽。佩戴上这些银币，在她们自己和别人看来都是很美的。

扁头僾尼男女都穿无领对襟青布衣，装饰主要在衣背，男子穿阔腿中式长裤，女子穿褶裙、护腿。男女头饰都很讲究（图1-283、图1-284）。

平头僾尼女上衣，吊裙、筒包、护腿。该族妇女善于织、绣、染等传统手工艺。家织土布染成青蓝、土红、草绿等色，染料均为自制。绣法有挑绣和镶绣两种，草珠、银泡、海贝都是她们镶绣的好材料（图1-285~图1-288）。孟连县的一支平头僾尼妇女不留长发。头发很短，藏在大包头里面（图1-289）。僾尼女子穿青色对襟短衣，无扣，露出镶满银饰的胸衣，下着深蓝色短裙，前后各有一片小吊裙（图1-290）。各色布块镶绣和刺绣是她们常用的装饰手法，羽毛、草珠、线

图1-285　哈尼族平头僾尼女服
（云南勐海县）

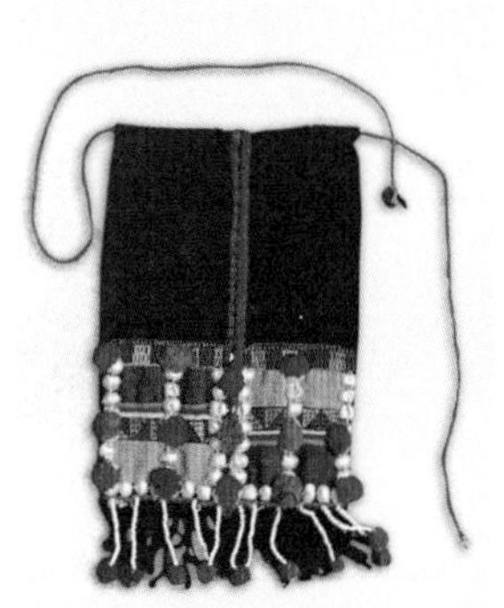
图1-286　哈尼族平头僾尼围腰
（云南勐海县）

图1-287　哈尼族平头僾尼挎包
（云南勐海县）

图1-288　哈尼族平头僾尼绑腿
（云南勐海县）

穗、绒球、银泡、银币等都是她们喜爱的饰物。

尖头僾尼盛装少女的装扮从头到脚琳琅满目，大量的料珠、羽毛、草珠、海贝、彩穗、布条、银泡、银币、鲜花等装饰物遍及全身，装饰风格热烈而富有原始情调。

哈尼族叶车支系女子身着青布短衣短裤，头戴白色风帽，脚着木屐，盛装时佩戴银饰。服饰装扮既朴素又雅致（图1–291）。除叶车支系以外，哈尼族还有糯此支系（图1–292）、碧约支系（图1–293、图1–294）。

阿克女子身穿无领对襟窄袖短衣、长筒裙，妇女包头帕，少女头侧饰红色绒

图1–289　哈尼族平头僾尼妇女服饰（云南勐海县）

图1–290　哈尼族平头僾尼女子（云南勐海县）

图1–291　哈尼族叶车女子日常服饰（云南红河县）

图1–292　哈尼族糯此支系女子服饰（云南新平县）

图1–293　哈尼族碧约支系妇女服饰（云南墨江县）

图1–294　哈尼族碧约支系女子服饰（云南西双版纳）

珠。海贝腰带是阿克女子人人都有的、十分醒目的饰物。盛装少女的腰间饰有彩色布条和线穗（图1–295）。哈尼族豪尼女子服装以黑白为主色，以银饰为主要装饰朴素而美观（图1–296）。哈尼族鞋的造型类似短靴，补花镶绣，用色讲究，图案古朴神秘。

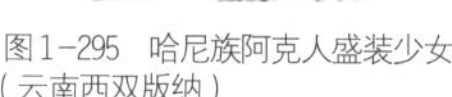

图1–295　哈尼族阿克人盛装少女（云南西双版纳）

图1–296　哈尼族豪尼支系女子服饰（云南元江县）

## 24 拉祜族

拉祜族服装具有青藏高原民族服装的特点，女子多穿黑布开襟长衣，衫长到脚面，开衩至腰部，在长衫衩口及衣边、袖口，镶缀红、白等各色几何图纹的花边，沿衣领及开襟上还嵌上数十个雪亮的银泡或佩带大银牌“普巴”，下穿长裤（图1–297）。

拉祜族男子身穿浅色右衽交领长袍和长裤，长袍两侧有较高的开衩，领口衣襟等处用深色布条镶边，喜欢佩刀，系腰带，脚穿布鞋，头戴包头，包头用白红黑等各色布条交织缠成。在云南澜沧等拉祜族聚居地区，男子穿黑或蓝色对襟短衫，用银泡或银币、铜币做纽扣，戴瓜形小帽，帽子用6~8片正三角形蓝黑布拼

图1–297　云南拉祜族补花绣女长衫

制而成，下边镶一条较宽的蓝布边，顶端缀有一撮约15厘米长的彩穗垂下，有的不戴帽子，则用黑布长巾裹头。成年男子还带一个烟盒和烟锅，身挂一把长刀。同汉族、傣族接触比较多的地方，拉祜族男女也喜欢穿汉式和傣式服装。

西双版纳拉祜族妇女有的剃光头，包黑头巾，戴大耳环。穿开襟很大，衣边缀有花布条纹，无领，小袖口，衣长只齐腰节骨的短衫。短衫里面，穿一件白色汗衫，露在筒裙上面。有的下穿筒裙，有的下穿黑色长裤。穿着这两种服饰的妇女，都头包4米长的黑色包头，在包头两端缀以线穗，有的则包大毛巾。穿长裤的妇女，冬季多数小腿都套腿套，小腿套两端都用色线绣上花纹。

拉祜族男女均喜戴银质项圈、耳环、手镯，妇女胸前还多佩挂大银牌。澜沧茨竹河、双江勐库、沧源、耿马等地穿长衣、长裤的拉祜族妇女，普遍束腰带，腰带多用红、绿、黄色布制作，腿上配有脚筒，用青蓝布制成，长约33厘米，上有精致的几何图案装饰。

## 25 独龙族

独龙族社会曾长期处于原始公社制阶段，服装也相对原始。独龙族的服装非常简练，传统的独龙族服装是将一块独龙毯披挂在身上为衣，男女传统装束相似。独龙毯多用野生或家培木麻织成，独龙妇女善织，她们将麻捻成细线，用灶灰水沸煮，洗净，染以红、黄、绿、蓝、黑五色，手工织成约33厘米宽的条纹布，色质厚重，两三幅连缀即成独龙毯“约多”。其色质厚重，美观耐用，昼可作衣，夜可当被，是独龙人不可缺少的衣物。男女所披独龙毯均为长方形，由左腋下向右肩缠绕，男子在胸前系结，女子在齐右肩处用竹针别住，均袒左肩左臂（图1-298、图1-299）。高山族和珞巴族也曾有类似的着衣方式。

图1-298　独龙族传统服饰（云南贡山县）

图1-299　织布的独龙族妇女（云南贡山县）

## 二、中南和华南地区少数民族服饰

中南与华南地区的少数民族主要有黎族、仫佬族、土家族、毛南族、壮族、畲族、高山族等民族，当深入这些民族的居住区域时，能感受到不一样的农耕文化氛围和民族服饰特色。

### 1 黎族

黎族是中国特有的一个民族，世居于海南岛地区。黎族有5个支系，服饰各有特色。黎族中的本地黎极富艺术才华，其女子善织善绣，男子善雕刻。图1-300为本地黎妇女精美的织锦筒裙，历世一百多年，裙上织有祖公、祖庙等纹样，配色亦很古朴。本地黎服式较为原始，女子穿青布贯头衣，衣侧、下摆和袖口饰有精细的双面绣图案，下着黎锦短筒裙赤脚。妇女绾髻于脑后，插骨簪或银簪。盛装上衣还饰有绿白两色古琉璃珠。本地黎聚居白沙县，虽同属一族，但村落不同、姓氏不同，服饰便有差异。筒裙长者及膝，短者仅22厘米。发式、文身和服饰图案区别很明显（图1-301）。本地黎织锦主要用作女子的筒裙。木棉是黎族传统纺织的主要原料，本地黎妇女织锦时还要间以丝线、银线和鸡毛绒，加之图案丰富、工艺精细、色彩华美，所以本地黎织锦堪称黎锦之最。黎锦有一百多种图案，主要有蛙纹、舞人纹、牛鹿纹、草果纹、星月点纹、房屋纹、古灯纹、竹木纹、昆虫花草等（图1-302）。

侾黎女子穿无领对襟衣，领襟有少许绣饰，下着织锦筒裙，赤足，头帕刺绣精美（图1-303）。侾黎男子上衣为扎染木棉布无领无扣对襟衣，下衣为三角形布块，俗称“兜裆布”，麻质（图1-304）。乐东县千家镇正洪村侾黎女子服

图1-300　本地黎织锦筒裙（海南白沙县）

图1-301　本地黎妇女服饰（海南白沙县）

图1-302　本地黎筒裙（海南白沙县）

装与众不同，其青布无领大襟长袖衣的领襟、袖口镶有边饰，长筒裙下摆有绣饰，长头帕两端刺绣几何纹、缀有长穗（图1–305）。图1–306所示的古老筒裙形制长大，上下端为织锦，中间为刺绣。织锦纹样为花草纹、星月纹，刺绣纹样为蛙纹，图案抽象而神秘。乐东县抱由地区黎女服形制较为原始，装饰风格粗犷豪放。青蓝色麻布制作，无领对襟式，宽大，前襟长，袖短。通身镶饰红布条和刺绣，下摆缀有线穗和铜质蛙铃，该蛙铃造型抽象而传神。此女服为黎装之精品（图1–307、图1–308）。图1–309所示的女服为无领对襟式，形制宽大，家织木棉布制作，前后襟饰有精美刺绣，图案和色彩皆很古朴，传世已有百年。

杞黎是黎族的一支，善织，筒裙和头帕皆为自织的黎锦制作。上衣的前后均有精美刺绣（图1–310~图1–313）。杞黎男子传统装束为上穿麻布无领对襟衣，下穿本色麻布吊裆，赤足，包椎髻头帕，衣物有少量绣饰（图1–314）。

图1–315所示的筒裙乃1986年作者在毛阳乡什牙立村调研时所见，主人为80岁杞黎老人，是其母亲年轻时织的。该筒裙色彩亮丽，这在古老织物中并不多见。图案为黎族织锦常用的主题纹样“蛙纹”，或称作“神纹”“祖公纹”。

图1–303　黎族侾黎女子服饰（海南东方市）

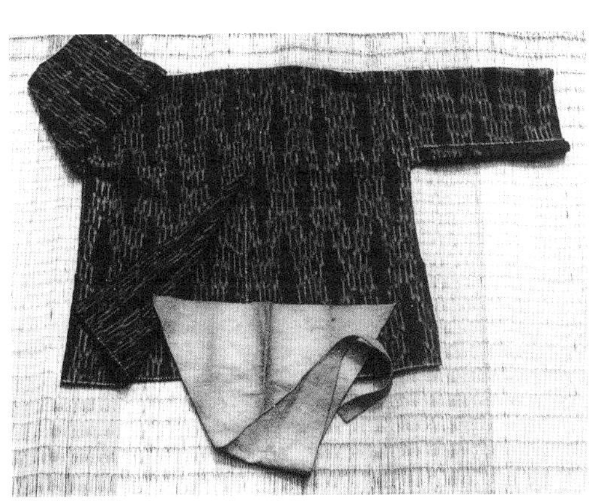

图1–304　黎族侾黎男子传统服装（海南乐东县）

图1–305　黎族侾黎女子服饰（海南乐东县）

图1–306　黎族侾黎传统女裙（海南乐东县）

图1–307　黎族侾黎传统女服正面（海南乐东县）

图1–308　黎族侾黎传统女服背面（海南乐东县）

图1-309　黎族侾黎古老女服（海南乐东县）

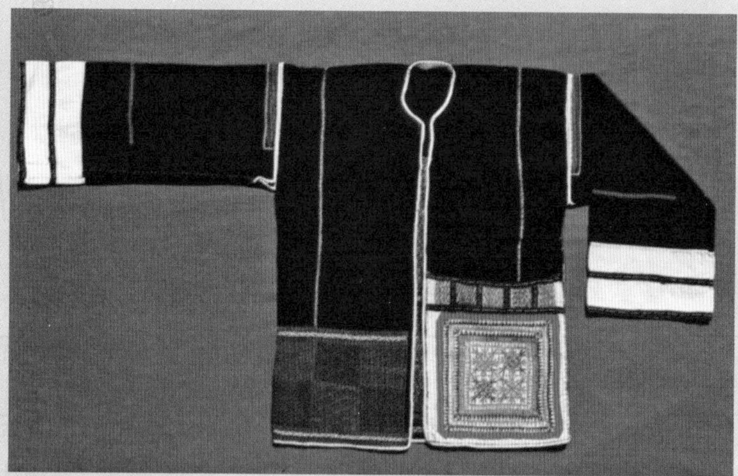
图1-310　黎族杞黎女服正面（海南琼中县）

图1-311　黎族杞黎女服背面（海南琼中县）

图1-312　黎族杞黎织锦筒裙（海南琼中县）

图1-313　黎族杞黎头帕（海南琼中县）

图1-314　黎族杞黎男子传统服饰（海南琼中县）

图1-315　黎族杞黎织锦筒裙（海南琼中县）

## ❷ 仫佬族

图1-316 广西仫佬族服饰

仫佬族聚居于广西罗城及周边的宜山、都安等地，依山傍水而居，农业较为发达。因长期与汉、壮民族交往密切，文化互为影响，服饰与汉、壮民族相似。仫佬族服饰尚青黑色，青衣青裤、青布包头，均是自织自染自缝。仫佬族女子服装款式为左衽大襟上衣，中式长裤，年轻女子的衣襟饰有很宽的花边，系绣花围腰，穿绣花鞋。喜佩各种银饰。男子穿深色对襟上衣、长裤、布鞋，腰间束带，缠花格布头帕，帕端垂于肩（图1-316）。传统的仫佬族女子盛装服饰，领襟和两袖饰有很宽的花边，刺绣精美（图1-317、图1-318）。

图1-317 仫佬族上衣（广西罗城县）

图1-318 仫佬族女裤（广西罗城县）

## ❸ 土家族

土家族聚居于湘西和鄂西一带，受汉族影响较早较深，服装款式与清代汉族基本相同。妇女穿左衽大襟衣，领、襟、袖镶饰两三道花边，绣工精湛，色彩艳丽，衣服袖子又短又大，下穿青布长裤，裤脚绣花装饰，盛装时穿八幅绣花长裙。头发挽髻戴帽或者用布缠头，喜欢戴耳饰、项圈、手镯、足圈等银饰物。男子穿对襟短衣，扣子很多，下着长裤，衣料多为自织的青蓝色土布或麻布。土家族服饰的结构款式以俭朴实用为原则，喜宽松，结构简单，但是注重细节装饰。

土家族女子服饰受清代汉族服饰影响较大。女子穿立领大襟阔袖衣，宽大中式裤，衣裤皆镶有很宽的花边并施以精美的刺绣，系围腰，脚穿绣花鞋，包织锦头帕。传统银饰有头簪、花插、项圈、胸吊、手镯、耳环等（图1–319）。

图1–319　土家族女子服饰（湖南湘西龙山县）

土家族较古老的男上衣为琵琶襟式，铜籽扣，衣边上绣“银钩”，贴梅条，后逐渐改为大襟衣和对襟衣。裤子是青蓝家织布中式便裤，鞋子是高鼻梁青布白底鞋。日常包青布头帕，节庆日包红布头帕（图1–320）。

毛古斯舞流行于湘西永顺、龙山、古丈等土家族地区，为古老民间舞蹈，每年春节等节庆活动时与摆手舞穿插表演。舞者全身用茅草或树叶遮盖，象征先民。当“毛古斯”出场时，跳摆手舞的女子即退出场外围观，以示对“茅人祖先”的尊敬。狂热的舞姿演示了古代先民的生活生产活动，茅草装束再现了南方原始人类以茅草树皮为衣的情景。毛古斯舞是土家族祭祀祖先的活动（图1–321）。

图1–320　土家族男子服饰（湖南湘西地区）

图1–321　土家族“毛古斯”舞装（湖南湘西地区）

## ④ 毛南族

图1-322　毛南族女子服饰（广西环江县）

毛南族主要分布在广西壮族自治区环江、河池、南丹、都安等地的山区，是一个传统的农业民族。过去家家都有木纱车和织布机，并自种蓝靛草，自纺、自织、自染土布，以制作各种衣饰。毛南族姑娘从小就要学习纺线织布，织布技术的高低、织成布匹的多少，是衡量她们智慧和才干的标准。毛南族衣饰基本上与附近汉族、壮族相同。过去，毛南族男女都喜欢穿蓝色或青色大襟衫和对襟衫，除丧事外，忌穿白色衣服。妇女穿镶有两道花边的右开襟上衣，裤子较宽并绲饰花边，女装在袖口、裤脚上镶有红色或蓝色、黑色的边条饰，不着裙。腰系绣花小围腰，脚穿绣花鞋。头上留辫梳髻，戴手镯、银牌等各种饰物。毛南族妇女还特别喜欢戴花竹帽“顶盖花”，过去新婚妇女往往要戴着它走亲戚（图1-322）。

毛南族传统女服，上衣为无领大襟阔袖衫，镶边饰下衣为中式便裤。

## ⑤ 壮族

壮族主要分布在广西和云南，两地壮族服饰区别很大。广西壮族服装以蓝黑色衣裙、衣裤式短装为主，古代、近代多以蓝靛作染料。由于民族的不断融合，男子服装几乎与汉族服装相差无几，只是腰间束带而已。妇女服装多用花边装饰，腰间束围裙，喜欢在鞋、帽、胸兜上用五色丝线绣上花纹，人物、鸟兽、花卉，五花八门，色彩斑斓。无论男女老少皆身着黑色衣装，体现了壮族尚黑的服饰特色，被称为“黑衣壮”（图1-323）。云南壮族多保持着本民族的服饰装束，男子多穿青布对襟上衣、阔脚大裤，以青布帕缠头。还有的支系妇女上身穿青绸对襟衣，衣袖束口、镶蓝绸和绣花边各一段，襟边和圆形下摆处镶缀银片、银泡。下身着黑色亮布百褶长裙。壮族妇女擅长纺织和刺绣，所织的壮布和壮锦，均以图案精美、色彩艳丽著称（图1-324）。

广西壮族服装大多与汉族民间服装相同，女子穿左衽大襟上衣，宽脚裤，腰间系绣花围腰（图1–325）。男子穿对襟上衣和中式裤，包头帕。

云南壮族多保持着本民族的服饰装束，“侬人”“沙人”“土僚”等支系服饰各有特色。“侬人”女子上着无领斜襟黑色短衣，衣襟、衣角袖口均饰花边和银泡，下着黑色百褶裙，脚穿翘尖花鞋。“土僚”女子上着青黑色圆领斜襟短衣，下着长裙，束发缠头并以黑帕覆盖，戴耳坠、银环（图1–326）。男子多穿青布对襟上衣、阔脚大裤，以青布帕缠头。壮族女子善绣，凡领襟、袖口、鞋、帽、胸兜之类均以五色丝线刺绣花纹，技艺精湛。

河池地区壮族女子传统盛装上衣为无领对襟式，短阔袖、翘襟，衣摆饰有精美刺绣，前襟、衣背、袖口镶有银泡、银牌（图1–327、图1–328）。

图1–323　壮族传统服饰（广西桂林）

图1–324　壮族盘金绣背带局部（云南马关）

图1–325　壮族女子传统服饰（广西龙津县）

图1–326　壮族土僚支系青年服饰（云南文山县）

图1-327　壮族传统女子服饰正面（广西河池市）

图1-328　壮族传统女子服饰背面（广西河池市）

## ❻ 畲族

畲族居于我国东南地区的丘陵地带，土壤肥沃，物产丰富，农业较为发达。服饰的刺绣与编织是畲族突出的民间工艺美术，其花腰带和竹编斗笠做工精细，远近闻名。福建畲族妇女服饰保持着鲜明的民族特色，罗源畲族女子穿青蓝色右斜襟上衣，领襟、托肩、袖口等处饰有精细刺绣和花边，系一条彩色绣花围腰和花腰带，下着镶花边黑色长裤或短裤和绑腿，脚穿绣花鞋或草鞋（图1–329）。已婚妇女将长发绾于头顶呈螺式，称为梳凤凰髻，发间环束红色绒线，插饰银簪。未婚少女长发束于脑后，额上饰一红布发箍。结婚时头戴凤冠，服饰华美。浙江亦有部分畲族居住，其许多生活习俗都受到汉族影响，但服饰仍保留了本民族的特点。

图1–329　畲族妇女服饰（福建罗源县）

漳平畲族老年妇女穿着的传统服饰颇有清代汉族服饰遗风（图1–330）。丽水畲族男装受道教影响，图1–331为畲族男子盛装，在重大场合穿着。

图1–330　畲族妇女服饰（福建漳平县）

## ❼ 高山族

高山族主要聚居在我国台湾地区，大陆地区的福建、北京、武汉等地也散居着部分高山族同胞。传统的高山族服饰具有海洋热带民族的特点，台湾北部高山族男子穿无袖坎肩或无纽对襟衣，下着裤，系宽腰带（图1–332）。泰雅人的贝珠衣是其最有代表性的服饰。

中部高山族男子穿兽皮背心、胸带和布裙等。布农人以带毛的鹿皮为衣料制作鹿皮背心和鹿皮披肩，皮毛朝外，配穿挑花胸衣和织有几何

图1–331　畲族男子服饰（浙江丽水市）

纹图案的胸带、羽冠等，装饰十分华美（图1-333）。

南部男子穿对襟长袖长衣和腰裙、套裤，包头帕，排湾贵族男子的盛装长衣刺绣极为精美（图1-334）。兰屿岛上的雅美男子平时仅在腰上系一块兜裆布，头戴木盔或藤盔，聚会或外出时身穿对襟无纽短衣或草编背心，头戴银盔。银盔是雅美男子极为贵重的盛装头饰。

女子服式分为两类：泰雅人、赛夏人、曹人和阿美人女子穿短衣长裙，其特点为上穿对襟长袖短衣仅至胸背，腰缠长裙，下着护腿，胸前挂一块斜方胸兜；布农人、鲁凯人和排湾人女子服饰特点为窄袖长衫，袖与肩部有绲边和刺绣，下着围裙、膝裤，用黑色或红色布帕缠头。排湾贵族少女盛装时穿精美的刺绣长衫，头戴百合花冠。雅美女子的服式比较简单上身穿一件短小背心腰间横围一块裙布，赤足。高山族男女均喜欢装扮自己，贝珠、贝片、琉璃珠、兽牙、兽皮、兽骨、羽毛、花卉、银、铜首饰、钱币、纽扣、竹管等都是其常用的装饰物。

高山族雅美人聚居在台湾兰屿岛，岛上气候炎热，雅美男子的传统装束十分简洁，日常仅系一块兜裆布，盛装时身穿无领无袖对襟上衣，头戴银盔帽。服饰装束和生活习俗都具有热带海洋民族的特点（图1-335）。

按泰雅人习俗，女孩子10岁左右便要随母亲学习纺织、采集、烹调等家务劳作（图1-336、图1-337）；男孩子则随父亲学习射猎、耕作、编织等工艺技术（图1-338~图1-341）。高山族泰雅人的贝珠衣极为贵重，每件由6万至10万颗贝壳珠制成，是酋长和富有者的盛装衣饰（图1-342、图1-343）。

图1-332　高山族服饰（福建省）

图1-333　高山族布农人无袖长衣背面（台湾地区）

图1-334　高山族排湾人男子服饰（福建省）

图1-335 高山族雅美人男子传统装束（台湾兰屿岛）

图1-336 高山族泰雅人织布（台湾地区）

图1-337 高山族泰雅人服饰（台湾地区）

图1-338 高山族排湾人织锦上衣（台湾地区）

图1-339 高山族阿美人男子上衣（台湾地区）

图1-340 高山族泰雅人舞蹈用胸兜（台湾地区）

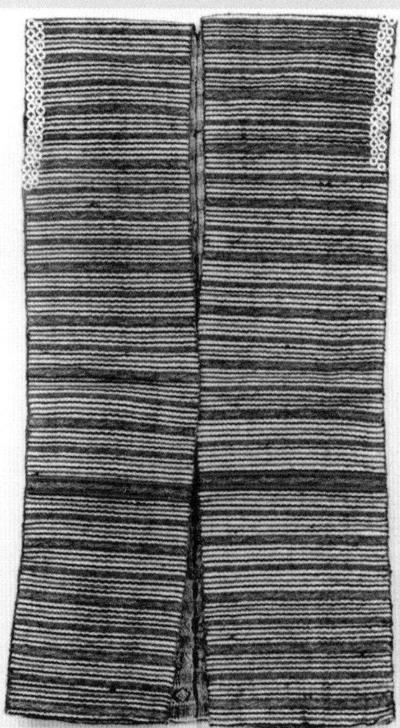
图1-341 高山族泰雅人无领对襟式无袖长衣（台湾地区）

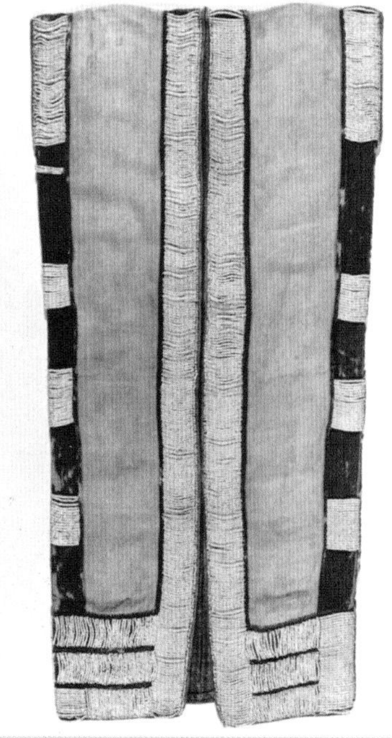
图1-342 高山族泰雅人贝珠长衣正面（台湾地区）

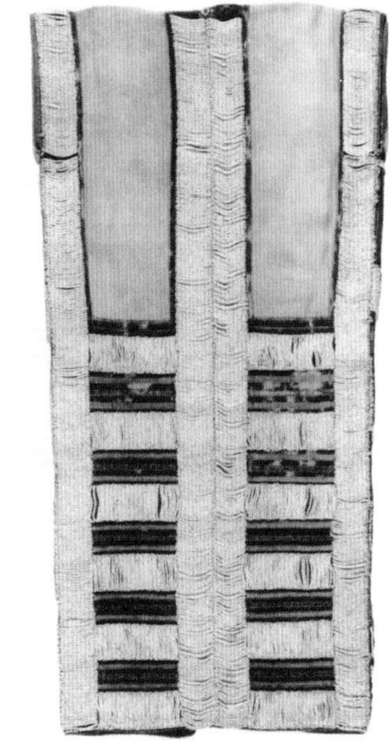
图1-343 高山族泰雅人贝珠长衣背面（台湾地区）

## ⑧ 仡佬族

仡佬族主要聚居于贵州省，善纺织、刺绣、蜡染，历史上因其服饰色彩、款式不同而被称为“青仡佬”“红仡佬”“花仡佬”“白仡佬”“披袍仡佬”等。仡佬族布料过去大都自纺、自织、自染、自缝。用蓝靛染成的土布，闪光发亮，美观耐用，被视为珍贵的布料，姑娘们的“送嫁衣”和老年人的“防老衣”都用这种布料做成。姑娘们还用它做成“同年鞋”，作为“走坡”时送给情人的定情物。如果做成单梁船形鞋送给老人，那是对长者的最大尊敬。用它做成背儿带，再用五色丝线绣上花、鸟、虫、鱼等各种图案，精致美观，栩栩如生，更充分显示了仡佬族妇女的艺术才能和审美情趣。近代仡佬男性与当地汉族、壮族服饰差别不大，穿对襟上衣、长裤，老年人着琵琶襟上衣，穿草鞋。过去少女留辫，出嫁后绾髻，现在多已剪发。

仡佬族妇女的装饰品喜欢用白银和玉石制作。银制饰品有银针、银钗、银簪、银镯、银戒指、银环。银环和银钗平时不戴，仅在出嫁或做客时才佩戴。玉制饰品有玉簪、玉镯。

仡佬族的传统服饰也很有特色（图1-344～图1-348），女子穿无领大襟长袖衣，衣上满饰层次丰富、题材各异的菱形或长条形图案，手法为蜡染和彩绣。下

图1-344　仡佬族服饰（贵州道真县）

图1-345　田间休息的仡佬族女子（贵州贞丰县）

图1-346　仡佬族女子服饰正面（贵州安顺市）

图1-347　仡佬族女子服饰背面（贵州安顺市）

图1-348　仡佬族女子“屯保装”（贵州安顺市）

着百褶裙、勾尖鞋，腰系小围腰，也是满饰绣染。男子穿青布对襟密襻上衣，束腰带，长裤，穿元宝鞋或云勾鞋。男女皆以花帕包头。

有一部分仡佬族服饰衣长仅33厘米左右，在上衣外再套一件袍。袍无领无袖，有如布袋，于袋底中部及左右各开一孔，穿时头及手从孔中伸出，前胸短、后背长，袍上缀海巴贝为饰物，下仍着五色羊毛筒裙，他们被称为“披袍仡佬”。“剪头仡佬”则有女孩额上头发剪短，仅留3.3厘米长，作为未婚标志的习俗。“打牙仡佬”有在姑娘出嫁前将两枚门牙打掉的习俗。

清末民初以来，因仡佬族人口急剧减少，居住区域迅速缩小，大部分呈点状分布，各地仡佬族内部联系削弱以致消失。至近代，大部分仡佬族服饰与当地汉族民间服饰相同。另一些仡佬族仍保持着很有特色的本民族装束。

仡佬族的这套女服收藏于道真县文化馆，年代约为清末，是较为珍贵的仡佬族近代服饰。其制作精美，色彩华丽，为旧时官僚富家所有。上衣为无领右大襟式，袖阔而短者为套服，领、袖、前襟皆刺绣镶绲花边。绣裙的裙身用整幅红缎折成裥，裙门绣花加黑细呢襕干，施有精美刺绣，纹样与款式皆同清代汉族服式。与之相配的还有整套银饰（图1-349~图1-352）。

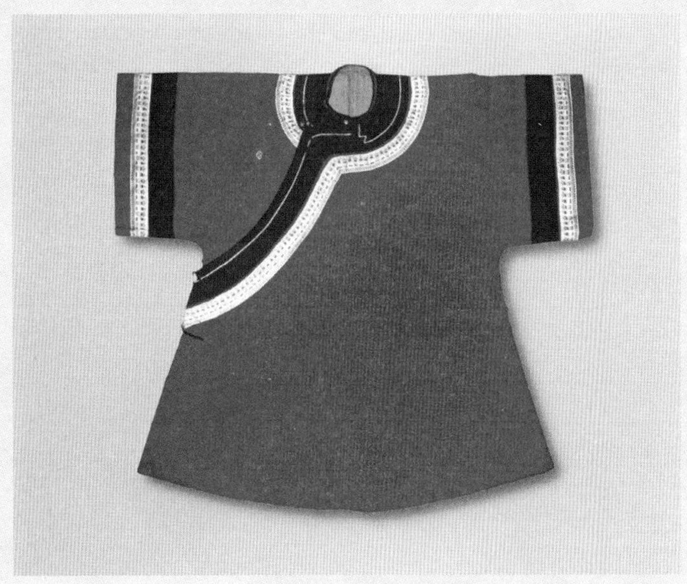
图1-349　仡佬族近代女上衣（贵州道真县）

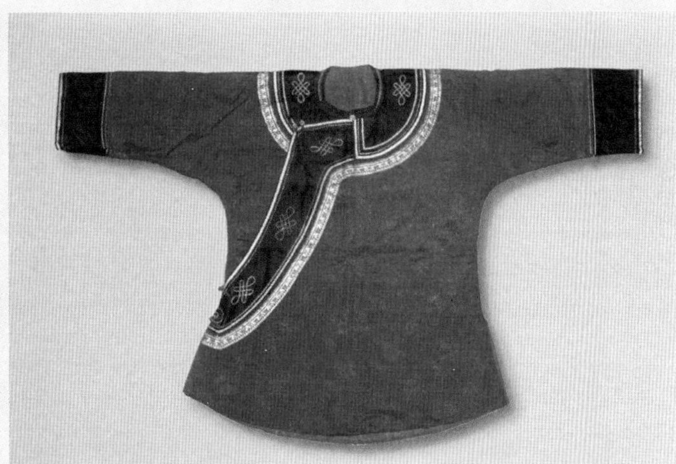
图1-350　仡佬族近代女装（贵州道真县）

图1-351　仡佬族近代女套裤（贵州道真县）

图1-352　仡佬族近代女绣裙（贵州道真县）

# 第二章 少数民族头饰

无论是北方民族还是南方民族，头部都是人们首先并精心装饰的主要部位。从南到北，都能够见到制作得十分考究和精美奇特的民族头饰。它们体现着各民族不同的文化传统、宗教习俗、审美心理和生存状况。各民族间，其他身体部位的装饰也许会很相似，但头饰，尤其是女子的头饰是不会雷同的，因而头饰往往成为民族识别的显著标志。同时，它还包含着装饰文化中最重要的文化内涵。

头饰包括丰富多彩的头帕头巾，用途迥异的各种帽子，千奇百态的发式和依附在发髻、辫子、头帕上的种种饰物。

## 1 头巾和头帕

头巾和头帕是我国少数民族广泛使用的头饰，其样式繁多，花色各异，构成了中国民族头饰的一大特色。头巾是用来顶在头上或包在头上的方巾，大多为正方形或长方形，少数为三角形。质料有绸、棉布、毛和尼龙纱等。头帕是用以缠绕在头上的长形带状物，质料多为棉布，宽8～50厘米，长3～15米，个别的长至数十米。多为黑帕、红帕、蓝帕、白帕和绣花帕、织花帕，两端缀有缨穗（图2-1）。一般说来，北方和西北地区诸民族以使用头巾为主，南方诸民族多包裹头帕。

在北方民族中，蒙古族男女在春夏季都喜欢用绸巾包头。妇女的绸巾颜色鲜艳，有红、绿、黄、天蓝等。鄂温克族的头巾色彩更加丰富，男子用白色，女子喜好红色、粉红色、蓝色、黄色、绿色、白色等。朝鲜族女子常用小方巾或三角巾，中老年妇女以白绒布方巾包头，青年女子头扎彩色三角巾。新疆地区的俄罗斯族妇女头系三角形花布巾、绸巾或纱巾，按习俗要求，她们在长辈或客人面前必须系头巾，以示对长辈和客人的尊重。

图2-1 大瑶山瑶族男子头帕（广西金秀）

信仰伊斯兰教的西北各少数民族妇女的头巾，是极有民族特色的盖头和大头巾。戴盖头的民族有回族、东乡族、撒拉族、保安族和哈萨克族。所谓盖头，是用丝绸或棉布制作的长头巾，戴时从头上罩下，披在肩后，遮住整个头部，只留脸面在外。盖头的长度一般达到背部或腰间，唯有哈萨克妇女的盖头垂至臀部以下。这些女子从成年时开始戴盖头，此后终身都要佩戴，只是在颜色上不同而已。显而易见，盖头是在伊斯兰教义的影响之下而产生的一种妇女头饰。至今，一些地区的伊斯兰教规仍要求妇女无论居家或外出都必须戴盖头。戴大头巾的民族有塔吉克族、维吾尔族、柯尔克孜族等。所谓大头巾，多指顶在小帽或其他帽子之上的头巾，不过，也有一些维吾尔族妇女的大头巾是戴在于田小帽之下的。这种绸子或棉布的头巾都十分长大，从头顶披至臀下，故又称作披巾，它使妇女们更加飘逸漂亮。按习俗，这些披大头巾的妇女在遇见生人时，要用头巾掩住脸部，只留眼睛在外。

包头帕的习俗主要盛行于我国西南少数民族之中，其各种各样的包头样式在民族头饰中相当引人注目。西南地区包头帕的少数民族有白族、哈尼族、佤族、傣族、傈僳族、拉祜族、布朗族、景颇族、德昂族、阿昌族、苗族、侗族、瑶族、布依族、水族、仡佬族、彝族、羌族等。中南地区的瑶族、土家族、壮族、黎族和高山族也包各式头帕。广义来说，南方各少数民族男子都有用布帕缠头的习惯。

大小凉山彝族男子的绸布青色头帕长达数十米，能缠绕出硕大的包头或扎出各种布髻。德昂族男子缠白帕或黑帕，帕子两端缀彩色绒球。佤族男子用红布帕或黑布帕缠头。景颇族男子的白帕两端绣有彩纹并缀有红色英雄花。融水瑶族男子用青帕在头上缠出高筒状帕式。羌族男子喜用白色头帕缠头，帕长5米多。剑河苗族男子的青布头帕长达10米多，盘在头上好似大斗笠。

如果说男子的包头帕样式还算简单，形式也比较统一，那么，女子的包头帕样式则是花样百出了。阿昌族尚黑，梁河阿昌族女子婚后用黑帕包头，这种包头很讲究样式和技巧，层层往上缠绕，高达30厘米左右，称为“箭包”，其上端有缨穗从右侧垂下，年轻妇女还插饰鲜花。贵阳花溪苗族女子将数米长的头帕细细折叠后缠在头上如笠帽，称作“遮阳式”包头，样式极为奇特。贵阳高坡大盘头苗族姑娘的包头呈橄榄形，头帕长约10米。云南华宁通红甸大头苗女子的头帕可能是最长的头帕了，她们的包头由5块头帕缠成，每块头帕长10余米，5块头帕共长50多米，其长度是惊人的。她们将5块头帕分别叠成6厘米宽，然后一块一块地紧紧缠绕在头上，缠成一个直径在70厘米以上的大圆盘包头，因此而得名“大头苗”。仡佬族已婚妇女也是用多条头帕同时包头，她们通常用3条4米长的不同色彩的头帕在头上缠出大包头，并将6个头帕穗露在脑后，再以海贝装饰。宁远瑶族妇女的包头是用几块头帕缠绕而成，形似高昂的狗头，故而被称为“狗头瑶”。这种头饰与瑶族信仰“盘瓠”有关。金平红头瑶女子头上顶着硕大的红色包头，并饰以珠串、银链、绒球等。育棉瑶女子用青布帕在头上交叉缠绕出两侧有角的大包头，用白带系住，额前缀一块花饰。尖头盘瑶女子的塔式包头是用40多条绣花头帕叠成，头顶高耸呈锥状，两侧饰有彩色丝线穗。

少数民族的头帕之所以非常引人注目，不仅是因为许多民族的男子或女子都缠着头帕，其数量远远超过帽子和头巾，而且，头帕缠出了千奇百态的包头样式，它们既具有强烈的民族特色，又具有很高的审美价值。所以说，头帕是少数民族头饰中的重要组成部分。

### ❷ 帽子

帽子是服装艺术中重要的部分。各民族、各地区的帽子式样，既受服装整体风格的制约，也受不同的地理气候、物质资源、宗教礼仪、传统审美习惯等自然社会因素的影响，因而有多种多样的形制和装饰手法（图2–2）。

少数民族颇有特色的帽子有罗锅帽、甲壳帽、鸡冠帽、三叶帽、花帽、锦绣帽、银盔帽、木帽、熊皮帽、桦皮帽、狍头帽、花竹帽等，单就这些名称，就足以说明戴帽形式所包含的社会功能的不同和文化内涵的差异（图2–3）。[1]

帽子是少数民族装饰最为华美的头饰。其之所以重要，不仅因为头部被认为是身体的代表部位，也是灵魂的寓所，已经超出了生理范畴的意义，具有特殊的社会属性。古代中亚或北亚草原民族有祭奠重要人物头颅的风俗。《蒙古秘史》中就有大汗死后，别的部落贵族找到他的头颅进行祭奠的记载。[2]

蒙古人非常重视头部，帽子也具有重要的地位，代表了人的尊严。在古代，可汗去世后，夫人们哀悼的方式之一就是取下帽顶的装饰物，以示失去尊严或厄运的降临。蒙古人对待俘虏的首要措施是把他的帽子和腰带取下来，其意是剥夺

---

❶ 杨源：《头上的艺术——少数民族头饰初探》，《饰》1995年第1期。

❷ 孙萨茹拉（硕士学位论文）：《蒙古族服饰文化特点》，中央民族大学，2005年。

图2-2 藏族金花帽（四川甘孜州）

图2-3 侗族绣花童帽（贵州黎平县）

对方尊严。在任何重要场合蒙古人都注意帽子及其戴法。迎接客人时不论男女都要戴好帽子出来见面。这有双层意思，一方面体现自己的体面；另一方面也是尊重客人。尤其是古代，女人如果没有帽子或来不及戴帽子就不能出现在陌生人面前。到了近现代之后，蒙古社会出现了较为严重的贫富差别，但是再穷的人家也要想尽办法置办好姑娘出嫁的头饰。

罗锅帽是凉山彝族已育妇女的专用头饰，它显示出母亲和妻子的双重身份。凉山彝族不是以婚否而是以是否生育来区分女子的不同身份。戴上罗锅帽的妇女必须长落夫家，遵守族规。罗锅帽需用竹丝编制衬架，外罩青布帽面，形似一口大锅高高地顶在已育妇女的头上，异常醒目。

镇宁布依族已婚妇女有戴“甲壳帽”的古老习俗。此地新婚少妇仍然保持着少女时的装束，住在娘家，过着无拘无束的社交生活。丈夫为了能够早日接回妻子，就必须给她戴上甲壳帽。甲壳帽是用竹笋壳制作的前圆后方尾翘的簸箕形帽子，其上缠有一块7米长的黑布。凡是戴上了甲壳帽的已婚妇女必须长落夫家，受夫家约束，因而没有任何一个年轻妇女愿意戴上甲壳帽，往往是她们和丈夫家人之间经过一番较量才被迫戴上该帽。

鸡冠帽是云南彝族少女特有的头饰，样式各不相同，但总的造型都形似鸡冠。有的镶嵌大量的银泡；有的绣有精美的花纹，缀有红缨，银链，色彩鲜艳漂亮。红河地区彝族姑娘的鸡冠帽最美。滇中南彝族崇拜雄鸡，他们相信雄鸡能驱邪镇鬼，所以，姑娘们戴上鸡冠帽自然能平安幸福。

锦绣帽是桂北盘瑶女子的杰作，她们用织锦、彩带、珠串和丝穗制作出精美的锦绣帽，工艺十分复杂，但是做成之后使用起来非常方便。

新疆阿尔泰地区哈萨克男子冬季所戴的三叶帽，做工精细，用料讲究。他们选用上好的羊羔皮或狐皮制作帽里，并用彩缎做帽面，帽顶饰有鹰羽制成的缨，左右侧和后面有三檐下垂，故称为“三叶帽”。深受哈萨克男子喜爱的三叶帽既暖和又美观，既是实用品又可称之为装饰品。

基诺族女子戴的风帽，也许是帽子的最原始形态之一。她们将长60厘米、宽25厘米的麻布片对折，缝住一侧便可戴在头上为帽。哈尼族叶车人也戴类似的风帽。

花帽是维吾尔族男女老少都喜爱的漂亮小帽，它是精美的工艺品，也是爱情信物和装饰家庭的陈列品。

银盔帽是高山族雅美男子的头饰，也是传家之宝。它是用银币锤成薄片后圈绕而成，形似斗笠。雅美人每个家庭都有这样一顶银盔帽，当儿子们长大分家时，父亲便把银盔帽拆开来，每个儿子都分得几圈。以后，儿子们要依靠自己的能力添加银圈，重新打制银盔帽，再传给下一代。

珞巴族男子勇武善猎，但只有亲手猎获大熊的猎人才有资格用熊皮制作帽子。凡是戴熊皮帽的珞巴男子都是勇敢的猎手，他们能得到族人的尊重和女子的青睐。

贺州市土瑶以木筒做帽子，称为“木帽”。土瑶女子长到十四五岁时，要摘下头上的西瓜形小帽，改戴木帽。木帽呈扁圆筒形，上面和左右后侧都覆盖着20多条花头帕或花毛巾，两侧还垂有彩线帽带，重达三四千克，是一种奇特而漂亮的帽饰。

狍头帽是鄂伦春猎手狩猎时的装束之一，是用完整的狍子头皮制作的，并用黑皮镶绣出眼珠，形象十分逼真。当鄂伦春猎手戴上这样的狍头帽，就活像一只真正的狍子。在狩猎时代，狍头帽具有的伪装作用是非常重要的。

花腰傣少女的小笠帽，是用细竹篾编成，小尖顶，边檐上翘，样式俏丽别致。花腰傣少女将它顶在高高的发髻上，既能遮阳挡雨，又是漂亮的装饰品，它使少女们更加妩媚可爱。

裕固族和藏族都有专门的礼帽，在某些礼仪场合一定得戴。礼帽是用白毡或黑毡制成，高顶圆檐，帽身和帽檐都用锦缎镶边，样式讲究而漂亮，在接待客人和参加礼仪活动时具有礼仪功能。

少数民族的帽子，无论其实用功能和象征意义如何，都具有很强的装饰效果，因而它们理所当然是头饰的一部分。

### ③ 标志性装饰物

除了头巾、头帕、帽子以外，还有一种综合性的头饰物，即用于佩戴在头上的各种饰物。它们有时直接装饰在发髻、辫子上，有时则装饰在头帕或帽子之上。区别在于，头帕和帽子具有实用性，而它们则纯粹具有各种象征意义。中国各民族制作这类头饰物的材料极为广泛，除了铜铁金银、珠宝玉石以外，野兽的角、骨、牙、爪、毛、尾和鸟羽、贝壳、花草、果实、竹木、藤麻、棉纱、毛线、绒球、丝穗等，都是各民族常用的头饰材料。头饰物的种类有簪、钗、箍、梳、珠、牌、扣、泡、穗以及用银花、鲜花、羽毛等物编制的各种头冠等。

苗族的头饰物多为银质，其制作精美、品种多样，因而苗族的盛装头饰是中国少数民族头饰中最丰富，也最漂亮的。苗族的银冠、银角、银凤雀等，都是无与伦比的美饰。另外，瑶族、侗族、壮族、藏族等民族的银头饰也很突出。

门巴族男子将孔雀羽毛插在帽子上作为装饰、高山族、苗族、黎族、瑶族、藏族等民族也都有以羽毛为饰的习俗，尤其是高山族阿美男子的羽冠，十分壮美。鄂伦春族部落的酋长将鹿角戴在头上，高山族排湾人和卑南人的贵族男子也将豹皮、鹿角和獐牙作为头饰，这些东西象征着他们的勇敢和权威。藏族无论男女都喜欢在头发上饰以松石、蜜蜡玉、珊瑚和珍珠。蒙古族也常以珊瑚、松石和珠宝做头饰。鄂尔多斯蒙古族妇女的珠玉头饰富丽堂皇。怒族、佤族、瑶族和拉祜族的苦聪人喜欢用藤篾做头箍。傣族、满族女子则喜欢在发髻上饰以鲜花。藏族和彝族姑娘在过采花节时也要在头上插满鲜花。而有的黎族妇女必须在头上插一把树叶。

辫套是甘青地区藏族女子极有特色的发饰，不同区域的藏族辫套风格各异，但它们都是华丽的装饰带，藏族女子将它们成对地佩在胸前或身后。这些辫套大都缀满了贝壳、珊瑚、银币、银牌和银盾，或是绣满精美的花纹，它们既是绝妙的护发套，又是漂亮的头饰。

还有一类头饰物，它们是用各种材料在头上塑造出形状奇异的装饰形式，如藏族妇女的“巴珠”就是这类极富特色的头饰。湖南宁远县顶板瑶未婚少女特有的“峨冠”，实际上并不是帽，而是硕大的、高高架在发髻之上的奇异头饰。将一个特制的竹架蒙上一块绣花镶边头帕，中间高高耸起，两边自然垂下即为“峨冠”。少女们戴上这样的峨冠很引人注目，其标志功能十分显著。还有瑶族、苗族和彝族女子用棉纱、毛线等物在头上缠绕出的飞檐式、盔式、絮帽式头饰以及茶山瑶的弧形大银板和高山族的兽牙冠等，都属于这类奇异的头饰物。

### ❹ 发式

我国少数民族的发式也很奇特。发式与头饰在很大程度上是不可分割的一个整体，多数时候，头饰是以发式为基础进行装饰的。而且，发式是以自身的头发塑造各种造型的头发装饰，因而它本身也是一种头饰。

发式可分为披发、髡发、绾髻和辫发四种类型。属于披发类发式的有独龙族、佤族、珞巴族。属于髡发类发式的有满族、拉祜族、瑶族、德昂族、彝族、苗族、普米族和基诺族。属于辫发类发式的有藏族、彝族、羌族、门巴族、土族、裕固族、蒙古族、鄂温克族、鄂伦春族、赫哲族、乌孜别克族、哈萨克族、塔塔尔族、塔吉克族、怒族、普米族、哈尼族、白族、景颇族、纳西族、布依族、回族、保安族、撒拉族和东乡族。属于绾髻类发式的有苗族、侗族、壮族、瑶族、布朗族、基诺族、傣族、僜人、黎族、高山族、畲族等。

有些民族一生中可以拥有几种发式，如广西南丹县白裤瑶男女，均是幼年时剃光头，成年后留齐耳短发，订婚时始蓄长发，披于身后。从结婚之日起男子将长发梳成辫子，同白布带或黑布带一道盘于头顶；女子则将长发绾髻于脑后，此后终身发式不再变化。这部分瑶族同时拥有了髡发、披发、辫发、绾髻几种发式。

满族和彝族也有类似情况。满族女子年幼时髡发，仅留头顶后部一撮头发编小辫，成年后开始蓄发，渐将满头长发梳成一条独辫或绾成两个鬏髻，婚后改梳已婚妇女专有的发髻，饰大扁簪和“大拉翅”。还有一些民族，婚前梳辫，婚后绾髻，如锡伯族、朝鲜族、达斡尔族、仫佬族、仡佬族和土家族。有的民族则是婚前披发、婚后绾髻，如京族和大理彝族。还有些民族婚前婚后均绾髻，但髻式不同，如傣族、瑶族、基诺族等。另有些民族婚前婚后均辫发，只是辫子的数量不同，如藏族、维吾尔族、鄂温克族、裕固族等。

（1）披发。自然披发应是最原始的发式，早期原始人类都是任头发自然披散。今天仍属披发类发式的民族，他们的披发发式已多为断发，如独龙族，男女发式相同，他们用两把砍刀割断头发，使发式呈前齐眉、侧齐耳、后齐肩的短发样式。珞巴族男女也是这样，男女发式毫无区别，他们的额前剪有厚厚的刘海儿，其他头发自然披在身后。佤族女子也盛行披发，但她们要用藤箍或银箍勒在额上，束发于脑后，她们的发式要比自然披发更进一步了。人类从披发到束发主要是为了生活和劳动的方便。

（2）髡发。髡发有剃掉部分头发和剃掉全部头发两种。在发达社会中，剃光头是男士们经常采用的发型，如果男子剃光头，会觉得很自然，因为人们已经习惯如此。不过，如果女子剃光头，便是奇而又奇的发式了。但确实有这种情况，在我国少数民族中，一些女子保持着剃光头的习俗。拉祜族已婚妇女均剃光头，这可能是作为已婚妇女的标志而为。按习俗，拉祜族未婚少女均蓄长发梳辫，区别十分明显。德昂族女子也有剃光头的习俗，其中红崩龙和花崩龙女子婚前婚后均剃光头，黑崩龙女子则是婚前剃光头，婚后蓄发。

在瑶族的众多支系中，盘瑶、尖头瑶和红头瑶女子均剃光头，而排瑶、过山瑶女子只剃掉部分头发。桂北盘瑶女子老少都剃光头，戴精美的锦绣帽。金秀盘瑶女子也剃光头，然后用白帕和织花长头帕缠出漂亮的包头。金平红头瑶女子不仅剃光头，连眉毛也都剃掉，日常总缠绕着硕大的红包头。金平的尖头瑶已婚妇女也有剃光头的习惯，然后在头顶上饰一奇特头饰。广东连山排瑶少女均髡发，她们将额前、鬓角和后颈的头发剃光，脑顶的头发蓄长绾髻，脑顶四周却剪一圈短发，整个发式极为奇异。贺州市过山瑶女子将前额头发剃掉，余下的长发绾于头顶。上述种种髡发样式，都被视为本民族的标志。

男子髡发现象亦有他们自己的含意，如拉祜族男子，他们的光头上留着一小撮称作“魂”的短发。这种髡发形式与拉祜人的灵魂信仰有关。德昂族男子的发式是在头顶上留三撮短发，其余的剃光。据说这三撮头发的中间那撮是留给本命的，左右两撮是留给父母的。彝族男子也是仅留头顶一撮头发，视之为“男魂”。当他们是少年和青年时，这撮头发只是蓬松的短发，结婚以后开始将这撮头发蓄长并梳辫绾于头顶。去世时，若是有子孙的，则将这撮头发绾为椎髻式，称作“天菩萨”。高山族泰雅人男子以前额高大为美，故此，他们也要剃掉前额的头发。另外，苗族、藏族、普米族的一些儿童也髡发，他们的后脑顶留着一撮头发，扎个小辫子。此举在于使孩子能够平安长大。

（3）绾髻。在中国各民族的发式中，髡发与披发毕竟是少数，更多的是奇异而复杂的髻式和辫式发型。布朗族莽人妇女的发髻就十分奇特，她们将全部长发束于头顶，再用麻线或毛线扎上3.3厘米，然后将长发在头顶上绾成一个球状髻。这样，莽人妇女的发式看上去就像悬空顶着一个黑色圆球。

僜人女子额前饰有宽大银箍，用它把头发束住，再将长发绾成蓬松大髻于头顶，好似顶着一个大蘑菇。僜人男子也是将长发绾于头顶。

畲族妇女的发式奇特而漂亮，福安畲族妇女把长发梳向一侧，再横绕在头上，中间用红丝带束住，好似戴了一顶高帽，其梳头技巧相当高超。凤凰髻是畲族妇女发式中最有特色的一种，闽东凤凰山一带的畲族妇女将长发束到脑后，用红绒线缠绕出长长的辫式，再弯至额前盘绕成螺旋状的发髻，整个发式相当别致，人们称其为凤凰髻，意指凤凰山是祖先发源之地，应永世不忘。

侗族女子的发髻美秀发也美，她们用茶籽油调水洗发，将头发护理得乌黑光亮，无论是妙龄少女还是已婚妇女，都有一头秀美的长发并绾出各种各样的漂亮发髻。

苗族女子的绾髻方式非常奇异，有一支苗族人被称为“独角苗”，是因为他们的女子都梳着锥状的犀角发髻。独角苗女子用一根长约20厘米的木质圆锥体为芯，木锥置于额顶，再将长发紧紧缠绕在木锥上呈尖锥形，然后用红色头绳固定住，其发髻如犀角直立于头顶。有些苗族俗尚体积庞大的发髻，故在头发中掺和毛线、麻线或牦牛尾等物。六枝苗族女子用前辈人留下的头发绾髻，梳一个巨大的发髻需数代人的落发，达三四千克之重。戴角也是苗族女子发式的一大特点，织金等地的苗族女子将长发绾于头顶，然后用假发将木质牛角形长梳固定在发髻上，高高地戴在头顶。称之为“戴角”，其体现出某种原始观念。

（4）辫发。藏族和维吾尔族是地道的辫发民族。藏族男女都梳长辫，男子的辫式为独辫，并缠绕在头上。维吾尔族女孩梳许多根小辫，少女浓密的长发可梳40多根辫子，象征茂盛的树林。婚后改梳两条大辫，至白发苍苍时仍是两条辫子。维吾尔族女子相当珍爱并精心护理自己的头发，以乌黑的长发为美，有些女子的辫子竟长达脚跟。

西北土族的未婚少女梳三根辫子垂于身后，已婚妇女梳两根辫子垂于胸前，均精心装饰，区别十分明显。还有一些民族的辫子不是自然垂下，而是盘在头上，如普米族成年女子将牦牛尾和丝线掺在头发里梳成一条大辫子盘在头上，其外再用头帕缠绕，呈大包头式，她们以包头大而圆为美。景颇族、普米族和傈僳族的男子也都是将长发梳辫盘于脑后，古风犹存。

以上概略地阐述了中国少数民族头饰的基本特色。下面将按地区分类，力求比较全面地介绍我国少数民族的头饰。之所以按地区分类，是因为各地区民族头饰都含有一些相似性。如西南地区各族，头帕是共同的头饰特色；西北地区各族，辫子是主要的发式；云南省各族，装饰材料与装饰风格均比较接近；贵州省各族，银头饰很突出等。显然，区域内各民族之间的文化渗透以及族源相同和共同的生态环境等因素，都会给民族装束带来共性。

## 第一节　西南各少数民族头饰

西南地区的云南、贵州、四川和西藏四省区是中国少数民族较多的一个区域，共有25个少数民族。西南各少数民族包括苗族、布依族、水族、侗族、仡佬族、基诺族、拉祜族、佤族、傈僳族、傣族、德昂族、独龙族、怒族、普米族、阿昌族、哈尼族、白族、景颇族、布朗族、纳西族、彝族、羌族、珞巴族、藏族、门巴族以及族属尚未确定的克木人、夏尔巴人等。这是头饰最为丰富多彩的一个地区。

### ❶ 苗族

我国苗族分布地域广阔，支系繁多，其风俗习惯、衣着装束都各有特色。苗族女子的头饰五彩纷呈，堪称最为引人倾心注目的一门艺术。其头饰不但各地区、各支系间有别，而且婚前婚后也不相同，发式、装饰诸多变化，真是令人目不暇接。在我国大多数民族中，最美的或最有特色的装扮均由未婚男女（主要是由未婚少女）来体现，人们把最美的色彩、最漂亮的装束给了待嫁的少女，故她们的装扮总是最醒目的。而已婚妇女则禁止身着艳丽的装束。已婚妇女与未婚少女装束上的最大区别在头饰，其标志功能十分显著（图2–4、图2–5）。

苗族头饰最独特之处在于其丰富的银头饰（图2–6、图2–7）和奇异而高大的各式发髻。包头帕是一部分苗族女子特有的头饰，包头样式讲究而多样（图2–8）。苗族小女孩多有髡发习俗，此为未成年女孩的标志。苗族男子头饰多为包头帕，包头样式各地有所不同（图2–9）。一些苗族男子保持着髡发习俗，他们在后头顶留一撮头发，绾一小髻（图2–10）。

图2–4　苗族已婚女子头饰（湖南靖州县）

图2–5　苗族未婚女子头饰（湖南靖州县）

图2–6　苗族女子古老的银头饰（贵州都匀市）

图2–7　苗族女子银头饰（贵州榕江县）

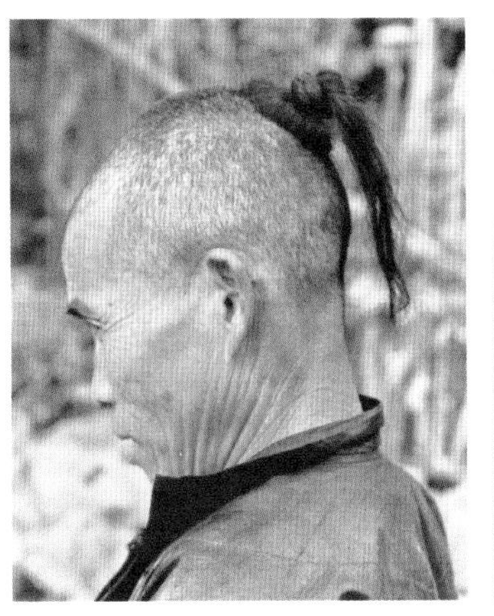

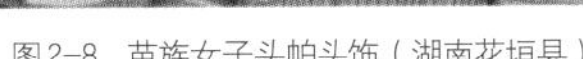

图2-8　苗族女子头帕头饰（湖南花垣县）　图2-9　苗族男子头帕头饰（贵州剑河县）　图2-10　苗族男子的髡发发式（贵州榕江县）　图2-11　小花苗少女发饰（贵州赫章县）

贵州是苗族的主要聚居地，众多的苗族头饰各有特色，保持着浓厚的民族土风。织金县和龙场地区的苗族女子的牛角头饰极有特点。她们先把长发绾髻于头顶，然后用假发或黑线将牛角头饰缠绕其上。牛角是木制的，高高地戴在姑娘们的头上。如果姑娘们缠在牛角上的假发被小伙子抢走，就意味着她同意了小伙子的求婚，因而苗族姑娘们极珍惜自己的假发。织金县另一些苗族女子将长发绾髻于头顶左侧，其上插一把银梳或红木梳，发式别致清秀。纳雍县百兴地区苗族女子的头饰也是一对“角”，其假发重1千克以上。赫章小花苗女子发式因婚否明显有别。已婚妇女假发盘于头顶如螺旋状，未婚少女发髻大如包头并掺有艳丽的红毛线（图2-11）。

居住在普定、六枝、织金三县交界地区的苗族女子的发式极为独特，她们先用头发缠绕固定一把60厘米长的牛角形木梳于脑后，再以重约3千克的假发在木梳上缠绕成巨大的S形发髻。当地人称这种发式为“戴角”，不会“戴角”的女子会被人嘲笑，可见其对发式的重视。

贞丰地区的青苗不论男女老少均素青打扮，故称为“青苗”。青苗女子用自织的黑色头帕包头，再戴黑绿色带披肩的丝穗帽，丝穗上缀有小银铃。未婚少女的丝穗帽上有一根银链，由鬓角垂下再搭到帽顶中央，十分醒目，这是少女未婚的标志，已婚妇女就不再戴这根银链了。

施洞苗族女子大都绾发髻于头顶，再饰以银梳、银簪或插戴鲜花。少女戴银质马排头围，插“三凤朝阳”银雀头饰。

剑河县苗族男子的包头极为讲究，他们用长达10米的青布帕细细盘绕而成，末端垂于脑后，这种大包头如同斗笠一般。剑河县苗族女子喜在发髻上包花格布头帕，素雅清秀。

雷山县西江苗族女子的节日盛装华丽多姿，她们头戴红色头箍，上面缀满用银丝盘成的螺旋形银饰“窝妥”，据说这是根据牛头上的毛旋而来的，其实这是苗族人崇拜龙蛇的象征。这些苗族女子的发髻上还插饰双龙抢宝大银角。

贵阳市郊花溪苗族女子头饰也别具特色，她们把长发梳于头顶，绾成大髻，再缠上花带。未婚女子均在发髻上插7根银簪作为少女未婚的标志，已婚妇女则不再这样装扮。贵阳郊区高坡的大盘头苗族女子头顶髡发，她们用3～10米长的头帕缠绕出样式奇特的大盘头，故被称作“大盘头苗”。贵阳花溪地区另一支苗族女子的包头也极为别致，如同戴了一顶笠帽被称作“遮阳帕”头饰。

榕江县八开地区苗族男子祭祖时，穿戴的盛装极为华丽而且民族特色浓郁。他们头上戴着象征闪电的银鼓钉头围（图2-12），据说其有驱邪避鬼的威力。从江县岜沙一带的苗族男子，儿时髡发，前额头发剃光，留脑部头发披于肩后，至成年时开始蓄发，渐渐绾髻于头顶，额头勒一条挑花布巾，此装束至今不变。榕江的苗族女孩有髡发习俗。少时仅留头顶一撮头发，后随年龄增长将头发逐渐向上梳起，15岁左右，长发渐齐，绾大髻于头顶，作成年人装扮（图2-13～图2-16）。

台江、雷山、两地的苗族女子盛装头饰雍容华贵，其最负盛名的是此地苗族少女节日所戴的银冠、银角和银凤雀，连小姑娘都头戴华丽的银冠（图2-17、图2-18）。雷山县西江地区苗族少女盛装时戴的银角是苗族最大的银角，高约70厘

图2-12　苗族男子银鼓钉头饰（贵州榕江县）

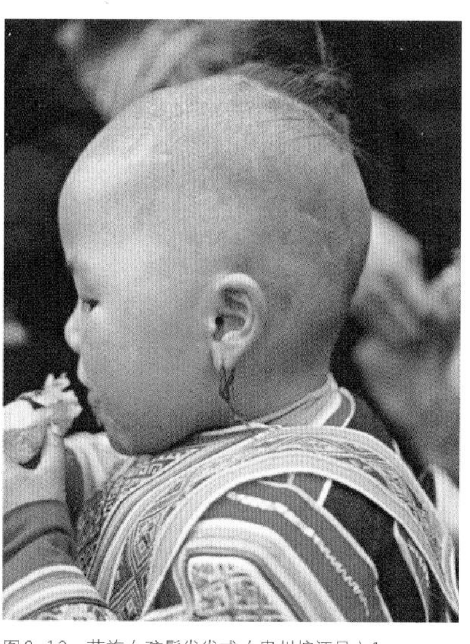
图2-13　苗族女孩髡发发式（贵州榕江县）1

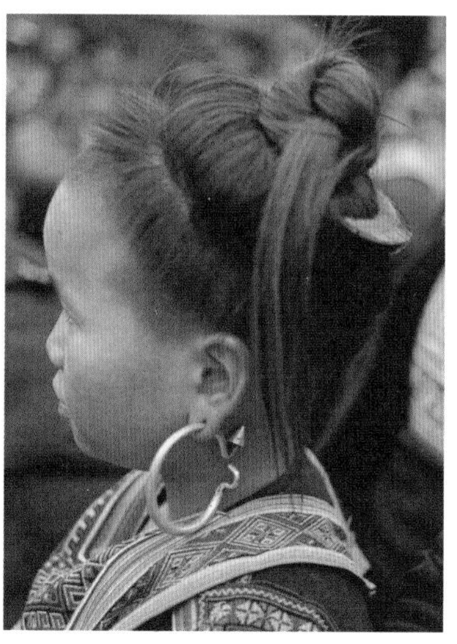
图2-14　苗族女孩髡发发式（贵州榕江县）2

图2-15　苗族女孩髡发发式（贵州榕江县

图2-16　苗族女孩髡发发式（贵州榕江县）4

图2-17　苗族女子大银角盛装头饰（贵州雷山县西江地区）

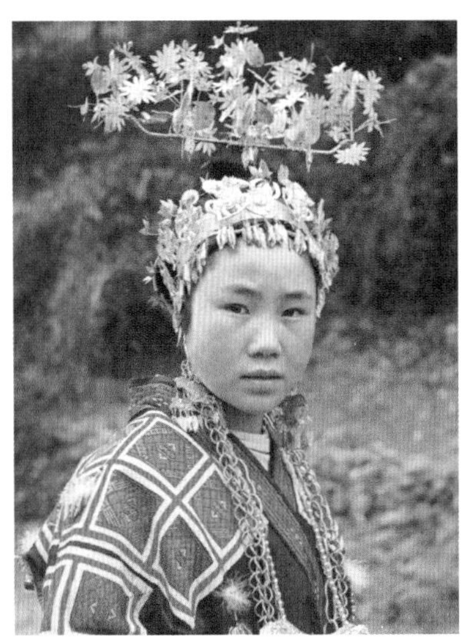

图2-18　花苗女子银雀头饰（贵州剑河县）

米，角上錾有精致的双龙抢宝图案。银角中间插有硕大的银扇，当地人称之为棕叶银花（图2-19）。

关于苗族少女头戴银角的习俗，有这样一个传说：很久以前，是男子出嫁，不是女子出嫁。为了把男子打扮得威武雄壮，就仿照大水牯牛的角打制出银角，陪伴男子出嫁，因为大水牯牛是力量和强大的象征。后来改成女子出嫁了，银角就改由姑娘来戴，这个习俗一直延续至今。该传说可能出自农耕文化之后，此时牛在苗族的生活中占有重要地位。苗族女子戴银角的习俗，当是图腾文化与农耕文化相结合的产物。龙蛇曾是苗族先民信仰的图腾之一，苗族的"水牛龙"就生有一对雄伟的"水牛角"，这正是苗族大银角的来源之本。雷山县城关地区苗族姑娘的银冠由排马、银花草、银凤雀、银葵、银蝶、银响铃等组成，满头银饰繁花似锦，富丽至极。可以说，苗族女子的头饰是中国少数民族女子头饰中非常丰富和漂亮的（图2-20）。另一支雷山苗族的头饰别具特色，该族女子将长发绾于头顶结髻，以錾花银碗为饰，用银簪别在发髻上。

黄平县谷陇地区苗族少女平时戴漂亮的圆形挑花帽，盛装时戴银盔帽，均是少女未婚的标志。已婚妇女绾髻，用紫色头帕包头。黄平县苗族少女的银冠高高戴在头上，如银蝶飞舞，十分漂亮（图2-21）。

贵阳和修文一些地区的苗族女子盛装时，髻后竖插一排银簪，多至十几根，

图2-19 苗族少女银头冠（贵州雷山县）

图2-20 苗族少女盛装头饰（贵州凯里市）

图2-21 苗族少女银盔头饰（贵州黄平县）

图2-22 苗族少女的奇特发式（贵州毕节市）

并饰银花。贵定县云雾一带苗族女子的包头呈圆盘形，用红、蓝、白、黑色长帕缠成，帕的末端外露于头部两侧，如振飞的蝶翅。

长顺县和清镇等地苗族女子所戴的尖顶帽，是用蓝布巾包裹而成，前顶饰一绺红黄丝线，据说其象征谷穗。

望谟县苗族姑娘在节日和出嫁时戴银泡头饰，其发式也极有特色。她们将长发绾于绣花巾之上，用彩带银泡束住。银泡上饰有模压和錾花图案，做工很精细。银泡顶端缀有瓜瓣花等饰物。

毕节市燕子口苗族女子束发于额顶，掺黑毛线从左至右绕头一圈，绾出蓬松大髻，然后在额上束一绺红毛线（图2-22）。

镇宁市江龙地区苗族女子发式最奇特，她们将一根两端各扎半截木梳的竹片的一端固定于头顶，另一端悬在右方，然后将头发分为三股绕在竹片上，发式蓬松，呈三角形挑于右头侧（图2-23～图2-26）。雷公山麓一带的苗族女子绾高髻于头顶，据说这种高高的发髻是模仿锦鸡的羽冠。她们平时包一条头帕，露出头顶高髻，盛装时戴银冠。丹寨一带的苗族女子婚前绾髻于头顶，婚后绾髻于头侧。平时包头帕，节日插饰银花。三都、都匀、丹寨等地的“白领苗”女子绾髻于头顶，日常用方巾包头，花带系之，节日时头戴山字形银饰，如戴银角一般。贵阳

图2-23　苗族女子发式（贵州镇宁县）1

图2-24　苗族女子发式（贵州镇宁县）2

图2-25　苗族女子发式（贵州镇宁县）3

图2-26　苗族女子发式（贵州镇宁县）4

图2-27　苗族少女头帕头饰（贵州贵阳市）

市龙里地区苗族少女盛装以独特的橄榄装包头著称，其长发绾髻于头顶，前额头发剃光，数条青布长帕环绕包成橄榄状包头，后大前尖，顶部呈圆窝状，盛装彩色绸帕，多为定情之物（图2–27）。晴隆和普定县苗族少女梳单辫，发辫由后向前缠于头帕上。婚后绾髻于头顶，高约10厘米，呈圆锥形，罩以青帕，帕端垂在脑后。

僅家人属苗族的一支，聚居于贵州黄平县。僅家少女头戴红缨冠帽，显得英姿飒爽，配上银弓、银箭，更显得十分醒目。婚后须摘下红缨和弓箭，包一方蜡染头帕，长发绾髻于头顶（图2–28、图2–29）。相传黄帝时期，僅家人以狩猎为生，男女精于射骑。有一年发生战乱，僅家人跟随黄帝征战，立了大功。黄帝为表彰僅家人的功绩，赐予此装。僅家人以

图2-28　僅家未婚少女头饰（贵州黄平县）

图2-29　僅家已婚妇女头饰（贵州黄平县）

图2-30　僅家男子头饰（贵州黄平县）

此为骄傲，故世代相传。现在，这种冠帽已成为僅家少女的专用头饰。但僅家老人去世时，家人必须为其戴上僅家特有的这种头冠并在胸前放一块蜡染的宗图，才能下葬。他们认为只有这样，死者才能平安地回归故里，与祖先团聚。可见过去僅家人无论男女都戴红缨冠帽（图2-30），而现在只有少女才在头冠上饰红缨和红串珠，这已是少女未婚的标志。

湖南湘西和湖北鄂西的苗族历史上与汉族来往密切，男女衣着装束渐渐发生了变化。自清代雍正年间“改土归流”之后，更加明显地受当地汉族服饰的影响，女子盛装时，佩戴云肩或银披肩。今天见到的苗族女子的服饰，仍有清代服饰的特点。头缠蓝格大头帕是这里苗族女子头饰的一大特色。过去此地苗族男子皆椎髻斑衣，据道光年间《凤凰厅志》载苗族男子装束：“苗人前惟寨长薙发，余皆裹头椎髻，去髭须如妇人……富者以网巾约发，贯以银簪四五支，长如匕，上扁下圆，两耳贯银环如盘大，项围银圈，手戴银钏。”这是旧时装束，现今苗族男子多以长帕包头，节庆时戴银项圈、银镯。花垣、吉首、保靖、古丈等县苗族女子以黑布包头，她们将头帕折成长条，整齐地盘绕在头上，最末一道恰齐额眉。花垣苗族女子，修眉去绒发，以弯弯细眉为美。凤凰县大部分苗族女子以黑帕缠头。松桃县苗族女子以自织的花格布缠头，头帕长十余米，层层缠绕在头上呈圆筒状，以包头高大为美。天寒时，另加短帕，由额前盖至脑后，掩住两耳。盛装时还要插戴银花等饰物。



广西的草苗，居住在湘黔桂交界地区。草苗女子将长发层层上绾，绾髻于头

图2-31　苗族女孩髡发（广西三江县）
图2-32　苗族女子发式（云南广南县）

顶，以木梳鲜花为饰，已婚者不再插花，常以青布帕包头。草苗少女都将眉毛修饰得如弯弯细月，婚后则不再修眉。在交际时，小伙子们须得细细查看，辨认其是否已婚，若是粗心的小伙子忽略了这一点，就会闹笑话。广西西林苗族女子用织锦包头，呈高筒式。隆林苗族女子将若干头帕折叠后覆于头顶，亦很别致。广西三江苗族与侗族交错杂居，服饰与侗族十分相似。小女孩的服装与成人相同，只是尺码小些。未成年女孩皆髡发，男女孩发式相同（图2-31）。

云南苗族女子盘发于头顶，以发多为美，发式奇特。一些苗族女子用花帕缠大包头，四周垂流苏式银饰。广南县苗族女子在头发里掺假发，梳成两条粗大的辫子，垂至脚跟，然后盘在头上，末端披在身后（图2-32）。其头饰与贵州等地苗族明显有别。

## ❷ 布依族

布依族的头饰多种多样（图2-33）。贵州册享地区布依族男女老少都用自织的花格布做包头，黔南地区的布依族女子把发辫盘于头顶，贞丰地区布依族女子用蓝白布交叉包头，末端披于肩后。

贵州盘县布依族女子将辫子盘在头顶，额前勒一饰带，头顶系白布巾垂至后背（图2-34）。另一支布依族女子则绾髻于头顶，用三层各色头巾罩住，再用银带将其系在头上，头巾飘在身后。

贵州镇宁县布依族未婚女子头顶一方花帕，再将发辫盘绕其上，右耳侧垂下

图2-33　布依族女子头饰（贵州纳雍县）

图2-34　布依族女子头饰（贵州盘县）

辫穗。这里的已婚妇女有戴“甲壳帽”的习俗。按布依族习俗，女子结婚时并不改装，新婚之夜也不与丈夫同居。次日清晨新娘即返回娘家长住，称为“坐家”。有的女子婚后三四年仍住在娘家，使丈夫在婚后仍孤身一人。这种情况令丈夫及其家人不满，他们希望能尽早把新娘接回家共同生活，这就必须给新娘戴上“甲壳帽”。

制作“甲壳帽”要先用竹笋壳做出前圆后方、尾部翘起的簸箕形帽架，长约30厘米，然后将一块六七米长的黑布沿着帽架层层缠绕成筒形。佩戴时要在其上覆盖几方蜡染花帕。

戴“甲壳帽”的日子一般选在四五月或八九月进行，男方择定日子后，由男方的母亲、嫂子及两位中年妇女带着“甲壳帽”、鸡、酒、菜等物，不声不响地来到女方家，躲藏到隐蔽处，等到那女子外出或归来时，乘其不备，突然上前从背后将她搂住，七手八脚地强行解开她的头帕和发辫，把“甲壳帽”戴在她的头上，接着便杀鸡煮酒，吃喝一顿，然后把女子接走。倘若被女方挣脱未戴上“甲壳帽”，或尚未解开辫子就戴上“甲壳帽”，均不作数，还得等到来年重新进行。

“甲壳帽”是妇女已婚的标志，戴上“甲壳帽”的女子必须在夫家生活，言行受到夫家约束，失去了自由结交男友的权利。一般说来，没有哪位女子愿意戴上“甲壳帽”，她们总是不顾一切地挣脱，尤其是那些对婚姻不满或不愿过早结束少女生活的女子，她们的反抗更为激烈。因此，戴“甲壳帽”的仪式往往要进行多次，才能将新娘带回夫家。现在，这种体现母权向父权过渡的古老习俗仍然残存着（图2-35）。

图2-35　布依族已婚妇女头饰（贵州安顺市）

图2-36　布依族少女头饰（贵州安顺市）

图2-37　布依族少女头饰（贵州威宁县）

图2-38　包头帕的布依族女子（贵州紫云县）

贵州安顺一带的布依族少女在头饰上竖插一根银钗（图2-36），这是未婚的标志，已婚妇女则饰以银筒。贵州威宁县布依族少女将精美的花带层层交叉缠绕在头上做包头，花带的两端垂在包头的两侧。每长一岁，就增加一条花带，因而从花带的条数可以判断姑娘的年龄（图2-37）。布依族男子多用长帕缠头。布依族女子善织，紫云、惠水、长顺等地的布依族男女皆穿着自织的花布格子衣物，女子穿细格布大襟短衣，长裤，包粗格布大头帕（图2-38）。

## ③ 水族

在贵州都柳江和龙江上游、苗岭山脉以南的三都、荔波、独山、都匀、榕江、黎平、凯里等地分布着依山傍水而居的水族人。水族的头饰比较统一，青年女子把头发梳向脑后，拧成一束，再从左向右盘于头顶，插一把梳子或一根银钗，包青布头帕，帕端有穗垂于耳侧（图2-39）。老年妇女则绾髻于头顶，发髻上插一把木梳，用白色头帕包头。喜庆节日时，妇女们绾髻于头顶，插满各种各样的银饰，十分华美。水族男子喜用长帕包头。

图2-39　水族女子头饰（贵州三都）

### ④ 侗族

侗族女子以其乌黑的秀发和发式多样著称。她们用茶籽油调水洗发。无论是妙龄少女还是已婚妇女，都以乌黑光亮的长发为美，并挽出各种各样的发髻，难怪人们要赞叹侗族女子的发式是少数民族中最漂亮的（图2–40）。

图2–40　侗族少女发式（广西三江县）

贵州从江地区侗族女子发髻的装饰很丰富。她们在发髻上插饰银梳、木梳或彩珠和小银饰，也喜欢用鲜花装饰发髻。从江增冲一带的侗族少女将发髻绾于头顶左侧，上插一枚珍珠，极美（图2–41～图2–43）。

黎平地区侗族女子头戴银冠，银冠由鱼形、蝴蝶形、钱币形等银质吉祥物组成，有的还插有各色羽毛。黎平肇兴侗族少女将秀发松松地绾髻于头侧，饰以麻花形银质发箍和镶红宝石银饰，再将鲜花点缀其间，十分漂亮。

侗族十分讲究小孩戴帽，童帽有秋冬帽和春夏帽之分。其绣工精细，样式奇特，针针线线都凝聚着母亲的爱心（图2–44~图2–46）。马尾绣是侗族童帽常用的

图2–41　侗族少女头饰（贵州从江县）

图2–42　戴花冠的侗族姑娘（贵州从江县）

图2–43　侗族少女盛装头饰（贵州从江县）

图2–44　侗族儿童的春夏帽（贵州黎平县）

图2-45　侗族儿童秋冬帽正面（贵州黎平县）

图2-46　侗族儿童秋冬帽背面（贵州黎平县）

图2-47　侗族少女盛装头饰正面（贵州镇远县）

图2-48　侗族少女盛装头饰背面（贵州镇远县）

绣法，纹样为龙鸟花草等吉祥图案。秋冬帽式样如同屋顶，意为帽子能像屋顶那样使孩子免遭鬼蜮伤害。

黔东南镇远地区侗族女子的银冠更加精美华丽，由许多银花组成（图2-47、图2-48）。黎平和锦屏毗连之地的侗族女子梳盘髻，包三角形头巾。天柱和锦屏等地区的侗族女子婚前梳长辫，将辫子盘于头顶，饰有鲜花、彩穗和银链；婚后绾髻，用长帕缠头。湘黔相邻地区的侗族女子盛装时，发辫盘于头顶，并佩戴精美的银饰、珍珠等物。贵州侗族女子日常戴的小笠帽也很漂亮。

广西地区侗族女子的头饰又别有一番特色。三江县侗族少女将头发绾成蓬松的大髻，额侧饰以鲜花，样式十分别致。三江林溪河一带的侗族女子绾髻于脑后，插一把银梳。溶江河一带的侗族女子将长发从右往左绕头一圈，再绾髻于左侧，插银梳为饰。少女还须将额前短发剃掉，露出光洁的额头。苗江河一带的侗族女子绾发髻于额前，未婚少女都用自织的白巾折叠成细条勒在额头上，无白巾的便是已婚妇女。侗族男子喜用长帕缠头，其样式各地有所不同。

## ❺ 仡佬族

仡佬族主要聚居在贵州境内，他们的衣着服饰汉化程度较早，大约在四五十年前，仡佬族的服饰就基本与邻近的汉族相同了。在19世纪中叶，仡佬族男女仍然身着他们的传统服饰，女子上衣短仅及腰，绣有鳞状花纹，下穿色彩斑斓的自织筒裙，花带缠腰，外罩青色无袖长袍，前后均绣花，脚穿勾尖绣花鞋。少女梳长辫，彩带束发。已婚妇女盘大发髻，用三条均三米多长的头帕包头，并在脑后露出六个布头穗，包头的四周用海贝装饰。务川县仡佬族少女梳长辫盘于头上，已婚妇女绾髻于脑后并用马尾和青丝线编织的发网罩住发髻，表示已婚。仡佬族男子长发绾于头顶，细带束之，包头帕，身着青布长衫，腰缠彩带，赤脚着绑腿，节庆时穿花鞋。这些服饰装束现已不多见，仅云南地区的仡佬族女子还保持着头顶花帕、额前饰银珠的旧俗（图2-49），男子用一条三米多长的青帕或白帕包头。仡佬族有自己的银匠，其打制的银首饰相当精美。仡佬族女子亦善织善绣。

图2-49　仡佬族女子头饰（云南麻栗坡）

## ❻ 基诺族

在云南众多的民族中，基诺族的头饰是独具特色的。基诺族女子头戴尖顶式披肩帽，这种披肩帽是用自织的白色厚麻布制作的，上面饰有条状花纹（图2-50）。有的帽子下摆很长，绣有彩色的挑花几何图案，下缘用珠

图2-50　基诺族女子披肩帽（云南景洪市）

子、绒线和羽毛做流苏，很漂亮。未婚少女将帽子服帖地戴在头上，已婚妇女则在头上架起一个竹篾编的架子，使帽子高高隆起，这是在向男子们示意：我已出嫁了，别再找我了。基诺族女子的发式为椎髻，婚前婚后有别，未婚女子绾髻于脑后右方，已婚女子绾髻于前额正中。邻近哈尼族地区的基诺族女子的头饰有所不同，其未婚少女将长发绾髻于头顶，戴上绣花披肩帽，再用珍珠串将发髻和帽子系在一起，极美。

基诺族男子有髡发习俗，他们只在头顶留三撮头发，额前正中一撮，头顶两侧各一撮，长约3.3厘米。也有少数村寨的基诺男子只留一撮头发在头顶上。他们平常用宽约33厘米、长约3米的黑布帕缠头。关于这三撮头发，有两种说法：一说中间那撮是纪念孔明的，侧边那两撮是感激父母的；另一说中间那撮是纪念孔明的，左边那撮是感激父母的，右边那撮是留给本命的，也就是魂的所在地。基诺族男青年头帕上最好的装饰品是用红豆组成花纹的饰物，下面坠有白木虫的翅膀，这是姑娘送给小伙子的定情信物。白木虫翅膀坚硬光亮永不褪色，以此象征坚贞不渝的爱情。

### ❼ 拉祜族

拉祜族曾是一个狩猎民族。拉祜族称虎为“拉”，在火上把虎肉烤得发出香味叫“祜”，“拉祜”就是烤虎肉[1]吃的意思。人们因此将拉祜族称为“猎虎的民族”。狩猎曾是拉祜族的主要副业。拉祜男子个个善猎，他们说：“我们凭一把猎枪一条狗，无论是天上飞的还是地上跑的，都逃不过我们的猎枪。”拉祜族男女都有髡发的习俗，据说这与他们过去主要从事狩猎活动有关。那时候，总是男女一起外出狩猎，为了防止虎、熊、猴等动物抓头发，所以都将头发剃掉。但是，男子必须在头顶上留一撮短发，称为“魂”。久而久之，成为民族习惯。实际上，这种髡发习俗与拉祜人的灵魂信仰观念有关。平常拉祜人都要缠一条4米长的黑头帕，女子将头帕的末端垂至腰际。拉祜族的未婚少女均蓄发梳长辫，婚后才将头发剃光，因而髡发是已婚妇女的标志。至今拉祜族妇女还保持着这一习俗。

苦聪人是拉祜族的一支，他们不论男女（尤其是青年男女）都非常重视身体

❶ 虎：国家一级保护动物，列入《世界自然保护联盟》（IUCN）2015年濒危物种红色名录ver3.1——濒危（EN）。列入《华盛顿公约》CITS级保护动物。

的装饰，其通过交换获得装饰品。金平地区的苦聪女子头饰很美，她们将竹篾染红制成头箍，再点缀彩珠和绒线璎珞，耳际两边坠有珠串和红色绒线穗子（图2–51）。已婚妇女的头饰则简单一些。

图2–51　拉祜族苦聪少女头饰（云南金平县）

## 8 佤族

云南西盟县是佤族的主要聚居区，佤族的装束也以西盟地区最富有代表性。西盟佤族女子多披发，长长的黑发自然披在肩后，饰以银质发箍（图2–52）。老年妇女常缠头帕，一些少女有时也缠包头，但她们喜欢在头侧露出头帕穗。孟连地区的佤族女子将红黑两色的头帕用一条镶有银泡的花带固定住再戴在头上，头帕呈尖顶状，花带垂至后背，缀有流苏。双江佤族妇女的头饰像一片瓦顶在头上，是由蓝布长帕折叠而成，很有特色。佤族青年男子多缠红布包头，老年男子缠青布包头。

图2–52　佤族女子头饰（云南西盟县）

## ⑨ 傈僳族

不同地区的傈僳族因服饰颜色各有差异而被称为“白傈僳”“黑傈僳”和“花傈僳”。常见的傈僳族女子头饰是色彩鲜艳的珠帽，珠帽由红色和白色砗磲及珊瑚珠、小铜铃制成。未婚女子将辫子盘在珠帽上面，已婚女子将发辫束在珠帽下面，以示区别（图2–53）。永胜、德宏一带的花傈僳女子装束极为华丽，头饰为蓝色大包头，上有由海贝、料珠制成的发箍，左右两侧饰红色纱带（图2–54）。梁河地区的傈僳族女子缠大包头，其上盖有绣花头披，两耳侧垂彩带。傈僳族男子用青布帕包头，中老年男子还保留着蓄发辫盘于脑后的习俗。

图2–53 傈僳族女子头饰（云南腾冲市）

图2–54 傈僳族女子头饰（云南腾冲市）

## ⑩ 傣族

西双版纳傣族女子的装束非常优雅秀丽，她们十分讲究头发的美。常见的发式是将长发绾髻于头顶后侧，发髻上插把月牙梳及各种鲜花，爱花是傣族女子的天性。傣族女子的发式，各地均不同。德宏和勐定的傣族女子将发髻绾于脑后；洛西、孟江的傣族少女把长辫从左侧绕于右侧盘好，用红绳系住，已婚妇女则盘辫于头顶，并用黑布高筒帽罩住；西盟和德宏一些地区的傣族女子绾髻不束带，余发自然飘散。那束散发象征着狗尾，红色的筒裙象征着狗的鲜血，其体现着傣族先民图腾崇拜的痕迹。另一些地区的傣族女子喜用白色大毛巾包头，或把包头帕在额前绕成“人”字形，中间点缀一个银币或首饰，相当别致（图2–55、图2–56）。

图2-55　旱傣妇女头饰（云南河口县）

图2-56　傣族女子头饰（云南保山地区）

图2-57　花腰傣妇女头饰（云南新平县）

在滇中红河畔的新平、元江两县，居住着傣族的另一支——花腰傣，其因少女们美丽的服饰而得名。花腰傣包括傣雅、傣洒、傣卡、傣仲等分支，其装束各具风采，尤以傣雅、傣洒女子的服饰最为华丽漂亮（图2–57）。

傣雅少女的盛装打扮需几个小时，还得请女友帮忙。先将长发绾成发髻于头顶中央，用一条折叠得十分规整的青布带将发髻层层缠绕，再将一条小巧别致的绣花青布巾由头顶向耳朵两侧垂下，末端缀有缨穗，其外再包一块五色花边头帕，从前额向后覆盖。如果做新娘，额前还要垂挂六块錾有吉祥图案的方形银牌，银牌下缘坠有两层桂花骨朵儿般的银响铃。傣雅少女出门时，都要戴一顶样式别致而精美的小笠帽，更显得姑娘们风姿绰约（图2–58）。

傣洒少女的服饰色彩斑斓，头饰尤为讲究。她们把长发绾髻于头顶后方，中间插十朵蘑菇状银花，髻上围一圈银泡，再将一条缀满细银泡、挂着银花蕾的饰带叠绕在发髻周围，髻后斜插着一块鲜艳的布牌，上面绣有精美的图案。一顶漂亮的小笠帽用丝带系在姑娘的发髻上，笠帽后方插着美丽的孔雀尾翎，别着梳妆用的小圆镜。小笠帽高高地戴在姑娘的发髻上，前边齐眉，后面高翘着露出丰富的髻饰，十分漂亮（图2–59）。

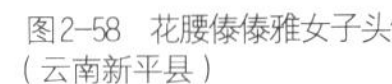

图2-58　花腰傣傣雅女子头饰（云南新平县）

图2-59　花腰傣傣洒女子头饰（云南新平县）

图2-60　花腰傣傣卡女子头饰（云南新平县）

傣仲女子的头饰古朴典雅，她们用毡绒或假发做成圆盘，周围插30朵银簪花，上罩黑绸，中间横置一条宽约6.6厘米、刺绣精美的七彩带，再用一条嵌满小银泡的黑带裹住圆盘边，即做成包头戴在头上。工艺最讲究的是一条长约30厘米、宽约3厘米的小饰带，其两端用银泡镶出两层塔尖，五色丝线绣出塔身，使用时横置在包头上，银塔垂于姑娘的两耳侧。还要将绣有彩条的黑色布帕从额前向后缠绕在包头上，打结于脑后。再用五彩的流苏系在髻上，末端垂肩。

傣卡女子的头饰也非常俏丽，她们用一米多长的黑色头帕裹头，头帕两端刺绣并饰有十多厘米的鲜艳流苏。姑娘们裹头时，先将头帕的一端放在左耳侧，再将头帕缠绕在头上，末端也正好绕到左耳侧，卡住，两层流苏遮住左耳垂到肩上（图2-60）。

德宏地区傣族女子的头饰，婚前婚后有别。未婚少女盘发辫，婚后束发髻于头顶，戴黑色高筒帽，区别十分明显。滇西傣族少女都头戴鲜花或用丝巾在头上扎一个漂亮的花结，这是未婚的标志。如果没有这样的装扮，则表示是已婚妇女。

傣族男子多用青布或白布包头，包头帕的一端垂至耳侧。这是常见的男子头饰。但在德宏地区就有所不同了。传统的春节也是恋爱的季节，德宏地区的傣族男子按习俗披上一条宽大的绿毯，蒙住头发、耳朵、鼻子和嘴巴，只露出一双眼睛，他们三五成群地骑着自行车，在大路两旁等待着。当少女们款款来去时，他们便迎上去交谈。若是双方中意，就拉着手推车而去；或者少女坐上自行车，小伙子踏车而去。这种用绿毯蒙头的装束，也是男子未婚的标志。

## ⑪ 德昂族

不同支系的德昂族妇女装束各有不同，因而被人们分别称为“红崩龙”“花崩龙”和“黑崩龙”。红崩龙妇女的筒裙上横织着明显的红色细条纹；花崩龙妇女的筒裙上横织着醒目的红、蓝色宽条纹；黑崩龙妇女全身素黑，其黑色的筒裙上仅有细细的红白线条。故此各有不同的称呼。

图2-61　德昂族妇女（云南德宏州）

德昂族女子有髡发的习俗（图2-61）。红崩龙和花崩龙女子婚前婚后均剃光头，黑崩龙女子婚前剃光头，婚后蓄发。她们均用黑布帕包头，区别在于：未婚女子头帕两端饰有鲜艳的彩色绒球，包头时将其垂于脑侧和肩下，十分醒目。芒市地区的德昂族女子头饰又有所不同，她们前额髡发，使前额显得宽大光洁；脑后蓄长发梳成一条大辫子，然后用镶有彩色花边的黑帕包头，头帕两端垂于左侧，大辫子由脑后绕于包头之上。德宏地区的妇女剃光额前头发，脑后留长发，梳成大辫，包黑蓝色镶有花边的布包头，将大发辫由脑后缠于包头之上。有的地区妇女蓄长发，梳发辫盘于头顶。德昂族男子用黑、白布帕包头，头帕两端各饰有彩色绒球。

## ⑫ 独龙族

独龙族聚居在云南怒江贡山县的独龙江谷地，族称因独龙江而得名。至20世纪50年代之前，独龙族社会还处于原始社会末期，故发式相应的原始古朴。

图2-62　独龙族妇女发式（云南贡山县）

独龙族男女均为短发，男女间发式相同，都是前垂其眉，后披于肩，左右侧盖至耳根（图2-62）。过去，由于没有剪子，只能用两把砍刀切割头发，故长短不齐。独龙族男女老少都没有在头上佩戴装饰物的习惯。

## ⑬ 怒族

各地怒族女子的头饰有所不同，碧江和福贡地区的怒族女子喜欢用珊瑚、玛瑙、贝壳、料珠和银币做成漂亮的头饰，她们将贝壳磨成圆片，用兽皮连成发箍，并在额前垂挂珊瑚珠及小银坠（图2-63）。贡山怒族女子则是用白布帕裹大包头。不过，怒族女子都喜欢将光洁的细藤条缠于头部，以此为美。怒族男子的装束基本与傈僳族相同，有的蓄发编辫盘于脑后，也有的披发齐耳根。

图2-63 怒族妇女头饰（云南福贡）

## ⑭ 普米族

普米族的先民原是青藏高原上的游牧人，故普米族的装束保留着北方服饰的特色，同纳西族、彝族的服饰习俗较为相似。

图2-64 普米族女子头饰（云南宁蒗县）

普米族的儿童，不论男女在13岁以前一律穿麻布长衫，长及膝盖上下，右开襟，腰间捆一根麻布腰带，腰带两端有花纹和线穗。女孩留长发，编成小辫，戴兽耳布帽，有的帽子前面缝一对獐牙，作避邪之用。男孩也留长发，在额顶和左右耳侧梳三根小辫子，脑后头发自然披散。有一些地方的男孩子髡发，他们只在头顶留一小撮头发，编一根小辫子。少年男女长至13岁时，都要举行成年礼，改变发式和服饰。成年少女梳长辫子，她们将牦牛尾和丝线掺在头发里编成一根大辫，然后将辫子盘于头顶，再包上大头帕，饰以彩线和串珠。此时少年也要开始身着成年人装束，他们穿长裤、佩腰刀，头戴礼帽或缠大头帕。按普米人的习惯，这样装扮的少年男女均已是成年人，可以开始结交异性和参与村社或家庭议事。

普米族女子大都喜欢在头上缠一个大包头，并以包头大而圆为美（图2-64）。

从包头的颜色和饰物可以区别其已婚或未婚，已婚妇女用4米长、半米宽的黑布帕包头，比较素净；未婚少女则用鲜艳的天蓝色头帕包头，头帕上绣有漂亮的花纹，包头时还要在耳侧缀一撮彩色线穗，这也是少女未婚的标志。普米族女子留长发，并同丝线假发一道缠绕在头上，据说这种头饰自古就有。一些地方的普米族男子有髡发习俗，他们仅在头顶留一撮头发编成辫子，盘于头顶。

### ⑮ 阿昌族

阿昌族男女服饰均以黑、白、蓝等素色为主，但阿昌族女子的装扮有已婚和未婚之分。一般是未婚少女梳长辫盘在头上，已婚妇女缠黑色或蓝色的布包头。梁河阿昌族已婚妇女的高包头据说是仿照原始狩猎时期的箭筒制作的，故称为“箭包”，高达33~66厘米，造型极有特色，在众多的民族头饰中很容易识别（图2-65）。

图2-65 阿昌族已婚妇女“箭包”头饰（云南梁河县）

德宏州的阿昌族少女用6.6厘米宽的蓝布带缠在头上，并饰以流苏、彩色绒球、珠串和鲜花。她们的左侧鬓角上插着一件样式别致的银质头饰，其正面看像一朵菊花，侧面看像个小风车，花瓣上镶有玛瑙、珊瑚、玉石等，十分漂亮。有些地区的阿昌族少女缠黑布包头，其大如盖，右侧缀彩色珠串，垂至胸前。还有一种阿昌族女子头饰是将长发盘于头顶，再将青布巾叠成帽状置于其上，巾角在额顶打个兔耳结，这样的装扮显得俏丽活泼。阿昌族男子均用青布帕或白布帕包头（图2-66）。

图2-66 阿昌族男子头饰（云南梁河县）

## ⑯ 哈尼族

云南哈尼族有卡多、碧约、叶车、布都、僾尼、腊米、阿克、布孔、西摩洛等20多个支系。各支系有不同的头饰，支系内部亦有所区别（图2-67、图2-68）。如，红河地区的哈尼族女子喜用藤条做头箍为饰。少女将彩色线穗覆于头顶，垂至耳侧，头帕围在脑后，服装上的饰物也要多些（图2-69）。已婚妇女的头帕盖在头上，用藤条箍住，服饰亦相对简单（图2-70）。在哈尼族众多的头饰中，僾尼人的头饰最为丰富，其充分显示出哈尼族头饰绚丽奇特的风采。

僾尼人居住在西双版纳和澜沧等县的深山峡谷之中，他们依然以日出而作、

图2-67 哈尼族阿克少女头饰（云南西双版纳）

图2-68 哈尼族布孔支系少女头饰（云南红河县）

图2-69 哈尼族少女头饰（云南红河县）

图2-70 哈尼族妇女头饰（云南红河县）

图2-71　哈尼族僾尼少女头饰（云南勐腊县）

图2-72　哈尼族僾尼少女头饰（云南西双版纳）1

图2-73　哈尼族僾尼少女头饰（云南西双版纳）2

日落而息的传统生活方式，比较完整地保留了原始古朴的民风民俗。僾尼人不论男女老少，个个爱漂亮好打扮，尤其是年轻女子的头饰装扮，十分用心，其多姿多彩令人目不暇接（图2-71）。

在澜沧县僾尼山寨，到处都可以看到头饰奇特的僾尼少女，她们或峨冠高耸，或满头锦绣，可谓美不胜收。澜沧县僾尼女子的头饰可分为尖头式、平头式和扁头式三大类，因支系不同而各具特色。僾尼女子使用的装饰物有自织的青色土布、花带，还有竹片、陆谷米、豪猪刺、银币、银链、银泡、羽毛、贝壳、鲜花、果实等。这些东西经僾尼姑娘和能工巧匠精心编织、装点，便成为美丽的头饰[1]。西双版纳僾尼女子的头饰亦丰富多彩，不仅未成年儿童、未婚少女及已婚少妇的头饰十分漂亮（图2-72、图2-73），就连老年妇女的头饰也雍容华贵，让人觉得这是一个非常爱美的族群。

尖头式是最引人注目的一种头饰，其特点是帽顶高耸，装饰物奇特繁多，犹如一件精湛的工艺品（图2-74）。村寨里有专门制作这种头饰的工匠，他们在制作时先根据姑娘的头围将竹片做成头箍，套在包头上，穿上一串串陆谷米和闪闪发光的银链、银泡和珠串，缀上象征财富的银币等。姑娘们随心所欲地插上雄鸡毛、飞禽羽毛和鲜花等，将头饰装点得绚丽多彩，极富造型美感。戴上这种插满鲜艳羽毛、缀满银饰、珠串、豪猪刺和鲜花的高大头饰，便意味着少女已经成年，可以谈情说

❶ 杨志坚：《绮丽奇特的僾尼姑娘头饰》，《民俗》1989年第9期。

图2-74 哈尼族尖头僾尼少女头饰（云南金平县）

图2-75 哈尼族尖头僾尼已婚妇女头饰（云南金平县）

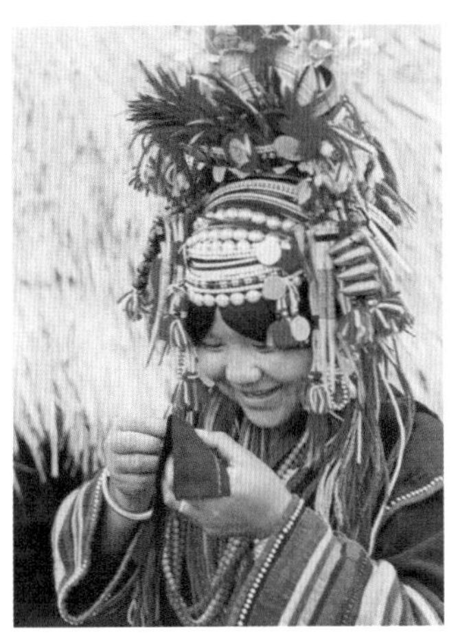
图2-76 哈尼族尖头僾尼少女头饰（云南孟连县）

爱了。这里的僾尼人不久前还保持着为少年男女举行成年礼的习俗，当少年们将至成年时，由村寨里的老人们为他（她）们举行成年礼。届时女孩们脱掉小圆帽，庄重地戴上这种标志成年的头饰。小伙子们见姑娘换上了这样的装束便闻风而动，前来求亲寻偶。姑娘头饰上的豪猪刺就是喜爱她的小伙子为她插上的。豪猪刺越多说明追求者越多，姑娘们均以此为荣。僾尼姑娘们十分珍视这高帽头饰，劳动时舍不得戴，睡觉时拿下来，只有在赶街、过节或农闲时才戴上。姑娘出嫁后也戴这种头饰，只是装饰物明显减少，不像未婚少女那样装饰得鲜艳绮丽（图2-75）。尖头僾尼少女的头饰物极为丰富，从银泡、银币到草珠、藤圈、绒线穗、羽毛、甲壳虫、鲜花、料珠、牛骨插等，都可以成为她们心爱的佩戴物。亮晶晶的甲壳虫是姑娘们少不了的头饰，她们将其捉来用树叶包着烘干便可成为头上的美饰了（图2-76）。

平头式的僾尼女子头饰，包头顶呈水平状故得名“平头式”。平头式头饰有两种：一种是在黑布帕上用丝线绣出漂亮的花边和图案，再缝上银泡和彩带，经姑娘们巧手一叠就成了漂亮的包头。这种包头戴好后，末端垂约33厘米，飘在肩后，使姑娘们显得飘逸大方（图2-77、图2-78）。僾尼小女孩的小圆帽也是十分漂亮的，其由彩色布条缝制而成，上面缀有银泡、银链、珠串、响铃、羽毛等饰物。

扁头僾尼女子的装饰主要集中在头部，因头饰奇特华美而得名，其头饰缀满银泡、银吊、银链、银币和各色珠饰（图2-79、图2-80）。

图2-77 哈尼族平头僾尼少女头饰（云南澜沧县）

图2-78 哈尼族平头僾尼少女头饰（云南勐海县）

图2-79 哈尼族扁头僾尼女子头饰正面（云南勐海县）

图2-80 哈尼族扁头僾尼女子头饰背面（云南勐海县）

元江哈尼族叶车支系女子的装束十分独特，其年少时梳12条小辫，据说是象征祖先迁徙的12条路线。16岁时即为成年人，改梳一条大辫子。她们先用猪油梳理头发，然后在乌黑油亮的头发中掺入黑色粗布条编成辫子，再将大辫盘于头顶。新婚后仍可盘辫于头顶，此时常住娘家，但在走进男家寨门内或龙树附近时，便要将大辫子抹下，辫绳别在腰上，以示对男方长辈的尊敬。生育后的妇女，改辫子为独角发式，示明身份。独角由黑布卷裹而成，立于蓝色头箍中央，再将长发缠绕于独角之上，发式很奇特。叶车女子不论老少都戴一顶白色尖顶披肩帽，盛装的年轻女子戴红缨帽，并在帽檐上垂坠各类银饰。居住在绿春县的哈尼族女子，未成年时戴金丝绣的尖顶小花帽，到13岁时即为成年人，身着未婚少女的服饰，包黑蓝色头帕。结婚时穿黑色长嫁衣，头戴漂亮的白色绣花雨帽。生孩子以后，便通身穿着庄重素雅的黑色衣物（图2-81）。有的姑娘在额头正中戴一个缀满银泡的三角形帽，用长辫及红绒线束在头上。西双版纳地区哈尼族鸠为和吉座两个支系的女子，16岁开始戴缀有银牌的“欧丘”帽，表示已到恋爱的年龄了，18岁时改戴装饰华美的“欧昌”帽，表示到了出嫁的年龄，小伙子们尽可以前来求婚，将姑娘娶回家。

哈尼族男子到15岁时也要改换成年装，他们摘掉少年时戴的圆帽“吴厚”，改缠布包头“吴普”，表示已成年，可以参加男青年自己的组织，也可以去“串姑娘”了。各支系哈尼族男子的包头也各式各样，僾尼男子的包头上饰有银泡、花带、羽毛、绒球等物，显得更加英俊（图2-82）。新平的哈尼族男子将长长的头帕交叉缠绕在头上，把绣花的两端留在脑后（图2-83）。有些男子在包头的顶部和左侧各插一撮羽毛，装饰得很别致。老年男子通常用朴素的蓝布帕包头。

图2-81　哈尼族叶车少女盛装头饰（云南红河县）

图2-82　哈尼族男子头饰（云南澜沧县）

图2-83　哈尼族僾尼男子头饰（云南新平县）

## ⑰ 白族

白族自称“白子”“白尼”“白伙”，汉语意为“白人”，这与白族俗尚白色有关。体现在服饰上，白族男女皆以白衣为尊贵，无论男女都穿白色上衣，外套红黑坎肩或领褂。居住在云南洱海附近的一些白族，其先民曾以鱼为图腾，故该地女子过去都盛行以“鱼尾帽”为头饰。“鱼尾帽”是用黑色或金黄色的布仿鱼形制成，鱼头在前，鱼尾后翘，上缀银泡或白色的珠子表示鱼鳞，戴在头上十分漂亮（图2–84）。由洱海地区移居山区的白族女子也戴鱼尾帽，这些女子的衣袖和衣襟上饰有象征鱼鳞和鱼子的银泡，裤脚上绣着水波纹，脚穿船形鞋[1]。

图2–84　白族鱼形童帽（云南大理）

白族人口众多，不同地区的白族女子的头饰各不相同，通常是未婚女子的头饰最美。姑娘们的头饰各式各样，有姑姑帽、鸡冠帽、鱼尾帽、凤凰帽、布包头、挑花头帕等。

剑川白族未婚少女戴漂亮的小帽和缀有玉兔挂饰和银泡的鼓钉帽；鹤庆地区的白族少女喜欢戴形状别致的大圆盘帽，这种帽子用紫红或黑色条绒制作，帽顶呈圆形，后部开衩，护耳部绣有几何图案，帽顶和帽檐部分用绒线或彩带分开，极有特色，令人过目难忘。

洱源地区的白族女子有几种头饰，常见的鸡冠帽是用黑色布壳缝制成鸡冠形，缀以狮子滚绣球银饰和玉饰、银泡、绒球等物，有的鸡冠帽上还绣有别致的图案。洱源县凤翔、邓川一带的白族少女喜爱戴凤凰帽，帽后饰有向上翘起的凤尾，帽顶上缀有白银镶边的红帽花，帽檐坠有玉饰，帽身插有五彩丛花，十分美丽。

白族支系那马人的少女多梳双辫，头上包一块印花羊肚毛巾，朴素大方。还有一种头饰是用黑布头帕将头发包住，再覆一条白色头巾，用彩带系住，黑白分明，倒也别致。

丽江九河地区白族少女的头饰比较繁复，她们先缠一条白色或青色大头帕，然后在上面覆盖几块绣花巾，再用红色绒线将几层花巾都缠绕起来，并把绒线编

[1] 张锡禄：《白族对鱼和海螺的原始崇拜初探》，《云南社会科学》1982年第6期。

成流苏垂挂在左耳侧。宾川一带的白族女子戴一种帽檐很突出的“鼓顶帽”，样式奇特美观。

大理白族少女梳双辫，辫梢缠绕红白色绒线，头帕左侧垂有白色流苏。已婚妇女挽髻，头帕上不垂流苏，因而左耳侧垂有流苏的均是未婚少女（图2-85）。

四川的白族少女戴一种尖顶的、饰有银泡的鸡冠帽，其顶部有一个红色绒球，迎风摇曳，少女们戴上这样的鸡冠帽，更显得美丽多姿。白族男子均缠绕白色包头，盛装时还要在头帕两端饰以流苏和绒球，垂在耳侧。白族勒墨人男子传统头饰十分讲究，以砗磲和珠串为饰。（图2-86）。

## ⑱ 景颇族

景颇族的装束非常有特点，每逢节日，景颇族男女都要刻意打扮一番（图2-87）。盛装的女子上衣缀满了银泡，分为大、中、小三排，最后一排银泡下边坠有银片组成的流苏，走起路来叮当作响。少女们平时梳双辫，节日时盘发于头顶，戴红色的“筒况”。筒况是她们用自织的红色毛织物制作的一种高筒帽。已婚妇女只能缠黑色的包头，样式也呈高筒状，脑后垂有流苏。

景颇族男子平常多用白布帕包头，盛装头帕的两端绣有漂亮的花纹并坠有彩色绒球，包头时垂在右耳侧，称之为“英雄花”。景颇族老年男子还保持着留长发的习俗，他们将辫子盘在头顶上，再缠黑布包头。

图2-85　白族女子头饰（云南大理市）

图2-86　白族勒墨人男子头饰（云南碧江县）

图2-87　景颇族头饰（云南盈江）

## ⑲ 布朗族

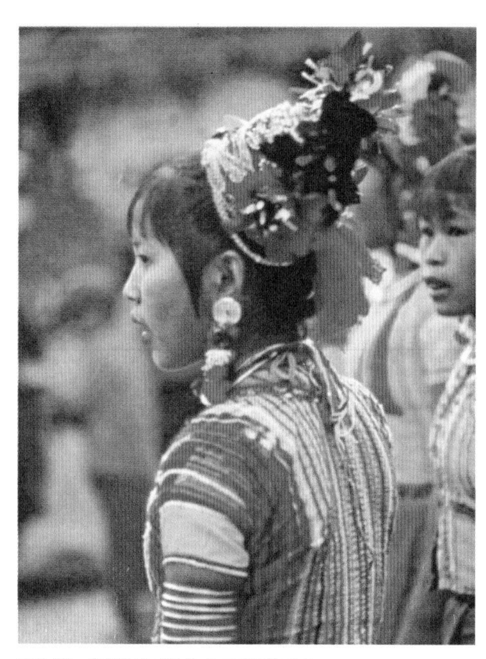
图2-88 布朗族女子头饰（云南勐海县）

布朗族主要居住在云南省西双版纳傣族自治州，与傣族为邻，生活习俗受傣族影响，故服饰装束与傣族比较相似。

布朗族女子绾发髻于头顶，或者将头发梳成长辫再绾于头顶。她们喜欢在发髻上插饰银簪、银链、多角形银牌和银铃等饰物，未婚少女还喜欢在头上插各种鲜花，花香袭人（图2-88）。外出时布朗族女子都要在头上缠大包头，老年妇女缠黑蓝色大包头，中年妇女缠白色大包头，年轻女子多用彩色提花大毛巾缠包头，其样式与傣族相同。布朗族青年男子用白布帕包头，老年男子还保留着蓄发盘于头顶的习惯，缠黑布包头。

## ⑳ 纳西族

图2-89 纳西族妇女头饰（云南宁蒗县）

纳西族源于远古时期居住在我国西北高原的羌人，以后不断南迁至金沙江上游地带，因而服饰装束仍具有北方服饰的特点。女子披羊皮，穿大褂和百褶裙，腰系彩带（图2-89），一些男子的服饰与当地藏族服饰相似。

纳西族女子头饰因地域不同而略有差异。丽江地区的纳西族已婚妇女将长发盘在头上，再用绣花头帕缠头，少女则梳双辫。永宁地区的纳西族女子将黑色丝线掺在头发中编成大辫子盘在头顶，成为一个大包头。她们认为包头越大越美，故有的包头重达数千克。富有人家的女子还在包头上装饰珊瑚和琥珀珠串。纳西族摩梭女子喜欢用长长的彩色头帕在头上缠大包头，并用珠串装饰包头。

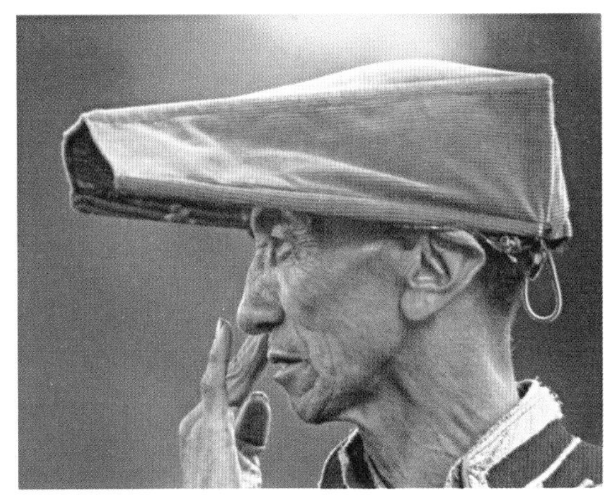
图2-90　戴帽的纳西族摩梭人喇嘛（云南永宁县）

一些纳西族男子蓄长发编辫盘于头顶，并饰以珊瑚等物，出门时戴藏式礼帽。有的纳西族男子受汉族服饰影响，剪短发、戴汉式解放帽。还有一些纳西族男子习惯戴包头帕（图2-90）。

## ㉑ 彝族

彝族头饰之丰富多彩，如同其支系的繁多一样，在我国少数民族中也是首屈一指的。彝族是西南地区人口最多的一个民族，其分布于云南、四川、贵州和广西，不同地区和不同支系间各有不同的头饰（图2-91～图2-94）。

四川凉山彝族男子头饰可按以诺、圣乍、所地三个方言区分类，其各有特色。彝族男子头饰素以椎髻著称，且髻式多样，有朝天髻、螺旋髻、英雄髻等。椎髻

图2-91　彝族女孩头饰（贵州威宁县）

图2-92　彝族女子头饰（贵州兴仁县）

图2-93　彝族女子头饰（贵州六枝特区）

图2-94　花腰彝女子头饰（云南屏边县）

是彝族的古俗，据云南昭通地区后海子东晋霍氏墓壁画所显示，早在1600多年前，彝族男子就已头绾椎髻了。最早是以头发椎髻，后改为以布巾椎髻，从彝族椎髻的样式来看，其布髻应是从发髻演变而来的。居住在以诺方言区的彝族是古候氏族的各家支，男子以布巾椎髻为饰，头髻一律偏右；居住在圣乍方言区的彝族属曲涅氏族各家支，男子亦以布巾椎髻为饰，头髻一律偏左；所地方言区的彝族男子无椎髻习俗，他们用数米长的绸布巾在头上交叉缠绕出大包头。

上述不同的头饰与其历史上彝族先民不同的迁徙定居方向有着密切的关系。凉山彝族主要是古候、曲涅两个氏族的后裔，其先民于唐代从云南的永善、昭通渡金沙江沿美姑河而上，到达凉山中心地区利利美姑。然后，古候氏族向东（右），曲涅氏族向西（左），沿着不同的方向迁徙并在凉山地区定居下来。故此，古候氏族的后裔头髻一律偏右，曲涅氏族的后裔头髻一律偏左。至今，此习俗不变。

凉山彝族男子的头髻依不同年龄、不同身份而各不相同，如35岁以下的青年男子，椎髻细如竹枝，是将细竹棍裹在头帕中、斜插在额侧，长约33厘米，俗称“英雄髻”，传说是英雄“扎夸”的髻式，也是青年男子专有的头髻，英武潇洒。另一种称为“臣髻”的髻式，是将布帕缠在头上，末端拧成绳状，盘于额前呈海螺式，直指前方，这是头人的髻式和标志。还有一种称之为“毕髻”的髻式，系用布帕缠绕出柱状，雄踞于额顶，向上突起，是“毕摩”的髻式。总的看来，凉山各方言区的彝族男子头饰，同一类型内部亦有区别，髻式与包头均多样化（图2-95）。

四川大凉山和云南小凉山的彝族男子均不留胡须，以光面无须为俗。元代李京著《云南志略》称彝族：“男子椎髻，摘去须胡。”当地民间也流传着“罗罗无事拔胡子”的谑语。凉山彝族男子皆随身携带一把夹子，稍有空闲便拿出夹子拔胡须，一根不留，这已成为他们生活中的一大习惯，并以此作为男子的美饰和本民族的标志。他们说：“跟着藏族头发成卷卷，跟着汉族胡子长满脸。”并认为“留胡子丑似山羊”，故凉山彝族男子均忍痛将胡须一根根拔除，甚至终身乐此不疲。

云南小凉山彝族男子将数米的黑布头帕缠绕在头上，无椎髻之俗，青年男子的头帕两端绣有鸡冠花，包头时于左侧露出鸡冠花饰。包头的缠绕法复杂多样，但却有一定的规范，即只能从右至左缠绕头部，死者才反向缠之。男孩在举行成

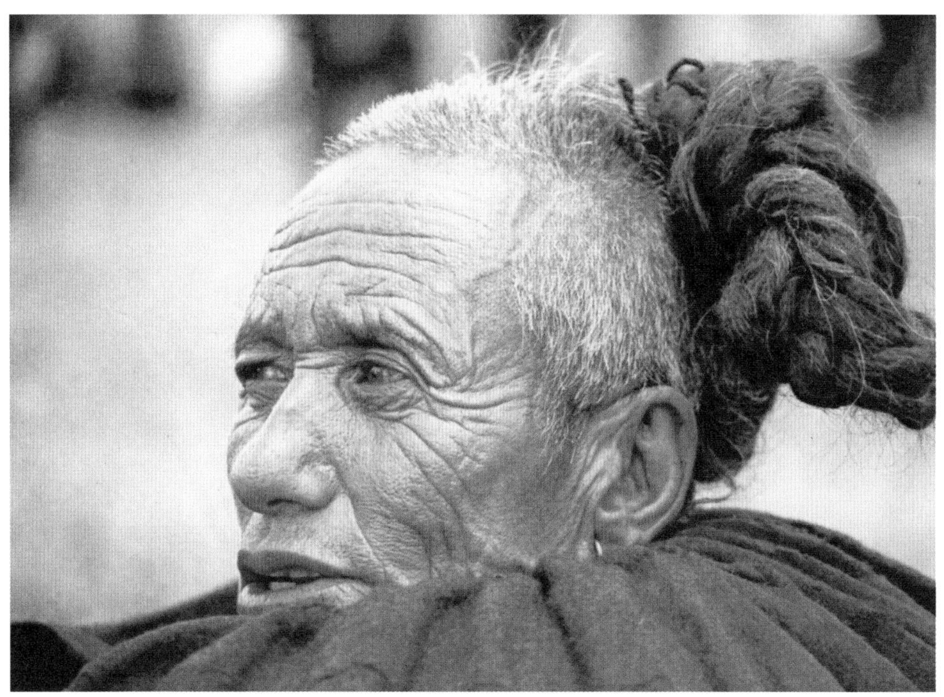

图2-95　彝族男子传统发髻（四川凉山州）

年礼之前不包头帕，留一蓬短发于脑门。成年男子蓄头顶之发绾髻于头顶，称作“助尔”，亦称“天菩萨”，他人不可触摸。

除了大小凉山和少数地区外，彝族男子的服饰装束已与附近农家汉族的装束相似。贵州一些彝族男子有用布帕包头的习惯，包头样式各有特色。

彝族女子的头饰，仅云南地区彝族女子的头饰就有近百种。四川和贵州彝族女子的头饰也各具风采（图2-96）。凉山彝族女子头饰，不仅各方言区之间不同，而且在未成年者、成年未婚者和已婚未育者以及生育妇女之间存在着明显的区别。凉山彝族未成年女孩梳独辫，成年女子梳双辫。女孩到了十五六岁时便要举行成年礼，改换发式、头饰和服饰。

凉山以诺方言区的成年未婚和已婚未育的女子的头饰是用蓝布折叠而成，形似一块砖，顶在头上，并将发辫绕在上面，辫梢留一撮长发垂在耳侧。生育后的已婚妇女须改戴荷叶形夹帽，帽顶饰银质圆片或布纽，帽后镶贴箭形花布条，戴帽时要将双辫压在帽上。未成年女孩的小头帕只折叠两三层，用红毛线系在头顶上。

圣乍方言区的成年未婚和已婚未育女子头顶一方刺绣精美的头帕，帕内垫有4～8层衬布，帕的前端齐眉，右侧翻卷，辫子压在头帕外。生育过的妇女改戴荷叶形夹帽，帽后正中饰一条绣制的箭形带，发辫藏在帽内。未成年女孩戴绣花小头帕，用红线系在头上。

所地方言区彝族女子头饰较圣乍、以诺两方言区更复杂。其成年未婚和已婚未育女子都包头帕，帕内衬有一个弧形布袋，内塞荞麦壳，布袋的两端有带子，

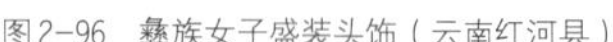

图2-96　彝族女子盛装头饰（云南红河县）

图2-97　彝族妇女的“罗锅帽”（四川凉山州）

编在发辫内，然后将发辫盘绕在布袋上，用绳拴紧，再将头帕包在其上，形状酷似鸟翅。生育过的妇女戴竹架青布圆顶帽，俗称“罗锅帽”（图2-97）。这种帽子制作过程极复杂，需先用竹丝编出箩形衬架，再用165厘米的青布缝制帽面将竹架置于内，然后将帽面边沿用粗线收紧，即成罗锅帽。其形似一口大锅，高高地顶在已育妇女的头上，非常醒目。

凉山彝族社会以是否生育作为区分女子身份的界限，已婚女子一旦生育，就必须长落夫家，遵守夫家族规。从凉山彝族女子的头饰上，可知其居住区域、所属支系、等级身份以及成年否、生育否等概况，其标志功能十分显著。

云南宁蒗小凉山彝族女子的头饰在样式和习俗上与四川大凉山所地方言区女子的头饰基本相同。白彝未婚和未育女子的头帕呈方形，绣有精美的挑花图案，色彩鲜艳，佩戴前要先在头顶上垫一个长弧形布袋“俄谷”，用双辫缠绕住，再将挑花头帕折叠其上，头帕一角直对前额，两边向后合拢打结。帕面立于前额，再用红毛线或红丝线缠绕其上。黑彝贵族未婚和未育女子的帕式与白彝相同，但其头帕素黑无饰，体现出尚黑风俗。白彝已育妇女头戴夹层荷叶帽，帽后正中饰一圆形银片或珠贝纽扣，发辫卷于帕内不外露。劳动时将脑后帽边向上翻卷扣于帽顶纽扣上，以便于头能转动自如。

黑彝贵族已育妇女大多裹黑布头帕，长数米，交叉盘于头上，大如磨盘，彝语称之为“俄铁”，是贵族妇女地位和权贵的标志（图2-98）。

图2-98 大黑彝古老银冠（云南弥勒县）

云南峨山彝族自治县的彝族分为花腰、聂苏、山苏、纳苏四个支系，其中尤以花腰支系女子的装束最美。花腰少女的头饰非常特别，她们用长80厘米、宽30厘米的大红布做面，缝在厚实的土布上，上端的中间绣两朵蓝心大红花，四周绣三圈整齐的图案，再用蓝色或绿色作衬底，然后从中折成两折，自脑后盖至头顶，绣花的一面朝后，用两条绣花头箍扎在额头上，两侧插着绒球，双耳前后坠着数串银珠和束束流苏，整个头饰复杂而美丽。

聂苏支系女子的头饰为黑帕包头，箍一条绣有团花的青布饰带，未婚少女的右耳旁饰有一团鲜红的毛绒樱花，装饰效果强烈。

山苏支系女子用一条长1米多、宽30厘米的蓝布帕包头，头帕的两端绣有美丽的花纹，她们将头帕交叉缠绕在头上，剩余部分扭成圆形，从末端花纹处折起别在双耳后的包头帕中，使两片刺绣得十分精美的帕端像双翅斜立耳后，这样的包头独具风韵。

纳苏支系已婚妇女缠素雅的黑布包头，未婚少女戴漂亮的“喜鹊帽”。这种形似喜鹊的帽子昂头翘尾，用黑白相间的布块缝制而成，四周绣有彩色花边，缀有闪亮的银泡。姑娘们还把长发同五色绒线一道编成辫子，盘在喜鹊帽下，辫梢和彩线从左耳侧垂到肩上，头饰装扮十分引人注目。

云南昆明近郊的弥勒、西山一带的彝族支系撒尼人，其女子头饰非常漂亮，如同彩虹。这彩虹般的头饰，象征着坚贞不渝的爱情。

传说古时候，村寨里有一个名叫木斯达玛的美丽姑娘被勇敢的青年猎人斯阿赛从虎口中救了出来，他们相爱了。但土司早已对美丽的木斯达玛垂涎三尺。他派人带了许多牛羊、海贝前去求亲，遭到木斯达玛的拒绝。土司恨透了斯阿赛，决心赶走他。可是，相爱的人怎能分得开，木斯达玛和斯阿赛每天晚上都相会。土司又想出了坏主意，他派人缠住姑娘，又派打手将等候在密林中的斯阿赛用暗箭射死。木斯达玛哭得死去活来，土司命人看住姑娘，又忙着要把斯阿赛的尸体焚化。火烧起来了，姑娘逃了出来，乘人不备，纵身跳入火海，人们慌忙去拉，但只扯下姑娘的两个衣角。忽然，火堆上升起两朵彩云，彩云汇集在一起，慢慢变成了黑压压的乌云。雷电交加，暴雨如注，土司和他的爪牙都被淹死在这复仇的洪水之中。雨过天晴，明朗的天空出现了一道美丽的彩虹，那是木斯达玛和斯阿赛的化身。从此，天空中有了彩虹，撒尼人称彩虹为"赛木斯木达玛"。

为了怀念坚贞不屈的木斯达玛，撒尼姑娘的包头便仿照天上的彩虹制作，还要缝上两个绣花的小三角，象征木斯达玛留下的衣角。这两个绣花三角也是少女未婚的标志，婚后就不再戴绣花三角了。云南大理市郊的彝族女子婚前婚后头饰也不同，未婚少女将长发自然拢在脑后，缀以银饰。已婚妇女则把发辫盘在头顶，用黑帕包住，形似小山。

云南楚雄州聚居着彝族众多支系，每个支系的少女头饰都各不相同。少女头饰丰富多彩，如同其众多的支系一样，美不胜收（图2-99 ~ 图2-101）。

图2-99　楚雄彝族少女头饰（云南楚雄州）1

图2-100　楚雄彝族少女头饰（云南楚雄州）2

图2-101　楚雄彝族少女头饰（云南楚雄州）3

居住在滇中、滇南广大地区的彝族未婚少女戴各式各样的鸡冠帽（图2-102），这也是彝族头饰的一大特色。鸡冠帽是用布壳剪制成鸡冠的形状，再镶上大大小小上千颗银泡，缀以红缨，并刺绣精致的花纹而成，极美。关于彝族少女戴鸡冠帽，还有个传说。

图2-102　彝族鸡冠帽头饰（云南楚雄州禄丰县）

很久以前红河地区山林之中有两个彝族山寨，由于恶魔作祟，天昏地暗，人们过着没有光明的艰难生活。有一对相爱的年轻人，听老人们说起在遥远的地方，没有魔鬼，那里阳光灿烂，人们幸福地生活。

姑娘和小伙子决定去寻找这个地方，他们点燃火把出发了。穿过密林、跨过河流，当他们进入一片开阔地时，光灿灿的火把将魔鬼惊醒了，他伸出魔爪抓住了他们。魔鬼害死了小伙子又强迫姑娘做他的妻子，姑娘不从，魔鬼就把姑娘关在地牢里。

一天深夜，姑娘趁魔鬼酣睡之际逃了出来，遇见了一位木匠老人，她向老人哭诉了山寨人们的不幸。老人告诉她，只有雄鸡才能解除他们的苦难，并送给姑娘一只大公鸡。

姑娘带着公鸡来到魔鬼的住地，公鸡“喔喔”地高唱起来，太阳听见公鸡的召唤，急忙探出头来；魔鬼听见公鸡的啼叫，肝胆俱裂死去；小伙子听见公鸡高唱，死而复生。两个年轻人团聚了，村寨的人们过上了光明幸福的生活。从此，雄鸡成为彝族人崇拜的神物，勇敢的姑娘戴上了鸡冠帽，这个习俗一直流传了下来。

现在，雄鸡仍然是滇中、滇南彝族人的崇拜物，他们相信雄鸡能驱邪除鬼，永葆吉祥如意，鸡冠帽便是彝族少女平安幸福的象征。红河地区彝族姑娘的鸡冠帽是最漂亮的，她们还用珍珠装饰色彩华美的鸡冠帽。还有一种饰有红缨、银泡等物的特大鸡冠帽，高高地戴在姑娘们的头上，十分艳丽夺目（图2-103）。

居住在广西与云南交界地区的一些彝族，以白色上衣为其特点，被称为“白彝”。白彝女子缠绕两条头帕，一条是花格布的，一条是黑布的，两条头帕同时缠绕，样式颇具特色。云南巍山县彝族女子的头饰保持了凉山彝族头饰的特点，但又有所不同，她们的头帕上还饰有精美的银饰和花朵，更加漂亮。银饰由银币和银鱼组成，有象征富足之意。

图2-103　彝族姆基支系少女的鸡冠帽（云南金平县）

## 22 羌族

羌族男女的头饰，以包头帕为主。他们用青色或白色布帕包头，年轻女子的头帕上绣有色彩艳丽的花纹（图2-104）。由于羌族与彝族和藏族同源，这种关系反映在头饰上，一些羌族女子的头饰为瓦状绣花彩帕，顶在头上，用两根发辫盘绕，样子与彝族头饰相似；也有的羌族女子将头发同丝线编在一起，双辫盘于头顶如藏妇一般（图2-105）。羌族男子也有留长发梳辫的习惯，松潘和黑水一带的羌族男子在头发中掺以丝线梳成辫子，盘绕在头上，与藏族相同（图2-106）。

图2-104　羌族女子头饰（四川茂县）

图2-105　羌族女子头饰（四川本里县）

图2-106　羌族男子头饰（四川茂县）

## ㉓ 珞巴族

珞巴族男女的装束因不同地区、不同部落而有很大差异。有些地方的珞巴族女子的发饰与藏族相似，梳双辫盘于头顶，服饰也与藏族基本相同。珞渝北部的珞巴族男女均披发于身后，额前短发齐眉，女子用藤条箍发。珞巴族男子勇武善猎，各个部落对帽子都很重视，帽子的功能与珞巴族的生活环境及狩猎活动有关，珞巴族男子头戴藤编圆形帽、板瓦形帽，曾经还戴熊皮帽[1]。

过去，熊皮帽是珞巴族男子勇武的象征，其在藤编有檐盔帽上套熊皮，帽上还加饰物，帽前两边各固定一个野猪獠牙，有的部落还在帽上插若干根鸟翎、红色牦牛尾或野猪尾，十分壮观。珞巴人生活在森林覆盖、野兽出没的高山峡谷地带，世代与野兽搏斗。珞巴男子从小就操练射猎，成年后更是弓箭长刀不离身，经常集体和个人外出狩猎。只有亲手猎获大熊的珞巴族男子才有资格将熊皮制成帽子戴在头上，以表明其是勇敢的猎手，这样的人将得到族人的尊重和女子的青睐（图2-107、图2-108）。

图2-107　珞巴族戴熊皮帽的男子（西藏珞渝地区）

图2-108　珞巴族男子发式（西藏珞渝地区）

[1] 熊：国家二级保护动物。——出版者注

## 24 藏族

藏族居住在西藏、四川、青海、甘肃和云南五省区，分布地域极为广阔。各地区藏族服装的共同特点是宽袍大袖，其最大的区别主要是头饰。藏族的头饰极为丰富，尤其是女子的头饰多种多样，其中以四川藏族和青海藏族的头饰最为奇特，可谓美不胜收。藏族少女在父母的眼中犹如公主一般，全家的财富尽装饰在她的发辫上。藏族头饰的最大特点是男女都蓄长发梳辫，喜戴各种饰物，以丰富的装饰显示其富有和美丽。

藏族男女从成年时开始梳长辫子，男子梳一条独辫盘在头上，女子的辫式有独辫、双辫和数十条小辫之分，还有的是上半部梳小辫，下半部合为一条大辫。藏族少女的小辫，多的竟达百余条，几个月才梳一次，需若干人帮忙，费时几小时，梳头成为一项奇观。

四川藏族主要聚居在四川西部的甘孜和北部的阿坝两个藏族自治州。甘孜藏族男女的头饰非常丰富。

理塘县藏族女子的头饰由三条黑色的缎带组成，缎带上镶有宝石银盘和银牌，由头顶披下，垂至腰间。几十条小辫也分为三份，下端与缎带相连，成为一种特殊的头饰。理塘县藏族男子将黑色毛线掺入头发中，梳一条粗大的长辫，用红布缠上并饰以若干个银质珊瑚圈和玉箍，然后盘于头顶，辫梢和毛线穗垂于左耳侧。

巴塘县与理塘县毗邻，藏族男子的头饰基本相同（图2-109）。巴塘县藏族女子的头饰有若干种，她们或将头发与各色毛线编在一起，梳成一条独辫盘在头上，辫梢饰有银丝绕成的长管，斜插在左头侧；或将头发上部梳成许多小辫，下部合成一条独辫并与毛线编在一起垂于身后；还有的将头顶长发编成小辫，与缀有宝石的饰

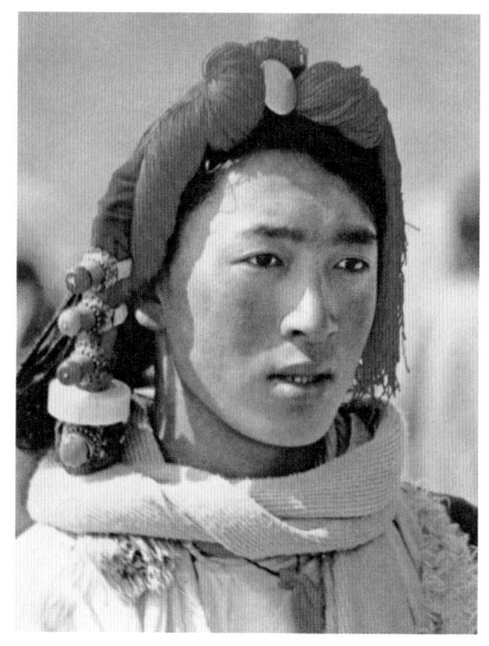

图2-109 康巴藏族男子头饰（四川甘孜州巴塘县）

带连在一起盘在头上，并在前额饰一个银盘。

德格县藏族女子梳百余条小辫，头顶饰一银质宝塔，头侧饰若干珊瑚串和蜜蜡、玉珠、银币、松石，头饰十分漂亮。

新龙县藏族男子的头饰有两种：一种是漂亮的狐皮帽，用整张狐皮制成，头尾相交，狐尾垂于胸侧。另一种是包头式的头饰，一些藏族男子将长发掺上牦牛尾编成粗大的辫子，再用彩色绸带缠绕并交叉盘于头上，前额两侧缀以珊瑚、松石、蜜蜡玉珠等饰物，其头饰极有特色（图2-110）。新龙县藏族女子的头饰比理塘县藏族女子的头饰更为复杂。她们在黑色绸带上连接三条红色布牌，其上饰有若干颗大蜜蜡玉珠，布牌之间有珊瑚珠串相连，头顶戴有一叠蜜蜡珠，装饰带由头顶披至臀下，是头饰，也是背饰，十分华丽（图2-111）。

康定县藏族女子先将头发梳成小辫，再在小辫中掺入彩色丝线编成一条大辫子，盘于头帕之上，饰以象牙圈和银饰。

石渠县藏族女子喜戴羔皮帽，帽顶用锦缎镶制，漂亮别致。未婚少女梳数十条小辫，辫子自然地披散在帽檐之下，已婚妇女则梳两条辫子。

丹巴县藏族女子的头饰与凉山彝族女子的头饰有些相似，她们将黑底挑花彩帕折叠成长方形顶在头上，再将长辫盘绕在头帕之上，并饰以银质珊瑚花饰。

绿松石是白玉县藏族女子喜爱的饰物，她们的头饰基本上是由绿松石组成的，这里的藏族少女也梳许多小辫子，并将小辫卷成一条盘在头上然后戴上绿松石饰

图2-110　头戴狐皮帽的藏族男子（四川甘孜州新龙县）

图2-111　头戴银盘、蜡玉的藏族少女（四川甘孜州新龙县）

带，前额正中还饰有一颗大蜜蜡珠和珊瑚珠，前额的小辫子上各饰一绿松石小珠，左耳侧也坠有两串绿松石，装饰方法与众不同。

稻城县藏族女子将数十根小辫自然披于肩后，头戴一顶饰有花带的白色毡帽，潇洒漂亮。还有的女子将额发在眉前横编成一条小辫，其余的头发也都编成小辫披在身后，头顶上戴着银饰“顶花”，发辫上饰有蜜蜡、玉珠和珊瑚珠。

炉霍县藏族男子将长辫垂于身后，并缀以珊瑚松石等饰物。他们戴一种样式奇特的红缨高帽，这种帽子的帽檐是用红毡制作的，蘑菇状的帽身是用黑毡制的，高高的帽顶上垂下约33厘米长的红缨。四川藏族和青海藏族都有戴红缨帽的习俗，但在各式红缨帽中，这样的红缨帽是最为奇特的。

阿坝藏族男女的头饰又别具一格。这里的牧区藏族男子的装束同西藏地区藏族男子的装束相似，他们将长发绾在脑后，头戴制作精美的金花帽。男孩子剪短发，戴小毡帽。若尔盖草原地区的藏族男孩髡发，他们仅在脑后留一撮头发梳一条小辫子，用绸带束之，成年后才开始蓄长发梳一条粗大的长辫子。女孩儿从十二三岁开始梳辫，有双辫和多辫两种发式，此时头饰简单，仅在额前的小辫子上缀海贝为饰。到了16岁以后才着盛装打扮，满头珊瑚、松石、蜜蜡、玉、银饰等饰物，十分引人注目（图2–112）。

凉山木里县的藏族男子将长发编成若干小辫子，下端合成一条粗辫，套上象牙圈或牛骨圈，垂于身后。富裕者戴呢帽、礼帽或狐皮帽，贫穷者戴小熊猫[1]皮帽或野猫皮帽。

木里县藏族已婚妇女将长发梳成两条大辫子盘在头顶，辫中掺有黑红毛线或牦牛尾。按当地习俗，妇女年满45岁或丈夫去世后须剪掉长发，包一块青布帕或戴一个由牦牛尾编成的圆圈，圈上嵌有20个银元，另有4串彩色小珠绕于头额。未婚少女编百余条小辫子，每条辫子之间用线相连呈网状，这网状辫式又分为左右两部分披于身后。其前额两侧各坠一颗偌大的绿珠子，两耳侧各饰有一颗大蜜蜡珠，两鬓垂有两条小细辫，辫端各挂一个银圈。木里藏族少年男女在13岁以前皆穿长衫，束一条腰带。年满13岁那年，要选吉日集体举行成年礼，少年男女们从此穿上成年人的衣饰，并逐渐开始盛装打扮，以吸引异性注目。

[1] 小熊猫：国家二级保护动物，已被列入《世界自然保护联盟濒危物种红色名录》：易危物种。——出版者注

图2-112 藏族女子头饰（四川阿坝州松潘县）

图2-113 藏族女子的背牌头饰（甘肃甘南州）1

图2-114 藏族女子的背牌头饰（甘肃甘南州）2

甘肃藏族多居住在高寒地区，因而无论是农区还是牧区的藏族男女都喜穿身袖肥大的羊皮袍。其各式各样的皮帽和辫套是甘肃藏族头饰的主要特色（图2-113、图2-114）。甘肃藏族男女夏天喜戴宽边毡帽，冬天喜戴狐皮软帽。各具特色的狐皮软帽的帽顶多是用锦缎制成，呈圆筒形，有的帽顶还饰有红缨。一些地区的藏族男子在节庆时也戴红缨帽，样式比四川藏族的红缨帽稍高些。有的藏族妇女的圆帽顶部有豁牙，每个牙上钉一颗小银珠，帽侧各有两条长穗垂于胸前，这种帽子形似石榴，故称作"石榴帽子"。还有一种帽子形如烟囱，帽顶高耸，两侧有帽檐能挡风遮雨。

甘南藏族的发式和头饰可按农业区、半农半牧区和牧区来分类。卓尼农业区的女子梳三条辫子，头戴红珊瑚、蜜蜡珠、绿松石等饰物，年轻女子尤其喜爱将珊瑚珠缀在发箍上戴在前额。拉卜楞地区只是未成年女孩才梳三条辫子，成年后改变发式，于脑后梳一条辫子，前额及两侧的头发梳许多小辫子，均披在身后，脑后的大辫子系着一块"龙达"的软胎布板，上缀银饰及蜜蜡珠等饰物。在夏河县和黄河、湟水流域农区，每逢节日，姑娘们的豪华头饰从头顶、背部一直拖至足跟。其腰上部分称为"然舟"，腰下部分称为"然哇"。然舟用红丝绒做底，锦缎镶边嵌蜡玉珠。然哇比然舟宽几倍，饰有圆形莲花纹银板，数量在54枚左右，然哇的上部还饰有一块镶珊瑚银盘，末端缀有红丝穗。

半农半牧区的藏族女子头梳三条辫子，垂于身后，齐腰部分束于带内。外侧的两条辫子上端各系一根红头绳并佩一块“差则”。“差则”是布料制成的，宽6.6厘米，长66厘米，缀珊瑚、蜡玉珠等。中间的那条辫子至腰部处佩有直径约十多厘米的云纹大银板和辫套，其上饰有巨大的精雕细镂的银牌。未婚少女的辫套要短得多，颜色华丽鲜艳，由两鬓垂至腰际。天祝县华锐一带的藏族女子的辫套“加西”佩在身前，十分漂亮。

青海玉树牧区的藏族女子将头发梳成许多小辫披在身后，头上戴着贵重的“蜡比”，即蜜蜡玉珠和红珊瑚头饰，一些少女满头装点着蜜蜡玉珠，价值上万元。玉树草原的藏族男子平时戴皮帽、毡帽，节庆时戴红缨帽，显得威风凛凛，古时此地被称为“红帽国”，便是因其男子戴红缨帽而得名。这里的藏族女子喜用酥油涂面护肤。青海西部的海西草原上，藏族女子年至15岁便开始佩戴发套“马尔顿”，这是青海地区藏族女子头饰中最具代表性的一种。

迪庆藏族自治州位于云南的西北部，与西藏和四川藏区紧紧相连。该地藏族男子都穿宽大的长袍，戴狐皮帽或喇叭形的金花帽，长辫盘于头顶或垂于脑后。女子的装束就不那么统一了，迪庆州各地藏族女子的头饰是有区别的。香格里拉地区的藏族女子梳三条辫子，披在肩后，末端系红头绳，辫梢掖在腰带里。她们头戴白羊皮和彩线缝制的发圈，也有的包裹红色的头帕或戴金花帽。香格里拉东旺一带藏族女子的发式为三层辫，由头顶开始向下梳三层小辫，然后将几十根小辫组成一条大辫子，发式极为讲究。德钦地区藏族女子的头饰装束与西藏地区相似（图2-115），她们也喜欢将酥油涂在脸上护肤。迪庆河谷的藏族女子用红丝线编发并盘于头顶；尼西地区的藏族女子将头发编成若干细辫，再用彩线将辫子

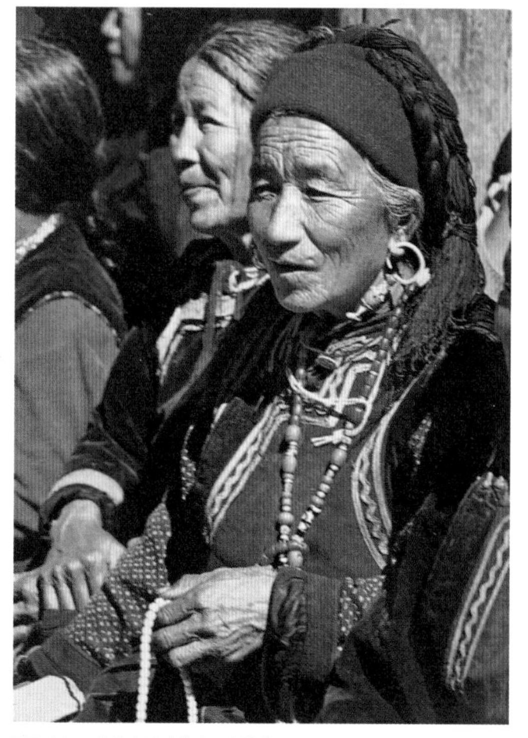
图2-115　藏族女子头饰（云南德钦）

缠绕在头上。迪庆藏族自治州的藏族男女都是在成年以后才有资格蓄发和装饰发辫，金银珠宝也是他们喜爱的头饰。

巴珠是西藏地区藏族贵妇的头饰。巴珠的款式有两种：以拉萨地区为中心的前藏巴珠是状似三角形的式样；以日喀则地区为中心的后藏巴珠则是以弓形为主体的造型。巴珠以浆模卷制成支架，外面覆以呢料包裹，支架上缀满珍珠或珊瑚、松耳石等珠宝，根据所用的珠宝和造型，可分辨出所在地区和身份。西藏地区藏族女子的头饰，以“巴戈巴珠”最具特色，巴珠是贵夫人的华丽头饰，其上缀有大量的珍珠、宝石或者珊瑚、松石，造型极为奇特（图2–116、图2–117）。

在西藏地区，常见的女子发式是双辫盘于头顶或垂于身后。未成年女孩梳独辫，当他们长到16岁左右，将独辫从中分开梳成两条辫子时，便表明她已成年。西藏地区藏族男子的发式是梳独辫系红穗盘于头顶，而帽子的样式就很多了。工布地区（包括现今行政区划的林芝县、米林县、工布江达县一带）藏族男女老少都喜欢戴一种小帽，称之为“工布帽”。青年男女戴制作精美饰有双翅的工布帽，老年人戴圆形工布帽。另一种称作“格桑斯友”的蓬式帽自七世达赖时兴起，流行于拉萨、日喀则和西藏其他地区。相传七世达赖为了遮阳而制作了这种蓬式帽，

图2–116　藏族妇女的“巴戈巴珠”头饰（西藏日喀则地区）

图2–117　藏族康巴女子盛装服饰（西藏昌都）

以后便在民间流行起来。

金花帽是藏族男女都喜欢戴的一种圆筒形、带帽舌的帽子，其帽身用金丝织锦制作，并绣饰金丝辫，金光闪闪，故称为“金花帽”。男金花帽又称为“夏牟加丝”，流行较早；女金花帽流行较晚，约从1940年才开始流行。其不仅在西藏地区颇受欢迎，青海省和四川省的一些藏族群众也喜欢戴金花帽。另有一种制作精美的男帽称为“安木协”，其帽顶嵌一颗红珠，帽身由锦缎制成，帽檐镶有皮毛，这种帽子过去只是官员才戴。

藏族喇嘛在法会上戴的“孜夏帽”，样式奇特，分为硬顶和软顶两种，均为黄色。据说孜夏帽是从孟加拉国传入西藏的。各藏族聚居区的喇嘛们都戴此帽。

藏北地区藏族女子的头饰“滚多”由小海螺串联而成，其上有象征太阳的十字纹，由珊瑚珠、珍珠组成。脑后的头饰“若切瓦”，饰有海螺、珊瑚等。藏北牧区妇女梳许多小辫，头两侧的发辫上饰有若干珊瑚银盘。

西藏与甘肃交界的草原牧区还有一种奇特的女子头饰，藏族女子出嫁后，须在两鬓佩戴银质錾花镶松石，这种形如汤碗的头饰被藏语称作“玉佬”，脑后还要插一根银簪，藏语称之为“押笼”。

西藏阿里地区藏族女子的头饰亦是别具特色。这里的藏族女子大都梳许多小辫，辫梢连在一起呈网状辫式，如同披着一条黑亮的披巾。普兰县已婚妇女梳两条辫子，盛装头饰极为奇特。她们的头上戴着牛角形饰物，其上缀满珍珠和珊瑚；前额齐眉垂有一片珠帘，由珍珠、珊瑚、银牌、银链和桃形银片组成；又从“牛角”上坠下两串珠饰于两耳侧至胸前；加之身体前后的披挂装饰，真可谓琳琅满目，堪与四川新龙藏族比美。“格桑斯友”帽也是阿里藏族女子喜爱的头饰。阿里藏族男子将长辫盘于头顶，一束红穗垂于左耳侧，戴毡帽。

藏族的另一支——白马藏人，他们的服饰装束在藏族中独树一帜。白马人生活在川甘交界的岷山山谷，甘肃文县铁楼乡和四川平武县白马乡是最大的白马人聚居区，这里的白马人保留了他们完整而独特的风俗。大部分白马人无论男女老少都戴白色荷叶边毡帽（图2–118、图2–119），仅南坪县为黑色的。帽顶直径12～16厘米，高2～3厘米，缠绕有蓝、黑、红三色线，垂飘在帽檐之外，女子的毡帽还饰有一圈小铜铃。无论男女，其帽顶都要插白雄鸡尾羽为饰，男子插一支，女子插两三支。

图2-118　制毡帽的白马藏人（四川平武县）

图2-119　戴毡帽的白马藏族女子（四川平武县）

关于白马人插羽毛的习俗，有这样一个古老的传说。

白马人原是很强盛的部落，住在很远的地方。后来衰落了，接连打败仗。最后一队白马人疲惫不堪地逃进深山，被围在一座山头上。深夜，人们都困得倒下了，敌人却开始偷袭。突然一只大白公鸡惊醒了，高声长鸣，白马人从梦中醒来，拼死杀出重围，得以生存下来。从此，白马人就把白公鸡的尾羽插在头上，以示不忘雄鸡救命之恩。后来，白马人插白公鸡羽毛的意义又引申为：男子插一支挺直的羽毛，表示心要直，人品要好；女子插几支弯曲的羽毛，象征美丽。

白马男子有髡发习俗，他们剃掉头部四周的头发，头顶中间留一撮头发编一条小辫绾在头上。女子无论老少都梳一条辫子，饰以海贝发饰。过去，妇女们习惯用黑线和前辈人的落发合编成一条粗大的长辫，垂在身后，并饰一长串圆形海贝片，称其为海贝发饰。现今一些白马女子仍然收藏着这样的发饰，在节庆时拿出来挂在自己的长辫上，这是一种古老的装饰习俗。

白马人的服饰装束有一定的规矩，他们在《赞姑娘》中这样唱到：

美丽漂亮的姑娘，你的身材如杨柳。

头上戴顶白帽子，白帽上插白鸡毛。

帽子边檐十二角，大珠小珠三十颗。

珍珠玛瑙胸前佩，蚌壳骨牌实在美。

腰系羊毛花腰带，铜钱圈圈闪光彩。

腿扎羊毛毡子带，走起路来如风摆。

骨滑鞋子脚上穿，四朵绣花真鲜艳。

这样的装束多漂亮，这样的姑娘多美貌。

确实，白马人的服饰装束散发着浓郁的民族气息，显示出白马人独有的风采。他们在《欢乐歌》中这样唱道：

我们的帽子上插的是白鸡羽毛，

白鸡羽毛是我们民族的标志。

白衣白帽表示我们民族的夏天，

青衣青帽标志我们民族的冬天。

## 25 门巴族

门巴族只有四万多人，主要聚居在西藏南部的门隅地区，“门巴”的意思就是“住在门隅的人”。门巴族和藏族长期共居，互相通婚，因而在生活习俗、宗教信仰方面有许多相似之处。门巴族女子的发式与毗邻的藏族女子相同，也是梳两条长辫子，辫梢用各色毛线或丝线作装饰，盘于头顶或帽檐之上。门巴族男女都喜戴圆形褐顶黄边小毡帽，这种小毡帽用褐色氆氇制顶，用蓝布条镶帽身，以橘黄色毡绒作帽檐。帽檐的右侧有一楔形缺口，露出鲜艳的蓝色，使小帽的色彩对比十分强烈（图2-120）。在草原上这种颜色艳丽的小帽非常醒目。

图2-120 门巴族女子头饰（西藏错那县）

# 第二节　西北各少数民族头饰

西北少数民族包括甘肃的裕固族、保安族、东乡族，青海的撒拉族、土族，宁夏的回族和新疆的锡伯族、俄罗斯族、塔塔尔族、维吾尔族、柯尔克孜族、哈萨克族、乌孜别克族、塔吉克族，各民族头饰风格各有特色。

## ❶ 裕固族

裕固族源于唐代游牧于鄂尔浑河流域的回鹘，9世纪中叶西迁到甘肃河西走廊诸地定居。裕固族的服饰与蒙古族有些相似，男女都穿镶边高领长袍，腰系绸带，足蹬靴子。男子戴圆筒平顶镶缎边白毡帽或礼帽。女子戴喇叭形红缨白毡帽，帽檐镶有两道黑色边饰，帽顶饰有红丝穗子。未婚女子的帽筒上还有一圈红色或绿色珠子的流苏。女帽的式样因地区不同而有所区别，明花地区帽筒上部较尖，康乐地区帽筒上下一般粗。辫筒是极有特色的裕固族妇女头饰，也是已婚妇女的显著标志。这种辫筒是由银圈、银牌和皮革制成，套住发辫，上端佩在胸前，下端垂至膝部，中间用绸带系于腰间（图2-121、图2-122）。

裕固族女子到成年时才开始辫发，幼儿1~3岁时要举行剃头仪式，剃去胎发。过去，女孩子长到15、17或19岁奇数年龄时，要举行成年礼，为其辫发和戴“头面”（图2-123）。裕固族称女孩子的成年礼为“戴头面”或“帐房戴头”，只有举行过成年礼的女孩才具有恋爱和结婚的资格。为女孩举行“戴头面”仪式时，要专设小帐房，并请喇嘛念经。吉时一到，由几位年长妇女为女孩梳5～7条小辫，垂于身后，而后来到大帐房内，当着各位来宾的面将一幅镶有珊瑚、玛瑙和海贝的华丽“头面”系在女孩的发辫上，以示女孩已经成年。这样，族人眼里的女孩便是成年的少女了。当少女出嫁时，还要改换成已婚女子的装束：先把头发梳成三条大辫，一条垂于身后，两条垂于胸前，并分别将辫子装入“辫套”、佩上“头面”。这种三条发辫的装束表明女子已婚，不得再结交异性。平时不戴“辫套”“头面”时，须用五彩毛线将前面两条辫子连在胸前，并饰以银质大环。

图2-121　戴辫筒的裕固族妇女（甘肃甘南县）1

图2-122　戴辫筒的裕固族妇女（甘肃甘南县）2

图2-123　戴头面的裕固族妇女（甘肃甘南县）

## ❷ 保安族

保安族的先民原是在青海驻军垦牧的蒙古人，后与当地的回族、藏族、土族等各民族长期交往，逐渐形成了保安族，因而保安族的服饰同蒙古族、藏族相似，后又吸收了回族、汉族服饰的特点。保安族信仰伊斯兰教，妇女出门都戴黑色盖头，少女戴无檐小花帽。男子戴白色软帽，同回族一样。

## ❸ 东乡族

东乡族曾被视为回族，是因为他们在生活习俗，宗教信仰等方面与西北回族基本相似。由于受伊斯兰教规的约束，东乡族女子的头饰是按年龄及婚姻状况严格区分的。过去，女孩子8岁以前都戴圆形“折子帽”，帽顶为绿色或蓝色，帽檐有皱褶花边，并用丝线流苏和各色珠子作为装饰（图2–124）。从8岁开始，女孩儿就必须戴盖头了。少女时期的盖头十分讲究，用质地柔软、细腻的绿纱精制而成。婚后改戴黑色盖头直至中年，到老年时戴白色盖头（图2–125）。女子无论老少，均梳双辫。

现在东乡族少女的帽子是在“折子帽”的基础上稍加改变而成，帽顶圆形，帽檐是用绿色丝绸做的大圆边，饰有花朵和丝穗。年轻妇女喜戴白色绣花软帽，只有中老年妇女还保持着戴盖头的习惯。东乡族男子多戴白色小帽,中老年男子以留大胡须为美。

图2-124　戴帽子的东乡族少女（甘肃东乡族自治县）

图2-125　戴黑色盖头的东乡族妇女（甘肃东乡族自治县）

## ④ 撒拉族

撒拉族信仰伊斯兰教，服饰习俗均受伊斯兰教规影响，过去素有“丫头不露面，媳妇盖住头”的习惯，妇女们都要戴上盖头才能出门。盖头的样式和颜色同回族大体相同，有绿色、黑色、白色之分，少女戴绿色的，已婚妇女戴黑色的（图2–126），老年妇女戴白色的。女子的发式多为梳双辫。撒拉族男子喜戴白色或黑色软帽，或用白色头帕包头（图2–127）。

图2-126　青海撒拉族妇女盖头（青海循化县）

图2-127　撒拉族男子包头帕（青海循化县）

## ⑤ 土族

聚居在甘青高原上的土族人非常注重服饰装束，无论男女老少都戴精美的圆顶织锦毡帽，女子梳两条长辫子，辫梢相连系以漂亮的丝穗（图2–128）。在过去，土族女子的头饰还要复杂得多，尤其是青海互助土族自治县的土族女子头饰“扭达”，极为精美奇特。土族的扭达是一种古老头饰，各地的扭达样式不同，名称也不同，有八九种之多（图2–129~图2–132）。

青海土族女孩到了15岁时要接受成年礼“戴天头”，由父母做主在除夕那天与天结拜为夫妻，将女孩的发式改为成年女子的发式并饰以各种头饰。从此该女子便可以自由结交男友，生下子女归母家，不受社会歧视。

甘肃土族男子的装束同青海土族一样，但女子的头饰却不大相同。卓尼县土族女子的头饰称作“凤凰头”，她们将前额的头发分为左右两股拧成发圈，发圈向后合成辫子系于雕花银盘“章卡”上，又用一条绿色带子“勒谢”交叉缠绕在发圈上并在前额打一个结。头顶戴有由九颗圆形铜泡连结成的“谢豆”，铜泡上嵌有珠饰。头顶还插有横竖两根铜簪，前端伸至额前，成为凤首，使整个头饰的形象像一只凤凰，故称“凤凰头”。积石山县的土族女子佩戴的凤凰头，称作“凤凰三点头”，十分引人注目。

图2–128　土族女子圆顶织锦毡帽（青海互助县）

图2–129　土族吐浑扭达头饰侧面（青海互助县）

图2–130　土族吐浑扭达头饰正面（青海互助县）

图2-131　土族捺仁扭达头饰（青海互助县）

图2-132　土族适格扭达头饰（青海互助县）

## ❻ 回族

回族信仰伊斯兰教，他们的婚姻、饮食、服饰等生活习俗都遵循伊斯兰教义。体现在成年女子的头饰上，要求女子必须戴盖头。盖头从头上套下，披在肩上，扣于颏下，只露出脸部。若是谁把头、面都露在外面，会被认为不忠实于“伊玛尼”（信仰），而被族人轻视（图2-133）。盖头分为几种：少女戴色彩明快的绿色盖头，已婚妇女戴庄重的黑色盖头，老年妇女戴洁净的白色盖头。爱美的回族妇女都精心地制作她们的盖头，少女们的盖头常绣有金边及各种花草图案。现代回族女子的盖头在样式上作了一些改变，更加漂亮了。

图2-133　现代回族少女的大盖头（云南玉溪市）

回族男子大多戴白色软帽，老年人亦有戴黑色软帽的。而阿訇戴白色包头，内有竹编的衬架，外面用白色纱帕交叉缠绕而成，末端垂于脑后，很有伊斯兰教特色。

## ⑦ 锡伯族

锡伯族约在200年前从东北松花江流域和辽河流域迁入新疆伊犁地区，曾长期与满族共居，服饰装束受满族影响，大多穿旗袍马褂。未婚少女梳辫子，戴饰有银泡的红布头箍，额前坠有红珠穗。已婚妇女绾髻于脑后，系各色头巾。男子戴圆顶式毡帽（图2-134）。

图2-134　锡伯族男子服饰（新疆察布查尔县）

## ⑧ 俄罗斯族

我国的俄罗斯族是18世纪以后从沙皇俄国陆续迁入新疆一带的，他们讲俄语，信仰东正教，并保持着俄罗斯人的服饰和生活习俗。男子短发，戴鸭舌帽。少女发式多为双辫和短发，喜在头顶上扎一个绸带蝴蝶结。妇女常用丝带拢住头发或系各种漂亮头巾。

## ⑨ 塔塔尔族

我国的塔塔尔族是近代从沙皇俄国陆续迁入新疆北部和南部地区的。塔塔尔族文化较发达，服装头饰都很讲究，喜欢佩戴各种珠宝和金银装饰品。妇女善刺绣，服装和一些生活用品都绣有精美的花卉。塔塔尔族男子戴黑、白两色绣花小帽，冬天戴黑色羔毛皮帽。女子均梳发辫，戴镶有银饰和珠子的小花帽，小帽上再披一块薄如蝉翼的彩色纱巾。中老年妇女也多系花头巾，只有在服丧期间，女子才戴白色纱巾（图2-135），男子则在小帽上覆黑纱。

图2-135　塔塔尔族老年妇女（新疆伊宁市）

## ⑩ 维吾尔族

维吾尔族聚居在新疆天山以南的广大地区，人口众多，不同地区的维吾尔族头饰亦有区别。大多数维吾尔族男女老少都戴小花帽，但也有戴于田小帽或皮帽的，还有些维吾尔族男子喜用长长的白布帕“赛兰”包头。

小花帽是极有特色的维吾尔族头饰，维吾尔族称之为“朵帕”或“伯克”。维吾尔族花帽艺人聪慧而灵巧，他们用刺绣、编织、镶嵌、挑花等不同手法制作出近400种花色各不相同的精美小花帽，其造型、绣法、纹样千姿百态（图2-136、图2-137）。维吾尔族花帽以喀什生产的最为有名，行销天山南北，已有几百年历史。维吾尔族妇女和姑娘也都会绣制小花帽，许多花纹图案都是世代相传的，维吾尔族花帽大致可分为十几类，并各有自己的名称。

图2-136　维吾尔族男子制作花帽（新疆喀什市）

图2-137　维吾尔族男帽（新疆喀什市）

（1）巴旦木花帽。巴旦木花纹是最典型的维吾尔族花帽图案，也是最普遍的花帽图案。据说巴旦木花纹是由巴旦木杏核变形和添加纹样而来，又说巴旦木是产于亚洲西部的一种扁桃。总之巴旦木是维吾尔族人喜爱之物，巴旦木花帽因绣有巴旦木花纹而得名。传统的巴旦木花帽是黑绒底绣白花或白底绣黑花，由四个头尖尾圆的巴旦木花纹旋转排列构成帽顶主体纹样，由半圆形连续纹样组成帽檐边饰。巴旦木纹样丰富多变，花色素雅，是男子常戴的花帽纹样，巴旦木花帽最早在喀什地区流行，后遍及整个维吾尔族地区。巴旦木花帽有两种样式：一种是顶大口小、四方棱角突起的高顶式；另一种是棱角分明的扁平式。

（2）曼波尔花帽。这种花帽纹样细致，满地花纹散点排列，花朵花枝使整个花帽繁花似锦。曼波尔花帽色彩高雅，形状扁平，是男子喜欢戴的花帽。

（3）奇曼花帽。这种花帽形状扁平，有四个棱角。花纹特点是按十字对称排列，左右纹样对称，田字形、米字形和井字形的纹样布满整个帽面，花卉枝叶交缠，有很强的装饰效果。乌鲁木齐地区的维吾尔族男子常戴它。

（4）塔什干花帽。这种花帽因最早流行在乌兹别克首府塔什干而得名，后流传开来，以我国新疆地区的叶城最常见，和田最精细，其特点是绣满色彩艳丽的几何形花纹，形状扁平圆口、帽顶有棱角。青年男女都非常喜爱塔什干花帽。

（5）格兰姆花帽。这也是青年男女们喜爱的花帽，色彩富丽堂皇，以扎绒法绣成，好似地毯绒，故也称地毯花帽，帽顶较圆。

（6）吐鲁番花帽。该花帽流行于吐鲁番、托古逊等地，男女老少都喜欢戴它。其以平绒布为底绣出各种色彩鲜艳的大花图案，主花与边花上下相连，几乎布满了整个帽面，非常漂亮，连老人也爱不释手。吐鲁番花帽较高大，方口方顶，四角平直。

（7）翟尔花帽。这种花帽用深色平绒做底，用金银丝线盘绣出四个对称纹样组成帽顶花纹，边檐绣有四个适合纹样与帽顶花纹相呼应。因为翟尔花帽的纹样是用金银线盘绣而成，故也称作金银线盘绣花帽，其在阳光下金光闪烁，给人以华贵之感，喀什地区的姑娘和少妇非常喜爱它。

（8）串珠花帽。这是姑娘和小女孩最常戴的帽子之一，流行于库车地区，后遍及新疆各地。这种花帽的特点是用彩色串珠在平绒布底上盘出各种花纹，并在花纹间饰彩色亮片，装饰效果十分强烈，漂亮可爱。

（9）金片花花帽。这是于田地区旧时富家女子戴的珍贵花帽，扁浅、圆口、圆顶，稍有棱角。其特点是用金片镂雕出四个精致的椭圆形顶花和四个长方形边花，錾有小孔，以便将金片花缝在绒底小帽上。这种花帽富丽堂皇，现已多作为收藏。

（10）库车花帽。这种花帽古色古香，以库车地区特有的圆形适合纹样为主体花纹，用彩色丝线将花纹绣在深色的平绒底上。库车花帽外形扁浅，圆口圆顶，有棱角线。

（11）伊犁花帽。这种花帽形状扁浅，圆口圆顶，绣有四个圆形纹样，帽檐绣有四个长方形适合纹样，色彩雅致柔和，以深红和墨绿绒布做底。流行于伊犁地区，男女都喜戴，冬天可作为衬帽戴在皮帽内。

（12）五瓣花帽。该花帽比一般花帽多出一瓣，故外形有些像瓜皮帽。其纹样简单，帽体较深，是儿童专用的花帽。

（13）四色花帽。这种花帽是用四色彩布拼制而成，绣有四朵小花，帽体柔软，也是儿童专用的小帽。

（14）白色花帽。这种花帽小巧、凉快，是用白细布扎成圆口圆顶，绣有花边。白色花帽是南疆男子和男孩夏季常戴的便帽，冬季则作为皮帽里的衬帽。

（15）阿訇花帽。这是神职人员专用的花帽，花纹素雅，帽顶高耸，常戴在白色头帕“赛兰”之内，缠好赛兰后帽顶仍露在外面，据说这种奇特的花帽是随着伊斯兰教传入的。

维吾尔族的另一种极有特色的帽子是于田小帽，维吾尔族语称作“塔里拜克”。在我国南疆的于田、和田、民丰、且末一带，维吾尔族妇女喜欢在白色的长披巾之上再戴一顶酒杯大的小帽。这种小帽口径约8厘米，顶径约3～4厘米，帽顶用天蓝等彩色软缎或褐、白色羊羔皮制作，帽身用珍珠般的卷毛黑羔皮制作，小巧玲珑，故也称为袖珍帽。戴上这种做工精细、样式雅致的小帽去参加古尔邦节、肉孜节或走亲访友，使妇女们更加漂亮。于田小帽是一种纯装饰性的小帽，维吾尔族妇女戴于田小帽的习俗由来已久。传说这与南疆古代各小国之间的战争有关。古时候，于田王灭了邻近的小国，将亡国太子之妻阿米娜掳回。阿米娜聪慧灵巧，用黑白羊羔皮做了一顶小帽献给于田王后。国王称赞说王后戴上小帽显得年轻了，阿米娜得到了王后的喜爱。从此，独特的羔皮小帽成为维吾尔族妇女喜爱的装饰品，在于田流传开来。维吾尔族女子的皮帽也极为漂亮，这是一种用丝绒或锦缎做顶、羔皮或狐皮做帽檐的扁形皮帽，斜戴于头顶前侧，使维吾尔族女子显得十分俏丽。维吾尔族女子以乌黑的长发为美，女孩子梳10～40余条小辫，结婚时改梳成两条粗辫。妇女们喜欢在头发上别一把漂亮的梳子，这也是一种装饰。

维吾尔族女子的金银镶嵌头饰相当精美，装饰在花帽的前部和侧端，称作帽花。帽花的种类有：①金银宝石帽花，由金片制成各种花饰，上面镶嵌新疆产的各色宝石，这是南疆维吾尔族贵妇佩戴的饰物。②孔雀翎帽花，是用孔雀翎制作的圆形装饰，过去用于南疆贵妇的花帽上（图2-138）。③宝石帽花，

图2-138　维吾尔族贵妇的孔雀翎帽花（新疆乌鲁木齐市）

是用各种玉、玛瑙、翡翠、珊瑚、琥珀制成的块状帽花，缀在花帽中央，流行于东疆一带。④金银帽花，用金银制成的鱼形、蝴蝶形或几何纹片饰，装饰在妇女的花帽上，流行于哈密地区。

## ⑪ 柯尔克孜族

柯尔克孜族很早就居住在新疆西部地区，以游牧为生，手工业不发达，服饰装束所需的针线、布料、绸缎和装饰品都是用畜产品交换。柯尔克孜族男子不论老少都戴绿、紫、蓝或黑色圆顶小帽，外戴高顶卷檐皮帽或白色毡帽。毡帽的帽顶为方形，饰有十字纹，帽檐镶黑边，帽子的装饰有壮年、青年和少年之分（图2-139、图2-140）。

柯尔克孜族少女梳许多小辫。已婚妇女梳两条粗辫，并饰以花带、银链、银币等物，再用珠链将双辫系在身后，已婚的标志十分明显。青年女子平常戴红色金丝绒圆顶小帽，节日时戴大红水獭皮帽，上有彩珠、缨穗和羽毛，华丽而高贵。柯尔克孜族女子通常都要在帽子外披一块大头巾，新婚少妇披漂亮的红头巾，一年后改披白色头巾。传统的柯尔克孜族女帽刺绣精美，帽上镶嵌玉珠和银饰品，帽子的形制颇似古代武士的头盔，戴时要内衬绣花软帽（图2-141）。在居丧其间，柯尔克孜族女子的头饰也有讲究，寡妇要用头巾遮住整个面部。

图2-139 柯尔克孜族老年毡帽
（新疆克孜勒苏州）

图2-140 戴毡帽的柯尔克孜族男子
（新疆莎车县）

图2-141 柯尔克孜族妇女传统头饰
（新疆乌什县）

## ⑫ 哈萨克族

我国的哈萨克族主要从事畜牧业，大多数牧民都是按季节转移牧场，过着逐水草而居的游牧生活，因而哈萨克族的服饰装束有明显的牧区特点，衣袍宽大，便于骑马。阿尔泰地区的哈萨克族男子冬季戴三叶帽，这是一种用羔皮或狐皮作里、锦缎作面的圆帽，两侧和后面有下垂的帽檐，故称为三叶帽（图2-142）。伊犁地区哈萨克族男子的圆形皮帽样式有少年、青年和老年之分。夏天，男孩在头上扎一条白布巾。

图2-142 戴三叶帽的哈萨克族老人（新疆阿尔泰地区）

哈萨克少女都戴一种用马皮制作的、装饰精美的圆形小帽“吐马克”，帽顶是平的，上面插有几支猫头鹰的羽毛（图2-143）。以猫头鹰羽毛为饰是哈萨克族特有的习俗。哈萨克人视猫头鹰为吉祥之鸟，常用它来比喻人的勇敢聪慧，好猎人往往被赞为有一双猫头鹰的眼睛。由于对猫头鹰的珍视，猫头鹰羽毛也就成为装扮少女的饰物。哈萨克族花帽是丝绒面圆形平顶帽，银线盘绣猫头鹰纹样（图2-144）。

图2-143 哈萨克族少女头饰（新疆伊犁）

图2-144 哈萨克族花帽（新疆伊宁市）

哈萨克族已婚妇女发式奇特，头部后面是短发，前侧留长发，梳成辫子垂在胸前。头上蒙着宽大的白色披巾，长及脚跟，披巾上绣有红、黄彩色图案并饰有银饰（图2-145）。老年妇女戴白色大盖头，由头顶披至腰际，前胸绣有几何花纹（图2-146）。在克勒依地区，女子婚前戴白色披巾，结婚时改戴红色披巾，一年后再换白披巾。哈萨克族女子的头式极为讲究，尤其是已婚妇女的长辫上缀满各种装饰物。

图2-145　戴盖头的哈萨克族年轻妇女（甘肃阿克赛县）

图2-146　戴盖头的哈萨克族老奶奶（甘肃阿克塞县）

## ⑬ 乌孜别克族

乌孜别克族的生活习俗和服饰与维吾尔族非常相似，男女都戴各式各样的小花帽。花帽由灯芯绒或丝绒绣制，纹样漂亮。乌孜别克族女子无论老少都梳双辫，青年女子戴鲜艳精致的小花帽，花帽上再披一块彩色纱巾；老年妇女戴素雅的花帽，披白色头巾。按照传统习俗，乌孜别克族女子从结婚之日起就必须戴上面纱，乌孜别克语称作“阿赫瓦兰”或“帕兰结”，意为将全身遮盖。就连面纱上的眼孔也要用马鬃织成的网子遮挡着，因此有人说，苍蝇都很难看见乌孜别克族女子的脸。现在，城市妇女多已揭下面纱。

乌孜别克族男子喜留胡须，同哈萨克族、维吾尔族、撒拉族和东乡族等信仰伊斯兰教各民族的男子一样，他们也讲究胡须的样式和整洁，并以此作为美饰和民族的标识。

## ⑭ 塔吉克族

新疆西部帕米尔高原上的塔吉克族服饰充满着高原风情，塔吉克女子擅长刺绣和编织，把塔吉克人的生活装点得五彩缤纷（图2–147）。

塔吉克族男子戴羔皮圆顶帽，多用黑绒做帽面，上绣彩色花纹为饰（图2–148），帽檐下翻时，能掩住双耳和面颊，这种帽子冬夏都可以戴，青少年的帽子则是白色的。塔吉克族女子戴精美的绣花棉帽“库勒塔”，帽子后面有后帘，可以上下翻动，两侧有可以翻起的帽翅，很适合高原气候骤变的特点。“库勒塔”是用花布或白布制作，整个帽身都用彩色丝线绣满漂亮的花纹，盛装的女子还在帽檐上缀一排柳叶形的小银链“斯拉斯拉”。外出时，塔吉克族女子总是在帽子上披一块又长又大的方巾，将头部、肩部直至腰臀部都遮盖住，仅露出眼睛、鼻子和嘴。若是遇见陌生人，还要用头巾将眼睛以下都遮盖住。妇女们一般都披白色头巾，新娘则披红色大头巾，脸上罩面纱，新娘的小帽“库拉塔”更是漂亮。新郎要用红、

图2–147　塔吉克族妇女头饰（新疆塔什库尔干县）

图2–148　塔吉克族男子羔皮圆顶帽（新疆塔什库尔干县）

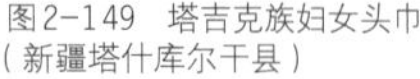

图2-149　塔吉克族妇女头巾（新疆塔什库尔干县）

图2-150　塔吉克族“库勒塔”花帽

图2-151　塔吉克族羔皮圆顶帽（新疆塔什库尔干县）

白两色布在头上缠一条“纱拉”以此祝愿未来生活吉祥如意。塔吉克族女子的发式在婚前婚后各不相同，少女梳若干条小辫，饰以银线和绿穗；已婚妇女梳两条大辫并饰以串串的白色纽扣和银饰。二者的区别十分明显。

塔吉克族妇女无论老少，一年四季头上都戴一顶“库勒塔”帽，刺绣、银饰为帽子锦上添花。这种帽子的顶部和帽檐四周都绣有精美的图案，帽檐上有银饰和银挂饰。有时，女子帽子上另披一块大方头巾，多用红色，也有用黄色的（图2-149），老年人用白色。到了冬季，她们还在圆帽檐里衬些棉花或是驼绒，再增加后围保护脖子不受冻。这种名为“谢依达依”的冬帽仍然是花团锦簇，后围和帽檐的四周，都布满了花卉和图案。塔吉克族帽子的花纹图案千变万化，几乎没有雷同的。在黑色的绒布上，绣红、黄、绿和蓝色的花纹图案，颜色十分艳丽（图2-150、图2-151）。

## 第三节　中南和华南各少数民族头饰

中南和华南少数民族主要有广西的壮族、瑶族、仫佬族、毛南族、京族，湖南土家族，海南黎族，福建畲族和台湾高山族，其头饰各有风采。

### 1 壮族

壮族是我国少数民族中人口最多的一个民族，主要分布于广西，云南亦有，其头饰各有特色。壮族尚黑，广西那坡、龙州、凭祥等地的壮族因全身衣饰素黑而被称为黑衣壮。黑衣壮妇女将长发绾髻于脑后，并在发髻上插满成套的银饰，黑白相映，熠熠生辉。全套银头饰共有十件，其中葵花银簪六件，分别插在发髻左右两侧；龙头银簪一件，从髻顶往下竖插；银扁簪两件，正面錾有缠枝花纹，横插于发髻中部；银凤钗一件，錾有凤鸟、团花等纹样，横插于发髻上部。银饰之间有红白相间的珠串缠绕。然后，将黑色的长头帕交叉地重叠在头顶，不仅样式美观，还能显示出发髻上的银饰。龙胜壮族成年女子仅在头顶留长发，四周剪成短发，头顶的长发被卷到前额，用白布扎好，插上银梳。女孩儿则剃光头，戴上外婆送给的银花圆帽，至成年时始留顶心发。这种发式，显然是古越人断发的遗风。广西天峨壮族女子留长发绾髻，未婚少女的髻式由右向左绕，扎花头巾，已婚妇女由左向右绕，扎白色头巾，人们一眼就能分清谁是少女，谁是少妇。

桂南壮族少女梳一条独辫，额前留刘海儿，少妇梳双辫，中老年妇女绾髻，各自分明。

广东连山县壮族女子将发髻盘曲在头上似蟠龙，贯以大簪，用青色绸布包裹。云南马关壮族支系侬人，女子绾螺髻于头顶，用青布帕包头，头帕的两端饰有彩色线穗。

云南文山州壮族女子戴银泡帽，帽子上端用黑布包裹，系以彩带，并饰有银串珠、银链和银铃，帽顶缀有彩穗（图2-152、图2-153）。

图2-152　包银泡头帕的壮族妇女（云南文山州）

图2-153　壮族女子头饰（云南文山州马关县）

壮族男子多以青布帕包头。壮族儿童的帽子上缀有一排拇指大的锥形银饰，均为形象生动的花卉、虫草或形态各异的大肚罗汉。缀在帽后的小银铃，随着孩子们的跑动会发出清脆的响声，母亲们总是追着银铃声找回她们的孩子。

### ❷ 瑶族

瑶族有许多支系，各支系的名称大都是根据其服饰特征、生活习俗以及居住区域来称呼的，如“红瑶”“尖头瑶”“顶板瑶”“茶山瑶”“过山瑶”“盘古瑶”“狗头瑶”“白裤瑶”“平地瑶”“山子瑶”“背篓瑶”“蓝靛瑶”“花篮瑶”等，他们不仅都有各自的服饰特征，而且头饰也是十分丰富多彩（图2–154~图2–158）。

广西是瑶族的主要聚居区。南丹县白裤瑶男女头饰极有特色，孩童时均剃光

图2–154　大排瑶未婚少女头饰（广东连山县）

图2–155　瑶族男子盛装头饰（广西融水县）

图2–156　花瑶女子发式（广西融水县）

图2–157　瑶族少女头饰（广西金秀大瑶山）

图2–158　瑶族妇女和儿童头饰（广西金秀大瑶山）

头，少年至订婚前留短发，订婚后开始蓄长发。白裤瑶男子尤以一头长长的黑发为美（图2-159～图2-162）。自结婚之日始，白裤瑶男子用白布或黑布将长发包绞盘于头上（图2-163、图2-164）。女子则在婚期临近之日开始梳妆，由母亲为女儿绾发髻于脑后，包裹黑布头巾，再用白布带系于头上。这种使用黑布、白布和白布带子的头饰是成年已婚的标志。

凌云县的瑶族女子有修眉的习俗，她们或将眉毛拔除一部分，留下细细的一条，如同弯弯新月；或将眉毛全部拔除，并绞去额头和两鬓的头发，以面部光洁为美。凌云瑶族已婚妇女用黑布巾包头，并用白色布带系住，黑白分明，标志功能十分明显。未婚少女戴鲜艳的绒球花帽，串珠由帽檐垂至胸前。未成年女孩的

图2-159　白裤瑶男子发式（广西南丹县）1

图2-160　白裤瑶男子发式（广西南丹县）2

图2-161　白裤瑶男子发式（广西南丹县）3

图2-162　白裤瑶男子发式（广西南丹县）4

图2-163　白裤瑶男子头饰（广西南丹县）1

图2-164　白裤瑶男子头饰（广西南丹县）2

绒球花帽上缀以小串珠、铜铃、银币等物。大瑶山茶山瑶成年少女和已婚妇女均头戴三块弧形的大银板，两头上翘，重约500克左右。如果是守寡或丧父母的女子，就必须将银板用大块黑布包裹起来，以示哀悼。

茶山瑶儿童戴神像帽，帽上缝有用银片制成的神像。女孩戴的三角银帽由三块银片组成，银片上铸有山峰、神像、人物、凤凰等图案，均象征着吉祥如意。另一些茶山瑶妇女习惯在发髻上插一支长方形的四齿大银簪，或者在发髻上套一个漂亮的竹篾圈，以此为饰。

大瑶山地区的坳瑶未婚少女头饰别致，她们头戴一顶竹编小帽，帽前伸出一块梯形装饰，这是少女未婚的标志。

金秀县尖头盘瑶妇女头戴用青布、竹篾和花带制成的高高的尖顶帽，故称为尖头盘瑶。她们将彩色丝线花带层层缠绕在尖帽上，帽的两侧还垂有绣花青布护耳，缀着串珠和丝穗，十分漂亮。金秀盘瑶女子也有剃光头的习俗。她们平常用橘黄色丝带缠头，再缠白色头帕，然后将一块织有花边的长头帕折叠后顶在头上，脑后垂有长穗。另一些盘瑶女子只留头顶上部的头发，而将周围的头发剃去，把辫子梳在头顶，与长长的黑帕缠在一起，盘在头上，形似草帽。这样的发式不能不说是奇特的。

百色地区的瑶族女子也有拔除眉毛的习俗，同时还去掉额前和两鬓的头发，她们用自织的黑白格布巾包头。

龙胜县红瑶女子十分珍视自己乌黑的长发，她们用茶籽油洗发，并有一套护发方法，故红瑶女子都有一头乌黑浓密的长发。梳妆时，她们将光亮的长发盘髻于额顶，再用青布方巾包上，额前露出绣花方角，显得很别致。

贺州市土瑶女子的头饰相当独特，她们头戴圆筒形木帽，其上覆盖彩巾、绒线、丝穗、珠串等饰物，重约十千克，整个头饰绚丽多彩。

桂北盘瑶女子剃光头，然后戴精美的锦绣帽。这种用织锦和彩带、串珠、丝穗制作的锦绣帽工艺十分复杂，但做成之后，使用起来却很方便，随摘随戴。

田林县盘瑶女子缠黑色大包头，头帕两端有刺绣精美的花纹。男子的头帕与女子相似，只是短小一些。

湖南宁远县还居住着另一支瑶族，俗称“狗头瑶”，因其妇女的头饰样式而得名。狗头瑶妇女的头饰是用几块头帕缠绕而成，形似高昂的狗头（图2-165）。这种头饰与瑶族人信仰“盘瓠”有关。

马关县板瑶女子束发于头顶，上置19厘米长、10厘米宽木板一块，用红绳扎系，上盖花帕，前后垂细珠，如同古代之冕旒。

蓝靛瑶女子将长发编辫，绕于头顶，上置小银碗或竹片圆板，覆一方蓝帕（图2-166、图2-167）。成年女子皆拔除眉毛。河口地区的蓝靛瑶女子未成年时梳辫子盘于头顶，戴彩色绒球小帽，成年后改戴蒙有白布的竹圈帽，其上覆盖一块蓝色头帕（图2-168）。

红河州金平县红头瑶成年女子有剃光头和修眉的习俗，她们头上缠绕着硕大的红帕包头，饰以珠串、银链等，煞是好看（图2-169）。金平尖头瑶女子头饰又别有一番特色，其已婚女子亦有剃光头的习俗。她们的额前耸立着如标枪、似旗帜的饰物，垂红巾于脑后，再将一条银带束于头顶。尖头瑶少女大都梳长辫盘于

图2-165　戴狗头冠的瑶族少女（广西宁远）

图2-166　蓝靛瑶已婚妇女头饰（广西凌云县）

图2-167　蓝靛瑶未婚少女服饰（广西凌云县）

图2-168　蓝靛瑶女子头饰（云南河口县）

图2-169　红头瑶女子头饰（云南金平县）

头顶，少数则剃发，但也要在额前留一撮长发，均以青布长帕包头。金平沙瑶女子头顶一方青帕，用彩带束住，额前似一片瓦，脑后青帕披于肩下。

富宁县白头瑶女子绾髻于头顶，以白棉纱缠头，覆盖头顶发髻，棉纱两端垂于两耳侧，用黑色布带系住，或饰以银泡头箍。他人望去，满头白纱，故称白头瑶。

江城县蓝靛瑶已婚妇女将长发编成若干小辫，交叉缠绕在头上，日常以蓝布巾包头，盛装时将银盘小帽用银钗别于头顶。未婚少女头戴银冠，其上缀有银链、银钗、串珠、流苏等饰物。小女孩戴绒珠花帽，男子戴黑色镶边小帽。

广东连山县过山瑶女子的头饰有两种，均是用多块头帕包裹出尖帽状头饰，唯三水乡过山瑶女子还要在额前和耳侧垂挂串珠和流苏。

一般说来，瑶族男子儿时剃发，戴小瓜皮帽，待五岁后开始蓄发，至十五六岁时开始盘髻于头顶，并以青布帕、红布帕或刺绣花帕包头，包头的样式多种多样，包上了头帕即表示已经成年。当然也有例外，如云南墨江县瑶族男子则戴马尾编织的帽子，这同样标志着他们已经成年。马尾帽的制作工艺相当精湛。瑶族各支系女子幼小时都戴小花帽，至十五六岁时摘下帽子改包头帕。包头帕时要举行一定的仪式，由已经包上头帕的姑娘为女孩改装。少女一旦包上头帕，便意味着她已经成人，可以谈情说爱，因而包头帕仪式具有成年礼的意义。

### ③ 仫佬族

仫佬族聚居于广西罗城，与汉族、壮族交往密切，文化互为影响，服饰较为接近。仫佬族未婚少女梳长辫盘于头顶，彩带扎系；已婚妇女绾发髻于脑后，用青布帕包头，并在额前勒一条花带。她们均喜欢佩戴银饰（图2-170）。仫佬族男子多以青布帕包头。

图2-170　仫佬族女子头饰（广西罗城县）

### ④ 毛南族

毛南族聚居区地处亚热带，阳光强烈，人们外出时都要戴“顶花帽”（或称作“花竹帽”）。这种帽子是用极细的竹篾丝编成的，顶部有精致的编织图案，深受当地各民族的欢迎，兄弟民族将其誉为“毛南帽”，是毛南族特有的手工艺品。传说，一位老人编出了一顶“花竹帽”，他的儿子戴着它去赶“歌墟”，这顶精巧漂亮的竹帽吸引了许多姑娘的目光，她们纷纷来找小伙子对歌。小伙子看中了一位姑娘，就把帽子送给她作为定情信物。从此，“花竹帽”就成了毛南小伙子向毛南姑娘求婚和定情之物了。毛南族女子的发式与众不同，通常是未婚少女留长发梳成辫子，再绾髻（图2-171）；已婚妇女则剪齐耳短发，有包头习俗。

图2-171　毛南族少女头帕（广西环江县）

## 5 京族

京族旧称越族，其祖先从16世纪初陆续由越南涂山等地迁至中国广西防城一带，现主要居住在防城区的沥尾、巫头、山心三个小岛上，以沿海捕鱼为生。京族男子一般都穿白色对襟短衣，下着长裤，出门时戴斗笠或头盔。京族女子多将长发束于颈后，传统的妇女发式是将长发套入发套中盘绕于头顶，形似砧板，故称为“砧板髻”，很有特色。京族女子外出时，都要戴一顶精美的尖顶斗笠，既遮阳又漂亮（图2-172）。

图2-172　戴笠帽的京族女子（广西防城区）

## 6 土家族

土家族女子精于纺织刺绣，土家族的织锦最能体现出她们杰出的纺织才能。精美的土锦是土家族年轻女子喜爱的头帕，她们将长长的土锦缠绕在头上呈筒状，样式美观，色彩华丽。中老年妇女则用165~230厘米长的青布帕包头，素雅大方。土家族未婚少女梳一条长辫垂于身后，辫梢饰以彩穗，婚后改梳“半粑髻”。土家族男子用230~300厘米长的青丝帕或青布帕包头。

## 7 黎族

黎族共有五个支系。不同支系间，发式服饰均不相同，甚至在同一支系内也有较大区别，服饰不同者，发式必不相同。黎族各支系的已婚妇女均绾发髻于脑后，但绾髻的方式各不相同（图2–173、图2–174）。每个村寨的黎族妇女有各自独特的绾髻方式，其样式之多，堪称为发髻文化。黎族妇女绾髻，多饰以银簪、骨簪、骨梳或豪猪刺，其中本地黎妇女的骨簪和骨梳极为引人注目（图2–175、图2–176）。本地黎男子最善雕刻，他们将牛肋骨雕刻成精美的骨簪和骨梳，送给心

图2–173 本地黎妇女发式（海南白沙县）1

图2–174 本地黎妇女发式（海南白沙县）2

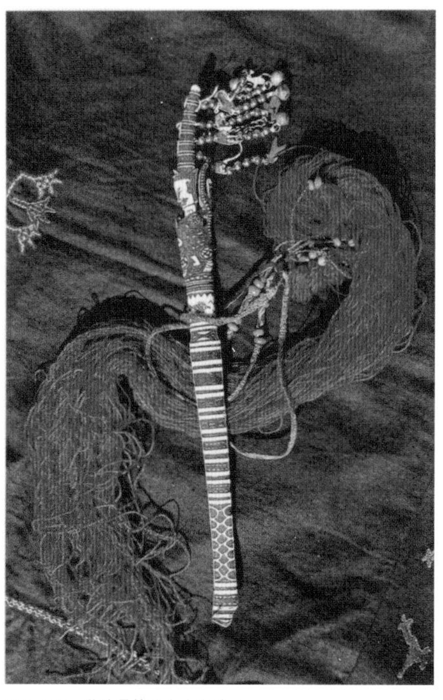

图2–175 黎族骨簪（海南白沙县）

图2–176 黎族骨梳（海南白沙县）

爱的姑娘作为定情信物。待姑娘出嫁时，便用骨簪和骨梳装饰她的发髻。此后一生中，骨梳和骨簪都是她珍视的头饰。

在黎族妇女的各种髻式中，美孚黎妇女的发髻是非常漂亮的，她们在蓬松的发髻上插饰牛骨扁簪，有横插和竖插两种样式，均很美观。加茂地区的德透黎女子喜用椰子油梳理头发，使其光滑柔顺，少女以乌黑油亮的大辫子为美，妇女以光亮的发髻为美。过去黎族妇女有在头上“插禁”的习俗，凡是被巫师指定为“禁母”的妇女必须在发髻上插“禁叶”，人们见到头插禁叶的妇女都会避而远之，认为她是不祥之人，会给村寨里的人们带来灾难（禁母都是一些无辜的妇女，她们被巫师用法术查出其身体中附有凶恶的鬼魂，人们相信这些鬼魂会经常离开她们的身体徘徊在路上或别人家中，使人畜生病死亡。还有一些被病人梦见了的妇女也被指为禁母。被指定为禁母的妇女都必须在发髻上插一把树叶，以示明身份）。

美孚黎女子在参加葬礼期间要将发辫或发髻散开，披于身后。笔者曾在东方市进行过一次美孚黎的丧葬考察，死者是一位颇有名望的美孚黎老人，当地约有千余人参加了这次葬礼，其中半数以上是妇女，她们全部头扎白巾、披散长发。这种披散头发的习俗很可能是一种受原始观念驱使的复古行为。人们往往要借葬礼将死者的灵魂送往祖先所在之地，因而丧葬仪式中常常保留着很多古老习俗，一些平常已不奉行的习俗，此时也要重演一番，如穿上本民族服饰祭祖、为死者绘面等，头饰和发式当然也要表现出古老的样式。

黎族妇女也包裹各式各样的头帕，常见的杞黎妇女头饰是用黎锦作包头帕，头帕两端有约33厘米长的穗子，垂于肩头（图2-177）；吊罗山杞黎妇女用黑色长帕包头，长帕两端披于身后；侾黎的一支四星黎妇女戴披肩帽，由头部披至腰际，下垂彩穗和铜币、铜铃等物。另一些侾黎妇女将刺绣精美的长帕绕在头上呈角状，很有特色。侾黎男子常以锦鸡尾翎为头饰（图2-178）。德透黎妇女在发髻上插扇形银饰，将黑布帕系在头上，帕端飘于身后。美孚黎妇女的黑色头巾比较短小，两端有白色条纹，随意扎在头上。

黎族男子有留长发绾髻的习俗，故有“大鬃黎”“小鬃黎”等称呼，一些老年男子至今仍绾髻于额顶，髻式多种多样，有的还饰以银簪。“大鬃黎”男子的髻式

图2-177 织头帕的杞黎女子（海南琼中县）

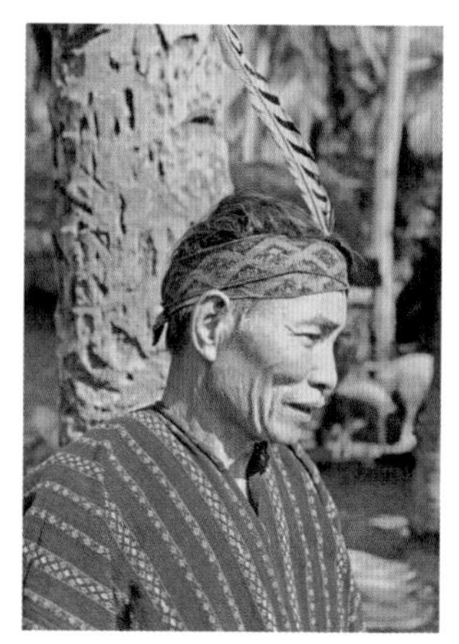

图2-178 头插锦鸡尾翎的侾黎男子（海南乐东县）

如椎髻，绾法比妇女的髻式还复杂得多。黎族成年男子多用长帕缠头，有的用一条锦带勒在额上，饰以野鸡尾羽。

## 8 畲族

福建畲族女子的发式极有特色，已婚和未婚女子的发式也各不相同。少女通常将长发绾在头顶上梳一个螺髻，发间束有红绒线。结婚时戴凤冠，据说这凤冠有纪念先祖之意。凤冠是用竹壳做的一种尖帽，其上饰有银牌、银铃、红布，插有银簪，垂着串珠等饰物，佩戴时用带子束在发髻上。其后面还垂有四条长长的红飘带，前面有一排银质的小人儿，坠在额前，整个造型如同一只凤凰，故称凤冠。已婚妇女将头发梳成长筒式发髻，由头顶至脑后，发间用红绒线环绕。有的是在头顶上放一个约6厘米长的小竹筒，把头发绕在竹筒上梳成螺式。梳头时要用菜籽油和水涂抹在头发上，并掺以假发，故发髻高大、蓬松而光亮。

凤凰髻是畲族妇女发式中最独特的一种，闽东地区已婚妇女将长发束至脑后，用红绒线缠绕出长长的辫式，再弯至额前盘绕成螺旋状的发髻，如同一把弓，样式相当别致，人们称其为凤凰髻。

福安地区畲族妇女将长发梳向一侧，再横绕在头上呈高筒状，中间用红丝带束住，丝穗下垂（图2-179）。这种发式如同戴了一顶高帽子，故称作高帽发式，其梳头技巧相当高超。这里的妇女常戴一种大斗笠，以其精美闻名全国。

浙江括苍山地区的畲族妇女用直径4厘米左右、长7厘米左右的竹筒截成菱形，裹上红布，束在头顶前端，再缠上头发、插上长长的银簪，簪子末端系红色丝穗，垂于耳际。她们装扮得飘逸而清秀。

畲族妇女头戴的“狗头冠”是图腾装饰中最显著的一种。狗头冠的形式因地域或姓氏的不同而各有差异，但主要结构完全相同。因其象征狗形，故有狗头、狗尾、狗身三部分。浙江丽水畲族妇女所戴的狗头冠，是将一个竹筒用银片和布巾装饰起来，系在发髻上，狗头在竹筒的上端，包有银片，上錾有狗面纹样，狗身即为竹筒，狗尾为一条红布连在竹筒之后，垂于脑后。景宁畲族妇女的狗头冠由三角木架构成，其一端包黑布，状如狗头，架身即狗身，三角架的上角，如狗尾向上翘着。据说戴“狗头冠”是为了纪念畲族的祖先盘瓠氏。相传盘瓠是一只神犬，当年高辛王的公主嫁给盘瓠时，戴的就是狗头冠。公主和盘瓠结婚后迁居深山，生儿育女，繁衍了畲族人。为了纪念先祖，戴狗头冠的习俗便世世代代流传下来。这种传说和习俗都反射出畲族历史上图腾信仰的痕迹。

图2-179　畲族女子发式（福建福安县）

## 9 高山族

高山族各族群男女都热衷于装扮自己，尤其是男子，几乎从头到脚都有装饰，男子的头冠甚至比女子头冠更加华丽多彩。贝珠、贝片、琉璃珠、牙齿、羽毛、兽皮、花草、竹管、银币、铜片、纽扣、发梳等，几乎所有的东西都可以用作装饰物。高山族用这些饰物把自己浑身上下装饰得琳琅满目（图2-180~图2-182）。

泰雅和赛夏男子喜在藤帽或皮帽的帽檐上点缀彩色的钮贝作为装饰。曹人和布农男子喜欢在鹿皮或羊皮帽的顶端插饰鹰羽，女子则把雕刻精致的鹿角钗插在头上，并饰以色彩绚丽的雉鸡羽毛。

排湾、鲁凯和卑南男子都喜欢戴鹿角豹子牙头冠或兽皮帽，以此象征荣誉和地位。鲁凯人少女最爱用花草装饰头部，有些少女所戴的花冠差不多遮住整个头部。这种头饰，并非完全是为了美观，据说可以清凉额头。排湾贵族男子将太阳

图2-180　高山族女子头饰（福建地区）

图2-181　高山族男子头饰（福建地区）

形的獐牙帽徽装饰在头冠上，并插饰鹰羽，显示其贵族身份。排湾贵族女子将各种珠饰缝在布上制成华丽的帽带绕在头上，再插上美丽的羽毛，戴上百合花冠，以显示贵族地位和富有。

阿美男子喜用贝块作额饰，从额前绕到脑后，十分别致。阿美男子在丰年祭时都戴着羽冠，他们的羽冠既充满原始气派又豪华壮观，是所有的羽冠中比较夺目的。阿美女子喜将鲜花编成花环戴在头上，并缀以小铜铃，插上银簪，额上系一条红色额带。

雅美男子的银盔帽被视为传世之宝，其是将银币锤成薄片后圈绕而成，

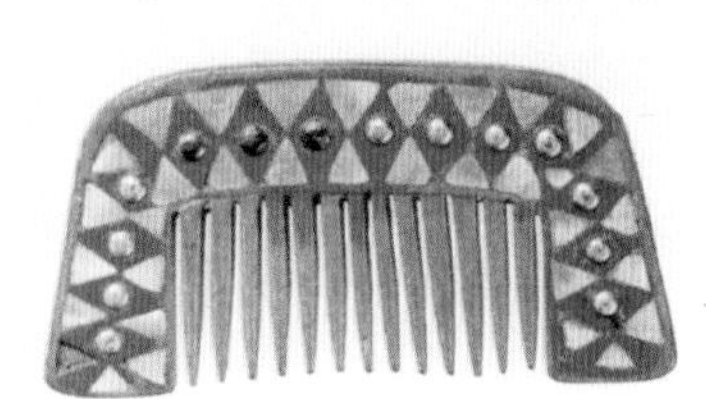
图2-182　高山族排湾人木雕发梳（台湾地区）

形状似银盔，前面留一方形眼孔，健壮的雅美男子戴上它更显得威风凛凛。雅美男子还有各种帽子，有礼仪庆典时戴的、有战斗时戴的以及日常戴的等。其木制的宽帽上有根木柱，涂红、白、黑三色，顶上附一撮鸡毛，样式奇特；藤帽精致而漂亮，显示着他们高超的编织技艺；银盔则是祭祀时才戴的珍贵帽子。

雅美女子喜欢将红色贝壳和黑色珠子串在一起盘在头上为饰，她们的发髻也别具风格，若是离婚或寡居的雅美女子必须把长发梳成螺式，偏于头侧。

“甩发舞”是雅美女子特有的以头发为道具的舞蹈，风格豪放。每逢节庆日，年轻女子便来到村寨的草坪上或海滩上，将长发披放下来。她们排成横列，一边吟唱低沉的歌，一边上下甩动秀美的长发，渐渐的，动作随歌声节奏由慢到快，身体俯仰屈伸、盘旋往复，以至屈膝弯腰，使头发频频拂地。至高潮时，气力将竭，姑娘们个个面色苍白，歌声转而悲切，节奏舒缓，舞蹈终止。参加甩发舞的人数不限，一人领头，人们可以随时加入舞阵，三五人至百人均可，阵容宏大时动人心魄。这种在月夜举行的舞祭禁止男子观看，胆敢闯入者必将受到攻击。

布农女子的头饰婚否有别，少女用五颜六色的花草编成花环戴在头上装饰自己，已婚女子则用红头巾在头顶上扎一个花结。

## 第四节　东北和内蒙古各少数民族头饰

东北和内蒙古地区的少数民族主要包括蒙古族、鄂温克族、鄂伦春族、达斡尔族、满族、朝鲜族、赫哲族等，其头饰具有鲜明的地域特色。

### ❶ 蒙古族

蒙古族主要聚居在内蒙古自治区，东北、新疆、河北、青海，云南等地亦有分布，其服饰和头饰都具有浓郁的民族风格，并对中国西北部和东北部的一些少数民族服饰有较大的影响。不同地域的蒙古族头饰各不相同，呼伦贝尔、鄂尔多斯、乌兰察布、锡林郭勒，还有布里亚特，这些地区的蒙古族女子都有自己独特的头饰，并主要体现在盛装时（图2-183、图2-184）。

鄂尔多斯地区的蒙古族女子头饰富丽堂皇，其顶部是彩丝绣制的发套，造型

图2-183　蒙古王妃帽饰（内蒙古鄂尔多斯）

图2-184　蒙古族女子头饰（新疆博尔塔拉）

庄重，饰有珠玉宝石，发套下缀有珍珠串连成的发箍，其以珍珠的数目来衡量主人的财富。发箍前是流苏，两侧有红色线穗，穗子和串珠的数目相等，左右对称。鄂尔多斯蒙古族少女梳一条大辫子，从定亲之日起，便要在前额的两侧各梳出六条小辫子，汇合到脑后的大辫子上，作为少女已订婚的标志。已婚妇女都梳两条大辫子。

呼伦贝尔地区的蒙古族女子头戴由黑丝绒制成、绣有二龙戏珠金线图案的平顶圆帽，额前缀有镶宝石的金银饰物，头两侧垂挂由土耳其石、珊瑚和玛瑙珠子以及银饰组成的造型独特的长穗。牧区的未婚少女梳一条独辫，婚后梳两条辫子。

鄂尔多斯地区的蒙古族已婚妇女梳双辫，并用精美的黑缎发套将辫子套起来。发套很讲究，有的绣花，有的用红缎子镶边并缀有象牙或银质饰件。她们头上戴着用珍珠、珊瑚、玛瑙制成的发箍，额前饰有宝石珠子串成的流苏，两鬓垂着珠穗，满头珠光宝气，雍容华贵。

察哈尔和锡林郭勒盟地区的蒙古族女子头饰典雅精致，由松耳石、玛瑙编制的发箍缀有珍珠流苏，头两侧垂挂着玛瑙、珊瑚、银饰组成的长穗，有时还在发箍上扎一条彩色头巾。

布里亚特地区的蒙古族少女梳七条小辫，婚后梳两条大辫子并用丝绒发套将辫子套在胸前，婚前婚后区别十分明显。布里亚特蒙古族无论男女老少都戴红顶翻檐皮帽，服饰也比较独特。

图2-185　蒙古族新娘头饰（内蒙古科尔沁旗）

内蒙古西部草原地区的蒙古族女子的头饰十分别致，已婚妇女戴饰有顶珠的瓜形帽，帽檐上缀有三朵镶有红宝石的象牙花饰。她们的头发卷成两条辫形，再套上缀有银饰的发套并系在胸前。未婚少女梳长辫，头上系漂亮的彩色绸巾。蒙古族新娘头饰也十分雍容华贵（图2-185）。

在日常的装饰中，各盟蒙古族妇女夏季多用绸巾缠在头上并将头巾两端垂在头右端或者用各种彩色纱巾扎住头发。冬季里则戴各式帽子，以圆形和圆锥形帽子最为普遍，材料有毡子、皮毛或缎子镶毛，但绝不用狗皮。蒙古族中广泛流传着义犬救主的故事，生活中狗也是放牧的好帮手，蒙古族视狗为人类的朋友，故不肯杀害。蒙古族男子多戴蓝色、黑色或褐色的圆顶礼帽，年轻人喜戴鸭舌帽。过去，蒙古族男子梳长辫盘于头顶，系各色头帕，现在这种装束已不多见。

蒙古族各地区的帽子很有地方特色。从色彩和质地上看，内蒙古及青海等地的蒙古族的帽子顶高边平，里子用白毡制成，外边饰皮子或将毡子染成紫绿色作装饰，冬厚夏薄。帽顶缀缨子，帽带为丝质，男女都可以戴。呼伦贝尔的陈巴尔虎、布里亚特蒙古族，男戴披肩帽，女戴翻檐尖顶帽。男帽的颜色多为蓝色、黑色、褐色，也有的用绸子缠头。女子多用红色、蓝色头帕缠头，冬季和男子一样戴圆锥形帽。

从外形和作用上看，蒙古族的帽子主要有圆顶立檐帽、尖顶立檐帽、风雪帽、陶尔其克帽、三耳帽、四耳帽和圆帽等。

圆顶立檐帽帽檐有的前高后低，有的则前后一样高。顶部有的有算盘结，为红色。有的垂有两条飘带，有的则没有飘带，以黑毡为之。陈巴尔虎蒙古族和科尔沁蒙古族均有戴圆顶立檐帽的习惯。科尔沁巴林男子在逢年过节、喜庆节日，头戴貂皮或水獭皮红缨圆顶立檐帽，中老年则头戴棕褐色圆顶立檐帽。乌珠穆沁人在春秋季和夏季也戴前半檐可以上下活动的圆顶立檐帽。乌喇特的新郎戴钉有水獭皮的圆顶立檐红缨帽，春秋季则多戴钉有平绒的圆顶立檐帽。喀尔喀右旗妇女较为喜爱戴尖顶立檐帽。杜尔伯特妇女冬季则戴平顶立檐圆帽，帽后垂有飘带。

风雪帽又称栖鹰冠，有尖顶和圆顶两种。圆顶风雪帽后檐较长，尖顶风雪帽后面有一皮毛穗，其特点是帽檐较小。乌珠穆沁蒙古族在冬季要戴乌珠穆沁式的风雪帽。察哈尔人冬季无论男女老少，均戴风雪帽，其式样类似乌珠穆沁风雪帽。乌拉特男子冬季戴风雪帽，帽耳以及帽后边有飘带。

陶尔其克帽也是蒙古族常戴的一种帽子。从款式看，陶尔其克帽有护耳和无护耳两种。从面料看，有冬季戴的毡帽，也有春秋季戴的锦缎帽。土尔扈特已婚妇女所戴的陶尔其克帽，有火型图案，护耳带较长，甚至垂至腰部，显得飘逸俊美；男子所戴的陶尔其克帽正面有钱型图案，颇有特色。三耳帽、四耳帽均为冬季戴的皮帽，其立檐或前圆，或前圆后方，顶部有红色的算盘结，有飘带。

受清代瓜皮帽的影响，现在一些少数民族的帽式仍为半圆形式。如蒙古族陶尔其克帽为圆顶，瓜皮型，顶有算盘结，帽边宽二指，有装饰，护耳用水獭皮、貂皮、羔皮等，春秋季戴的缎制帽则用缎带。蒙古族圆帽式样为圆顶，无顶结，帽口以上四指宽毛饰边，上有吉祥图案，这种帽子为蒙古族妇女佩戴，典雅庄重，独具风韵。有的帽子中间分绣有二龙戏珠的精美图案，有的帽边左侧钉有天鹅绒制成的花朵，还有的额前配有镶嵌宝石的金银首饰。冬季圆帽之檐要钉羔皮或貂皮、水獭皮，春秋季则钉平绒或丝绒。冬季察哈尔妇女也戴圆帽和名为“胡鲁格布其”的露顶圆帽。

图2-186　蒙古族女子头饰（云南通海）

云南通海县杞麓湖畔的蒙古族服饰与内蒙古蒙古族服饰有较大的差异，这里的蒙古族服饰较多地吸收了当地民族的服饰特色，仅在服饰图案和上衣的高领上还保留着蒙古族服饰的特点（图2-186）。通海蒙古族女子的发式也不同于其他地区，其少女梳长辫盘于头顶，样式奇特，外出时戴大斗笠。少女出嫁时要改梳妇女的发式，头饰也相应变化，人们可以从女子的发式上看出她是否已婚。对女子而言，发式的改变意味着她不再有自由自在的恋爱生活了。

## ❷ 鄂温克族

鄂温克族人口不多，但分布却很广，与内蒙古和黑龙江的蒙古族、达斡尔族、鄂伦春族等兄弟民族交错杂居，彼此间的生活习俗和服饰装束多有相似之处（图2-187）。内蒙古陈巴尔虎旗是鄂温克族比较集中的地区，这里的鄂温克人住蒙古包，过着游牧生活。男女都戴皮帽，也戴毡帽，服饰装束比较有特点。陈巴尔虎旗的鄂温克少女梳八条小辫，已婚妇女梳两条辫子垂于胸前，并饰以辫套，婚否有明显的区别。

图2-187　鄂温克族男子毡帽服饰（内蒙古呼伦贝尔）

在过去陈巴尔虎旗鄂温克人保留的逃婚习俗中，其婚姻成功与否是以发式的改变为标志的。夜里，姑娘溜出自己的家，同心爱的小伙子一道骑马逃走。俩人奔至男方家事先搭好的“撮罗子”，由一位老妇人将姑娘的八条小辫子改梳成两条粗辫子，此时这对青年的婚姻就算合法了。女方父母即使不乐意，也只得同意。如果姑娘在改变发式之前被家人劫回，这桩婚事也就告吹了。

婚后妇女的长辫上系有三角形银牌，两根发辫必须套上黑布发套，发套上饰有珊瑚、玛瑙珠和两个银环，并用长长的银链把发套连起来，使两根辫子垂在胸前，表示她们已婚，令小伙子们不敢企望。一些富裕家庭的妇女还戴珊瑚宝石发箍。

其他地区的鄂温克女子夏季多用绸巾系在头上或戴毡制的单帽，帽的形状似喇叭筒，顶端饰有红缨，帽檐有图案装饰，冬季则戴羔皮、水獭皮或猞猁皮的漂亮皮帽。

## ❸ 鄂伦春族

在大小兴安岭的原始森林中，居住着世代以狩猎为生的鄂伦春族人，他们男

图2-188　鄂伦春族猎人的狍头帽（内蒙古莫力达瓦旗）

女都精骑善猎，在林海中追捕獐、狍、野鹿和猛兽，故鄂伦春族的服饰用品多是皮制的，并镶绣各种花纹图案。狍皮是制作衣饰的主要材料，灵巧的鄂伦春族女子用狍头皮做的帽子十分精致，鄂语称为“米那共”（图2-188），其顶部保留着狍的双角和双耳，狍头的眼眶处还嵌着两只用黑皮绣制的眼珠，形象十分逼真，戴在头上很像真正的狍子头，猎人出猎时十分喜爱戴它，因为这种帽子有伪装的作用，可便于接近野兽。

鄂伦春族女子冬季喜戴绣花皮帽或毡帽。皮帽呈圆筒状，前边有帽檐，两侧有护耳，毛绒绒的很暖和。夏天，鄂伦春族妇女多用绸布巾缠头，在头右侧扎一个花结，姑娘们则把长辫盘在头上，系一条彩色纱巾。居住在黑龙江地区的鄂伦春族女子头饰受蒙古族影响，姑娘们用各种纽扣、珠子、贝壳等缀在布带上，做成漂亮的发箍戴在额前，两鬓垂有由海贝、铜币、彩珠及银链组成的穗子。这种发箍虽然没有蒙古族发箍那么华贵，但也十分醒目。

鄂伦春族少女出嫁时，头上佩戴着用鲜花“南绰罗”编成的花环。“南绰罗”花也叫相思花，每年七八月在草甸子上盛开，颜色如蓝宝石一般，花香四溢，深受鄂伦春族的喜爱，他们甚至将鄂伦春族少女比作“南绰罗”花，其用意是很美好的。姑娘们常把“南绰罗”花插在发间，也绣在香袋或烟荷包上，或雕刻在桦皮盒上，把这些物品送给心爱的人，以表达热烈的爱情。

### ④ 达斡尔族

达斡尔族的服饰装束受蒙古族和满族的影响较大。其未婚少女梳独辫或双辫，已婚妇女梳满式发髻。每逢节日，姑娘们总是把头发梳得溜光，插上美丽的花朵，妇女们也会在高高绾起的发髻上戴一朵淡雅的花。海拉尔地区的达斡尔女子习惯用长绸巾缠头并在右侧扎一个结，同蒙古族女子一样。有的戴黑丝绒圆顶帽，用缎子镶边，帽侧饰有绢花。冬季里，少女喜戴镶皮毛的圆顶帽，妇女们则戴有护耳的皮发箍，发箍的缎面上绣有团花图案。达斡尔男子夏天用白帕缠头，冬天戴狍头皮帽或狐皮帽，身着蒙古皮袍。

### ⑤ 满族

满族的头饰和发式都极有特点。女孩子年幼时，要剃掉头部四周的头发，只留头顶后部的头发编成小辫盘在头上。成年时开始蓄发，将满头长发梳成一条独辫或绾成两个鬏髻。婚后，发式和头饰都有明显的变化，已婚妇女均绾髻，髻式有“两把头”“架子头”“大盘头”等，其中以“两把头”最为普遍，是满族妇女的典型发式。“两把头”的梳法是将上部的头发束在脑顶，绾成一个横在头顶的长形发髻，下部的头发梳向脑后、绾成左右两个燕尾式扁髻。这种发式能限制头部随意转动，更能显出妇女的端庄。无论什么发式都少不了用“大扁方”插在发髻之中。“大扁方”是一把宽约2厘米、长约30厘米的银簪，有的素面无饰，有的錾花精致。“旗头”是满族妇女特有的礼冠，原是贵族妇女的装饰，后来平民妇女在结婚时也以“旗头”作为礼冠。“旗头”又称作“大拉翅”（图2-189），是用青丝

图2-189　满族妇女点翠镶花旗头（北京市）

缎或青绒包在木板架子上制成的。贵族妇女用珠翠宝石装点其上，皇后和皇妃喜用镂金花、珍珠、紫金花等珍贵物品来装饰，平民妇女则以绢花为饰。满族男子从小到大都有髡发的习俗，他们剃掉头顶和两侧的头发，仅留脑后一撮梳成一条长辫，或垂于身后，或绕于头顶和肩颈上。

满族视扁头为美，因而有让小儿“睡扁头”的习俗。婴儿出生后不久就让他（她）睡硬枕头，且只能平睡不能侧睡。枕头内装有小米或高粱作芯，比较硬，能使小儿的后枕骨睡得又扁又平，同时，令小儿的鬓角突起，头部外形方正，成为漂亮的扁头。若是哪家姑娘的头没有睡扁，即使长得眉清目秀，也会被视为丑丫头。在满族人看来，一个狭长的头是十分丑陋的。受满族影响，蒙古族和达斡尔族甚至东北的汉族均以扁头为美。

### ⑥ 朝鲜族

我国的朝鲜族是17世纪开始从邻国朝鲜陆续迁入我国东北地区的，大规模的迁徙是在19世纪，主要聚居在吉林延边朝鲜族自治州。朝鲜族的服饰在东北民族中独具风采，男子白衣黑褂，女子长裙飘逸。朝鲜族女子在人生的不同时期都有相应的发式，孩童时短发齐眉齐耳，后颈头发剃光，干净而可爱；少女时将长发梳成一根独辫，垂于身后；至结婚时开始绾发髻于脑后。将彩色纱巾扎在头上是朝鲜族青年女子的常见头饰，她们用纱巾在脑后系一个结，留个小三角飘在头上，潇洒而漂亮。中老年妇女多用白毛巾包头，她们喜爱白色，常常通身上下素白装扮显得十分洁净。朝鲜族男子平常用白布巾缠住额头或戴黑白小帽，节庆日或外出时戴直筒形礼帽。

### ⑦ 赫哲族

赫哲族是中国北方唯一以捕鱼为生的少数民族，鱼类是他们衣食的主要来源。因他们有用鱼皮制衣的习俗，历史上被称为“鱼皮部”。赫哲族女子善镶绣，她们在鱼皮衣帽上镶绣出各种花草纹和几何纹，十分美观。

赫哲族少女梳一条长辫，已婚妇女梳两条长辫。夏季均用纱巾扎头，冬季则戴皮帽。帽子的样式分为两个部分，上部分是圆顶瓜皮帽，顶端有兽尾做装饰，下部是披风，可防风寒。帽子上镶绣有几何纹样，色彩高雅，做工相当精致。夏天男子戴桦树皮帽，与东北地区汉族的“苇笠头”相同，冬天则戴狍头皮帽。过去，男子戴的皮帽如同武士的头盔，现已作为收藏，很少戴用了（图2-190）。

图2-190　赫哲族传统服饰装束（黑龙江饶河地区）

# 第三章 少数民族面饰

面部装饰在少数民族装饰中极为重要，其不仅装饰丰富，各具特色，且内涵表达深邃。人的头部，最适宜穿孔的是耳朵，尤其是耳垂部分，其次就是鼻子或嘴唇了。我国少数民族中，耳朵穿孔加饰的习俗相当普遍，几乎所有的少数民族都有穿耳的习惯。穿鼻加饰的习俗则不多见，而穿唇习俗更属罕见。因此，耳饰是各少数民族主要的面首佩饰。除此之外，面具亦是相当突出的面首佩戴物，我国约有20个民族保存着不同形式的面具文化。如果说穿鼻扎耳的习俗包含着装饰的因素，那么佩戴面具则是出于宗教活动的一些目的。

## 第一节　多姿多彩的耳饰

我国境内的远古居民佩戴耳饰的习俗出现得很早，远至新石器时代就已盛行。在庙底沟、马家窑文化遗址中出土过一些形状各异的片饰，据其出土位置判定，可能主要是作为耳饰。[1]在磁山、裴李岗、仰韶文化和龙山文化的众多遗址中，出土了大量的环饰，其中一些直径较小的环类则有可能是作为耳饰的。在马家窑文化遗址和大汶口、崧泽文化时期以及良渚文化阶段的考古发掘中，曾出土大量造型丰富、工艺精湛的玉石质装饰品，其中“耳饰”出现了较大数量的玦、小环、小璜、绿松石片、珠等，女性墓葬中还出土了成组的串挂饰。[1]这类发现在大溪以及汉水流域的屈家岭、青龙泉等新石器时代的文化遗存中亦有，“耳饰有玦、石坠、绿松石片等，男女均有佩戴”。[1]在西藏卡诺文化遗址中也有类似的出土。另外，北方地区诸新石器时代文化遗址中出土的耳饰多为耳珰。由此看出，古代穿耳的习俗是非常普遍的。

在今天的少数民族中，耳朵仍然是人们热衷于装饰的重要部位。制作耳饰的材料采用了银、铜、铁、珊瑚、玛瑙、松石、料珠和贝壳、骨片、兽牙、竹、木、花草等自然物，多数是就地取材。耳饰的样式主要有耳环、耳坠、耳柱、耳管和耳串子，其中耳柱、耳管和硕大的耳环是最有特色的耳饰。佩戴耳柱或耳管的民



[1] 李永宪，翟巍：《我国史前时期的人体装饰器》，《考古》1985年第3期。

族有佤族、布朗族、景颇族、怒族、德昂族、僜人、基诺族、珞巴族、高山族和苗族，这种装饰极富原始风采。黎族的硕大耳环也是极有特色的（图3-1）。为了丰富装饰效果，人们将耳坠、耳串逐渐增加内容，有的变得又大又重，构成综合材料的复合体；有些垂至胸腹，使人很难确定是耳饰还是胸饰，成为多功能装饰的复合体。确实，中国少数民族的耳饰是丰富多彩的。

基诺族不论男女都喜欢穿耳，以孔大为美。他们从小就要在耳垂上穿孔，然后插入竹管或木塞，并且不断地用较粗的竹管换掉较细的竹管，最后使耳孔扩得很大。基诺族认为，谁的耳孔大，谁就勇敢勤劳，反之则是懒汉和懦夫。成年的基诺人，在巨大的耳孔中插入木质镶银皮的耳管或錾花银质耳柱，其花纹精致美观。另有一种耳饰，是在木质耳柱上缠绕螺旋状彩色丝线，再饰以珠子和线穗。他们常常将编好的花枝插入耳孔或耳管中，花谢了再插新鲜的（图3-2）。

在基诺人居住的基诺山中，盛开着四季采摘不尽的鲜花，基诺人在山间行走，总要摘些好看的花插在耳朵上，美丽芬芳。相爱的男女互赠花束，亲手插在对方的耳孔里。基诺人的恋爱，姑娘占主动，如果姑娘看中了小伙子，就摘一朵最美丽的花送给意中人，小伙子若是乐意，就将鲜花插入耳孔中。爱美的基诺人无论老少都喜欢在耳孔中插入鲜花绿叶，这是他们民族特有的装饰习俗。

德昂族女子的耳柱，是一种既精致又奇异的耳饰。耳柱用石竹制作，柱体上包有一层银皮，顶端镶有金属片，银皮上箍着八道黑色马尾，黑白分明，非常美观。山区的德昂族女子耳朵上戴一根雕刻有纹饰并涂有黑红漆的耳柱，显得粗犷豪放。云南芒市的德昂族女子都戴精致的银耳筒，内装有针线等物。耳筒上缀有

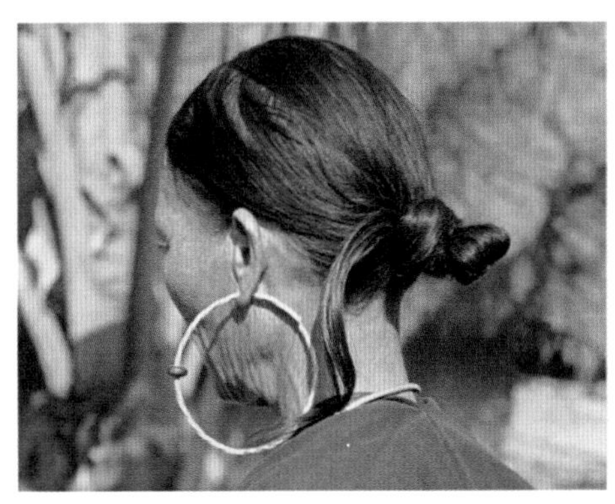
图3-1　俸黎妇女耳饰（海南乐东县）

图3-2　基诺族女子耳饰（云南思茅地区）

珠串和红色绒球（图3–3）。德昂族男子戴大耳环，花崩龙和红崩龙妇女戴大耳坠。

独龙族女子大多戴竹质耳管和大铜环。受藏族影响，她们也戴藏式的银质镶珊瑚或绿松石的大耳坠。

哈尼族女子戴耳环、耳坠或耳串。景洪地区的哈尼族女子喜戴锁链式的长耳串，由双耳垂至胸前。墨江哈尼族碧约支系的女子耳戴大环。澜沧、孟连等地的哈尼族女子也喜戴大银耳环。西双版纳哈尼族支系阿克人女子无论老少都喜欢将鲜花插在耳孔中，思茅地区的哈尼族女子也是如此（图3–4）。

景颇女子耳朵上佩戴比手指还长的银耳柱，很有特色。还有些景颇女子喜戴银耳环和银耳坠。

兰坪、维西一带的普米族妇女戴银质镶玉石的耳坠。

布朗族女子两耳佩戴大耳环，几乎垂于两肩，她们戴上耳环后，还要对耳环精心装饰，已婚妇女用野花装饰耳环，少女则在耳环上缀以鲜艳夺目的丝穗。云南德宏地区的布朗族女子喜戴银质大耳筒（图3–5）。

怒族的耳饰颇有特色，贡山怒族女子将刻有精致花纹的竹耳管穿在两耳上，福贡怒族女子则戴铜质大耳环，耳环直径约10厘米，垂至肩头。碧江怒族女子耳戴铜质大耳柱。怒族男子左耳佩戴一串珊瑚。

阿昌族女子耳戴银质大耳环，装饰效果十分突出，耳环上缀有小银片、玉片

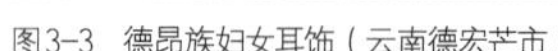

图3–3　德昂族妇女耳饰（云南德宏芒市）

图3–4　哈尼族妇女耳饰（云南西双版纳州）

和玛瑙片。永宁纳西族妇女戴金银大耳环。金平苦聪人妇女戴银质或铜质大耳环。羌族女子喜戴的银质耳环如手镯般大。

傣族女子大都戴精巧的银耳环，也戴镶有翡翠、玉石、玛瑙的银质耳坠。花腰傣女子戴硕大的银耳环，旱傣妇女戴样式奇特的银耳环。

佤族男女都戴耳饰，佤族女子戴垂肩大耳环和特大耳筒（图3-6），佤族男子佩戴粗大的银耳环，耳孔扎在耳郭里而不是耳垂上。

彝族男女都戴耳饰，其耳饰多种多样，制作精美。不同地区和不同支系的彝族，耳饰各有特色。云南小凉山彝族女子的耳饰有银质錾花耳坠、珊瑚串珠、蜜蜡玉珠等。这些耳饰硕大艳丽，少女佩戴时垂至肩上，已婚妇女佩戴时将其绾在发辫上。小凉山彝族男子配耳饰于左耳，戴一枚蜜蜡玉珠，下垂红色丝穗。

四川凉山彝族男子耳饰更为讲究，并一律佩戴在左耳，以诺方言区青壮年男子耳戴两三颗红珠，下垂长穗至胸。老年男子戴银耳环，环上垂有银链。圣乍方言区男子戴红黄色玉珠，珠间垫隔红黑色圆布片，珠下垂有一束约33厘米长的线穗。所地方言区男子戴一颗黄色大蜜蜡玉珠，上下缀有若干颗小红珠，下垂青丝穗。四川凉山彝族女子皆喜佩戴耳饰，圣乍方言区彝族女子不仅在耳垂上穿孔，而且还要在耳郭上穿孔，以便同时佩戴两种耳饰。她们在耳垂上戴红黄蜡玉珠耳坠，下垂丝穗，或者以长长的珊瑚珠串为耳饰，并将珠串末端绾在头饰上。用一束青丝系住的黄色蚌壳圆片则是挂在耳郭上的饰物。以诺方言区和所地方言区的彝族女子戴银质錾花耳坠，这些耳坠由錾花银片、银链和小银片等组成，精

图3-5　戴银耳筒的布朗族妇女（云南德宏地区）

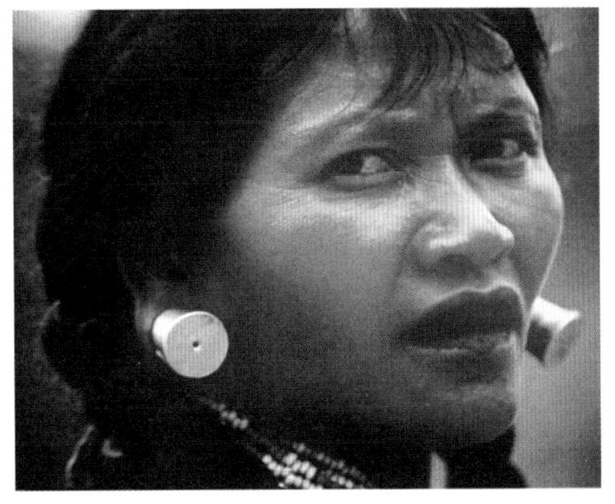

图3-6　戴银耳筒的佤族妇女（云南西盟县）

致富丽。

彝族花腰支系的女子和金平彝族女子戴粗大的银耳环。云南各地彝族女子的银耳坠大小不等，各有特色。未成年的彝族女孩耳饰相对简单，她们在耳垂或耳郭上穿孔饰以海贝或狗牙，或者系一根彩线，待举行换裙子仪式时，一并戴上精美的耳饰，以示成年。

侗族女子佩戴耳饰与众不同，她们在一个耳孔中，佩戴三只耳钳称之为“一耳三钳”，这是一种传统习俗。侗族耳饰的样式很讲究，有的上部呈塔形，圆底上缀一圈银片，有的像一只精美的花环，有的则是象征富有的鲤鱼。这些耳饰多为银质，也有少数是金或铜的（图3–7）。

瑶族男女都有穿耳习俗，男子戴银耳环，女子耳饰多种多样。茶山瑶女子戴水涡形耳饰，极有特色；蓝靛瑶女子的耳环缀有叶形银片；广西凌云瑶族女子的银耳环还饰有珠子和红线穗；广东连南排瑶女子耳戴硕大的银环，环上饰有鱼形银片；金秀盘瑶女子喜戴叶形耳饰。

土族妇女喜欢将珊瑚、蜡玉、松石、贝珠和银饰做装饰物（图3–8~图3–10）。

苗族妇女两耳的银环如碗大，且一耳戴三四个银环不等（图3–11~图3–14）。除戴银环外，凯里地区的苗族女子喜戴银耳柱，每副耳柱重约200克，戴上后将两耳

图3–7 侗族女子“一耳三钳”耳饰（贵州从江县）

图3–8 青海土族银耳饰

图3-9　土族妇女的耳饰、项饰（青海互助县）

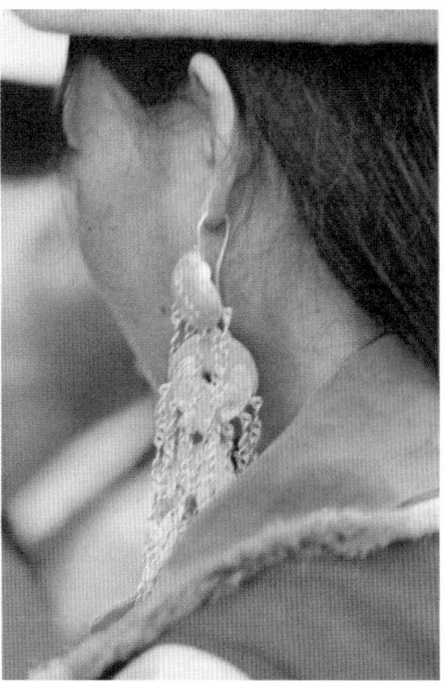

图3-10　土族妇女的錾花银耳饰（青海互助县）

图3-11　短裙苗女子耳饰（贵州雷山县）

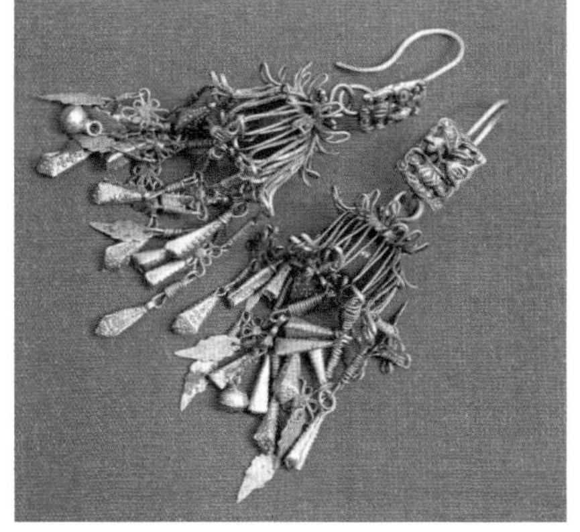

图3-12　湘西苗银灯笼耳饰（湖南湘西地区）

图3-13　短裙苗女子耳饰（贵州榕江县）

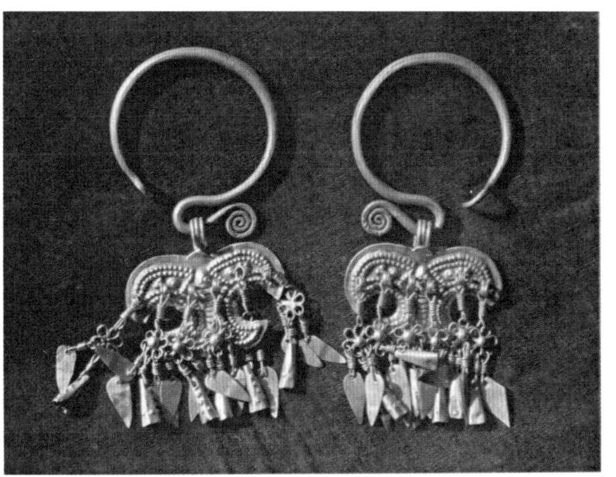

图3-14　短裙苗银质蝶形耳饰（贵州榕江县）

图3-15　戴银耳串的苗族少女（贵州榕江县）

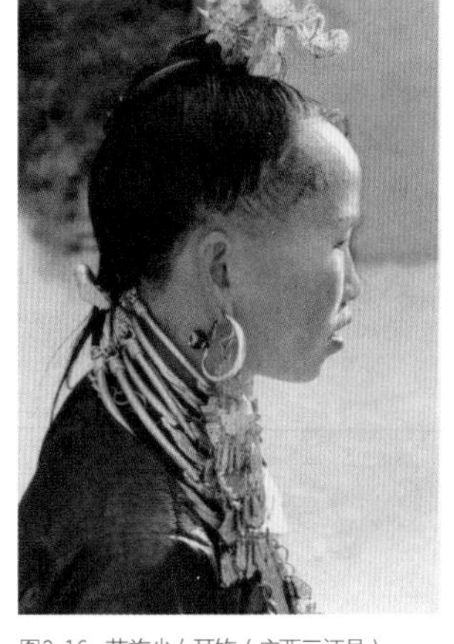
图3-16　苗族少女耳饰（广西三江县）

图3-17　青苗女子牛角形耳饰（贵州贞丰县）

拖长，以摆动幅度大为美（图3-15）。贵州惠水县苗族妇女戴水涡形银耳饰，垂至肩头。苗族男子也有穿耳习俗，戴银质耳环，“两耳贯银环如盌大”。广西三江县与贵州从江县交界地区的一些苗族少女有髡发习俗。定亲后将额发渐渐蓄起，出嫁时青丝已长可挽髻，其耳饰较奇特（图3-16）。贞丰苗族是清代从黄平迁过去的，服装款式与黄平苗相同，唯头饰和服饰颜色不同。其服饰无论男女老少均以黑色为基调，故被称作青苗。银饰主要有3~7只錾花项圈和造型如牛角的银耳环（图3-17、图3-18）。

黎族男女均戴耳环，其中侾黎支系的“罗勿”女子的大耳环最有特色，她们的每只耳朵上戴有大小十几个耳环（图3-19）。最大的直径约33厘米，最小的也有约10厘米（图3-20）。因为太沉重，将耳垂拉得很长，甚至开口了，所以平时多将耳环扣在头上顶着，像一顶银环帽。侾黎男女的耳环，都以硕大著称，有的形似葫芦，有的如同新月佩戴时垂至肩头。

高山族男女都有穿耳习俗，佩戴各种耳饰，男子耳孔很大，穿耳均在少年时期完成。穿耳的方法是先用粟粒置于耳垂，使劲揉出一个孔印，然后用橘刺或竹针穿刺，贯以细茅杆。男子由于佩戴粗大耳饰，所以要逐渐增加茅杆的数量至十几根，使耳孔扩大。男子的耳饰为铅盘、贝壳和竹耳管，耳管上雕刻有精致的花纹，并将琉璃珠连在耳管的一端，然后系在脑后的头发上。各族群女子均以小巧的耳坠为饰，耳孔较小。布农人男女都戴珠贝和兽骨制成的耳环。

满族女子有一种特殊的耳饰习俗，她们在耳垂上戴三只耳钳，称作“一耳三

图3-18　苗族银丝牛角形耳饰（贵州从江县）

图3-19　倖黎女子耳饰（海南乐东县）

图3-20　倖黎妇女耳饰（海南乐东县）

钳”，这是满族旧俗，现在已不多见。这种一耳三钳的耳饰在贵州侗族中还可见到。

蒙古族男子左耳戴大耳环和小耳坠，女子戴精巧的耳环或耳坠。

僜人女子戴银质长柱形大耳柱，耳柱前端呈圆盘形，饰有太阳纹。一些僜人女子也喜欢戴大耳环，多为银质，也有铜质或铁质的，造型颇有特色。

夏尔巴人女子穿漂亮的长裙，耳饰多为椭圆形耳环，用金、银、铜制作，有些还镶有孔雀石、玛瑙等。由于耳饰沉重，常用线束挂在耳朵上。

珞巴族男女都戴耳饰，男子在耳朵上戴两三个圆环，女子耳环很大，几达肩部。除银、铜质耳环外，女子还戴竹耳管。

藏族是一个注重身体装饰的民族，男女都有穿耳习俗，以佩戴耳坠为主。这些沉重的耳坠样式独特，由金银镶嵌松石、珊瑚而成，制作精美，四川藏族佩戴的耳坠最为突出（图3-21、图3-22）。一些藏族女子喜欢挂耳串，由银耳坠和银链组成的耳串，从双耳垂至胸前，又绕至后颈，既是耳饰又是胸饰。农区藏族妇女的耳挂子由银链和宝石、珊瑚、玻璃珠、蜡玉组成（图3-23）。

门巴族女子喜戴用绿松石和玛瑙珠制成的耳坠。错那地区的门巴族男子的耳饰由珠子结串而成，垂至肩部。

鄂温克男女都戴耳环和耳坠子，其耳坠子很有特色，用银链。珊瑚、松石和玛瑙组成，他们习惯同时戴几对耳坠。

新疆的维吾尔族、塔吉克族、哈萨克族、乌孜别克族、塔塔尔族和俄罗斯族等民族的女子均戴精巧的金银镶嵌宝石耳环或小耳坠。

这些各有特色的耳饰并不一定都是为了美饰，高山族泰雅人将穿耳视为部族

图3-21　藏族银耳饰（四川甘孜州）

图3-22　藏族银质耳串子（四川甘孜州巴塘县）

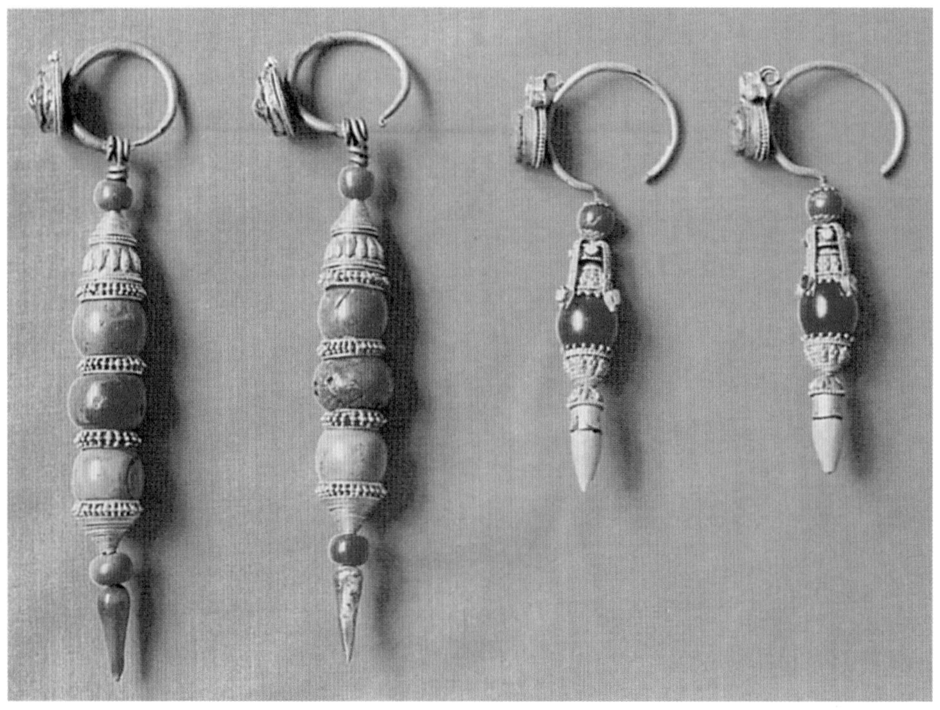
图3-23　藏族包金珊瑚耳坠（四川甘孜州新龙县）

的标志，基诺族在耳孔里插花则表示成年。一般说来，耳部的装饰都与成年有关。

此外，我国部分少数民族还有装饰鼻子的习俗。史籍中曾有一些记载，如《后汉书》卷八十六《西南夷列传》载有“哀牢人皆穿鼻儋耳，其渠帅自谓王者，耳皆下肩三寸，庶人则至肩而已”。又有唐人樊绰《云南志·名类第四》记述：“穿鼻蛮部落以径尺金环穿鼻人中隔，下垂过颐，若是君长，即以丝绳系其环，使人牵起乃行。其次者以花头金钉两枚，从鼻两边穿，令透出鼻孔中。”大约在唐代前后，穿鼻习俗还流行在云南少数民族之中，但如今几乎已见不到了。西藏珞巴族是我国现代仍戴鼻环的一个民族，阿帕塔尼部落的妇女在鼻翼上穿孔，插饰木塞或戴金属、藤条小环。崩尼部落的男女都盛行穿鼻习俗，他们的两侧鼻翼各穿一孔，以佩戴铁环或铜环为饰。穿鼻术在珞巴男女12岁左右时进行，这种装饰具有成年礼的意义。

## 第二节　涵义深厚的齿饰

我们之所以把齿饰视为一种文化，不仅是因为其拥有众多的民族和广阔的地域，更为重要的是因为其具有悠久的历史和极为丰富的内涵。东方少数民族、百越及僚、俚、濮等古代民族都有过饰齿的历史，而与其有密切渊源关系的傣族、黎族、壮族、仡佬族、畲族、高山族等现代民族，至今仍保持着饰齿习俗。

综观齿饰文化史，历时悠悠久远，饰齿民族分布的地域囊括了中国东部、西部和南部的十二个省区包括江苏、浙江、湖北、四川、贵州、云南、江西、广东、广西、福建、海南、台湾等。饰齿的方式有凿齿、染齿和镶金银齿三种，分别称为凿齿习俗、染齿习俗和镶金银齿习俗。

需要指出的是：一、凿齿是最古老的饰齿习俗，有考古学者根据考古发掘资料推测，凿齿“这种风俗最早发生在大汶口文化的早期居民中，盛行于鲁南苏北一带大汶口文化分布区，以后向西南流传到达屈家岭文化居民中。……向南通过江南的史前居民，经浙、闽、粤沿海传到珠江流域。……这一风俗由大陆沿海流传到台湾”。[1]由于这时凿齿已很盛行，笔者认为，凿齿习俗的发生应远远早于大汶口文化早期。凿齿习俗同文身习俗一样产生于母系氏族初期，同属原始文化的行为模式，与成年礼和氏族外婚制密切相关。后面我们将要讨论这个问题。二、根据史料记载，染齿习俗在战国时期就已出现，而镶金银齿习俗始见于唐代文献记载中，二者亦可称为古老习俗。凿齿、染齿和镶金银齿，三者之间具有一种演变关系，随着氏族制度的衰落，各种民俗发生了相应的变化，一些民族将凿齿改为染齿，象征原来的拔牙行为。其形式虽然改变了，但意义内涵仍然是相似的。后来又演变出镶金银齿习俗，这在文化较发达的民族中流行。以金银饰齿已更多地具有审美的意义。但是，在一些民族中，镶金银齿习俗或多或少地保留了饰齿文化的原始含意。有必要强调的是，染齿和镶金银齿同属凿齿的演变形式，之间存在着渊源关系。

饰齿习俗在我国少数民族中广为流行。有些民族崇尚凿齿，他们将前齿拔掉或打掉一截，如仡佬族、高山族和壮族等。还有的民族认为，最有魅力的嘴必须显示出黑色或红色的牙齿，他们便将牙齿染成黑色或红色，如傣族、黎族、佤族、布朗族等。但更多的民族是用金银来装饰牙齿，如瑶族、畲族、藏族、彝族，壮族、土族、侗族、苗族等。凡奉行染齿、镶金银齿习俗的民族，其远古先民多有凿齿习俗。保持这种一脉相传的习俗，是这些民族特有的文化特征。

## 一、凿齿

凿齿习俗曾一度盛行于许多民族之中，其地理分布几乎遍及世界各大洲。属于太平洋文化圈的东亚、南亚、南美洲、北美洲和大洋洲岛屿是凿齿习俗最为盛行的地区。位于东亚南部的我国西南、华南、中南地区以及海南、台湾两岛也是凿齿习俗流行之地。

我国最早关于凿齿的史籍记载是《山海经》:“大荒之中，有山名融天，海水南入焉。有人曰凿齿，羿杀之。(《大荒南经》)”“羿与凿齿战于寿华之野，羿射杀之。在昆仑虚东。羿持弓矢，凿齿持盾，一曰戈。(《海外南经》)”

---

[1] 中国社科院考古所:《新中国的考古发现和研究》，文物出版社，1989年。

后又有汉《淮南子·本经训》作了大致相同的记载："尧之时……猰貐、凿齿、九婴、大风、封豨、修蛇皆为民害。尧使羿诛凿齿于畴华之野……万民皆喜，置尧以为天子。"

上述史籍中所指的"凿齿"，应是原始社会中以凿齿为习俗的氏族部落。羿诛凿齿的神话传说，反映出以羿为代表的氏族部落同崇尚凿齿习俗的部落之间的战争。该凿齿部落可能是东方少数民族或越人。

直至清代，关于凿齿的记载时有出现。

西晋张华《博物志》说："荆州极西南界自蜀，诸民曰僚子妇女妊娠，七月而产，……既长，皆拔去上齿各一，以为身饰。"

后晋《旧唐书·南蛮传》说："三濮在云南徼外千百里。有文面濮，俗镂面，以青涅之。赤口濮，裸身而折齿。"

唐《唐大和上东征传》记载了崖州居民的凿齿俗，表明唐代海南岛也存在凿齿习俗。

宋《新唐书·南蛮传》中有关于乌浒僚凿齿习俗的记载："地多瘴毒，中毒者不能饮药，故自凿也。"

宋《太平寰宇记》卷一百六十六称贵州居民："有俚人皆为乌浒。……女既嫁，便缺去前齿口。"

明《炎徼纪闻》载贵州仡佬族凿齿风俗："父母死，则子妇各折二齿投棺中，以赠永诀也。"

清《临海水土志》载："夷州人俗，女已嫁，皆缺去前上齿，而三国时居住浙江南部的安家之民，其俗与夷州相似。"从考古资料来看，我国古代有凿齿习俗的民族主要是东方少数民族和百越族系。考古发掘证明，在古代东方少数民族、百越居住的地区，均发现不少凿齿遗址。属于东方少数民族文化的有山东泰安大汶口、兖州王因、曲阜西夏侯、胶县三里河等新石器时代遗址。属于百越文化的有福建闽侯昙石山、广东增城金兰寺村、佛山河宕、江苏邳州大墩子、上海崧泽、湖北房县七里河以及台湾恒春垦丁寮、鹅銮鼻等新石器时代遗址及四川珙县僰人悬棺遗址等。东方少数民族文化系统的凿齿习俗在大汶口文化晚期便已衰落，最终消亡了。百越文化系统的凿齿习俗却在与其有密切渊源关系的俚、僚、濮人及其后裔，如黎族、壮族、傣族、仡佬族、高山族等民族中延续下来。因此，百越族系是具有凿齿习俗的主体民族。

凿齿，俗称“打牙”。凿齿技术大致分为凿齿术和拔牙术两种。凿齿术是用硬器猛击需凿的牙齿，使其断裂，牙体掉落，牙根部仍然留在牙床内。拔牙术则是先以硬器慢慢敲打需要拔除的牙齿，使之松动之后将其连根拔掉。两种方式，前者更早些，后者较先进些。在我国少数民族的凿齿习俗中，上述两种方式均有。属于凿齿术的另一种方式是以凿或磨的方法改变牙齿的形状。不过这种方式不存在于我国少数民族的凿齿习俗中。

直至20世纪末，贵州仡佬族、广西融安壮族和台湾高山族都还保持着凿齿习俗。

### ❶ 仡佬族

仡佬族是贵州的古老民族。根据文献记载，贵州仡佬族的先民在西周至西汉时称为“百濮”或“濮”，在东汉至南北朝时称为“濮”“僚”或“夷僚”，至隋唐始称为“仡僚”“葛僚”“佯僚”，宋以后称为“仡佬”。部分仡佬族保持了古代僚人的凿齿习俗，故有“打牙仡佬”之称。20世纪50年代，贵州普安县窝子乡和高阳乡的仡佬族仍然保持“打牙”风俗。仡佬族凿齿多为女子，她们在出嫁时必须打掉上颌犬齿一二颗。据清人所绘《苗蛮图册》第23页“仡佬打牙图”所示，仡佬女子凿齿是在室外进行的。需凿齿的女子半卧在屋前，由一妇女相扶，另一妇女手持凿和锤，正在凿齿，并有两妇女协助，周围有妇女观望，男子不得接近。图中文字说：“打牙仡佬在黔西平越，女将嫁先折去门牙二齿，俗言恐伤夫家。又名凿齿苗，剪前发齐眉，取齐眉之意。其性情皆悍好斗。其种有五，各分党类。用毛巾横围腰间，旁无襞绩，谓裲裙，男女同制。”这里说到的仡佬女子婚前凿去门齿是为了免伤夫家，并不是凿齿习俗的本意。普安县仡佬族女子结婚前夕必须拔掉上颌侧门齿，据说有美观的含意，实质是作为已婚妇女的标志，而未婚少女是不拔牙的。《黔南图说》和《西南少数民族风俗画》中亦有描绘仡佬族“打牙”的图画。

### ❷ 壮族

壮族也是一个有凿齿习俗的民族。壮族先民曾把拔牙作为成年礼。当少年男女们进入成年期时，便要举行一定的仪式，然后拔掉上颌两颗前齿。这样少年们才被认为已经成年，可以有婚恋的资格了，并要承担起村社的义务。广西左右江一带的壮族女子在宋代时还普遍流行凿齿习俗，后来逐渐被饰齿所代替。至今广西龙州等地的壮族妇女仍流行嚼槟榔染齿的习俗，青年男女则热衷于镶金银齿，逢人一笑，露出亮闪闪的牙齿，颇觉美观。红河地区的壮族男子也有镶金银齿之俗。

广西融安地区的壮族女子在20世纪50年代初仍保持凿齿的习俗，后被作为陋习革除，转而以镶金银齿为俗。

### ❸ 高山族

高山族各族群都盛行饰齿。泰雅人、赛夏人、布农人、曹人以及平埔人中的邵人都有凿齿习俗。而排湾人、鲁凯人、卑南人、阿美人、雅美人却普遍有嚼槟榔染齿和用植物汁染齿的习惯。

高山族男女凿齿拔牙一般是在13~18岁时进行。泰雅人男女只拔去两颗门齿。赛夏人男子也是只凿掉两颗门齿，而女子则将两颗门齿和两颗犬齿都凿掉。布农人、曹人男女则将两颗门齿和两颗犬齿都拔去。邵人男子只凿掉两颗犬齿。在高山族各族群间除掉牙齿的方法有所不同。赛夏人用一根小铁棒抵在欲除掉的牙齿上，然后用石头猛击铁棒，将牙齿打掉，他们称之为“打牙”。泰雅人、布农人、曹人则用麻线缠绕在欲拔的牙齿上，麻线两端结在小木棒上，然后手握小木棒用力一拉，将牙拔除。

一部分泰雅人和布农人拔牙的方法略先进些，少年的父母先用两块木板夹住孩子的门齿或犬齿，然后用锤子慢慢敲打木板，使牙根松动，再用特制的带有木柄的绳套拴住牙齿，用力猛拉，拔出牙齿，拔牙后用凉水漱口止血。凿齿或拔牙都是在冬季进行，以免伤口发炎。高山族认为牙齿是本人生命的一部分，所以脱掉的牙齿要妥为保存。泰雅人和赛夏人将牙齿埋在房屋前檐雨水掉落处，布农人将牙齿埋在房屋内粟仓前柱下。曹人则将牙塞在屋顶茅草中。

邵人凿齿更加郑重其事，凿齿仪式是在每年正月初三举行。少年的父亲要事先在家门口搭一间房子，给将要凿齿的儿子居住。凿齿前，主持仪式者手捧火坑灰向祖先祈祷，以求得祖先的庇护。凿齿术由三个成年男子共同施行，各有不同分工：一个人用黑布把少年的眼睛蒙住，并紧紧地抱住少年的头，不准摇动；另一个人搂住少年的手脚，防止因疼痛而挣扎；还有一个人用左手将少年的上颌犬齿露出来，右手执锤，猛击犬齿，将犬齿敲掉。牙根仍然留在牙床上，伤口流血不止，这时要用火坑灰涂抹牙床止血。然后由主持仪式者带着少年到河边漱口，再咬住一个如犬齿般大小的小木片，直到伤口不再出血。掉在地上的牙齿，要用左手捡起来，小心地埋在主人家的屋柱下。

一些部族凿齿之后，少年便住进专门供成年男子居住的男子公房，全村社成员则为他庆贺，欢歌豪饮。高山族的凿齿习俗显然具有成年礼的意义，其少年男女均是在进入成年期时拔除门齿或犬齿，此后获得恋爱结婚的资格并承担成年人的义务。另外一些泰雅人还用拔下的侧门齿或犬齿作为爱情信物互赠对方收藏。

## 二、染齿

染齿习俗，亦可谓历史悠久。《山海经·海外东经》中已载有“黑齿国”。《楚辞·招魂》中也有关于染齿的记载：“魂兮归来，南方不可止些，雕题黑齿，得人肉以祀，以其骨为醢。”楚地之南，当指广西、广东等地区。雕题黑齿，即文身染齿。

据有关的民族调查材料表明，现今我国尚存染齿习俗的民族有傣族、黎族、壮族、京族、布朗族、哈尼族、彝族、阿昌族、基诺族等。染齿的方法有两种：一是用植物的汁液或烟黑将牙齿染黑；二是嚼槟榔或槟榔的代用品使牙齿变黑。

### ❶ 用植物染齿的民族

以植物汁液或烟黑染齿的民族有傣族、布朗族、基诺族、哈尼族、彝族、高山族等。这种染齿方法，其意义是非常原始的。

基诺族青年男女用梨木烟黑染齿。方法是将燃烧后的梨木放入竹筒内，上面盖一铁锅片，待铁片上的烟黑呈发光的黑漆状时，即手持铁锅片用梨木烟黑染齿。反复擦染，便可将牙齿染得又黑又亮，基诺人认为黑齿比白牙更有魅力。染齿后的少男少女即为成人，并获得婚恋资格。染齿是基诺族的古老传统，据说不习此俗者死后将不受祖先鬼魂的欢迎。[1]

哈尼族用一种称作“紫梗”的植物作染料将牙齿染成红色。哈尼族男女到15岁后，本村寨同龄伙伴便相邀选定时间和地点，用紫梗互相帮着染红牙齿并改换头饰，以此表示他们（她们）已进入成年期，获得恋爱和结婚的资格。

---

[1] 云南省历史研究所:《云南少数民族》，云南人民出版社，1983年。

云南金平县彝族阿鲁支系的女子也有染齿的习俗。阿鲁人共有4000多人口，分布在金平县境内的深山中，至今仍然保持着传统的生活习俗。阿鲁女子一生中染齿两次，第一次染齿是在13岁左右进入成年期时，由母亲或家中长者帮助进行（图3-24、图3-25）。第二次染齿是在中年，这时，原先染的颜色已渐渐消失，因而要重新染色（图3-26）。

阿鲁女子用水酒、虫胶、野生植物“植格爬”和酸搭拉果调配染齿的药汁。染齿工具为竹笋壳和棉花（图3-27）。选一片竹笋壳，剪成一小块椭圆片，在其中一面贴上棉花，用细线系好即可。染齿是在晚上进行，将药汁敷在棉花上，连同笋壳一同放入口中衔一夜，即可染出棕红色的牙齿（图3-28）。染齿后三四天内禁吃酸东西。一般染一次可保持十几年。女孩染齿后，便按成年人的装束打扮，从此进入成年人行列。

布朗族少男少女长到14岁左右，便要开始染齿了。他们将红毛树枝燃烧后，取其黑烟染齿。秋收后的一天黄昏时分，少女们特意打扮一番，三五成群地在火塘边一边绕线一边编织草排，等待着少年男子们的来访。夜幕降临，少年们一个个吹着短笛弹着三弦来了，女孩们连忙招呼让座。大家谈笑着并用红毛树枝在铁锅片上取烟黑开始染齿。首先是女孩帮助男孩染。然后，男孩也取烟黑为女孩们染。经过反复的涂染，牙齿便又黑又亮。布朗人称这种染齿聚会为“波格”，也就

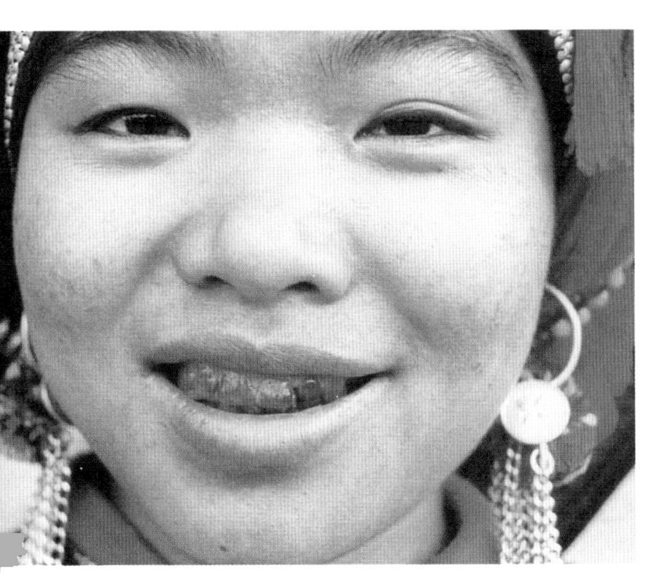

图3-24　彝族阿鲁女孩染齿（云南金平县）

图3-25　第一次染齿的彝族阿鲁女孩（云南金平县）

图3-26　彝族阿鲁妇女染齿（云南金平县）

图3-27　制作染齿工具的阿鲁妇女（云南金平县）

图3-28　正在染齿的彝族阿鲁人母女（云南金平县）

是成年礼。按布朗族风俗，少年男女经过染齿后，就算进入了成年，从此获得恋爱结婚的权利。

傣族古时便被称作“黑齿蛮”，可见其染齿历史悠久。《滇志》卷二十称：“在越州卫者，号白脚僰夷，俱短衣长裳，茜齿文身。”茜齿即染齿。至今云南一些地区的傣族男女仍然从十四五岁起，便要用栗木烟黑涂染牙齿（图3-29）。这是一种习惯，认为牙齿越黑越美，尤其是新娘更要将牙齿染得又黑又亮。[1]

居住在云南新平等地的花腰傣女子十三四岁便开始染齿，此后一生都以黑齿为美，她们用一种名叫“茜咸”的草药伴以石榴汁煮后，在睡觉前敷于牙齿上，反复若干次，牙齿逐渐变黑，永不褪色（图3-30）。据花腰傣老人说，牛无当面的上牙，傣家染齿也就是仿效牛无当面牙的形象（图3-31）。云南诸农业民族多是崇拜牛的。傣族是我国最早实现农耕的民族之一，对牛有着特殊的感情。至今，元江流域的花腰傣结婚时，新娘进门先要去给耕牛喂草，然后才拜见公婆。可见牛对于傣家人是很重要的。

高山族的排湾人、鲁凯人、卑南人、阿美人和雅美人均有用植物汁或烟黑染齿的习俗。清《凤山县志》卷七称高山族“齿用生草染黑”。阿美人、卑南人将黄杨树皮放在铁板上，用火将其烧焦，然后取铁板上的烟黑染齿。或将黄杨树皮烧成的烟黑加水调成墨汁染齿。还有用桑树或野草茎流出的汁液染齿，也有的将一种灌木的枝尖嚼碎，用以摩擦牙齿使之变黑。这些方法各进行数次之后，牙齿即

[1] 程德祺：《从凿齿国说起》，《民族文化》1980年第3期。

图3-29 染黑齿的傣族妇女

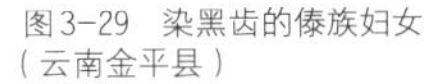

（云南金平县）

图3-30 傣族傣洒支系少女黑齿（云南新平县）

图3-31 花腰傣少女文身黑齿（云南新平县）

变得乌黑。[1]据史料记载，平埔人也曾有染齿习俗，《番俗六考》说平埔人“每日取草擦齿，愈黑愈固。”可见一斑，只不过平埔人汉化较早，染齿风尚现已不见。

壮族也盛行过染齿习俗，关于壮族女子染齿还有这样一个传说：

从前有个叫达戛的地方，住着美丽的阿婷姑娘。阿婷的美名传到了上官那里，上官亲自骑马带兵来到达戛，要抢走阿婷。可是，阿婷已闻风躲进深山去了。她梦见一个白发老人对她说：“孩子，如果你要避开这场灾难，就摘下这黑色的果子放进嘴里，染黑你那洁白的牙齿吧！”阿婷听罢醒来，只见眼前的青藤垂下一串串葡萄似的黑果子，她摘下几颗黑果子，放进嘴里细细嚼着。一会儿，阿婷走到清澈的山泉边上，看见自己的牙齿已漆黑发亮了。

上官因为抓不到阿婷，就把达戛的村民集中在坝子上，逼村民们交出阿婷姑娘。一天一夜过去了，谁也不肯说出阿婷藏在什么地方。上官恼羞成怒，存心要饿死村民们。就在这时，阿婷来了，她坦然地走向上官，站在他的马前。上官从马上跳下来，说道：“美人儿，笑一笑吧！”阿婷心里说，好呀，笑一笑，就让你看看我的牙齿吧！随即朗声大笑，露出黑亮亮的两排牙齿。“啊，黑牙精！”上官吓了一大跳，连忙踏蹬上马，惶惶不迭地逃回去了。从此，壮族姑娘都效仿阿婷，采黑果子染齿，还说牙齿越黑，心越洁白。这个风俗一直流传了下来。[2]

显然，这个传说中染齿的动机是较晚出现的，但也不失为一种关于染齿的解

[1] 许国民，曾思奇：《高山族风俗志》，中央民族大学出版社，1988年。

[2] 兰鸿思：《壮族民间故事选》，上海文艺出版社，1984年。

释。在不同时期的发展演变中，无论什么习俗都会出现相应的变异，正是这种发展演变丰富了染齿习俗的内涵。

## ❷ 嚼槟榔染齿的民族

嚼槟榔染齿的习俗，流行于我国南方少数民族中，如傣族、布朗族、佤族、阿昌族、黎族、京族、高山族及部分壮族。其中佤族和阿昌族嚼的并非真正的槟榔，而是代用品。佤族的“槟榔”用麻栗树叶加石灰做成。他们将麻栗树叶采回家后，放在锅里熬出水汁，再掺以熟石灰搅拌，使之呈半液体状，然后舀好放在竹笋壳上，待凝固冷硬后即成圆饼形的“槟榔”。嚼食这样的槟榔时要掺上草烟丝、石灰等物，使其具有嚼真槟榔的味道，并且也能将牙齿染成红黑色，因此佤族也称之为“嚼槟榔”。阿昌族的槟榔其实就是草烟和芦子，反复嚼食同样有红唇黑齿的功效。布朗族妇女也喜嚼槟榔，用槟榔叶包上草烟、石灰和槟榔片，然后放入口中慢慢嚼，牙齿被染成黑色，嘴唇被染成红色，以此为美。

傣族地区，多盛产槟榔，傣族男女都喜好嚼槟榔。他们将槟榔果仁同草烟、石灰膏一起嚼食。傣族妇女认为白色的牙齿“像马牙一样难看”，傣俗以黑齿为美，故在傣族的诗歌中有“牙齿黑得发亮的美丽姑娘啊”这样的赞美句。元江、新平的傣族青年男女还以互赠槟榔来传情定亲。少女送给情人的槟榔装在荷包里，小伙子送给情人的槟榔装在精致的小盒里。婚嫁时，更要用槟榔待客。

海南岛盛产槟榔，乐东、崖县、陵水等地的黎族妇女对其十分嗜好。美孚黎与杞黎的男子也嚼槟榔。黎族嚼槟榔，生熟皆可。生吃时，将采下的槟榔果切成小块即可食用。熟吃是将槟榔放入锅中煮熟，然后切成两块，用藤条穿成一串串挂起晾干以备长期食用。黎族还喜将青篓叶和贝壳灰与槟榔同嚼，这样味道更好。嚼槟榔时，用青篓叶将槟榔和贝壳灰卷起，放入口中慢慢咀嚼，头三口唾沫要吐掉。初嚼时，唾沫是黄的，继续嚼下去，就嚼出又香又甜又辣的味道来，越嚼唾沫越红，嘴唇和牙齿也被染得红红的。一颗槟榔要吃半小时左右，最后将残渣吐掉。黎族人家常备槟榔盒，盒内装槟榔片、蒌叶及贝壳灰。妇女们的腰间系着盛槟榔的小袋子，无论居家还是在外，总是嚼着槟榔，嘴唇如同抹了胭脂似的，牙齿也被染得黑红乌亮，她们以此为美。黎族女子从进入成年期以后便开始嚼槟榔。槟榔也是男女双方交往的媒介，情人之间常互赠槟榔，缔结婚约的聘礼亦少不了槟榔。当男方父母去女方家替儿子求亲时，聘礼便是两串槟榔干、两把鲜蒌叶及两块银元等。如果女方同意结亲，就收下槟榔定亲，俗称“放槟榔”。日后女方若是提出退婚，便要退还求婚聘礼，又称“退槟榔”。可见槟榔在黎族人生活中的重要地位。

一部分壮族至今有嚼槟榔习俗，广西龙州、宜山等地区的壮族妇女非常喜好嚼槟榔，以黑齿为美。

高山族的排湾人、鲁凯人、卑南人、阿美人、雅美人，都普遍有嚼槟榔的习惯。他们采摘未熟的青槟榔用小刀切成两片，和熟石灰一道包入老叶，放进口中咀嚼，然后将唾液吐出，渐渐唇齿变成黑赤色。这是以黑齿为美而盛行的一种风俗。

## 三、饰金银齿

以金银饰齿的习俗，至少在唐代就已出现。唐朝樊绰《蛮书》卷四载有关于云南少数民族先民的饰齿习俗：“黑齿蛮、金齿蛮、银齿蛮、绣脚蛮、绣面蛮……皆为南诏总之。”

同书又说：“金齿蛮以金镂片裹其齿，镶齿以银，有事出见人，则以此为饰，寝食则去之。”

宋代时，广西左右江地区的壮族妇女便以金银齿著称。她们将金银镶在犬齿上，出门时套上，无事取下，以此为俗。壮族妇女以金银饰齿的习俗一直保持至今。

元代马可·波罗在《滇西游记》中说云南居民：“此地人，皆用金饰齿，别言之，每人齿上用金作套如齿形，套于齿上，上下皆然。”

这些记载说明，齿饰文化发展到以金银来装饰牙齿的阶段其意义已发生了很大的变化。但在有些民族中，正如若干民族学材料所显示的那样，则仍然或多或少地保持着齿饰的原始含意。

用金银饰齿之俗，目前在我国西南和华南以及西北诸少数民族中仍广为流传。傣族、布朗族、佤族、畲族、黎族、壮族、瑶族、苗族、彝族、藏族、土族等民族皆喜金银饰齿。饰齿之法，是仿照本人牙齿的形状，用黄金片或白银片制成牙套，然后镶在牙齿上。有的镶上之后终身不取，有的根据需要时取时戴。各民族中的饰齿习俗有的是传承古俗，有的则是因受到邻近民族的影响而为之。如西盟佤族就有受傣族影响的因素，其少女喜用金银饰齿。

傣族历史上有金齿、银齿、漆齿和雕题之称，集饰齿与文身为一体，故人们视染齿、饰金银齿和文身为傣族特有的习俗（图3-32）。至今相当多的傣族青年男女仍然习惯将金银制成牙套，镶在门齿上，以此为美为富。傣族花腰傣支系的少女在成年时也要用金银饰齿，再穿戴上华丽的服饰，显得美丽动人。

一些布朗族女子到成年时便镶金银齿，她们以此象征成年并视为美饰。畲族青年男女都喜饰金齿，一般是上颌的侧门齿各镶一颗。谈笑间金光闪闪，以此为富有和美丽。云南彝族纳苏支系、花腰支系和尼苏支系的少女们均喜用金银饰齿（图3-33、图3-34）。四川大凉山的彝族女子也都喜镶金银齿。海南岛黎族妇女亦有饰金银齿的习俗，多是将上门齿和侧齿用银片包镶（图3-35）。

广西一部分壮族女子也喜用金银饰齿。瑶族众多的支系几乎都有饰金银齿的习俗。如土瑶、红瑶、盘瑶、红头瑶、花兰瑶、过山瑶、尖头瑶等（图3-36、图3-37）。常见的是女子以金银饰上颌侧门齿。苗族女子亦有订婚时镶金银齿的习俗。白族和阿

图3-32　饰金齿的傣族少女（云南景洪市）

图3-33　镶银齿的彝族尼苏少女（云南金平县）

图3-34　饰两枚金齿的彝族尼苏少女（云南红河州）

图3-35　饰银齿的彝族妇女（四川凉山地区）

图3-36　饰金齿的瑶族女子（广西田林县）

图3-37　饰金齿的土瑶女子（广西贺州市）

昌族女子也用金银装饰牙齿。白族少女一旦镶了金齿，便是向人们示意她已经订婚。

藏族男女饰金银齿的现象比较普遍。四川甘孜州的藏族男子喜好饰金齿，他们将两颗侧门齿镶上金牙套（图3-38、图3-39）。松潘和康定的藏族女子成年时都要镶一颗金齿，以表示成年，并终身饰之（图3-40）。甘南藏族男子也有饰金齿习俗，他们只将一颗侧门齿镶为金齿（图3-41）。青海藏族女子也热衷于用金银饰齿，她们的侧门齿以金银包裹（图3-42）。

西北土族男子也有用金银饰齿的习俗，他们将下门齿中的一两颗牙饰为金银齿。新疆哈萨克族女子比较普遍存在着饰金银齿的习俗。福建惠安县和闽南一带的汉族，属闽越后裔同化而来，他们还保持着饰齿之俗。该地青年男女在成年后结婚之前，要将上颌侧齿或犬齿镶为金银齿。江西古代干越有摘齿风俗，至今江西一些县的汉族未婚少女要将上侧门齿镶成金银齿。

白族女子也有饰金银齿的习俗，饰金银齿是她们已订婚的标志（图3-43）。

图3-38　饰金齿的盛装藏族男子（四川甘孜州新龙县）

图3-39　藏族男子金齿（四川甘孜州白玉县）

图3-40　藏族女子金齿（四川甘孜州康定县）

图3-41　藏族男子金齿（甘肃甘南州）

图3-42　饰金齿的藏族少女（青海海南州）

图3-43　饰金齿的白族少女（云南鹤庆地区）

以上概述了古往今来饰齿习俗的种种情形。那么，究竟是什么原因使得饰齿习俗在我国广大地区、众多民族中源远流长而经久不衰呢？其文化内涵又是什么？要解释这些，首先得从凿齿习俗说起，这是最根本的原因所在。

## 四、饰齿习俗

饰齿习俗作为一种广为流传的风俗，必定有它的实际意义。凿齿作为成年的标志和氏族的标志，与氏族外婚制有关，染齿、金银饰齿则偏重于审美因素，通常被视为美饰。从凿齿、染齿至金银饰齿，三者之间不仅仅有着一脉相承的联系，同时习俗也发生了相应的变化。

首先可以说，凿齿仪式是成年礼，凿齿是成年的标志。凿齿习俗有一个非常显著的共同点，这就是，无论哪一个民族，拔除的牙齿都限制在前臼齿以前的各齿种，主要是门齿和犬齿，拔除以后，只要一张口，便很容易显示。而且，拔除的牙齿都是恒牙，一旦拔除便终身不再萌发新牙，这就使凿齿成为一种永恒的标志。

众多的民族学、考古学资料和史籍记载表明，凿齿行为与成年礼密切相关。考古学家在对山东至苏北大汶口文化遗址的拔牙文化材料作了类比的研究之后，认为其原始内涵是属于青春期拔牙，即成年的标志。中国境内拔牙施术时间比较严格的执行于个体成长发育的性成熟期。[1]

在大汶口文化遗址发掘的近600个人体中，男女都有较高的拔牙率。拔去上侧门齿的男子占64%，女子占80%，拔牙的年龄是在14~17岁。这样的拔牙年龄与我国近现代高山族和仡佬族的拔牙年龄几乎相同。《新中国的考古发现和研究》一书中也谈到："拔牙年龄在14~15岁的性成熟期。推测拔牙的意义，最初可能与取得婚姻资格有关。"以拔除牙齿作为标志来表示少年已进入成年期并获得婚姻资格，这是各种标志形式中的一种。按氏族法规，须得成年后方可婚配，因而成年便意味着获得婚配资格，二者之间是顺理成章的。元代李京著《云南志略》载："土僚蛮，叙州南乌蒙北皆是，男子十四五岁则左右凿两齿，然后婚娶"。这表明元时凿齿仍然意味着成年和获得婚姻资格。宋代文献《溪蛮丛笑》称："仡佬妻女

[1] 韩康认，潘其风：《我国拔牙风俗的流源及意义》，《考古》1981年第1期。

年十五六即敲去右边上一齿。”十五六岁正是成年之际。近代高山族男女凿齿仍具有成年礼的性质，凿齿以后，少年便住进专供成年未婚男女居住的公房并获得恋爱和结婚的资格。

民族学资料表明，染齿同凿齿一样具有成年礼的意义，只不过，凿齿这种方式被染齿取代了。云南勐海的布朗族少年男女在获得社交资格之前，要先举行“报即”仪式，也就是成年礼。当少年男女到达15岁的年龄时，便要互相帮助涂染牙齿。先由少年男子们集体前往少女家，为等候在那里的少女们染齿，染料为一种“即”的树枝烧取的烟黑。然后，染过齿的少女们又在开门节和关门节的三个月期间，到寺院里为同等年龄的少年男子们染齿。经过染齿的少女们成为“拜恩连西”，少年男子们成为“沙来因”，他们都获得了婚恋的权力。“拜恩连西”和“沙来因”是以年龄为等级的通婚集团。[1]

哈尼族的男孩和女孩长到一定的年龄便要染红牙齿，这表示他（她）们已经成年，可以参加串姑娘了，其也是以染齿来实现这一人生转折的。

傣族普遍存在染齿习俗。约从十四五岁开始，有的是用栗木烟涂抹牙齿使之变黑，有的是嚼槟榔染齿，新平等地的花腰傣少女则用草药拌以石榴汁煮沸，于睡觉前敷于牙齿，渐渐牙齿乌黑发亮引人注目。据江应梁先生考证，这类染齿“明显的是女子的成人式”。

种种迹象表明，饰齿是成年的标志，成年礼与取得婚姻资格有关。成年仪式在前、婚配在后的习俗是关系到氏族（民族）生存发展的大事。可见，饰齿—成年—婚姻，三者之间是相互关联的。

取得婚姻资格之后，选择什么样的婚配对象仍然需遵循氏族法规，执行氏族外婚制。在氏族外婚制时期，凿齿作为氏族的标志，起到了保证氏族外婚的作用。

凿齿习俗之所以在越族群体中流传广泛而持久，是因为凿齿习俗与母系氏族社会的氏族外婚制密切相关。考古学家考察了大汶口文化早期的兖州王因文化遗址，对该遗址氏族公共墓地的721座墓葬及1062具人体进行研究后发现，该墓地盛行合葬与迁葬，在这些合葬与迁葬的个体中，均流行拔牙习俗。考古学家指出：

[1] 云南大学历史研究所民族组：《拉祜族、佤族、崩龙族、傣族社会与家庭形态调查》，云南大学出版社，1975年。

一、合葬墓中，同一氏族的男女死后不能埋在一起的习惯还比较普遍，这意味着同一氏族的男女不能通婚。由此推测出这个氏族实行的是一种族外婚。二、迁葬墓中人体的性别几乎都是男性，因而迁葬风俗的盛行与实行男性族外婚有关。在这种婚姻形态下，男性婚后入到受婚氏族，死后遗骸又迁回出生氏族，而且常常举行集体迁葬仪式。据此推论，拔除上颌侧门齿的风俗大概和盛行氏族外婚有密切的关系，因而在婚姻形态上，至少大汶口早期文化的居民还没有脱离母系氏族社会的范畴。[1]该凿齿文化的考古发现可以印证凿齿习俗原始内涵的一个重要方面，就是反映了母系氏族社会的氏族外婚形态。这种男性氏族外婚现象与现在还残存在我国南方少数民族中的从妻居婚俗有一定的相似性。

综合我国考古学、民族学、史籍等各方面的资料发现，拔除牙齿的形态多种多样。例如：①拔除一对上颌门齿；②拔除一对上颌门齿和一对上犬齿；③拔除一颗上颌门齿；④拔除一对上颌侧门齿；⑤拔除一对上犬齿；⑥拔除一对上颌侧门齿和一对上犬齿；⑦拔除一对前臼齿；⑧拔除一对下中门齿；⑨拔除四颗下门齿；⑩拔除四颗下门齿和一颗上侧门齿、一颗犬齿等。看到如此复杂的拔牙形态，就知道拔除牙齿这种方式用来作为氏族的标志，它们可以分别表示人们不同的出生氏族。

流传于凿齿民族中有关凿齿习俗的神话传说表明凿齿作为氏族的标记，目的是维护氏族外婚。下面是一则广西融安壮族的凿齿神话传说。

远古时期，雷公和人间大力士进行械斗，被大力士用计活捉并关进牢房。雷公在大力士一对儿女的帮助下破牢而出。雷公临走时，拔下一颗牙齿交给大力士的孩子们，并要他们把牙齿种在地里。两个孩子遵嘱把牙齿埋在屋檐下，不久就牵藤长叶，结出一个大葫芦瓜。雷公回到天上后，为了向大力士复仇，发洪水淹没了大地。人类灭绝，只剩下大力士的一双儿女，因躲在葫芦瓜中而得救，他们漂流到广西定居。兄妹长大后，为了繁衍人类，哥哥打算与妹妹婚配，但这是违背兄妹不婚的氏族禁律的。于是哥哥拔掉一颗牙齿，表示他是雷公氏族的人，而妹妹是大力士氏族的人。这样，两个氏族的青年男女互相通婚是符合氏族惯例的。

[1] 韩康信，潘其风：《我国拔牙风俗的起源及其意义》，《考古》1981年第1期。

到了第二代，仍然如此办理。后来形成了拔牙风俗。[1]

著名的壮族神话《布伯》中也有与上则神话大致相同的内容。这类神话传说生动地反映了拔牙（凿齿）作为氏族的标志，是用于区别不同的氏族和维护氏族外婚的。同时也说明，氏族外婚制已为氏族成员自觉遵守，反血缘婚的意识十分明确。正是在这种前提下，凿齿才能形成一种习俗。这类神话还表明，凿齿的风俗很古老并与人类的繁衍有关。

凿齿的神话传说在贵州仡佬族地区也广为流传。

远古时候洪水泛滥，大地上人类灭绝，只有一对兄妹保住了性命。为了人类再生，玉皇大帝派织女下凡和水里的龙王一道撮合兄妹成亲。一年后妹妹生下四男四女，这四对男女长大后又互相婚配繁衍后代，同时传下不准同外族婚配的规矩。这样不知过了多少代，仡佬族人丁并不兴旺，许多孩子没有长大就夭折了。仡佬族的祖先眼看着仡佬族一天天衰落，便祈求玉帝给予帮助。玉帝又派织女下凡，帮助仡佬族改变不许同外族结婚的规矩，禁止兄妹间的婚配，若不遵守就要遭雷击。织女还规定少年到了十四五岁，要举行打牙仪式，表示他们已经成年，可以同外族人恋爱结婚了。这以后，仡佬族的人丁又兴旺起来。[1]

这则神话的核心内容包含着凿齿习俗最原始的内涵，其中有三点值得注意：

第一，仡佬族的这则凿齿神话清楚地表明凿齿与成年礼有关，而成年是取得婚姻资格的前提。取得什么样的婚姻资格？当然是氏族外婚。所以，凿齿行为通常被称为青春期拔牙或婚姻拔牙。

第二，这则凿齿神话还表明，在产生凿齿习俗之前，人类实行的是血缘内婚，兄妹可以是夫妻，这是符合群体道德规范的。但是当人类认识到血亲婚配对人类自身的繁衍发展极为不利时，便有意识地对婚姻制度进行改革，严格禁止血缘婚，提出了氏族外婚这种有利于氏族人口繁衍的婚制。而凿齿习俗便是这次改革的产物，它作为氏族的标志能够帮助氏族外婚制的实施。将凿齿作为氏族的标志是极容易识别的，它的直观性很强，一望便可知对方是否属于可以婚恋者。这样就可以防止婚配上的混乱，达到保证氏族外婚的目的。

[1] 张福山：《走出混沌》，云南民族出版社，1989年。

第三，仡佬族的凿齿神话中说到“织女定下规矩”，其原意有可能是指女祖先定下规矩。如果这个推测可信，那么，其凿齿习俗便产生于母系氏族社会。这种可能性极大，因为该神话中所反映出的婚姻形态——血缘婚和氏族外婚，是存在于母系氏族社会之前和之中的。

母系氏族社会产生并盛行氏族外婚，这已是定论。氏族外婚制的实施在人类发展史上标志着一个新纪元的出现，它使人类的体质、智慧均得以提高，随之而来的是社会科学与自然科学的各种萌芽的产生，所以说母系氏族社会是人类文化的摇篮。文明人当然知道氏族外婚制对人类社会的发展所起的推动作用，原始人类虽然不一定理解得如此深刻，但他们深知氏族外婚制给氏族繁衍带来的好处，所以原始人类以各种方式维护氏族外婚制并使之成为氏族法规。而氏族成员必须在身体上作出标志是其实行氏族外婚制的一项保证。

有关研究表明，成年礼最初是母系氏族社会所特有的人生礼仪，同样，氏族外婚制是伴随着母系氏族制的确立而产生的。那么，与成年礼和氏族外婚制密切相关的凿齿行为也应该是随之而产生的。如果这个推断正确，凿齿习俗起源于母系氏族时期便是无疑的。

当整个社会的系统结构发生了改变时，凿齿习俗作为氏族社会特有的文化现象，不可避免地从内涵到外在形式都发生了变异。有的民族将凿齿改变为染齿，有的民族将凿齿演化为镶金银齿。这样，齿饰文化在后期所显示出来的意义显著地倾向于审美。这是因为，在凿齿习俗的原始含义日趋淡化之后，审美因素从古老的观念中分化出来，以新的形式展示了新的观念。当然，这是一个前后影响、不可能完全分割的历史进程，从凿齿到染齿再到镶金银齿，对于审美的偏重越来越占主导地位，最终染齿和金银齿转化为美饰。这种美是超自然的美，是观念化的美，它具有特殊的审美意义。人们之所以能欣赏饰齿的美，完全要借助于心灵和理性对美的领悟，并升华到对形式的认识产生特殊的情感，即审美感受。

我国当代少数民族仍保持着的染齿和镶金银齿习俗在很大程度上被作为一种美饰，尤其是镶金银齿，装饰的意味十分浓厚。过去，“有事出见人，则以此为饰，寝食则去之”。今天，饰金银齿更是美和富的显示。贵重的东西才是美的，这种审美概念是建立在完全不同的观念基础之上的。在这种观念的影响下，一些历史上没有饰齿习俗的民族也出现了饰金银齿热。1990年春，笔者在广西壮族地区进行民族考察时，曾访问过三江县富禄镇的一家镶金银齿的小店。当时，小店里挤满了苗族、瑶族、壮族和侗族的姑娘们，她们挨个等候着镶金银齿，很难说她们的这种热衷是为了传承古俗。当问到她们为何这般时，回答说这样最好看。望着这些山野女子纯朴的面孔，由不得你不相信她们说的是实话。

傣族也是以染齿为美，他们认为白色的牙齿"像马齿一样难看"。傣族诗歌中有"牙齿黑得发亮的美丽姑娘啊！"这样的赞美句，傣族女子皆以黑齿为美，尤其是新娘要将牙齿染得又黑又亮。花腰傣女子从十三四岁开始染齿，此后一生都是红唇黑齿。一些地区不尚染齿的傣族青年男女则镶饰金银齿。云南盈江的阿昌族青年男女有染黑齿比美的习俗，牙齿黑亮者最美。

在现代少数民族的生活习俗中，对美的追求同样是生活的重要内容。像饰齿这样的风俗，随着时间的推移，它的种种含义都可能淡化、消失，唯有审美意识是不会泯灭的。尤其是今天，饰齿行为虽然还具有成年礼等性质，但是，几乎所有仍盛行饰齿习俗的民族都将染齿或镶金银齿视为美饰，以此为美。

## 第三节　奇异神秘的面具

说到面具，很容易令人想到傩。实际上，中国的面具文化不但历史悠久，而且种类繁多，中华各民族拥有的各式面具大都具有傩文化的特质并具有一定的原始性。我国十几个省区的藏族、彝族、壮族、瑶族、苗族、侗族、水族、土家族、仡佬族、毛南族、布依族、白族、佤族、哈尼族、基诺族、傣族、景颇族、蒙古族、门巴族等民族都保留着各种形式的面具。诸如彝族的火把节虎神面具和看家镇寨的吞口面具、苗族的芒篙舞面具、哈尼族的六月年棕皮面具、基诺族的笋叶面具、佤族的笋壳面具、壮族和土家族的茅草面具、瑶族的跳盘王面具、傣族的孔雀舞面具、布依族的竹编面具以及门巴族的羊皮面具、纳西族东巴神兽面具，还有相当引人注目的藏面具等。当然，还要包括各种各样的傩面具。

上述各类面具中，兽皮类面具和树皮类面具可能是最具有原始意味的面具形式。对于以狩猎和畜牧为主要生存手段的民族来说，兽皮是制作面具的重要材料，早期的羌姆面具和藏戏面具便是用兽皮制作的套头式面具或用羊皮制作的平板式面具并用羊毛、牛尾作为装饰。而对于以采集和农业为生的民族来说，各种植物是制作面具的上好材料，其中最易得、最便于加工、最原始的是棕皮面具、茅草面具、葫芦面具、笋壳面具等。其后，木质面具成为各农业民族运用最广泛的植物类面具。现今我们所见到的木质面具中做工最粗放的是彝族的“撮泰吉”面具，工艺最精湛的是布依族的地戏面具，它们分别代表着面具艺术不同的发展时期。模制的藏面具素以形式精致著称，其绚丽华美的铜面具是其他面具难以企及的。应该说，藏面具已登上了面具艺术的顶峰。

这些面具不是被作为一种化装术而运用的，各民族都视面具为某种神物，面具所代表的不是常人的脸面，而是神秘世界中某位神灵的面孔，因此它是按照它的创造者的意图而制作出来的。那些被各种各样的原始宗教意识所激发出来的想象力，创造出了灿烂辉煌的面具文化。尽管不同时期的面具各有不同的特色，但它们的主要作用是一致的，即把参加祭典仪式的人们带入一个神秘的世界，赋予他们一种特殊的精神状态。我国各民族的面具文化大都保持着这一原始特性，本节将要着重谈到的是中国少数民族面具文化的两大主流——傩面具和藏面具。

## 一、傩面具

傩文化被称为面具文化，是因为傩文化的显著标志是表演者（巫师）戴着面具进行驱鬼纳吉的演示活动，庄严的面具包含着农事信仰，显示着巫教与农业社会的关系。我国现存的傩文化主要分布于长江以南的安徽、江西、湖北、湖南、广西和西南的云、贵、川三省，形成了一个傩文化圈。其中贵州是傩文化最盛行、保存最完整的一个地区。当代傩文化的传承者有汉族、土家族、苗族、侗族、毛南族、壮族、布依族、仡佬族、水族和彝族。现今傩文化的主要表现形式是傩戏，傩戏又称为傩坛戏、端公戏、师公戏、还愿戏、神戏、关索戏、地戏等。虽然不同地区、不同民族各有不同的称呼，但它们都具有傩文化的共性，即表演者均戴面具演出，并以驱鬼逐疫、消灾纳吉为活动目的。



傩祭是傩文化的早期形态，傩戏便是由傩祭发展起来的一门宗教与艺术相结合的原始戏剧，而傩祭的渊源则可以追溯到上古时期的巫术礼仪、图腾歌舞。即是说，傩祭源于巫祀礼仪中具有神力的歌唱、咒语、舞祭，它是由此发展出的狂热的驱鬼逐疫的宗教乐舞。

大约在商周时期，傩祭在中原地区已相当盛行。商人崇巫甲骨文中的“寇”，便指的是一种用人牲或兽牲搜寻住宅，驱鬼逐疫的重大活动；甲骨文中的“倛”，即是象征头戴面具的驱鬼者。正如《礼记·表记》所说：“殷人尊神，率民以事神，先鬼而后礼。”至周代，已形成了国家典章制度的傩祭。季春为国家之傩，即“国傩”；仲秋为天子之傩，即“天子傩”；季冬为全民同举之傩，即“大傩”。宫廷中由大巫师专事傩祭，官名为“方相氏”，是古代傩祭中的核心人物。据《周礼·夏官》载：“方相氏掌蒙熊皮，黄金四目，玄衣朱裳，执戈扬盾，帅百隶而事难（傩），以索室驱疫。”这种由方相氏戴黄金四目面具帅百隶驱鬼的仪式，正是当时大傩的写照。从商周至汉唐，方相氏帅百隶事傩驱鬼疫的场面越来越大。《后汉书·礼仪志》记载的汉之大傩，不仅保持着前代傩制，而且傩仪的参加者也大大地增加了。其增设了侲子、武士和传说中十二神兽等角色，“方相氏与十二兽舞，欢呼周遍前后，省三过，持火炬送疫出端门”，贵族百姓竞相而至，傩祭场面轰轰烈烈。“中黄门（贵族）倡，侲子（儿童）和”的一大段咒语历数十二兽所食各种鬼疫，用意即在“凡使十二兽追凶恶”，驱鬼除邪。再有“傩人师（狮）”“设桃梗郁垒苇”“执戈扬盾”“武士冗从”等。至此，傩祭的意识及仪式都已完善。隋唐之际，傩祭仍然依前旧制，只是参加傩仪的人数更多，规模更加宏伟。大傩之仪此时已登峰造极，而后便开始了它内容上的大转变。宋代伊始，方相氏、十二兽、侲子诸角色从傩祭中消失，取而代之的是民间传说中的各路神仙和历史人物，土地、灶神、钟馗、关公、秦叔宝、尉迟敬德等成为主角，教坊伶人的表演也渗入到傩仪中来，不再有古代傩祭那种充满神秘和巫术气氛的严肃表演，崭新的驱傩形式表明傩仪已开始向着戏剧表演衍进。宋人孟元老在《东京梦华录》卷十中生动地描述了除夕之夜的大傩：“至除日，禁中呈大傩仪并用皇城亲事官。诸班直戴假面，绣画色衣，执金枪龙旗。教坊使孟景初，身品魁伟，贯全副金渡铜甲装将军。用镇殿将军二人，亦介胄、装门神。教坊南河炭丑恶魁肥，装判官，又装钟馗、小妹、土地、灶神之类，共千余人，自禁中驱祟出南薰门外，转龙湾，谓之‘埋祟’而罢。”在这里，皇城司诸班直虽然着绣画色衣，执金枪银戟、五色龙凤、五色旗帜，但他们不过是装装样子而已，而教坊伶人所装扮的判官、钟馗、小妹、土地、灶神等角色则是载歌载舞，声容动众，表演精彩。可见宋代之大傩，除了象征性地保持着除夕驱疫和“埋祟”的习俗外，其内容与形式都与古代傩祭相去甚远。南宋以后，傩仪的最后一丝尊严威武亦不复存在，禁中大傩改由女童驱傩，装扮六丁、六甲、六神之类。这种女童驱傩的妩媚情趣使古傩祭狞厉阳刚之美消失殆尽，加之宋代词典之盛和杂剧、南剧之兴，傩仪终于成为辞旧岁、迎新春的戏剧艺术——傩戏。

由于民族迁徙、民族交往、民族战争等多种原因，使原本盛行于中原地区的傩文化广泛地流传于全国各地，特别是在西南少数民族地区，傩文化与当地土著文化鱼水相融，形成了具有民族特色的傩戏群。当中原傩戏逐渐消失之后，少数民族地区的傩戏依然兴盛不衰并流传至今。

戴面具表演是傩文化的显著特征，这一传统从古至今都没有变，无论是傩祭还是傩戏，表演者都要戴面具。根据不同的表演形式和各具特色的面具模式，现今傩面具主要分为傩坛戏面具（傩堂戏、端公戏、师公戏、还愿戏、神戏、关索戏都属此类）、地戏面具和彝族傩祭面具三类。其中傩坛戏面具古朴凝重，地戏面具华丽繁缛、彝族傩祭面具原始粗犷，虽形式不同但它们都蕴含着面具特有的神秘色彩，并具有傩面具的共同特点，即每副面具都代表着一个神祇。

### ❶ 傩坛戏面具

流传于民族地区的傩坛戏虽然具有娱人因素，但实质上仍是为了酬神驱鬼。傩坛戏的演出分为开坛、开洞、闭坛三部分，其中开坛和闭坛是酬神送神的傩仪，开洞是演出正戏。开坛时由掌坛师（巫师）表演开坛歌舞，以示对神祇的崇敬和虔诚，并把神祇统统请出来，祈求他们将作恶的鬼疫捉拿驱除。闭坛时又由掌坛师演唱歌舞酬神，送神祇归位，押鬼疫上船，表示从此可以平安无事了。正戏的剧目包括神话故事、民间故事和历史演义，演员能充分发挥其表演才能，娱人因素较重，但内涵仍以宣传神道为主。显然，鬼神观念是傩坛戏发展传承的思想基础，也是新鬼神面具产生的根源。

今天所见到的傩坛戏面具，早已不是原始面具神的形象。从宋代开始，驱傩之神就绝不同于从前，周傩方相氏和汉傩十二神兽均影迹不存，取而代之的是新神话中的鬼神人物钟馗、小妹、土地、灶神、五方鬼使和神化了的历史人物。这种新鬼神的出现原因有二：其一，傩坛戏主要流传于我国农业民族之中，相对稳定的农业社会给了傩坛戏以充分发展的条件，农业社会的信仰始终贯穿于傩坛戏之中，其神祇越来越多，并由此产生出与之相应的各种神祇面具。其二，本属巫教系统的傩坛戏在长期的发展中又广泛地吸收了佛教、道教的观念和人物，同时一大群历史人物也在这场民间造神运动中取得了超凡脱俗的资格，成为历史神。这些原因使傩坛戏面具中出现了开山莽将（图3-44、图3-45）、押兵先师（图3-46）、引兵土地、唐氏太婆（图3-47）、判官（图3-48）、消灾和尚、卜卦先师、二郎神、先锋小姐（图3-49）、钟馗、曹操、吕布、包公、关羽（图3-50）、秦叔宝、程咬金、杨家将、龙女等神祇，其中又有正神、凶神之分。正神为引兵土地、消灾和尚、唐氏太婆、先锋小姐、岳飞、姜子牙等，他们都是温和、善良、正直的神祇，其造型往往是慈眉善目，给人以可亲可敬之感；凶神为开山莽将、押兵先师、龙王、钟馗、关羽等，他们是一些凶悍而威严的神，专捉拿各种鬼怪。其造型特点是头上长角、嘴吐獠牙、剑眉倒竖、怒目圆睁、形象狰狞，具有威猛

图3-44　土家族傩坛戏开山莽将面具（贵州德江县）1

图3-45　土家族傩坛戏开山莽将面具（贵州德江县）2

图3-46　土家族傩坛戏押兵先师面具（贵州德江县）

图3-47　土家族傩坛戏唐氏太婆面具（贵州德江县）

图3-48　土家族傩坛戏判官面具（贵州德江县）

图3-49　土家族傩坛戏先锋小姐面具（贵州德江县）

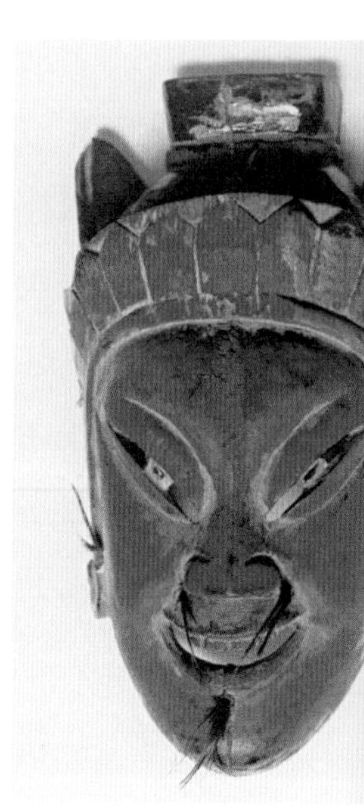
图3-50　土家族傩坛戏关羽面具（贵州德江县）

的气概。傩面具中的世俗人物也被视为神祇，他们是甘生、梅香、秦童和秋姑婆等，其在傩戏中能起到增加戏剧效果的作用。即便是世俗人物，一经刻为面具，再经掌坛师主持的“开光点亮”仪式点封，便成为神祇被供奉于祭坛之上。演出前，由掌坛师念咒语请出，以酒相敬然后才能戴用。这种“点石成金”的意味，正是巫的本色。

傩坛戏面具多是用柳木或白杨木雕刻，工艺精细。面具造型有范本参照，重要的神祇须毫不走样地摹刻出来，但也有些艺人不拘泥于范本，即兴发挥。雕刻时先大刀阔斧地刻出雏形，然后再细心地雕凿局部，木胎成型后，要仔细地打磨光滑并涂上腻粉。染色时，先在面具上涂一层赭石或土黄底色，然后用桐油均匀地刷上几遍，并在眼睛，眉毛等部位用黑色渲染勾勒。若是重彩面具还需用红、蓝、黄、黑等强烈色彩勾画涂染，并以不同的色彩表示忠诚、刚直、凶悍、英武、狂傲等性格特征。在造型和色彩上，傩坛戏面具充满古朴浑厚的艺术效果（图3-51~图3-53）。

## ❷ 地戏面具

地戏曾是流行于军队中的军傩，明代洪武年间“镇南”时由安徽和江西籍

图3-51　土家族傩坛戏山大王面具（贵州德江县）

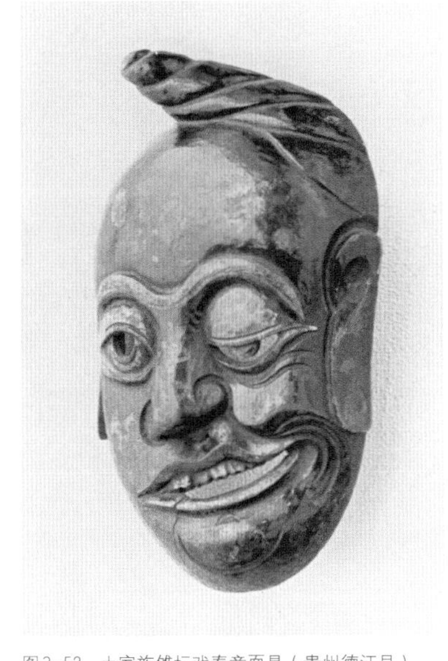
图3-52　土家族傩坛戏秦童面具（贵州德江县）

图3-53　土家族傩坛戏柳三面具（贵州德江县）

屯军带入贵州，而后流传于安顺、贵阳一带的汉族和布依族中。地戏的演出分为“开财门”“扫开场”“跳神”和“扫牧场”四部分，其中“跳神”是正戏，另外三部分是包含驱鬼纳吉内容的傩祭活动，这正是地戏所具有的傩文化实质以及与傩坛戏的共同点。但地戏与傩坛戏也有着明显的区别：①地戏演员在整个表演中都戴面具，而傩坛戏在请神酬神时不戴面具。②地戏的演出剧目均为历史上金戈铁马的征战故事而没有傩坛戏中常见的神话戏、公案戏等。地戏的伴奏乐器也只有军锣、军鼓。③地戏面具以将军面具为主，不但有文将、武将、老将、少将和女将“五色相”之分，而且还有正反派将军之别。这一点也与傩坛戏不同。

地戏面具的造型，多据“地戏谱”和民间人物传说来雕刻绘制，一部分武将的面具造型来自庙堂神像。制作面具须按照规矩行事，角色的五官、面部色彩、头盔图案等都不可造次。将军类面具非常重视头盔的装饰，一般是男将为龙盔、女将为凤盔，但也有独具特色的，如岳飞是大鹏星下凡，他的头盔上就必须刻一只大鹏金翅鸟；还有程咬金是打不死的福星，他的头盔上就要刻一只蝙蝠等。不同的将军面具有不同的脸谱程式，如女将端庄，凤眼微闭（图3–54）；少将英武，豹眼圆睁（图3–55）；反派将军凶狠，怒目暴突。眉毛则是“少将一支箭、女将一

图3-54　布依族地戏女将樊梨花面具（贵州安顺市）

图3-55　布依族地戏少将面具（贵州安顺市）

图3-56　布依族地戏鱼嘴道人面具（贵州安顺市）

根线、武将如烈焰”等。可见地戏面具的制作已经程式化了。除了将军之外，道人和丑角也常出现在地戏中。道人多充任军师和助战仙人的角色，丑角则是忙碌于台上台下、插科打诨的角色。道人面具是根据传说中的道人形象而制作的，以夸张的造型突出其外形特征，如鸡嘴道人被雕刻成人面鸡嘴，形象怪异而狡黠。丑角面具多为歪嘴，面部涂成红色或蓝色，鼻尖和人中绘有小块白斑，形象诙谐（图3-56）。

图3-57　地戏“穆桂英挂帅”演出场面（贵州安顺市）

地戏面具用白杨木或丁香木精雕细刻而成，面孔、耳子、帽盔三个组成部分（图3-57）。其工艺考究，尤为重视头盔和耳子的雕刻和描绘，不仅雕龙刻凤、勾花描叶、镶嵌圆形小镜，而且还描金贴

图3-58 彝族撮泰吉面具（贵州威宁县）

银，甚至插上锦鸡尾羽，其华丽精美非傩坛戏面具能比。[1]

### 3 彝族傩祭面具

彝族是一个崇尚巫祀的民族，其宗教祭祀仪式相当盛行，这已是彝族礼俗文化的一大特色。现今彝族的傩祭主要有贵州威宁县彝族的“撮泰吉”和云南楚雄双柏县彝族的“余莫拉格舍”，二者均是原始傩仪在彝族民俗中的珍贵遗存。

（1）撮泰吉面具。现存于贵州威宁县板底乡裸戛村的彝族傩活动“撮泰吉”是当地彝族世代相传的原始傩祭，它包含着驱赶鬼疫、祭祀祖先，禳灾纳吉等一系列巫术活动（图3-58）。每年正月初三到十五，裸戛村的彝族要举行“扫火星”（扫寨）活动，以求来年五谷丰登、人畜兴旺。“撮泰吉”是该活动中的一项重要内容。

“撮泰吉”由六个人出场演示，他们是山林老人惹戛阿布、四位千岁老人阿布摩、阿达姆（女）、麻洪摩和嘿布，还有小娃娃阿安。除山林老人外，众人皆戴原始稚拙的木面具，并在全身缠裹白布条象征裸体。山林老人惹戛阿布在表演中组织祭祀、解除疑难、指导生产，他很可能是早期毕摩（巫师）的形象。“撮泰吉”分为四个部分：第一部分是四位千岁老人举行祭仪，他们在惹戛阿布的示意

[1] 顾朴光，巫子强：《试探贵州傩戏面具的造型艺术特色》，《中国艺术》，人民美术出版社，1987年。

下向天地、祖先、神灵、山神、谷神斟酒祭拜，而后跳祭祀舞蹈——铃铛舞。第二部分是变人戏，核心内容为祭祀祖先。舞者以诵词和示意性舞蹈动作再现了彝族先民创业、生产、繁衍、迁徙的历史。其中示意性的交媾动作显示出原始时期人类群居生活的情景。第三部分表现了彝族先民在获得粮食丰收后的欢天喜地，锣钹声中人和狮子登场表演。第四部分是“撮泰吉”的高潮，即惹戛阿布带领几位千岁老人挨家挨户“扫火星”，祈福驱灾，至寨边时齐声高呼：“火星走了！火星走了！”仪式到此结束。[1]整个“撮泰吉”的演示活动是以祭祖祭神和祈福消灾为主题内容，因而“撮泰吉”实质上是傩祭而不是傩戏。

关于“撮泰吉”的起源，当地彝民是这样传说的：古时候有四个猴面裸体的“撮泰”老人背着粮种，跋山涉水来到僻远荒凉的裸戛定居。他们在这里开荒种地、繁衍后代。他们不仅教子孙种谷，还能为子孙除病驱灾，因而子孙后代便以“撮泰吉”来缅怀“撮泰”老人。显而易见，“撮泰”老人是当地彝民心目中的祖先神，而“撮泰吉”则是贵州西北部深山彝民中土生土长的傩。因此，“撮泰吉”面具区别于贵州其他民族的傩面具。

“撮泰吉”面具完全出自当地彝族农民之手，他们用杜鹃木或杂木雕制面具，工艺简单。其先是锯下一段约33厘米长的圆木，剖成两块，然后用斧头砍出雏形，粗略地雕刻出五官，再用墨汁或锅烟将其涂成黑色，并绘出一道道显示苍苍岁月的白线，即成。“撮泰吉”面具比真人面孔大些，以有无胡须区别男女，胡须由麻线穿成。面具的形象特点是：前额突出、鼻子直长、眼睛和嘴仅雕出三个孔穴，造型原始粗犷、古朴厚重。每年新春表演结束后，彝民们便小心翼翼地将面具珍藏在山洞里，待来年需要时再请出来。

（2）余莫拉格舍面具。在云南楚雄州双柏县大麦地镇峨足村彝族中流传着一种假面绘身的裸体舞，当地彝族称之为“余莫拉格舍”，意为“画大豹子花纹”或“豹子舞”[2]。“余莫拉格舍”是原始傩祭的一种。每年的六月二十四和七月十五，当地彝民都要举行隆重的“余莫拉格舍”，驱鬼逐疫。六月二十四是彝族传统的火把节，峨足村彝民在节日中要杀鸡宰羊敬田公地母，祈求农业丰收。敬神之后还需

[1] 庹修明：《原始粗犷的彝族傩戏<撮泰吉>》，《贵州民族学院学报》（社会科学版）1987年第4期。
[2] 唐楚臣：《浅论彝族裸体舞“余莫拉格舍”》，《民族艺术研究》1991年第4期。

驱鬼，否则仍然丰收无望。因而节日中的另一件大事便是举行“余莫拉格舍”以确保庄稼长势好。七月十五是西南各民族的祭祖节，节日期间，人们要到墓地烧香祭祖，但并不欢迎祖魂就此跟人回家，更惧怕恶鬼会随祖魂悄悄溜入家中，危害人畜，因而在举行祭祖仪式之后还需要送祖和驱鬼。峨足村彝民说，如果不撵鬼，庄稼就长不好，牛马会瘟，人会得烂病。他们正是在这样的心态下举行每年两度的“余莫拉格舍”驱鬼逐疫的（图3-59~图3-61）。

跳“余莫拉格舍”的是12个裸体绘身为豹子的10余岁男孩。12只“豹子”头戴棕皮面具，头顶插几根雉尾，身上用黑、白、红、黄诸色从脖子彩绘到脚背，绘身纹样主要有虎豹鳞纹。装扮完毕，“豹子”们便不再言语，因为他们已不是常人了。“豹子”们手持木棍来到屋顶晒场上，在鼓钹的伴奏下开始了“余莫拉格舍”活动。他们先跳一段传统土风舞，然后又跳起表演野兽格斗、撕咬、跳跃的模拟舞蹈。舞毕，“豹子”们开始追逐姑娘，用木棍轻轻打她，直到她把他们带回家中。姑娘的家，早已四门洞开，堂屋的方桌上摆放着几碗花生米、包子等食物。“豹子”们进屋后，示意性地享受食物，然后在堂屋里拍手跳舞，并手持木棍四处戳戳打打，住房、畜厩、厨房各处也要戳打一遍，村民们谓之撵鬼。接下去又撵

图3-59　彝族吞口面具（云南楚雄州）1

图3-60　彝族吞口面具（云南楚雄州）2

图3-61　彝族吞口面具（云南楚雄州）3

第二家、第三家……，直到把村里的鬼都撵出村外。“豹子”们在野外继续跳各种传统舞，要做到真正将鬼驱除。从整个活动过程可以看出“余莫拉格舍”是一种原始的傩祭，它以驱鬼逐疫为目的。

豹子在当地是一种常见的猛兽，其动作迅猛异常，能上树、会游水，猎狗都惧怕它。当地彝民视其为野兽中本领最大者，因而将它尊崇为驱鬼之神是可以理解的。不过跳“余莫拉格舍”的并非始终都是豹子一种动物，过去由毕摩主持“余莫拉格舍”时，舞蹈者身上曾绘有虎、豹、鹰、蛇、牛、马等多种动物纹，分别代表不同的动物，其中豹子可能是率众兽驱鬼的主神，如同白马藏人的“跳曹盖”由黑熊神率舞一样。今天的“余莫拉格舍”已不是原生形态了，但它仍然保持着以神兽驱鬼的傩文化内涵。可以说，“余莫拉格舍”的原旨与古傩仪中的十二兽驱鬼同出一辙，只不过它在装扮上来得更原始。

峨足村彝族男子少时都曾戴着棕皮面具跳过“余莫拉格舍”，唯一没有跳过的一位男子是因为他的左脚有六个趾头，这使他即便戴上了棕皮面具也会被人认出来，所以他不能跳“余莫拉格舍”。显然，戴上面具是为了避免村民们认出熟悉的面孔，其目的在于使舞蹈者真正成为神灵的化身，这正是原始面具的特性所在。值得指出的是，像“余莫拉格舍”这样的棕皮面具很可能体现着最初的面具形式。这种利用天然植物稍微加工便是简单面具的原始手法，在其他民族中也可见到，如哈尼族叶车人也有同样的棕皮面具；佤族的面具是在笋壳上掏出几个洞，露出眼睛和鼻子即可；土家族扎住稻草的一头，笼在头上，也可以作为面具；布依族有一种笋壳面具，涂绘着红、绿、白、黑等颜色，虽然制作简单，却也生动传神。从工艺上讲，这种原始形态的粗犷面具没有多少技艺可言，但不要因此小看了这些假面，它们同样代表着那个神秘世界中某位神灵的面孔，它们同样具备那些工艺精湛的面具所具有的功能。

## 二、藏面具

属于藏族宗教文化范畴的藏面具兴起于西藏，并流传于青海、甘肃、四川、云南等藏族聚居区，分布范围之广仅次于傩面具。藏面具素以形式精美著称，无论怎样诡奇可怖的面孔，皆做工精细，追求绚丽华美的效果，其中为数不多的铜

图3-62　藏族金刚力士铜面具（四川甘孜州）1

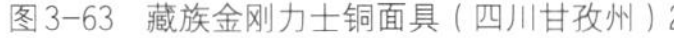

图3-63　藏族金刚力士铜面具（四川甘孜州）2

图3-64　藏族金刚力士铜面具（四川甘孜州）3

面具所显示出的精湛技艺是其他民族面具所不及的（图3-62~图3-64）。体现着丰富的宗教文化内涵的藏面具，以本教的各种神灵和密宗佛教的神佛、法王、金刚、鬼怪为主要造型形象，其分为跳神面具和藏戏面具两类，二者之间既有不同之处，又有共通性。藏戏面具是在跳神面具的基础上继承和发展起来的，跳神所使用的面具常常用于藏戏表演中[1]，因此说，跳神面具是藏面具之本源。

最常见、最具特色的藏面具是模制面具，它的制作方法是：先用黏土塑造出面具模型，待模型干透后，用牛胶将纸和布一层层地粘贴于模型之上，当厚度达到1厘米左右时，揭下进行外部修整，然后涂一层膏灰，打磨光滑，最后用颜料精心彩绘上光即成。这种面具品种多样，形象夸张生动，工艺制作精湛。另一种具有代表性的藏面具是牌状的温巴面具，用于藏戏演出，分为白温巴面具和蓝温巴面具两类。白面具是用羊皮制作的牌状面具，颜色仅白色和黄色两种，比较古老，装饰简朴。蓝面具是用蓝布或蓝呢制作的蓝色牌状面具，属于蓝面具派的温巴面具还有黑色、红色、绿色等。早期的白面具造型古朴，至15世纪时，僧人唐东杰布对白面具藏戏加以改造，创造出蓝面具藏戏，此后的温巴面具便趋于造型精致、装饰华丽，更具有戏剧效果。有代表性的温巴面具上部由8个吉祥图案组

[1] 唐楚臣：《彝族裸体舞“余莫拉格舍”的文化内涵》，《民间文学论坛》1991年第4期。

成，并镶嵌日月、火焰等具有象征意义的饰片，头顶上立有箭头形饰物，嵌以松石、珍珠，额上缀有金色的日月徽饰，下颏缀有白胡子。传说这类温巴面具是仿唐东杰布的形象制作的。还有一类藏面具，是用毛毡或兽皮缝制的套头式，眼口处掏孔，使用时套在头上，形象为各种动物。另一些毡布人物面具，呈浮雕状圆牌形，眼口处镂空，鼻子是另缝上去的，造型古朴稚拙。

跳神和藏戏之间的不同区别在于：①跳神完全戴面具，藏戏仅部分戴面具（神仙鬼怪、动物以及个别特定人物戴面具）。②跳神完全表现鬼神故事，藏戏仅部分地表现鬼神故事，更多的是表现神话、历史和爱情等方面的故事。③跳神为哑剧，以舞为主。藏戏则以歌舞、说唱为主，兼有杂技表演。④跳神作为专门的宗教祭典活动，一直被宗教寺院所掌握，而藏戏则较多地流传在民间，更接近民间艺术。⑤跳神是一种驱魔禳灾、祈求平安的宗教活动，藏戏则是具有敬神娱人和教化性质的一门表演艺术。

## ❶ 跳神面具

跳神也称之为“神舞”，藏语叫作“羌姆”，是流行于藏族地区的一种古老宗教祭祀舞蹈。跳神面具有神佛、法王、骷髅、金刚和十余种神兽（虎、豹、狮、牛、羊、鹿、熊、龙、鹰、狼、象、猴等），皆为神灵面具，这些面具使藏族跳神具有傩文化的特征。跳神的历史可以追溯到本教统治西藏的时代，据考证，本教仪式中就有跳神的内容。本教是上古时期藏族先民信奉的原始宗教，藏语称之为“本曲”或“本波”，以万物有灵为核心观念，崇拜自然神和动物神。在佛教传入西藏之前，本教相当盛行，其以占卜休咎、祈福禳灾、治病送葬以及役使鬼神等事为主要活动。[1]本教的巫师作法时头戴动物面具，手持牦牛尾或刀棍，尖声怪叫，狂舞不已，这正是一种原始的跳神形式。从本教的职责和形态来看，它也是一种巫教，与奉行于满族、蒙古族等民族中的原始萨满教非常相似。早期的本教以动物和怪兽为神，因而本教巫师的跳神动作多模仿动物，犹如狂舞，巫师的叫声也来自动物的吼叫声，故似尖声怪叫。正是这种狂舞，发展成了藏族跳神中的“牛神舞”“凶神舞”“护法舞”等神舞。其尖声怪叫，则在藏族跳神中由胫骨号的尖

❶ 格勒：《论藏族文化的起源形成与周围民族的关系》，中山大学出版社，1988年。

利叫啸所代替。

公元8世纪，藏王赤松德赞请印度高僧莲花生入藏，修建山南桑耶寺。传说，建寺工程屡遭魔鬼破坏，莲花生为了确保桑耶寺的早日建成，创造出了旨在跳神诵佛、驱魔降鬼的神舞。这种哑剧式的神舞采用了本教巫师跳神的巫舞形式，吸收了本教的神灵，以神兽为主要面具形象，并融合藏族土风舞而成。其中有牛神舞、鹿神舞、护法神舞、凶神舞、骷髅神舞和金刚舞等，伴奏乐器有胫骨号、铜号和神鼓、大钹、唢呐等。

跳神作为宗教寺院所属的专门舞蹈，由喇嘛们担任表演者。他们头戴面具、身着彩袍，随着鼓钹莽号的抑扬，进退疾徐，舞姿粗犷奔放，其模拟动物的形象和动作极为逼真。山南地区的跳神仪式，从面具、头饰、服饰到表演风格都显示出浓厚的原始宗教色彩，给人以强烈的神秘感和震撼感。桑耶寺跳神有众多喇嘛出场，阵容庞大，以神佛为中心，众神兽和金刚力士等环绕神佛而舞。扎什布伦寺跳神会以牛神舞为主要特色，舞者头戴威武的牛头面具，舞姿雄健。牛神又被视为护法天王或法王。夏鲁寺跳神仪式由十二神兽出场，舞者佩戴十二神兽面具集体起舞，气势颇为宏伟（图3-65~图3-68）。神兽面具上部排列着的五个骷髅头，象征吉祥如意。四川甘孜寺跳神会诸神兽面具极有特色，面具头上还缀有象征吉祥如意的彩色绸带。舞者头戴面具，手持刀剑法器，击鼓而舞。康定塔公寺跳神

图3-65　藏族跳神神兽狮面具（四川甘孜州塔公寺）

图3-66　藏族跳神神兽熊面具（四川甘孜州塔公寺）

图3-67　藏族跳神神兽虎面具（四川甘孜州塔公寺）

图3-68　藏族跳神神兽豹面具（四川甘孜州塔公寺）

图3-69 藏族跳神法王舞（青海塔尔寺）

图3-70 藏族跳神阎罗舞（青海塔尔寺）

图3-71 藏族跳神骷髅神舞（青海塔尔寺）

图3-72 威武神秘的跳神表演（青海塔尔寺）

面具主要是神兽和金刚力士，其面具造型艺术相当精湛，集恐怖、威严、力量于一体，视觉效果十分强烈。青海塔尔寺跳神会规模宏伟，有威猛的法王舞（图3-69）、阎罗舞（图3-70），戴牛神面具；也有将人们引向幸福之路的小鹿舞，戴鹿神面具；还有骷髅舞（图3-71），戴骷髅神面具。骷髅神，被尊为天葬台的守护神，也称为吉祥精灵或指路精灵，藏语叫作“独达”，其可以为亡者灵魂指出上天之路。所以，尽管骷髅神面目可怖，藏族仍然视其为吉祥幸福的象征和灵魂的保护者（图3-72）。

以驱魔除鬼、驱灾纳吉为宗旨的跳神仪式已成为一种民俗流传于藏区。在重大节日期间，尤其是藏历新年前后，各大寺院都要举行隆重的跳神会，以求来年吉祥如意、人畜兴旺。这种佩戴面具的宗教祭祀舞蹈，不仅具有中国傩文化的特征，而且还是孕育藏戏的一个重要因素。

### ❷ 藏戏面具

有学者认为，藏戏同跳神是一对孪生姐妹。可以说，当莲花生大师创立了密宗跳神仪式时，这种以面具为特色的跳神祭典舞蹈便是藏戏的雏形。从公元8世纪至17世纪，跳神和藏戏这两门宗教艺术是难以截然分开的。早期的藏戏仍然保持着跳神的哑剧形式。表演者头戴面具、手持兵器等物，动作来自跳神的身段、步法和诵经的乐段，它的音乐，也多来自寺院的宗教音乐，主奏乐器多是寺院乐器和法器，它的表演内容也多是神佛故事。到了公元14世纪，藏戏仍然是偏重于舞蹈的哑剧，演员均戴面具，表演形式与跳神非常接近。直至公元15世纪，僧人唐东杰布为了募捐造桥，把民间说唱艺术和民间歌舞引入了形同跳神的藏戏中，表演内容也从神佛故事扩大至神话、历史和爱情故事，使藏戏具有了载歌载舞的戏剧形式。最终将藏戏从跳神仪式中分离出来的是五世达赖。17世纪，五世达赖出于宣扬佛教教义的重要目的，使藏戏成为了以演唱为中心的、独立的表演戏剧艺术。至此，藏戏完成了它的形成过程，从最初的用舞蹈表现神佛故事的简单形式，发展成为包括歌舞、说唱、跳神、杂技等多种表现形式在内的综合艺术。

藏戏同藏族宗教文化有着密切的渊源关系，因而它从内容到形式至演出习俗都具有宗教因素，这也是藏戏演出戴面具的重要原因。早期的藏戏属于寺院活动，演员都是寺院中的喇嘛，表演也充满佛事仪式等宗教色彩。传统的藏戏在演出前后要举行祭祀和诵经祝福仪式，演出时间也多安排在宗教节日或重大宗教活动之后。如雪顿节期间，哲蚌寺的数百名喇嘛要抬出巨大的佛像大唐卡，铺展在山坡上“晒佛”。这天，各藏剧团要为大佛像演出精彩的藏戏节目。还有藏历五月的祭山活动、藏历七月的“扎节”活动（黄教寺院纪念哲蚌寺开山寺祖降央曲杰）以及藏历腊月二十九的“古垛”活动（驱魔送祟仪式）等，均要上演隆重的藏戏。随着藏戏逐渐由寺院走向民间，藏戏的演出活动也由宗教佛事趋向于艺术欣赏，一些藏剧团也成为民间艺术团体。尽管如此，由于宗教信仰始终是藏族社会的精神支柱，因而兴起于寺院的藏戏演出一直被视为神圣活动，这使得藏戏艺术仍然保持着许多传统文化特色，其中最主要的便是藏戏演员戴面具演出。

演员戴面具表演是藏戏的重要艺术特色。过去，藏戏角色都戴面具，如开场戏中的温巴戴白色或蓝色牌状面具；正戏中的重要角色国王、父亲、总管等戴红色黑胡子面具；王后、母亲戴紫绿色面具；仙翁戴黄色白胡子面具；妖妃魔鬼戴黑脸红嘴白牙面具；奸诈小丑戴半黑半白阴阳面具；各种动物也有相应的面具等。这些面具各有其特色，如仙人和正面人物的面具形象优美，显示出纯洁、善良和美丽。恶魔和反面人物的面具形象丑陋，显示出残暴、凶恶、无情。动物面具则显示出神秘性或摄人心魄的威严感，因而被尊为神兽面具。面具表演有其特殊的魅力，演员一戴上面具，他本人的个性便随之消失，他的演技越高，面具所代表的角色（神）给人的印象就越强烈。

藏戏面具的来源有两个：①跳神面具是其主要的来源，跳神用的神灵面具常用于藏戏中。②寺院壁画、唐卡画和寺院雕塑艺术中的形象也被用于藏戏面具的造型。形象夸张、姿态各异而色彩强烈的藏戏面具可分为三类：①鬼神面具，有神佛、山神、海神、九头妖王、鬼怪等。②神兽面具，有狮、虎、豹、熊、狼、龙、蛇、猴、牛、羊、马、狗、兔、鹿、鹤、鹰等。③特定人物面具，有哈江、温巴、婆罗门、咒师等。由此可见，神灵面具仍是藏戏面具的主流。温巴是藏戏中颇为重要的开场人物，温巴面具还是显示剧团派别的标志，如果温巴戴白色面具，那么这个剧团便是白面具派（旧派）；如果温巴戴蓝色面具则是蓝面具派（新派）。按习俗，藏戏是以蓝白两色温巴面具来标志新旧两派的。藏戏艺术发展到今天，内容已趋向于世俗化，藏戏演出仅部分地使用面具，即上述的神仙妖魔、动物和特定人物戴面具，其他人物角色一律用油彩化妆。

### ❸ 跳曹盖面具

白马藏人是藏族的一支，他们的面具区别于其他藏式面具，是木雕彩绘的，其雕刻技艺精湛并体现着藏文化的特色。所谓白马藏人“十二相”，便是指白马藏人跳曹盖的12种面具。

白马藏人有大年初六“跳曹盖”的习俗，目的是驱鬼纳吉由众巫师担任表演者。“曹盖”，白马人语，意即“面具”。“跳曹盖”就是戴上面具跳神驱鬼。白马藏人的跳曹盖面具有黑熊（图3-73）、马、凤、鹿（图3-74）、龙（图3-75）、牛（图3-76、图3-77）、羊（图3-78）、狮（图3-79）、虎（图3-80）等，众神兽在黑熊神的率领下驱鬼逐疫。黑熊面具被视为面具神“达纳斯界”，即黑熊神人。传统的黑熊面具已经拟人化，为一男一女两副面具，刻有粗眉圆眼、虎牙、额上有双蛇相绞纹和五个人头。白马藏人相信，各种鬼怪都惧怕黑熊神，故巫师驱鬼时戴黑熊面具以制服之。

白马藏人视每年一度的“跳曹盖”为隆重之事，他们在“跳曹盖”的前一天就要在寨外晒场上搭起祭棚，场中央点起一堆大火，由三五个“白莫”（巫师）在火堆旁念诵祷词直至第二天凌晨鸡叫头遍。此时，寨内鸣枪，跳曹盖的巫师们戴着面具、头饰布条和牦牛尾，身穿彩袍，手持大刀、斧子等物，在“嗬——嗬——嗬”的吼声中从寨子里奔出，跑向祭棚，围着熊熊烈火跳起威猛的驱鬼舞。随着“咚咚咚”的大鼓节奏，巫师们时而转圈，伫立，时而聚拢、散开，舞蹈动

白马藏族黑熊相面具（四川平武县）

图3-74　白马藏族鹿相面具（四川平武县）

图3-75　白马藏族龙相面具（四川平武县）

图3-76　白马藏族牛相面具（四川平武县）1

7　白马藏族牛相面具（四川平武县）2

图3-78　白马藏族羊相面具（四川平武县）

图3-79　白马藏族狮相面具（四川平武县）

图3-80　白马藏族虎相面具（四川平武县）

作多模拟猛兽的跳扑撕咬，力求动作凶猛怪诞。白马藏人认为“跳曹盖”具有影响恶魔鬼怪的作用，跳这种恐吓幽灵、驱赶鬼怪的仪式性舞蹈可使来年吉祥如意。应当说，白马藏人的“跳曹盖”是原始傩祭的一种。

# 第四章 少数民族佩饰

中国所有的民族都有佩戴装饰品的习俗，并显示出各自强烈的民族特色。相比之下，越是文化发达的民族，越追求贵重材料制成的精美装饰品，而那些较原始的民族的装饰品多是用随手可得的自然物制成，一切被认为可以用作装饰品的东西他们都热心地收集起来，并细心地制作出各种身体饰物。除了材料和工艺的不同以外，较原始民族的质朴的装饰品比发达民族的贵重金属和宝石制成的珍贵装饰品更具有丰富的内涵。还有这样一种情况，一些世居深山老林的自然民族，他们固有的装饰品可能是由藤条、竹木、果实和野兽的皮、毛、角、牙、骨等材料制作的。但随着各民族间的交流往来，金属、丝绸、珊瑚、海贝等质料的装饰品也成为这些民族钟爱的佩饰，形成复杂的装饰状态。如云南南部山区的拉祜族苦聪人，无论男女都非常重视身体的装饰，他们通过民族间的交换获得更多的装饰品。苦聪女子用染色的藤条做发箍，上缀银泡、钱币、贝壳等物，项间佩戴珠串、银项圈和彩色丝带，手腕上戴有用各种材料制作的手镯，脚上缠藤箍。苦聪男子常佩戴兽角、兽牙，他们对此有一种神圣的感觉，珠串也是男子们项间的佩饰。在形形色色的装饰品中，人体特征决定了圈状饰物，包括各种串饰，成为数量最大、形制最多、使用范围最广的装饰品。这些圈状饰物包括头箍、耳环、项圈、珠链、腰箍、腿箍、脚镯和臂箍、手镯、戒指等，今天的各民族仍在大量地使用它们。

从身体的装饰部位来看，自古以来，颈项都是重要的部位，这大概是因为颈部是仅次于头部的视觉高位，而且很适宜佩挂饰物。我国戴项圈的少数民族主要有苗族、侗族、壮族、瑶族、水族、布依族、土家族、黎族、景颇族、德昂族、阿昌族、佤族和拉祜族等南方民族。项圈多由银、铜打制而成，有些刻有精细花纹，样式大致可以分为柱式、片式和拧花式三种。小项圈仅及脖子粗细，大项圈可垂至胸前。戴串式项链的民族主要有藏族、珞巴族、门巴族、僜人、独龙族、怒族、傈僳族、土族、裕固族、佤族、高山族。这些串式项链多由珊瑚、松石、蜡玉、料珠等组成，较特殊的有藏族的硕大珊瑚珠串饰、僜人的银币串饰、高山族的珠贝串饰、珞巴族的兽牙海贝串饰、傈僳族的数量多达百余串的彩珠串饰。新疆地区的维吾尔、乌孜别克等民族的金银镶宝石项链则具有纤巧、精致和华贵的装饰风格。



佩戴臂箍的装饰习惯见于佤族、高山族和克木人。他们有一个共同的特点，就是经常赤裸上身，即使在着装时，两条胳膊也是裸露的，这就给他们装饰手臂带来便利条件。佤族和克木人的臂箍是银圈或藤圈，高山族的臂箍为海贝串、珠子串或黄铜圈。

手镯是我国各民族最为广泛的饰品，无论北方民族还是南方民族，几乎所有的女子都戴手镯，一部分男子也戴手镯。手镯大部分是银制的，也有用金、玉、象牙制作的，较特殊的手镯由贝壳、牙齿、琉璃珠或竹、藤制作。手镯的样式有圆柱式、扁宽式、扭丝式和串珠式，有些金属手镯雕有精细纹样或镶嵌宝石。苗族、侗族女子约13厘米宽的錾花大银镯和藏族的双龙头粗银镯都很有特色。

在各种腰饰中，佤族、德昂族、景颇族的腰箍是极有特色的饰物。佤族女子的腰箍分别有藤、竹、草三种，漆成红、黑色，勒在腰间，少则十几圈，多则数十圈，是佤族装饰中最具有特色的。景颇族妇女腰间围着涂有红、黑漆的藤箍，以圈数越多越美。不缠腰箍的妇女会被族人耻笑，但未婚少女则只能系自织的红腰带，其文化内涵值得深思。德昂族是戴腰箍最多的民族，德昂族妇女腰间缠着数十圈红、黑两色藤箍，交叉重叠在腰间，成为一种特殊的装饰。

如果说腰箍是女子特有的饰物，那么，腰刀便是男子专有的佩戴物。西南、西北和内蒙古各民族男子均喜欢将腰刀作为佩饰，它是男子勇武的象征。对于原始农业民族来说，一把长刀用途极广，生活生产都需要它，故而随身携带，成为男子的装饰品。云南傈僳族、佤族、景颇族、阿昌族、独龙族和怒族男子都常年身佩长刀。云南陇川县户撒一带的阿昌族以善于打刀著称，他们打制的阿昌“户撒刀”远近闻名，品种多样。其中，有景颇族和傈僳族喜爱的背刀，傣族和阿昌族喜爱的尖刀，还有藏族喜佩的长刀和小刀。户撒刀锋利坚韧，镶嵌精细，美观别致，深受云南各民族的欢迎。阿昌族男子甚至在婚礼上都要佩戴长刀。阿昌族男孩出生时，父母便要赠给他一把包银小长刀，意在避邪，当他会自己走路时，这把小刀便用红绳系住佩在身上。景颇族男子的长刀已成为男性美的象征。景颇族男子从成年起就必须佩两把长刀，一把作为日常工具，另一把包银镶铜、镂花嵌珠，是礼节性的佩饰，称礼刀。珞巴族和门巴族男子也腰佩两把刀，一把是精致的佩刀，一把是长刀。藏族的腰刀多为精致的短刀，刀鞘、刀把包银裹铜、镶嵌珠玉，十分漂亮，是藏族男子非常喜爱的佩饰和生活用具。

内蒙古草原，牛羊兴旺，肉食丰富，牧民们吃牛羊肉时都要使用刀子，因而，蒙古族男女都离不开小刀，尤其是男子还喜将精美的蒙古刀挂在腰间作为饰物。蒙古刀刀锋锐利，刀鞘的装饰非常讲究，一把包银嵌玉的蒙古刀可以显示出主人高贵的身份。在新疆地区，维吾尔族、哈萨克族、塔吉克族和柯尔克孜族在进餐时也要用刀割食，小刀是实用工具，也被视为一种装饰，故男子的腰带上都佩着精致美观的“英吉沙”小刀。东乡族男子身上也常佩饰小刀，而裕固族男子则是腰佩长刀。这种腰刀增添了佩带者的英武气概。保安族男子束彩色腰带，左侧佩腰刀。打制“保安刀”是保安族的一项传统手工艺。保安刀锋利异常，刀体形式多样，精细美观的刀把以黄铜、牛角、牛骨垒叠而成，并刻有图案。其中“双刀”和“双垒刀”尤为精美，有“十样景”的美称。男子的佩刀确实为他们的装束增色不少。此外，火镰、火药葫芦、荷包、羊角筒等也是男子常佩在腰间的饰物。腰部装饰确实丰富多彩，傣族和彝族都有花腰支系，其均是因为腰部的绚丽装饰而得名。

银泡装饰在我国南方少数民族的装饰中非常突出，这种代表星星和月亮的银泡装饰盛行于云南的傣族、哈尼族、景颇族、彝族、布依族、拉祜族、德昂族等民族之中，形成了蔚为壮观的一大装饰特色。在南方民族中，以银作为主要饰物的还有苗族、瑶族、侗族、水族等，其中以苗族最甚。

作为护身符或是灵物佩戴的装饰品有“嘎乌”“银压领”和动物的牙、角、骨、尾和皮毛等。“嘎乌”银盒是藏族特有的宗教佩饰，内装佛像或活佛神物，护身符的性质十分突出。“银压领”也称为银锁，是苗族、水族等南方民族的胸前佩饰，刻有“长命百岁”“长生保命”的字样，显然也是一种护身符。在黎族人那里，红色的绳子加上一枚铜币是绝好的项饰和护身符，将其佩在脖子上可以达到避邪的目的，使灵魂平安地与佩戴者共存。出于同样的愿望，另一些黎族人则将野兽的下颚骨佩戴在项间。动物的牙、角、骨和贝壳这类东西都是作为灵物而佩戴的，当这些东西串起来佩挂时，它们也就具有了装饰功能。高山族各族群都有用猛兽牙做项饰的习惯，泰雅人甚至将敌人的牙齿佩戴在身上，雅美人用山羊的胡子为孩子制作项饰，祈盼保佑孩子平安长大。各种美丽的贝壳串也是高山族男女喜爱的佩饰。西双版纳傣族有佩戴野猪牙、爪和獐牙的习惯；永宁纳西族儿童挂一个猪鼻子；鄂伦春族儿童佩戴狐狸鼻子和狍蹄、鱼骨、犴骨；珞巴族用猛兽的牙做腕饰和腰饰；瑶族各支系的儿童都要佩戴野兽的牙和爪。在这些民族看来，他们佩戴的灵物均有避邪护身的功效。

在身体上缠绕藤篾圈是我国南方少数民族特有的身体装饰，尤其以云南的佤族、德昂族、景颇族、哈尼族、傈僳族、怒族最为盛行。他们将当地出产的藤、竹制成光滑的条，有的还漆成红、黑色，绘上花纹。这些漂亮的藤篾条缠绕在头、颈、手臂、腿、腰和脚踝，成为头箍、项圈、臂箍、腿箍、腰箍、脚箍，装饰效果粗犷豪放。滇南的哈尼族西摩洛少女会将漆黑发亮的细藤缠绕在腿上达数十圈之多。傈僳族姑娘喜爱的脚箍也是又黑又亮的藤圈，她们通常在脚胫上套几十圈，有的竟达上百圈。这些由小伙子送给姑娘的漂亮藤圈被套得越多，说明爱慕她的小伙子越多。怒族女子的藤圈光滑精致，装饰在头部、腰间及足踝。佤族不仅喜欢以藤条为饰，竹和草也被漆成黑色，佤族女子用它们制作头箍、臂箍、腰箍、腿箍，男子则用它做项圈。

总的看来，南方民族与北方民族，不仅装饰风格不同，装饰部位也有所区别。南方民族的身体装饰部位要多得多，尤其是处于温热带的南方民族，通身上下都有饰物。以下我们列举一些装饰特色突出的民族，分别讲述他们所着佩饰的风格特色。

## 第一节　原始风范的民族佩饰

南方民族中的具有原始装饰风格的民族群体，他们的身体装饰具有若干共同特点。其一，他们的装饰品中，用动物的骨、角、牙、皮毛和贝壳类以及植物类的果实、藤、竹等制成的装饰品占有较大的比重，在感观上显示出浓郁的原始意味。其二，他们的装饰内涵具有多层次性，既有巫术性质的、吸引异性的，也有显示不同身份地位的，同时，还有审美的因素。

### ❶ 高山族

高山族各族群男女皆重视身体装饰，装饰品的种类有冠饰、额饰、耳饰、颈饰、胸饰、手饰、脚饰、腰饰等。尤其是男子，几乎从头到脚都有装饰。泰雅和赛夏族群的男子以贝珠装饰著称，他们的贝衣是用数以万计晶莹的贝珠精心编织而成，极为珍贵，是男子最贵重的装饰物。泰雅和赛夏男子臂套铜丝臂环，腕戴珠镯或铜条镯，手指戴玉戒或铜戒，腰围珠裙，小腿束贝珠带、铜铃，走路时叮当作响。女子以佩戴光闪闪的彩色贝片项链为主要装饰。布农和曹人等族群男子耳戴用夜光贝磨成的三角形耳坠，颈上和胸前饰有贝珠和玻璃珠串成的珠链，此外，还会用野猪牙缀彩色布条作为臂饰。布农少年也把自己装扮得很英俊，他们用红、白、黑三色珠子串成项链绕于颈上，身着绣花衣和围裙，腰佩一把红缨刀。未婚女子头戴鹿角叉和绚丽的雉鸡羽毛；项饰是用黑珠和陶纽、木实、菖蒲根串成，垂于胸前；手腕、脚踝饰响铃镯。排湾、鲁凯和卑南族群的贵族男子，从右肩至左腰斜挂一条肩带，这肩带是在一条绣花布带上缀以银币、玛瑙、琉璃珠、银铃等精制而成的，象征荣誉和富贵。排湾贵族男女颈上挂贵重的蜻蛉玉珠链，其中最大的一颗被视为家珍。排湾少女在文身贺宴上初次将琉璃珠串戴在手腕上，表示她已成年，直到她结婚时才取下。阿美男子喜用黑珠、白贝作耳坠，他们将各色各样的贝片和珠串佩挂在胸前，盛装时还要腰系铃带、腿绑小铜铃、戴手镯。而阿美女子喜戴鹿骨耳环，颈挂贝饰、玛瑙珠串和小铜铃串，腰束撞铃，腿部系花穗子绑带。雅美人视山羊为财富，羊角为传家宝。出于对山羊的尊崇，雅美人将山羊胡子作为儿童项饰，希望孩子能够平安成长。雅美女子的装饰繁多，她们常用鹦鹉螺做耳坠，佩戴玛瑙珠串、琉璃珠串、银元串，或用鱼的脊椎制作项链。然后手戴银镯，脚踝上环绕着长串的黑色木珠和白色纽扣。

台湾各族群都曾有用人牙、豹牙、熊牙和野猪牙作装饰或避邪的习俗。人们将牙齿用麻绳系于手腕以防灵魄出走。泰雅人认为用敌人的牙齿制成的项饰可以避邪。

### ❷ 佤族

各地佤族的装束习惯有所不同，其中云南西盟地区佤族的装束最富民族特色。西盟佤族青年男子项戴藤篾圈为饰，身佩长刀，肩挎筒帕。出门上山还要手持镖枪。西盟佤族女子无一不戴箍圈，这些箍圈有头箍、腰箍、臂箍、腿箍、脚箍等，多用藤、竹、草或银制成。佤族姑娘成年后，便要开始佩戴这些箍圈，佩戴得越多，说明喜欢她的小伙子越多。在青年男女社交期间，小伙子们为了得到姑娘的爱，往往尽心尽力地制作各种精美的箍圈，作为爱情信物送给心爱的姑娘佩戴。此外，西盟佤族女子还要戴银镯，在颈间饰以银项圈和彩珠串饰，项圈上还缀有海贝、银元和银片等物（图4–1）。这样，她们通身上下满是装饰。而云南孟连佤族女子的装饰特色是挂在胸前的一块碗口般大的圆形或花形银牌，她们的腰间也缠着黑漆藤箍。孟连佤族男子外出时则斜挎着一个大筒帕，并裹绑腿。

图4–1 佤族女子装束（云南西盟县）

### ③ 傈僳族

傈僳族女子的装束非常漂亮，通常她们都在颈间佩挂数十串红、白色彩珠，胸前斜挎着饰有海贝、玛瑙、银币的装饰带。花傈僳作为傈僳族中最具浓郁民族风情的一支，女子的装饰极为华丽，她们项间戴有玛瑙、海贝、小银币项饰及彩色珠串（图4–2），腿部缠绕着又黑又亮的藤圈。藤圈粗细均匀，一般缠几十圈，多者达百余圈，十分可观。傈僳族成年男子都身佩砍刀为饰，傈僳砍刀又称为长刀、挎刀、背刀，样式美观而且锋利，既能削刮，又能砍伐，是傈僳男子必备的工具和佩饰。同样，挂在腰间的熊皮箭囊和手中的弓弩也是傈僳男子的习惯装束。一些傈僳男子喜在左耳戴一串大红珊瑚，以此表示其在社会上享有一定的地位。

图4–2 傈僳族女子装束（云南腾冲市）

### ④ 德昂族

腰部佩戴着大量的藤篾箍，是德昂族妇女的显著装饰特征。德昂族已婚妇女的腰间系红、黑两色腰箍或红、黑、黄、绿搭配的彩色腰箍，一般都要系戴数十根，是戴腰箍最多的一个民族。这些腰箍宽窄粗细不一，

图4-3　德昂族少女盛装（云南德宏州）

不仅以土漆着色，有的还刻有动植物图案或包上银、铝皮。腰箍的末端连有螺旋形银丝，行走时腰箍随步伐弹动，一根根腰箍交叉错落缠绕在腰间，具有一种特殊的装饰效果。在德昂族看来，佩戴腰箍使妇女们显得很美，同时这也是传统习俗，不戴腰箍的德昂族妇女会被族人认为不懂规矩而被轻视。德昂女子是在成年后可以进行两性交往时开始佩戴腰箍的，从几圈、十几圈直至数十圈。姑娘以佩戴许多腰箍为荣，这些腰箍都是喜爱她的小伙子赠送的。婚后，腰箍的数量不再增加，但腰箍却不得拿下，需要终身佩戴。

银饰也是德昂族喜欢的佩饰。德昂族有自己的银匠，他们打制银耳环、银耳筒、银手镯、银项圈、银纽扣等各种银饰，深受本族和邻近各民族的欢迎。德昂族红崩龙支系和花崩龙支系的男女都喜欢佩戴大耳环和银项圈。位于云南省德宏州的德昂族女子，胸前衣襟上会饰满银泡和银牌（图4–3）。一些德昂妇女也喜戴粗大的银耳筒和银手镯，她们会在银耳筒中盛些针线之类的小东西。

### 5 怒族

怒族和傈僳族交错杂居，长期相处，因而装束有些相似。怒族女子十二三岁时开始穿长裙、戴首饰以示成年（图4–4）。怒族女子项间佩戴彩珠和珊瑚项饰，胸前佩有贝壳、彩珠、银币、珊瑚珠串饰。其中云南贡山怒族女子喜用竹管、彩珠、海贝等做成项圈佩在胸前。各地怒族女子都喜欢将细藤条染成红、黑色缠在头部、腰间和脚胫处作为一种装饰，以缠得多为美。怒族成年男子均左腰佩砍刀，右肩挎弓弩和箭囊，十分英武彪悍。有地位的怒族男子常在左耳佩戴一大串珊瑚为饰。

图4-4　怒族女子装束（云南福贡县）

## ❻ 基诺族

基诺男子的上衣后背绣有一个月亮徽（亦称作太阳徽），这是基诺男子服饰特有的标志。基诺男子十五六岁后要举行严肃而复杂的成年仪式，换上成年人的服饰——绣有月亮徽的上衣和筒帕，从此便具有公社成员的资格和恋爱的权利，并可以在公房内过夜（图4-5）。

图4-5　基诺族男子服装上的月亮徽装饰（云南景洪市）

基诺族女子的上衣被称为“彩虹衣”，是一件漂亮别致、镶绣着各色条纹的对襟小褂。关于彩虹衣的来历，民间还流传着一个传说：很早以前，有一位祖先老奶奶把天上的彩虹披到一位饱受磨难的姑娘身上，使她变得像仙女一样美丽，过上吉祥如意的生活。从此，基诺人就把彩虹作为本民族特有的装饰。

## ❼ 纳西族

纳西族的佩饰，最具特色的就是纳西族女子的“披星戴月”，即一块缀有装饰物的羊皮披肩，纳西语称为“优轭”。云南丽江的纳西族女子，一年四季都披着这块羊皮披肩，天寒时羊毛朝内，天热时羊毛朝外。“优轭”上部覆有长方形粗毛呢布，盖住了约三分之一的羊皮光面。“优轭”的上缘连接着两条绣有蝴蝶图案的白布条；“优轭”的中部缀有两个直径约为17厘米的圆盘，圆盘上绣有彩色图案，它们代表着日月，但现在的羊皮“优轭”已见不到这两个圆盘饰物了；“优轭”的下部缀有7个直径约为10厘米的绣有图案的圆盘，它们代表着星辰。每个小圆盘的中心都饰有两条麂皮细带，共有14条。这9个大小圆盘统称为“优轭霸缪”，意为羊皮之上的装饰圆盘。

纳西族一直居住于较寒冷的高山地带，历史上曾长期过着游牧生活，羊是纳西先民赖以生存的主要家畜，披羊皮是纳西族人的传统习俗。他们曾经披过全羊皮，仅割去羊头部分，保留四肢及尾部；也披过方形羊皮，剪去并无多大用处的四肢，只留下尾部。披这种方形羊皮的习惯至今仍存在于放牧的纳西人中，他们称其为“优轭美”，意为“大羊皮”，长、宽皆有一米左右，为御寒佳品，而饰有日月星辰的羊皮“优轭”则具有护身符的性质。纳西族妇女之所以要将日月星辰绣制在羊皮上而披挂在身体上，其根源来自纳西族对日月星辰的崇拜。纳西族认为，日月星辰是光明之源，而鬼怪是惧怕光明的，因为光具有驱赶鬼怪邪恶的能力。出于这种信念，纳西族东巴大师使用的法杖的顶端雕饰着日月，其希望仰仗日月的威力降魔除怪。再者，每册东巴经典籍内的神圣之言，都是在日月之光的照耀下开始的。在云南永宁纳西族那里，新生儿出生后第三天，家里要为其举行拜太阳仪式，祈求太阳保佑孩子平安无事。既然日月星辰具有这样的作用，那么代表日月星辰的形象便成了纳西族妇女理想的护身避邪之物。纳西族先民之所以在羊皮上缀7颗星是因为在纳西族的习惯中，“7”总是伴随女性的，“9”则与男性相配，纳西谚语有“开天9兄弟，辟地7姐妹”之说。故7颗星不是定数，而是代表着宇宙中的星宿。纳西族妇女“披星戴月”的寓意为光明温暖、驱鬼避邪，是纳西族妇女的护身符，其不仅制作工艺考究，也是纳西族装饰的典型代表。

### 8 珞巴族

与藏族毗邻而居的珞巴族男女都喜欢佩戴各种饰物来装饰自己。珞巴族的装饰品主要分为“波阶”和“布怒”两类。“波阶”是项饰，多用海贝、兽骨、兽牙和绿松石等物磨制成珠子穿串而成，有的佩于颈项、有的垂于胸前、有的垂至脐上，少则几串，多则二三十串。“布怒”是腰饰，腰带用兽皮制作，上面缀满了一排排兽牙和海贝，两端各缀一块磨制过的大螺壳。珞巴族男子勇武善猎，他们的腰间少不了横插两把带鞘的长刀，它们既是男子勇武的象征，又是狩猎防身的工具。玉石箭环也是每个珞巴男子的必佩之物，戴于左手大拇指。女子的腰间还得系上银币、铜铃、铁链、火镰、小刀等物，富裕者还以数十圈银丝缠在髋部。这些腰饰有约5千克重，走路时叮当作响。妇女们的装饰物，有的是父母给的嫁妆，有的是婚后丈夫添置的，一般说来，饰物的多少颇能说明珞巴家庭的贫富状况。除了项饰和腰饰之外，珞巴男女均戴手镯。银质手镯，男子戴1对，女子戴6对之多。另有一种腕饰，是用老虎、豹子等猛兽的牙齿镶嵌在皮带上制成的。有的人把腕饰从腕部戴到肘部，成为护肘。过去，珞巴族人猎到猛兽，就把兽头挂在胸前，以夸示自己的勇猛。后来才演变为佩戴猛兽的牙、角、骨和皮毛，既作为装饰品显示其勇武和富有，又作为护身符。总而言之，珞巴族的身体装饰颇具原始风采。

## 第二节　华美瑰奇的民族佩饰

贵州和广西两地的苗、瑶、壮、侗等民族是以各种银饰为主要佩饰的民族，湖南、广东及云南地区的苗族、瑶族也佩戴银饰，其构成了该地区这些民族身体佩饰的一大特色。在他们那里，银饰是避邪的神物，佩戴银饰便可得到吉祥幸福。银饰也是贵重的东西，由它联想起来的是富有。所以，贵重的东西即是富和美。戴上这些银饰，在他们自己和别人看来都是很美的，这种观念在苗族的生活中表现得最充分。苗家少女全身上下的佩饰都是银饰，其银饰种类繁多、造型奇特且工艺精致，在中国各民族中首屈一指。

### 1 苗族

苗族是一个极为注重装饰的民族。他们通过精美的装饰形式，反映出浓郁的习俗风尚和古老的民族文化传统。丰富的银饰、绚丽的花衣构成了苗族装饰的独特风貌（图4-6）。苗族有一首《花花歌》是这样唱的：

花花衣裤花头巾，
花帕花带花围裙，
花花鞋子花花伞，
花花场赶花花人。

图4-6　苗族姑娘盛装银衣（贵州雷山县西江地区）

这首歌唱出了苗家人的锦绣装束。绣饰是苗族服饰的重要部分，它凝聚着苗家人的情感、期望、崇拜和信仰，承载着苗家人的历史。同时，绣饰和银饰构成了苗族服饰的整体。逢年过节，苗家女子都要穿花戴银，精心装扮，这是规矩亦是信念（图4-7）。

图4-7　短裙苗女子的三凤大钗头饰（贵州雷山县）

在花衣上钉缀银饰而制成的银衣是苗族服饰中的精品。雷山、台江、凯里等地苗族的上衣绣饰极美并缀满各种银饰。皱绣、散绣和堆花绣是苗族特有的绣饰法。皱绣上衣花纹呈浮雕状，装饰效果强烈；散绣上衣花纹精致漂亮；堆花绣上衣由各色三角形绫子堆绣而成，装饰效果奇特而美丽。用这三种绣饰方法制作的上衣均为盛装礼服，称作“花衣”，盛装花衣必须钉上许多银饰才算最后完成，因此人们又将钉满银饰的花衣称作“银衣”。银衣的前襟、后背、衣袖、下摆等位置钉缀有许多四方形、长方形、半圆形的银片和银泡、银铃等錾花银饰。这种绣饰精致的银衣可能是我国民族服饰中最为精美的。

之所以说苗族将银饰作为主体装饰，是因为他们的各类装饰品均为银制，并装饰在身体的重要部位，形成独特的装饰风格。苗族的银装，不仅头饰品种极为丰富，各种身体佩饰亦十分突出。佩戴在身体上的装饰品种类有银项饰、银胸饰、银锁、银背饰、银手镯等（图4-8~图4-10）。每类银饰又有多种样式，如银项饰就有片式、柱式和链式三种，各式中又可分出若干样式，不同地区各有特色。贵州雷山县达地镇达落村居住着自称“黑”的苗族，这里的苗族少女佩戴山字形头饰和柱式拧花项饰，据说这种装束同芦笙一样古老。雷山县西江地区的苗族姑娘银衣盛装时，全身前后和头上都缀以精美银饰品，同时佩戴链式项饰和龙骨项圈，胸佩银锁，衣后背满饰錾花银片，缀银链和银铃。全身银饰品重达10千克，绮丽华美。她们是苗族中佩戴银饰最多的一支。此外，雷山县桃江乡的短裙苗女子服饰奇特，银饰亦很有特色（图4-11）。银梳有两排锥状银鼓钉，象征闪电，可以避邪（图4-12）。

贵州凯里施洞苗族姑娘亦全身披挂银饰，她们同时戴数个链式银项饰和片式银项圈，胸前佩戴重大的银锁，手腕上戴着几对不同样式的银手镯。贵州从江县加瑞

图4-8　苗族银手镯（贵州施洞镇）

图4-9　短裙苗银筒镯（贵州雷山县）

图4-10　苗族银手镯（贵州雷山县）

图4-11　短裙苗筒镯（贵州雷山县）

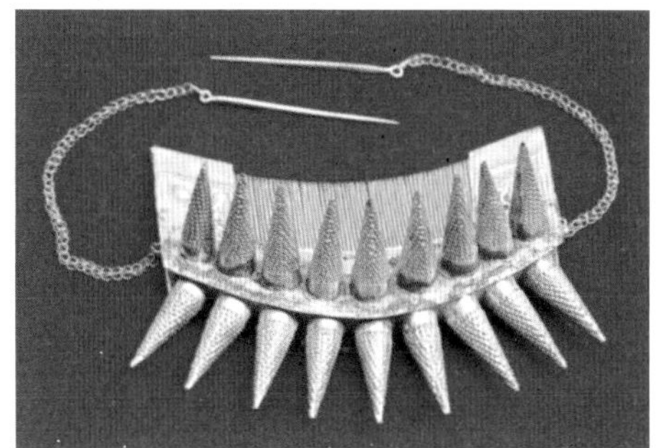

图4-12　短裙苗银梳（贵州雷山县）

乡苗族少女的银头饰和银项饰也极漂亮。从江苗族未婚少女发式为短发，婚后留长发并绾髻。其银手镯的样式极为奇特，突出了银镯避邪的功能（图4–13）。贵州长顺县苗族姑娘戴的圆柱形项圈由8~10根银柱组成，重达6~8千克，样式古朴厚重。贵阳花溪区高坡苗族姑娘的银项饰另有一番特色，她们将十几根半圆形银柱连起来垂挂在胸前。贵州凯里舟溪一带的苗族姑娘在肩、胸和背部饰满银饰（图4–14、图4–15）。贵州榕江宰牙的苗族少女盛装时佩戴银背扣，造型卷曲象征龙蛇，体现着苗家人的原始信仰（图4–16、图4–17）。贵州惠水县摆金和鸭绒地区苗族妇女的项饰是将五六根银柱同彩珠连在一起而成的，样式很独特。她们的后背披着刺绣布牌，上面镶有大大小小的银泡。其刺绣精美的花腰带上也镶着银泡，腰部两侧也佩有银饰。

贵州雷山、台江等地的苗族姑娘胸前佩戴着硕大的银锁。银锁是苗族银装中的主要饰物，制作得十分精致，银匠在压制出的浮雕式纹样上錾出细部，纹样有

图4–13　戴银镯的苗族少女（贵州从江县）

图4–14　苗族少女背牌佩饰（贵州凯里市）

图4–15 苗族少女腰部银饰（贵州凯里市）

图4–16　苗族银背扣（贵州榕江县）

图4–17　苗族女子腰饰（贵州榕江县）

双狮、鱼、飞蝶、绣球、花草等。银锁下缘垂有银链、银片、银铃等。许多地区的苗族姑娘都有佩银锁的习惯，有的称其为“银压领”，她们从小就佩戴，意在祈求平安吉祥，出嫁后方可取下。苗族男子也有佩戴银项圈的习惯，并将此作为婚否的标志。广西三江地区苗族的银胸吊做工精细，下部缀有十八般兵器，其意在于避邪（图4-18）。盘丝银耳饰工艺细致，造型似牛角，为典型的苗族首饰。银头簪造型如匕，据说初为用于防身，后成为装饰品，大约其原本含意也是用于避邪（图4-19）。贵州松桃县的银簪皆长约33厘米，造型如一把大刀，插在发髻中，其避邪功能是显而易见的（图4-20）。贵州贞丰苗族古老的錾花银项圈，5~7个为一套，其錾花纹样与装饰风格皆粗犷豪放（图4-21）。

图4-18　苗族银胸吊（广西三江县）

图4-19　苗族银耳饰、银头簪（广西三江县）

图4-20　苗族银头簪（贵州松桃县）

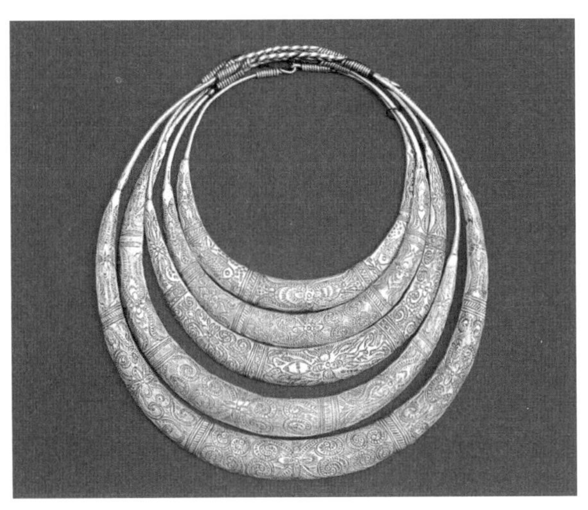

图4-21　苗族银项圈（贵州贞丰县）

盛装的苗族男子穿青色大襟衣，腰系花带，头缠大盘带，在耳侧插一支银花，颈戴银项圈，胸佩银链饰。贵州贵阳乌当地区苗族男子盛装时肩披挑花披肩。贵州剑河县苗族男子的包头帕长10~13米，在头部缠成大盘并缀以鲜花和插上羽毛，胸前佩有银链饰和银牌。贵州黎平县苗族男子佩戴三根项圈以示未婚，佩戴一根或两根项圈的表示已婚。逢年过节时，贵州盘县、普安县的苗族男子不论年龄都要穿上盛装花衣，戴上银项圈。还有贵州凯里翁项地区的苗族姑娘，在盛装时会戴戒指项圈、绞丝项圈和双龙银片项圈。银片项圈上坠有许多的银花片，铺满前身，极为富丽。

湖南湘西地区的苗族姑娘有佩戴银披肩的习俗，银披肩由镂空的银片组成，纹样多为石榴、蝴蝶等吉祥物，寓意吉祥平安。云南苗族的背牌饰有压花银泡和海贝彩珠等物，装饰形式与贵州地区的苗族不同。僅家人属苗族的一支，服饰很有特色。贵州黄平僅家的未婚姑娘，头戴红缨帽，并饰银质弓箭造型，以纪念本族古代英雄。僅家姑娘的项饰也十分丰富，有戒指项圈，每个戒指又坠一银片蝴蝶；有柱式拧丝项圈；还有月牙形银片项圈，下面坠有各种造型不同的银铃，行走起来，胸前一片银光，叮当作响。贵州从江县岜沙地区的苗族男子仍然保持着他们的传统服饰和发式，他们常年腰刀不离身，腰带上系着火药葫芦和牛角筒，还有银钩、荷包等物。少年男子都行髡发，成年后则绾发髻于头顶，古风十足。苗族中也有不佩戴银饰的，广西三江县富禄乡的苗族姑娘就一身素雅打扮。她们外出赶街时，腰后系一个竹编小饭盒，编制得十分精致，是实用品又是装饰品。小饭盒里装着糯米饭，是苗家喜食的佳肴。遇上中意的小伙子，姑娘便请他共进一餐，然后将饭盒盖赠予他作为爱情信物，日后小伙子可凭盒盖向姑娘的父母提亲。

### ❷ 瑶族

瑶族的佩饰以各种银饰为主。银饰的种类很多，造型各异。头饰有银簪、别簪、银钗、银板、银盔；耳饰有大小粗细不同的银耳环和银耳坠；项饰包括片式和柱式银项圈，以及银链、银串珠等；胸饰是银扣、银牌、银鸟、银狮；腰饰由银鸡、银蝴蝶、银烟盒、银针筒、银串珠和银牙签等组成；手饰为银手镯、银钏、银戒和银手铃。瑶族男女都喜爱佩戴银饰，银耳环、银项圈、银镯子也是男子常用的佩饰。女子和儿童佩戴银饰更为讲究，在盛大节日里，她们都是周身佩银，熠熠生辉（图4-22）。

广西巴马番瑶姑娘盛装时，都戴银质大耳环，在项间佩戴着五个硕大的片式錾花银项圈，垂至腹部。同时还要佩戴数十圈蓝、白、红相间的彩珠串，手腕戴粗大的银镯，腰佩银铃、银筒和珠串，装扮得漂亮又潇洒。贵州荔波县的青裤瑶少女佩戴柱式拧花银项圈，多达十余个，项圈下缀有银鸟、银花和白珠彩穗。她们的肩上披着精心刺绣的花披肩，披肩下飘着四条长长的花带。手戴拧丝大银镯，腰间由上至下系着数条花腰带，每条花腰带都在身后打一个结，尾端长长地飘在身后，装束非常奇特。广东连山排瑶男子耳戴银质大耳环，项佩多圈式银丝项圈，肩披绣制的红色披肩，后背缀有数个花纹精致的银盘，每个银盘下都坠有几个银铃。织锦大挎包也是他们必不可少的盛装佩饰。

广西金秀茶山瑶女子头上顶着三对高高翘起的银板，是她们独特的装饰。茶山瑶女子的耳饰多为旋涡形。盛装时佩戴五个银项圈、三个环形戒指和各种银镯以及银铃。广西桂北盘瑶妇女的银盔，已有悠久的历史。银盔底座饰有一圈錾花银泡，上部插有三对牛尾形雕饰，其上又高昂着三把剑饰，是高贵而古老的头饰。

云南麻栗坡蓝靛瑶女子的项间会佩数个片式和柱式项圈，项圈上缀有银链和银珠串，胸前衣襟上缀满银珠（图4-23）。云南金平尖头瑶女子的佩饰非常丰富，以银链、银牌为饰，精美的银牌上錾有太阳纹和几何纹。她们将精细的银链缀在银币上，再用较粗的银链系住挂于颈上，然后将许多粗细不同的银链垂在胸前，形成特殊的装饰效果（图4-24）。广西融水县的瑶族姑娘通常佩饰粗大银链扣成的

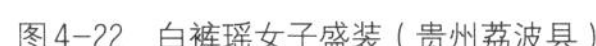

图4-22　白裤瑶女子盛装（贵州荔波县）

图4-23　蓝靛瑶女子银饰装束（云南广南县）

图4-24　尖头瑶妇女盛装佩饰（云南金平县）

项圈，可同时叠戴大小三个。胸前衣襟缀满排排银币，中间饰有一块银牌，其装饰效果非常奇特。广西龙胜红瑶女子胸前佩戴的雕花大型银牌，是极有民族特色的古老装饰，其上雕有造型古朴的双鱼、双鸟、双蝶纹样。她们还喜欢戴五六支银手镯。广西南丹白裤瑶女子的项饰是由许多小银圈串成，她们用布带将银圈挂在脖子上，装饰风格与众不同。广东连南排瑶女子的项圈是由数根银丝扣成，胸前佩叶形银片，后背装饰繁多，有银盒、银片、银坠、银铃和彩穗。排瑶儿童也佩着银丝项圈，据说此物可以避邪消灾。

广西东兰坳瑶男子腰系彩带，饰以银坠，但他们最明显的佩戴物是一把砍刀。腰间挂着精致的木制刀插，无论居家还是外出都随身佩戴，这种具有装饰效果的佩戴习惯在瑶族中是少见的。

瑶族有自己的银匠，他们善于制作精美的具有浓厚民族色彩的银饰。瑶族男女都佩银饰以求消灾避邪，其倾注了吉祥幸福的良好心愿，并显示出了富有和美丽。

瑶族各支系都讲究给小儿佩戴野猪、老虎、豹子和狗熊等野兽的牙和爪，其用意是借猛兽的威力驱鬼避邪，祈求孩子平安长大。这些牙和爪多是作为项饰佩戴在胸前或缝制在帽子上。这种原始的装饰形式反映出远古的原始宗教观念。

### ❸ 壮族

壮族妇女喜戴各种银饰，佩戴在身体上的银饰种类有项圈、项链、胸牌、戒指、手镯、脚环等。据《广西各县概况》记载，过去百色地区壮族“女子饰品，有发箍、簪及指约、手镯等”；西林壮族“惟女子最爱佩戴簪钗、耳环、手镯和盾牌等”；桂东南的壮家女子“尚戴银质簪环”；安平壮族妇女盛装时戴四个银项圈，十多个戒指（一指戴几个）；桂北壮族妇女的银项链和项圈可同时佩戴九个之多。

胸牌为长方形，饰以透雕并錾有鸟兽花卉，下缘垂有银链式小穗。佩戴时用银链挂在脖子上，走起路来叮当作响、悦耳动听，深受少女们的喜爱（图4-25）。银镯式样比较丰富，有的打制成一指多宽的薄片，上面錾有藤蔓或花草纹样；有的打制成藤蔓相绕，上有新叶扶持，甚至嵌有绿色玉珠。银镯精致小巧，纹样多为壮乡自然之物。按广西桂南壮族风俗，在新婚之夜，新娘的众多伴娘要陪同新人唱通宵的山歌，新郎的亲戚及邻里小伙子可以和伴娘对歌，唱到情投意合时，小伙子便抢去伴娘的手镯作为信物，伴娘则半推半就，欢歌笑语中又结成一对情侣。此外，儿童的胸牌也十分漂亮，下缘坠有一排小银铃，叮咚悦耳。各类银饰上的精美纹样采用了浮雕、圆雕和透雕等装饰手法，立体感强，工艺精良，显示出壮族银匠的高超技艺。

图4-25 壮族银配饰（云南广南县）

### ❹ 侗族

侗族分为北侗和南侗两部分，南部侗族聚居在贵州的锦屏、黎平、榕江、从江和广西的三江、龙胜、融水等县（图4-26、图4-27）。南侗女子善绣，服饰极为精美，衣襟、两袖、围腰和背扇均镶有精细的马尾绣或盘线绣。发髻上饰环簪、银钗或头戴盘龙舞凤的银冠；身佩银项圈、银耳环、银镯、银腰坠等银饰。贵州从江县高增侗族少女佩戴的银饰最为丰富，她们通身上下都以银器为饰，头插银花、银头子、银弓、匕形银簪，耳戴银环，背佩银背砣，腰系银泡围腰和若干个银腰篓，项间佩戴银项圈、银珠串、银丝链、银圈链等众多项饰（图4-28、图4-29）。在青衣青裙的映衬下，这些银饰格外醒目。从江县西山侗族姑娘的项间戴

图4-26 佩戴项饰的侗族少女（贵州锦屏县）

图4-27 身佩银饰的侗族少女（贵州黎平县）

图4-28 侗族盛装少女（贵州从江县）

图4-29 侗族儿童银帽（贵州从江县）

着十几个银项圈，小的仅脖围大小，大的可垂至胸前。此外，还要佩戴精美的老式银锁和三四对银手镯，以示富有。

## 第三节　秀美绚丽的民族佩饰

服饰上的银泡装饰，具有日月星辰的象征意义，这是云南部分少数民族服饰特有的装饰形式，其中以傣族、景颇族、彝族和哈尼族的银泡装饰最为突出。将银泡镶钉在衣帽上，配以织锦花带，装饰效果十分绚丽，因此她们可以不再佩戴更多其他材质的装饰品了。显然，银泡已担负起身体装饰的主要职能。银泡有大有小，大的直径达10厘米，小的不足1厘米，形状也各异，有圆形、六边形和花形。各族银匠在制作银泡时，要先把银条锤成薄片，然后用不同型号的凿子凿下大大小小的圆片，再将圆片放入凹形圆模中敲打，便成为一个个银泡。还要在银泡的两边用钢钉各扎一个小眼，以便于镶钉到衣帽上。他们为了使银泡更光亮美观，须把银泡放进锅里炒烫，再放入明矾水中煮沸，然后用布包起来搓洗。这样做出来的银泡一个个都亮晶晶的，镶钉在帽子、头帕、衣服、腰带和筒包上，组合成的图案十分美观。

### ❶ 傣族

傣族支系花腰傣是运用银泡作为装饰最突出的族群之一。居住在云南新平、元江一带的花腰傣少女的一套盛装衣饰需要3000多克的银泡才够镶嵌。虽然她们也穿用五彩花带和华丽的绸缎镶饰衣裙，但是，代表星星和月亮的银泡在她们的服饰中是最为重要的。尤其是花腰傣傣雅支系的少女和儿童，其银泡装饰格外突出。傣雅儿童因此有“银童”之称。傣雅少女内穿一件圆领无袖短褂，长度约27厘米，短褂的衣领处缀满银泡，下摆是一条17厘米宽的织锦，在织锦上也缀满细小银泡，其上面又用银泡镶出一圈塔形纹样（图4-30）。外衣是一件仅及胸部的无纽短衣，领边用银泡镶出几何纹样。穿上短外衣正好能露出腰间的银泡和花腰带。花腰带是一条自织的色彩斑斓的五彩带，镶有细银泡，缠绕在腰间，银光闪闪，艳丽夺目。后腰上还系一块镶满银泡的三角形吊帕，这块小吊帕的下缘垂有长长

图4-30　花腰傣傣雅少女腰饰（云南新平县）

图4-31　花腰傣傣雅少女的银泡装饰（云南新平县）

的红色丝穗，银鱼、银链也是花腰傣腰间的饰物。如图4-31是一条满饰银泡的花腰带，从腰后斜挎至身前，末端缀着一团芝麻银响铃。花腰傣傣雅少女的腰间装饰真可谓琳琅满目。

此外，花腰傣另外一支傣洒支系的少女常用精美的彩缎做衣，外套是一件奇特的超短长袖衣，衣服之短足以展示其腰饰的美（图4-32）。傣洒少女的腰饰十分丰富：彩带在腰间层层缠绕，短内衣上缀着无数串银坠，均展现在前后腰身上，精美的“花秧箩”系在后腰，箩上的长长彩带在腰间绕成图案并缀彩球。盛装的傣洒姑娘个个漂亮。

花腰傣少女还喜欢佩戴银质大耳环、银手镯和银戒指，有的姑娘一手戴七八个银镯和数个镂花银戒指。花腰傣儿童也通常全身银光闪闪，特别是傣雅支系的，黑色布帽上钉满银泡，几乎使人看不出帽子的本色。此外，幼儿的银帽还缀有芝麻响铃和錾花银片等饰物。孩子们衣服的胸前和肩部钉满一排排银泡，内衣短褂的下摆也用银泡镶出三角形纹样，身前缀有银链芝麻响铃。有的孩子胸前还挂着

图4-32　花腰傣傣洒女子的银泡服饰（云南元江县）

数块大银牌。人们把着这种装束的孩子称为“银童”是十分贴切的。云南西双版纳的旱傣女子服饰与傣雅女子服饰有些相似，她们的内衣短褂衣领和短外套衣领上都镶满银泡。另外，数丈长的银链也会被她们作为头饰缠绕在头上，作为装饰。

### ❷ 景颇族

居住在云南的景颇族服饰又有另一番风采。景颇族女子的黑色上衣缀以近百个大银泡，这些大银泡横向排列在前胸和后背，并缀有银链、银铃、银坠等物。这种装饰被称为“银泡披肩”，耀眼的银泡与黑色上衣对比强烈交相辉映，十分好看（图4-33）。景颇族女子的颈间戴六七个银项圈，耳朵上戴比手指还长的银耳筒，手腕戴刻花粗银镯。景颇人喜爱银饰是因为银饰佩戴得越多，表明女子越聪慧和勤劳。景颇人的银饰是用辛勤劳动换来的，他们视勤劳为美德。此外，景颇妇女还喜欢在腰间缠绕用红、黑漆涂过的藤箍作为装饰，圈数越多越美。这也是已婚妇女的标志，未婚少女只能系红腰带。

景颇族男子腰间都佩着一把长刀，常年不离身。刀长60多厘米，宽3~4厘米，刀锋锐利，工艺精良。刀把上面缠绕着篾丝编成的花纹，刀鞘用铜皮包裹、铜丝缠绕，或者裹錾花银皮并缠以银丝，制作得十分讲究，是景颇男子喜爱的佩饰。长刀亦是生产工具和防身武器，景颇人砍伐树木、建造房屋、制作日常生活用具时都离不开它。景颇人视长刀为珍贵之物，岳父母送给女婿的礼物往往就是一把精致的长刀。景颇男子之间也喜欢互赠长刀以增进友情。按习俗，景颇长刀是景颇族男子必不可少的佩饰，尤其是在宗教活动中，威武的景颇男子手握钢刀，随着鼓点跳起刚健的祭祀舞蹈，并由此形成了颇有特色的景颇刀术，显示出景颇男子的豪放与勇武（图4–34）。

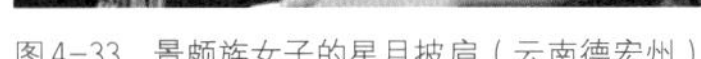

图4-33　景颇族女子的星月披肩（云南德宏州）

图4-34　目瑙节上景颇族男子佩饰（云南德宏州）

## ③ 彝族

在彝族中，银泡装饰主要用于云南彝族的各式鸡冠帽、头饰和衣饰。云南红河彝族少女的鸡冠帽竟用1200多颗银泡镶制而成。云南新平彝族腊鲁支系少女的围腰也用银泡镶嵌图案，多达700余颗，最少的也有200多颗，再配上8根银挂链。这种用雪亮银泡和银链镶饰的围腰具有很强的装饰效果，姑娘们系上银泡围腰跳舞赛歌时个个都光彩照人（图4–35、图4–36）。红河彝族女子的披肩一般用1000多颗银泡镶嵌出几何纹样，还有的彝族妇女则将六角形银泡缀满衣领和衣襟。

图4-35　彝族腊鲁少女的银泡围腰（云南新平县）

图4-36　彝族腊鲁少女的银泡腰饰（云南新平县）

除了银泡装饰外，四川凉山彝族的各种银佩饰亦相当出色。四川凉山彝族女子的首饰有精美的银耳坠、银领牌、银项饰、银挂饰、银手镯和银戒指。其中银项饰“曲勒呷”非常引人注目。“曲勒呷”是彝族的古老佩饰，它由多种银饰复合而成，有月亮、羊角、火镰等物。每件银饰上都饰有几何纹，银饰之间用银链连接，并坠有芝麻响铃。錾有日纹的月亮形银饰物被作为项饰佩在胸前，这与彝族的日月崇拜观念有密切关系。火镰与羊角都是彝族装饰纹样中的神圣纹样。凉山彝族的衣领是一单独饰物，它并不与上衣相连。领内用竹篾作衬，外包白布或红布，上有刺绣花纹，并镶嵌银泡为饰。领口扣有一块长方形花锦银领牌。黑彝男子有佩戴银质大手镯的习惯。此外，黑彝男孩的衣领上还常佩挂一对獐牙，内装有麝香、牛黄等物，可防病驱邪，并显示其身份高贵。“都它”是表彰彝族男子勇敢精神的佩饰，是用海贝镶嵌在皮带上而成，佩戴时斜挎在胸前。出于尚武的习俗，彝族男子的皮护腕和护肘亦制作得十分考究（图4-37）。

图4-37　彝族男子盛装（四川凉山州布拖县）

## ❹ 哈尼族

哈尼族大部分支系都以银泡、银币或其他银制品作为装饰（图4-38）。云南西双版纳哈尼族的僾尼支系女子的头饰大量使用银泡和银币。她们用青布制作各式帽子，上面镶满小银泡和大小银币，再缀以彩珠和流苏，十分华美。青年女子内穿紧身小衣，其上缀满银泡、银币和花形银板。银链项饰也是僾尼姑娘喜爱的饰品。其中红河哈尼族少女的鸡冠帽就镶满了雪亮的银泡，精美漂亮。红河另一些哈尼族女子则戴着粗重的柱式银项圈，衣服前襟缀许多银泡。哈尼族缀塔支系女孩十七八岁以后，用刺绣精

图4-38　哈尼族尖头僾尼盛装少女（云南金平县）

美的头帕包头，头帕上镶着无数亮晶晶的小银泡。她们的花边围腰是用两指宽的蓝色布带挂在脖子上，布带上镶满了各种形状的银片和圆形银泡。此外她们还佩戴银手镯、银耳坠和粗大的银项圈，胸前缀满了银螺、银链、银泡和大银片。哈尼族的糯比和梭比支系的女子也都以银泡为饰。哈尼族女子不仅爱佩戴银饰，还喜欢把银饰染成青色。即使是胸前佩戴的大银环“批索”，也要放入染缸中染成青色。在一些地区中流行着这样一句话：姑娘要戴批索才好看，银批索染青了更美丽。

## 第四节　浑金璞玉的民族佩饰

以金银珠玉为主要佩饰的民族主要有藏族、维吾尔族、塔吉克族、哈萨克族、柯尔克孜族、蒙古族和裕固族，华丽的装饰和宽袍阔带的装束形成了这些民族浑金璞玉的装饰风格。区别在于：①藏族的装饰风格趋向于粗犷豪放，而维吾尔等族则是以精致纤巧的装饰风格著称。②从文化内涵的角度看，藏族的身体装饰还具有显示等级制度和宗教信仰的功能，维吾尔等族佩戴装饰物多是以审美为主要目的。

### 1 藏族

藏族的佩饰以金、银、铜、珍珠、珊瑚、松石、蜜蜡、玉等材料制成，其中金银、珊瑚和松石是主要制作材料。装饰品的造型古朴厚重，但装饰纹样却非常讲究，雕镂精细，其金银饰品的制作工艺非常精湛，并镶有珊瑚、松石等物。由于金银的社会属性赋予它高贵、豪华的美感，金银被视为高贵和财富的象征。藏族人一贯重视自身的价值和尊严，所以大量地采用金银来装饰自己。从日常生活到宗教礼仪，都反映出藏族独特的装饰风格。藏族佩戴装饰品的部位很广，从头顶、发辫到耳、项、胸、背、腰、腕、指都各有饰物。各地区由于地理环境的不同，生活习惯的差异又形成了藏族身体装饰方面丰富多彩的地方特色（图4-39）。

在胸前佩戴“嘎乌”是各地区藏族的共同特点（图4-40）。“嘎乌”是一个用金银制成的经盒，有的是用金银丝编制而成，大多镶有珊瑚和松石，工艺十分精湛，充分显示出藏族工匠制作金银器的高超技艺。嘎乌内装有小佛像、护身符、

图4-39　盛装的藏族女子（四川甘孜州德格县）

图4-40　藏族护身佛盒"嘎乌"（四川甘孜州）

子母药等物，不仅可以作为装饰物，而且还有着十分突出的宗教意义。藏族人认为佩戴嘎乌便可以得到神灵的保佑，逢凶化吉，吉祥如意。因而佩戴嘎乌的人首先是把它当作护身的佛盒来看待的，嘎乌的护身符性质之所以这样明显，是因为它是人为宗教的产物，与人们虔诚的信仰分不开。在藏族社会中，无论是温柔的女子，还是强壮的汉子，都在胸前佩戴嘎乌，反映出人们浓厚的宗教意识。由于嘎乌制作精湛和使用广泛，并在形式上和心理上都能满足人们的愿望，因而转化出了审美意义上的装饰效果。

奶钩是牧区藏族女子的装饰品，挂于腰部左侧，长尺余，有银制和铜制两种，通常镶有珊瑚、松石等。藏语称奶钩为"学纪"，早先是实用品，后来慢慢演化为纯粹的装饰品，并寓意勤劳美好。

各地藏族妇女都喜欢戴镶有珊瑚、宝石的戒指，左手戴银镯。一些地方的藏族女子佩戴宽约7厘米，由海贝穿串而成的手镯，少时就戴上，且终身不取下来。她们相信戴上它，死后在通往天堂的路上不会迷路。藏族女子胸前佩饰镶嵌有红、蓝、绿宝石和珍珠、绿松石等，十分华贵富丽（图4-41）。藏族妇女自古以长发为美，将点缀着各种名贵

图4-41　藏族女子胸前佩饰（四川甘孜州）

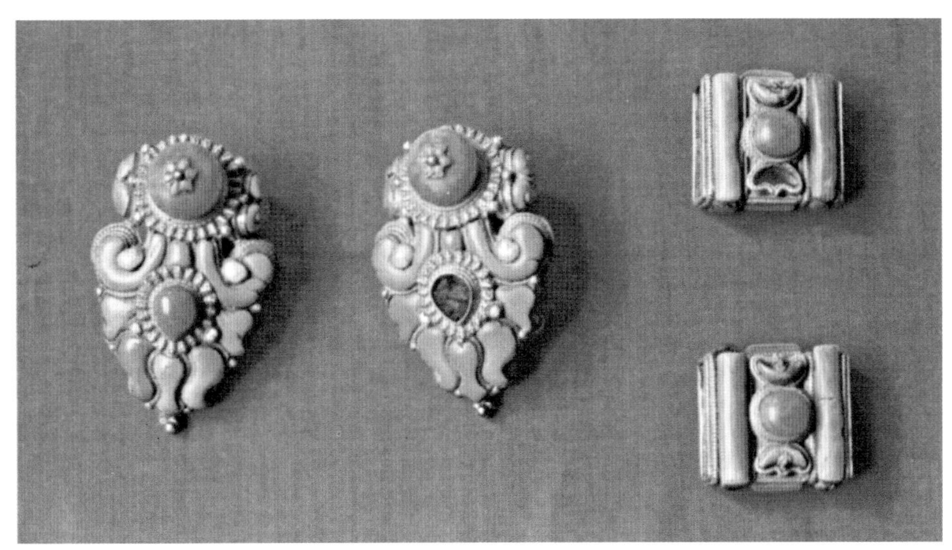

图4-42　藏族女子发饰（四川甘孜州）

饰物的长发垂于身后或置于胸前，或盘在头顶。其头饰常饰于发辫之上，有发饰、头顶饰，錾花并镶嵌珊瑚、松石，精巧且华丽（图4–42）。

火镰是藏族男子喜爱的佩饰，虽然如今人们使用火已经十分方便，但藏族人仍然将它作为心爱的饰物佩在腰间（图4–43）。火镰多为皮制，其上镶嵌有金银和珊瑚、松石，极为精致，造型亦多种多样，不失为一种独特的装饰品。

图4–43　藏族男子银饰盛装（西藏昌都地区）

青海藏族女子最有特色的佩饰就是大如覆碗的银盾，重达5千克左右，是典型的背饰，从头披至后脚跟，装饰效果极为强烈，使人过目难忘。青海夏河藏族女子的佩饰少不了“三大件”，即镶银嵌玉的皮腰带“钱莫”、奶钩“肖桑”和银桃盒“琅高”。手镯、戒指也是必佩之物。

甘肃甘南藏族男女都喜欢佩戴硕大的珊瑚项链。舟曲一带的藏族女子胸前饰整只珊瑚，或者戴一个很大的银盘，盘上錾有图案。男子戴大耳环，胸前佩经盒，颈戴护身符“双古尔”，腰佩火镰、皮包和腰刀。腰刀的刀柄用黑色牛角制成，饰红、黄二色铜纹。另外，镶银皮带、银钥匙挂、奶钩、银质“曲玛”以及经盒都是甘南藏族妇女们喜欢佩戴的饰物。

西藏地区藏族比较典型的佩饰有珊瑚松石项饰、珍珠项饰、精雕细刻的金银嘎乌、金银手镯、象牙手镯、铁花手镯以及镀金银的腰刀、腰扣、火镰和镶有翡翠、玛瑙、松石或珊瑚的各种各样的金、银、铜首饰。

四川藏族女子的装饰从头至脚满身披挂，其装饰物之多真可谓富丽之极。四川藏族女子不仅头饰琳琅满目，她们还佩戴硕大的耳坠和珊瑚珠串项饰，在珊瑚珠串中还缀有珍贵的“丝”。黑白色相间的“丝”是古代海贝类化石，多出土于藏北高原，价值昂贵，深受四川藏族男女的喜爱。精美的银经盒也是四川藏族男女珍爱的佩饰，装饰效果非常强烈。巴塘、新龙、理塘等地的藏族女子腰间系着镶有錾花大银碗的皮腰带，其他地区的藏族女子则腰系彩带，腰带上系满了各种佩饰，有金银镶玉的“洛甲”、精致的小刀和火镰、香荷包及日月形的银质錾花“洛

图4-44　藏族女子节日盛装（四川甘孜州新龙县）

洒尔”。银质的璎珞是巴塘、白玉、新龙等地藏族女子极有特色的佩饰。这种璎珞装饰层层从腰间垂至膝下，连接处缀有镶宝石的银饰。理塘藏族女子则以珊瑚珠串作长长的璎珞，垂在腰下（图4-44、图4-45）。四川藏族男子也十分热衷于佩戴装饰，他们的头上饰有宝石，耳上挂着耳坠，颈上都佩着珊瑚珠串，胸前系着象征吉祥如意的彩带，腰间缀着火镰、香包和精致的藏刀。新龙的藏族男子的腰间还缀着银质璎珞。四川藏族男子，虽然装饰得珠光宝气，但仍然不失其粗犷强悍的民族风采。

图4-45 藏族女子丰富的佩饰（四川甘孜州新龙县）

藏族的另一支——白马藏人的服饰又别有一番特色。无论冬夏，白马藏人女子都以自织的毛质彩带束腰，髋部还缠以数匝古铜币为饰，十分独特。她们的胸前佩戴着闪闪发光的鱼骨牌，是由四块鱼骨组合而成，上端饰有一排小海贝，据说这鱼骨牌有避邪镇魔的功能。男子的饰物主要是精致的烟荷包和两条漂亮的花带，都是未婚妻赠送的定情物。白马男子通常要在膝下裹羊毛毡绑腿，花带就系在上面，成为男子的装饰。火镰也是藏族男子钟爱的佩戴物。

## ❷ 维吾尔族

新疆地区维吾尔族女子的装饰品皆制作精巧。她们的金银及宝石首饰非常精致，常佩戴的有金银耳饰、项饰、胸饰、戒指等（图4-46）。城市的维吾尔族女子普遍戴金银和宝石制作的耳坠、项链（图4-47）、手镯、戒指，并有染指甲的习惯。红宝石耳坠是维吾尔族妇女特有的耳饰，精致的佩饰还有镶有红、绿宝石的圆形银胸饰，也是维吾尔族女子喜爱的佩饰。伊斯兰教义规定成年女子不得在

图4-46　维吾尔族妇女嵌宝石银胸饰（新疆乌鲁木齐市）

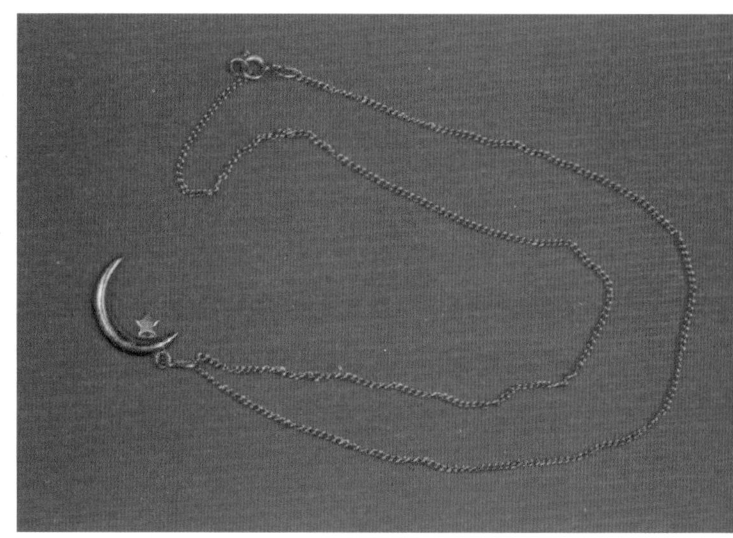

图4-47　维吾尔族妇女的星月项链（新疆乌鲁木齐市）

他人面前露出脸面，故信仰伊斯兰教的少数民族妇女都有用大披巾掩面或戴盖头、面罩的习俗（图4-48）。

维吾尔族男子的佩饰主要是英吉沙小刀或库车孔雀小刀（图4-49）。英吉沙小刀历史悠久，制作工艺非常讲究。刀把有木质、角质、铜质和银质的，无论哪一种刀把，英吉沙的工匠们都要在上面镶嵌美丽的花纹图案，有的甚至用宝石来装点。皮革的刀鞘上也要压印出细致的花纹和进行镶嵌装饰。英吉沙小刀不仅刀口锋利耐用，刀体上还錾有精细花纹。精工细作的英吉沙小刀玲珑华贵，令人爱

图4-48　维吾尔族妇女面罩（新疆乌鲁木齐市）

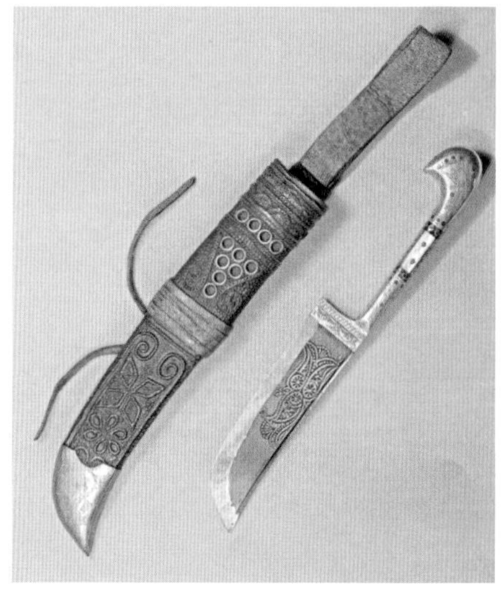

图4-49　维吾尔族男子佩刀（新疆库车县）

不释手。近年来，又有库车孔雀小刀脱颖而出，深受新疆各族的欢迎。孔雀小刀造型别致，工艺精良，刀鞘装饰也十分华丽。维吾尔族男子都有佩戴小刀的习惯，小刀既是生活用品同时也是装饰品。南疆的维吾尔族男子佩戴的剥刀亦非常漂亮（图4-50）。另有一种南疆老年男子佩在腰间作为装饰的牙棍，也配有皮鞘，形式颇似小刀，很有装饰效果。

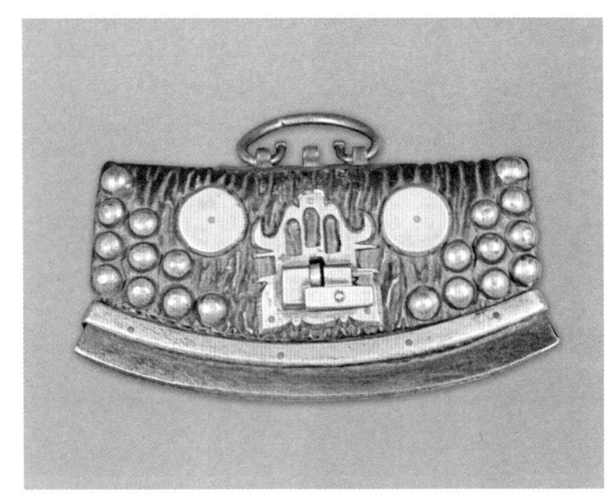

图4-50　维吾尔族男用剥刀（新疆霍城县）

### ③ 哈萨克族

哈萨克族是一个崇尚银饰、佩戴银饰的民族，其银镶珊瑚头饰、辫饰等都具有典型的游牧民族风格。哈萨克族女子喜用银币和银制品装扮自己。哈萨克族的银饰制作工艺相当精湛。银首饰有耳环、项饰、胸饰、辫饰、戒指等，大多都镶嵌有宝石、玛瑙等物（图4-51、图4-52）。哈萨克族女子的银胸饰样式丰

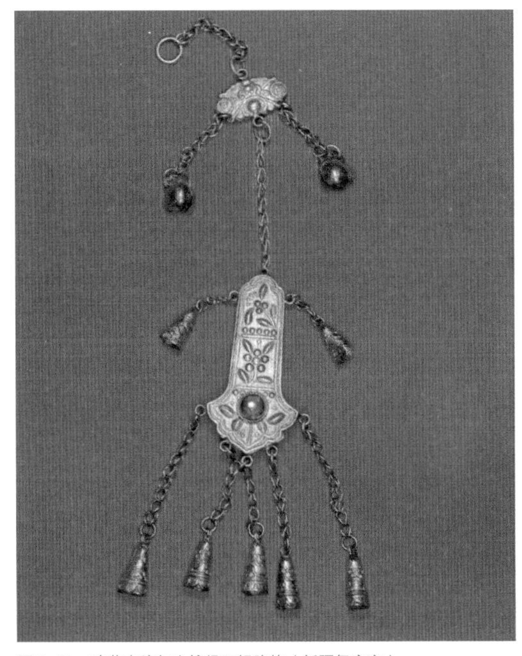

图4-51　哈萨克族妇女镶绿玉银胸饰（新疆伊宁市）

图4-52　哈萨克族妇女镶蜜蜡银胸饰（新疆伊宁市）

富，由錾花银片、银链和银币组成，局部镶有宝石、玛瑙（图4–53）。哈萨克族女子十分讲究辫子的装饰，所以她们镶有宝石的银质辫饰非常精致（图4–54、图4–55）。就连女性用的铜纽扣也是很漂亮的（图4–56）。哈萨克族妇女还喜欢把指甲染成黄颜色。哈萨克族男子腰间束皮带，佩精美的腰刀为饰。

图4–53 哈萨克族妇女镶宝石雕花银胸饰（新疆伊宁市）

图4–54 哈萨克族妇女的精美辫饰（新疆伊犁州）1

图4–55 哈萨克族妇女的精美辫饰（新疆伊犁州）2

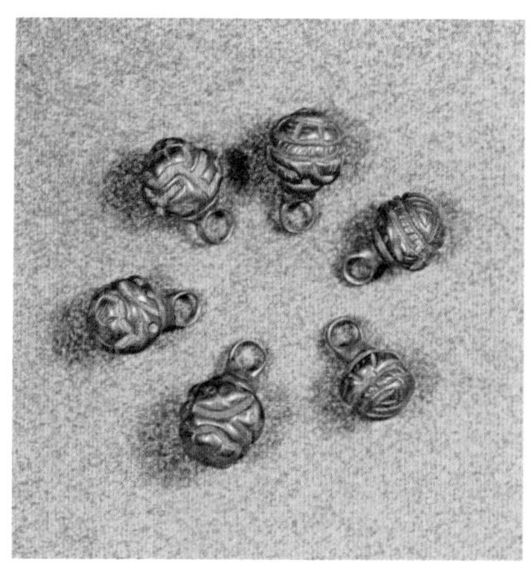

图4–56 哈萨克族女用铜纽扣（新疆伊宁市）

## ④ 塔吉克族

塔吉克族女子精美的装饰除了头饰以外，还有胸饰、项饰、耳饰、手镯、戒指等。她们胸前佩戴的圆形大银饰“阿勒卡”很精致，其他形式的胸饰也很漂亮（图4-57）。塔吉克族女子的发饰极为讲究，尤其是已婚妇女，其长辫上饰满各种装饰物（图4-58）。妇女的项间饰有三四圈镶嵌有红、黑、白三色玉珠并在其间穿插几枚盘丝的银饰，这种装饰甚为华丽，可称为塔吉克族女子典型的项饰。塔吉克族男子腰间系宽长的绣花腰带，右腰侧佩挂小刀。男子的上衣、坎肩和长裤上都有精美的刺绣，他们以此为饰。在婚礼上，新娘和新郎的手指上都要戴缠着红白布条的戒指，寓意未来的生活吉祥幸福。

图4-57　塔吉克族妇女的嵌宝石银胸饰（新疆塔什库尔干县）

图4-58　塔吉克族妇女的银辫饰（新疆塔什库尔干县）

## ⑤ 柯尔克孜族

柯尔克孜族至今仍然保持着他们传统的装束习惯，不同地区的柯尔克孜人装束有所区别。总的说来，他们都喜欢用鲜亮的颜色和华美的装饰品打扮自己。盛

图4-59　柯尔克孜族女子刻花银胸饰（新疆阿克苏市）

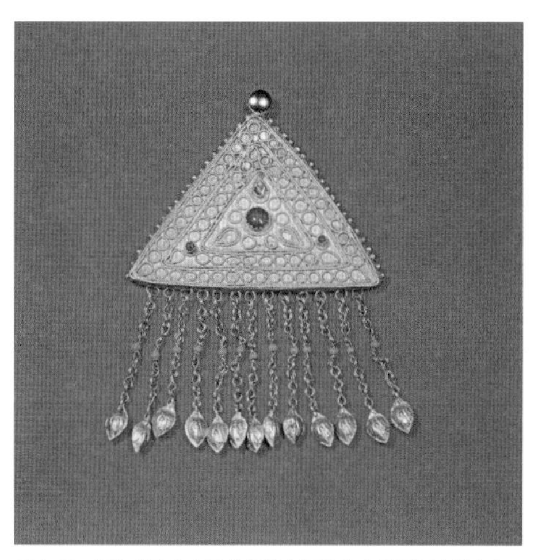

图4-60　柯尔克孜族女子的银镶宝石胸饰（新疆阿克苏市）

图4-61　柯尔克孜族女子镶宝石胸饰（新疆阿克苏市

装的柯尔克孜族妇女以金银、珠宝、珊瑚等饰品佩戴于头、耳、项、胸前、手腕（图4-59、图4-60）。其项饰层层佩挂，堪与头饰媲美。她们的金银首饰，如镶宝石胸饰、耳饰、辫饰等，样式别致，工艺精细，在新疆各族的装饰品中是最突出的（图4-61）。盛装的柯尔克孜族男子的上衣与下装都刺绣富有本民族特色的花纹图案，腰间系一条宽大的镶有金花宝石的皮带（图4-62）。

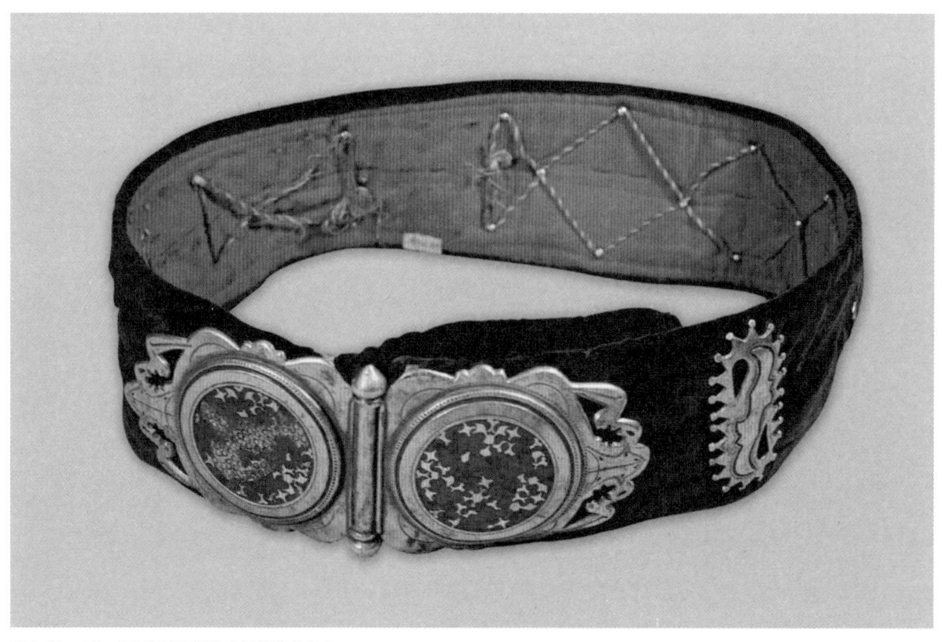

图4-62　柯尔克孜族男子腰带（新疆喀什市）

## ❻ 蒙古族

蒙古族是一个游牧民族，崇尚勇武，有着波澜壮阔的战争史，蒙古族男子佩戴的腰刀既是武器，也是身份的象征，其材料、制作、装饰都十分讲究，以旧时蒙古王爷的腰刀最为贵重（图4-63）。不同地区、不同部落的蒙古腰刀风格不同，因而蒙古腰刀种类丰富，造型独具特色（图4-64）。蒙古腰刀不仅美观而且实用，是牧民生活中不可缺少的用具。蒙古族男子在腰带右侧佩戴蒙古刀，和鼻烟壶、火镰一起挂，显得格外威风。刀身长十几厘米至数十厘米。采用优质钢材打造精磨而成，刀柄和刀鞘有钢制、木制、牛角制、皮制、骨头制等多种，表面雕有精美的花纹或填烧珐琅、镶嵌宝石；鞘上有环，环上缀有丝线带子。丝线带子一头有环，可以挂在胯上；一头编有蝴蝶结，下面是穗子；一头有勃勒。勃勒是一种银质圆形饰件，上面有花纹，中间嵌有珊瑚大珠。蒙古刀的勃勒，也有用绸缎刺绣的。刀鞘用金、银、铜做成，上刻龙、虎、兽头、云纹图案。刀鞘中有孔，可插象牙或驼骨筷子，是蒙古刀的特色。

图4-63　蒙古族贵族象牙包银嵌宝石腰刀（内蒙古呼和浩特市）

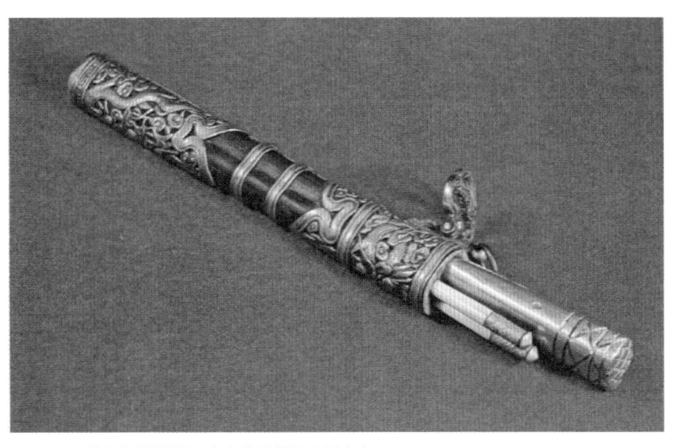

图4-64　蒙古族男子腰刀（内蒙古锡林浩特市）

腰带是蒙古人传统服饰的一个组成部分。蒙古人都有扎腰带的习俗。贵族和勇士扎牛皮腰带，镶嵌金银宝石装饰。一般腰带用丝绸或棉布制成，长度和宽度往往因使用者的年龄和性别的不同而各有差异。腰带长度为2.5~4米。腰带的颜色取决于蒙古袍的颜色。一般说来，青年男女大多喜欢天蓝、翠绿、橙黄和橘红等比较艳丽的颜色。男子纵马奔驰往往离不开腰带，所以在蒙古语中又把男子称作“系腰带的人”。腰带的作用主要是便于人们的马上活动。身穿长袍的蒙古族扎上腰带，不但可以保暖，便于骑射，还潇洒利落；二是腰带通常佩挂蒙古刀、火镰、烟荷包、鼻烟壶、猎斧和箭袋等用品和饰品。

蒙古族腰带的系法和摆放也有许多讲究和禁忌。其中的常见系法是先把腰带置于身体的正前方，把腰带的一端留出少许放在腰的左侧，然后从前向后沿顺时针方向缠绕，最后把腰带另一端挽于腰的右侧。腰带的两端挽成穗状垂下。通常男子的腰带系在胯上，使上身袍服宽松；女子的腰带系在腰上，使袍服贴身。蒙古族忌讳脚踏腰带或者从腰带上方迈过，还忌讳将腰带随意放置。晚上睡觉时，要将腰带解下叠好放在枕头的上方。蒙古族人认为，腰带有整治散乱、凝聚集中的作用和预示成功的含义，所以把腰带尊称为“国家的成功之带”。

## 第五节　意韵古朴的民族尾饰

原始民族有佩戴动物尾巴作为装饰的习俗，这类佩饰多半含有图腾的意义：一是在图腾礼仪中做到与图腾一体化；二是在日常装扮中对图腾形象的模仿，两者均出自图腾崇拜的观念。这种远古的习俗一直流传到近现代，并融入服饰装扮，在一些民族中仍然可以见到（图4-65）。

在图腾礼仪中佩戴尾饰的例证很多，如青海大通县上孙家寨出土的新石器时代彩陶盆纹饰中的舞者形象，便是我国原始先民佩戴尾饰的最早写照。这类图腾装扮在古代岩画中亦可见到，我国内蒙古磴口县托林沟崖壁上描画着古代游牧人的图腾舞蹈场面：“众多的舞者连尾而舞……有一人装扮成鸟兽模样：鸟头、双

图4-65　苗族女子尾饰（贵州从江县）

翅、长着尾巴，还有两条短腿……”[1]这位长着尾巴的舞者很可能是部落的巫师，正率领众人演绎着图腾礼仪。又有《吕氏春秋·古乐篇》载：“昔葛天氏之乐，三人操牛尾，投足以歌八阕。”这里的操牛尾正是佩戴尾饰之类的装扮。

云南哀牢山彝族每隔三年的首月（即虎月）的第一个虎日，远近各彝村要联合举行一次大祭，欢庆以母虎神为首的纪日十二神兽的降临。按照传统习俗，为首者必须是女巫，否则就是对母虎神的不敬。舞蹈伊始，为首女巫戴虎头面具，紧随其后的一个男巫则腰插虎尾。当女巫击鼓起舞时，笙乐长鸣似虎啸声，众巫随之而舞[2]。毫无疑问，虎头虎尾是图腾礼仪中再现祖先形象的演示。西藏珞巴族的巫师在跳神时要身佩牦牛尾巴；云南永宁纳西族举行二次葬时，族人要披挂牦牛尾巴跳舞；云南小凉山彝族举行祭祖仪式时，由男青年佩戴牦牛尾巴，模仿牦牛的动作，边歌边舞，名曰牦牛尾巴舞。这类尾饰也均是图腾礼仪中的一种佩饰。现今仍然盛行的云南楚雄双柏县彝族罗罗支系的虎节中，在祭祀虎祖的图腾活动时，由男子装扮的老虎都有一条粗壮的尾巴（图4-66）。彝族罗罗支系占彝族总人口的半数以上，主要分布在云南的彝族聚居区。楚雄双柏县彝族自称“罗罗”，意即“虎人”或“虎族”。他们的男人自称“罗罗颇”，即雄虎；女人自称为“罗罗摩”，即雌虎。这是彝族中以虎为图腾的一支，他们的先民属于彝族氏族社会时期以虎为图腾的罗罗部落。《山海经·海外北经》曾记载古氐羌族群的一支为“有青兽焉、状如虎，名曰罗罗”。此记载可能就

图4-66　彝族尾饰装扮（云南楚雄州）

[1] 盖山林：《从阴山岩画看内蒙古草原古代的游牧人的文明》，《中亚学刊》1983年第一辑。
[2] 刘尧汉：《彝族社会历史调查文集》，民族出版社，1980年。

是指该部落的图腾装扮。彝族尚黑，至今虎节中所饰的虎亦是黑虎。双柏县彝族罗罗支系每年都会举行一年一度的传统的虎节，节日从正月初八“接虎祖”开始，至正月十五“送虎祖”结束。其间，选八个男子化妆成黑虎，跳老虎舞、祭虎祖，祈福消灾。据说，过去的人们都是裸身扮虎，现在则改穿绘有虎纹的短衣裤。扮虎者将黑毡捆扎在身上作为虎皮，双耳挺立，用红、黑、黄三色在脸部、手臂、腿部绘虎纹，额上画一“王”字，胸前挂虎铃，最醒目的装扮是这群黑虎均撅着一条粗壮的虎尾。妆成后，即为虎，自此再不能言语。这种装扮是力求同图腾一体化的表现，它有取悦于虎祖、求得虎祖保佑的精神作用。在这里，虎节是远古图腾活动的演绎形式，虎舞则是具有图腾意义的巫术礼仪。

另一类尾饰并不是出现在特定的礼仪中，而是在日常着装中体现出族人对图腾祖先的崇拜，这种装束在民族内部具有一定的统一性。晋人常璩著《华阳国志·南中志》载：“永昌郡哀牢国……其先有一妇人曰沙壶，依哀牢山下居，以捕鱼自给，忽有水中触一沉木，遂感而有娠，度十月产男十人，后沉木化为龙……由是始有人民，皆象之，衣后著十尾，臂胫刻文。”《后汉书·西南夷列传》亦载：“哀牢夷……种人皆刻画其身象龙文衣着尾。”这种文身着尾饰的习俗在现代一些彝族中仍然存在，他们的羊皮坎肩均留着羊尾垂于身后。这类“衣着尾”的习俗明显有着氐族图腾的意味。与彝族同源于古氐羌族群的纳西族牧人也有在羊皮披风上留尾巴为饰的习俗。

在古代，盘瓠（犬）为南方少数民族的图腾，南方少数民族及其后裔瑶、畲等族均在服饰上表现出图腾意识。传说盘瓠“其毛五彩”，故南方少数民族及其后裔均好五色衣裳。《后汉书·南蛮传》记载其“织绩木皮，染以草实，好五色衣服，制裁皆有尾形”。又有王士性《桂海志续》称瑶族：“女则用五彩增帛缀于两袖，前襟至腰，后幅垂至膝下，名狗尾衫，示不忘祖也。”庞新民在《两广瑶山调查》中记述瑶族衣帽象征狗形：“瑶人装饰，女人帽之尖角，像狗之两耳，其腰间所束之白布巾，必将两端作三角形，悬于两股上侧，系狗尾之形。又男人之裹头巾，将两端悬于两耳之后，长约五六寸，亦像狗之两耳，男人腰带结纽于腹下……垂以若干铜钱……”在今天，我们仍然能见到一部分瑶族的服饰拟狗形和仿盘瓠五彩毛色。

现在，那种直接将动物的尾巴佩戴在身后的装饰形式已比较罕见。不过，我们仍然可以看到不少属于尾饰类装饰的遗风。许多民族都有将腰带在身后打结垂到臀下的习惯，且腰带下端装饰精美，缨穗飘动，这自然是一种尾饰的变式。如云南元阳县彝族女子垂在身后的腰带，呈菱形，镶有银泡，绣着鲜红艳丽的花纹，非常漂亮，她们自己将其称为“尾巴”。云南石屏县彝族花腰支系的女子以腰饰精美而得名花腰彝，在她们的腰饰之中有一块类似尾巴的饰物，其做工精细漂亮，十分引人注目（图4–67）。贵州毕节市彝族女子的后腰垂着两条长长的白色布带。云南新平县哀牢山区的拉祜族支系苦聪人身后缀有两条色彩斑斓的饰物。广西融水县瑶族女子身着黑装，腰间系彩条腰带，腰带的两端垂至身后，形同尾巴，在黑衫的衬托之下格外醒目（图4–68）。贵州毕节市苗族女子腰间系若干条腰带，每条腰带的两端都垂至身后，其上绣有精美的图案，并缀以流苏，如同尾巴一般。云南盈江县傈僳族女子的后腰垂着长长的彩色流苏，并饰以绒球、铜铃等物（图4–69）。上述这些无疑都是尾饰的衍化。

最具有尾饰特色的是哈尼族罗美支系女子腰间佩戴的“批甲”。罗美女子从小就在腰间系着一条两端绣有五彩花纹的箭头形蓝腰带，并特意将腰带的两端露在外衣后摆之下。待长到十七八岁时，就要在腰带上加一件“批甲”尾饰。“批甲”

图4–67　花腰彝尾饰（云南石屏县）

图4–68　瑶族女子尾饰（广西融水县）

图4-69 傈僳族尾饰（云南盈江县）

意为“尾巴”，长30厘米左右，是用数十根蓝布细条特制的，样式别致。“批甲”尾饰佩戴在罗美少女的身后，随着少女的步伐左右摆动，意味着少女已经长大成人，可以接受小伙子的求爱了。对于已婚妇女，“批甲”更是必佩之物，若是在夫家男性长辈跟前不戴“批甲”，就会被轻视为不懂规矩。

## 第六节　华贵富丽的装饰材质

在少数民族的服饰中，佩饰往往是民族着装的点睛之笔，极为丰富多彩。南方民族与北方民族、草原民族与山地民族，甚至一个民族中不同支系的佩饰皆特色各异，其材质讲究、工艺精湛、色彩缤纷，堪称民族文化艺术中的瑰宝。

佩饰的材质种类十分丰富。有金、银、铜等金属类饰物，有珊瑚、松石、蜜蜡等矿物类饰物，也有贝壳、草珠、骨牙、鲜花、竹木等自然物制成的各种装饰。少数民族从头到脚等各个身体部位都用佩饰进行精心装饰，并以佩饰物大和多为美。金银珠宝类佩饰由于具有装饰和价值功能，而成为少数民族崇尚的华美贵重之物，如藏族的佩饰富丽堂皇而造型奇特，在民族装饰中极为突出。

少数民族的佩饰显示出卓越的设计意识，无论是材质还是样式，都与服装相得益彰。各民族都有自己钟爱的装饰品，有些饰品在本民族的历史长河中形成了非常深远的文化寓意。少数民族佩饰充分反映出了各民族独特的文化现象，也为民族服饰增添了无限的风采和魅力。

## 一、金属类

少数民族用于制作饰物的贵金属材料主要是黄金白银，也有铜、铝、锡、铁等一般金属，不同的金属材料具有不同的特色。贵金属含量决定其不同的物理性质，因而也有不同的加工方法。例如花丝镶嵌是少数民族金银饰物的主要制作工艺，其将金银等贵重金属加工成细丝，以推垒、掐丝、编织等技艺进行造型，再镶嵌上色泽美丽的珠、玉、宝石。花丝是用不同粗细的金银丝，在方寸饰片上掐制出各种不同的图案，镶嵌是把珠宝美玉镶在金银饰品上。铜、铝等一般金属则采用锻、铸等工艺制作饰物。

贵金属饰品不仅是身份的象征，也是勤劳致富的体现。由于少数民族之间的文化差异，各民族金属饰品款式多样，风格各异。贵金属及宝石珠玉饰物以其独特的魅力和装饰效果在少数民族的佩饰中占有重要地位。

### ❶ 黄金

人类对于黄金的发现是早于矿石冶炼的，正如马克思所说："金实际上是人所发现的第一种金属。"我国最早的金制品是从商代的墓葬里发现的，1955年在郑州展出了商代的金制夔风纹薄片，原来可能是用于镶在某种器皿上。西汉时期，金银矿被大量开采出来，为贵族们的奢侈享用提供了物质基础，用于带钩和佩饰，还有各种器皿以及车马饰具。唐代金银饰品有了很大的提高和发展，智慧的工艺匠师充分利用金银錾花的工艺特点，精工细作，使錾出的点、线、面与金银表面的光泽相映生辉，绚烂华丽。

黄金是所有金属中延展性最强的一种。金的化学性质不活泼，不受空气和水的影响，也不溶于一般的化学溶剂中，因此具有良好的稳定性，是制作首饰的最佳材料，常被用来制作戒指、耳环、头饰等饰物。由于其贵重，黄金饰品一般分量轻、体积小，制作精细，但因为一些民族崇尚以大为美，故而黄金需求量非常大。为了降低成本且符合审美，很多民族便使用镀金、贴金或包金的办法（图

4-70~图4-72)。镀金有银镀金和铜镀金两种。传统镀金工艺是用高温熔化的办法，使金液附着到金属物体表面上，形成一层薄金。贴金工艺是在饰物表面贴上金箔；包金工艺则是将金或银等锤揲成薄片，包覆于饰物的胎体上，再以木槌敲打密实。也有采用鎏金工艺的，这种办法更为节约。鎏金工艺是把溶解在水银里

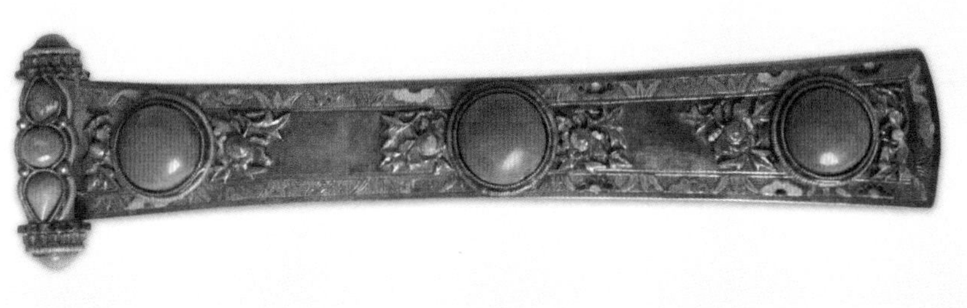

图4-70 满族银镀金镶珊瑚扁簪（北京地区）

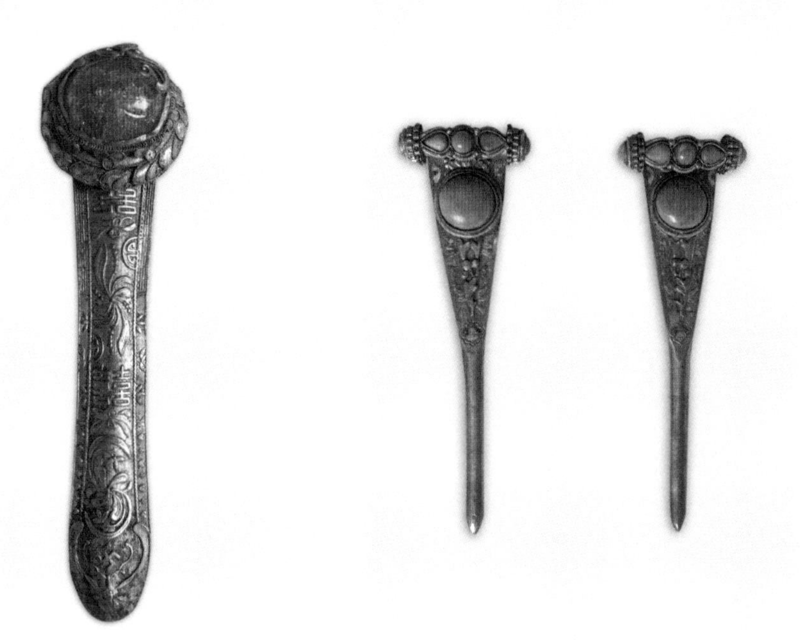

图4-71 满族银镀金镶碧玺发簪（北京地区）

图4-72 满族银镀金镶珊瑚发钗（北京地区）

的金液用刷子涂在铜器的表面，晾干后，用炭火烘烤，蒸发掉水银，再用玛瑙或硬玉等在镀金面上反复磨压而成。[1]

我国西域少数民族自古就钟爱金饰物，现代考古发掘的实物有不仅新疆哈密天山北路墓地出土的金耳环和伊犁州尼勒克县吉林台库区墓群出土的金戒指，还有在伊犁特克斯县墓地出土的5~7世纪的葡萄形金耳环以及新疆阿合奇县出土的2~3世纪的鱼形金耳环等。这些都表明首饰在维吾尔族人生活中有悠久的历史。维吾尔族人历来就喜欢用精致的首饰来装饰自己，其中用黄金铸成的耳饰是最受欢迎的，也是维吾尔族妇女必备的首饰之一。在传统习俗中，维吾尔族新郎迎娶新娘需要准备好全套金饰，婆婆为新娘揭下盖头后，就要将精心为儿媳准备的金饰品给新娘戴上。

维吾尔族传统金耳饰的式样造型丰富，有孜然耳环、巴旦木耳环、格拉斯耳环、希尔蒂里克耳环、悬吊型耳环、锁式耳环等。“孜然”耳环是维吾尔族妇女耳环中的一种传统样式，形状类似于半圆形（图4-73、图4-74）。在半圆形金盘上还镶嵌有各种花纹和用金属做的小珠，形似于盛满花的花篮。耳环上面的图案有花卉、树枝、树叶、花瓣、瓜果等造型。“孜然”一词来自波斯语，原意为金子、金钱、财富等，维吾尔族妇女结婚时几乎每人都佩戴用黄金铸成的孜然耳环。在新疆喀什，制作孜然耳环是将金粒子摆成鸡眼睛的形状，再在周围镶上无花果形状的黄金饰件；在和田，则是做成扁形的月牙。

制作“孜然”耳环首先要把纯金和少量的铜放到耐高温的化银碗中熔化，等到冷却后，锻压成粗金丝，再做成细金丝，接着把这些金丝条剁成小珠放到博塔

图4-73　维吾尔族妇女的“孜然”耳环（新疆喀什市）1

图4-74　维吾尔族妇女的“孜然”耳环（新疆喀什市）2

[1] 王昶，申柯娅，李国忠:《中国少数民族首饰文化特征》,《宝石和宝石学杂志》2004年第3期。

里，并把盖子盖紧，然后用高火烧制一个多小时。等火灭了后用吹风的细管用嘴轻吹，把灰吹掉，再用清水洗净。用过箩眼把大小不同的金珠分出来，然后把这些小金珠一个一个地摆放在月牙形细金丝上后焊接起来。还要用细金丝做一个正在盛开的花朵，或用模子翻制一个花朵镶在中间，然后把做完的耳环用刷子清洗、刷亮。

巴旦木耳环和格拉斯耳环的制作工艺相对来说比较简单，首先把金子熔化，随后放到巴旦木、格拉斯图案的模子里熔制出来，再用金丝条做耳环钩，焊接钉铆起来即可。以前，首饰工匠都用手工制作黄金耳饰，但随着时代的发展，除了孜然耳饰等较复杂的造型依然还是用手工来制作外，其他的已可以翻模制作。巴旦木耳环是在巴旦木形状的基础上变异过来的。格拉斯耳环的形状类似于樱桃，非常受老年妇女和小女孩的喜爱，老年妇女喜欢戴没有花纹的格拉斯耳环，而小女孩喜欢戴嵌有花纹的。

满身珠宝的藏族女孩是家中的公主，而盛装少女的佩饰都是父辈们世代积攒下来的，一匹好马换一个琥珀，一群牛羊换一颗珊瑚（图4-75）。黄的琥珀、红的珊瑚、绿的松石、黑白相间的九眼石，还有黄金白银打造的嘎乌、曲玛、银盾等，这些佩饰华丽耀目，令穿戴者神采奕奕，同时也把全家的财产都装饰在她的头上身上，既显富贵、便于财产的移动，也是游牧文化的一个特点（图4-76）。

图4-75　藏族女子银装盛饰（四川甘孜州）

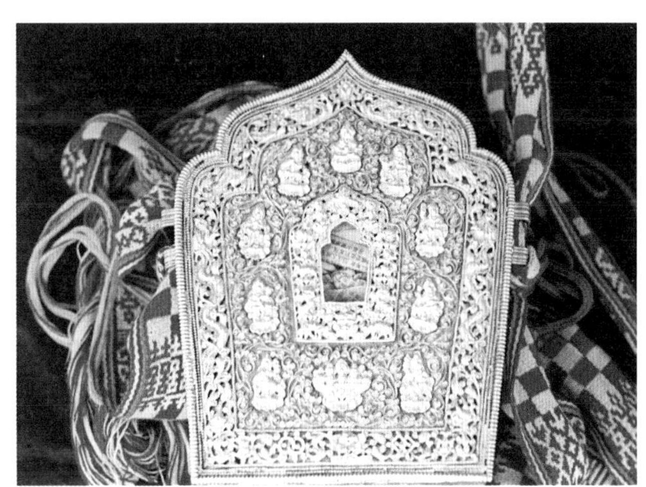

图4-76　藏族银鎏金嘎乌（西藏拉萨市）

### ② 白银

银也是一种可塑性很强的贵金属，可以通过改变造型变幻出各种饰物。由于白银比黄金价格低，能够大量使用，于是很多少数民族形成了“以银为饰”的装饰特色。在我国，北方民族与南方民族都有佩戴银饰的习俗，但由于地理环境、文化背景和生活习俗不同，显示出迥然不同的装饰风格，甚至同一民族的不同支系间，银饰也有很大差别，这些差异极大地丰富了银饰的种类。

过去南方民族的银饰加工原料主要为银元、银锭，如苗族经年累月积攒下的银质货币，几乎全都投入了熔炉。正因如此，各地银饰的银质纯度都以当地流行的银币为准。如20世纪20~40年代，贵州黔东南境内是以雷山为界，其北边银料来自北方政府发行的银元，纯度较高；南边来自香港银币，银饰成色较差。20世纪50年代后，政府充分尊重苗族民众尚银的风俗习惯，每年低价拨给苗族专用银。除了纯银外，还有银合金也常在民族佩饰中使用，如苗银就是苗族特有的一种银合金，其含量成分有银、白铜、镍等。现在所说的苗银最主要的成分还是以铜为主，通过电镀、加蜡、上色的工艺处理，形成颇具特色的苗银饰品。

藏银传统上为30%银加上70%的铜，是中国西藏或尼泊尔生产的一种含银较少的合金，主要成分有镍、铜等。藏银硬度较高，适合藏饰的镶嵌，如藏银饰品上常会镶嵌红珊瑚、玛瑙等作为点缀，工艺十分高超，风格古朴粗犷。银饰的制作工艺十分复杂，有镶嵌、錾花、镂空、花丝、锻造、点珠等金工技法，娴熟的技艺从另一方面成就了中国民族银饰的丰富多彩。

南方民族中，若论饰银之风盛行，当以苗族为甚。贵州清水江、都柳江、舞阳河流域的苗族是一个被熠熠银光包裹着的民族。清水江畔的芦笙场上，苗族少女们佩戴的银饰重逾10千克。贵州并非白银产地，且地处偏僻，经济发展较为落后的苗族将银饰作为本民族的群体选择，无疑是一个奇特的文化现象。这种现象涉及图腾信仰、历史迁徙、民俗生活等苗族文化的本质。苗族崇巫，由“万物有灵观”产生的崇拜行为以及“生成维护”的避邪巫术，共同构筑起苗族社会的宗教氛围。崇拜与巫术，两者在苗族银饰上的反映都很充分，特别是后者，它所造成的特殊的审美意识直接影响苗族银饰的造型，于是有了鼓钉银额带、鼓钉银镯

（图4-77）、鼓钉银梳这类银饰。苗族相信一切锐利之物都可以避邪，锐角鼓钉象征的是闪电和光明。又如银角头饰，虽是牛角形，但却象征着龙角。龙在苗族民俗中主要是以保护神的身份出现，每个苗人都相信有一条龙在庇护着自己的村寨。银角无疑是苗族服饰中的又一奇观。贵州雷山的苗族大银角，宽约85厘米，高约80厘米，造型简朴，极具古风。佩戴时，要在银角两端插上白色羽毛，伴着姑娘的舞步，羽毛随风摇曳，使银角在巍峨壮观中兼有轻盈飘逸之美。贵州施洞苗族的银角又称银扇，因其在两角间设四条银片，形似扇骨而得名。其上饰有“二龙戏珠”和“双凤朝阳”，造型栩栩如生。银片间立有6只凤鸟，展翅欲飞，顶端有蝴蝶、垂穗。施洞银角是苗族银角中最为华美之作，此外还有三都式、舟溪式、榕江式、革一式各类银角。苗族的银冠、银角、银凤钗、银花梳、银项圈、银镯、银耳饰等都是无与伦比的佳作。苗族银饰种类之丰富、工艺之精湛，堪称世界一流（图4-78）。

苗族由于居住地区的自然条件、经济发展状况等差异，各地银饰的多与寡亦不一样。贵州凯里地区苗族佩戴的银饰数量最多，其他大部分地区相对佩戴较少的银饰。各地苗族佩戴的银饰根据身体部位可分头饰、颈饰、胸饰、背

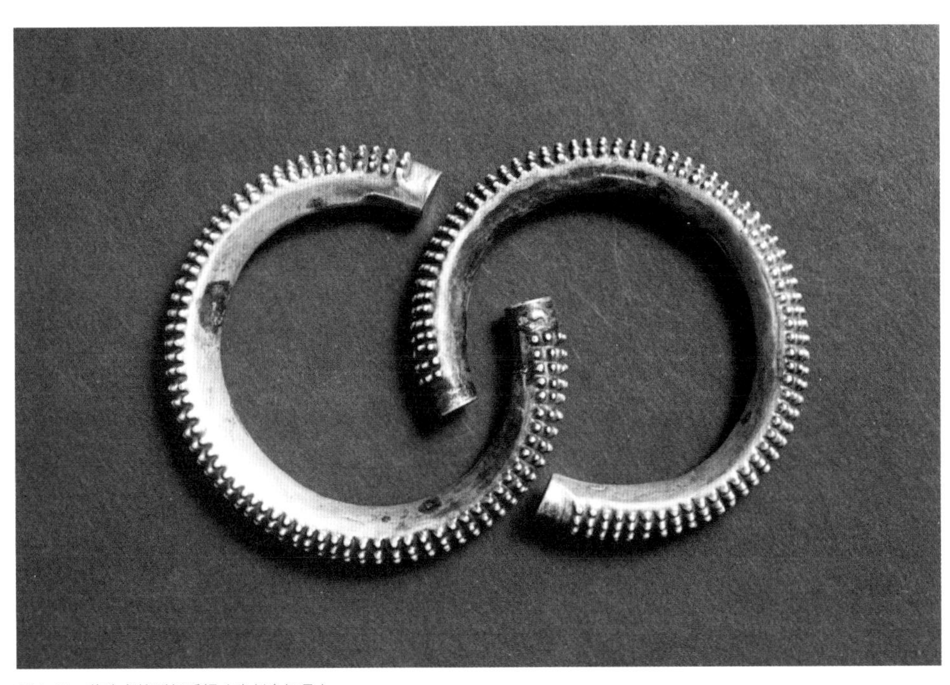

图4-77　苗族龙蛇形银手镯（贵州台江县）

图4-78　苗族少女银衣盛饰（贵州台江县）

饰、腰饰、手饰，银饰的种类有银冠、银角、银梳、银钗、银簪、银压领、银链锁、银项圈、银耳环、银手镯、银花串、银泡、银铃、银罗汉、银帽饰、银牌等，均由苗族银匠精心制作而成。其中，以银冠和银锁的制作技艺最高，其图案有蝴蝶探花、丹凤朝阳、百鸟朝凤、游鱼戏水、双龙抢珠及松、竹、梅、兰等（图4–79）。

由于苗族将银视为避邪之物，生活在贵州清水江流域的苗族还有给儿童饰银的习俗，银饰通常装饰在童帽上。传统的童帽饰造型多见狮、鱼、蝶等形象，还有受汉族文化影响的“福禄寿喜”“长命富贵”等字样及八仙八宝等，构思巧妙、造型别致。此外，贵州施洞还有一种专为婴儿特制的银菩萨帽饰，一套九枚，件小，片薄，分量轻，适于婴幼儿佩戴。苗族银头饰还包括银护头花、银顶花、银瓢头排等。苗族银质头饰有其特殊的组合、特殊的佩戴方式以及与头帕相得益彰的搭配。这些组合方式非常传统，银簪的位置、银梳的方向、银帕的围法以及所有饰件的佩戴，都有严格的规定，不能随心所欲，往往是由母亲教会女儿如何逐一插戴。头饰的偏重位置亦因地而异，或髻顶，或额前，或髻侧，或脑后。有些地方并不把头饰直接插于髻顶发间，而是以“青布蒙头”，把饰件固定在头布上，展现出独特的装饰风格。各地苗族女子的银饰各具特色，施洞女子全身佩戴银饰，

图4–79　贵州雷山苗族银花冠

重达5000余克；贞丰女子颈戴项圈（图4-80），大小7个成一套；湘西女子则戴一只大项圈，四棱突起，绕如螺旋。银性软而延伸性强，可拉成细如马尾的银丝，用以编织手镯、戒指、发髻索等银饰。侗族与苗族杂居共处，其女子银饰装扮亦很丰富。

水族银饰以花丝著称，其工匠善于花丝点珠、盘龙团凤，工艺精细至极。水族女子，一身青衣，无绣饰，通身上下以银饰装扮，黑白辉映，也能达到至美境界。云南地区的景颇、傣、哈尼、拉祜、彝等民族以代表星月的银泡装饰衣物。在民俗信仰中，星星象征多子，月亮是主生育的女神，服饰上缀银泡为饰，便是祈求人丁兴旺、世代昌盛。侗、瑶、土家、壮等民族也是崇尚银饰装扮的民族，其银饰亦各有特色（图4-81）。

瑶族银饰有首饰、佩饰、挂件等丰富多彩的银制饰品，而且瑶族无论男女都喜爱用银饰装扮。妇女有头簪、头钗、耳环、项圈、串牌、链带、手钏、银镯、戒指、银铃、银鼓等；男子亦有银牌、银铃、银鼓、戒指、耳环、烟盒等。如广东乳源过山瑶所戴的耳环呈三角形，而广东连南排瑶的耳环为大圆形并镶有穗花。过山瑶妇女的盛装胸饰挂6~16块有花纹的方形银牌，而男子衣扣16对，为圆形银扣。排瑶男女皆喜戴大银项圈，而过山瑶的颈饰为长条银链。

北方民族中，满、蒙古、藏、维吾尔、柯尔克孜、哈萨克等民族佩戴的银饰十分华美。与南方民族不同的是，其银饰皆镶嵌有珊瑚、松石、琥珀、珍珠、翡翠及各种宝石，精工制作，崇尚华贵。

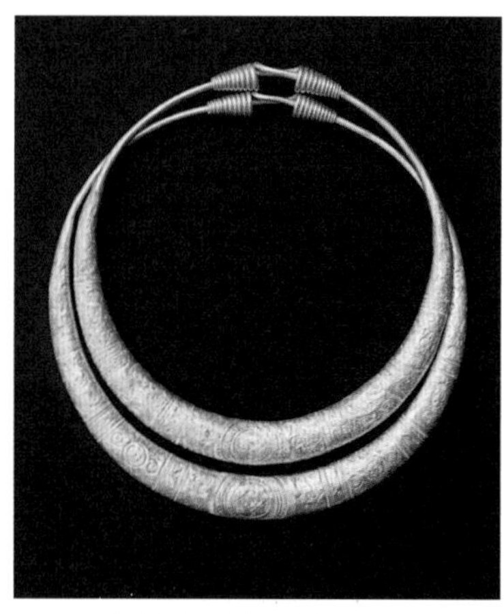

图4-80　苗族银项圈（贵州贞丰县）

图4-81　侗族银錾花耳饰（贵州从江县）

蒙古族装饰原本朴素，贵族以银白色的珍珠、海贝为饰。自元朝入主中原，忽必烈推行汉法，汉族服饰中的高贵与华美、等级与繁复逐渐影响蒙古上层，其服饰亦开始追求雍容华贵、等级分明。尤其是王妃头饰，富丽堂皇。鄂尔多斯蒙古族王妃的银镶珊瑚头饰，特别讲究珊瑚珠的成色和数量，其珠色红润，以厚重著称，重达10余千克，极为华美。察哈尔蒙古族王妃的银镶珊瑚头饰，花丝工艺精湛，盘丝曲绕，层次极为丰富，数十颗硕大饱满、色彩艳丽的红珊瑚珠与雅致的白银及精巧的花丝产生强烈对比，呈现出蒙古族豪放的性格和特有的审美情趣，堪称蒙古头饰之最。巴尔虎蒙古族王妃的银盔头饰，珊瑚珠色泽纯正，银质花丝做工极为讲究，线条流畅、规整，纹样以盘长纹、卷云纹、万字纹为主，寓意吉祥如意，也反映出藏传佛教与蒙古文化的关系（图4-82~图4-84）。

藏族的银饰从造型到工艺及宝石的选择都十分讲究，盛装时银饰众多，有头饰、嘎乌、腰饰、奶钩、佩刀、火镰等，鎏金錾花，镶嵌红珊瑚、绿松石、蜜蜡等，均为精美饰物，用铸造、雕刻、镂空等工艺精制而成。一个粗犷豪放的民族，在审美意识方面却表现得如此细致入微，令人赞叹。据信，藏族金工技艺，随文

图4-82　蒙古族雕花银纽扣（内蒙古乌珠穆沁旗）

图4-83　蒙古族的银镶珊瑚头饰部件（内蒙古察哈尔）

图4-84　蒙古族银镶珊瑚头饰（内蒙古鄂尔多斯）

成公主入藏时传入，此后代代相传，名匠辈出，继承了唐代金银采矿、冶炼、制作工艺的卓越成就。至今藏族工匠仍保持着唐代传统的金工技艺，其银饰上的花纹几乎包括了唐代流行的全部装饰花纹。

塔吉克族的银饰具有显著的游牧民族特色，银鎏金，嵌红、绿宝石，缀珊瑚珠，式样丰富。其银头饰被称为“斯拉斯”，主体部分以银牌相连，牌上錾刻联珠花纹，纹中镶红宝石，并用花丝盘出星月纹，纹中又镶绿宝石，银牌下垂银质流苏、珊瑚珠，佩在女子额前十分俏丽。

柯尔克孜族的银饰在新疆各族的装饰中亦很突出，如女子的银镶宝石胸饰、项饰、耳饰等，样式别致。柯尔克孜族男子盛装时，其腰间也系宽大的镶有银牌、宝石的腰带，以显示出男子的英武之气。维吾尔族的花丝点珠工艺最具特色，在其金银饰品中被广泛使用。其金银镶红、蓝宝石首饰精致、小巧、贵重，样式和花纹都具有浓郁的伊斯兰文化韵味。哈萨克族也是一个崇尚银饰、佩戴银饰的民族，其银镶珊瑚头饰、辫饰等都具有典型的游牧民族风格。北方族系的满族、彝族、纳西族、裕固族、土族等民族的银饰亦表现出各自的风采。

银饰，一方面显示富有和美丽；另一方面则具有更深的社会含义：作为民族的标志，它起到维系群体的作用。在同一民族或同一支系中，族人都必须佩戴同样的银饰；作为崇拜物，它把同一祖先的子孙紧紧凝聚在一起；作为婚姻标志，它给人们的婚恋生活带来良好的秩序；作为避邪物，它从心理上给人们提供生活的安全感。因此，民族银饰已不再是单纯的装饰品，而是根植于民族土壤中的文化复合体。

银饰代表了民族金属工艺的最高水平，其在形制、纹样和工艺技术上显示出的丰富内容，是其他金属器物无法比拟的。没有哪类物品像传统银饰那样造型别致、种类繁多、纹样丰富、工艺精致，中华民族在银饰的制作上倾注的热情和聪明才智远远超过对其他金属物品的投入。银的自然魅力和永恒价值使众多民族对其产生兴趣，它们一经被认识和利用，便始终与人类社会生活紧密相伴，从未衰落，如同它们自身的价值一样，是艺术的物质世界中永恒的题材。

## ❸ 白铜

铜也是人类发现最早的金属之一，早在远古时期人类便发现了天然铜，用石斧将其砍下来，用捶打的方法把它加工成物件，后来铜器逐渐取代了石器，结束了人类历史上的新石器时代。铜金属有红铜和白铜之分，在少数民族的佩饰中白铜用得最多，而在服装的装饰上多使用红铜。铜的硬度适中，坚韧耐磨损，有很好的延展性和较好的耐腐蚀能力，在干燥的空气里很稳定，但受潮后其表面会生成一层铜绿，对于首饰来说稍有缺憾。

白铜是以镍为主要添加元素的铜基合金，呈银白色，有金属光泽，故名白铜。铜镍之间彼此可无限固熔，当镍含量超过16%以上时，产生的合金色泽就变得相对近似白银。镍含量越高，颜色越白。但是，毕竟与铜融合，只要镍含量比例不超过70%，肉眼都会看到铜的黄色。区分白铜与藏银、苗银的方法就是，正常比例下，藏银、苗银相对更白，从表色上看更接近白银。白铜的发明是我国古代冶金技术中的杰出成就，云南人发明和生产的白铜不仅在我国，在世界上也是最早的，公元4世纪时，云南已有大量的白铜开采和生产。在中国古代文献中，白铜包括三种铜合金，一是锡白铜，二是砷白铜合金，三是镍白铜。白铜以云南所产的最有名，称为“云白铜”。至迟在公元4世纪时，云南已有大量的白铜开采和生产，在今云南省会还有铜和镍的共生矿，为白铜的冶炼提供了原料。我国最早的白铜记载，见于公元4世纪时东晋常璩的《华阳国志·南中志》卷四。文中记载：“螳螂县因山名也，出银、铅、白铜、杂药。”冶炼镍白铜的过程非常繁复，需经反复多次煅烧和冶炼。由于白铜饰品从颜色、做工等方面都和纯银饰品差不多。因此，白铜用于首饰的制作主要是替代银饰，比如贵州苗族妇女喜好银饰，经常从头到脚都佩戴银饰，尤其在参加各种节日盛会的时候。传统的苗族首饰都是用银制成的，且全部由银匠手工制作。现在，由于定制一套银饰费用很高，加之银饰的文化含义已逐渐淡化，所以大部分苗家妇女都会备制一套白铜首饰。白铜质地比银坚韧，银的色泽呈略黄的银白色，这是银容易氧化的缘故，氧化后呈现暗黄色，而白铜的色泽是纯白色，戴一段时间后会出现绿斑。

红铜是由硫化物或氧化物铜矿石冶炼得来的纯铜，又名赤铜、紫铜，纯度高，组织细密，可塑性好，易于热压和冷压力加工，适合精打、细打，具有良好的加工性。明代宋应星《天工开物·铜》:“凡铜供世用，出山与出炉，止有赤铜。以炉甘石或倭铅参和，转色为黄铜；以砒霜等药制炼为白铜；矾、硝等药制炼为青铜；广锡参和为响铜；锌和泻为铸铜。初质则一味红铜而已。”由于红铜易于加工的特性，少数民族往往是自己加工简单的红铜饰品，如水族的马尾绣绣品上缀有的闪亮圆形小铜片，由水族妇女用细铜管手工砸制的（图4–85）。薄薄的铜片直径只有绿豆大小，以红线穿贴于马尾绣片上，如星星点点的小花。除了增加服装绣品的光亮度外，水族人还认为铜有驱邪避凶的功能。

图4–85　水族钉缀小铜片的马尾绣背带（贵州三都县）

## ④ 锡和铁

锡为银白色金属，密度大，垂性好，光泽度好，锡器具有优美的金属色泽、良好的延展性和加工性能，而且不易氧化，若年久略失光泽，用白布擦之仍复如新，因此也具备作为首饰器物的条件。而且，锡的价格远低于银。早在远古时代，人们便已发现并使用锡。锡也常作为赏赐品，故古文献屡见用“锡”为“赐”的文例。锡作为一种特殊金属，在古代是制造兵器的专用原料，我国南方很多地区都产锡。锡比银稍重，柔韧便于加工，作为装饰品具有很好的垂感。在少数民族中以锡为饰的，最具有代表性的当属贵州剑河苗族的锡绣（图4–86）。剑河苗所用的锡早期多从货郎手里购置，使用前将锡锭热熔后浇在石板上，并反复锤炼成薄片，刺绣时再剪制成极细长的片状锡线。苗族锡绣的视觉效果是在粗犷的深色面料上绣缀银白色的小锡节，锡绣主体以金属锡的自然色为主色调，其色彩高贵典雅。在纹饰上它所采用的图案均为高度抽象的几何纹，其间亦辅以黑、红、蓝、绿等彩色暗花。锡的质感强烈，在阳光下显得熠熠生辉。

图4-86　贵州剑河苗族锡绣围腰（局部）

铁是地球上分布最广的金属之一，质地坚硬。在服装佩饰方面主要用于宗教服饰，如北方的蒙古族、鄂伦春族、鄂温克族、达斡尔族等民族的萨满服，其上缀有生铁锻制的铁鸟、铁鹿角、铁蛇、铁腰铃等，这些铁质的造型装饰既增加了宗教服饰的特色，也增加了萨满的神力和威严。铁在服饰中的另一种用法也值得一提，西南民族过去会穿底部镶有铁泡钉的鞋，以保护鞋底，并踏雨防滑。钉鞋是底部着钉之鞋，雨行可防滑，唐宋时期就已非常流行，在多雨的南方地区一直保留到20世纪中晚期。布制钉鞋的制作，一般先用粗布制鞋底，用线一针一针地纳过。鞋帮里外层用蓝粗布，中间夹层为“硬布”，分低帮、高帮，高帮可以防止泥水掉进鞋内。鞋帮剪好后，先用棉线密密地纳过，然后用几层厚牛皮上鞋底，在鞋底的前掌和后掌钉上螺蛳般大小的乳钉，再分几次连涂几遍熟桐油，待桐油一干，一双面底皆硬的钉鞋就已做成。为了双脚套鞋时舒适，一般鞋帮上部留3厘米左右不涂桐油。考究一点的话，钉鞋用牛皮制成，再拿回家连涂几次桐油。这样，雨天上路穿能起到防水、防滑、防寒的作用。钉鞋还有藤制、木制、皮制等。随着社会的发展，橡胶雨靴面世后，钉鞋就逐渐成了历史。

## 二、宝石类

宝石可分为无机宝石和有机宝石。无机宝石是指一切美丽而珍贵的石料，它们颜色鲜艳，质地晶莹，光泽灿烂，坚硬耐久，同时赋存稀少，是可以制作首饰等用途的天然矿物晶体。有机宝石产生于动物和植物，具有生物物理学、生物结晶矿物学规律。因此，有机宝石不可能进行人工合成，这与无机物宝石有着本质上的区别。

## ❶ 无机宝石

少数民族使用的无机宝石有红宝石、蓝宝石、祖母绿、黄晶宝石、欧泊、碧玺、石榴石、绿松石、青金石等单晶体矿物，各种宝石为民族佩饰增添了华彩。少数民族中使用这类宝石的多为西域民族，如维吾尔族、哈萨克族、塔吉克族、塔塔尔族、乌孜别克族、柯尔克孜族、俄罗斯族等，一般耳饰、戒指上都要镶嵌宝石（图4–87）。

图4–87 塔吉克族妇女的嵌宝石银胸饰（新疆塔什库尔干县）

玉石是指翡翠和白玉等多晶体集合体矿物，具有鲜艳的色彩、坚硬而细腻的质地，抛光后还具有美丽的光泽。玉有软玉、硬玉之分，软玉一般指产于我国新疆一带的白玉、青玉、碧玉与东北岫玉等；硬玉是指产于缅甸的翡翠。无论是软玉、硬玉，它们的质地都非常坚硬，颜色十分璀璨，故冠以“石中之王”的美誉。

松石是一种天然矿物，多为蓝色或绿色。作为饰物的历史十分久远，人类崇尚绿松石的绿色以及纹理。古人把它与宗教信仰联系在一起，藏族对绿松石格外崇敬，藏王曾把它镶嵌在王冠上，绿松石也常作为项链佩戴（图4–88）。至今，绿松石仍是神圣的装饰品，并用于宗教仪式。蒙古族、土族、裕固族等民族也以绿松石为饰物。

天珠是藏族钟爱的一种宝石，主要产地在中国西藏的藏东、不丹、印度的锡金邦等喜马拉雅山域，采自九眼石页岩，含有玉质及玛瑙成分，因页岩所含化学物质而不同，色泽大约可分为黑色、白色、红色、咖啡色及绿色等颜色。因石珠上有天然的“眼睛”图案而分为“九眼天珠”“两眼天珠”“单眼天珠”等多种。天珠为藏密七宝之一，有美好、威德、财富之意。在藏族人眼里，天珠相当于钻石，多作为项链、戒指佩戴，既是饰物，又是吉祥之物。

图4-88 藏族女子银镶珊瑚、松石头饰（四川甘孜州）

明清时期回族、维吾尔族和白族、纳西族、彝族、傈僳族等少数民族人民对各种宝石、玉的开采技术和磋磨加工技术已有一定的水平，对各种宝石的种类、颜色、纹理、色变等性质已有深刻的认识。《天工开物》记载："凡宝石皆出井中，西番诸域最盛，中国惟出云南金齿卫与丽江两处。凡宝石自大至小，皆有石床包其外，如玉之有璞，金银必积土其上，韫结乃成，而宝石则不然，从井底直透上空，取日精月华之气而就，故生质有光明，如玉产峻湍，珠孕水底，其义一也。"指说在新疆和云南有井中出产的宝石。金齿卫即今日云南省保山市和腾冲市，早期为多民族所居，也有白族、傣族、佤族等杂居其中。丽江府包括丽江县（今云南省丽江市古城区）及鹤庆（今云南省鹤庆县）、剑川（今云南省剑川县）与中甸（今云南省香格里拉）、维西（今云南省维西傈僳族自治县），除中甸为藏族聚居区外，其余均为纳西族人分布区。文中所叙述开采宝石的方法为使用辘轳将长绳系腰者下送到井底捡宝石，放入口袋中，如遇瓦斯气侵袭，则急摇其铃铛，由井上之人拉上去，以免瓦斯中毒。所采大小宝石均有石床包其外，如玉之有璞，故须再付与琢工锪错解开加以琢磨，才能成为商品和饰品。[1]

对于南疆玉的开采和琢磨加工，《天工开物》也有记载："贵重者尽出于阗葱岭……其岭水发源名阿耨山，至葱岭分界两河，一曰白玉河，一曰绿玉河……

[1] 刘昭民:《元明清西部少数民族对宝石和玉之开采及认识》,《中华科技史学会会刊（台）》2006 年第10期。

玉朴不藏深土，源泉峻急激映而生。然取者不于所生处，以急湍无着手。俟其夏月水涨，璞随湍流徒或百里或二三百里，取之河中。凡玉映月精光而生，故国人沿河取玉者，多于秋间明月夜，望河候视玉朴堆聚处，其月色倍明亮。凡璞随水流，乃错杂乱石浅流之中，提出辨认，而后知也。白玉河流向东南，绿玉河流向西北……河水多聚玉，其俗以女人赤身没水而取者，云阴气相召，则玉留不逝，易于捞取，此或夷人之愚也……凡璞藏玉其外者曰玉皮……璞中之玉有纵横尺余无瑕玷者。”这里是说在南疆开采玉石的情况，夷人就是指回族和维吾尔族，产玉的于阗即今日之和田，古代白玉河在其境内，即今日新疆的玉龙喀什河。古绿玉河在墨玉县境内，今墨玉县则位于新疆喀拉喀什河西岸。宋应星曾经对当时当地民族采玉之情形加以描述，说多于秋间明月夜，望河候视玉朴堆紧处采之。即便今日，和田采玉者仍是如此，只是以女人赤身没水而取者现在看来是迷信之说。由于河流之上源多软玉矿床，所以河床中就多玉石，包括白玉、青白玉和绿玉等。

明清时期少数民族对于各种宝石和玉石的开采已十分普遍，对山中的玉石以槌击取，对坑井下的玉石则以辘轳将长绳系腰者下送井底采集，对河床中的玉石则在夏月水涨之后的秋间明月之夜，寻河中宝石堆聚之处采集，再将所采的宝石和玉石加以磋磨加工。当时所使用的宝石和玉器种类很多，各种文献也证明少数民族当时对各种宝石的种类、颜色、纹理、色变等性质已有深刻的认识。

## ❷ 有机宝石

有机宝石来源于含有有机物的材料，由动物、植物、生物所衍生。有机宝石包括珍珠、珊瑚、琥珀、象牙、砗磲等，皆来自有生命的生物（图4-89）。

珍珠是一种古老的有机宝石，产在珍珠贝类和珠母贝类软体动物体内，由于其内分泌作用而生成的含碳酸钙的矿物珠粒，

图4-89　蒙古族银镶珊瑚手镯正面（内蒙古乌兰察布）

是由大量微小的文石晶体集合而成的。根据地质学和考古学的研究证明，在两亿年前，地球上就已经有了珍珠。中国是世界上最早利用珍珠的国家之一，早在四千多年前，《尚书·禹贡》中就有河蚌能产珠的记载，《诗经》《山海经》《尔雅》《周易》中也都记载了有关珍珠的内容。珍珠与玛瑙、水晶、玉石一起并称我国古代传统“四宝”。由于珍珠主要出产于沿海一带，西部地区只有广西北部湾为著名的珍珠产地。北部湾的合浦、钦州和防城港的沿海一带，历代分布有诸多古珍珠池，形似海洋中的小盆地，底质多为洁白的细沙和小石砾，淡水不时从底部渗出，不断调节海水的盐度。北部湾属亚热带气候，气候温和，水温适宜，沿海水质清净无污染，浮游生物极其丰富，海水温暖，比重稳定，所有这一切都为珍珠贝的生长与繁衍提供了得天独厚的生态环境。少数民族中的蒙古族、藏族大量使用珍珠为装饰，塔吉克族、哈萨克族、维吾尔族、乌孜别克族、柯尔克孜族、土族、裕固族等民族亦以珍珠为饰。珍珠被用于藏族贵妇的头饰，如“巴戈巴珠”头饰，又名“珍珠巴戈”，其造型似一把大弓。弓形主体用布浆模卷制而成，包上红呢料，饰以数千颗珍珠和松石、珊瑚珠，这样的巴珠头饰只有世袭贵夫人才能使用，是等级身份的象征。蒙古族的鄂尔多斯、察哈尔部落的盛装头饰亦大量使用珍珠，其不仅制作工艺精湛，而且由多达数百颗珊瑚、数十条银链、珍珠和银环、银片以及玛瑙、玉石等穿缀成串，装扮起来可谓珠帘垂面、琳琅满目。

珊瑚属于珊瑚虫纲动物，主要产于地中海。珊瑚生长在海底，是由许多珊瑚虫（水螅体）聚合生长的一种群体生物，其体态玲珑，色泽鲜艳美观。生长在热带和亚热带浅海中的珊瑚，被称为造礁珊瑚或浅水珊瑚。珊瑚的硬度类似青金石，性脆易断裂，有红、粉红、白、黑等色，以红色为上品。红珊瑚红艳如火，古代称其为“火树”，稀少而珍贵。红珊瑚多数生活在100米以下的深海处。珊瑚与珍珠和琥珀并列为三大有机宝石，主要用于装饰制品。珊瑚与佛教的关系密切，印度和中国西藏的佛教徒视红色珊瑚是如来佛的化身，他们把珊瑚作为祭佛的吉祥物，多用来做佛珠，或用于装饰神像，是极受珍视的有机宝石品种。远离大海的青藏高原和蒙古大漠的民族将珍贵的珊瑚视为财富和权贵的象征。喜用红珊瑚做佩饰的有藏族、蒙古族、土族、裕固族、彝族等民族。有的佛教徒把红珊瑚作为祀佛的吉祥物。珊瑚是蒙古族、藏族的主要饰物。

蜜蜡是亿万年前被深埋地下的松柏脂汁，再经过几万年以上的地层压力和热力，石化成为的蜜蜡矿。蜜蜡在形成过程和之后的漫长岁月中，受到周围水土有机物、无机物和阳光、地热等环境因素的影响而产生了种种变化，除母体仍为已石化的树脂外，其颜色、比重、硬度等都产生了一定差异，色彩为深浅不同的黄色和棕红色。黄色的称为蜜蜡，红色的称为琥珀，有“千年琥珀，万年蜜蜡”之说。蜜蜡历尽沧海，色彩瑰丽，肌理细腻，润泽通透，自古以来便为世人所喜爱。蜜蜡是藏族极为珍贵的佩饰，以青海和四川的康巴藏族最为著名，硕大的蜜蜡珠饰成为康巴藏族服饰上的一道景观。琥珀受热能发出一种淡淡的芳香。有的民族常给小孩胸前挂一粒琥珀，以此驱邪镇惊（图4–90）。

图4–90　藏族女子蜜蜡珠饰盛装（四川甘孜州德格县）

砗磲是稀有的有机宝石，白皙如玉，亦是佛教圣物。砗磲是海洋中最大的双壳贝类，直径可达1.8米。砗磲中具有美丽珍珠般光泽且颜色洁白、有晕彩和质地细腻的贝壳才可作为宝石（图4–91）。西部民族中的藏族、彝族以及云南的傈僳族、怒族、纳西族等民族都以砗磲为饰中。藏族将砗磲作为佛教七宝之一，认为其是自然界里最白的物质。凉山彝族男子佩饰中最富特色的即为“图塔”，是斜挎于身上的佩带，用细牛筋编织成带，带面镶以白色砗磲片。云南怒族、傈僳族妇女的佩饰物中都离不开砗磲片，而它们的使用则以砗磲“欧勒”帽最为典型。聚居在怒江一带的傈僳族女子戴用砗磲片制成的“欧勒”帽，胸前斜垮一条由一排大砗磲片、玛瑙、银币等钉缀成的装饰带，黑白分明。傈僳族妇女佩戴的砗磲片最早是用来作为货币的，过去，用50枚砗磲片可以换一头猪，10枚可以换一升粮食。人们要出门，就把砗磲片穿成串，戴在头上，斜挂于肩膀，和现代出门要带

图4-91 傈僳族女子砗磲佩饰（云南泸水县）

钱一样。起初男女都戴，但后来由于男人经常外出打猎，买东西的事情便转交妇女来做。斗转星移，砗磲片便演变成了傈僳族妇女们的装饰品，当作显示财富和象征美丽的必不可少的饰品。当姑娘长大成人时，不管家境如何，父母都要精心为女儿购置一挂砗磲片，作为嫁妆送给她，否则会被别人耻笑。母亲去世后，留给女儿最珍贵的遗物之一也是砗磲片饰物。远在新疆的塔吉克族、哈萨克族也以砗磲作为辫饰和项饰，洁白的砗磲垂挂在少女的满头乌发上，分外醒目。裕固族的辫筒和柯尔克孜族的帽饰上也常常以砗磲镶嵌，并配以其他五彩缤纷的宝石，显得格外光彩夺目。

除上述华贵富丽的装饰材料之外，生活在北方与南方的少数民族在历史上也曾使用野生动物的牙、角、爪、骨、皮毛、鸟羽以及海贝、昆虫作为民族服饰的装饰材料，但这是一种久远的习俗，也是一种历史文化现象，现今已难以见到。在倡导保护濒危野生动物、维护生物多样性和生态平衡的当今，出于对野生动物资源以及与人类共生的自然生态的保护和关注，本文对这一远去的民族装饰现象就不再赘述了。

# 第五章 少数民族文身

文身行为是一种内涵极为丰富奇特的人类文化现象，研究这一行为是研究人类本身和人类历史的重要一环。这种有计划地刺伤皮肤使之发炎、变色的原始艺术和原始巫术的混合体展现了人类精神现象学和人类精神史中最复杂的一页。人类的文身行为可分为三类，即原始文身、古代文身和现代文身。原始文身具有与原始社会形态相适应的种种内涵和功能。首先，它是氏族的标志，是氏族成员及其氏族集体与图腾一体化的表现，这样的文身，氏族成员人人必行。其次，原始文身均是在举行成年礼时开始实施，因而它又是成年的标志。由于每个氏族都有自己的图腾始祖和由此产生的文身纹样，因而各氏族的文身纹样只有本氏族成员才有权使用，这种神圣性亦是原始文身的特质。在原始民族物我浑一的图腾制中，原始文身所造就的是一种原始文化意义上的符号人。作为一种直接绘刻在身体上的符号，文身行为沟通了人的灵与肉，完成了人的属性归化于精神。古代文身是在原始社会末期或进入阶级社会之后出现的，通过文身符号人们不仅表达了自己的生活信念还展示出社会归属的趋向。在部落社会中，看起来纯属装饰性的文身纹样，其相似性的基础依然是社会集团的划分。随后，古代文身作为等级地位的标志和功绩荣誉的显示，充满着强烈的尊卑意识和特权观念，最终成为少数贵族的尊贵地位及特权的象征。而现代文身已失去上述两类文身的内涵与功能，只是猎奇、美饰、个人身份的显示和忍苦精神的追求，且已不具备原始文身和古代文身的规范化特征，全凭文身者的兴趣行事。

中国民族的文身习俗延续至今的原因，并不仅仅再是它原初发生的原因。往往有这种情况，当文身习俗原本的意义已经改变时，它仍然以其特有的形式流传下来，成为具有另一种新内涵的习俗。这便是，随着历史的推移，人类赋予文身习俗以种种新的社会意义。在这些社会意义之下，文身习俗又得以源远流长地延续至今。很多时候，原始文化并不像现代文明那样划分得井然有序，而是呈现出浑然一体的状态。正如我们所看到的，在一些民族中，文身的多种社会功能同时存在于一个历史时期内，成为一种内涵极其复杂的文化现象。但是，在另一些民族中，文身在不同的时期有不同的社会功能。这说明，文身的存在与其所处的社会状态有着密切的联系。文身是附着于人体的一种形象语言，以其不断更迭的丰富性，构成了一套完整的符号系统，人通过文身符号使自己的意义明显起来，文身因此获得了实质性的存在。

中国民族文身历史之久远可追溯至母系民族制时期，其源远流长可在今天的许多南方民族中见到它的遗存。因此说，中国民族的文身现象堪称人类学研究的活化石。

## 第一节　文身的起源

没有文字的民族，常常发挥其智力于神话传说，他们都毫无例外地拥有优美的创世神话以及事物起源神话。这些神话的历史价值就在于能够证明那些远古时代的历史与事物，民族学研究常常可以从这些神话和传说中获得满意的解答。当然，“只有当我们猜中了这些神话对于原始人和他们在许多世纪以来丧失掉了的那种意义的时候”[1]，我们才能做到这一点。在原始民族中，赖以口传的神话传说甚至作为社会规范被后代所遵守。中国的文身民族大都有关于文身起源的神话和传说，其可以分为神话类与传说类。属于神话类的往往与人类起源神话相关联，并包含着文身起源的真正原因；属于传说类的往往具有多种社会功利性，并解释了较晚出现的文身动机。

文身的起源神话往往与人类起源神话联系在一起，这说明文身是一种古老的原始文化。因为生命的繁衍支配着原始人类的思想和行为，才会有这么多充满生命意识和生育主题的起源神话。原始神话所反映出的人类的婚姻和生育，是当时人类生活的折射。这类包含原始文身内容的神话，在高山族、黎族和彝族中都非常显著。

高山族泰雅人流传着若干关于文身起源的神话[2]：

不知多少年前，大霸尖山有一块巨石突然裂开，里面走出一对童男童女，俩人长相极为相似，以兄妹相称，共居生活。过了些年，兄妹都长大了。有一天，懂事的妹妹对哥哥说：“你为什么不去找妻子呢？”哥哥答道：“天地间只有我和你，叫我何处去找？”妹妹就想，若是改变了面貌，也许可以瞒过哥哥。于是她

❶ 拉法格：《宗教与资本》，上海译文出版社，1982年。

❷ 曾思奇：《高山族神话研究》，中央民族出版社，1979年。

说："我已替你找到了一女，明天中午你到山边大树下去会她吧。"哥哥听了很高兴，准时前去，果然看见一个满脸黑色的女子，于是欣然接回成婚，次晨醒来发现该女子是自己的妹妹，虽后悔，但已迟了。此后才有人类衍生，于是女子一到成年即刺面结婚，成为祖传的习俗。

高山族的泰雅女子婚前必须黥面，就是承袭了这个传说的遗风。

高山族排湾人也流传着文身起源的神话：

在混沌初开之际，太阳生下黄绿两颗卵，它们相继飘落在玻洛峨兹山。黄色卵一触地就变成魁梧的男子，绿色卵一落地就化成美丽的女子。后来他们互婚，繁衍了排湾人。还有的说：太古时候，在考加包根山的顶上，太阳下临生红、白二卵，由名保龙的灵蛇孵化，生出男女二神，男神名保阿保郎，女神名查尔姆嘉尔。此二神的后裔即为头目之家。番丁之祖则为青蛇卵中所孵出。说是从前在皮那巴敖加桑的地方，有一株竹中出现一灵蛇，有一天忽然化为男女二蛇神。蛇神生下了萨马巴利和萨普嘉敖二子，是为人类之始。其时有法力很大的海老，常起洪水，以苦人类，后来赖神之助把洪水驱退。渐次创造了万物。人类因而繁殖起来[1]。因为祖先是蛇生或太阳卵生，文刺蛇纹或太阳纹便是为了怀念祖先。并表示其出身与他族的不同。太鲁阁的泰雅人也有类似的卵生神话。

流传于白沙县一带的黎族文身起源神话：

很久以前，有一对夫妇生了一对双胞姐弟，亲友们纷纷送礼祝贺，有一位老公公送了一粒葫芦瓜子。这对夫妇把瓜子种在地里，不久就结出一个由三座大山托着的葫芦瓜，人们用了三天三夜的时间才在葫芦颈上开了一个洞。有一年洪水暴发，天下的人都淹死了，只有姐弟俩躲进了葫芦瓜里。他们漂到一个荒岛上，就是现在的海南岛。他俩从葫芦里爬出来，看见岛上是一片荒坡和密林。有一只喜鹊飞来站在树上，他俩便请求说："喜鹊，请你帮我们弄来火和刀。"喜鹊答应了，飞过大海去弄来了火和刀以及别的一些东西。姐弟俩盖了一间草寮住下了。一天，一只斑鸠飞来咕咕地叫着："肚里有谷种。"弟弟急忙拿来弓箭射下斑鸠，果然斑鸠肚里有谷种。姐弟俩用刀在荒坡上砍出一片地，播下谷种。不久，收下



[1] 卫惠林，何联奎：《台湾风土志》，台湾中华书局，1984年。

了稻谷，就是现在的山栏稻。

姐弟俩渐渐长大了，可是这个岛上找不到别的人。雷公下凡对他俩说："你们二人结成夫妻，天下便会有人类了。"姐弟俩不肯，弟弟说："我们是同胞姐弟，结成夫妻雷公要劈死我们。"雷公说："我就是雷公，是我让你们结成夫妻的，不会有灾难。"但弟弟还是坚持不肯。雷公就将姐姐的脸画黑，弟弟认不出画脸的姐姐，便高兴地与她婚配了。

流传于东方市一带的文身起源神话：

古时候，有一对兄妹叫荷先和亚发，他们种了很多大葫芦。有一年发洪水，三天三夜不退，所有的人都淹死了，只有兄妹俩抱着大葫芦漂到了雁窝岭。亚发去打猎，荷先采野果。兄妹俩长大了，该婚娶了。他俩便分头去找人。三月三兄妹又碰在一起，他们都没找到人，商量一阵，决定还是接着去找人。第二年三月三，兄妹俩又碰在一起，还是没找着别的人。这时天神说，天下已经没有人了，你们兄妹成亲吧！亚发和荷先都不肯，又继续去找人，找来找去还是找不到。荷先想，也许天下真的没有别的人了，要是我们兄妹都死了，天下的人不是又绝了吗？荷先决定听从天神的劝告。为了不让亚发认出自己，来年三月三，荷先便在自己的脸上划满了花纹。亚发找到了画脸的荷先，没有认出来，就高兴地同她成亲了，他们的后代就是今天的黎族人。从此，黎族姑娘都要画脸，青年们在每年的三月三要聚会，谈情说爱。这是为了感谢荷先和亚发繁衍了黎族人。

上述神话在世世代代的流传中难免会打上时代的印记，但它们仍属于原始神话，仍然包含着古老的原始神话因素。值得注意的是，这类文身是为了避免血缘通婚之嫌的神话，既反映了上古时期曾存在着的血缘内婚形态，又表现出人类排斥血缘婚的意向。更重要的是，其包含着文身起源的真正动机。

文身作为原始人类共有的习俗，无疑是原始社会极端重要的习俗，它的产生必定出自特定的社会需要。有事实表明，在母系氏族社会初期，便出现了以限制血缘婚为目的、并在身体上绘刺图腾始祖形象为表现形式的文身行为。

文身的最初形式是绘身，正如中国诸文身民族的文身起源神话所显示的一样，其最早的文身都是绘身。如高山族的"以树胶涂面"，黎族的"脸上画满花纹""把脸抹黑"，傣族的"用染料把全身涂黑"等。从称谓上看，黎族、高山族和独龙族都统称文身为“画脸”。这些都反映出原始人在行文身习俗之前曾盛行绘身，由于绘身易脱落，才改为永久性的文身。绘身和文身都具有相同的目的，即绘刺图腾形象作为氏族的标志以限制血缘婚、保证氏族外婚。

那么，为什么要以氏族图腾形象作为本氏族的标志呢？我们知道，同血相亲是原始氏族统一的基础，而同血相亲是建立在图腾观念之上的。在氏族和血缘纽带把人们联系起来的社会条件下，氏族的统一反映在人的意识中，就是全体成员同源起源于某种自然物。正是这种假设构成了图腾崇拜观念的核心，即全体氏族成员源自同一图腾始祖，而本氏族的图腾始祖是本氏族独有的。既然这样，还有什么比图腾始祖形象更能代表本氏族呢？换句话就是，能够作为氏族标志的物象必须能够代表本氏族。由于图腾始祖对本氏族所具有的保护性，因而将图腾始祖形象绘刺在身体上作为氏族的标志是理所当然的。黎族、高山族、彝族、壮族都是以图腾始祖形象作为文身纹样的母题。

早期血缘婚的限制，从禁止同胞兄弟姐妹之间的通婚直至排除以母系计算的一切旁系兄弟姐妹之间的通婚。由于血缘婚配集团不断地一分为二，导致了氏族形成的可能性，自血缘婚配的禁例确立时，血缘集团便转化为母系氏族了。而氏族的形成又为人类限制血缘集团内部的通婚提供了条件，在这样的前提下，为了达到限制血缘婚的目的，人们必须区分不同的通婚对象。这样，文身作为氏族标志的功能便应运而生了。不同的氏族有着不同的文身纹样，这在中国现代文身民族中亦是很明确的。在不久前仍保持氏族组织的独龙族社会，各氏族的女子都曾以不同的文身纹样来表示她们所属的氏族，以此来执行氏族外婚制，青年男子必须先辨认少女属何氏族，然后才能决定是否能够婚恋。在壮族文身中，依不同的氏族部落而各有不相同的纹样。不同氏族的男女一看对方的文身纹样便知是否可以发生婚媾关系。在壮族神话《布伯》中，就有兄妹不肯互婚，后来将脸抹黑，彼此不相识，以为是其他氏族的人，才肯结合，这就暗示了文身的特殊作用。黎族的不同支系之间有着完全不同的文身纹样。各支系内部又因血缘集团（氏族部落）不同而有着相互区别的纹样形式。这些纹样作为血缘集团的标志，世代相传，不得假借，因而一见某人的文身纹样就知其是某村某峒的。黎族中一直实行先文身后婚恋的习俗，女子必须在文身之后才有恋爱的资格。故男子根据女子的文身纹样判断其是否属于可以婚恋的对象。上述清楚地表明了文身作为氏族的标志，具有识别族外婚的功能。这是文身作为氏族标志的原初意义，也是文身起源的主要动机。

当然，原始文化并不像现代文明那样划分得井然有序，而是常常呈现出浑然一体的状态。文身的起源包含着图腾的因素，也包含着巫术的动机，但这些都不是文身起源的唯一原因。对生命的繁衍和对氏族兴旺的极度关注，使其将文身作为氏族的标志，目的是限制血缘婚、保证氏族外婚。毫无疑义，这是文身起源的重要原因。

## 第二节　古代文身民族

中国古代民族文身行为，根据考古研究提供的证据，最早可在新石器时代的遗存中视其面目。据考古发现，在马家窑文化半山类型、马厂类型的彩绘陶塑人像的面部、颈部和肩部都绘有纹饰。专家们认为，这表明当时的居民是文身的。我国史籍从周代也开始出现了关于文身的记载。此后，在历代文献中，均提到很多有文身习俗的民族，如东夷、百越及百濮、僚、俚、蛮和氐羌、胡人等。虽然，这些文献都是对华夏族以外的少数民族的奇风异俗的记录，且多是只言片语，未作深叙，但它却勾勒出了中国古代文身民族的概貌。

东夷，是指居住在今山东、江苏、浙江、安徽等地的土著居民。

《礼记·王制篇》载："东方四夷，被发文身，有不火食者也。"

《汉书·东夷传》载："东夷有九种，曰畎夷、于夷、方夷、黄夷、白夷、赤夷、玄夷、风夷、阳夷。"所见其文身者众多。

关于越人文身的记载也很多。

《战国策·赵策》载："黑齿雕题，鳀冠秫缝，大吴之国也。"这是指越之勾吴有文身之俗。同书又载："被发文身，错臂左衽，瓯越之民也。"

《墨子·公孟篇》载："越王勾践，剪发文身。"

《庄子·逍遥游》载："宋人资章甫适诸越，越人断发文身无所用之。"

《淮南子·泰族训》载："夫刻肌肤，锡皮革，被创流血，至难也，然越为之，以求荣也。"对越人文身作了生动记载。

《史记·越王勾践世家》载："越王勾践，其先禹之苗裔，而夏后帝少康之庶子也。封会稽，以奉守禹之祀，文身断发，披草莱而邑焉。"

《汉书·地理志》也作了大致相同的记载："其君禹后，帝少康之庶子，方封于会稽，文身断发，以避蛟龙之害。"

《舆地志》载："周时为骆越，秦时曰西瓯，文身断发避龙。"

关于濮人，唐时称"濮"，后又称作"僚""俚""蛮"，为今日傣、壮、黎、高山等族的先民。关于其文身的记载也有很多。

《新唐书·南蛮传》载："三濮者，在云南徼外千五百里。有文面濮，俗镂面，以青涅之。"

《广志》亦有："文面濮，其俗劙面，以青画之"。

《太平广记》卷四百八十二载："今南中有绣面獠子，盖雕题之遗俗也。"

《太平御览》引《南州异物志》载："僚民亦谓之文身国，刻其胸前作华文以为自饰。"

《太平寰宇记》说邕州左右江僚人："其百姓悉是雕题、凿齿、画面、文身。"

《蛮书》卷四记载了云南"蛮"文身习俗："绣脚蛮、绣面蛮，并在永昌、开南……绣脚蛮则于踝上腓下，周匝刻其肤为文彩，衣以腓衣，以青色为饰。绣面蛮初生后出月，以针刺面上，以青黛涂之，如绣状。"

绣脚蛮和绣面蛮均为云南傣族及其他文身民族的先民。

关于氐羌族系文身的记载也不少。

《后汉书·南蛮传》载："哀牢夷……种人皆刻划其身，象龙文，衣着尾。"

《蜀中广记》引《九州纪要》载："嶲之西有文夷，人身青而有文，如龙鳞于臂胫之间。"哀牢夷、文夷均属氐羌族之后，有关古氐羌族文身，考古中亦有发现。甘、青一带是古氐羌族活动的地方，在这里发现的新石器时代彩陶人面上的花纹，被专家们认为是当时部族人文面文身习俗的反映。

战国时期，中原政权将北部与西部的少数民族称为"胡"。匈奴，亦称胡。位于匈奴西部的西域各族称"西胡"。关于胡人文身的记载亦有若干。

《汉书·匈奴传》记载匈奴曾有文身习俗："汉使王乌等窥匈奴。匈奴法，汉使不去节，不以墨黥面，不得入穹窿。王马等习胡俗，去其节，黥面入庐，单于爱之。"匈奴以黥面为法，当属崇尚文身习俗的民族。

在内蒙古阴山山脉狼山地区发现的北方古代游牧民族留下的岩画中，有一舞人，身上有纹理，面部是刻下去的，可以认为，这是文身习俗的显示。战国时期，匈奴已游牧于内蒙古黄河河套地区与阴山地区的狼山、大青山一带。因而，这些古代岩画应是当时阴山地区的匈奴人生活以及文身习俗的反映。

《唐书》中也有胡人文身的记载："疏勒人文身，碧瞳，即碧眼胡雏也。"胡雏，即是胡人之后。

《大唐西域记》中"佉沙国"（即疏勒国）一节中也记载说："其俗生子，押头匾……文身绿睛。"疏勒人，汉时分布在今新疆喀什噶尔一带，属汉西域都护。唐时于其地置疏勒都督府故有疏勒国之称。北宋时，被回鹘黑汗王朝所吞并。

希勒格《中国史乘中未详诸国考证》书称："百余年前，文身之俗，一切东胡种族皆有之。马克氏曾于松花江与黑龙江汇流之处，见锡耳比村落男女皆文身。"

由上述可以看出，中国东部、西部、北部、南部的各古代少数民族都曾有过文身习俗，并且分布十分广泛。但是，随着社会历史发展，各部族的迁徙融合，东部、北部、西部少数民族的文身习俗基本上消失了，唯有南部（华南与西南）少数民族尚大量保持文身之俗。

中国古代民族文身在历史的演变中形成了两大系列。

一是古越人支系，从百越诸族到与其有渊源关系的濮、僚、俚、蛮，延续到现代的傣族、壮族、黎族、高山族、布依族，其文身习俗是一种上下相连的传承关系。

二是古氐羌支系，从氐羌族群直至今天的彝族、独龙族、怒族、基诺族、景颇族、珞巴族都有文身习俗。这些属藏缅语族的当代民族，其先民与古代甘青高原的氐羌族群有着密切的亲缘关系，可见其文身习俗也是传承古俗。由此，中国近现代少数民族文身是有根可寻的。

# 第三节　近现代文身民族

中国近现代仍保持文身习俗的民族有南方的黎族、高山族、壮族、布依族、傣族、彝族、独龙族、基诺族、景颇族、佤族、德昂族、布朗族、珞巴族、克木人、莽人以及西北地区的撒拉族和土族。其中以黎族、高山族、傣族、独龙族的文身习俗最为突出，又以黎族和独龙族的原始文身形态保持最完整。此外，西南地区的普米族也曾是一个有文身习俗的民族。据乾隆《永北府志》载："西番一种……男女俱额刺山字，穿耳贯环，左衽赤足。"普米族史称西番，源于我国古代游牧民族氐羌族群。普米族先民原是居住于青海、甘肃和四川边缘山区的游牧部落，后在羌人部落首领"邛"的率领下向南迁徙至西南边疆。溯其族源，普米族文身是有根可寻的。

中国近现代民族文身，属于原始文身范畴的有黎族、独龙族等，其文身习俗仍然保持了原始文身的特性。原始文身是与原始社会形态共存的，上述两个民族的文身行为可以证实这一点。另一些民族的文身行为已是原始文身与古代文身的混合体，如高山族和傣族，其文身行为相应地反映出十分浓厚的等级制度的色彩，但也保留了不少原始性。至于现代文身，唯有傣族青年男子今日的文身已具有现代文身的意义，以审美为主要目的。

文身通常施于身体的暴露部位，首先是面部，其次是胸部，再次是手臂、腿胫、腹背等处。这是因为文身作为标记符号，从视觉效果来看，以一目了然为最佳。中国南北方民族的文身部位各有显著区别：北方民族地处寒带，裘服裹身，故文身仅施于面部和手部。如古代的匈奴，现代的撒拉族、土族，甚至包括古居西北高原、现居南方的彝族、独龙族、怒族等现代南部民族均是如此。南方民族的文身不仅文刺面部，而且也施于身体，尤其是处于温暖地带的南方民族，几乎遍体施文，如傣族、佤族、高山族和黎族等。

文身是一种极为古老的习俗，在我国，至今仍能在十几个民族中看到这一习俗的遗存，傣族等民族现今仍在文身。笔者在对黎族、独龙族等民族的文身行为进行实地考察时，发现其保持着甚为完整的文身习俗与观念，这些习俗与观念为研究文身行为这一复杂的人类学现象提供了依据。以下笔者将分别介绍我国现代仍保有文身习俗的民族。

## 1 黎族

黎族文身起源于母系氏族社会，但它并未随着蛮荒时代的逝去而消泯，至20世纪中叶，黎族妇女仍保持着完整的文身习俗。1985~1986年，笔者用将近半年的时间遍访海南岛黎族聚居的八个县，对黎族文身习俗作了详细的考察。

海南岛黎族自古以文身习俗著称。《山海经·海内南经》记载："伯虑国、离耳国、雕题国、北朐国，皆在郁水南。"郭璞在离耳下注，离耳即儋耳，在朱崖海渚中。又在雕题下注："点涅其面，画体为鳞采，即鲛人也。"汉武帝平定南越，在海南岛设儋耳、朱崖二郡。雕题国与离耳国接，是今侾黎与杞黎活动之地。雕题即黎族先民的文身习俗，这是关于黎族先民文身的最早记载。汉朝杨孚《异物志》中也有黎族先民文身的记载："雕题国，画其面皮，身刻其肌而青之。或若锦衣，或若鱼鳞。"宋朝周去非《岭外代答》卷十载："海南黎女以绣面为饰。……女年及笄，置酒会亲旧，女伴自施针笔，为极细花卉飞蛾之形，绚之以偏地淡粟纹。"宋人范成大《桂海虞衡志》亦云："（黎）女及笄，即黥颊为细花纹，谓之绣面。"清代张庆长《黎岐纪闻》："女将嫁，面上刺花纹，涅以靛，其花或曲或直，各随其俗。"清代陈梦雷、蒋廷锡等编《古今图书集成》："黎人……男文臂腿，女文身面。"以上是史籍中关于黎族文身的记述。

黎族聚居在海南岛的中部，南部与西南部的八个县。居住地多为山区、丘陵、山间盆地和海滨小平原。黎族共有五个支系，分别称作本地黎、美孚黎、杞黎、侾黎和德透黎，其每个支系有各自的聚居地。本地黎仅分布在白沙县内。白沙县是典型的山区，交通闭塞，因而本地黎所保留的传统文化较多（图5-1）。美孚黎分布于东方市、昌江县，村落多在昌化江中下游的两岸，人口比较集中，生产技术较其他支系进步，但也是保留传统文化最多的一个支系（图5-2、图5-3）。杞黎主要分布在保亭、琼中两县及通什镇。黎语"杞"是"居住中心地区的人"之意。侾黎人口最多，分布最广。黎语"侾"意为"住在外围的人"（图5-4）。除保亭、琼中两县外，黎族聚居区都有侾黎的村落。以聚居中心在乐东盆地的侾黎保留的传统文化最多。德透黎集中于保亭、陵水两县交界处的加

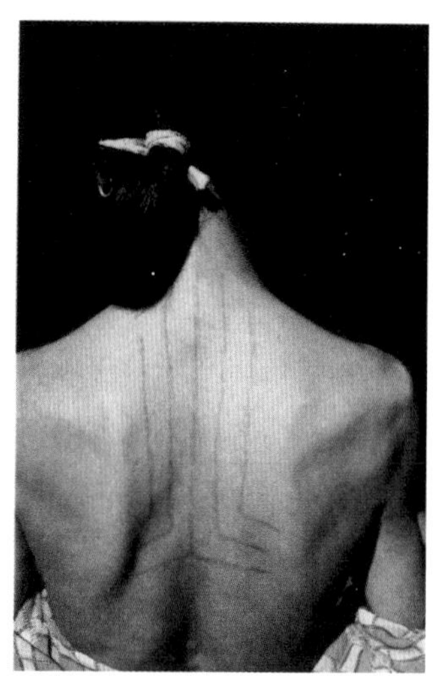

图5-1　本地黎女子背纹（海南白沙县）

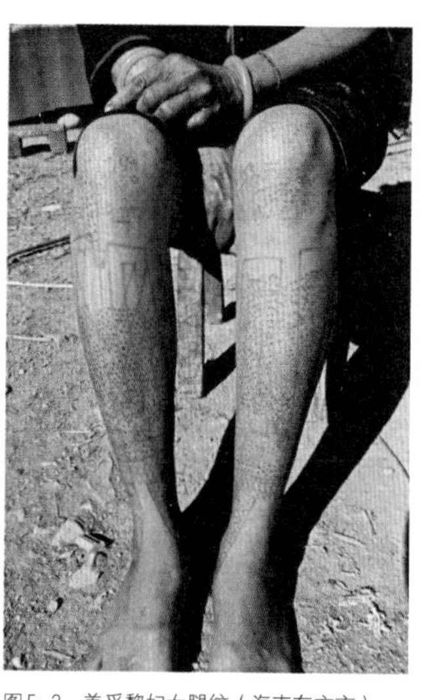

图5-2　美孚黎妇女腿纹（海南东方市）

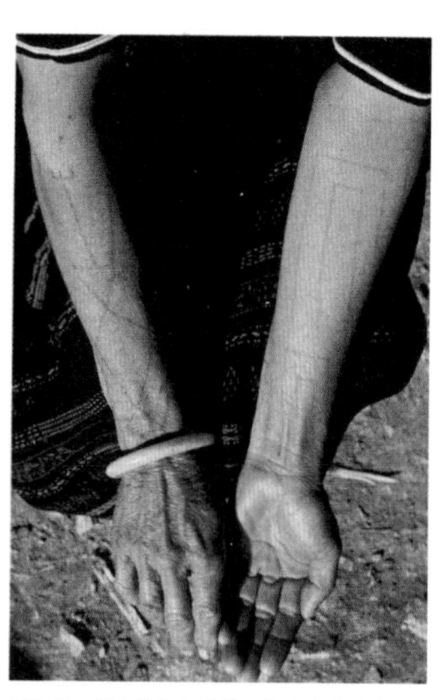

图5-3　美孚黎妇女手纹（海南东方市）

图5-4　侾黎妇女面纹（海南乐东县）

茂、六弓等地，人口不多，受汉族影响较深，男女均通汉语，服饰习俗与其他支系也有较大的区别。

黎族的五个支系中又有若干分支，以侾黎内部分支为最复杂。每个支系的文身都有自己统一的纹样形式，但其内部又因不同的地域、不同的血缘集团而有着相互区别的纹样。如东方市美孚黎妇女的文身纹样，总体趋于统一，但在复合纹样上却显示出不同区域、不同氏族的特有纹样，以示区别。总体看来本地黎妇女的文身纹样最为繁复，并且凡45岁以上的妇女都曾文身（1985年所见）。由于文身是分阶段进行，因而越年长者纹样越丰富完整。美孚黎妇女的文身纹样也相当丰富，且文身习俗保持得最长久，古风浓厚，故35岁以上妇女（1985年所见）都曾文身。侾黎妇女文身也很普遍，当时能见到文身的有"赛抱由"（自称，以下同）"赛库""赛罗勿""赛抱曼""赛侾应""赛几岗"等分支的40岁以上的妇女，纹样较为简单。杞黎文身现已不多见，其施行文身主要是合亩制地区以及居住在昌江县王下公社、白沙县青松公社等地的杞黎妇女，纹样也较为简单。杞黎女子文身部位主要在面部和脚胫，形式和侾黎有所区别（图5-5~图5-7）。在黎族的五个支系中，德透黎现已不见文身。尽管黎族妇女文身的纹样形式各有不同，但在纹样的内涵和文身习俗等方面却是基本一致的。黎族男子也曾是文身的。从文献资料看，唐宋以前黎族男子仍普遍文身，至清代仍能见到有关黎族男子文身的记载。如清代《古今图书集成》

称："黎人……男文臂腿，女文身面"。又如田汝成《炎徼纪闻》说黎族"男子文身椎结"。在近人的调查中亦时有关于黎族男子文刺臂腿的记载。1985年笔者在黎族地区考察时发现本地黎、美孚黎和侾黎中均有男子文身的现象，最为突出的是白沙县牙叉区九架乡什吾村的男子文身。什吾村居住着本地黎，其村中的大多数男子都文手背和小臂（图5-8）。手背刺蛙纹，小臂则刺耙纹和犁纹以及一些巫术符号。该村的村长说他祖父的后背文刺有一大片动物纹，但他已记不清是何种动物了。在对什吾村七名男子进行调查后得知，他们的文身年龄均在15岁左右。其父亲和祖父有同样的纹样，是世代相传的。文身原因有三个：①文身是本族的标志，因而本村

图5-5　杞黎妇女文身（海南通什）1

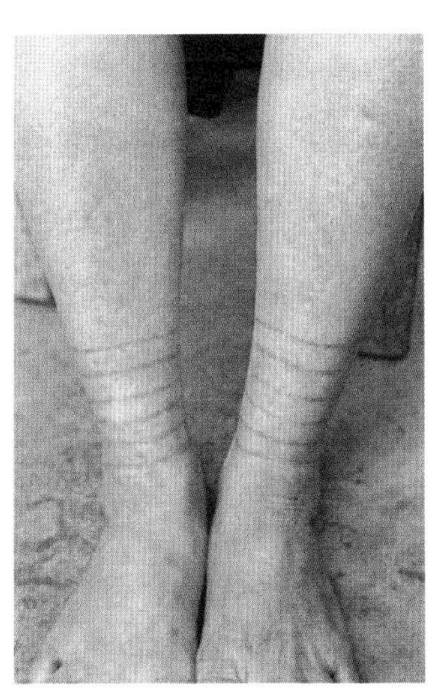

图5-6　杞黎妇女文身（海南通什）2

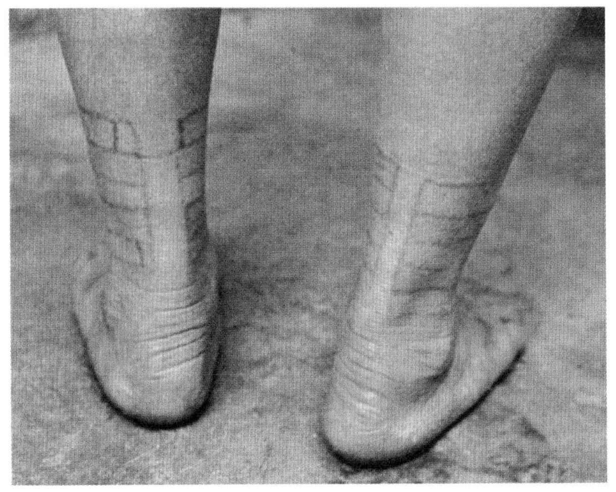

图5-7　杞黎妇女文身（海南通什）3

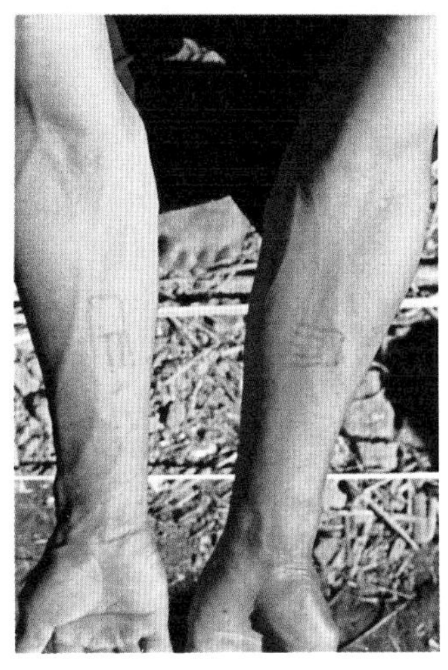

图5-8　本地黎男子手纹（海南白沙县）

男子都在手背上又有蛙纹；②如果不文身祖公不认；③文身以后才会劳动，会做工具，会有好收成。可见男子文身也有复杂的内涵，其与女子文身的习俗和动机在早期应是一致的。而在文身的部位上可能是女子文面，男子文手臂及腿。比起黎族男子来，黎族妇女文身习俗保持得更完整、更系统，而且十分普遍，这是本节中重点介绍黎族妇女文身习俗的原因所在。

（1）文身的实施。

黎族女子通常是在进入青春期时开始文身，逐年进行，至出嫁前全部完成。如白沙县南开区牙佬乡什才村的符亚农，1985年时已72岁，是本地黎。她15岁开始文脸，一天完成；16岁文胸和背，分两天完成；17岁文腿，先文膝盖以下，各文了一天；18岁文膝盖以上，又各文了一天；19岁文手臂，两天完成；20岁时在腿部补充了一些纹样；21岁时又在手臂上补充了一些纹样。至此，文身过程全部完成，她便在22岁那年出嫁了。又如东方市东方区西方村的符百各色，1985年时已63岁，是美孚黎。她12岁文脸，一天完成；13岁文出颈部和胸部的纹样，一天完成；14岁文颈部和胸部的点纹，分两次完成，每次一天；15岁文手臂两天完成；18岁文脚背，一天完成；19岁补充手臂的复合纹样一天完成；20岁补充腿部的复合纹样及点纹，两天完成。至此文身结束，她便在21岁时出嫁了。本地黎与美孚黎女子文身过程所花费的时间少则五六年，多则近十年。这是全身型文身的一个特点，杞黎和侾黎相对简单些。

黎族妇女文身的部位各支系有所不同。本地黎妇女文身的部位包括面部、颈部、胸部、背部、手部、臂部和腿部，是文身部位最多的一个支系，属全身型文身。美孚黎妇女的文身部位包括面部、颈部、胸部、手臂、脚部和腿部。侾黎的文身部位主要有面部、颈部、胸部，一部分人还文刺腹部、手臂、胫部。杞黎文身部位有面部、手臂、胫部。

黎族文身部位共分九处。面部：这是最重要的部位，各支系绝不相同。一方面它是本族的标志，同时它又是成年的显示，因为文面即意味着成年。纹样从眼角至颏部及耳侧，额头不纹，这在各支系是一致的（图5-9~图5-11）。颈部：纹样在脸纹与胸纹之间起承接作用。美孚黎颈纹最为丰富。胸部：纹样从颈部延至胸部，止于两乳峰之间（图5-12）。腹部：侾黎中“赛罗勿”与“赛抱由”的纹样自颈部及胸部延至肚脐处。背部：仅本地黎文背部，纹样从耳后及颈部延至背部之中。臂部：从肘弯至手腕，本地黎和美孚黎布满纹样（图5-13、图5-14），侾黎和杞黎较为简单。手部：纹样见于手背和手指。杞黎和侾黎基本不文手部。腿部：本地黎从踝骨至腿根布满纹样（图5-15）。杞黎和侾黎从踝骨文至胫中，少数

图5-9　本地黎女子面纹正面（海南白沙县）

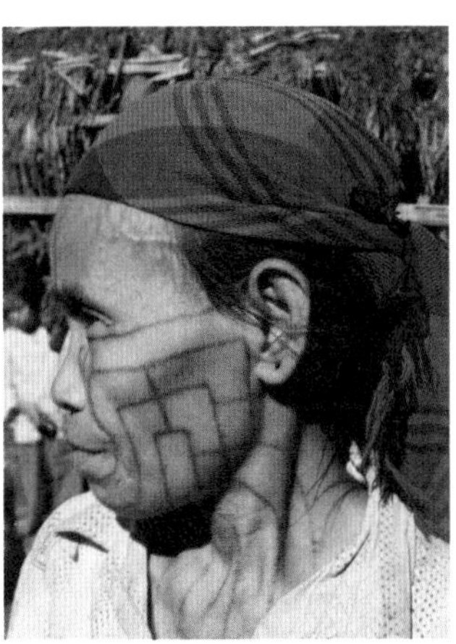

图5-10　本地黎女子面纹侧面（海南白沙县）

图5-11　美孚黎女子面纹（海南东方市）

图5-12　本地黎女子胸纹（海南白沙县）

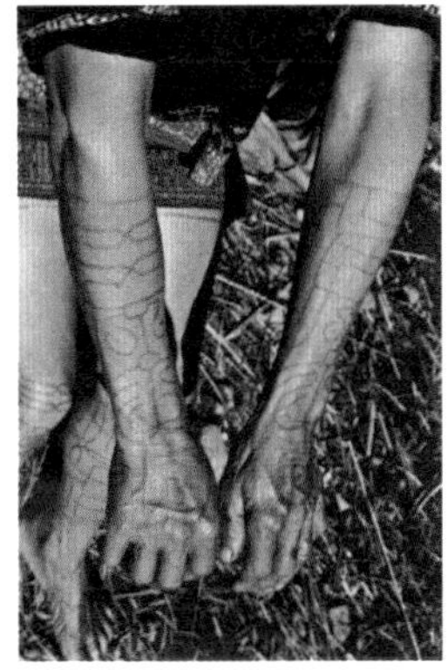

图5-13　本地黎女子手臂纹（海南白沙县）1

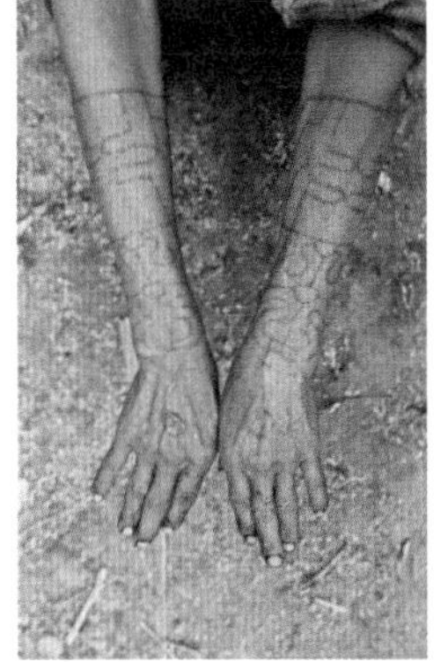

图5-14　本地黎女子手臂纹（海南白沙县）2

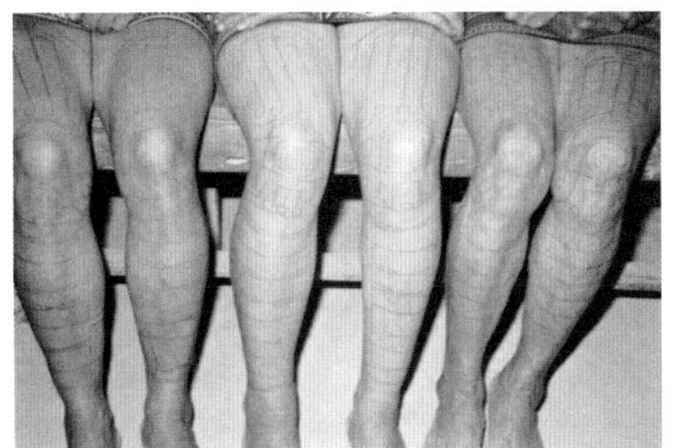

图5-15　本地黎女子腿纹（海南白沙县）

人在膝盖上刺纹。脚部：仅美孚黎文刺脚部，其他支系不文。

由于文身要经受极大的痛苦甚至有可能危及生命，所以不能一次完成，而是在青春期的不同年龄里陆续进行。在文身习俗遭到革除以后，有些黎族妇女未能最终完成她们的文身，因而我们在黎族不同年龄的妇女身上看到了不同层次的文身——越是年老者纹样越丰富复杂，呈完成状态。

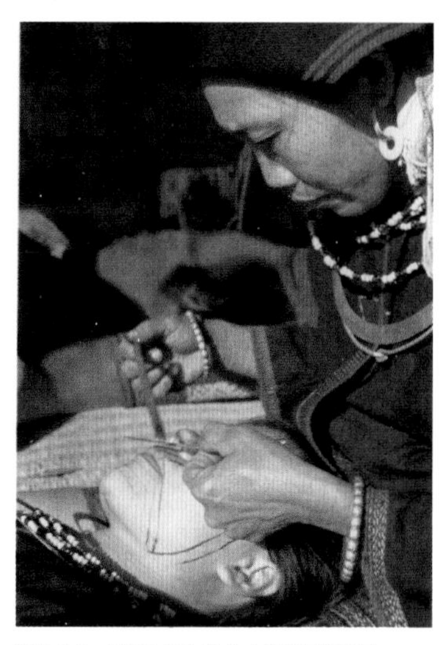
图5-16　杞黎女子文身术（海南昌江县）

黎族各支系妇女文身均是在每年农历的十月至十二月间进行。这时正值农闲且气候宜人，最适宜文身。而春秋时农活繁忙，没有时间文身，且夏季天气炎热，伤口容易感染亦不利于文身（图5-16）。

文身的地点一般是在自家种植旱稻（山栏稻）的山地（即山栏地，一年一造、砍山烧荒、以刀耕火种方式收获稻谷、薯类、瓜菜等）的草寮（即搭在山栏地中的草棚，长宽约两米，内置竹床、火塘。入米结谷时，黎族男子守望寮中，防止雀鸟、猴子、山猪偷吃稻谷和其他农作物）里，或少女的"隆闺"（黎语音译，是父母为已成年的女儿建造的小房，供青年男女谈情说爱用）中进行，视文身者的年龄而定。一些本地黎可以在家中屋门口文某些部位，但有些杞黎则禁止在家中进行文身，认为这会给家人带来不吉利。

白沙县白沙区志道乡望巴村的老婆婆符亚莫在1985年时已经73岁了，她的文身纹样仍然十分清晰地布满全身。笔者采访她时，她还清楚地记得当初她母亲给她文身时的情景：

那年我14岁，已经跟母亲学会了纺织、刺绣、配制染料、编织露兜叶席子和斗笠，有时还帮母亲做一些其他的家务活，只是我还不知道画脸是怎么回事（黎族称文身为"画脸"，本地黎语"莫瓦格朗"）。自从我那15岁的姐姐画过脸之后，我也希望自己的脸上有那些神秘的花纹并成为村子里漂亮姑娘中的一个。终于有一天，母亲对我说："孩子，该你画脸了，明天是吉祥的日子。"又说："我们该做些准备"。母亲将一把藤刺，一个小竹筒、一块黑布、一碗黑烟灰、一床麻被和一些食物放进一对藤萝里。还托人给姨母捎去口信，请她明天一早来。

第二天一早，母亲为我穿上新衣裙。吃完特意为我准备的早饭，我们和姨母就上路了，母亲要带我到山栏地里的草寮中去。走在前面的母亲举着一只白鸡，姨母挑着藤箩走在我后面，一路上我们谁也没说话。我家的草寮在一片山栏地的中央，当我们到达那里时，太阳刚从山那边升起，把山栏地和草寮映成了一片金色，母亲说这是一个好兆头。她忙着把草寮收拾干净，又点上火塘。我们围着火塘坐下之后，母亲开始对我讲祖先的故事，又讲了画脸的故事，说我们黎族女子个个都要画脸，是因为我们的祖公定下了这样的规拒。如果不画脸，祖公不认你也就不会保佑你了，本家族的人也不会承认你，更没有男人会要你。画了脸，村里人就知道你已经长大，小伙子会因为你聪明漂亮而常到你的“隆闺”门口唱歌。直到我心领神会表示愿意接受画脸时，母亲开始做祭祖仪式。她先把鸡杀了，煮熟，然后将整只鸡放在一只大碗里，再摆上一碗酒。母亲一边用筷子蘸着酒洒在地上，一边祈祷说：“××祖公（祖公的名字忌讳对外人说出），今天要画脸的是你的子孙，请你保佑她一生平平安安。这些鸡和酒是敬献给你的。希望祖公保佑我们画脸顺利，花纹清楚漂亮。”然后，母亲把碗里的酒都洒在地上。祭祀完毕后，母亲将小竹筒装上水，把黑布放进去，又在装有黑烟灰的碗里加水调出很浓的黑汁。要给我画脸了，我既高兴又紧张。母亲让我躺在姨母的怀里，姨母紧紧地搂着我并紧握住我的手。母亲先用黑汁在我脸上画出纹样，再用白藤刺沿着纹样敲打，藤刺深深地刺破皮肉，让黑色染料渗进去。我疼极了，忍不住大叫起来。姨母安慰我说：“千万别叫喊，不然祖公恼怒，你就得不到漂亮的花纹了。”母亲用黑布蘸水擦掉我脸上的血，看看花纹不太清楚，便又在伤口上划纹，再用藤刺反复敲打。后来，我的整张脸都麻木了，大概花纹也清楚了，母亲这才让我躺在竹床上，给我盖上麻被。第二天，伤口又红又肿，母亲便用黑布在火上烧热给我敷脸，她说这样可以消肿。在以后的几天里，这块黑布一直盖在我的脸上，只有吃饭喝水时才拿开。养伤期间，母亲和姨母轮流着精心照看我。母亲常向我讲本族应遵守的规矩，讲鬼魂的故事，很有意思哦！第五天，伤口开始脱痂，我脸上出现了清晰鲜亮的花纹。母亲十分高兴，又向祖公献了酒。当我重新回到村子里时，我已是一位漂亮的姑娘，村里人都来向我祝贺。父亲说，他要为我修建一个

“隆闺”。我终于获得了同我母亲、姨母及村里其他女人一样的蓝色花纹。后来我又接受了第二次、第三次文身……直到全部完成。

在符亚莫的一生中，文身是一件值得自豪的事情，她一边娓娓地述说，一边把身体上的纹样指给来访者看。她说她也曾为她的女儿们文身，也把祖先的故事讲了许多遍。

（2）文身术的传授。

黎族文身术的传授方式为自然传授，还没有形成母女代代相传或师傅带徒弟的习惯。有能力、有兴趣的本族女子都可以学，一般不专门传授，那些有心女子在自己经历过几次文身之后便能掌握文身的技术和有关事项。善于文身的人被看作村里的能人，她们往往也善于纺织、编织和制陶等，如东方市东方区东新村的俘黎“赛库”妇女林亚颜便是这样的能人。每个村子都有几名善于文身的妇女，不过还没有出现以文身为职业的人。

（3）文身的纹样。

黎族妇女文身都要遵守祖先沿袭下来的成规，刺文自己氏族特有的纹样，按黎族人的传统说法是“祖有定制，行有定法，依样葫芦，毫不敢讹。”其纹样虽然都是几何形，但却都有具体的意象——蛙。蛙是黎族文身纹样的主题．从每个支系的纹样中，都能看到不同形态的蛙纹。本地黎的蛙纹，上半部以弧线为主，下半部以直线为主，其线形的对比度大，节奏感强烈，利用抽象的几何形显示其神秘的原始宗教情感。美孚黎的蛙纹以直线为主，配合点纹，通过非常规范的点线面的关系使其具有凝重的视觉效果。俘黎与杞黎的蛙纹是用直线构成的单元纹样，已高度抽象简化。作为视觉语言的黎族文身纹样，一方面利用了同形反复构成的节奏效果在人们视觉上的刺激所形成的知觉记忆，起到强调功能的作用；另一方面，这种刻意安排的单一形象反复多次的处理效果比一个单独纹样更符合人类心理要求。我们知道，当人类狂热的宗教情绪在历史的进程中升华后，变得沉重、冷静、理性化，此时外在形式的秩序性和对称性就能更为充分地展示这种特殊心理。因而黎族文身纹样总是反复地进行局部重复，而很少用一个单独纹样来表现，本地黎的文身纹样更是如此。



黎族这样称呼身体各部位的蛙纹：青蛙脸，即刺有蛙纹的脸；青蛙手，即刺有蛙纹的手；青蛙腿，即刺有蛙纹的腿。黎族不仅文身纹样以蛙纹为主，服饰的图案也处处可见明显的蛙纹。此外黎族人还珍爱蛙罐、蛙铃、蛙锣和蛙鼓，在巫术符号中也少不了蛙。为什么蛙被作为文身纹样的主题，并且在黎族的生活中无处不有呢？因为蛙是黎族远古的图腾，最早是蛙氏族的图腾标志，后来因氏族扩大为部族而扩大化了。

图腾曾被广泛地运用于氏族社会的各种装饰中，文身和服饰都不例外，作为视觉的语言，文身和服饰同样表达了多重的文化精神。区别在于，服饰是一种可以脱下的文化模式，而文身作为一种身体装饰，它不仅早于服饰，而且更偏重于观念上的精神表述。文身纹样的主题也可以影响服饰纹样的主题，黎族称文身纹样中的蛙纹为“格登”，即青蛙之意，称服饰纹样中的蛙纹为“登”，即鬼神之意，这个鬼神便是祖公——由蛙始祖演化而来的祖公。在黎语中，“格登”与“登”在语音与字形上的相似性是显而易见的。不久前，黎族的社会仍然是一个祖先崇拜的社会，“祖公”是至高无上的神灵。由于图腾本身具有祖先崇拜的因素，因而我们认为黎族的“祖公”应有两个含意：①图腾观念中的祖先（即与其女祖先一道繁衍本氏族的始祖）。②父系社会中的男性祖先。二者之间有一个自然的意义转换，即氏族的演变导致了图腾的衍生形态，使原生图腾祖先化了。而在出现祖先崇拜之后，图腾始祖蛙便转化为祖先神——“祖公”了。

黎族文身和服饰中的蛙纹都不是自然中的原型，而是拟人化的。这种拟人化的造型与父系氏族的祖先崇拜观念密切相关。随着黎族社会父权制的确立，图腾崇拜转化为祖先崇拜，图腾物与祖先的形象便合二为一了。因此，当黎族的图腾始祖蛙转化为祖先神时，蛙的形态也就从自然形转化为拟人化了。这样的情形其他民族也有，如汉族的“人首蛇身”图像，表现的是夏人祖先伏羲和女娲；壮族的蛙神也是人身蛙形等。这类人与动物合一的、超自然的形象是原始氏族图腾信仰与祖先崇拜的混合物，这种用互渗思维方式创造出来的超自然物种必然是拟人化的。此外，纹样中大量的点纹被称为“青蛙卵”，这是因为青蛙产卵多，繁殖快，是生殖繁衍能力旺盛的象征，而氏族的兴旺是原始人类最关心的问题之一。

上述种种表明，在身体上文刺黎族认为是其图腾祖先的蛙纹，无疑是黎族文身纹样中最古老、最重要的母题。黎族文身纹样的可贵之处就在于它经历了漫长的历史变迁，却仍然保持其原始的形态，显示出超越时代的永恒性。

在我国所有保持文身习俗的民族中，黎族文身习俗是最原始、持续时间最长的，它的原始形态和内涵保持得最完整。因此判定黎族文身至今仍属于原始文身范畴。

### ❷ 高山族

我国台湾属于热带和亚热带海洋性气候，一些地方四季如春、气候温暖，一些地方长夏无冬，全年夏天达200天以上。居住在台湾岛上的高山族同胞常常裸露大部分身体，这给他们在身体上进行装饰创造了有利条件。高山族的身体装饰方式有文身、穿耳、凿齿、染齿和束腰、拔毛以及在身体上佩戴饰物等，其中以文身最为显著，文身习俗曾普遍存在于高山族诸族群中。台湾高山族包括泰雅人、赛夏人、布农人、曹人、排湾人、鲁凯人、卑南人、阿美人和雅美人以及居住在平原地区的平埔人。其中除了阿美人和雅美人之外，均有过崇尚文身习俗的时代。虽然阿美人男女没有刺文身体的习俗，但北部阿美人的青少年男子俗尚用木炭烧手腕和手背，使之形成“疤痕”，无须一定的纹式，以疤痕越大越多者为最勇敢。阿美少年长到十五六岁，便开始在手上制造疤痕。他们将木枝插入火中燃烧，待其变成火炭时，取火炭置于手腕或手背，烧烂皮肤，使之形成疤痕。如此反复进行多次逐渐增大疤痕，以这种忍苦精神显示其勇敢。同时，这种行为还具有成年礼的意味。据信，疤痕显著者还能博得女子的青睐。

“平埔人”是对居住在平原地区的高山族同胞的总称，又分为噶玛兰人、凯达加兰人、道卡斯人、巴宰海人、巴布拉人、巴布萨人、邵人、安雅人、西拉雅人和马卡道人。平埔人散居在台湾岛北部和西部的平原及沿海地区。因长期同汉族接触，汉化程度较深，习俗文化大都已同当地汉族相似，因而被称之为“熟番”，其文身习俗在20世纪便已消失，仅从文献记载中才可见到。有关台湾高山族文身的文献记载，早期多是关于平埔人的，这是因为平埔人与汉族接触较早。最早的文身记载可追溯到公元七世纪，《隋书·流求传》称平埔人“妇女以墨黥手，为虫蛇之文”。又有明人张燮《东西洋考》卷五载平埔人文身：“鸡笼山、淡水洋在澎湖屿之东北，故名北港又名东番，手足则刺文为华美，众社毕贺。”清朝官员高拱乾《台湾府志》卷七《土番风俗记》亦载平埔人文身：“身多刺记，或臂或背，好事者竞遍体皆文”。清人郁永河《裨海纪游》。记载道卡斯人的文身说：“遍胸背雕青为豹文。”又有清人周钟暄等人撰修《诸罗县志·番俗考》记述了巴宰海人的又身：“……番女，绕唇吻刺之，点细细黛起，若塑像罗汉髭头，又于文身之外为一种。”同书又称诸罗县境内的平埔人文身：“山高海大，番人禀生其间，无姓而有字……文其身遍刺蝌蚪字及虫鱼之状，或但于胸膛两臂，唯不施于面。……文身，皆命之祖父，刑牲会社，众饮其子孙。至醉，刺以针，酣而墨之，亦有壮而自文者。世相继，否则已焉。虽痛楚，忍创而刺之，云不敢背祖也。”由上述文献可以看出，平埔人曾经颇为盛行文身习俗。我国台湾中部平原地区的平埔人因与汉文化接触较迟，故而文身习俗延续至18世纪中叶，其中道卡斯人甚至在19世纪初仍然文身。

分布于山地的泰雅人、赛夏人、曹人、排湾人、鲁凯人、卑南人以及布农人在不久前仍普遍流行文身习俗，其中以泰雅人和排湾人最为显著。被称为“生番”的上述诸族群，至17世纪末仍处于封闭状态，保持着完整的本民族文化传统。虽然自清代后期开始受到汉文化的冲击和影响，但其文身习俗一直保留至20世纪中叶。

（1）文身的实施。

高山族各文身族群中，男女都施行文身。文身者的年龄，各族群大致相同。一般说来，男子初次文身的年龄是在14~20岁，女子则是在13~18岁，均是在进入成年时开始施行文身。此后，根据不同的资格还将再次施行文身。唯排湾人、鲁凯人、卑南人的平民男子须在获得猎头功绩之后才能得到文身资格，因此其文身年龄始于20~25岁。广义地说，高山族男女在完成他们具有成年礼意义的初次文身之后，不同时期根据不同资格还可以获得多次文身的权利。因此，他们的一生从少年至壮年要经历多次的文身。在这一点上，高山族不同于其他民族。

高山族各族群文身的时间、地点和方法基本上是一致的。文身的时间都选择在冬季，因为此时气候凉爽，伤口不易化脓。再者，此时为农闲时节，有充分的时间施行文身术以及疗养和看护。文身的场所都选择在阴凉避风的地方，一般是在自家的屋檐下或干栏式仓房下进行，也有的是在山中另搭小寮专用。泰雅人的小寮，样式为四柱平屋顶，内宽两公尺见方，地面和屋顶均铺树叶或茅草。排湾人的小寮，样式为四柱，单斜面屋顶披草或树叶以遮蔽阳光，内宽两米见方，地面铺席子，为避免他人闯入，在通道上设竹竿为记号，路人见得便绕道而行。文身的方法以泰雅人和排湾人为典型。泰雅人在施术的当天清晨，让受术者入浴净身，穿上旧衣，仰卧于地，由亲属扶助。文身师坐在受术者身旁的矮凳上，先用麻绳蘸烟黑汁，在受术者的身体上描出纹样，然后左手执针，右手握拍具，按照纹样依次拍打，将文身针的针尖全部刺入皮下。反复敲打几次，若流血过多隐没纹样时，便用刮血具刮去血水。刺完后用清水洗净伤口并将烟黑汁涂抹在伤口上反复揉搓。施术时间根据纹样简繁而定，纹样简单的，1~2小时便完成；纹样复杂的，需8~10小时才能完成。文身结束后，受术者的伤口部位被套上白布，由亲属扶着回家。养伤期间，专有一亲属看护照顾，朝夕以乌鸦羽毛沾水轻拭伤口，以防皮肤干燥收缩，引起疼痛或纹样变形。经过四五天，揭去遮盖伤口的白布，这时伤口已结痂，红肿也基本消失了。受术者开始饮食，喝汤粥等。大约十天，伤口脱痂，呈现出鲜丽的青蓝色纹样，文身即告成功。

（2）文身部位与文身资格。

高山族男女文身的部位与其具有的各种资格有关。泰雅人男女均有刺文额部的资格，因为额纹是泰雅人族群的标志，在成年时文刺（图5-17）。而此后，女

图5-17　高山族泰雅人文身术（台湾地区）

子完成浮纹上衣者，才能获得在脸部刺文的资格，那些织布技术卓越的女子方可刺文胸部和手部（图5-18~图5-20）。男子必须在猎取敌首以后才有刺文下颏的资格，多次猎头成功者方可刺文胸部、臂部。在猎头习俗被禁止后，就以猎获猛兽来代替。其他族群也基本如此。可以看出，除了固有的资格外，女子再获得文身资格与织布技艺有关，男子的再次文身资格与勇武善猎有关。

图5-18 高山族泰雅人女子文面（台湾地区）1

图5-19 高山族泰雅人女子文面（台湾地区）2

图5-20 高山族泰雅人女子文面（台湾地区）3

（3）文身的纹样。

高山族文身的纹样主要有四类：蛇纹、太阳纹、人纹、古琉璃珠纹。另有少量特殊的纹样，如被鲁凯人和卑南人称之为“蕨芽”的纹样，一些排湾人却将其视为一种毒虫的牙，刺于男子胸纹之始，是该部落特有的文身纹式。

蛇纹：与高山族所信仰的蛇图腾崇拜有关，普遍存在于高山族诸文身族群中。关于文身纹样的起源，据我国台湾学者何廷瑞先生的调查，高山族各族群皆传说与蛇斑纹有密切的关系。排湾人、卑南人和鲁凯人皆明言文身纹样来自蛇斑纹，泰雅人也说是模仿蛇斑纹而来的。赛夏人的文身纹样亦来自蛇斑纹，他们还有养蛇作为巫术使用的习俗，并在祭祀时沿用木皮编成的蛇鞭。《隋书·流求传》说平埔人“妇人以墨黥手，为虫蛇之文”。可见平埔人也是将蛇纹作为文身纹样的。

作为古越人的后裔，高山族将蛇图腾崇拜体现得十分明确，尤其是排湾人和鲁凯人均将五步蛇视为图腾始祖加以崇拜，同时将杀害蛇祖视为一种禁忌。有关蛇为始祖的神话曾广为流传。在排湾人的部落里，仍传颂着蛇生始祖的神话。如：

远古时期有两条大蛇，生下两颗蛋，这两颗蛋化生为排湾始祖。也有的说，盘踞于比纳包嘎占竹林的灵蛇，生下沙玛巴利和沙沙玻兹耀两位排湾始祖。另有一类与蛇有关的神话为卵生始祖。传说有红、白两种卵，由青蛇孵化出男女二神，哺育后代从而有了人类。又说，青竹裂开，生下两颗卵，五六天之后化成蛇形男女，为排湾始祖。鲁凯人亦有五步蛇为头目祖先的传说。高山族不仅有丰富的以蛇图腾为基础的始祖神话，而且还有大量的蛇生始祖内容的艺术。在文身纹样和传统服饰、日用品以及房屋装饰、祭祀器具乃至武器上，都以灵蛇为主题纹样。五步蛇还用于祖灵雕刻之上，被供奉为祖灵。这种人与蛇的复合，是生命来源的象征。将图腾信仰与祖先崇拜合二为一，表明蛇生始祖的含意。

五步蛇，亦称百步蛇、蕲蛇等，是我国南方各省常见的毒蛇。其背部中央鳞列着黑黄色的三角形斑纹，十分醒目。高山族文身纹样以此作为范本，创造出各式各样的五步蛇简体纹。一些学者将高山族文身纹样中那些象征性的蛇纹称为曲折纹、锯齿纹、菱形纹、波状纹、网目纹等。其实这些纹样在高山族心目中就是五步蛇的化身。基于高山族的蛇图腾信仰，应该说，蛇斑纹是高山族文身纹样中最原始的主题纹样。

太阳纹：在高山族的文身纹样中，太阳纹也占有比较重要的位置。太阳纹亦称十字纹，主要流行于排湾、卑南，鲁凯三族群中，与这些族群所信奉的太阳崇拜有关。泰雅人文身纹样中亦可见十字纹。在排湾人的部落中流传着种种始祖太阳卵生的神话，如太阳生下两颗卵，落在洛帕尼奥的屋檐下。不久，卵化生出帕波郎和基雅洛莫乔洛兄妹，两人长大互婚，繁衍了排湾人。又如在混沌初开之际，太阳生下黄、绿两颗卵，它们相继飘落在玻洛峨兹山。黄色卵一触地就变成魁梧的男子，绿色卵一落地就化成美丽的女子。后来他们互婚，繁衍了排湾人。因为祖先是蛇生或太阳卵生之故，排湾人文刺蛇纹或太阳纹便是为了怀念祖先，并表示出身与他族不同。太鲁阁的泰雅人也有类似的太阳卵生神话。

太阳崇拜在中华民族中是一个比较普遍的现象。我国许多民族的远古先民都留下了大量的太阳崇拜遗迹。在甘肃、青海、陕西、内蒙古和湖北等地出土的新石器时代的陶器的装饰图案中，有许多十字形的太阳纹。这种十字形太阳纹也常见于商周甲骨文和青铜器铭文中，甚至在秦汉瓦当中也能见到。此外，新石器时代远古先民留下的许多岩画中，也有大量太阳崇拜的显示。如在四川珙县岩画中，我们可以再次看到十字形太阳或其他式样的太阳高悬在人和动物的头上，也可以看到手中持有“十”字、站立在太阳之下的巫师图像。在云南沧源原始岩画和广西宁明花山岩画中，我们仍可以看到太阳神的图像。另外，在连云港将军岩画和内蒙古阴山岩画中也有象征太阳的图像。可见，在中国的古代艺术中，相当大的一部分是以描写太阳的图形作为母题的。这些上古遗物和图画表明中国远古曾存在太阳崇拜，并且太阳常常被表现为十字符号，至今仍存在于高山族文身纹样中的太阳纹也证明了这一点。高山族文身纹样中的太阳纹，是由一个圆球加上十字符号组成的，圆球代表太阳，十字符号代表向外放射的光芒。由此简化而来的太阳纹，便是一个十字符号，它既代表太阳又代表太阳照射的四个方位，太阳不正是在宇宙间光芒四射的吗？所以说，十字纹是太阳最精练的象征形象。高山族不仅在身体上文刺太阳纹，而且在头饰和服饰中亦用太阳形饰物作为装饰，因为太阳在他们心目中具有神圣的地位。毫无疑问，高山族文身纹样中的太阳纹是作为太阳崇拜来体现的。

人纹：高山族文身纹样中的人纹分为两种，即人首纹和人形纹，二者在意义上有显著的区别。人首纹与猎头习俗有关，它们是男子功绩和荣誉的显示，战功越显赫，身体上的人首纹越多。同时，它也是敌灵崇拜的体现。过去，敌灵崇拜在高山族社会中普遍盛行。除了雅美人之外，高山族各族群都热衷于猎头习俗，他们深信敌人的亡灵具有特殊的魔力。每当农作物成熟之前，部落首领便率领一队勇士，奔袭敌族村社，猎取人头。多猎一个头，就意味着多获得一份粮食，因此在原始观念中猎头被视为神圣的行为。猎取了敌首便是请来了敌人之灵，所以猎头之后，部落要举行盛大祭典，注酒于首级口中，以慰敌灵。人们以贵宾之礼款待首级并祈祷说：“你会喜欢我们这里的，邀请你的亲友也来吧！”然后集体饮宴。他们将人头流下的血滴入酒中，母亲们带着男孩子吮吸这样的血酒，相信这样做能获得敌人的灵气，迅速成长为真正的勇士和猎手。出于上述目的，高山族男子将敌首作为纹样文刺在身体上，甚至将敌人的牙齿也佩戴在胸前。

人形纹与高山族信奉的祖先崇拜有关，人形纹实际就是祖灵像。在了解了高山族社会盛行祖先崇拜及其围绕祖先崇拜所举行的一系列祭祀活动之后，便可以清楚地看到这一点。高山族社会曾是一个崇信万物有灵和盛行祭祀的社会，祖先崇拜是高山族万物有灵观念的核心，各部落都将祖先奉若神明，相信祖先的灵魂对子孙后代具有赐福或降灾的能力。因此凡是农事、战事、祭祀庆典及重大事情都必须先祭献祖灵。正是由于相信祖先的灵魂有很大的力量，才使得活人想从这种力量中得到帮助。要做到这一点，就必须使祖先的灵魂留在近处。

祖先的形象就是为这个目的出现的，因而高山族将祖灵像雕刻在建筑物和其他物品上。在排湾人与鲁凯人的部落，建筑物的雕刻最为发达，有立柱雕刻、横梁雕刻、槛楣雕刻及独石雕刻。这些雕刻均以祖灵像为主题，以示崇拜。雕刻的祖像，依部落的不同而有所区别。在这些雕像中，以立柱雕像和独石雕像最具深刻含意。立柱雕刻祖像多为左右对称的正面像，双手举于胸前，呈站立状。头顶刻有兽角、五步蛇一双或卷蛇一条。有些雕像的眼部嵌有石片，脐部镶磁纽。其雕刻精致，宽40厘米左右，最高者达3米。另有一种雕像的形式是上部为人首，颈部与两条五步蛇相连，这蛇是象征生命来源的奇迹。独石雕刻中亦常见这类祖像。立柱雕刻也象征着贵族的权势，其设于部落头目家的主屋或灵屋中，祀祖或问卜都在祖灵雕像前进行。独石设于头目家的屋前，以显示其贵族门第。独石是台湾巨石文化的遗物之一，高者达5.5米，设于部落中心——举行重大祭祀庆典的地方。除了在建筑物上雕刻祖灵像以外，武器及生活用品亦以雕饰祖灵像为主题。既然族人颇具匠心地、反复地雕饰祖灵像，那么，为什么不可以在身体上文刺祖灵像呢？当然可以，许多原始民族都有在身体上绘刺崇拜物的习俗。雕刻作为高山族贵族特有的装饰，雕饰越精致，表示其拥有者的身份越高。文身也是如此，刺文人形纹是贵族的特权，高等级的贵族刺文复杂的人形纹，低等级的贵族刺文简化的人形纹，而平民决不可以刺文人形纹。这是因为，在进入原始社会末期和出现阶级分化以后，祖先崇拜已经由氏族性变为宗法性，祖先祭祀便由家族（贵族）来执行。头目阶层不仅是物质上的贵族，而且也是精神上的贵族，一切高贵之物皆由贵族拥有。

文身纹样中有一组纹样被称为“人形”或“臼形”，此纹源自排湾人举行的丰收祭。过去，排湾人举行粟收获祭时，将粟糕做成人形（臼形），由待嫁的女子背负粟糕巡回部落，以祈求粟米丰收。这个臼，当然不是普通的臼，而是“石臼生人”的臼。排湾人丰收祭的对象是祖灵，因为原始民族的耕植，尤其是粟的收成常与信仰结合在一起。不难看出，这里的人形纹也与祖先崇拜有关。

上述表明，文身纹样中的人形纹无疑是体现祖先崇拜的祖灵像。从整体来看，文身纹样并不是一种单纯的装饰形式，而是一种包含严肃的宗教信仰和历史文化意义的特殊形式。

古琉璃珠纹：高山族文身纹样中另一具有神秘意味的纹样是古琉璃珠纹，亦称“牙齿纹”，与高山族盛行的巫术信仰有关，在排湾人、鲁凯人和卑南人的文身纹样中均大量出现。它与五步蛇简体纹一道布满文身部位。鲁凯人将文身的格状条纹称为“巴涂巴涂”，意为“古琉璃珠”，即古琉璃珠纹。排湾人亦称其为古琉璃珠纹或牙齿纹。古琉璃珠亦称蜻蛉玉，是排湾人珍贵的饰物，它像蜻蜓的眼睛一样美丽，是世代相传的家珍。古琉璃珠主要用作项饰，有其特殊的意义。

早先，人们将牙齿或古琉璃珠用绳系于手腕，以防止灵魂出走。但绳有可能断掉而失去琉璃珠，因而人也将失去灵魂，于是在身体上刺纹代之，象征牙齿或古琉璃珠，从而达到庇护的目的。高山族人相信古琉璃珠具有避邪的力量。在施行文身术时，将琉璃珠嵌入槟榔中置于屋子的四个方位，以防止四方的鬼来作祟。受术者手中亦紧握一颗珠子，以免在施术过程中灵魂出走。由上述看来，将古琉璃珠作为文身纹样，其意义很耐人寻味，这是一种具有古老观念的巫术行为。

高山族的文身纹样非常富有原始意义，文身的内涵也很丰富。其中，排湾人的文身纹样几乎包含了高山族文身纹样的全部内容。同时，排湾人的文化艺术也是最精湛、最深刻的。因此可以说，排湾人的文化代表着高山族固有文化的典型。

### ③ 傣族

傣族，历史上称之为掸、金齿、黑齿、百夷、僰、摆夷等。关于傣族文身，史籍多有记载。王恽《中堂纪事》说：“百夷，眉额间涂丹黑以为饰。”元代李京《云南志略》称：“金齿百夷，男子文身，以赤白土傅面。文其面者谓之绣面蛮，绣其足者谓之花脚蛮。”同书又说：“男子文身，去髭须眉睫，以赤土傅面，彩绘束发，衣赤黑衣。”明代李思训《百夷传》：“车里亦谓之小百夷，其俗刺额、黑齿、剪发，状如头陀。”天启的《滇志》叙光头百夷说：“盖习车里之俗，额上黥刺月牙，所谓雕题也。”谢肇淛的《滇略》记叙大伯夷：“在陇川以西，男子剪发文身。”朱孟震在《游宦余谈》中附载《西南夷风土志》称：“孟艮子……遍体黥以花草鱼鹊。”（孟艮子是百夷的一种，百夷为傣族先民）《马可·波罗行纪》载金齿州傣人文身：“男人刺黑线纹于臂腿下，刺之法，结五针为一束，刺肉出血，然后用一种黑色颜料涂其上，既擦永不磨灭，此种黑线为一种装饰，并为一种区别标识。”又有李佛一著《车里》一书，对傣族先民文身作了较详细的描述：“僰族男子尚文身雕题，尚学僧之初……于胸背额际臂脐膝之间，以针刺种种形式，若鹿若豕，若塔若花卉，亦有刺符咒及几何图案者，然后涅以丹青。”傣族不仅在历史上盛行文身，并且作为百越后裔一直保持文身古俗到现在，遗风依然不衰。

在云南的西双版纳、临沧、思茅、瑞丽及德宏等傣族聚居区，傣族男子都有不同程度的文身（图5-21、图5-22）。就平民男子而言，文身不仅是本族群的标志，而且是男子的一种荣耀。就贵族男子而言，文身既是本族群的标志，又是权贵的标志，用红色文身，表明他是这个族群的至尊头领和代言人（图5-23、图5-24）。如果某个男子不愿文身，则“妇女群非笑之”，对其嗤之以鼻。傣族认为没有文身的男子是“生人”，即没有成年的人。如果他要向女子求爱，女子便会对他唱道：

没有花纹算什么男人？
不刺花纹谈得上什么真心？
你怕疼，就同田鸡住下去吧！
你不刺，就去戴女人的黄藤圈吧！
哪个还想与你说话呀……

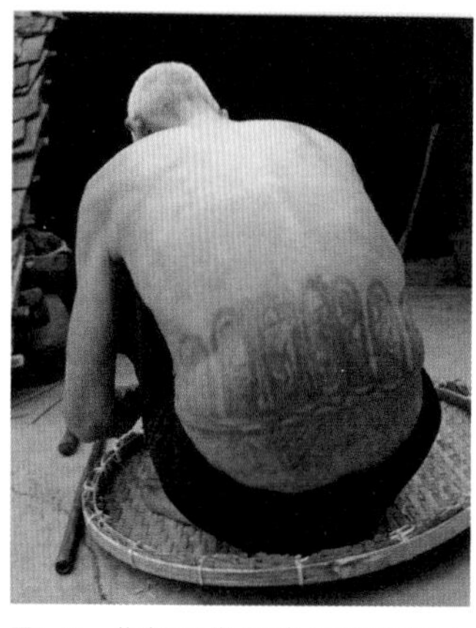

图5-21　傣族男子传统文身（云南景洪市）

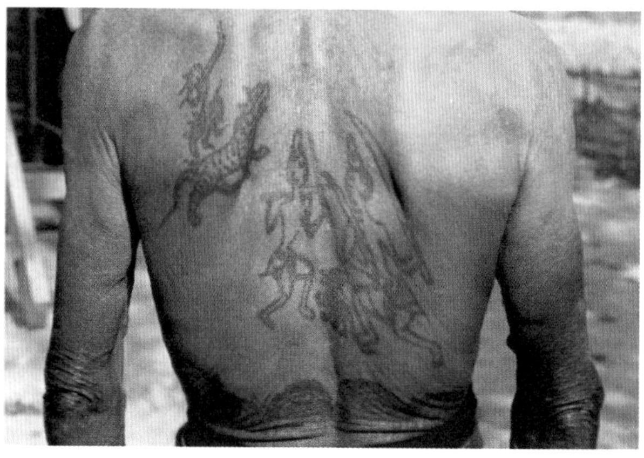

图5-22　傣族男子传统文身（云南德宏州）

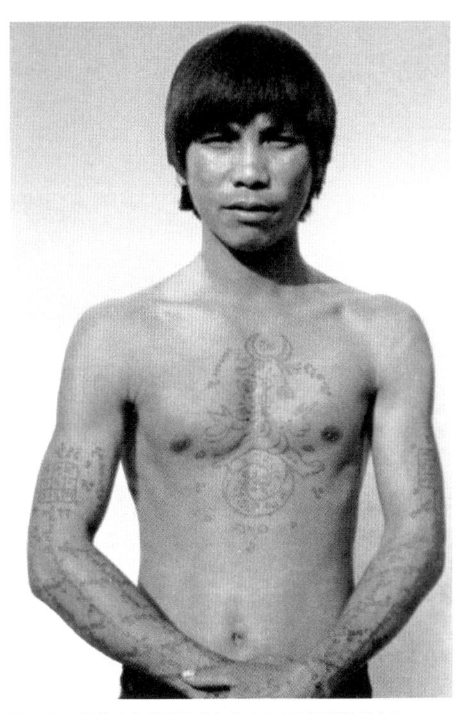

图5-23 傣族青年男子现代文身（云南西双版纳州）1

图5-24 傣族青年男子现代文身（云南西双版纳州）2

在这种全民崇尚文身习俗的环境中，傣族男子出于深刻的传统观念的支配，均忍受皮肉之苦实施文身行为（图5-25）。傣族女子文身已不多见，西双版纳勐腊县傣族女子的手腕上刺有十字纹。但在傣族的一个支系——花腰傣中，女子文身至今仍普遍存在。花腰傣少女十五六岁时，在手臂与面部刺文，纹样多为吉祥符号或花鸟鱼虫。花腰傣视文身为一种美饰，少女们尤喜在额上文刺一个银币大小的红色圆饰，即古书所记载的“眉额间涂丹黑以为饰”。在脖子四周用银币或古铜币刮出许多整齐排列的红色线条，这是少女们热衷的另一种装饰手法。元江流域的花腰傣称文身为“尚当夺”，傣语“尚”

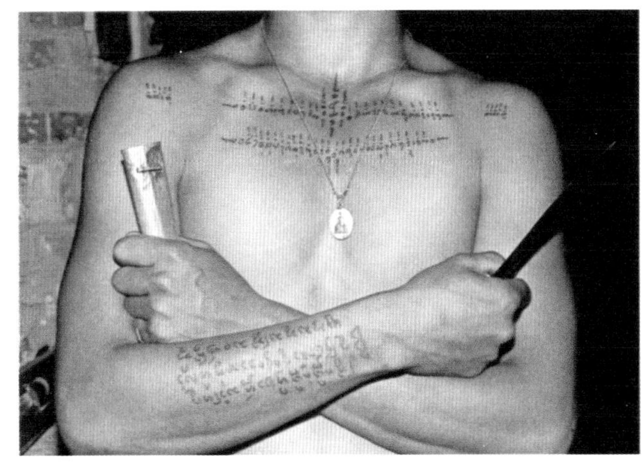

图5-25 傣族青年男子现代文身（云南西双版纳州）3

为刺或戳之意；“当夺”意为全身。因此，推测花腰傣曾经有过遍体文身的历史。

（1）文身的实施。

在傣族民间，文身师由擅长巫术的长者担任，施术后文身者要支付一些钱物给文身师。在寺庙中则由掌握了文身技术的佛爷担任文身师，专为入庙当和尚的男子文身。傣族男子文身一般是从13~14岁开始，至20余岁完成。文身的时间选择在秋冬季节，此时为傣族居住地区的旱季，有利于伤口的愈合。文身的地点设在家中或寺庙里。文身师将四五枚钢针集为束，嵌在银元大小的铅饼上制成文身针，也有用荆棘文身的。染料是用动物胆汁调以烟灰等制成的黑汁，也有用食红作文身染料的，但红色只限贵族使用。施行文身术时，须几个人协助，必要时得按住受术者的手脚和身体。文身师一手拿针，一手执木槌，照着事先描绘好的图案不断文刺敲打，针尖连续地刺入皮肤，血随针冒，十分痛苦。施术后，伤口会发炎、红肿，这期间须在室内静养七八天，禁食辛辣的食物。

（2）文身的部位。

傣族文身分阶段完成，年少时只在手臂上、大腿上文刺比较简单的纹样和符号（图5-26~图5-28）。以后随着年龄的增长再陆续在腰部、腹部、胸部及背部文刺复杂的纹样，以完成这种全身型的文身。傣族文身部位是在四肢和躯体上，不及于脸部。就目前所能见到的胸部和背部多文刺动物纹样、佛经文和符咒，此部位被视为护身重点部位，多文刺观念性较强的纹样。腿部多刺以鳞纹和圈纹，圈内又刺有动物纹样，腰部多刺以佛塔类纹样，两臂文刺符咒纹样或傣文佛经摘句。有的地方，文身部位因不同的等级而所有区别，平民仅在手腕上文刺几个符号，贵族则从小腿文至胸部，甚至将手臂等处的肌肉割开镶入宝石、金、玉等物（图5-29）。

图5-26　花腰傣傣洒支系女子手纹（云南新平县）

图5-27　花腰傣傣洒支系少女手纹（云南新平县）1

图5-28　花腰傣傣洒支系少女手纹（云南新平县）2

图5-29　傣族妇女文身（云南西双版纳州）

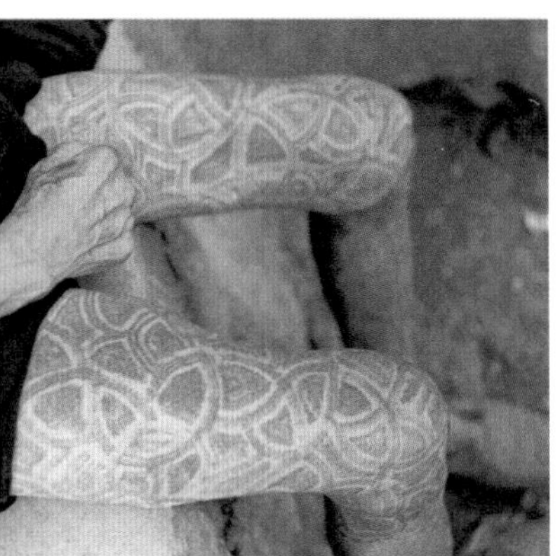

图5-30　傣族男子传统文身（云南西双版纳州）

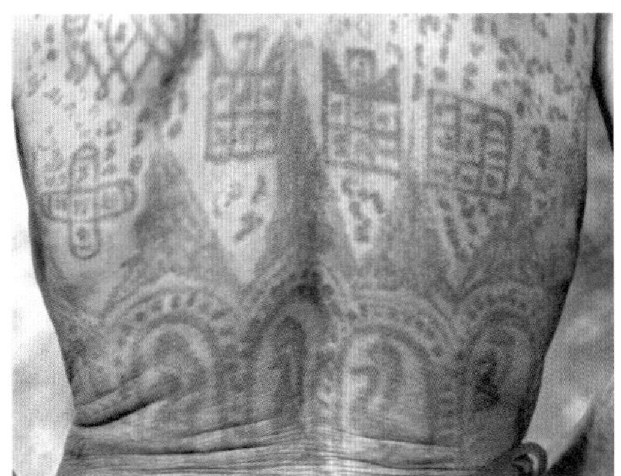

图5-31　傣族男子传统文身（云南沧源县）

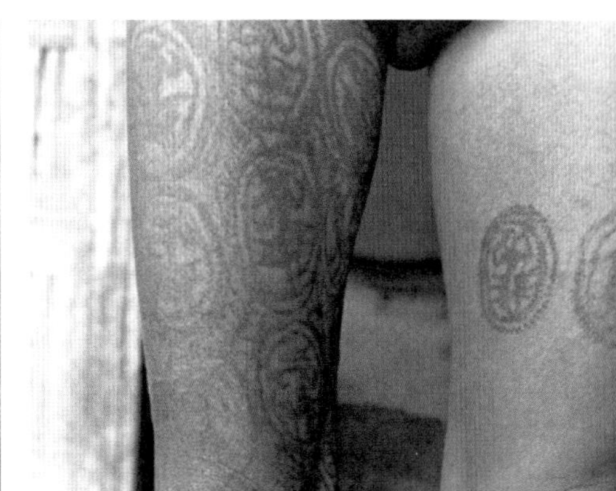

图5-32　傣族男子传统文身（云南德宏州）

（3）文身的纹样。

傣族的文身纹样可分为几类：①鳞纹，这是傣族文身的原始纹样，分布区域很广，但现已不多见。这种纹样与越族的蛇图腾有密切的关系。文身者将鳞纹从颈部经胸背文至两上臂，又经腹臀文至腿部，纹样几乎布满全身（图5-30）。②动物纹，这类纹样多系虎、豹、象、狮、龙、蛇、孔雀以及异兽等具有神格的动物。这些动物也是具有原始宗教意义的古老纹样，多分布于临沧、思茅等偏远的傣族地区（图5-31、图5-32）。③佛塔佛经纹，主要分布在西双版纳地区。这类纹样显然是小乘佛教传入傣族地区后才逐渐兴起的，并在整个文身纹样中占有较大的比重。④花卉纹及符咒纹，这类纹样多施于肢体部位，不是那么显著。由于傣族文身有严格的等级制，红色的纹样是贵族的标志，最高等级的贵族全部文刺红色花纹。次之，红、黑色纹样各一半；再次之，仅在黑色纹样中点缀几个红色符号，平民是绝对禁止使用红色的。

说到傣族文身，就须考虑佛教对其产生的影响。公元前后，小乘佛教从印度经缅甸传入西双版纳傣族地区，先后在景洪、勐海等地建起了佛寺、佛塔，然后又从景洪逐渐传到勐腊等地。小乘佛教传入德宏傣族地区则是在明代初期，并很快兴盛起来。至明代中叶已经“寺塔遍村落”，形成了傣族全民信仰小乘佛教的局面。自从佛教在傣族社会中占有主导地位后，曾具有原始宗教色彩的傣族文身便与佛教发生了密切的联系。傣族男子年少时都要进寺庙当和尚，这是每个傣族男子必须走过的人生之路。他们在寺庙里接受宗教的熏陶，学习傣文化，研究佛经佛理。实际上，寺庙是男子的学校，只有进过寺庙的男子，才能在傣族社会中得到认可。傣族男子初次文身一般都是在寺庙中完成，通常是在13岁左右进行。不还俗的和尚整个文身过程都在庙里完成。由于佛教的影响，傣族文身纹样明显具有浓厚的佛教色彩。同时，我们也看到，傣族文身作为一种文化现象，它不仅没有随着傣族原始宗教与外来佛教间的搏击而消亡，反而以强烈的民族性在傣传佛教中保持了其独特的观念和形态，并深刻地渗透到佛教文化的核心之中。不仅凡间人世的佛徒、佛爷奉行文身，连虚幻境界中的菩萨、佛祖也被赋予文身形象。这是本土文化与外来文化的互渗、文身世界与佛陀世界的交融，在这一过程中，充分地显示出傣族文身文化强大的生命力。

傣族文身仍然保持着古越族蛇图腾的痕迹，因而具有图腾崇拜等原始文化内涵。同时，其又是氏族的标志和成年的标志，人们通过文身符号表明自己所属的社会团体并获得成年人的权利。后来，它又显示出人为宗教信仰和标志等级制度的功能因素，最终由审美的因素占了主导地位，如现代傣族青年男子的文身明显地反映出文身作为一种美饰的作用。在当今的西双版纳，傣族青年男子文身仍较普遍，他们在胸、背、手臂等身体裸露部位文刺龙、虎、象、牛、佛像、傣文佛经和符咒纹样，在形式上保持着傣族文身的特色。这些后期文身现象更多的是显示男子汉气质，表现勇敢精神以获得女性青睐。文身部位越宽、纹样越复杂，越被认为是勇敢的，具有男子汉的阳刚之美。在这样的文化背景下，文身成为女子对男子的审美标准和选择配偶的条件之一。也正是由于审美因素的作用，使现代傣族青年男子的文身既保留了传统文身的内容，又形成了新的特色。当中国其他民族文身大多趋于消亡的时候，傣族文身依然长盛不衰。在这一点上，傣族文身是十分引人注目的。

### 4 壮族、布依族

壮族是中国少数民族中人口最多的一个民族，主要分布在广西和云南。此外，广东、贵州和湖南亦有一部分。壮族的文身习俗盛行于广西的壮族中，自古以来柳州一带就是文身之地。有关壮族文身的直接记载始见于柳宗元的《憧俗诗》："饮食行藏总异人，衣襟刺身作文身。"又见乾隆《柳州府志》和明桑阅《憧俗六首》说："憧俗文身。"黄藏苏著《广西僮族历史与现状》一书中亦说："吴越之民有文身之风，古代僮人亦有之。”直到20世纪中叶，广西壮族仍流行文身习俗。

壮族文身主要是男子，他们用针在身体上文刺出各种纹样。文身的部位主要是面部、手腕及前胸等身体暴露部位，也有的还要文刺两臂和背部以及从小腹至腿部或膝部。还有些地区的壮族男子浑身文刺虎纹，以此显示男子的威武。这种全身型的文身是多次完成的。文身的染料全为黑色，表现出壮族尚黑的传统。

现今能见到的壮族文身纹样有鳄鱼、蛇、虎、鸟、蛙等动物纹以及鱼鳞纹、云雷纹和植物纹。壮族有众多的自称，这些称谓的不同与壮族曾有众多的部落有关。不同的氏族部落，文身纹样各不相同，这是因为图腾文身首先是作为氏族的标志。壮族的很多姓氏原先就是由不同的氏族图腾而来的，隋唐以后才用近音的汉字来表示，如莫姓为黄牛氏族、侬姓为森林氏族、区姓为蛙氏族等。壮族以氏族图腾作为文身纹样的目的就是在于区别不同的氏族和部落，其实用意义在于实行氏族外婚。特别是在实行循环外婚制的时期，不同氏族的男女一看对方的文身纹样便可知是否可以发生婚媾关系。在族外婚时期，必须按规范进行婚媾是氏族的传统道德，壮族很早就有氏族外婚的规矩。在壮族古老的神话《布伯》中，兄妹不肯互婚，各走他方，最后将脸抹黑，彼此不相识，以为是其他氏族的人，才肯结合，这就暗示了壮族文身的最初作用。

文身纹样中的鳄鱼纹、蛇纹、鱼鳞纹、云雷纹都与壮族祖先越人尊崇鳄鱼、龙、蛇有关。《淮南子·原道训》说：“九嶷之南，陆事寡而水事众。于是民人断发文身，以象鳞虫。”鳞虫即鳄鱼，这里指的是以打鱼为生的越人的图腾。壮族称鳄鱼为“图额”，相信它是管水界的，具有呼风唤雨、变化无穷的能力。直到不久前，一些居住在水边的壮人仍文刺的是它的图像。

纹样中的蛙纹与壮族的蛙崇拜有关。蛙开始可能是壮族先民越人瓯部落的图腾。“瓯”是中原汉人记录的壮语“蛙”的近音，故瓯部落即蛙部落。春秋战国时期，西瓯人统一岭西各部，他们的图腾也就上升为民族的保护神。在这时期留下的花山崖画中，蛙人形象十分突出，是当时人们祭祀民族保护神——蛙神的遗迹。至今东兰、凤山等县还保留着青蛙节，祭祀青蛙达一月之久。壮族对蛙依然敬若神明，视它为雷神的女儿。壮族祖先铸的铜鼓上亦有蛙的立体雕像，据说有避邪的作用。因此将蛙的形象作为文身纹样刻绘在身体上是很自然的。

纹样中的虎纹，可能与一部分壮族先民信仰虎崇拜有关。虎在壮族的神话谱系里与人类是亲兄弟。传说在人类始祖女神妹六甲开辟了天地之后，世界就由四兄弟来管理。老大是雷王“图巴”，管理天界；老二是鳄鱼“图额”，管理水界；老三即老虎“图谷”，管理森林；老四是英雄“布洛佗”，管理人间。由于三位兄长都想把布洛佗吃掉，结果被布洛佗巧计打败。雷王逃到了天上，鳄鱼逃入了水中，老虎逃入了森林。撇开神话传说的虚构与变异部分，可以发现这则创世神话的本质，即雷、鳄、虎分别代表着雷公氏族、鳄鱼氏族和虎氏族，他们与布洛佗氏族本是胞族。后来，氏族间发生争斗，失败者迁徙他乡另谋生路。这样看来，虎无疑是一部分壮族先民的氏族崇拜物，由此便可以理解为什么一些地方的壮族仍保持着身体上文刺虎纹的习俗。

文身纹样中的鸟纹，显然与壮族先民视鸟为神圣之物有关。自古越人就有崇拜鸟的习俗。晋人张华《博物志·异鸟》说：“越地深山有鸟如鸠，青色……越人谓此鸟为越族之祖。”宋《吴越备史》也说：“罗平鸟，主越人祸福，敬则福，慢则祸，于是民间悉其形以祷之。”在花山崖画中，亦有鸟儿飞翔在巫师头上。这鸟，具有神圣的意义，是氏族部落的保护神，当然也要文刺在身体上。

由于深刻的传统观念的支配，即使文身的过程非常痛苦，人们也乐意接受。这是文身普遍盛行的原因。当文身的初意淡化以后，文身的状况也随之变化。在有些壮乡，施行文身的人主要是猎人和巫师，以此显示自己的勇敢和与众不同。有些父母为了使孩子健康成长，把孩子送到“鬼师老”（巫师）那里去文身。请“鬼师老”在孩子身上刺出咒符纹样，认为这样就会获得神灵的保佑，平安无事地长大成人，这样的文身具有避邪的意义。在一些壮族地区，文身更加突出了美饰功利，男子若不文身，就得不到女子的青睐。

从民族语言、古称、自称及习俗、地理分布来看，布依族与壮族具有同源的关系。古时分布于两广、贵州一带的骆越是古代越人的一支，布依族和壮族的一部分则共同出自骆越人。现今布依族主要分布于贵州南部的黔西南布依族苗族自治州，其地与广西北部的壮族地区紧密接壤。布依族的语言与壮族的语言十分接近，贵州望谟等县的布依语同壮语北部的方言之间可以通话。从习俗上看，布依族与壮族都有居住干栏、使用铜鼓和文身等越人习俗。称谓上，布依族自称“布依”“布雅伊”“布仲”“布饶”“布曼”；壮族自称“布壮”“布依”“布雅伊”“布越”“布衣”“布土”“布曼”“布饶”等。可以看出，其称谓也是十分相似的。同壮族文身一样，布依族文身也是传承古俗。资料表明，布依族男女都曾有文身的习俗，雷广正先生根据实地调查撰《贵州省壮侗语族原始文化史述略》一文说：黔西南的罗甸、望谟两县部分布依族地区，不久前尚有一部分男子在胸部文刺龙纹和兽纹，而今此地的布依族女子仍有文刺手指和手臂的习俗。

## 5 独龙族

至20世纪中叶，独龙族还是一个处在原始阶段的自然民族，他们聚居在独龙河谷一带，仍保留着浓厚的原始生活习俗。独龙族的村寨，大都按氏族组成，居室按家族连为一座长形的大屋子，有的住三四代几十口人。同时，也保留着巢居和穴居的居住形式。独龙族盛行氏族外婚制，各氏族间有固定的通婚集团。独龙族以粗放的刀耕火种方式种植玉米等农作物，工具则用尖木器、木锄或包有铁皮的小木锄。他们在共同占有的土地上共同劳动，拥有共同的谷仓，食物平均分配。采集和狩猎也是独龙族维持生存的重要手段。独龙族人善于狩猎，其方式多为集体协作。每个独龙族男子都是热心的猎人，他们擅长制作毒箭和陷阱，无论是凶猛的野牛、熊，还是野驴、岩羊、麂子等动物，都难以逃脱独龙族 人的捕获。独龙族男子还具有高超的捕鱼技巧，他们用自制的鱼篓、渔网和鱼叉捕鱼，每每必有收获。狩猎和捕鱼是独龙族人主要的肉食来源，猎获物不论多少，除了兽头归猎中者外，其余平均分配，男女老幼人人有份。独龙族没有文字，采用刻木结绳记事和传递信息。万物有灵的观念在独龙族人的生活中占有支配地位，每个独龙族人都虔诚地相信灵魂存在。在独龙族的种种原始生活习俗中，文身是重要的一种，并一直把这种古老的习俗保留至20世纪60~70年代。

通过对独龙族生活习俗的了解，我们不难看出，独龙族的文身习俗与其原始的生活方式和精神信仰是一致的。独龙族文身具有典型的原始文化内涵，它是民族的标志，又与其精灵崇拜的万物有灵观念密切相连。同所有的原始民族一样，独龙族文身亦具有成年礼的意义。

文身是独龙族的古老习俗，主要是女子刺文。由于独龙族女子只文面部，所以他们通常将文身称之为“画脸”（图5–33、图5–34）。过去，独龙族严格遵守文

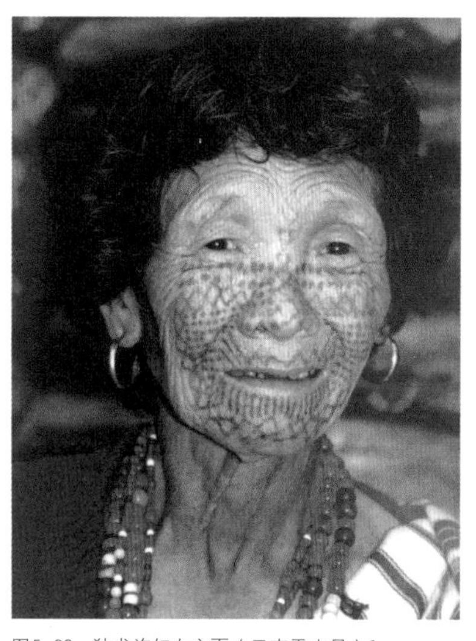

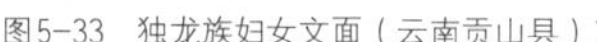

图5-33　独龙族妇女文面（云南贡山县）1

图5-34　独龙族妇女文面（云南贡山县）2

面习俗，女孩子长至成年，父母便要为她文面，否则族人就会唱起劝其文面的歌：

茶花鸡的脸红了，要唱找窝的歌了。

你家姑娘长大了，该给她文面了。

一条路踩出来了，众人就要跟着走。

祖先定下了规矩，后人就要照着做。

布谷鸟叫了，就要播种了。

姑娘长大了，就该画脸了。

春天来了，该种包谷了。

姑娘长大了，就该嫁人了。

野百合不开花，结不起百合子。

脸上不刺花纹，就不像独龙姑娘。

这些歌谣表明，独龙族女子文身与成年、婚姻有关，也表明文身是本族的标志。独龙族女子文身均是在成年时实施，最迟也得在婚前完成，否则男方不娶。独龙族女子文身习俗在独龙江中上游地区尤为盛行，30岁以上的妇女都曾文面，且纹样复杂，而下游地区女子文面的纹样较为简单。

（1）文身的实施。

独龙族没有职业文身师，多由少女的母亲或本家族中有经验的妇女担任施术者。文身的时间是在秋冬季节，此时气候宜人。文身的地点是在自己家中。施术前，要请巫师“南木萨”卜卦，若得吉卦，方可施术。届时，摆上些食品祭鬼。施术者反复祷告说：“我们已摆出上好的水酒和鸡，请你带上这些吃的走开吧，让我们画脸成功吧！”

施术时，施术者备好蓝靛草和锅烟灰拌成的黑汁和竹针，让少女将脸洗净，仰卧在地板上。施术者先用竹签或树枝蘸黑汁在少女的眉心、鼻子、下颏及脸膛描绘出纹样，然后一手拿竹针、一手持小木槌或小木棍沿着描绘的纹样敲打文刺，从上至下依次反复敲打。被竹针刺破的脸涌出点点鲜血，每刺文一线即用一块布抹去血水，又用饱含黑汁的草渣在少女的脸部揉搓，使黑汁渗入皮下。女子文面，一次便可完成。施术后，在家里静养几日，伤口红肿结痂，一周左右伤口渐愈、脱痂，脸部便呈现出黑蓝色的纹样。

独龙族男子没有普遍的文身习惯，但一些男孩子满周岁时，父母要在其手腕或手臂上文刺本氏族的标志，据说这样能避邪保平安。由此推想，从前独龙族男子应该也是文身的。

（2）文身的纹样。

独龙族女子的文面纹样，以独龙江中、上游地区女子的面纹最为复杂，其菱形纹样从眉心开始延至鼻梁和鼻翼，再从鼻翼两边展开，经双颊汇合到下颏。又在颧骨至下颏及嘴唇四周刺满点状条纹（图5-35）。整个面部纹样呈蝴蝶状，这是独龙女子文面很有代表性的纹式。下游地区女子文面已不多见，纹样也简单，仅文刺上下颏或鼻尖，还有的仅文刺下颏。

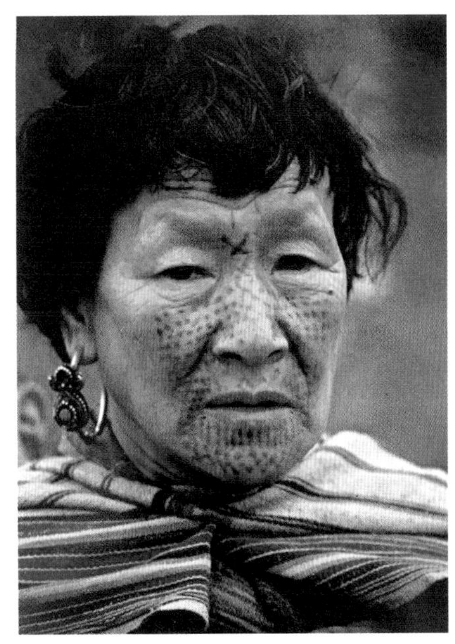

图5-35　独龙族妇女文面（云南贡山县）

与独龙族女子文面纹样密切相关的是独龙族的灵魂观念。独龙族信仰万物有灵的鬼魂观念，他们的鬼魂观念是灵魂与鬼并列存在的复合体。独龙族对于灵魂有自己独特的见解。他们并不认为灵魂是可以永生的，恰恰相反，他们认为人的灵魂终究也要消亡，这与发展到比较高级的抽象思维阶段的“灵魂不灭”观念有显然的区别。独龙族也不认为人的亡魂就是鬼，他们坚信：“鬼就是鬼，阿西（亡魂）就是阿西，阿西同鬼不一样！”鬼自有它的来源。独龙族所相信的各种作害人间的鬼，均是各种自然灾祸的人格化或神秘化。如：人被山上的滚木或落石砸死是山鬼所为，人落江淹死是江鬼所为，路鬼能让人失足跌倒，风鬼能让人遍体生疮，蜂鬼专门散布肺病等。在灵魂观念产生之初，人类只相信人有肉体和灵魂之分，相信灵魂的消失将导致肉体的死亡，当时还没有鬼，也就是说先有灵魂后有鬼，而鬼也不一定产生于人的亡魂。鬼是在原始宗教的发展过程中进一步思维的产物，凡是危害人类生存的一切自然物都可以转化为鬼。独龙族的鬼魂观念正好说明这一点，因而可以说，独龙族的鬼魂观念是极原始的。

独龙族认为人和动物以及与人有关的自然物都先后拥有两个灵魂，称作“卜拉”和“阿西”。“卜拉”是人们赖以生存的灵魂。当人们睡觉时，“卜拉”便离开人体外出活动，人在梦中的所见所为都是“卜拉”在外活动的结果。“卜拉”胆子很大，它不怕鬼，还敢打鬼。但它又很容易上鬼的当，被鬼杀死吃掉，这时人就必死无疑。或者是“蒙格”将人的“卜拉”收回去了，人也会死。就是说，人的“卜拉”一旦消亡，人也就跟着死去了。人死去以后，紧接着出现其第二个灵魂“阿西”，即亡魂。“阿西”生活在大地的另一面，大地的影子就是“阿西”的住所“阿西默里”。那里几乎同人间一样，有山、水、树木、石头和许多动物，到处长着茂盛的蒿草，“阿西”们便用这些蒿草搭盖矮小的房舍。“阿西默里”所有的东西，都是它们的亡魂。“阿西”的模样同人生前的容貌一样，众“阿西”也种地、采集、渔猎和编织。这里有“阿西”的头人管理村寨的日常事务，排解各种纠纷。“阿西默里”的全体“阿西”，同样是生活在自己已故的氏族或家族成员之中，出嫁的妇女们的“阿西”便回到自己母亲的氏族或家族中去。生前是一家人的，在这里仍然共同生活。总而言之，“阿西”们的生活，同世人一样。但是有一点不同，就是“阿西”能影响活人的生活。同其他信仰灵魂的民族一样，独龙族对“阿西”怀着既崇敬又恐惧的态度。亡魂可以毫不留情地惩罚众生，但它也能够满足人们的祈求，否则便会引起不满。死亡并不意味着一个人从社会和家庭中消失得无影无踪，即使在独龙族这样没有“祖先崇拜”的社会中，亡魂也常常是超自然力量的组成部分。如果在祭礼上对亡魂敬奉不足，那世人此后就休想得到安宁幸福。实际上，独龙族为死者所做的一切包括祭奠活动，都是为了讨好死者的“阿西”。在亲人死后的十余天里，家属亲友一方面要小心地伺候好“阿西”，同时又要恭敬地打发它早些离开。亡魂倘若被触怒就会作恶，独龙族是从这一观念出发来安排死者的葬礼的。下葬后的一连七八个夜晚，家人亲友都要辛苦地彻夜守护在墓地，烧上一堆火，准备一篓子沙石，不断地向四周抛掷，防止别的鬼来作祟，也为自己壮胆。独龙族对离世者的亡魂十分惧怕，因为人们认为刚刚死去的人总想拉他最亲近的人去做伴。死者的亡魂在前往“阿西默里”之前要在村里游荡几天，因此死者的至亲必须在南木萨（巫师）的保护之下度过送葬的日子。下葬后的第三天，要请南木萨举行送亡魂的仪式“布达”。届时，将鸡、猪供于坟头，亲人跪坐一旁。南木萨手持供亡魂行路的棍杖等物，口中念道：“蒙格已将你的卜拉拿走了，这里不是你在的地方。你去吧，这酒肉和饭都抬给你了。不要留恋家里的人，不要来家里捣乱，你要好好地回到‘阿西默里’，让大家都平平安安！”之后不久，如果发现死者的阿西复又重来（据信南木萨能看见阿西），这一次撵亡魂就不那么客气了。届时仍杀猪、鸡供祭于坟头。南木萨让死者家人拿木棒在坟地四周和自家的房前屋后不断敲打。南木萨跳骂亡魂道：“你怎么又回来了？为什么赖着不走？吃的喝的全抬给你了，你赶快走吧！快些走吧！‘阿西默里’才是你的地万！”如此这般，亡魂便离开了。如果日后家人患病或发生事故，经占卜标出是家中成员犯了禁忌使某个阿西恼怒前来作祟，便要祭供水酒和焚烧旧麻布衣物，让烟雾在屋里弥漫。据说阿西不喜欢闻烧焦了的麻布的臭味，就会跑回“阿西默里”去了。

每一种原始宗教信仰都非常在意死亡，死者的灵魂都占有举足轻重的地位。独龙族相信，亲人的亡魂有帮助家族成员的强烈愿望，虽然有时候亡魂表现出对人的恶意报复，但是总的说来他们还是有利于世人的五谷丰收与人丁兴旺的。否则，任何成员都不会崇敬对其害大于利或者有害无益的力量。无论独龙族社会是否存在祖先崇拜，不管其远祖是否被神化，谁都不能否认这样一个事实：所有人都是那些已经死去的祖先的后代，每个人都与其即使未曾谋面的祖先有密切的关系。最终所有人也要成为其后代的祖先。如果特别强调亲族关系的话，人们对于亡魂的祭悼必然重视，这具有维护社会整体的意义。独龙族认为人的亡魂“阿西”最终会变成各色蝴蝶飞向人间，漂亮的花蝴蝶是妇女们的“阿西”所变，红、蓝、白色的蝴蝶是男人们的“阿西”所变。蝴蝶死了，人的灵魂也就最终消亡了。所以，独龙族禁止捕杀蝴蝶。独龙族妇女的文面纹样如同一只张开双翅的大蝴蝶，从独龙族对人的灵魂的解释来看，笔者认为这种文面纹样与独龙族的灵魂信仰有关，是一种具有原始宗教意义的精灵崇拜的反映。

### ❻ 彝族

彝族文身习俗现主要流行于四川省凉山州的中部与北部各县以及云南宁蒗小凉山彝族中，我们将其统称为凉山彝族文身。同其他民族一样，彝族文身也具有悠久的历史。从族源追溯，在彝族考古中亦有发现，在马家窑文化半山和马厂类型的彩陶中均发现彩绘陶塑人像，其面部、颈部、肩部都绘有纹饰。专家们认为这表明当时该族的人是文身的。甘青一带是古氐羌族活动的地方，那么，这些彩绘陶塑人像的文饰现象应是古氐羌族文身习俗的反映。据史书记载，远古活动于甘青高原、称为氐羌的族群，他们中的一些部落，远在周秦之际已逐渐向川西南及云南贵州迁徙，其中的一部分很早就散居于川西至滇西一带，成为西南境内古老的民族之一。今藏缅语族的各族先民，与古代甘青高原的氐羌族群有着密切的亲缘关系。属此语族的基诺、景颇、独龙、珞巴和怒族、彝族都有文身习俗。

关于彝族文身习俗，史籍也不乏记载。晋人常璩《华阳国志·南中志》称：“永昌郡哀牢国……其先有一妇人曰沙壶，依哀牢山下居，以捕鱼自给，忽有水中触一沉木，遂感而有娠，度十月产子男十人，后沉木化为龙……由是始有人民，皆象之，衣后著十尾，臂胫刻文。”又有《后汉书·西南夷列传》称：“哀牢夷……种人皆刻画其身，象龙文，衣着尾。”这种文身着尾饰的习俗在近现代彝族中仍有。《蜀中广记》引《九州纪要》对彝族文身作了进一步的记载“嶲之西，有文夷，人身青而有文，如龙鳞于臂胫之间”。清《邛嶲野录》也说道：“罗罗……刺青黑疵点于眉目腕臂间，深入肤里”。由此可见，古代彝族先民文身是无疑的了。

凉山彝族文身习俗主要盛行于女子之中，凉山州的冕宁、越西、普雄、喜德、昭觉、西昌、盐源、石棉等县普遍存在女子文身现象，美姑和雷波两县及云南宁蒗县亦有所见。另有少数彝族男子文身，往往因为其是独生子或年幼体弱，父母

图5-36　彝族“虎节”男孩绘身（云南楚雄州双柏县）

图5-37　彝族“虎节”男子绘身（云南楚雄州双柏县）

恐其夭折，请毕摩予以文身，祈求避邪除病，健康成长。彝族男子虽只有少数特殊的文身（绘身），但这种现象仍然是与信仰观念分不开的（图5-36、图5-37）。所以，我们根据这种现象从不同的角度可以看到彝族文身的整体意义。

彝族无专职文身师，每个村寨都有一两名善文身术的老妇为少女们文身。施术者必须具备家庭人丁兴旺和文身技术好的条件，否则没人请。男孩子文身则由毕摩担任施术者。按惯例，施术者替人文身后不收取报酬，只享受一顿盛餐。

彝族文身时间多在春季，每年的二月八日至三月三日施行文身。据信，此时文身可便于伤口愈合。文身前要选择吉日。彝族历法以五种元素（铜、木、水、火、土）加公母来表示。凡是属相逢单，均是公年，反之，则是母年。又单月为公，双月为母。以母年母月母日为最吉，文身最好。公年公月公日不吉，忌文身。彝族女子文身从13岁开始，到17岁结束。按规矩，17岁以后就不再文刺。此种文身具有成年礼的意义。

文身地点多在自己家中，届时将施术者请到家里来。施术者备有十几枚钢针（单数）或荆棘扎成的文身针，以及土靛、蒿叶和锅烟灰混合的染色剂。施术时，让受术者安稳地坐着。施术者先将受术者的手臂用绳扎紧，使之麻木，再用一圆木棍蘸染色剂在受术者的手背等处印出黑色圆点。接着，施术者持针在印痕处反复敲打文刺，复又将染色剂涂抹在伤口上，使黑色渗入皮肤。施术后，受术者要休息三天。伤口结出黑痂，待脱痂后即成青色斑点。

文身的部位男女有所区别，一般是男子文刺背至臂膀。女子多文刺手腕、手背和手指。有的双手皆刺有纹样，有的只文刺一只手，这时，皆文左不文右。

彝族视文身为隆重之事，施术前要举行祭祖仪式。施术后，要设酒庆贺，富裕者杀猪羊，贫穷者杀鸡。

凉山彝族称文身为“玛扎”，称构成文身纹样的点为“墨针”。彝族文身纹样独具特色，是由青黑色的点纹排列出各式纹样。排列的方法基本上是对称的，亦有按星座排列的。每组3、4、6、7枚不等，最多不超过9枚。“墨针”一般直径为0.5厘米，最大的可达2厘米，如铜钱一般，故又称“铜钱花”，视觉效果十分强烈（图5-38）。有学者考证，彝族文身纹样似龙鳞，其源于彝族先民的龙图腾崇拜。笔者认为，虽然彝族先民曾经以龙为图腾，但亦有证据表明其原生图腾是蛇。

彝族先民的龙图腾崇拜，主要盛行于哀牢夷这一支。哀牢夷有若干族群，他们以九隆神话为共同神话。九隆神话的特点是以龙为图腾，以沙壶为母祖。沙壶所生十子，分裂为十胞族，均以龙为图腾，衣后着尾，身体上刺龙鳞。故《后汉书》载：“种人皆刻画其身，象龙文，衣着尾”之说。凉山彝族史诗《勒俄特依》中记载了彝族英雄《支格阿龙》的神话。神话这样说：远古的时候，天上生龙儿，地上生龙子，龙子传九代，代代都是女。第十代姑娘，名叫蒲莫列依。她创造了织机，用彩虹般的毛线织布。一天神鹰飞来，滴下三滴血在她身上，从此就有了身孕。于龙年龙月龙日生下了支格阿龙。支格阿龙是龙子，3岁便学会作战和射箭，4岁就骑着神马，带着神弓，四万征游。那时天

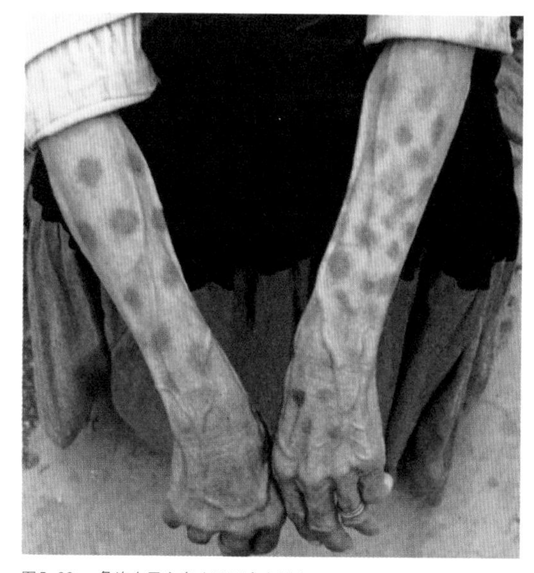
图5-38　彝族女子文身（四川凉山州）

地一片混沌，天上没有日月星辰，地上没有岩石山川。支格阿龙为人类开天辟地。他造出了日月星辰、岩石山川，制服了猛兽和雷电，找出了天地界限，为人类做了许多好事。支格阿龙是彝族心目中半人半神的英雄。史诗中的“龙子传九代，代代都是女”，可能是指支格阿龙的祖先是一个以龙为图腾的母系氏族，具有浓厚的母系氏族的社会特色，因此才以“女”为中心代代相传。由神鹰滴下三滴血而怀孕，可能是指龙氏族的女子和鹰氏族的男子相配而怀孕，并以神话的形式反映出氏族外婚的婚姻形态。

从称谓上看，凉山彝族自称“倮㑩”，“倮”意为“龙”，“㑩”意为“虎”。云南巍山彝族自称“腊罗颇”，意为“虎龙人”，都与龙有关。彝族的龙崇拜还表现在祭龙习俗上，彝文典籍中尚有《祭龙经》等。

因此，更加明确了彝族有龙图腾崇拜观念。再从龙与蛇之间的发展变异，可以更加明晰彝族龙蛇图腾的层次。首先必须指出，龙是一种超客观的虚幻之物，在表现形式上又是综合性的复杂体。基于这两点，龙的形成必然包含着复杂的思维观念。而凉山彝族的传统思维方式是基于直观经验和具象思维的，他们是运用生活的亲身感受和实践的具体经验来展开思维活动的，这也是早期人类思维活动的特点。既然如此，在彝族的图腾层次中，必然有一个较龙更具直观经验的图腾对象，这就是蛇。即使在中华远古的龙图腾观念中，早期的龙也是一条巨大的爬蛇。有事实表明，彝族龙图腾的原形是蛇。据凉山彝族史诗《勒俄特依》记载：“雪源十二子中，有血的六种动物、无血的六种植物。有血的六种是蛙、蛇、鹰、熊、猴、人。蛇为第二种，蛇类长子分出后，住在峭岩陡壁上，成为龙土司。”这段记载注释了先蛇后龙的衍生关系。在现今一些彝族中，还保留着蛇图腾的痕迹，如凉山彝族将一种红色小花蛇视为龙，对之加以崇拜；滇南峨山等县的彝族视蜥蜴为龙，这些使我们看到蛇与龙之间的相互关联与演化。在彝族的神话传说和族谱里，也都直言不讳地说自己是蛇的子孙。至今凉山有一些地方的彝族遇蛇入室时，认为是蛇祖先或使者到来，不准打杀。云南昆明西山区的彝族也极畏蛇，凡见蛇必叩头而拜。彝族以母舅为大，他们传说竹子是蛇的舅舅，因而蛇怕竹，折射出古代竹氏族与蛇氏族通婚的历史。上述事例证明彝族远古存在着蛇图腾崇拜。关于彝族龙图腾的记载，最早出现在九隆神话之中，尔后便把彝族文身纹样视为

“似龙鳞”。但在早期，彝族先民以蛇为原生图腾时，文身纹样应当是蛇斑。只有当蛇图腾演化为龙图腾时，蛇斑才被转化成龙鳞。关于这个问题的另一个旁证是，在凉山彝族的漆器纹样中，常见以蛇纹为主体图案，即用弯曲的线条代表蛇，蛇的两旁有很多圆点表示蛇斑。而以蛇斑代替蛇，以局部代替全貌的表现手法，在许多原始艺术中是常见的。因而可以说，彝族文身纹样“墨针”的本意表现的是蛇斑，也就是蛇。这是彝族远古蛇图腾的反映。

彝族社会历史文化的发展和变异，淡化了图腾文身的原初含义，却仍保持着最核心的内涵，即以此作为血缘同族的标志。文身者活着时，以文身纹样表明自己属于某个氏族家支。文身者死后，也以“墨针”为凭与自己的祖先团聚。这是氏族图腾文身的变式。彝族认为，有“墨针”的是彝族姑娘，没“墨针”的是汉族姑娘。而现已不文身的男子则以背诵家支族谱来证明自己的族员身份。这里，文身又扩大为本民族的标志。当凉山彝族社会进入了奴隶制以后，文身纹样又成为奴隶身份的标志。在甘洛、盐边等县，奴隶主为了防止奴隶逃跑，在其下颏文刺特殊纹样作为标志。而在此时期，贵族和平民是决不文刺面部的。

凉山彝族男子基本上是不文身的，当问到为何这般时，彝族男子说：人死后灵魂要回归祖先居住之地，在归途上会口渴。男子有力气，可以抢水喝，女子力气弱，只有用“墨针”换水喝，所以女子都要文身。这种解释与凉山彝族尚武精神有关。

彝族女子皆以文身为美，“墨针”浓者最美。纹样施于手背等处，伸手便显示于众，视觉效果明显。若某一女子无“墨针”，便是不美。彝族女子认为文身既美观又能防鬼护身。彝族相信由毕摩文刺的“墨针”能够驱鬼镇邪，可以保护独生子和体弱儿童免遭鬼蜮伤害，故男孩子文身皆由毕摩施术。

总而言之，凉山彝族文身既保持了原始文身的内涵，又具有与之社会意识形态相适应的种种功利目的。

### 7 怒族、基诺族、景颇族、珞巴族

同彝族和独龙族一样，怒族、基诺族、景颇族和珞巴族均属古氐羌族的后裔，而古氐羌族是文身的。

怒族是居住在云南怒江和澜沧江两岸的古老居民。关于怒族文身，文献多有

记载。明《百夷传》中载有怒江上游地区的怒族文身："弩人，目稍深，貌尤黑，额颅及口边刺十字十余。"乾隆《丽江府志略》亦载："怒人居怒江边，与澜沧江相近。男女十岁后，皆面刺龙凤花纹"。清人余庆远《维西见闻录》也说"怒子，居怒江之内……男女披发，面刺青文。"怒族文身习俗主要盛行于福贡和贡山两县的怒族之中，他们"皆居山巅，种苦荞为食"，男女都文刺面部。这一部分怒族自称"阿怒"或"阿龙"，其语言、习俗和历史传说都与独龙族十分相似。贡山的怒族和独龙族之间语言完全可以相通，他们关于古代洪水故事的神话传说也极为一致，表明这一地区的怒族与独龙族有着密切的血缘亲族关系。至今，贡山怒族同独龙族一样仍保持着"面刺青文"的文身习俗。

基诺族主要聚居在云南省景洪市基诺山。据基诺族的创世神话来看，基诺族的祖先早在氏族社会之前就来到了森林茂密、河水奔流的基诺山，在这里世代繁衍生息。基诺族自称"基诺"，意为"舅舅的后代"。在习惯上，基诺族最尊敬舅舅，视舅舅为父亲，这显然是一种与母系制有关的古老习俗。直至20世纪中叶，基诺族仍处于原始社会晚期，并相应地存在着众多的原始习俗，文身即是一种。基诺族男女都盛行文身，女子只文刺小腿，男子则在臂部和腿部文刺，其过程要进行数次才能完成。文身纹样有日月星辰及动物和植物。基诺族没有自己的文身师，当少男少女长到十五六岁将至成年时，家长便请来傣族文身师为其文身，此后即为成年人，故文身具有成年礼意义。同时基诺文身还保持祖先崇拜的观念，基诺族认为，一个人如果不文身，死后就不能进鬼寨与祖先团聚，而只能做野鬼，孤单凄苦，这是每个基诺人都不愿意的。此外，基诺人也将文身视为一种美饰，是男女婚恋必不可少的条件。

景颇族主要聚居在云南德宏州各县的山区。根据景颇族的传说和历史文献记载，古代景颇族的先民生息在康安高原南部，后来逐渐南迁到云南西北部和怒江以西地区。南迁的原因是"老家"山高土瘦，人口不断增加，生活资料缺乏，各部落之间常常发生械斗和战争，族人苦不聊生，需要另寻生息繁衍之地。16世纪，大量的景颇族开始迁移到土地肥沃的德宏地区定居，并受到傣族先进文化的影响，出现了封建经济。而处于封闭山区的一部分景颇族，仍然保留着原始公社制的残余。因而景颇族社会的发展是不平衡的，文化习俗也是有差异的。关于景颇族文

图5-39 景颇族男子绘身（云南德宏州）

身，历来记述不多，梁钊韬在《滇西民族原始社会史调查》中指出，居住在瑞丽一带的景颇族是有文身习俗的，但认为该习俗是从傣族那里学来的（图5-39）。从景颇族的族源来考察，景颇族亦属古氐羌族的后裔，同样具有文身习俗的传承性。

珞巴族聚居的珞渝地区，位于西藏喜马拉雅山南麓。雅鲁藏布江等河流穿越其间，高山险峻，森林茂密，物产极为丰富，生长在这里的珞巴人强悍善猎。珞巴族的生活习俗在各部落之间的差别很大。据中国社会科学院民族研究所《西藏珞巴族调查材料之二》记载，珞巴族是有文身习惯的，其文身习俗主要存在于珞巴族的崩尼人、巴达姆人、迦龙人等部落中，文刺部位为面部。过去，珞巴族男女自十二三岁开始，便用竹针在额前、眼角、两颧和下颏刺出纹样，涂上锅烟黑。纹样为斧形、三星和须状纹。崩尼支系的男女在文面的同时还要穿鼻。

### 8 德昂族、佤族、布朗族、克木人、莽人

德昂族、佤族和布朗族都是我国云南最早的居民之一，德昂语、佤语、布朗语十分接近，同属南亚语系，这反映出他们在族源上的密切关系。有关史料将德昂族、佤族和布朗族统称为“濮人”“朴子”或“蒲人”等。早在汉代，云南便是濮人居住的地方。濮人部族众多，分布广泛，活动于澜沧江和怒江流域各地。古代居住在现今德宏地区的濮人，便是德昂族的先民，而佤族和布朗族亦各是濮人中的一支。据史书记载和考古发现，古代濮人是文身的。可知，德昂族、佤族和

布朗族也有文身习俗。

德昂族自称“德昂”“尼昂”和“纳昂”等，他称“崩龙”。清光绪年间的《永昌府志》记载德昂族的习俗说：“崩龙，类似摆夷，惟言语不同。男以背负，女以尖布套头，以藤篾圈缠腰，漆齿、文身。”不久前，云南德宏州潞西市和陇川县的德昂族男子还有文身习俗，他们在胸部、腿部及手臂等处文刺虎、鹿及植物纹样，或者刺以傣文佛经，其中的傣文佛经无疑是受邻近傣族文身文化的影响。据德昂人自己说，德昂男子文身是为了区别不同的人。从前德昂男子都是一个模样，分不出你我。后来，实行了文身，各自刺出不同的纹样，就把男子的面貌区别开了。这种“男子都是一个模样”的说法，或许是对远古时期原始群婚状态的写照。而通过文身将男子们区分开来，则可能是开始了婚姻限制，即实行氏族外婚制。以此看来，德昂族的文身习俗应是很古老的了。

佤族文身，主要见于男子，这与佤族社会以男子为中心的父系公社制的社会形态以及宗教信仰有关。佤族男子的文身是部落的标志，也是战士的标志。1957年进行佤族社会历史调查时发现，西盟、沧源两地的佤族男子普遍盛行文身习俗（图5-40、图5-41）。其文身纹样大多是动物纹，也有少量的植物纹。仪式在部落首领的主持下举行，由长者在少年的胸部与腿部文刺龙、虎、鸟（燕子）的纹样及三角纹、十字纹，有些还要在前额刺上牛角纹样。少年经过文身的考验后，便成为社会公认的青年，拥有成年人的权利和义务。其中最显著的是这位少年已经成为战士，可以参加猎头和部落之间的战斗。而参加战斗的次数和猎头的多少，是佤族青年被社会认可的必要条件，战斗的次数越多，猎头的数量越多，文身的

图5-40　佤族男子文身（云南西盟县）1

图5-41　佤族男子文身（云南西盟县）2

部位也就越多，则此青年的社会地位也就越高了。佤族女子也有少数文身者，位于颈部、臂部和腿部，该俗具有原始时期女子文身习俗的特征。

布朗族男子也保持着文身的传统习俗，但该族女子不见有文身的。布朗族男子进入成年期时，便在手臂、胸部、腹部、背部和腿部等处，刺文各种几何图案、动物纹样和傣文佛经（图5-42）。布朗族没有自己的文身师，因此他们文身请的是邻寨的傣族文身师。在这一点上，笔者认为请外族人代为文身的习惯应是晚出的现象。因为在原始的文身民族中，文身术均为本族的长者或有威望的巫师进行，每个氏族都有自己善文身术的族人。布朗族古有文身之俗，因此，他们必然有一套本族的完整的文身习俗。只是到了后来，由于邻近的傣族文化更为发达，形成先进民族文化对后进民族文化的渗透融合。在这一过程中，布朗族文身的本来观念形态受到影响，其原初的神圣性已经淡化，所以才有可能出现请傣族文身师代为文身的事。至于纹样中的傣族文字正是这种文化渗透的表现形式。据说，布朗族文身是为了区别男女。通常还认为文身是为了美观，但美观的动机并不是其文身的原意。

与布朗族文身相印证的还有克木人。克木人的族属至今尚未确定，但与布朗族的族源关系是很密切的。克木人流行文身习俗，无论男女都在嘴部四周刺纹。云南勐腊县的克木人的文身是全身型的，他们在身体上文刺几何图案和动物纹样。文身的染色剂是用蓝靛叶炮制的，文身针是用几根缝衣针并列捆扎而成。文身的方法是先用蓝靛染料划出纹样，用文身针顺着纹样敲打，使蓝靛渗入皮肤。待伤口脱痂，便出现蓝色纹样。克木人相信，只有文身的人，死后才能找到自己的祖先，与祖先团聚。这种祖先崇拜的观念证明克木人文身的历史是久远的。

图5-42　布朗族男子文身（云南勐海县）

与德昂族、佤族、布朗族同属南亚语系孟高棉语族的莽人也有文身习俗。莽人女子长至成年时，便要在嘴唇四周刺文。她们的上唇和下颏文有对称的青色线条，看起来像动物的胡须，其可能是对某种崇拜动物的模仿。莽人居住在云南金平县金水河乡的群山深处，不久前他们还过着刀耕火种、刻木记事的原始生活，并相应地具有许多原始习俗，文身正是其原始习俗的体现。

### ⑨ 撒拉族、土族

被称为“胡”的西北部民族古今都有文身之俗。不久前，撒拉族妇女还有在额头与手背上文刺蓝色梅花斑纹的文身习俗。撒拉族属于阿尔泰语系突厥语族的西匈语族，与维吾尔族属同一语族，而维吾尔族先民与匈奴有血缘关系。由此看来，是否可以认为撒拉族文身与匈奴文身有渊源关系。

属阿尔泰语系蒙古语族的土族，其妇女至今还有在手背上文刺十字花纹的习惯（图5-43）。在土族的传说中，霍尔人是土族的先民。至今互助县土族地区的合尔郡、合尔屯、合尔吉、贺尔川等地，据说是因为古代居住着霍尔人而得名。合尔郡亦称“合日江”，意为“霍尔居住的地方”。有学者研究，霍尔人很可能就是吐谷浑人。今土族聚居的湟水沿岸，曾是吐谷浑人（吐浑）的生活和活动区域。现互助县和大通县的十几个土族村落，土语称之为“吐浑”，这些村庄很可能因“吐谷浑”而得名。土族妇女的传统头饰称为“吐浑扭达”，似乎也与“吐谷浑”有关。也有学者认为“霍尔”即“胡尔”一词的另一写法，古代匈奴、吐浑、契丹、蒙古等族均属于“胡”，而胡人是文身的，这就明晰了土族文身习俗的传承渊源。

图5-43　土族妇女手背文身（青海省互助县）

# 第六章 装饰的功能

人类历史上最早的艺术形式是“装饰艺术”，而最早使用“装饰艺术”的便是人自身，这就是将“装饰品”运用于人体。我们在原始的“装饰品”以及今天的少数民族佩戴的各种装饰品的鉴赏中所获得的审美效果并不一定是这些佩戴物的使用动机，应该把动机和效果加以区别。这些带有明显审美形式的各民族的装饰品所具有的审美因素，在很大程度上是伴生在实用功利的根基之上的。在这里，实用功利和形式感的精神属性是一致的。因此说，审美不是最初的，也不是唯一的佩戴“装饰品”的原因，人类在佩戴这些“装饰品”时还常常赋予其巫术的动机，或者使其成为种种标志，将其用来表述历史，甚至在很大程度上使其与求偶有关。这诸多的实用功利意义从古至今都可能存在，只不过有先后之分，且主次不同。

## 第一节　装饰与信仰

从装饰的起源来分析，人类最初佩戴“装饰品”的动机来自早期的巫术信仰。至今，中国少数民族的身体装饰在很大程度上仍然保持着这一原始意义。

上古时期，巫术的世界观在人类文化最古老的形式中有力地发展起来，巫术礼仪活动以及为获得生存物质资料的活动同是具有实用功利目的的活动。如同原始人将被利箭射中的动物形象画在岩壁上是期望通过巫术行为来确保狩猎成功，原始人将具有神秘功能的“装饰品”佩戴在身体上也是出自生殖和避邪的实用目的，二者同属具有功利性的交感巫术。牙、骨、角、贝、蚌之类的东西最初都是作为灵物而佩戴的，原始人以佩戴的方式取得与互渗对象的沟通，因而最早的佩戴物大都为自然实物，即动物的牙、骨、角、皮、羽毛等。其后至新石器时代出现了很多小型的动物雕塑，如鱼形玉饰、猪龙玉饰、玉蚕、陶塑小鸟、陶羊等，其上均有穿孔，显然都是用于佩戴的，是自然实物的替代品。虽然这里已经由佩戴实物向替代品自然转化，但其使用目的仍然是一致的，即作为灵物而佩戴它们，因为原始思维始终把人工塑造物与自然原型视为同一物。

巫术性质的佩戴物大都具有避邪和崇拜生殖的功利目的。颈部和手臂部位的佩戴物最初是用于避邪的，而系在腰部的佩戴物多与生殖有关。史前时代中含意非常明确的避邪物之一，是马家窑文化居民佩戴的臂环。这些出土于青海柳湾墓葬中的臂环呈环状或筒状，直径仅在6~11厘米之间，通常一般成人的手是难以套进去的。但它们恰恰都戴在死者的臂部或腕部。这种自幼就开始佩戴、至死也不取下的臂环显然具有避邪的含意，这类佐证在现今少数民族的佩饰中仍可见到。还有那些被后世视为礼器的玉琮，早期曾是臂饰被佩戴在原始人的手臂上；那些在新石器时代墓葬中发现的玉“琀”，也都具有巫术的意义。毫无疑问，原始人把玉也看成是一种灵物。

今天的少数民族仍然出于巫术的目的而佩戴各种护身符或避邪物，即人们习惯称之为“装饰品”的东西。根深蒂固的万物有灵观念使许多少数民族佩戴手镯、脚镯、项圈、银锁、腰箍等物并不是为了装饰，而是作为护身符，具有保佑佩戴者平安或实现佩戴者心愿的作用。尤其显著的是那些男子自幼戴上、终身不取的手镯和银锁。这类佩戴物的审美含意是微乎其微的。

黎族男女都有佩戴项饰的习俗。男子将野兽的牙或琉璃珠串挂在颈项作为护身符，女子则将野兽的下颚骨佩在胸前，其意均在于护身驱邪。常可见到一些体弱多病的黎族妇女和儿童在项间、手腕或脚踝处系红线避邪的现象，称作“系魂”。按习俗系红线仪式须由娘母（黎族巫师的一种，以女性为主，男性娘母进行巫术活动时，亦须戴妇女的衣物，该俗可能源自于母系氏族社会）来举行。届时，娘母备一碗清水，手拿一束红线，一边祈祷，一边将红线放入水中搅动。祷告毕，在红线上系一枚铜币或银币，即可拴挂在体弱多病者的颈上。同时，也要在手腕上或脚踝上各系一条红线，以此象征体弱多病者的魂已被拴在其身上了，自然会病愈体壮、平安无事了。据黎族民间传说，黎族女子颈上的项圈、项链可以驱鬼避邪，恶鬼一见到佩戴项圈、项链的女子就会退避三舍。

以线拴魂的习俗，其他民族也有。不知情者，往往将其视为一种装饰。傣族相传人有32大魂，92小魂，只要一个魂不在，人就会生病，因而傣族中相当流行招魂拴绳仪式。

为婴儿拴线的仪式旨在保佑婴孩平安成长。那些与傣族相邻的布朗族也有在手腕上拴红线以求吉祥幸福的习俗。一般说来，人们在颈间、手腕和脚踝上拴系红线多半是为了避邪求平安。不过基诺族的拴红线似乎还有别的含意。按基诺族的婚俗，当新娘走进男家竹楼时，新郎的父亲要给她一只鸡脚，并在她的手腕上拴一束红线，以此表示把新娘拴住了。不仅拴住人，连她的魂也给拴住了。这就是说，新娘连同她的魂都属于夫家了。高山族则是将牙齿或古琉璃珠用细绳穿起来系于手腕，以防灵魂出走。

出于对死者灵魂的恐惧，傣族在为死者送葬时，要用送葬的绳子包以铜片，制成项圈、手镯，给老人和孩子戴上，以免死者的鬼魂前来纠缠时，他们无力抵抗。显而易见，这些佩戴物具有护身符的性质。

高山族泰雅人相信用敌人的牙齿制成的项饰可以避邪。在血族复仇时身上佩戴着这种具有避邪性质的灵物，必然可以减少佩戴者的恐惧感，鼓舞战斗的勇气。在这里，“巫术的功能在于使人的乐观仪式化，提高希望胜过恐惧的信仰。”[1]另外，高山族各族群还保持着用豹牙、熊牙、野猪牙做避邪物的习俗。

花溪苗族的衣背上挑绣有两条长长的纹样，苗族称这纹样为“咋哥搓”，即苗王的神器。相传苗王的神器能驱魔降妖，因而穿上神器纹样的衣服，自然能驱邪避灾。

银饰是我国许多少数民族都喜欢佩戴的饰物。苗族银饰的品种之多，堪称世界之最。苗族的银饰中有一种由各类刀剑器械（十八样兵器）组成的挂饰，是作避邪用的。苗族认为，只要是人怕的东西，鬼也怕，所以在苗族的银饰中常出现以刀剑为饰的现象。榕江苗族男子头戴银鼓钉头围，以锐器象征闪电，起到避邪的作用。台江苗族的手镯，是用铜、铁、银三根金属丝绕制而成。苗族相信铜去魔、银避邪、铁消灾，故为了避邪而佩戴这样的手镯。苗族以舅为大，女孩成年时，须由舅舅送一根银质围腰链，作为终身的护身符。我国许多少数民族都认为银器有避邪的功能，这大概与银本身是一种特殊的金属有关。在一大缸河水中放入一件银器，一夜之后，便可成为净化水；若是有毒的食物，银器也可以显示出来；用银碗盛马奶，奶不易变质等。人们在长期实践中发现了银器所具有的消毒功能，但却没能归结到科学的范畴，而把银饰视为避邪之物。

火也是许多少数民族的崇拜对象，并由此产生出“火”的装饰。在彝族人的心目中，火是吉祥的象征，它能驱邪免灾，给人们带来幸福，故彝族的生活、生



[1] 马林诺夫斯基：《巫术科学宗教与神话》，中国民间文艺出版社，1986年。

产和民俗文化都离不开火。在盛大的火把节上，火把葫芦笙是吉祥乐器，由姑娘们演奏。男子们喜跳雄健的火把舞，火把在他们的手中挥动，似条条火龙飞舞，显示出吉祥如意的气氛。为了农业丰收，彝族男女还要举着火把奔于田野，仰仗烟火的威力灭虫驱灾等。出于火崇拜的传统，云南巍山彝族妇女和儿童都习惯戴“火花帽”和穿“火花鞋”，其上缀有象征火花的绒球。人们相信这样的穿戴能除病免灾保平安。

蒙古族摔跤手的脖子上都套有一圈彩带“景嘎”，这是喇嘛授予的吉祥物，意为祝福吉祥如意、长命百岁。因而，“景嘎”也就成为摔跤手的护身符。

许多少数民族的妇女都有这样的习惯，她们为孩子绣制的帽子只要用过一次，便绝不肯再让于他人。她们认为，如果这帽子失去了，便意味着孩子的灵魂也被带走了，这会令孩子无端生出病灾。佤族也是这样，视衣饰为灵魂的一部分。如果佤族姑娘的衣饰被小伙子抢走了，这时，男方父母便要杀鸡占卜看凶吉，若是凶卦，则必须重新再占，直到出现吉卦为止。灵魂崇拜观念是人们佩戴各种避邪物的重要原因之一。

面具是最具有巫术性质的佩戴物，那些戴面具跳舞的原始人都在于想去接近某种动物或某种神灵。怪诞的面具装束，从本质上讲是人们希望与神灵交往的目的所决定的，面具被认为带有某种巫术力量或它本身就是神灵，它可以使佩戴者得到他想要的猎物，或者可以使其避免鬼神和自然力量的打击，或者能使巫师进入幻觉世界中等。由于人们相信面具的巫术力量是巨大的，因而在祭礼仪式等重大的宗教场合中，面具是不可缺少的，一些巫师必须戴上面具才能施展法术。在今天使用面具的民族中，面具仍然被视为神物，面具所代表的不是常人的脸，而是神秘世界中某位神灵的面孔，“撮泰吉”面具如此，傩面具与藏面具也是如此，它们都具有驱鬼纳吉的巫术力量。

祖先崇拜作为原始巫教的核心观念，在最直接的身体装饰——文身中表现得极为突出。在我国各民族普遍存在的灵魂不灭及祖先崇拜的原始观念中，可以看出为什么几乎所有的文身习俗都保留着祖先崇拜的成分。祖先崇拜是在鬼魂观念的基础上发展起来的，是人类对自己的始祖及近亲祖先的崇拜。体现在文身习俗中，祖先崇拜的表现形式基本上是一致的，即认为只有文刺身体的族人死后其灵魂才能回到祖先那里，受祖灵庇护。

黎族的社会是祖先崇拜的社会，黎族人认为一切事物均有灵魂存在，在所有的灵魂中，“祖公”是至高无上的神灵，支配着人们的生与死。当问到黎族妇女为什么文身时，出于对祖公的敬仰，她们会异口同声地说：“怕祖公不认呢！”确实，黎族普遍认为“女子不文身祖公不认”，只有绣面文身的妇女死后灵魂才能回到祖公居住之地，否则便会成为无处安身的野鬼，这对黎族人来说是极可怕的事情。因而即便是曾文身的人去世时，家人要在其脸上用木炭画上本族的文身纹样才能下葬。

高山族相信，只有文身者的灵魂才能前往灵界与祖灵团聚。人们活着时，言行举止严格遵循祖先的训示，死后，也希望回到祖先那里去。泰雅人认为大霸尖山里松柏葱茏的深山峡谷是祖灵的栖息之所，也是人们灵魂所归的乐土，即灵界。灵界前有一座独木桥，桥头有祖灵守视，查看子女有没有文面，有没有戴耳饰和手掌上有没有红迹。因为文面是本族的标志，亦是成年的标志，穿耳也是成年的标志和族人的标志；手上的红迹则表示有猎头功绩的男子手上留下的血迹和善织的女子手上留下的红色染料。出于这样的信念，泰雅人均实行文面、穿耳，男子善战，女子善织。未成年者死亡时，父母定为其绘面穿耳、染红手掌，企图蒙混过关，回到祖灵身边。如果灵魂不能回到祖灵居住之地，便会成为恶灵游魂，对泰雅人来说这是最严厉的惩罚。这些行为无疑都与他们的原始宗教观念紧密相关。

彝族文身，仍然保留着最核心的内涵，即以此作为血缘家族的标志。文身者活着时，用文身纹样表明自己属于某个家族；文身者死亡后，以文身纹样为凭与自己的祖先团聚。这显然是祖先崇拜的反映。

基诺族的原始宗教观念也是相信万物有灵，祖先崇拜居于首位。基诺人相信死者的灵魂将归至祖先英灵所在的圣地——“生杰左米”。但是，不文身的人，死后就不能进入“生杰左米”与祖先团聚，而只能做孤单的野鬼，这是每个基诺人都不愿意的。

克木人尚保存着氏族制，每个村寨由若干个氏族组成。克木语称氏族为“达”，即祖先。每个氏族都以图腾祖先的名称作为本氏族的称谓，如虎氏族、豹氏族等。各氏族成员对于其氏族祖先都怀着十分崇敬的感情，他们相信文身为祖先的旨意，只有文身的人才能够在死后找到自己的祖先，与祖先团聚。所以，克木人成年男女均要在面部文刺图纹。祖先崇拜的实际意义，一方面是人们相信祖先对子孙所具有的保护性；另一方面是人们通过缅怀祖先、重温氏族或家族的历史，加强氏族或家族的血缘观念，以利于维护氏族的团结。基于这样的出发点，那些文身民族无论是个人还是社会，都愿意自觉奉行文身这项具有祖先崇拜功能的传统。

此外，谋求生殖繁衍的佩饰习惯在各少数民族中亦相当普遍。我国许多少数民族的佩戴物——通常被文明人视为装饰品的佩戴物，多与生殖崇拜有关。人丁兴旺的愿望在原始人的意志世界中占有极重要的地位，这包括人类自身的繁衍以及动物的繁殖和植物的生长，并由此产生出一系列的生殖巫术。在今天的少数民族中，祈求人丁兴旺这种在原始社会就已萌芽的生育习俗作为一种民间信仰沿袭至今，表现在岁时风俗、人生礼仪、衣食住行等方面，成为少数民族生活中突出的事项。

从服饰的角度来看，体现出生殖欲望的装饰也很多。在广西和云南交界地区居住的白彝妇女，她们的腰间都佩戴着一条树皮制成的宽腰带，这腰带多用榆树皮制成，呈椭圆形，宽约17厘米，做工精细，样式讲究。白彝妇女将树皮腰带视为护身符，从不轻易取下，她们相信这腰带能使妇女多多生育和保佑平安。另外，苗族、侗族、瑶族等民族的头饰或身体佩饰多有鱼形饰物，这是具有象征意义的。鱼多子，以此来表示生命的繁衍。在苗族衣裙的蜡染和刺绣纹样中，有鱼戏莲、鱼钻莲、凤穿牡丹等图案。所谓戏莲、钻莲、穿牡丹都是隐语，由此象征的是生殖。在民间，星辰月亮都是主生育的神灵。月亮称作太阴，主生育，又是妇女的保护神，故中秋又称“女儿节”。古代妇女有拜月之举，有结伴走月之游，其中都包含着祈子的心态。对星辰的祭拜是在七月七，传说七尾星主生育，它的别称为“九子星”，其多子的性质决定了人们对它的崇拜。许多少数民族中有崇拜星辰月亮的现象，云南众多少数民族的妇女服饰都用代表星星月亮的银泡作为装饰。纳西族妇女专用的羊皮披肩“披星戴月”，一方面是妇女的护身符；另一方面很可能与生育愿望有关。雷山县达地乡的苗族妇女怀孕后要为未出生的孩子缝制七星帽，帽子上还有七个角，很像是歇山式房顶，帽檐上绣有吉祥如意纹样。此意为，希望星辰保佑孩子顺利出生，希望帽子像屋顶一样保护孩子免遭鬼蜮侵害，平平安安地长大。那种让孩子从小就佩戴饰物的习俗大都是为了使孩子能够健康成长，达到人丁兴旺的繁衍目的。阿昌族在婴儿满月之际，外婆家须送来银丝项圈、银丝手镯等银饰，佩戴在婴儿身上，祈求孩子能平安无事地长大。高山族曹人和布农人在为婴儿举行命名仪式时，由父亲为孩子戴上一只项圈，祝愿孩子平安长大。苗族有为婴孩送银锁（也称作银压领）的习俗，当女婴满月时，外婆家便送来银锁、银镯等珍贵礼物。银锁有两种，佩在胸前的称为胸锁；垂至腹部的称作肚脐锁。银锁上铸有龙、狮、蝴蝶等吉祥图案或“长命百岁”“长生保命”等字样，均是为了使孩子健康成长。苗族女孩儿自小佩戴银锁，要到成年结婚后才能取下。高山族雅美人尊崇山羊，因而将山羊胡子视为吉祥物，佩挂在儿童的项间，其认为这样做可使孩子平安长大。凉山黑彝的男孩则是佩戴一枚獐牙，内盛麝香等物。傣族在婴儿满100天时，要举行过关仪式。届时，母亲把婴儿抱在怀里，由外婆将一条铁链子斜佩在怀抱婴儿的母亲身上，象征这个婴儿的灵魂已被锁住了，可以平安长大了。佤族妇女在哺乳期间也必须佩戴避邪项链，这样做是为了避免婴儿夭折。拉祜族哺乳期间的妇女要在腰间系一条海贝穿成的腰带，其目的也是为了使婴孩和母亲都平安无事。

图腾物被尊为神灵，也具有庇护生殖繁衍的功能。苗族地区分布较广泛的招龙仪式表明，龙蛇是苗族信仰的图腾之一。苗族的招龙仪式要连续进行三年，每年都在二月的第一个龙日举行，其中第一年举行三天，第二年举行五天，第三年举行七天，甚为隆重[1]。在整个招龙仪式中，始终都贯穿着求育活动：一是人的繁衍，二是植物（农作物）的生长。苗族认为龙与人有血缘关系，视龙为祖先，相信龙能使人生育，使农作物丰产。这里的龙是蛇的衍化。在龙的形象上，苗族创造出各种各样的龙，用于服饰和身体装饰，其中有猪龙、鱼龙、水牛龙、蚕龙、人首龙、蜈蚣龙等。但无论是哪一种龙，都保持着蛇的特性，紧贴着地面活动，充满矫健和力量感。这种由两类动物转化而来的龙，可能都有其值得注意的内涵。

[1] 宋兆林：《雷山苗族招龙仪式》，《世界宗教研究》1983年第3期。

“水牛龙”又称“山龙”，头上生着一对雄伟的“水牛角”，这正是苗族大银角的来源之本。也就是说，苗族少女头上戴的大银角，虽形似牛角，但并非牛角，而是“水牛龙”的龙角，它体现的正是苗家人对龙蛇的崇拜。这是图腾崇拜的遗风，戴上这样的龙角，自然能求得龙蛇祖先的庇护。毫无疑问，图腾物不仅能保佑生殖，而且还是一种避邪物。在其他民族中，黎族在身体上文刺蛙纹，相信蛙图纹有避邪的作用，那些文刺在身体上的蛙卵，预示着人口的大量繁衍。最为突出的是羌族巫师的装扮。在羌族地区，每年举行一次祭山会，祭祀山神，祈求山神保佑羌民农作物丰收、狩猎成功。羌族曾以羊为图腾，因而在祭祀这天，羌族巫师“许”或“释比”要跳羊皮鼓舞“莫恩纳沙”。巫师头戴有两只角的羊皮帽，身穿羊皮褂，手持羊皮鼓，腰佩羊角卦等与羊有关的法器。显然，“莫恩纳沙”曾是图腾祭祀舞，后用来祭祀山神。巫师们相信这样的装扮可使神灵降福于民，可见原始宗教信仰在决定人们的身体装饰时是多么的重要。在信仰萨满教的民族中，每个萨满都有自己的神帽、神衣、神鼓等法术用具。神帽顶上饰有铜质的鹿角和鸟，帽檐前后都垂有数根飘带。神衣上有铜质的护心镜、护背镜、小镜，腰部系有腰铃、贝壳串等，裹裙外面也系有两层飘带。萨满跳神时，穿戴上这样的衣饰，有节奏地敲着神鼓，前后跳跃和快速旋转，大小铜镜和腰铃相击作响，飘带飞扬。这些被视为神物的头饰和身体佩饰确实能使萨满更能显示神的威严，更能使人们相信神灵所具有的保护性。

苗、瑶、黎、高山等民族都有头饰羽毛、羽冠的习俗。该习俗源于古代百越、百濮族群的鸟图腾崇拜。百越和百濮是我国南方古代在文化内涵方面比较接近、但又不尽相同的两大民族群体，他们都有源远流长的鸟图腾现象。头戴羽毛、羽冠是百越、百濮族群在各种原始宗教活动中具有宗教意识的装饰。云南、贵州、广东、广西出土的青铜器上有一组组头饰羽毛、羽冠甚至披羽衣、着羽尾的人物图像，这些羽人图像记载了春秋战国至西汉时期我国南方百越、百濮族群的宗教祭祀活动，如春播祭祀、水神祭祀、剽牛祭祀、猎首祭祀等。在原始的宗教活动中，人们经常将自己装扮成图腾同类物，以期达到所祈求的某种目的。另一方面，鸟形装扮不仅表现出图腾崇拜观念，它还显示出装扮者的身份或地位。羽人基本上出现于各种原始宗教仪式中，他们往往是仪式的组织者或参加者。在广西左右

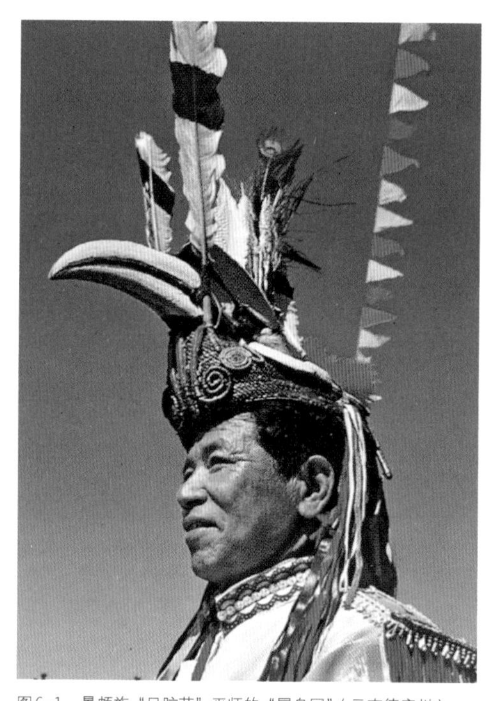

图6-1　景颇族“目脑节”巫师的“犀鸟冠”（云南德宏州）

江流域的岩画上，羽人形象在数十或数百的人群组中十分突出，显示着羽饰者有其特殊的身份，他们是巫师或兼任巫师的部落首领。在今天的少数民族中也有这种情况，如景颇族传统的最高祭典“总木戈祭”（目脑节），祭祀的对象是木代（太阳神），祭祀的中心仪式是由全体成员参加的大型集体舞蹈。其领舞人（巫师）最主要的标志就是头戴一顶饰有犀鸟巨喙和羽毛的“犀鸟冠”（图6-1）。黎族的巫师在作法时，大都要在头帕上插几支雉鸡羽毛，以显示其地位的特殊性。显然，巫师的这种装扮将使其巫术行为更具有神秘性。

在今天的苗族、瑶族和高山族中，羽饰已不限于巫师之类的人，佩戴羽饰成为青年人和能歌善舞者的节日盛装。不过，这些节庆日在过去和现今都是具有原始宗教意义的，或者是由原始宗教活动演变而来的，因此节庆活动的参加者头戴羽饰仍然是宗教性装扮的衍化。此外，白马人和哈萨克族少女帽子上的羽饰，也是出自动物崇拜，因而也具有原始宗教的内涵。

可以看出，许多少数民族的身体佩戴物明显地反映出巫术信仰的观念。如前所述，苗族女子宽大高耸的银角和苗族男子头上的羽饰以及彝族少女的鸡冠帽、高山族男子的兽牙冠、珞巴族男女的兽骨项饰和兽牙腰饰等，都与其各自的巫术信仰有关。即使是那些高原上强悍粗犷的牧人，他们的胸前也佩戴着护身符“嘎乌”。人们如果见过康巴草原上的藏族牧人，定会感到那才是真正的汉子，他们目光炯炯、前额厚实，有着盘起的发辫和沉甸甸的步伐，都使他们高大的身躯威风凛凛。他们浑身都是力量，但照样佩戴着护身符，仍然每天对着寺庙磕几十个头。也许正是信念的持续不竭，使人类在与自然的抗争中充满自信。也许正是在这个意义上，各种身体佩戴物才获得了它们在历史文化中的独特价值。

## 第二节　装饰与标志

中国少数民族佩戴装饰的另一个显著功能就是将装饰作为某种标志。对外是识别氏族的标志，对内是成年的标志、婚姻的标志，也是显示身份、地位的标志。即不仅可以由此分辨出不同的民族，而且可以知其成年否、婚否、生育否、地位如何等。

从民族识别的角度来看，各民族都视服饰装束为本民族的标志。在同一民族内部，则是以服饰装束来区别不同的支系的。贵州省从江县岜沙苗族男女至今仍保持着传统的装束，男子均长发绾髻于头顶，系一条布巾，穿无领右衽短衣和宽大青裤，腰佩短刀、荷包、火药葫芦、银饰等物，肩挎长枪。无论外出参军或工作，在返回家乡时远隔几十里地就要改换本民族服饰，才可进寨回家。他们认为服饰装束是本民族的标志，如果放弃了本民族的服饰，就意味着背叛本民族。西北东乡族男子喜头戴一顶黑色或白色软帽，留着大胡子。出门在外，无论是否相识，同族人必会以礼相待，慷慨相助。这是由他们的装束带来的民族认同感：同一装束的人肯定是同族人。青海互助土族妇女的古老头饰"扭达"，是极有特色的民族头饰，不同支系的土族妇女佩戴各不相同的扭达。其中，"吐浑扭达"是最古老的一种，分布于红崖子沟、土观村等几个村庄。按当地俗规，土观村的姑娘嫁到其他地方时，仍要佩戴吐浑扭达，而其他村庄的姑娘嫁到土观村后，也必须佩戴吐浑扭达。在这里，吐浑扭达作为本民族标志而被严格奉行着。在苗族的众多支系中，各支系都有自己独特的服饰装束，服饰是不同支系间的识别标志，装束不同则被视为外族，故苗族有同种服饰开亲的习俗，即只有服饰装束相同的族人才能缔结姻缘，为此苗家人会不惜跑上几百里路娶媳妇。在苗族中，同一支系的服装样式、装饰部位、刺绣和织锦纹样均高度统一，尤其是女子，一看服饰和头饰就知道她们属于哪个支系。当各民族在一起聚会时，人们可以清楚地指出谁是维吾尔族、谁是藏族、谁是蒙古族、谁是苗族、傣族、佤族等，绝不会出错，其依据当然是他们的服饰装束。

在我国的民族识别工作中，服饰考察是其中的一项原则。毫无疑问，服饰装束可以作为民族识别的标志之一。

如果说服饰装束是民族识别的标志，那么装饰在更大的程度上被作为氏族的标志、成年的标志、婚姻的标志和等级身份的标志。几乎所有的少数民族都给予他们的年轻人以表示成年的装饰和显示婚姻状况的佩戴物，而那些处于等级社会的民族，他们的服饰装束还显示出不同的等级身份。

## 一、婚姻的标志

中国各民族女子的服饰装扮，尤其是发式和头饰在婚前和婚后有着相当明确的区别。一方面是成年未婚少女华丽的装束，另一方面是已婚妇女朴素而又独特的装束。其各自的含意在于，未婚少女特有的装束是在向小伙子表示：我已经长大成人，你可以来找我了；而已婚妇女（已育妇女）特有的装束则是在向异性表示：我已经有归属了，别再找我了。这种将装饰作为区别婚姻状况标志的习俗，广泛地存在于我国各民族之中，成为一项突出的文化现象。

在我国少数民族中，女子婚后（生育后）须改变装束的民族有瑶、苗、布依、侗、毛南、仫佬、土家、基诺、傣、景颇、拉祜、阿昌、普米、怒、傈僳、哈尼、白、壮、彝、藏、哈萨克、维吾尔、塔吉克、柯尔克孜、锡伯、回、东乡、撒拉、裕固、鄂温克、蒙古、赫哲、满、畲等民族。如此众多的民族都将头饰、发式或某些佩饰物作为区别婚姻状况的标志，这种标志如同印在身体上的文字一样，令族人一目了然。

苗族不同支系间女子的头饰、发式、服装各不相同，但有一点是一致的，这就是：未婚少女和待嫁新娘、已婚妇女和已育妇女的发式头饰等均有严格规定的传统差别，以表明各自角色、身份的不同。其中区别最明显的便是未婚少女和已婚妇女的头饰和发式。苗族女子在婚后或生育后必须把姑娘装换下，如会宁苗族女子生下第一个孩子时，要开始在头上顶一个银碗或戴一方头帕，并着妇女装扮；黎平苗族女子结婚怀孕后，要举行回娘家报喜仪式。在仪式上，阿妈要为女儿改梳发式，将女儿的长发拢在头顶绾一个高髻，表示这个女儿从此进入了母亲的行列，要担负起家庭重担，也要严守妇道。

布朗族穿着简朴，女子上着斜襟窄袖小褂，已婚妇女用黑色布料，未婚女子用浅蓝色或白色。未婚女子用黑或蓝布包头，已婚妇女梳发髻，插银簪，顶端镶3颗棱形玻璃珠，系银链，缠包头。

哈尼族支系众多，女子是否已经结婚在服饰上都有明显的区别。西双版纳及澜沧一带的哈尼妇女，未婚时裙子系得高，紧接上衣；已婚则系得低些，腰部裸露。哈尼族青年男女佩带很多饰品，直到结婚、生育，当了父母以后，便逐渐减少鲜艳饰物。女子要去掉帽后的圆筒、帽饰、胸饰，穿一身朴素黑衣蓝裙，使自己显得素雅庄重。

柯尔克孜族未婚女子戴红色金丝绒圆顶小花帽，缀有缨穗、羽毛等装饰品。已婚的年轻妇女多戴红、黄、蓝色的头巾。中老年妇女则戴颜色素洁的头巾。

云南梁河县的阿昌族已婚妇女头上缠着的黑色高包头“箭包”，也是十分引人注目的已婚妇女的身份标志（图6–2）。

大理周城白族女子在其一生中的不同时期有不同样式的头饰。未成年女孩的头饰很简单，她们梳着一条独辫，辫梢上系一束红毛线，并用它把长辫盘在头顶，这时期的女孩是禁止恋爱的。当女孩年满18岁时，便要改换少女的装束了，她们头戴漂亮的剪绒花头帕，将乌黑的长辫盘在花头帕外，并用彩绳系牢，额前留有齐眉的刘海儿，头右侧缀有长长的白色流苏。漂亮的头饰衬托着姑娘靓丽的脸庞，露在花头帕外面的发辫是成年未婚少女的明显标志。婚后的年轻妇女仍然头戴鲜艳的花头帕，区别在于她们的发辫是藏在头帕里的，这是她们已婚的标志。待生下第一个孩子以后，年轻的妈妈便要改戴素雅的花头帕了。以后，随着年龄的增长，头帕的花纹越来越朴素，至六七十

图6–2　阿昌族未婚和已婚女子头饰（云南梁河县）

岁时，便戴纯黑色、蓝色的头帕了。

凉山彝族女子不是以婚否而是以生育否来作为区分身份的标志，其他少数民族也有类似情况。这是因为，彝族女子婚后有不落夫家的习俗，她们在婚礼后即返回娘家居住，并仍然保持少女的装束和习惯。但是，已婚女子一旦生育，就必须长落夫家承担起母亲和妻子的责任，并遵守夫家族规。因而彝族妇女在生育后才改换头饰，戴上已育妇女特有的“罗锅帽”或软边荷叶帽，示明身份。贵州镇宁布依族女子也是在婚礼后返回娘家居住，衣着打扮仍同少女一样，并且照旧过着无拘无束的社交生活。丈夫为了能够早日接回妻子，就必须设法给她戴上“甲壳帽”。甲壳帽是已婚妇女的标志，凡是戴上了甲壳帽的女子必须长落夫家，受夫家约束，不得再结交其他男子。

红河哈尼族女子婚后不落夫家的习俗称作“里戛戛扎”，即轮流两方居住，每轮十二天。在娘家时，少妇仍是姑娘打扮；回夫家时，只要脚一踏进夫家村寨的范围，就必须将盘绕于头顶的长辫迅速扯下，垂在身后，作已婚妇女打扮，并低着头走进夫家村寨。

对于大多数拉祜族女子来说，剃光头是已婚妇女的标志，因为未婚少女都蓄长发。不过，勐海县的一些拉祜族女子例外，她们无论老少都剃光头，然后包上白帕和花巾。对于她们来说，剃光头是本民族女子的标志。

云南金平尖头瑶已婚妇女也均剃光头，并在头顶上饰一奇特的标枪式红色饰物，相当引人注目。未婚少女则蓄长发、裹蓝色绣花头帕。两种如此不同的头饰，无论是谁都不会混淆，其标志功能是十分明显的。

云南白族女子婚后第三天要回门。这天早上，由特地请来的梳妆妇女将新娘的长发绾成一个高高的髻，这叫作“收头”，表示新娘至此成为夫家的人。然后，新娘由新郎陪同，以已婚妇女的身份回娘家。

高山族布农未婚少女均头戴用五颜六色的花草编成的花冠，并插饰羽毛；已婚妇女则包裹红色头巾，并在头顶上扎一个花结，二者的区别是十分明显的。

除了头饰以外，其他的佩饰也可以用作已婚的标志。如塔吉克族妇女不仅在发辫上装饰白色纽扣作为已婚的标志，而且相当多的塔吉克族妇女还习惯在后腰上系一条漂亮的绣花围裙，包住丰满的臀部，这也是已婚妇女的标志。

滇南傣族女子腰间那条精美的银质腰带是她们不可缺少的佩饰。几百克重的银腰带，无论是节庆日还是田间劳作都系在腰间。按照傣族习惯，已婚妇女将家里的钥匙挂在银腰带上，表示她已经婚配，不能再接受男子的爱意了。未婚少女的银腰带上没挂钥匙，这是在向小伙子表示：我还未婚，你可以来找我。如果姑娘将银腰带送给某个小伙子，就意味着她已爱上他了。

云南墨江哈尼族豪尼人用花围腰来区分女子是否结婚。未婚少女系鲜艳的白底或红底花围腰，已婚妇女则系素雅的蓝底花围腰。同时，系围腰的位置也颇有讲究：未婚少女系在腰上，已婚妇女系在胯上。

一些地区的景颇族已婚妇女须在腰间缠绕许多圈红、黑色藤箍，这既是一种装饰，又是已婚妇女的标志，未婚少女只能系红色织花腰带。

海南黎母山地区的黎族妇女有修眉习俗，她们以眉毛又弯又细为美。按此地风俗，未出嫁的少女不得修眉和除掉脸部汗毛。姑娘出嫁时，由母亲为其绞去脸上的汗毛和修整眉毛。此后许多年，她都要修眉绞面，保持光洁的面孔，这也是已婚妇女的标志。

另外，改变身体某部分的特征作为已婚的标志，也流行在一些少数民族中。仡佬族女子曾将凿齿作为已婚的标志；黎族和阿昌族女子均是在结婚以后开始嚼槟榔染齿，少女则不得染齿，故黑色的牙齿是已婚的标志；云南白族少女一旦饰金齿，即表示她已订婚；广西一些地区的苗族和瑶族少女订婚后有镶银齿的习俗，小伙子见到镶有银齿的少女，便知她已订婚，就不再向她唱情歌了。

给予已婚妇女一个特定的标记的现象广泛地存在于已进入夫权制社会的诸民族中。这种将佩戴装饰作为标志来区分女子婚姻状况的目的，显然在于取消已婚女子自由社交的权力。究其根源，这种现象应当与父系制的一夫一妻制家庭形式有关，它是维护夫权制的一项婚姻禁忌。

德昂族妇女佩戴腰箍的习俗可以说明夫权制婚姻对妇女的束缚，该习俗包含着人类社会从母权制向父权制过渡的历史内容。德昂族妇女以佩戴众多的腰箍著称，关于佩戴腰箍的习俗，德昂有着这样的传说：德昂族的祖先是从石洞里出来的，最初每个男子都是一个模样，分不出你我他，而女子出了石洞口就满天飞。后来一位仙人把男子的面貌区分开了，男子们又想出办法，用藤篾制成的腰箍将女子套住，于是女子才与男子一起生活。这个传说反映了德昂族的先民曾经历过由群婚向对偶婚过渡的阶段。另一个传说是：古时候，先是妇女去串寨子，男子在家做家务、编竹器。有一天晚上，男子一个竹篮还没有编完，妇女已串过七家，于是引起男子的不满，男子就用藤篾圈把妇女套住。从此由妇女守家，男子去串寨子[1]。这个传说肯定了父系家庭的确立是以对妇女的约束为基础的，男子们用腰箍约束住妇女，使妇女不得不同男子一起生活，最终确立父系家庭。当然，这样的传说是具有象征意义的，实质上是，在父权制的一夫一妻制小家庭中，妇女只是在丈夫的允许之下管理家庭生活和兼管一些生产，她们的劳作不存在社会意义，这使她们失去社会地位而成为丈夫的附属品。与此相反，男子却有着参与社会事务的权力和决定家庭事务以及支配家庭财产的权力。这种现象始于对偶婚姻的产生。在与母系氏族的抗争中产生的对偶家庭开始使男子的地位日益显现出来，至父权制家庭时，男子以供养者的身份出现在家庭中，其地位更趋重要。随着男子掌握了家庭财产的支配权，一夫一妻制便逐步形成，男子也最终确立了他们在家庭中的主导地位。

公房制度和婚前性自由是原始的两合氏族群婚的残余，在许多丝毫不禁止年轻人有婚前性自由的氏族那里，却坚决禁止女子的婚外性关系，这就使得已婚妇女必须显示出她们已婚的标志。这种婚姻禁忌已成为一项社会道德规范，违背了这项道德规范的已婚女子将受到惩罚。可以说，女子特有的已婚标志的实质是对女子婚外性关系的限制，其根源在于私有制的家庭经济关系体系中，财产须以父系亲子继承为原则。在这种意义上，保证生物学上的父亲的可靠身份、保证家庭财产不外流是必然的客观需要。这一实质意义是女子佩戴已婚标志的最主要原因。

## 二、氏族的标志

原始文身作为氏族的标志，功能是十分显著的，其根本在于那些以图腾物为描绘对象的纹样，服饰也是如此。图腾纹样是最早的、也是最普遍的氏族标志。

---

[1] 云南省历史研究所:《云南少数民族》，云南人民出版社，1983年。

在今天的苗族牯藏节的盛装服饰中，仍能见到龙蛇、雀鸟等图腾纹样的遗存。在原始时期，它们无疑是氏族的标志。应该说，文身作为氏族的标志早在服饰作为民族的标志之前就已出现了。文身的社会功能首先是作为氏族的标志，这一点即使在我国现代仍文身的民族中，仍然能明显地看到，无论是高山族、黎族、傣族，还是佤族、独龙族、壮族，其共同的特点是一致的，即每个氏族都有其各自的文身纹样。如独龙族共有十五个父系氏族，各氏族间有不同的文面纹样，这些纹样被作为标志用于区别不同的氏族。在彝族中，文身者活着时以文身纹样表明自己属于某个氏族或家族，死后也以文身纹样为凭与自己的祖先团聚。高山族亦是如此。这样的例证还很多。显然，文身符号乃是氏族的标志这一点已无可非议，问题的关键是，文身作为氏族的标志，其目的是什么？

文身作为氏族的标志，首要目的是保证氏族外婚。在现代尚处于较原始阶段的文身民族中，我们仍能看到文身作为氏族的标志具有保证氏族外婚的意义。

独龙族有严密的氏族组织形式，氏族间有明显的区域界限，各氏族的女子均以不同的文身纹样来表示她们所属的氏族。独龙族女子的文身部位是面部，不同氏族的女子各有不同的面纹，她们以此来执行氏族外婚制。青年男女必须先辨认对方所属的氏族，然后才能确定是否能够婚恋。

独龙族实行严格的氏族外婚制，男子只固定与舅方氏族联姻，形成氏族单面循环的外婚集团。在独龙族的词汇中，没有丈夫和妻子这两个词，独龙语称女子为“仆旺”、称男子为“楞拉”，如果分别在前面加上一个“恩”，便成为“我的女人”或“我的男人”。在独龙江龙元地区，卡尔乔氏族与姜木雷氏族是两个固定的互为通婚集团，卡尔乔氏族的青年男子均娶姜木雷氏族的女子为妻。因此，姜木雷氏族的女子把卡尔乔氏族的男子称为“恩楞拉”，即“我的男人”；而卡尔乔氏族的男子则称姜木雷氏族的女子为“恩仆旺”，即“我的女人”。这种通婚关系是不能颠倒的，即姜木雷氏族的男子不能反过来娶卡尔乔氏族的女子为妻，他们只能到姜荣氏族去找妻子。这种通婚方式即为氏族单面循环外婚制。在氏族内部，由于本氏族的男女被视为血缘大家庭中的兄弟姐妹，因而绝对禁止通婚。若有谁破坏氏族外婚制法规，会受到严厉的惩罚。

黎族文身作为氏族的标志，始终都在限制不符合规范的婚姻状态。氏族时期，同纹样不得通婚，这就保证了氏族外婚、限制了血缘婚。随着社会的发展，文身作为氏族的标志出现了一个转换：当氏族扩大为部落时，便开始了不同纹样不得通婚之举，以便于维护和巩固部落这个通婚集团。这种同类纹样通婚的方式在黎族中一直延续到现代。

黎族以峒为通婚范围。“峒”是黎语kom的汉语音译，其意为“人们共同居住的地域”。从峒的组织形式和职能来看，其是黎族的一种古老的氏族部落组织。峒有固定的地域，一般以山岭、河流为界，并立碑、砌石、埋牛角为标记。因此，峒与峒之间有着清楚的界线。峒的地域不得随意侵犯，全峒的成年人都有保卫峒域的职责，这些都具有部落组织的特征。一个峒原来居住着同一血缘集团的人，他们内部严格禁止通婚，后来，母系氏族分裂出很多女儿氏族，峒内便出现了两个以上的、互为通婚的血缘集团，于是便开始了部落内婚制。每个峒都有若干个自然村，同村居住的人都属于同一血缘集团，所以本村男女禁止婚恋。每个峒都有自己特有的文身纹样，这些纹样明显地区别于其他峒。在峒的内部，文身纹样看起来是相同的，然而这种相同不是绝对的，因为不同村落之间在面纹和胸纹上有差异。海南省白沙县南开峒是一个通婚集团，其内部各村落文身纹样基本相同，但其中又因村落不同（血缘集团不同）而在面纹和胸纹上有所差异。这种大同小异的纹样形式，既能在本峒内区分不同的血缘集团，限制血缘婚配，又能维护峒这个通婚集团的巩固。在这里，文身作为氏族标志的功能具有明显的维系社会整体的作用。

## 三、等级地位的标志

等级制度产生于原始社会末期，盛行于奴隶制时期。我国一些少数民族在20世纪上半叶还处于这一历史阶段中，其服饰装束相应地体现出等级制的特征，人们佩戴头冠、项饰等各种装饰物的主要目的是为了区分等级和显示社会地位。

凉山彝族奴隶社会是一个等级森严的社会，在服饰和佩饰方面等级特点也十分鲜明。黑彝贵族的服饰用毛料、绸缎、细布制成，金银佩饰也全部由贵族享用；白彝平民穿麻质衣裙，佩饰简单；而锅庄奴隶只能披麻片粗衣。彝族尚黑，故黑彝贵族男女全身素黑装扮。婚嫁时，黑彝新娘的帽盘必须是青色薄呢制成，上插白色鹰毛，以示身份高贵。在服制上，贵族妇女裙长及地，行不露脚。而平民妇女的裙长仅至膝下，便于劳作。黑彝妇女的帽盘直径约66厘米左右，平民妇女的帽盘直径不得超过40厘米。黑彝男子身着黑衣、黑裤、黑披肩，左耳佩饰蜜蜡玉大珠子，腕戴银质大手镯，头顶上黑色布髻高耸，威风凛凛。低等级男子即使富裕也不能作如此装扮。黑彝男孩也是全身衣裤素黑，衣领上用彩色丝线系一对獐牙为饰，以示高贵。上述由等级观念形成的穿着习惯至今仍在凉山彝族中沿袭。

在高山族的排湾人、鲁凯人和卑南人中，只有贵族才有权享受高级形式的衣着、头饰和身体佩饰。贵族男子喜欢佩戴由鹿角或豹牙制成的华丽头冠和用银币、玛瑙、琉璃珠、铜铃等物精制而成的肩带，以此象征荣誉和地位。需要举行庄重的宗教仪式之后才能佩戴这些重要的饰物。在衣着装饰上，排湾人的等级观念尤为突出，贵族的衣饰尚黑、深蓝和深紫等深色，平民则只能使用白色、蓝灰等浅色。排湾贵族的衣物几乎遍布刺绣或织锦，而平民则绝对禁止以刺绣、织锦为饰，甚至有些衣物也是贵族专用的，如男子的豹皮外衣、女子的绣花长袍等。排湾贵族女子特别注重头饰，她们的发箍上缀有各种珠饰、羽毛和兽骨簪，并头戴百合花环，显示出与众不同的地位和富有。在排湾人中，装饰品几乎全部属贵族所有，豹牙帽章、鹫羽饰、螺钿肩带、银肩饰、琉璃珠项饰等均是贵族身份的标志，平民无权使用。

西藏的等级制度也体现在藏族妇女的巴珠头饰上。巴珠是藏族贵夫人专有的华丽头饰，共有四种。前藏世袭贵夫人所戴的珍珠巴珠最为高贵，藏语称作“木弟巴珠”，其上缀有大量的珍珠串和宝石。这样华丽的巴珠一般贵夫人是不能戴的。一般贵夫人只能戴“曲鲁巴珠”，即珊瑚巴珠。后藏贵夫人所戴的巴珠有“巴戈”“基古”两种。“巴戈巴珠”由珍珠串、松石、珊瑚组成，是世袭贵夫人的头饰。“基古巴珠”为一般贵夫人所戴，上缀珊瑚、松石等物。随着西藏等级制的消除，普通藏族妇女也可以戴巴珠头饰了（图6-3、图6-4）。

还有一些少数民族喜用佩戴物来表明身份。如高山族布农人和曹人的优秀猎手喜欢在鹿皮帽的顶端插饰鹰羽，并身穿豹皮衣、手持猎枪，腰佩精美的火药筒。这样的装束颇能显示出他们勇士的身份。熊皮圆盔帽是珞巴族勇敢猎手的标志，只有亲手猎到大熊的男子才有资格将熊皮制成帽子戴在头上。这样的男子被视为部落的勇士而获得族人的尊重。类似的装扮在另一些民族中也存在着。

图6-3 藏族农区女子盛装服饰（西藏那曲）

图6-4 藏族女子“巴戈”头饰(西藏拉萨市)

## 第三节 装饰与婚姻

在原始民族中，年轻人精心地装扮自己，多半是出于求偶的目的，这使得他们以审美的态度去加工他们的装饰品，如将兽皮切成条子，染上喜爱的颜色，或将牙齿、果实、贝壳、羽毛整齐地排成串子等。这些最初是作为灵物而佩戴的东西，当它们被精心地修饰起来时，就具有了装饰品的性质了。使人类将自己装饰起来的动机之一，无疑是为了取得异性的爱慕。人类有求偶的本能，最初两性的相互吸引，只是出于生理的需要，每个女子都属于每个男子，反之也一样，无任何条件可言。但是，在氏族外婚制的情况下，尤其是氏族群婚——走访婚时期，婚姻已不是男女间纯生理的交媾行为，而是表现为对择偶交往活动的范围有所限制和规定。此时婚姻的缔结并不是依靠明媒正娶，也不是凭武力进行抢婚，而是在于不同氏族间求偶者的个人追求。当时，求偶的成败不是以经济条件为依据，个人也没有可支配的财产，唯一的是求偶者本身所具备的条件，即求偶的成功要依靠自身的体魄、外貌、技能等，因而个人的品貌和身体装饰成为求偶的基本条件。

原始民族比现代人更热衷于装饰自己，即便是生活在我们同时代的各民族，其身体的装饰也比我们要丰富得多。今天的这些民族五彩缤纷的身体装饰在很大程度上仍然与求偶密切相关。装饰并不是女性的天然权利，在原始民族那里，往往男人比女人更重视修饰，这是因为男子处于求爱者的地位，越是原始的民族，男子越注重自身的装饰，这种情形在我国一些少数民族中仍可见到。而在较高的文明阶段里，名义上求爱者还是男人，但在事实上却是女人在求爱，因此女人就不得不尽可能地装饰自己。在我国大多数民族中，最美的或最有特色的装扮均由未婚男女、主要是未婚少女来体现，人们把最美的色彩、最漂亮的装束让给了待嫁的少女，故她们的装扮总是最漂亮的，而在婚后或生育后则禁止身着艳丽的装束。显而易见，审美不是孤立的，而是同求偶联系在一起的。从这个重要的动机出发，原始民族和今天的各民族的身体装饰多是在举行成年礼时开始实施，即少年男女只有在经过成年礼之后才获得装扮自己的资格，并获得恋爱结婚的权利。因此，成年礼——装饰——求偶三者是互为关联的。

几乎对于所有的原始民族来说，成年礼都是人生中的重要转折点。就个人而言，成年礼标志着从此结束少年时代，成为青年和正式的社会成员，并拥有成年人所特有的权利，以新的身份在社会群体中扮演新的角色。对于群体而言，为那些步入青春期的少年男女举行成年礼，通过仪式把他们接纳到社会中来，使其成为特定的社会文化规范所标定的合格之人，是非常必要的。同时，这无疑也是促使氏族发展壮大之举。所以许多原始民族都十分严肃认真地对待成年礼。早期，男子从事狩猎，女子负责采集植物性食物，两者对于维护氏族生存是同等重要的，故男孩子和女孩子都要以同样的热诚分别接受成年礼仪。在农业母权社会中，由于女子从事的植物栽培之事是头等重要的，因而女孩子的成年礼的重要性远远超过了男孩子。随着男子在社会生活中地位的逐渐提高，男孩子的成年礼便愈加显得较女孩子的隆重。在成年礼中，最普遍的行为就是向受礼者赋予成年人特有的标志，如文身、凿齿、染齿或穿戴某种衣帽、佩戴某种饰物等。这种标志往往具有本群体独有的特征。一个人在经历了成年礼仪之后，便步入了成人圈，同时，将对以氏族为单位的公共事物承担起责任。但是，由于以传统亲族或村落社群为单位的公共事物已经日趋减少，所以实现了成年礼的男孩与女孩的活动主要是同异性未婚者进行各种社交活动，进而寻求配偶。当女孩子举行成年礼时，是送给她礼物的好时候，她应该接受耳饰、手镯、腰带、项圈和纺织工具等珍贵礼物。男孩子则接受佩刀、弓弩等象征男子汉勇武精神的礼品。这些东西同样标志着她（他）已经成年。

基诺族男孩子的成年礼相当隆重，在少年们十六七岁时集体举行。成年仪式充满着热烈和神秘的气氛。首先，将毫不知情的当事者突然捕获，挟持到早已人声鼎沸的会场。突袭的目的在于使受礼少年产生惊愕和恐惧，以增加成年礼的神秘感，令其对这一时刻终生难忘。仪式开始时，须摆供牛肉祭祀祖先，以此向祖先通报本族又将增加新成员。接着是由寨中的长老带领少年们唱诵本民族史诗和讲述本民族的传统习俗和法规，告诫少年们如何在社会道德允许的范围内自由恋爱。接下来是全寨男女老少向受礼者表示祝贺，众人围着篝火彻夜歌舞。作为成年人标志的是少年父母赠给儿子的全套农具和成年人衣饰——一件绣有月亮徽的上衣和同样绣有月亮徽的筒帕，以及一对刻有花纹的耳管。经历成年仪式之后，少年们便成为村社里的正式成员，也是男青年的组织“饶考”的当然成员，他们必须承担一定的村社义务。最主要的是，他们在穿戴成年人衣饰的同时，也取得了恋爱结婚的权利。他们从此很少在家里过夜而是住在男子公房里。

基诺族女孩子的成年礼，远没有这么隆重。她们的成年礼是在家中由父母主持，接受父母赠予的有成年人标志的衣服、珠串和银镯等饰物，聆听父母教给她们成年女子应该遵守的传统习俗，再将她们的长发绾髻于脑后，她们就算成年了。做父母的还要为女儿在火塘边搭一张属于她自己的床，夜里她可以把喜爱的小伙子领来同宿，她享有同非本血缘家族的青年男子自由幽会的权力。举行过成年礼的姑娘都要参加女青年的组织“米考”。青年组织的基本任务就是协调本村寨青年男女与外村寨青年的择偶事宜，督促青年们遵守男女交往、择偶、求婚的传统规范。

永宁纳西族保持着较多的母系制，无论男女都要在满13岁那年接受热烈的成年礼。纳西族的成年礼又称为“穿裤子礼”和“穿裙子礼”，仪式的核心内容是为少年男女穿戴上象征成年的裤子、裙子和佩饰。农历大年三十晚上，凡属当年满13岁的少年男女被分别集中起来，男孩子由成年男子和男性长者带领，女孩子则由成年女子和女性长者带领。长者要以某些特定方式向少年们进行有关传统文化和道德规范方面的教育。村寨中点着熊熊大火，人们饮酒喝茶，载歌载舞，迎接即将成年的少年们到来，场面非常隆重。直到第二天天亮时，孩子们才分别被自己的家长领回去，在家中的正屋里举行成年礼。男孩子在左边的“男柱”旁接受成年礼，由舅父主持；女孩子则在右边的“女柱”旁，由母亲主持。男、女孩子的成年礼大致相同，这里我们概略地记述一则女孩子的成年礼（图6–5~图6–7）：仪式之初，先由达巴（巫师）祭祖。达巴高声地一一念着祖先们的名字，祈求他们保佑即将成年的孩子。仪式正式开始时，女孩子脱掉身上的麻布长衫，赤裸着洗净的身体并站在女柱下面，两只脚分别踏在粮袋和猪膘上，右手举着手镯、珠串、耳环等饰物，左手捧着麻纱、麻布等物。她即将穿上的新衣裙就挂在女柱上。主持仪式的母亲给女儿穿上成年女子的衣裙，系上一条绣花的红腰带；将女儿的独辫解开，掺上假发盘于头顶，并为女儿佩戴上珠串项饰、银玉手镯和镶有松石、玛瑙的银耳环。改装易服后的女孩长裙垂地，顷刻之间成为亭亭玉立的少女。这时，达巴入室来为少女系一根羊毛绳于颈间，作为吉祥之物。穿戴完毕，母亲引着女儿向祖先灵位、锅庄神、灶神和长辈叩头，并端出酥油茶、粑粑、瓜子、烧酒等食物招待客人。客人们要向少女赠送装饰品、纺织工具、衣物等，并诵唱祝福歌，歌词中不仅有称赞和祝贺，还祝愿少女今后能生九男九女。男孩子也要接受长辈和亲友们赠送的礼物，不同之处在于这些物品是男子专用的，如长刀、木矛、牛角箭筒、弓箭等。长刀是舅舅授予外甥的，作为终身佩戴之物能驱虎豹、逐鬼蜮；木矛是用霜雪打过的树木制成，象征男子汉不畏风雪严寒，能够战胜一切困难；弓箭作为成年男子的佩饰，象征少年已经成长为青年。一旦举行了成年礼，青年男女就必须自觉遵守各种传统规范，在与本氏族异性青年相处时尤其要言行检点，但是在这个范围之外，青年男女尽可以自由的社交嬉乐，并在交往过程中寻求伴侣。

聚居在滇西北一带的彝族，在为少年男女举行成年礼时也是以更装易服为主要内容的。其女孩子的成年礼“穿裙子”是颇有特色的。女孩子的穿裙子仪式是在自家羊圈的羊粪堆旁举行，据说这是因为羊粪肥地，使庄稼茂盛，在羊粪堆旁

图6-5　纳西族摩梭人女孩“穿裙子”仪式（云南永宁县）1

图6-6　纳西族摩梭人女孩“穿裙子”仪式（云南永宁县）2

图6-7　纳西族摩梭人女孩“穿裙子”仪式（云南永宁县）3

为女孩子举行成年礼象征着繁衍兴旺，多子多孙。仪式开始前要杀羊祭祖，诵念祈神祈祖的吉利之词，并驱鬼除邪；然后，由主持仪式的年长妇女将一件红、黑两色的羊毛长裙在女孩的头部和臀部绕几圈。这种用羊毛裙子在女孩的头部和臀部挥绕的行为，是对女子的特有的祝福方式，其间包含着祈求种族繁衍兴旺之意。这一祝福礼完毕之后，即由另一位多子女的年长妇女为接受成年礼的女孩脱下小裙子。在一片祝贺声中，由那位行祝福礼的妇女为女孩庄重地穿上“大裙子”，然后再梳头装扮一番。接下来，所有来参加成年礼的妇女要陪着刚刚成年的姑娘一同吃羊肉，说各种吉利之词向她祝贺，并向她传授成年女子所必须知道的知识。至此，成年礼结束。这个刚穿上“大裙子”的姑娘被赞美为“鲜丽的花”而引得异性青年的注目。在这里，成年礼、装饰与求偶、生育之间的关系是显而易见的。

凉山彝族风俗中也有为女孩“换裙子”的成年仪式，彝族称作“沙拉洛”，是女孩从少年进入青年时期的转换标志。彝族女孩在15~17岁时举行换裙仪式，在本家支老年妇女的主持下脱去孩提时代的两色童裙，换上红、蓝、白三色相间的百褶长裙，再将长发由独辫改梳双辫，盘于头顶，绾住绣花头帕，衣领前饰一块银牌“布古”，耳垂上原先坠着的小海贝也被换成漂亮的银耳坠，手腕戴上了光闪闪的镂花银镯……经过梳洗装扮、成年礼之后的这个彝族女孩便由一个不起眼的黄毛丫头变成一个妩媚动人的少女了，小伙子们会围着她团团转。换裙后，她便可以谈情说爱、找婆家，同时她也将不再是本家支的成员了。

宁蒗普米族少年男女的成年礼，也是以穿戴象征成年人的衣饰为核心仪式的。无论男女都是在其进入13岁这个年头的大年初一早上接受“穿裤子”或“穿裙子”的仪式。男孩子的成年礼由父亲主持，父亲为儿子穿上成年人的衣裤，佩上腰刀，包上头帕和戴上耳坠。女孩子的成年礼由母亲主持，母亲为女儿穿上成年女子的衣裙，为她佩戴上女性常用的耳坠、银项链、手镯、银戒等装饰物，并将用牦牛尾制成的假发盘绕在她的头上，缀以紫蓝色丝线和串珠。按普米族的习惯，这样装扮的女子均已成年，可以结交“阿注”（普米语，朋友之意，也指实行走访婚的异性朋友）了。穿戴完毕，接下来是热烈的庆贺仪式。而后，受礼者要带着礼物去拜访村寨中的每户人家，这无疑是向大家宣布他（她）已经成年，于是众人纷纷赠送礼物以示祝贺，异性青年也会闻风而动。

还有一些民族，他们的孩子向成人转换时，已经没有特定的仪式了，但是仍然以改变装束、佩戴饰物或在身体上施以成年人特有的标记来表示他（她）已经成年。这种成年方式虽然不再有严格的仪式程序，但它的基本文化功能却是存在的，即给予换装了的青年应有的权利。“当某一天早上，他们以新的装束或身体上某一部分所显示的特征出现在亲友面前时，是引人注目的，人们会欣喜地向村寨中这位刚刚成年的人表示祝贺。而且最重要的是从这天起，也已成年的异性伙伴会用一种不同于过去的眼光来审视他（她）了，而他（她）自己亦可用新的、从哥哥姐姐那里学来的眼光和举止取悦于成年的异性伙伴，赢得他们的青睐和爱慕”[1]。

僾尼人的女孩成年时，经山寨里德高望重的老人同意，便可摘下孩提时的小圆帽，改戴插满彩色羽毛、缀满银泡、鲜花，并高高耸起的头冠。只有戴上了这种标志已经成年的头冠，才可以恋爱结婚。小伙子们看见姑娘换上了这样的装扮，便会前来求亲寻偶。西双版纳哈尼族“鸠为”“吉座”这两个支系的男孩在十六七岁时也要摘掉少年时戴的圆帽“吴厚”，改缠头帕“吴普”。换装后的男青年也享有恋爱结婚的权利。

布朗族女孩长到十五六岁时开始梳妆打扮，她们耳戴银耳柱或银耳环，头饰银牌，胸前佩饰各色玻璃串珠等。父母还要送给女儿一个竹篾板凳、一个小竹箩、一套新衣裙和一块染齿的铁锅片，告之她已经成年，可以去结交男友了。

云南瑶族青年男女都以头饰标志成年。女孩长到十五六岁时，便摘下儿时的花帽改包头帕。包头帕仪式是在农闲时集体举行，由年纪大些、已经包上头帕的姑娘为女孩们包头帕，并教会她们如何包好头帕。男孩也是在十五六岁时摘下花帽改包头帕。少年男女包上了头帕即表示已经成年，可以寻偶了。但对于有些瑶族少年来说，他们还必须经历庄重的成年礼“度戒”，才能成为青年，获得恋爱资格。

瑶族女子有修眉和绞面的习俗，她们将眉毛修成弯弯的细眉或将眉毛全部拔除，修眉的同时还要绞去前额、两鬓和后颈的绒发。修眉绞面的习俗或是实施于未婚少女，或是实施于已婚妇女，各支系有所不同，但目的却是同样的，即作为已婚或未婚的标志，同时也视其为一种美。大致上，流行女子修眉绞面习俗的瑶

[1] 王亚南，郑海：《生——死：永恒的诱惑与恐惧》，云南人民出版社，1991年。

族支系有：广西防城的花头瑶、广西龙胜的红瑶、云南马关和绿春的蓝靛瑶、云南金平的红头瑶和尖头瑶、广西凤山平乐的蓝靛瑶、广西十万大山地区的板瑶、广西田林的蓝靛瑶、贵州的长衫瑶、广西的布努瑶、广东连山和连南的大排瑶以及广西融水、凌云、巴马、从江和云南富宁、墨江等地的瑶族女子。在云南思茅地区的瑶族姑娘都有一对细细的弯眉，她们只要取得了戴黑帕平顶帽的资格，就要开始修整自己的眉毛了。按照习俗，姑娘们三五相约，从家中火塘里抱些柴火灰，到山林里去。她们互相帮助，将柴火灰抹在眉毛上，用丝线绞下一根根多余的眉毛。经过反复修整后的眉毛仅火柴杆粗细，如同两条细线嵌在明亮的大眼睛上，她们以此为美，更确切地说，她们以此为成年未婚的标志。小伙子寻偶时，首先要细看姑娘的眉毛，否则会闹笑话。思茅瑶族女子婚后便不再修眉了。

海南黎母山地区的黎族妇女同样有修眉习俗，她们以眉毛又弯又细为美。按此地风俗，未出嫁的少女不得修眉和除掉脸部汗毛。姑娘出嫁时，由母亲为其绞去脸上的汗毛和修整眉毛。此后许多年，她都要修眉绞面，保持光洁的面孔，这也是已婚妇女的标志。

此外，高山族也有修眉绞面习俗。泰雅人皆以前额宽阔为美，所以男女都将额部绒发拔去。曹人成年男子也有拔除额发的习惯，以前额呈方形为美。阿美人的一部分女子还盛行拔除额发，但男子却无此俗。高山族各族群女子大都有修整眉毛的习惯，她们将眉毛修成细长的弧形。处于母系社会的阿美人和一些卑南人的男子也有修眉的爱好，但南部的一些阿美人女子则忌讳修眉，她们视其为一种淫佚。拔除面毛的方法为，男子用竹片夹子拔，女子则用麻线捻拔。修眉往往限于青年男女，成婚后即止，该习俗应该与婚姻和审美有关。

裕固族女子长到15、17或19岁时，其父母会选择吉日，宴请宾客，为女儿举行“戴头面”仪式。届时，由特意请来的儿女双全的年长妇女为女孩梳头，并将华丽精美的“头面”系在少女的发辫上。然后。装扮一新的女孩依次向众宾客敬酒，众人均以吉祥之词祝贺女孩成年。同时。父母要为女儿另设一顶小帐房。从此该少女便可以自由结交男友，生儿育女亦不受社会非议。

另一方面，各民族青年男女之间谈情说爱有一定的季节性。一般说来，秋收之后和春播之前是年轻人的恋爱季节，众多的节庆活动也是在这个季节里进行，故节庆活动期间往往是成年未婚男女求偶的佳期。节庆活动中的未婚男女无一例外地都会盛装打扮自己，以期获得异性青年的爱慕。

在苗族所有的重大节日中都少不了“踩芦笙”“游方”等求偶活动。苗族在踩芦笙的时候，极其讲究服饰，尤其是未婚少女个个身着盛装。她们身穿锦绣花衣、百褶裙、绣花鞋，佩戴着银冠、银花、银梳、银簪、银凤雀、银角、银泡、银牌、银锁、银耳坠、银镯、银戒、银项圈、银链等重达5千克的各种银饰。芦笙场上，盛装媲美的姑娘们随着芦笙调子翩翩起舞，格外引人注目。这种华丽的装扮，一是炫耀家庭富有；二是表明姑娘心灵手巧，精于绣工；三是把姑娘们打扮得美丽迷人。其目的都是为了使小伙子倾心，使姑娘能够选择佳偶。因而踩芦笙不仅是姑娘们的大事，她们的母亲也极为重视。母亲们守候在芦笙塌，时时为女儿装扮。芦笙场上，无论是吹芦笙的小伙子还是跳舞的姑娘，都在暗中物色自己的意中人。白天在芦笙场上已经眉目传情的青年男女，晚间还可以趁游方时进一步增进友情。所谓“游方”，就是未婚男女晚间聚集在芦笙场上集体对唱、谈笑、增进了解，情投意合以后便双双走向树林、田野。这时，小伙子可以向姑娘讨信物，姑娘有意，即可取下头上的绣花带系在小伙子的芦笙上，有的甚至摘下银项圈赠给小伙子作为爱情信物，这是两人初步定情的象征。在征得双方父母同意后，便可正式订婚。很难想象一个不加装扮的姑娘能在芦笙场上找到如意郎君。

在云南新平、元江两县的花腰傣聚居区，盛行着每年两度的“赶花街”比美习俗[1]。花街原本就是青年男女对歌、交际、择偶的聚会，久而久之，便形成盛大的节日。这天，盛装的姑娘们在此云集比美，小伙子们则挑选意中人。是日，傣洒少女天不亮就要起床，由阿妈帮助梳妆打扮。傣洒少女的头饰极为华美，她们将乌黑长发绾髻于头顶后侧，红色发箍上的银泡耀眼，坠着一团团花蕾般的银响铃，五光十色的丝带把精美的小笠帽系在发髻上。硕大的银耳环衬托着姑娘们喜气洋洋的脸庞。她们身穿镶嵌闪亮银泡的短褂，外套一件镶绣华丽的超短上衣，衣服之短足以展示她们腰饰的美。其腰饰丰富至极，花带在腰间层层缠绕，小褂下摆垂着的无数银坠均匀地排列在后腰，串串芝麻响铃在腰间晃动，长长的丝带

[1] 孙军:《滇中花腰傣妇女服饰与“花街”比美习俗》,《民俗》1989年第7期。

将精美的“花秧箩”系在腰间，手上戴着数只银镯和镂花银戒……盛装的傣洒姑娘个个迷人漂亮。早晨，打扮得比孔雀还美丽的傣洒姑娘们伴着叮当作响的银铃声款步走到寨门，由一位从前在花街比美中获得过美誉的中年妇女带领，前往花街比美。当姑娘们成群结队地走进花街时，早已等候在那里的小伙子们便围着姑娘们团团转，目不暇接地寻找意中人，相中后便将信物放入姑娘的花箩中。倘若姑娘也中意，就收下信物，并用眼神暗示小伙子跟她走。如果姑娘觉得不中意小伙子，则礼貌地退还信物。被姑娘看中的小伙子随着意中人来到大青树下或竹林深处，双双唱起情歌。情投意合之后，姑娘会从花秧箩中取出篾饭盒，请小伙子吃定情饭，并留下一扇饭盒给小伙子作为以后提亲的凭证。花街比美是傣家人婚嫁习俗的序曲，也说明装饰与求偶是联系在一起的。

许多少数民族都有给他们的未婚少女以特殊装扮的习俗。高山族布农人少女须头戴花环；云南彝族的未婚少女头戴漂亮的鸡冠帽；黄平僅家少女戴红缨帽；德昂族少女腰系红花带；黎平苗族少女后背缀一个漂亮的背扇等。小伙子看见姑娘们身着这样的特殊装扮，便会前来求亲寻偶。傣族有一首情歌是这样唱的：

漂亮的姑娘们，别羞羞答答，
躲在黑暗处，低头不开口。
你们不开口，我心中也明白，
你的发髻上插着花瓣，为的是招引情郎[1]

按傣族习俗，只有未婚少女才能用花朵装饰发髻。而以头饰作为少女未婚的标志（求偶的标志），哈尼族僾尼人是非常有特色的，僾尼少女的头饰以奇特、艳丽著称，其中又以尖头僾尼为甚，并因少女的头饰如峨冠高耸而得名。尖头僾尼姑娘的头饰由青色土布、竹片、陆谷米、獴猪刺、银币、银泡、鸡毛、贝壳、野花等组成。这些平常之物，经僾尼姑娘和山寨里的能工巧匠精心编织制作后，如同一件件工艺品，把姑娘们打扮得美丽动人。每年的11月至来年的春节前后，以及赶街日，是僾尼青年男女恋爱的佳期，这时的僾尼姑娘要格外地精心打扮自己。头饰漂亮的姑娘往往受到英俊小伙子的青睐，小伙子会背上行囊、弹着小三弦，

[1] 岩温扁，岩林：《傣族古歌谣》，中国民间文艺出版社，1981年。

翻山越岭前来求婚。如果姑娘不精心打扮自己，那么就很难找到如意郎君[1]。已婚女子则必须摘下头上的各种艳丽饰物，因为那是少女求偶的标志，只有少女才有权佩戴。这些已相当明确地表明装饰与求偶是互为关联的。

综上可以看出，在各民族中，取得了成年资格的青年男女，大多可以在传统规范允许的范围内自由地交往和恋爱。这无疑是社会赋予他们的最显著的权力。在这里，服饰装束不仅是成年的标志，而且还是吸引异性注目的美饰。因而说，服饰与身体装饰所具有的审美功能，始终是与求偶目的交织在一起的。

## 第四节　装饰与历史

中国少数民族大都没有自己的文字，他们的历史文化往往依靠口头文学或装饰艺术来表述。在这方面，苗族是相当突出的。苗族是一个没有文字的民族，苗文化属于无字文化，与许多无字民族不同的是，苗族不仅将其历史传统倾注于口头文学之中，更将它倾注于图画之中，这主要表现在苗族的刺绣图案里，而这些刺绣图案又主要用在服装上。苗族老人对苗族少年进行历史文化教育时，常指点着服饰图案而说。苗族叙事性服饰图案不仅长盛不衰，而且十分丰富发达，可谓到了以服饰再现历史的境地，内容包括缅怀祖先的创世图案、祭祖图案和记载苗族先民悲壮历史的迁徙图案。“蝴蝶妈妈”“姜央射日月”“天地”“黄河”“长江”“骏马飞渡”“江河波涛”“平原”“城池”“洞庭湖”等母题图案均显示着苗族历史发展的轨迹。“蝴蝶妈妈”刺绣图案主要用在女服的两袖和围腰上。传说蝴蝶妈妈是由枫树心变化而出，所以蝴蝶妈妈居于枫树之上。这图案被苗家人视若神灵，因为蝴蝶妈妈生养了苗族的祖公姜央。在女服刺绣中还常见到“姜央兄妹合磨成亲”这个关于人类起源的图案，以及表现远古神话“姜央射日月”的图案。从枫树生蝴蝶妈妈、蝴蝶妈妈生姜央到姜央兄妹合磨成亲再造人类至姜央射日月，这些富于神话色彩的服饰图案追溯了苗族先民从母系发展至父系时代的社会历史。



[1] 杨志坚:《僾尼姑娘头饰》,《民俗》1989年第9期。

在苗族服饰图案中更广泛的是记述苗族先民悲壮迁徙史的“黄河”“长江”“平原”“城池”“洞庭湖”“骏马飞渡”等主题图案，它们是一部关于苗族先民社会历史演绎的一部文化史书，生动地描绘了苗族祖先的生活和历史，表现了苗族先民如何经历战争风雨、跋山涉水迁徙他乡的这一历史事实。这些图案被视为苗族群体的标志而世代奉行着，不仅活着的人珍视它们，去世的人也必须穿戴上有这类图案的寿服才能下葬。苗族认为只有这样，死者的灵魂才能返回祖先故地，那里有“城垣九十九座城，内铺垫青石板，城外粉刷青石灰，城里住着格蚩尤老。”

“骏马飞渡”是苗族服饰和头冠上的珍贵图案，由一排马和马背上的骑士组成，横贯在象征浑水河（黄河）的饰带上。这些也被称为“人骑马”的图案相当引人注目。居住在西南山区的苗族鲜有骑马、饲马的习俗，可是在苗族的头饰和服饰中却反复出现骑马的图案，必有其深刻的历史原因。回首展望苗族历史，这“骏马飞渡”是苗族先民悲壮迁徙史的见证。苗族远祖发祥和居住于中原地区。他们以蚩尤为酋长，曾大败炎帝，称雄于北部中原，代炎帝为政。但是，在与黄帝的征战中，蚩尤兵败战死，苗族群龙无首，被迫向黄河以南迁徙，在江淮地区建立起“三苗”国。江淮地区的洞庭湖和鄱阳湖一带土地肥沃，苗族先民在这里安居乐业。但好景不长，禹征三苗的长期战争迫使苗族先民继续南迁至武陵五溪地区，并逐渐分布至贵州、云南东部、四川南部、广西北部、湖南西部等广大地区。大约在汉唐之际，形成了今天苗族居住的基本格局。苗族先民每次举族南迁，都是在经历过大的战争失败之后进行的。正如黔西北苗族《迁徙史歌》记载的那样，战争中，他们出动数以万计的骑兵和步兵与敌人浴血奋战；战败后，就弃城南迁。到了新地方，又重建家园，“在老立修了一座座城池，在老立盖了一幢幢瓦房”。以后，敌人又来侵犯，苗族又挥戈作战，“千万匹战马，千万个战士，一齐向敌军冲杀”。战败了，他们又弃城南迁，又重建家园。在这场持续千年的战争中，苗族是悲壮的失败者，他们一次次地被逐出家园，背井离乡，四处漂泊。这种反复重演的历史悲剧在苗家人心中留下了深重的印记，使得他们将其流传于史诗中、再现于服饰上。苗族得以保存自身的民族个性，史诗和服饰图案功不可没，其强调了苗族共同的血亲族源，强调了他们曾有的共同生存空间。在漫长的迁徙过程中，使逐渐分离的苗族群体牢记共同的文化关联，令其永不忘祖先历史。这些浑厚、沉郁的服饰图案起初具有明显的功利目的，其不仅是祖先辛酸历史的见证，也是返回故土的路标。当严酷的现实打破了重返故里的希望时，人们便将其视为历史记忆而世代传承下来，其功利目的逐渐被思想意义所取代。苗族服饰图案的不朽价值在于培养苗家人的历史意识，教育苗族后人永不忘祖先故土，显示出苗家人对祖先的追忆和寻根的浓重乡思。这里，图画文字在历史的苍茫中，作为联系苗族群体生存的、最重复不已的经验，被视为本民族凝固的历史而展示与传承，使苗族群体得以在形式上拥有他们的“黄河”“长江”“平原”“洞庭湖”“城池”和“骏马飞渡”，完成其壮丽辉煌的“精神还乡”。对于没有文字的苗族，服饰图案代替了文字，发挥出文化符号的功用，从而使没有文字的苗族在这服饰文化史书中找到了自己特殊的文字，使装饰具有了历史的认知价值。

贵州镇宁苗族“迁徙裙”裙面上有81条横线，分9组，每组9小条，表示蚩尤有9子，每子又9子，共81子孙，组成81个兄弟氏族，也就是九黎部落。“星宿花”表示蚩尤和黄帝打仗夜间行军时靠星宿指引方向；“蜘蛛花”表示被围困时祖先顽强战斗的精神；“虎爪花”叙述了苗族迁徙到深山时打虎的故事。

虽然，任何一个民族都没能像苗族这样将服饰作为史书深切地表达历史，但是，将服饰作为历史的表象存在于许多民族中，已构成一种文化特征。

聚居于贵州黄平县的僅家人，服饰极有特色，其少女头戴红缨冠帽，帽前以银弓为饰，帽顶插一支银箭，缀以红缨，如同将军头盔，故称为“红缨冠”。僅家人说，这红缨冠帽是黄帝赐予的。相传黄帝时期，僅家人以狩猎为生，男女都精于射骑。当时战乱频繁，僅家人随同黄帝征战，立了大功。黄帝为表彰僅家人的功绩，赐予红缨冠帽，僅家人以此为荣，因而世代相传。现在，红缨冠帽已是僅家未婚少女的专用头饰，但在过去，僅家人成年男女可能都佩戴这样的冠帽，因为至今僅家人尚有为去世的成年人戴上这种饰有银弓箭的冠帽下葬的习俗。显然，僅家人的红缨冠是标志，也是历史的见证。

从远古时代，瑶族就能运用抽象元素来表达自己的文化意识。瑶族服饰载史的功能，早在汉代就有记载，《后汉书》载：“盘瓠诸子织绩木皮，染以草实，好五色衣裳，制裁皆有尾形”。《广东新语》载：“盘瓠毛五彩，故今瑶服斑斓”。南丹白裤瑶族男子白裤上的五条垂直红线，相传象征着瑶族盘王为了捍卫民族尊严而带伤奋战的十指血痕。白裤瑶女子着无袖、无扣贯头褂衣，其衣背刺绣有醒目的方形图案，即白裤瑶服饰纹样中著名的“盘王印”图案。传说古时候，瑶王的印被异族王子用“入赘”计骗走，瑶家失去了土地和权力，被迫退进深山丛林。为了记住这一历史教训，白裤瑶女子便将“盘王印”绣在衣服上，以此告诫后人。金秀花蓝瑶、乳源过山瑶女性穿着的上衣背面也有同类标志。瑶族保持包头绑腿的习俗，也与其历史传说中的图腾崇拜有着密切关系。

彝族也有以服饰样式反映祖先历史的现象。凉山彝族主要是曲涅氏族和古侯氏族的后裔，他们均有以布帕椎髻的习俗。所不同的是，曲涅氏族各家支男子椎髻一律偏左，古候氏族各家支男子椎髻一律偏右。这种不同方向的髻式，表现了其先民不同的迁徙定居方向。据彝族传说和彝文典籍记载：洪水时代，彝祖阿普都木避难于乌蒙山脉的“罗尼白”。其后，都木的六个儿子又在那里举行了氏族部落分支仪式，史称“六祖分支”，其中武、乍两支留在云南，涅、候两支迁至四川，布、默两支前往贵州。据考证，居住于凉山地区的曲涅和古候两个氏族是于唐代从云南的永善、昭通迁往凉山的，他们渡金沙江沿着美姑河而上，到达凉山中心地区利利美姑。而后，曲涅氏族向西（左）、古候氏族向东（右），沿着不同的方向迁徙并在凉山地区定居下来。故此，曲涅氏族男子的头髻一律偏左，古候氏族男子的头髻一律偏右，他们以头饰方式来记载祖先迁徙历史。彝族是个有文字的民族，关于彝文创始于何时，学术界有不同的意见。有的认为彝文始于汉代，有的指出在隋唐之际彝文已初具规模，但大多数学者认为彝文始创于唐宋或稍晚时期。从凉山彝族以椎髻方向来记录祖先迁徙的历史来看，当时的彝族先民很可能还没有文字。由于此时的彝族部落正处于父系氏族阶段，因而才由男子的头饰来标明祖先迁徙的方向。当能够用文字来记叙祖先的历史时，这种椎髻习惯便作为传统习俗而传承下来，所以人们至今依然能见到凉山彝族男子不同方向的髻式（图6-8）。

广西那坡彝族的摩公在节日时要身披兽皮衣，衣前襟粘满鸟羽，其服饰折射出古人披兽皮羽毛、穴居野外的原始生活。问其为何这般装扮，回答说：“我们的祖先最早是没有衣服穿的，我们这样穿戴是为了纪念祖先。”那坡彝族妇女胸前都佩有一块方形银牌，其纹饰主要是鱼。当地彝民说，古时候，他们的祖先以捕鱼为生，佩戴这样的饰物便是为了怀念先人。这些穿戴习俗均反映出彝族先民远古时期的生活历史。另外，那坡彝族妇女的腰间都佩有一条宽约16厘米的榆树皮制成的大腰带，漆得乌黑发亮，妇女们佩在身上显得英武大方，颇有古代武士的风度。相传，古时候彝族祖先的迁徙和征战都十分频繁，彝族妇女非常英勇善战，打仗时佩戴着宽大腰带护身，令刀剑不入。后来，这大腰带演化为妇女的护身符和吉祥物，一直佩戴至今。那坡彝族妇女佩戴大腰带的习俗反映出古代彝族妇女英勇参战的历史，也肯定了彝族妇女在历史上的地位。

图6-8　彝族古候支系男子服饰（四川凉山州）

将服饰作为记录民族历史的载体，这种现象在许多少数民族中都存在，这里并没有一一列出，上述记叙已能够说明服饰装束作为本民族历史文化的忠实记录所具有的文化价值和文化功能。因此说，人类服饰是史书，是人类文明史在人类社会和人自身的演变中所展现的文明印记。

象征太阳的羌族银牌装饰（四川松潘县）

# 第七章 少数民族服装款式与结构

从世界范围来看，东方人与西方人有着各自不同的服饰习惯。西方民族推崇人体的自然美，讲究合体的剪裁，服装具有立体结构的特征；而东方民族重礼轻体的儒学意识和美学传统，使其服装以飘逸流畅的穿着效果为最终目的，服装具有平面结构的特征。这就使服装结构出现了东西方各具特色的两大领域，即东方的平面结构和西方的立体结构。中国少数民族服装款式基本上都属于平面结构。

## 第一节　服装款式的成因

服装的款式结构及着装方式在人类生活中发挥着十分重要的作用，可以称作人类文明的源头。自上古时期以御寒、护体、遮羞为目的发明了衣服，穿衣逐渐成为人们生活中的一件大事。随着纺织技术和审美观念的更新，服装款式种类逐渐增加，功能越来越完善，经过数千年的发展以及不断的设计和改进，服装逐步具有了装饰身体、美化形象、确定等级、显示身份、承载文化等各种功能，形成了难以计数的服装类型和款式，其所体现出的设计思想和设计艺术，是人类世代累积的智慧结晶。

我国少数民族由于分布地域的辽阔、自然环境的区别、生产方式的不同、审美情趣的差异，少数民族服饰种类繁多，不仅南方民族与北方民族有别、草原民族与山区民族相异，甚至一个民族的不同支系服饰也各不相同。各民族服饰款式多样，色彩缤纷，工艺精湛，图案丰富，更显示出无穷的文化魅力，堪称中国文化宝库中的瑰宝。

由于各民族生存的自然条件、生产方式、风俗习惯的不同以及千百年历史发展、文化交流的因素使得服饰不断发展变化，形成了今天多姿多彩的民族服饰。服饰作为民族文化的一种形式和载体，其基本款式的继承性是比较稳定的。服装的构成要素主要有款式、面料、色彩，而在民族服饰中，对款式的继承可以说是最持久的。

### 一、自然环境与社会经济



在漫长的历史发展过程中，人类为了适应环境，努力地去认识自然、改造自然，形成了人类社会进而创造了辉煌的人类文明。服饰就是这种适应性选择的直接结果，古人把服饰列为“衣、食、住、行”之首，说明服饰是人类文明的重要成果之一。

## ❶ 自然环境

地理环境和自然条件的差异为不同服装款式的最初形成奠定了物质基础，勤劳聪明的各民族人民善于利用自然界里的各种材料来制作衣物。生活在密林中的独龙族能用箭毒树的树皮做衣裤，西藏山区的珞巴族用黑熊皮做帽子，云南少数民族多穿麻，新疆少数民族多穿棉，这些都和他们生活的自然条件有关。

服装还受环境的制约。一是要适应当地气候，寒冷地区的民族需穿长袍取暖，而热带地区的民族习惯穿短衣短裙。二是要适应地理环境，如生活在雷公山周围高山密林地带的短裙苗，妇女穿长25厘米的超短裙，而且常同时穿数条短裙，层层裙摆叠起呈蘑菇状，系前后围腰，这是因为森林中荆棘丛生、环境艰苦，穿短裙爬坡、劳动更方便（图7-1）。生活在山坡上的中裙苗，所处环境相对好些，妇女穿长及膝部的裙子，系围腰、裹绑腿。居住在平地的长裙苗所处环境最为舒适，女子可穿长裙，装饰得最为华丽。

服装最基本的功能就是帮助人体抵御恶劣气候，保护身体不受外界伤害。如鄂伦春族生活在寒冷地带，因游猎生活经常需要爬冰卧雪，而暖和厚实的狍子皮可为猎人阻隔风寒。游牧民族多用腰带紧束长袍，不仅可以起到保暖作用，腰带之上的空间还能存放物品，最重要的是，紧束的宽腰带对腰椎起支撑作用，在骑马时能保持身体的垂直稳定，减少马背上的颠簸引起的腰酸背痛。南方山区山路上荆棘密布，着裙在山间行走可能

图7-1　短裙苗过苗年（贵州雷山县）

刮伤腿部，因此绑腿就成为必不可缺的服饰。满族长期以射猎为生，加之征战频繁，经常握弓持箭，手部的御寒显得尤为重要，因此在袍服的袖口上加一圈状似马蹄的护手物，后发展为满族特有的箭袖。

在长期的劳动生活中，为便于人体动作，服装款式也与之相适应，为穿着者提供多种便利。如南方许多民族妇女都有系围腰的习惯，不仅起到装饰和点缀的作用，更主要的是保护衣裙在日常生活劳作中不被磨损、沾污，因为衣裙制作、清洗费工费时，而围腰更换较为容易。

在日常劳动中，双手的使用最为频繁，对袖子的功能性也提出了特定要求。少数民族服装袖子的造型非常丰富，都与本民族的劳动生产方式有关。如牧区的藏族袖子很长，可保暖御寒，热时又可脱下一只系在身后；南方许多民族采用紧窄或宽短的袖子，有的加假袖，有的在袖口处采用收缩设计，都能够使双臂活动时灵活自如，不受服装羁绊。

藏族是青藏高原的土著居民与古羌人的一部分融合而成的，生活在地势高、气候寒冷、自然条件恶劣的“世界屋脊”上，以牧业、农业为主，这就决定了藏族先民们服装基本特征是厚重保暖，为宽大暖和的长袖长袍。为了适应逐水草而居的牧业生产的流动性，逐渐形成了大襟、束腰的服装形制，在胸前留出一个空隙，这样外出时可存放酥油、糌粑、茶叶、饭碗，甚至可以放幼儿。天热或劳作时，根据需要可袒露右臂或双臂，将袖系于腰间，调节体温，需要时再穿上，不必全部脱穿，非常方便；夜晚睡觉，解开腰带，脱下双袖，铺一半盖一半，成了一个暖和的大睡袋，可谓一物多用。有人曾研究过西汉前后的青铜器图像及古代壁画，发现古羌人与今天的藏族服饰极其相近，都是肥腰、长袖、大襟、右衽、长裙、束腰、露臂、以毛皮制衣等，说明藏族服饰有着很强的稳定性，这正是生态环境与生

图7-2　藏族女子毛呢大袍（西藏那曲县）

活方式决定服装形制的最好说明（图7-2）。

东乡族所居的自然环境山大沟深，土壤贫瘠，冬长夏短，气候严寒。东乡族先民对这种自然环境的适应，体现在利用山地放牧圈养以羊为主的家畜，作为十年九旱、稼穑艰难情形下维持生存的底线；积攒羊毛、羊皮，作为服装饰物的原料；摸索、积累、发展，形成了以羊毛、羊皮为生产对象的技能，尤其是擀毡织褐等相对高超的手工技术、手工行业成为经济文化、生产生活方面的重要内容。

少数民族服饰不仅利用自然环境，还能反映自然环境，如哈尼族服饰就是梯田农业的记录和象征。哈尼族衣服上绣制的图案和银泡图案的排列，就像层层梯田一样重重叠叠，埂回堤转。又如，哈尼族叶车支系妇女的多层衣就有梯田特色（图7-3）。再如，过去叶车妇女已婚生育后，梳称为“俄莫”的独角发式，上罩一个称为“莫合”的角盖。角盖以正中为圆心，制作十二条向四周放射之褶纹，这些褶纹代表哈尼族的梯田水沟。这个角盖有着神奇的传说，说的就是哀牢山洪水泛滥、哈尼族开田造沟的经历。水和水沟是梯田的命根子，顶在头上，以作永久的记录与象征。

由于历史原因，苗族不断迁徙，大多居住在环境险峻的大山之中，各支系服

图7-3　哈尼族叶车人的多层衣（云南红河县）

图7-4　建在山顶的苗族民居

图7-5　贵州苗族民居

图7-6　依山傍水而建的苗寨

图7-7　西江千户苗寨

饰的差异往往与气候、环境有关（图7-4~图7-7）。如云南文山苗族马关式的服饰，由于这部分苗族居住于北回归线以南的亚热带高山河谷中，气候炎热，蚊虫较多，其服装款式多为右开襟绣花上衣，下着单层蜡染百褶裙，以便透风，小腿裹绣花绑腿，以防蚊虫叮咬；邱北的苗族，因居住北回归线以北海拔较高的山区，冬天气候寒冷，其上衣为对开襟，下着双层白色百褶裙，小腿裹着多层绣花绑腿，以抵御严寒；开远的苗族也居住于北回归线以北较为平缓的山区，冬天寒风袭人，上衣为右开襟绣花服装，下身着蜡染百褶裙，外加一件绣花风衣，几乎裹住整个身体，并且围腰宽大。

## ❷ 社会经济

服装款式形式的形成还与其所处的社会经济形态有着密切的关系。服饰作为一种人类创造的产品，它的发展与变化受到社会生产力水平的影响。由于各民族生产力高低有别，反映在服装上，不同的生产和生活方式对民族服饰款式的形成和发展起了重要的作用。

属于渔猎、采集等原始经济类型的赫哲族、鄂伦春族、珞巴族、门巴族、独龙族等民族，只能充分利用猎获物的皮毛或野生的植物纤维来制作衣物，仅能基本维持穿衣需求，因此往往服饰材料多样，加工较为粗放。从事牧业的蒙古族、藏族、哈萨克族、塔吉克族，过着游牧或畜牧生活，生产力水平较高，能够利用人工放牧的牲畜比较稳定地满足自己的生活需求，穿皮毛、毛纺制品便成为其鲜明的服饰特征，制作工艺也较为精细，不仅注重服装的实用性，而且也较多地考虑到了服饰的审美功能。从事农业经济的民族如朝鲜族、苗族、侗族、瑶族、维吾尔族等民族可以通过耕作、蚕桑来获取更为丰富的服饰材料，装饰、染色工艺也更为发达，因此服饰种类繁多，制作精美，体现出较高的审美价值。如果经济类型相同而生活的地域不同，也会导致服装的不同。如鄂伦春族和珞巴族同属游猎经济，但由于分属南北方，气候和出产不同，北方的鄂伦春族必须穿狍皮御寒保暖，而居住在南方地区的珞巴族则多利用当地出产的服饰材料。

由于环境变化或族群迁移，生产方式也随之变化，直接影响了生活习俗，使民族服饰在保持其独有风貌的同时，也会发生具有时代特色的变化。现代文明改变了传统生活，民族服饰也经历了从脚到头逐渐变化以适应新的生活方式的过程，因此现在所看到的很多民族着装都仅保持了头饰和上衣的传统款式。

生产力水平是纳西族服饰面料选择中的制约性因素。纳西族服饰在近2000年时间里，其面料选择经历了从皮革、毛毡、麻布到粗呢与细布的发展过程，基本反映了民族生产力发展的相应水平。秦汉时期，纳西族的民族活动以游牧、征战、迁徙为主。他们拥有制盐和冶铁技术，但主要用于生产与军事活动。可通过贸易途径从邻近地区换得一些布料，但当时的服装仍以皮毛制品为主，《东巴经》中也多有此类记载。到唐宋时期，纳西族“男女皆披羊皮”，但此时的羊皮已经有较好的加工工艺，因为当时纳西族制造的“摩梭盔刀”、鞍具等颇有名气。这种军工技术也影响到服装的制作水平，而且军事活动和对外交往也促进了服装的改进，比如传统服饰多有条带捆绑，脚上则“缠以毡片、挟短刀”，头发从早期的“编发”到后来的“束发”，依稀可见军事装束的影响。元明时期，中原轻纺工业较为发达，纳西族进入稳定的农耕定居时期，随着贸易的活跃，中原移民的增多，一大批工匠艺人进入纳西族地区，加上民族上层多次到中原参观访问，引进中原文明，使纳西族地区出现了“富冠诸土郡”的经济文化繁荣时期。当时，纳西族男子头绾二髻，旁剃其发，名云三搭头，耳坠绿珠，腰挟短刀，膝下缠以毡片，四时着羊裘。妇人结高髻于顶前，戴尖帽，耳坠大环，服短衣，拖长裙，覆羊皮，缀饰锦绣金珠相夸耀，显然已有明朝服饰的影子。从“男女皆披羊皮”到“短衣长裙”，表面看是服装风格的变化，实际上反映了服装面料的生产水平和制作工艺的变化，正是因为明代发达的纺织业和加工业，才有可能使纳西族服饰过渡到短衣长裙时代。联想到兴盛于明代的丽江古城，其中就以发达的工商业作为其经济基础，那里生产的皮革制品、铜器、铁器、毛、麻织品，曾行销滇西北地区和藏族地区，充分显示了生产力水平对服饰面料和制作工艺的决定性影响。

蒙古袍宽松肥大的结构特征也是因其对社会经济的实用性决定的，而这种实用功能逐渐演变为一种习俗，延续至今。蒙古族自古就有“日为衣，夜为寝”的习俗，所以蒙古袍多数都宽大、肥硕。除此之外，肥大的袍服可以多人相继穿着，早年经济条件多数不好，即使在这种情况下，巴尔虎蒙古族妇女也不会因为布料的短缺而将袍服做得合体，只要能得到足够的布料就尽量把袍服做得肥大一些。蒙古袍的下摆还能起到容器的作用。妇女如果手边没有容器，可直接用宽大下摆来盛东西，起到容器的作用，并且此习俗沿袭至今。

从社会学的角度看，民族服装款式之所以能够完整地世代相传还有一定的社会原因。在发达的社会环境或主流社会里，人们对时髦的追求总是不断更新，而在较小的社会群体中，就容易保持相对的稳定性。

南方很多少数民族地处闭塞的山区，由于经济相对落后，物质生活相对贫乏，处于自给自足的自然经济状态中，加之交通不便，活动范围相对狭小，缺少与外界的交流和沟通，因此很少受现代文明和外来文化的影响，基本处于一种远离主流文化的边缘状态。各少数民族文化在相对隔绝的地域空间中，独立地生长、发展，逐渐形成了具有本民族特点和风格的服饰。

不同社会环境的人们对服装的态度不同。在较为开放的社会环境里，人们对变化的容忍度也比较大，服装款式的变化幅度可以很大，都不会超出人们能够接受的范围。而在偏僻山村，服装款式的些许改动就会遭到反对和谴责，于是服装制作者只能在局部花纹图案上发挥创造性，而服装款式却能保持经久不变。

## 二、民族历史与宗教习俗

### ❶ 民族历史

服饰堪称民族的标志和民族文化的表征，其一直以来被用于记录民族历史事件和民俗信仰，历史文化均体现在服装上，尤其是没有文字的民族更是如此。每个民族都有其独特的服饰形式，民族服装反映了该民族特定的生活内容和历史文化传统，体现了民族的标识性、特殊性或地域上的局部性。民族服装将该民族从整个社会中区分出来，成为一个独特的个体，而该民族的每个成员都通过遵从这种约定而将这种独特性继承下来，表现了对本民族文化的认同。

民族服饰不仅作为区分族属的标志，同时还承担了社会角色的象征功能，体现穿着者的社会地位和身份，以便规范其社会行为。未婚和已婚、未成年与成年的服饰严格有别，不同场合、身份的服饰也不相同，多样化的服饰被赋予了明显的社会标识功能，并被世代传承。如布依族妇女戴甲壳帽是长住夫家的象征，纳西族摩梭姑娘换上大裙子是成年的标志。

在进行盛大民族活动或重大人生礼仪时，人们需要按规定款式着装，以示对祖宗法度的尊崇和执行。如苗族过牯藏节时，牯藏头必须穿传统服装，甚至日常生活中的行动都受到严格限制。在人生大事如成年、婚礼时，民族服饰扮演了重要的角色，通过服装使人们接受其社会地位的改变，帮助其从心理上完成身份的转换。纳西族摩梭人成年礼时为男孩举行穿裤礼、女孩举行穿裙礼，以示其已成年，可获得自由社交的权利。各民族的婚礼服饰更是美不胜收，是服饰艺术的顶峰，充分显示了人们对美的追求和对幸福生活的向往。

服装的任何发展变化，都与人类的审美情趣密不可分。人们以服饰装扮自己，以何种方式把布或其他材料的装饰穿在身上，完全取决于人们的思想观念。出于追求美、创造美的目的，民族服装的形成也同样受到各民族审美意识与审美观念的深刻影响。审美的不断完善，形成了社会群体性的心理定式，随着时间的流逝，各民族逐步形成了不容改变的审美惯例，导致了民族服装形制的长期稳定性。

如果说自然环境、经济生活等是民族服饰形成的客观条件，审美则是一个必不可少的主观因素。蒙古族各部落妇女头饰各不相同，都体现了本部落的文化特征和审美倾向，如巴尔虎蒙古族部落的牛角形头饰端庄威严，察哈尔蒙古族部落的珠穗头饰柔美华丽，科尔沁蒙古族部落的银簪头饰稳重华贵。

如果对各民族服装进行对比，则可以发现，越是历史久远的民族，或地理环境比较偏僻、社会经济比较落后的民族，其服饰的式样就越奇特、图案越古朴，装饰也更奇异，这些可能源自于远离现代生活的图腾崇拜。如拉祜族在服装上大量使用的黄、黑色源自于对老虎的崇拜，畲族的狗头冠、瑶族的狗尾衫体现了对盘瓠的崇拜，纳西族的羊皮披肩显示了对蛙的崇拜，而苗族服装上随处可见的蝴蝶图纹是蝴蝶妈妈的象征。

民族服装的特殊造型或纹饰往往与该民族的神话传说、历史事件有密切的渊源。如白裤瑶男子裤腿上的五道装饰线传说为盘王的血手迹，哈尼族叶车人的短裤源自一次惨烈的战争（图7-8）。历史上民族的迁徙也在服装上打上了烙印，如贵州威宁苗族地处高寒山区，以畜牧为业。上衣为对襟交领，肩部固定一大披肩，面料为毛麻交织，辅以镶补、刺绣工艺，既美观又可御寒，其交叉的几何纹饰表示箭，还有马鞍图案，显示了他们的祖先曾是北方的游牧民族。

社会变革也是少数民族服饰款式剧变的主要原因。服饰一旦成为文化的组成部分，便可能在社会政治变革时成为“革命”的对象，因而使服饰款式短期内发生急变。

对西南少数民族来说，清朝雍正元年的“改土归流”是一次触动较深的变革，其中也不可避免地波及服饰文化领域。当时的流官知府以“否定一切”的过激行为，对西南地区少数民族进行了“以夏变夷”内容的变革，强制性地将原来各具特色的民族服饰变成了统一的满汉风格。辛亥革命时期，一些地区少数民族男子服饰彻底汉化，长衫、学生装、中山装逐渐流行。到“文革”时

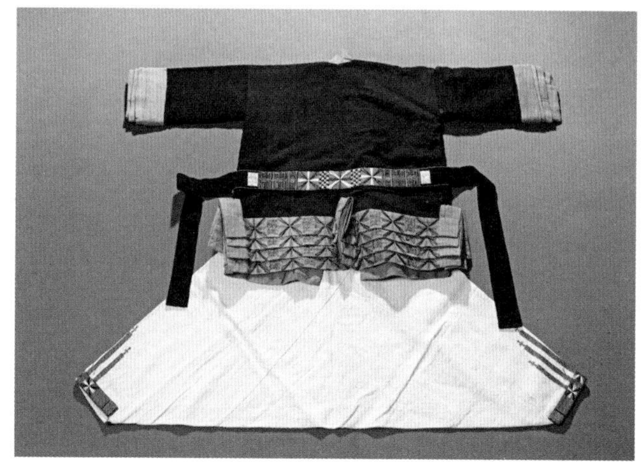

图7-8　白裤瑶男装（贵州荔波县）

期，把服饰列入“四旧”，主张变革，少数民族地区很多种类的民族服饰被作为奇装异服而革除，以黄军装为流行时尚。到改革开放后，随着对外开放的深入，经济文化的活跃，竞争的激烈，新一代年轻人已不再穿民族服饰，主动融入现代潮流，会制作民族服饰的人也越来越少了。到了21世纪，文化复兴使民族传统文化受到重视，各地政府采取有效措施，进行民族服饰保护和改革，以期为当地旅游业增添亮丽的色彩。而当非物质文化遗产保护工作轰轰烈烈地开展起来时，很多民族服饰进入“非遗”保护名录，有更多的人投入到民族服饰的研究和保护工作当中。各民族对服饰的责任感和自觉传承也热情高涨，甚至还出现了一些复古式的创新服饰。

### ❷ 宗教习俗

从另一个角度看，宗教习俗也使服装款式的形成多样化，并且具有各自的特色。宗教信仰是群体生存的需要，能增强民族的凝聚力，对民族的生存与发展起到不可忽视的作用，因此，在人们的精神世界中占有重要地位的宗教信仰，已融入了民族的观念、情感、心理中，宗教伦理影响了人们的道德观念和价值取向，这些因素渗透于服装中，使一些民族的日常服装款式也带有一些宗教色彩，承载着厚重的文化内涵。

在一些民族中，服饰不仅是族群的标记、身份权力的特征，更是反映了其宗教信仰和社会文化变迁的轨迹。人们在宗教信仰中寻求生活中的未解之谜，并通过特定的服饰来表达对信仰的崇拜。其中尤以宗教人士的服饰最具代表性。如鄂伦春族的萨满法师、纳西族的东巴、彝族毕姆、黎族三伯公、瑶族道公都有特定的服装，在进行传统宗教活动时必须穿着，以达到沟通神灵的目的。

伊斯兰教对回族、维吾尔族、哈萨克族、东乡族、撒拉族等民族服饰文化的形成、发展与传承产生了巨大影响。在伊斯兰教的影响下，服装款式遮蔽身体的功能一直占据着主导地位。

以穆斯林服饰为例，在回族服饰文化形成、发展与传承的过程中，在其文化特征的构成要素中，伊斯兰教的主导地位和核心作用都是十分鲜明的。首先，它界定了回族服饰款式以蔽体实用为主的功能取向。服饰的功能有多种，有遮身护体的实用功能；有装饰身体、表达情感的审美功能；有显示等级身份、社会地位的标志功能；有表现族群、职业、年龄、婚姻的识别功能等。民族不同，时代不同，地域不同，环境条件不同，这些功能的地位、作用及表现形式也不同。防护和遮蔽身体的实用功能是服饰最基本的功能。随着社会的发展，其他功能，特别是审美功能日趋凸显。但在回族服饰文化中，遮蔽身体的实用功能一直占据着主导地位（图7-9、图7-10）。这一特点，就源于伊斯兰教的宗教伦理和教法规定，源于回族人对伊斯兰教的诚笃信仰。伊斯兰教把男子肚脐以下、膝盖以上部分，妇女除手掌以外，上至头部，下至两脚都视为“羞体”。强调必须用服饰将其严密地包裹遮蔽起来，并以遮盖全身为美，反对裸露羞体的行为，尤其是女性。回族妇女用盖头把头发、耳朵、脖子都遮盖起来，即使炎热的夏季也不摘脱，既遵守了教义的规定，又形成了独具特色的民族服饰。服装款式方面，除部分老年人外，多数人虽不再穿长袍，但无论大襟衣、对襟褂，仍然讲究宽长肥大，以保证遮身蔽体的实际功效。在回族聚居区，如果已婚妇女不戴盖头，穿着短小衣裙，肢体外露，那是家庭和社会绝不允许的。

除上述遮蔽功能，在服饰款式的其他实用性方面，伊斯兰教的制约作用也十分明显。回族男子的无檐小帽就是典型的代表。伊斯兰教的拜功要求礼拜者的头部不能暴露，必须遮严，磕头时前额和鼻尖还要着地。根据此要求，不戴帽子礼拜不符合教义，戴有檐的帽子时前额和鼻尖又无法着地，只有无檐小帽才能兼顾两方面的要求。缠“太斯达尔”（头巾）也具有此功能。在冬季气候寒冷的北方地区，回族男子的小帽不具备防寒保暖功能，而人们，特别是一些职业宗教人士又

图7-9 哈萨克族妇女盖头（新疆阿勒泰市）

图7-10 回族妇女盖头（河南开封市）

不愿用其他防寒用品遮掩小帽，于是，既保暖实用，又能满足宗教心理和宗教活动需求的耳套就应运而生了。回族男子的麦斯海袜也是适应伊斯兰教的要求而产生和传承使用的。“麦斯海”是阿拉伯语音译，意为“皮袜子”。多用软而薄的牛皮、羊皮或骆驼皮制成。伊斯兰教规定，穆斯林每天五次礼拜都必须洗小净，包括洗脚。可在寒冷的冬天，人们多次洗脚极不方便，又容易得病。按规定，穿上麦斯海袜，就可以免去洗脚这一程序，只用湿手从袜子的脚尖至脚后跟抹一下，就等于洗了脚。进入礼拜殿时，也只需脱去外面的套鞋即可，既保暖实用，又给履行宗教仪式带来了方便。

中华民族多元一体的历史形成过程，也是各民族文化交汇融合、兼容并蓄的过程，民族服饰也随着民族文化的交融发展而持续变化和适应。可以说民族服装的款式一部分是在特殊的地理和社会环境下的创造，一部分是对中国古代服装款式的继承。

历史上，在长期的文化交流和民族杂居过程中，民族文化不断受到外族文化的影响，被先进文化或邻近民族文化所同化。这种同化表示一个民族对外来文化的认可和接受，起到调和民族关系、促进文化融合的作用。体现在服装款式上，就是由于某些特定的历史原因或观念因素，某些民族或某个支系的服饰发生变异，使原来特定的文化功能也随之变化，使现在许多民族服饰与历史记载有所不同。这种变异主要有两种，一种是适应性的；另一种是强制性的。

适应性的变异体现在潜移默化中，如少数民族服装承袭了历史上汉文化区曾经流行的某种款式，或与相邻民族的服装表现出一致性。如苗族女子对襟服装与明代汉族的褙子极为相似，又如贵州南部苗族和侗族交错杂居，在款式上基本已不分彼此。强制性的服装变革多见于社会动荡时期，如清代的“改土归流”，强制湘西苗族女子改穿钦定女装。这种服饰变化带有强烈的政治色彩，更强化了服装款式的文化功能。

虽然民族服饰在短期内感觉不到变化，但在历史上，各民族服饰之间的融合与交流却经常发生。随着文明的进展，文化形态的变迁，人们的生活方式、价值观念也随之变化，民族服饰也不断得以发展和丰富，形成了复杂多样的款式和结构。

## 第二节　服装的款式

“衣必常暖，然后求丽”，这说明服装的首要功能是防护，其次才是美化，也说明只有在经济能力达到一定程度时，才能出现审美需求。因此，服装款式与该民族的经济、生活密切相关。经济较发达的民族，服装的种类更丰富、款式更复杂、装饰也更华丽，而经济较落后的民族，服装种类则单一、款式简单、装饰极少。南方少数民族与北方少数民族在服装类型和款式上有着明显的区别。由于生存环境和生活习俗不同，南方民族服装的基本款式为上衣下裳，北方民族服装的基本款式为长袍宽带。

中国各少数民族服装的形制基本可分为长袍、长衫、连衣裙、大襟衣裙、大襟衣裤、对襟衣裙、斜襟衣裙、贯头衣等基本款式。

我国各少数民族由于各自历史的、地理的、政治的、经济的等诸多原因，社会形态的发展极不平衡。至20世纪上半叶，有的民族已具有了明显的资本主义萌芽，有的进入了封建制，有的却停留在原始社会末期，其服制相应地反映出各民族社会的层次性和生产力发展水平，这种不同的社会形态至今仍影响着民族服装的形制。处于发达文化阶段的民族，服装形制比较复杂，用绸缎、细布、呢料、裘皮等材料制衣，工艺讲究，制作精美；处于原始文化阶段的民族，服装形制原始，服装材料多为家织的棉布、麻布或树皮布等。

属于开化类服装的，有代表性的民族为满族、维吾尔族、蒙古族、藏族、俄罗斯族、乌孜别克族、傣族、壮族等。

属于较开化类服装的，有代表性的民族为苗族、羌族、彝族、纳西族、普米族、瑶族、布依族等（图7–11）。

图7–11　彝族绣花头帕（云南麻栗坡县）

属于原始类服装的，有代表性的民族为独龙族、佤族、黎族、基诺族、德昂族、高山族等（图7–12）。

图7-12 黎族麻织无领对襟衣（海南昌江县）

衣服的形制，是由简到繁逐渐发展的。当人类的祖先开始用天然石块和树枝捕击野兽时，当他们披兽皮保暖、用树叶遮阳时，最原始的服装就已经具备了雏形。至旧石器时代中期，人类将兽皮用锐利的石片切割成块和条，这种有意识地加工使服装脱离了雏形阶段，而骨针的出现使服装进一步被有意识地做成某种样式。最初的衣服极为简单，男女无别，通常是将整张兽皮披在身上，两只前爪扣在胸前，夏天正穿，冬天反穿。贵州西部和云南北部的彝族过去披一种羊皮褂，便是一张整羊皮保留了羊的外形，用前足当纽扣，没有衣领、衣袖。人类远古时期最初的衣服大概就是这样的。纳西族的羊皮披肩样式也很简单，就是将一块方形羊皮用绳子拴在身上，此后又在这个基础上发展为披毡（羊毛织品，较为宽大）。周去非著《岭外代答》称这种衣着方式为"昼则披，夜则卧，晴雨寒暑，未始离身"，描述得非常生动形象。这就是远古披兽皮的遗风。后来，人类在兽皮中央切开一个洞，穿时由头部套入，身前身后用绳系住，这样的服式被称为"贯头衣"，可以真正视作衣服，因为它已开始考虑到人体工学。

我国少数民族服装的形制为我们提供了服装的原始形态及发展进程参考，服装的各期进化形态都可以在少数民族服装中发现。这种由于复杂的历史原因形成的各个时期服装形态同时并存的局面，对于研究服装的演化、发展具有很高的参考价值。

## 一、长袍长衫

长袍为我国北方民族的特色服式。

立领大襟长袍由北方民族创造，它随着北方民族入主中原而流行于中原地区，其保暖性能优于对襟衣。立领大襟式服装通常为右衽、直腰或束腰、长袖、下摆呈弧形，其制作工艺复杂，样式也趋于成熟完美。此式服装南北方有别，北方及高原地区多为右衽长袍；南方多为单袍长衫，领式也有立领和无领之分。

长袍种类可分为皮袍、棉袍、夹袍、单袍等几大类款式，有大襟、斜襟等，特点为宽大、厚实。维吾尔族语称其为“袷袢”，哈萨克族语称“库普”，乌孜别克族语称“托尼”。

穿长袍的民族有满族、蒙古族、藏族、达斡尔族、鄂温克族、鄂伦春族、赫哲族、裕固族、土族和新疆地区各民族。东北三省以及内蒙古、青海、西藏等地区各族穿着时均系腰带，新疆地区各族穿着时多敞怀（图7-13~图7-17）。

藏族氆氇藏袍左襟大、右襟小，一般在右腋下钉一个纽扣，也有从红、蓝、紫、绿等色的布绸料中，任选一色做两条宽约4厘米、长约20厘米的飘带，穿时

图7-13　达斡尔族女长袍（内蒙古海拉尔）

图7-14　鄂温克族男女长袍（内蒙古陈巴尔虎旗）

系好，就不用纽扣了，氆氇藏袍不分男女都是斜襟服式。男式以黑、白氆氇为料，领子、袖口、襟和底边镶上色布或彩绸。氆氇藏袍一般比人的身高长些，穿时把腰部提起来，腰间的绸带以红、蓝色为多，既是腰带，又是装饰物。身穿氆氇藏袍，不论男女里面都穿上一件白、红或绿色衬衫，男子穿白色者多，外面再套藏袍。一般夏天或做活时只穿左袖，右袖从后面拉到胸前搭在右肩上，氆氇藏袍的袖比人的胳膊长得多，平时把袖卷起来，跳舞时放下两袖，用袖而舞，充分显示出藏袍本身所具有的古朴典雅的特色，也可脱下两袖，把两袖束在腰间，但寒冬腊月必须穿好两袖。

女子除了穿长袖氆氇藏袍外，还穿无袖氆氇藏袍。夏秋两季是穿无袖氆氇藏袍的季节，在花色或红、蓝、雪青等色彩鲜艳的绸缎衬衣外，再套无袖女式氆氇藏袍，显得十分美丽。冬天的女式氆氇藏袍都有长袖，穿时腰间都要束各种色彩的绸缎腰带，也有布腰带。藏族妇女在腰部系一块彩色围裙，藏语称“帮典”，是羊毛织成的彩色条纹氆氇。

长衫流行于西南民族之中，一是受晚清满汉服饰影响，男女都穿，兴

图7-15　哈萨克族对襟长袍（新疆阿勒泰市）

图7-16　维吾尔族对襟女袍（新疆和田市）

图7-17　柯尔克孜族女装（新疆阿克苏市）

起较晚；二是游牧民族的后裔迁徙到南方后仍保持着原来的一些着装习俗，长袍演绎为长衫，种类多为单衣或夹衣，由棉布或麻布制成，亦有用丝绸面料的。款式以大襟为主，对襟次之，比较合体，无领者居多，少数为立领。长衫是羌族、彝族、傈僳族、拉祜族、京族等民族的传统服式，部分苗族、瑶族、侗族、怒族的男子也穿长衫（图7–18）。

拉祜族妇女服装具有北方少数民族妇女服装的特点，多穿黑布开襟长衫，衫长到膝下，开衩至腰部，衣领和开衩处都镶彩色花边和银泡，下穿长裤（图7–19）。广西瑶族女子服装也有长衫样式，穿时系腰带。

图7–18 瑶族挑花对襟长衫（广西田林县）

图7–19 拉祜族女子长衫（云南思茅）

## 二、上衣下裤

上衣下裤是南方少数民族男子的主要服式，一些少数民族女子也着上衣下裤式装束。上衣有交领对襟式、立领对襟式、斜襟式、大襟式等多种类型。裤装主要是腰臀宽松、立裆较深、裤脚宽大的中式裤，亦有小脚裤和短裤式样。

立领对襟服式的特点是在衣领部位按人体颈部特征开出圆形领口，这样就保证了服装穿着时合体和保持对襟状态。早在隋唐时期人们便设计出符合人体特征的圆形领口，这是服装史上的一大进步。到了明代，又在圆形领口上镶一个立领。这种古老服式在少数民族地区十分常见，现今南方各少数民族男子的传统上衣多为立领对襟式。

大襟式服装的造型和装饰都极为讲究，工艺精湛。中式服装发展到这一步，可谓登峰造极。大襟衣裤是中南、西南和西北地区一些民族的典型服式。夏为单衣，冬为夹衣，以棉布为主要面料。上为大襟长袖衣，下为宽大中式便裤，镶有绣饰。西北少数民族冬季穿大襟棉衣，多套穿坎肩。有长短之分、肥瘦之别。回族、保安族、东乡族、撒拉族、白族、仡佬族、毛南族、畲族、土家族和部分哈尼族、布依族、侗族、纳西族、苗族等少数民族女子皆穿此服式（图7-20~图7-23）。苗族和彝族的部分男子亦有穿大襟衣裤的习俗。水族女子穿无领大襟半长衫，衫长过膝，领襟绣以精美的马尾绣，裤子裤脚或膝弯处皆镶有刺绣花饰。劳作时穿青布短衣长裤，系围腰。

图7-20 苗族大襟衣裤（湖南湘西）

图7-21　土家族大襟女衣裤（湖南湘西）

图7-22　毛南族大襟衣裤（广西环江县）

图7-23　仡佬族大襟衣裤（贵州贞丰县）

对襟男上装流行于云南贵州大部分少数民族地区，一件衣服由左、右前片，左、右后片，左、右袖片六大部分组成。衣襟钉5~11颗布扣，左襟为扣眼，右襟为扣子。上衣前摆平直，后摆略呈弧形，左、右腋下摆开衩。对襟男上装面料一般为家织布，色多为青、藏青、蓝色；下装一般为家织布长裤，由左、右、前、后四片组成，裤脚有大有小（图7-24~图7-27）。

云南大理地区的白族男子多穿白色对襟上衣，外套黑领褂，下身穿宽筒裤，系拖须裤带，其他一些地区的白族男子穿大襟短上衣，外套数件坎肩，三件相套谓之“三滴水”。白族女子一般都穿长裤，大理一带的白族妇女多穿白上衣、红坎肩或是浅蓝色上衣配丝绒黑坎肩，下着蓝色宽裤；洱源西山及保山地区的白族妇女穿右襟圆领长衣，衣袖和裤脚喜镶绣各色宽窄不同的花边。

图7-24 花腰傣男装（云南新平县）

图7-25　彝族绣花女衣裤（云南麻栗坡县）

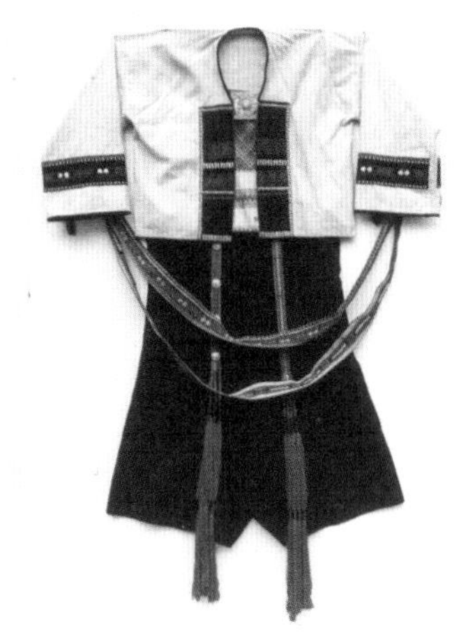

图7-26 彝族开襟衣裤（广西那坡县）

图7-27 基诺族麻织男装（云南景洪市）

哈尼族布孔支系妇女服饰为满襟布衣裳，下穿短裆紧腿裤，裤腿边缘绣着犬齿花。哈尼族布都支系妇女服饰用黑色自染布料作上衣，下装为齐膝短裤和绑腿带。哈尼族腊乜支系妇女衣服为土布料，裤子用黑布缝制，裆部、裤管窄小。哈尼族叶车妇女则常戴一尖形披肩帽，穿无领开襟短衣和紧身短裤，精干健美。墨江的哈尼族豪尼妇女穿无领右襟青布衣，下着长及膝的短裤，系白色腰带。

阿昌族未婚女子留长发盘辫，穿白、蓝色对襟银扣上衣，黑、蓝色长裤。大瑶山花蓝瑶女子穿对襟交领式长衣，衣侧开衩，领襟、衣摆、袖子皆施以精美的红色绣饰，下着青布短裤、织锦绑腿、木屐。金平红头瑶女子穿青布对襟长衣，领襟有红色绣饰和一排银牌。腰系青布带，带端挑绣几何纹，下着挑绣精美的宽大花裤，其裤子堪称艺术精品（图7–28）。

对襟衣裤也是丹寨的扬武、长青、排调等地苗族的女便装款式，上衣前襟长及小腹，下着过膝中长裤，银质围腰练吊与围腰，裹裹腿，头搭蜡染方帕或绣花头巾。

图7-28 瑶族对襟衣裤（广西那坡县）

## 三、上衣下裙

上衣下裙是南方少数民族女子的主要服式，其中有大襟衣裙、对襟衣裙、斜襟衣裙、贯头衣裙等类型。裙装样式丰富，有百褶大裙、百褶长裙、百褶短裙、长筒裙、短筒裙、缠裙、毛织大裙、凤尾裙等式样。苗族、侗族、布依族、壮族、瑶族、仡佬族、彝族、高山族、怒族、傣族、阿昌族、景颇族、佤族、布朗族、哈尼族、傈僳族等民族女子均以上衣下裙为常用服式。由于装饰风格不同、宽窄长短不同和穿着方式不同，这类服装款式十分丰富（图7-29~图7-31）。

图7-29　侗族贯头式百鸟衣（贵州从江县）

图7-30　壮族对襟衣百褶大裙女装（云南文山）1

图7-31　壮族对襟衣百褶大裙女装（云南文山）2

上衣多为夹衣，绣饰较多，以棉、麻布为主要面料，也有用丝绸和毛织物缝制的盛装衣裙。袖式有瘦长者，亦有短阔者。无领对襟式和交领对襟式由于没有裁剪出颈窝，在穿着时呈交领状，款式较为原始。下为筒裙或百褶裙。衣裙的形制、佩饰、色调因民族和地区不同而各有差异。

对襟交领衣裙和斜襟衣裙是南方各少数民族妇女的古老服式。斜襟是一种有意识的设计，其不仅美观也便于保暖，这种款式盛行的年代可上溯到秦汉时期。在我国少数民族服装中保留着斜襟式上衣由初始走向成熟的演变过程。现今穿斜襟式服装的少数民族有藏族、布朗族、布依族和部分苗族、瑶族、畲族、侗族、壮族等民族。与对襟交领式和斜襟式上衣相配的下装是中式便裤或筒裙（图7-32）。

图7-32　壮族斜襟衣裙（广西百色市）

开襟衣裙、胸兜是贵州南部和广西北部苗族、侗族女子常见的装束。最精美的刺绣往往施于穿在内的胸兜上部，开襟衣正好将其显露出来并衬托出女子洁白的颈项，增添了妩媚动人的气质。

傣族穿裙子因地区而异。西双版纳的傣族妇女上着各色紧身内衣，外罩无领窄袖短衫，下穿彩色筒裙，长及脚面，并用精美的银质腰带束裙；德宏一带的傣族妇女穿大筒裙配短上衣；新平、元江一带的花腰傣，上穿开襟短衫，着两层黑色绣花筒裙，内长外短（图7–33）。

哈尼族裙子式样繁多，有长有短，碧约支系妇女穿白色长衣和藏青色土布筒裙；西摩洛支系妇女上披无纽黑衣，外钉成排银泡，腰系白短裙，小腿缠绑腿布。西双版纳和澜沧一带的妇女，上穿挑花短衣，下穿及膝的折叠短裙，打护腿。僾尼支系妇女多穿右襟无领上衣，下穿短裙，裹护腿（图7–34）。哈尼族卡多支系妇女服饰用黑色自织染布作面料，上衣为左开襟式，绣以各种色彩鲜艳的图纹并佩以银饰，下着黑色长裙。

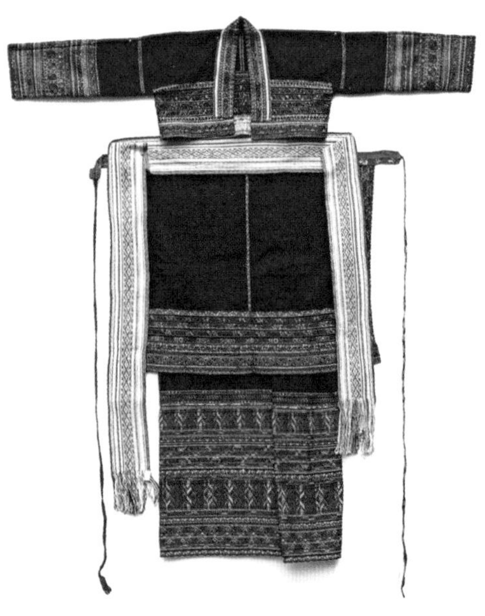

图7–33 花腰傣上衣下裙式服装（云南金平县）

图7–34 哈尼族僾尼支系上衣下裙女装（云南西双版纳）

景颇族女子穿镶饰银泡的短上衣，配以色彩艳丽的长裹裙，景颇族称之为缠裙，即是用未缝合的裙幅，穿时围在下身，接口居于左侧、右侧或前面，上口处掖好或系结好即可。景颇族的筒裙多以大红色为基调，上面用黄、黑、白、蓝、绿色的棉、毛线织出大大小小相间、相套的以菱形为主的几何形图案，精巧别致，与众不同。

基诺族妇女穿圆领无扣短上衣，黑布镶红边，镶七色纹饰，下着前面开合式的红布镶边的黑色短裙，裙子以家织土布制作，长仅及膝，较为窄小（图7-35）。

佤族女子穿无袖贯头紧身短上衣配长筒裙或短筒裙，筒裙以自织土锦缝制，红黑条纹相间，色彩浓艳，长度及膝（图7-36）。

德昂族女子多穿藏青色或黑色的对襟短上衣和长裙，上衣襟边镶两道红布条，用四五对大方块银牌为纽扣，长裙一般是上遮胸下及踝，并织有鲜艳的彩色横线条。

拉祜族除了穿长衫的支系，在西双版纳的妇女着无领开襟窄袖短衫，长度仅齐腰，衣边缀有花布条纹，下着筒裙。

图7-35 基诺族服饰（云南景洪市）

图7-36 佤族服饰（云南西盟县）

图7-37　傈僳族服饰（云南怒江）

图7-38　彝族服饰（云南屏边县）

图7-39　苗族服饰（贵州雷山县）

阿昌族已婚妇女穿红色或蓝色对襟上衣，下着织锦长筒裙，系黑布围裙。

云南傈僳族分白傈僳、黑傈僳、花傈僳，怒江白傈僳妇女普遍穿右衽上衣、素白麻布长裙，戴白色砗磲片（图7-37）。花傈僳妇女喜穿镶彩边的对襟坎肩，搭配缀有彩色贝壳的及地长裙。

彝族女子穿裙的支系主要是在四川凉山、云南文山及毗邻的金沙江地区，女上衣均为右衽大襟衣，传统衣料以毛、麻为主，喜用黑、红、黄色相配搭，下着用多层色布拼接而成的百褶裙，上半部适体，下半部多褶，长可曳地（图7-38）。

苗族女装以衣裙式居多，黔东南苗族女装以交领上衣和百褶裙为基本款，以青土布为料，花饰满身。川黔滇交界地区苗族女装上为麻布衣，下为蜡染麻布花裙。贵州中南部以及黔、桂、滇交界处的苗族女装上衣多有披领、背帕等，下装有青色百褶裙，也有蜡染裙，或以挑花为主、兼用蜡染。贵州雷山、凯里、台江三县交界地区苗族妇女，穿右衽上衣或无领交叉式上衣，下穿长及脚踝的青素百褶裙，系围腰，围腰与裙长（图7-39）。凯里、麻江及丹寨苗族妇女穿大领对襟大袖、胸前交叉式上衣，套挑花护腕；下着过膝寸许百褶裙，扎挑花镶边裹腿。榕江、从江以及黎平等地苗族妇女上装穿大开领对襟无扣上衣，内束挑花胸兜，着齐膝百褶裙，外以围腰束之（图7-40、图7-41）。

布朗族穿着简朴，女性服饰因年龄的不同而有差异。青年女子穿着艳丽，上身内穿镶花边的小背

图7-40 红苗绣花衣百褶短裙（贵州剑河县）

图7-41　苗族交领上衣百褶长裙（贵州台江县）

心，对襟排满花条，用不同的色布拼成，有的还在边上缀满细小的五彩金属圆片，亮光闪闪。西双版纳地区的布朗族女子穿收腰翘摆的黑色长袖斜襟衣，镶花边，紧腰宽摆，腋下系带，打结后下面的衣摆自然提起，呈翘起状。下穿两条自织的筒裙，内裙为白色，外裙有两色，长及脚背，内裙为白色，比外裙略长，露出一道花边。外裙的上面三分之二是红色织锦，下面三分之一由黑色或绿色布料拼缝而成，裙边用多条花边和彩色布条镶饰。臀部以上为红色横条，腿下为绿色或黑色，用布条或花边镶饰，用一条银带或多条银链系裙。临沧、思茅的布朗族妇女穿对襟短褂，前胸密缝20对布纽扣，下着筒裙，系腰带。

福贡地区怒族女子穿右襟短衣，麻布长裙，已婚妇女喜欢在衣裙上加许多花边。贡山女子用两块条纹麻布围在腰间，为分片式的裙装。

## 四、连衣裙

少数民族中，穿连衣裙的民族大多集中在新疆地区，如维吾尔族、哈萨克族、柯尔克孜族、锡伯族、塔吉克族、俄罗斯族、塔塔尔族等（图7-42~图7-44）。种

图7-42　塔吉克族女子连衣裙（新疆塔尔库尔干县）

图7-43　乌孜别克族女子的传统裙装（新疆伊宁市）

图7-44　柯尔克孜族女子传统连衣裙（新疆乌什县）

类多为绸布质连衣裙，维吾尔族和乌孜别克族用艾德莱斯绸，其他民族用棉布、丝绸、乔其纱为料。由于款式、装饰以及穿着方式不同而显示出各民族的不同特色。款式有松宽式、紧身大摆飞边式、短袖式、长袖式几种。

连衣裙是把上衣下裳缝在一起的一种裙式。连衣裙的上身可以有领有袖，也可以无领无袖，裙子部分可以打褶也可以不打褶。维吾尔族连衣裙呈筒状，上身短至胸部，少量捏褶，下部宽大，长及腿肚，最喜用艾德莱斯绸制作，这是一种维吾尔族自制的扎经染绸料，富有独特的民族风格。柯尔克孜族、哈萨克族的连衣裙以飞边装饰袖口、领口、下摆，层层叠叠，娇俏可爱。俄罗斯族、塔塔尔族的连衣裙有东欧风格，上部较为紧身，腰部紧束，裙摆宽大。年轻姑娘的连衣裙多为翻领，裙长及膝，夏为短袖，春秋冬为长袖。背带裙也是其特色服饰，裙腰上缀两条宽背带，挎在肩上，边缘饰以荷叶边。乌孜别克族妇女也穿一种色彩鲜艳的连衣裙，叫“魁纳克”，领口、袖口、下摆均绣花纹，外罩黑色坎肩，显得潇洒大方。

值得一提的是：①对襟衣裤是近现代南方农业民族男子的主要传统服式，流行地区相当广泛。②较特殊的男子下衣有佤族男子的兜裆布，黎族男子的吊裆（图7-45）和珞巴族男子的遮羞器等。③中华民族亦可称为穿裙子的民族，至今仍有36个民族以裙子为主要服式。中国传统裙装皆为直筒式，无论是佤族的片式包裙和傣族的长筒裙，还是苗族、侗族的百褶裙和朝鲜族的缠裙等，其展开来均为直筒状，没有太多的裁剪。这也是我国民族服装的特色之一。由于制作工艺不同，穿着方式不同，这些裙装呈现出的立体效果亦各不相同。

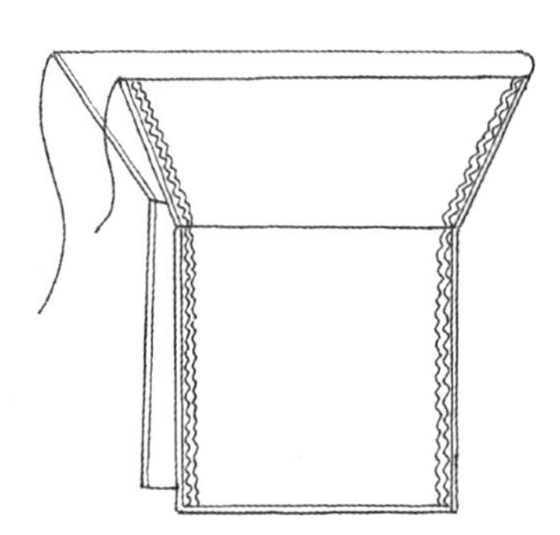
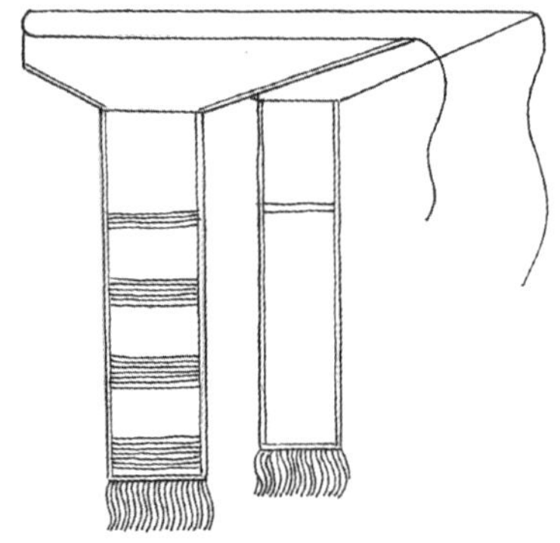

图7-45　黎族男子吊裆（海南乐东）

上述各类服式都是我国各民族适应其特定的生存环境和生活方式而逐渐形成的。生活在大兴安岭的鄂伦春族有适应严寒气候的服式；生活在草原上的蒙古族服饰便于骑马驰骋；南方热带民族服式简单，品种不多，但足以满足生活需要。总之，服装不可能脱离人类的生存环境和总体文化而单独存在。

## 五、穿着造型

服装的造型是服装与人体美的结合。服装造型有自己的特点，是立体的造型。服装从平面形转换成立体型，有多面造型和动态变换造型的特点，也有结合人体的体形塑造服装造型的特点以及结合面料性质、工艺特点塑造出造型的特点。出于上述的特点，服装的造型强调立体造型观念、强调人体活动的舒适性、强调用面料塑造服装造型的合理性，是服装款式构成的主要方式。

服装形态是由着装的人体、服装本身的形态以及着装方式三者综合而成的。少数民族服装虽然大多数属于平面结构，但经过着装后却具有繁复有序、错落有致的形态美。按照服装造型学的观点，省道是服装立体造型的基础。人体的胸、腰、臀的围度都是有差距的，具体值因人而异。如果一块布包围在人体身上，要保持布料在胸围线、腰围线、臀围线上的纬纱水平，就会在人体的胸部以上、腰的两侧存在多余的布量。省道就是把这些多余的布缝合起来，使布与人体曲线吻合，形成立体造型。省道转移就是以服装上某一点为原点，把多余的布料转移到别的地方去。少数民族中许多未成型服装不缝合衣料，而是通过穿着后完成服装造型的。如把长方形或椭圆形的布通过披挂在肩上、缠裹在腰间等多种方法，把平面的布料变成具有造型感的服装。苗族服装虽然是成型服装，但服装上的缝合线没有立体造型的省道线，所以才被称为平面结构的服装。但它却以同样的原理，在着装中进行省道转移，完成服装立体造型。比如，穿着侧面开衩的直领上衣时会把前下摆尽量从左侧移向右侧，从而达到腰部造型的效果。从省道转移的理论来讲，就是以开衩口为原点，把腰省转移到前中。

### ❶ 外形线条

服装与人体及其他各层服装之间也具有空间关系。出于舒适感及美感的考虑，民族现代服装也讲究服装与人体、服装与服装之间的空间关系。比如，外衣的领围比内衣大一些，因为外衣套穿在内衣外，松量要考虑人体舒适感、活动量以及服装造型。苗族服装通过层层叠穿，共同组合出不同的立体造型。因此，服装与人体、服装与服装之间的空间关系对其服装形态具有很大作用。比如里面穿了厚厚的十几层百褶裙后，在臀后再穿上飘带裙，飘带裙就会形成外扩的造型，状如蓬蓬裙。

苗族女装的着装方式一般遵循由下至上，由后至前的顺序。穿着时要遵循一定的次序，否则会影响外观效果，或是无法穿着。着装方式有两种：一种是把下摆束在下装里；另一种是衣服下摆露在外面。第一种着装顺序为绑腿、上衣、腰带、百褶裙、后围腰、飘带裙、前围腰。第二种顺序为绑腿、百褶裙、后围腰、飘带裙、前围腰、上衣、腰带、外套。一般来说，第二种着装方式较多见。

先穿绑腿的原因是苗族盛装穿着烦琐，一旦穿起来，就影响了肢体的灵活性，难以弯腰屈身。而绑腿的缠裹必须要弯腰，因此要先裹好绑腿。绑腿形态不一，有的是长布条状，有的是布片外加花带束缚，还有的直接是适合小腿的腿套，因此绑腿的着装方法也不同。即使同是布条缠裹，裹的方式也不一样，有的呈斜向绕缠，有的则为基本平行的绕缠，有的叠压部分较多，层级很密，有的则较为稀疏。布片缠裹和腿套一般还要在外面绑上花带，有的带子末端还垂有流苏。

清水江流域和都柳江流域苗族服饰的百褶裙结构不同，穿着方法和造型效果也不一样。但都是穿在上衣里面的，也就是上衣要覆盖裙子的上半部分。裙子的两端有系带，或者围好后另找一条花带系紧裙腰。其后围腰一般较为简单朴素，而前围腰则较为华丽，饰有精美的刺绣或织锦。先穿后围腰的目的也是为了显示前围腰的精美，避免遮住前围腰。飘带裙的装饰作用极为明显，所以穿在最外面。上衣有的是在穿百褶裙之后穿，有的是在后围腰和前围腰都系好后再穿。

服装造型从适体度上可分为三大类：第一类是适体服装，是按人体体形设计的服装；第二类为披挂式服装，如宽松式、缠裹式、垂挂式、披围式等；第三类则介于前两类之间，即部分披挂，部分适体，亦即松紧兼有的服装。少数民族服装中，这三类都有，以适体服装居多。一般来说，北方民族服饰都是适体的，而南方民族服饰则是以适体为主，披挂式为辅，如斗篷、围腰、云肩、背牌等，使用披挂式服装的只有独龙族和珞巴族。

法国时装设计师克里斯蒂安·迪奥根据人着装后的外部线条，创造了以字母形态命名服装造型的模式，常见的廓型有A、H、X、T、S等形式。少数民族服装的总体外形是在适应人体的基础上对服装加以放松或收紧而产生变化，并通过其他服饰配件的配套形式来体现的。

上述几类服装造型都在少数民族服饰中存在并反复运用、交替发展着，形成了千变万化的不同服装款式。有的民族服饰着装后的造型特征非常明显，也有根据服装造型命名的民族支系，如尖头瑶、长角苗等。

A型，强调臀部形态，如贵州短裙苗姑娘盛装时穿数十条花裙，将臀围夸张表现，这种形式反映了崇拜生育能力的古老信仰。

H型，不特意强调身体特征，讲求整体感，蒙古族、锡伯族的长袍即是典型服式。早期的长袍为直线裁剪，重视面料装饰而不注重体现人体线条。

X型，体现纤细的腰部，为西北民族常用的款式形式。如哈萨克族、塔塔尔族等民族姑娘穿的收腰连衣裙，就是该种廓型。

T型，强调肩宽，男装多采用此型。如藏袍穿着后的效果就是这种造型。

S型，强调柔美的女性特征，侧面线条呈现起伏形态，如贵州荔波瑶族女子穿五层短裙，内长外短，逐层显露裙边，穿时还在臀部增加衬垫物，使腰臀部有更好的曲线。

## ❷ 服装形态

从服装形态上来说，可以分为轻装型、重装型、膨大型 、缩小型、上重下轻型、上轻下重型、夸肩型、夸臀型（两侧出型、后出型）等形态。这些形态都是靠制作服装的各种技法而形成的，对外形有两方面的作用：一是使之合体，突出体型曲线；二是使之离开人体，夸张或扩张本来的体型。轻装型即紧贴身体的简短造型，如佤族女装，衣裙都很简单贴体，不夸大任何部位。重装型即夸大身体某部位体型，利用服装对身体进行重新造型，如贵州贞丰苗族女子在盛装时要穿几十件蜡染花裙，层层叠叠地堆在臀部。云南西畴壮族妇女身着百褶大裙，其穿着造型如鸟尾，故称为尾裙（图7–46）。

最简单的衣物造型就是披裹式的，珞巴族崩尼和崩如部落男子的上身衣服叫“尼嘎埃济”。它用竹针将两块窄幅土布缝合而成，呈长条毯状。穿戴时将布围裹于身，具体方法和过程是：先将长条横斜披于背，衣的上边角搭置右肩，再由左臂到右臂内绕身一圈半至右胸前与搭肩边角相接而成右衽状，袒露右肩臂，将衣的下摆往上翻折至膝，以竹“布喜”代扣，再束藤条腰带或土布腰带。

在穿着过程中也可以造型，如花腰傣女子在穿了外裙之后还有把一侧裙摆撩上去，形成侧面翘起的造型，既便于行走，也符合她们的审美习惯。壮族的“三层楼”服饰也相同，在系了围腰后要将围腰撩起来，形成线条上的变化，被称为“三层楼”。在民族服饰的搭配形式中，同一类款式还有长与短、宽与窄、大与小、方与圆、内与外的搭配区别。正是这些区别构成了服装款式的丰富性。

图7-46　壮族妇女尾裙（云南西畴县）

## 第三节　服装的结构

就中国少数民族服饰而言，除了部分蒙古族、乌孜别克族、俄罗斯族等受东欧民族影响，近代迁徙到新疆等地定居的少数民族的传统服装大多属于平面结构式，其主要有对襟、大襟、斜襟式上衣，袍衫和各种中式便裤、筒裙等。虽然这些服饰款式各异，领、襟、袖的式样和装饰风格不同，肥瘦、长短以及组合分割也各有特色，但都可以称之为东方式平面结构服装，这是中华民族服装的一个共性。

蒙古族中的布里亚特、喀尔喀、陈巴尔虎等部落的女子服装、呼伦贝尔草原的鄂温克族、敖鲁古雅的鄂温克族以及塔塔尔族、塔吉克族、柯尔克孜族、哈萨克族、俄罗斯族等受东欧民族影响的新疆等地区民族的女子服装都呈现出立体结构的特征，主要是由肩袖结构以及腰身的皱褶和省道体现出来的。

巴尔虎和布里亚特的主体部落曾分布在俄罗斯贝加尔湖以东地区，所以服装款式具有东欧民族风格，这在民族服饰中是很特别的（图7–47）。

布里亚特姑娘结婚后都改穿妇人袍，叫“哈莫根德格勒”，袍子外面加套坎肩，肩部高耸，纳有许多衣褶，衣褶下面的臂部和胸部都围饰着绣有金线的宽衣边，衣边图案美观，颇有民族风格。袖分两段，袖口部与姑娘袍相似，而与上身相接部肥大，用褶皱相接，在肩上凸起1厘米高的褶，是典型的立体结构服装。

图7–47　蒙古族立体结构女袍（内蒙古布里亚特）

服装结构根据功能设计而确立，同时还要根据人体的基本结构和人体活动的基本要求而确立，也就是根据人体尺寸加放量。服装结构的形式指的是服装裁片缝合形式、开襟形式和服装配套形式，而这些形式可以通过服装款式构成来完成。服装裁片与省道的形式变化的基本规律是裁片越简单、越少，服装越宽松；越紧身合体，裁片和省道变化越多越复杂。因此要以最精炼的省道达到表现形体结构的目的。省道尽可能与衣接缝结合起来、隐藏起来。服装结构必须运用裁片、接缝、省道的位置变化、多少变化、横竖斜曲直的变化，以达到省道转移的目的。

## 一、领襟形式

如果说人们对一套服装的第一总体印象是它的外轮廓，那么人们对服装形成的第一局部印象则是“领”，其衬托着脸颊与脖颈，有较强的直观效果。

领子位于服装上部的中心，承担着容纳颈部的功能，也起到衬托面部的作用，民族服装的领式多种多样，从实用和装饰功能方面展开变化，领子的形状、大小、高低、翻折和领线的改变可以形成各具特色的服装款式。如领线造型的变化可形成圆领、方领、一字领等，在领圈上加不同形式的领座、领面等可形成立领、翻领等。同时，领式也受襟式的影响，如交领其实也是衣襟的相交而形成的。根据裁剪和穿着时的状态以及通常理解，民族服装中常出现的领、襟名称如下：

无领：没有领座和领面的领型总称。

圆领、方领：领线造型为圆形或方形。

一字领、1字领、V形领：领线造型为“一”字、“1”字或“V”字。

直领：绱领，领与襟连为一体，穿时两襟平行。

交领：绱领，领与襟连为一体，穿时两襟左右相交。

立领：绱领，领为直立形态。

翻领：绱领，领为下翻形态。

披领：绱领，领披在肩后。

偏领：领绱于一侧，呈不对称状态。

贯头：没有开襟，开口在领口位置。

开襟：两襟大小相等，穿着时两襟相离。

对襟：两襟大小相等，穿时两襟平行、对合。

斜襟：两襟大小相等，衣襟裁剪时为倾斜状态，穿时左右交叠。

大襟：一片衣襟大于另一片，襟开于腰侧。

琵琶襟：衣襟上下两端为对襟，一片中部突出，大于另一片。

偏襟：一片衣襟大于另一片，穿着时衣襟相压偏离中线。

折襟：一片衣襟大于另一片，衣襟呈曲折裁剪。

依上述领襟样式，可将少数民族服装按领襟的组合形式进行归纳。

## ❶ 贯头式

贯头衣是服装史上最古老的款式，现今有部分藏族、珞巴族、门巴族、佤族、苗族、瑶族、彝族等民族仍保持着此类传统款式。

一字领贯头衣。广西南丹白裤瑶和贵州台江苗族支系僅家女子的上衣都是一字领贯头式（图7-48、图7-49）。广西南丹苗族女装夏衣为前短后长的贯头衣，为两片布缝

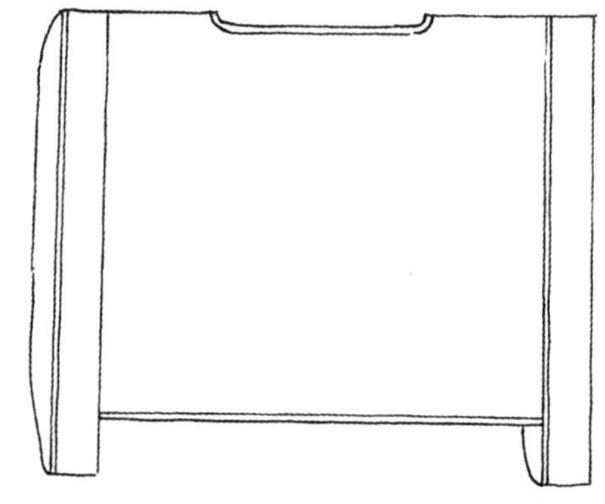

图7-48　白裤瑶一字领贯头衣（广西南丹县）

合而成，用布边作领，开口较宽，不加缘饰，腋下不缝合，留作活动余量，下配百褶裙，衣裙均以挑绣和蜡染装饰，图案以几何纹为主，风格粗犷。可以看出，这种衣式非常原始，仅将布料进行简单缝合，不加裁剪，因此服装贴体度较差。

一字领贯头衣（图7-50）。这种贯头衣多为两幅布纵向相接时自然留出的开口，海南白沙本地黎女子上衣即为竖向开口的一字领贯头衣，开口以红布沿边，袖口和下摆饰以精美的双面绣，配短窄织锦筒裙。开口处因为没有留出颈部的量，穿着时颈肩处会有皱褶。

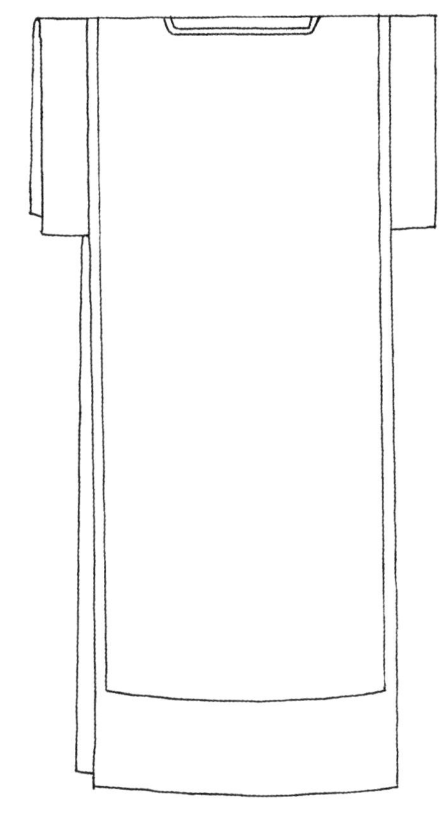

图7-49　苗族僅家人一字领贯头衣（贵州）

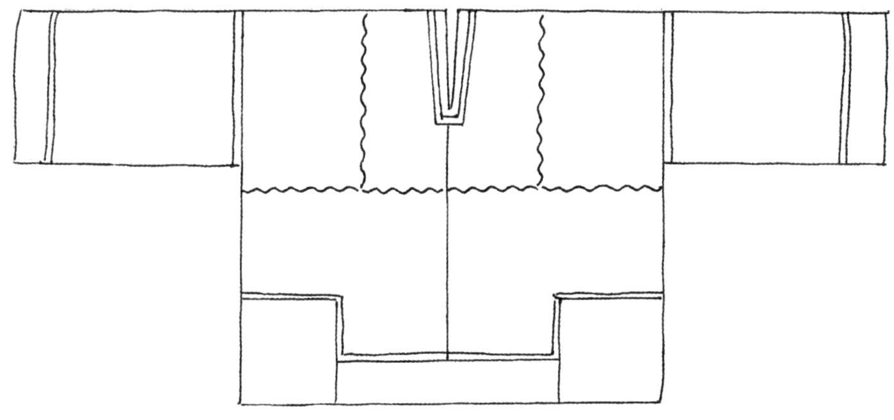

图7-50　本地黎竖一字领贯头衣（海南白沙）

V形领贯头衣（图7-51）。这种领式已经考虑到颈部的舒适度，在缝合前对前片进行裁剪，修出V形领线，云南西盟佤族女上衣即是如此。上衣短小，两块大小相同的布叠成前后两折，并列缝合前后中线，形成无领无袖的贯头衣，前面正中还规律地绣有几道短横线（就像装饰性的纽扣），下配筒裙。

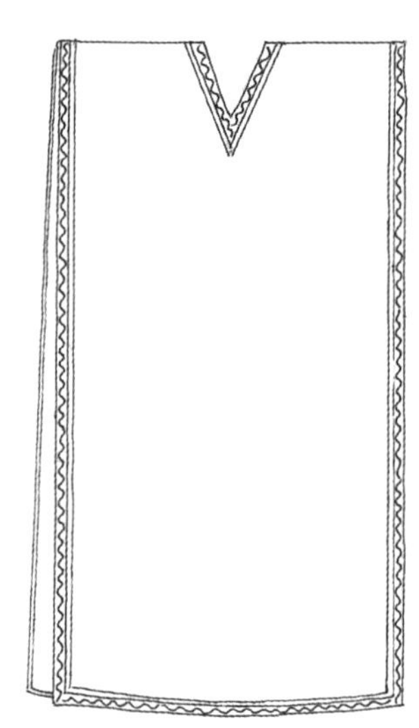

图7-51 门巴族V形领贯头衣（西藏）

方领贯头衣（图7-52）。领线为方形的贯头衣，如云南禄劝彝族妇女所穿，以一幅宽约1米、长约2米的白布为底，中间缝缀一块长约1米、宽80厘米的红色织花或绣花毛布，在上端约三分之一处开一方形领口。穿时将领口从头上套下，系腰带，并用腰带将贯头衣尾部系在后腰，使衣摆垂至膝弯。腋下不缝，近似披风。

圆领贯头衣（图7-53）。这种领式充分考虑到颈部的舒适度，在前后片上剪出圆形领线，简便舒适。圆领裁剪时至少要大于头围，否则应开口。云南富宁县彝族妇女传统盛装为圆领贯头衣，长至小腿，衣身分三段，腰以上部分为绘几何图案的蜡染布，中段为红布底绣菱形图案，下段黑色，以海贝作缘饰，两侧开衩至腰，衣袖用色布拼接。节庆时套穿多件，以多为美。

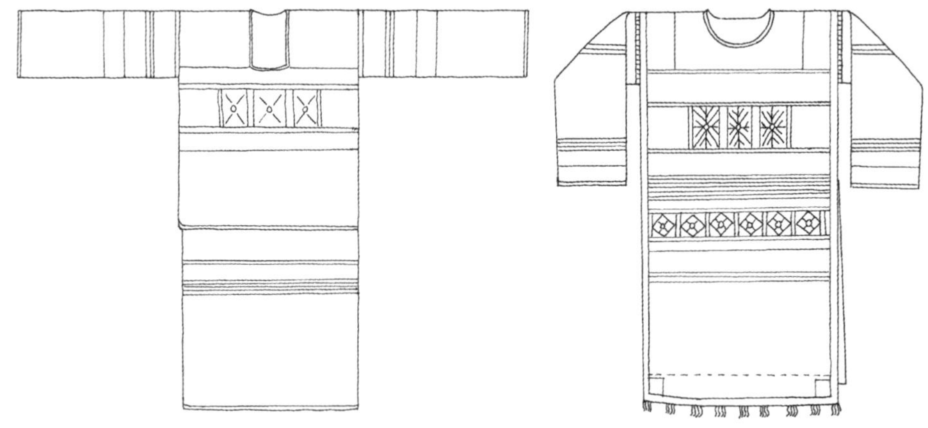

图7-52 彝族方领贯头衣（广西那坡县）

图7-53 彝族圆领贯头衣（广西那坡县）

翻领贯头衣。翻领贯头衣可看作是一字领贯头衣上加翻领而成，贵州花溪苗女上衣为前短后长的贯头衣，上接一高领，领右侧不缝合，镶饰白边，领宽略同肩宽，穿时领子翻向左侧，披于左肩之上，犹如一面旗帜环绕肩上，因此又称为“旗帜服”。盛装时穿两件上衣，领子左右对翻，白边相交于胸前。

## ❷ 无领开襟式

开襟是指两襟相离，不加系结的襟式，常为云南、贵州的一些少数民族采用，如哈尼族、傣族、景颇族、布朗族、基诺族、德昂族、傣族、苗族等（图7-54）。

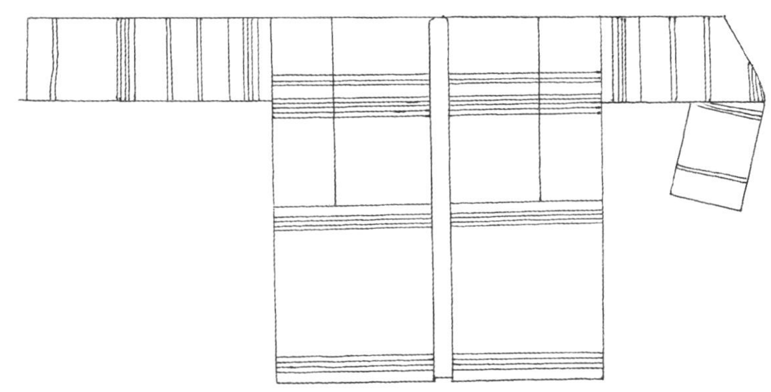

图7-54　基诺族无领开襟式男上衣（云南）

多为短衣，不用纽扣，穿时胸腹中间留空，以露出精美的内穿衣物，有时两襟侧会有繁复的装饰。

## ❸ 无领对襟式

此样式为将贯头式上衣的衣领部位沿纵切口延伸下去，打开两前襟，没有挖领窝也不另绱领子，如高山族贝珠衣即为对襟，前后身简单缝合，没有领线造型，周身缀满贝珠装饰（图7-55）。

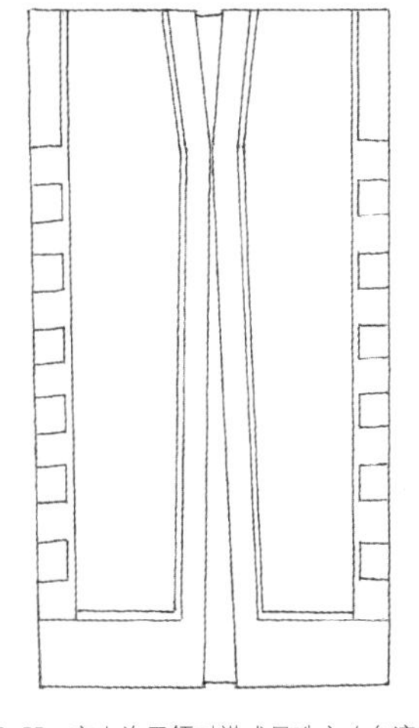

图7-55　高山族无领对襟式贝珠衣（台湾地区）

## 4 圆领对襟式

圆领是无领系列中最常见的款式，领口可大可小，最小为紧贴脖根，边缘一般需绲边。圆领对襟是西南少数民族男子服装中常见的服式之一。如凉山彝族的羊毛披肩，贵州仡佬族男子的圆领对襟式上衣等（图7–56～图7–58）。

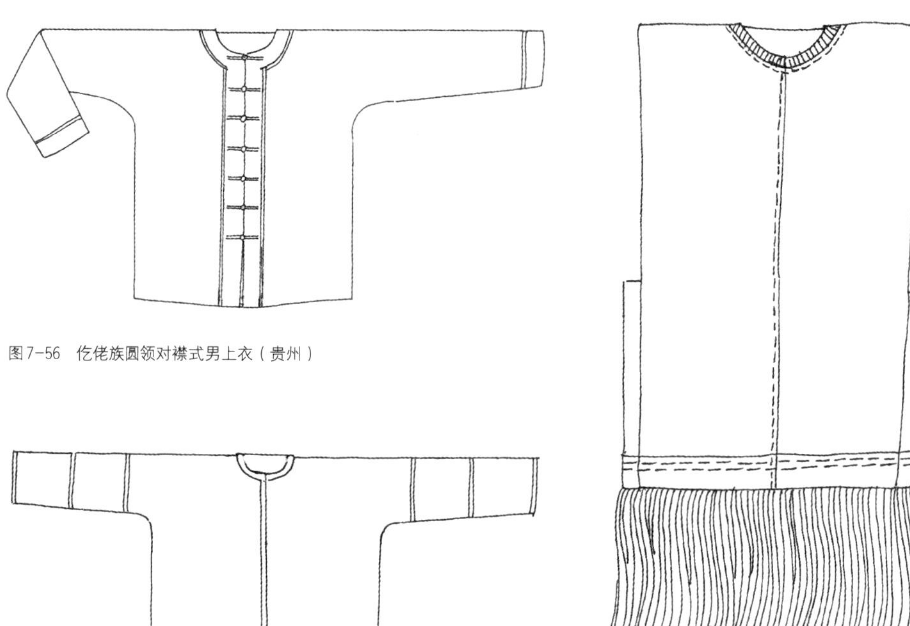

图7–56　仡佬族圆领对襟式男上衣（贵州）

图7–57　纳西族摩梭人圆领对襟式长坎肩（云南）

图7–58　布朗族圆领对襟式男上衣（云南）

## 5 圆领大襟式

这是女子常用的服式，如满族的旗袍即为圆领大襟，其他民族如蒙古族、湖南湘西苗族等受清代文化影响较深的民族，女子都穿圆领大襟式女袄（图7–59）。

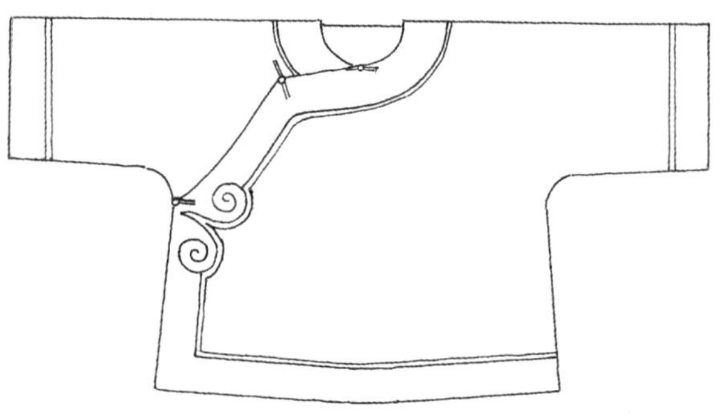

图7–59　苗族圆领大襟式女袄（湖南湘西）

## ❻ 圆领一字襟式

此服式前身开横襟，以纽扣系结。如巴图鲁坎肩，亦称十三太保坎肩，因横襟上有十三道纽扣而得名（图7-60）。衣身短小，穿于袍内，横襟使其便于穿脱，可以不必脱外袍就能解开拽出。

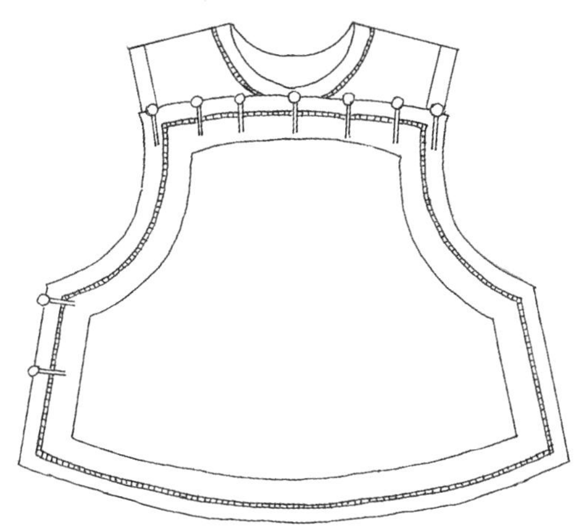

图7-60 满族巴图鲁一字襟男坎肩（北京）

## ❼ 圆领偏襟式

一襟比另一襟稍大，开襟处偏离中心线，在中心和腰侧之间。如下江苗族女装、拉祜族男上衣。赫哲族过去也穿圆领偏襟式上衣（图7-61）。

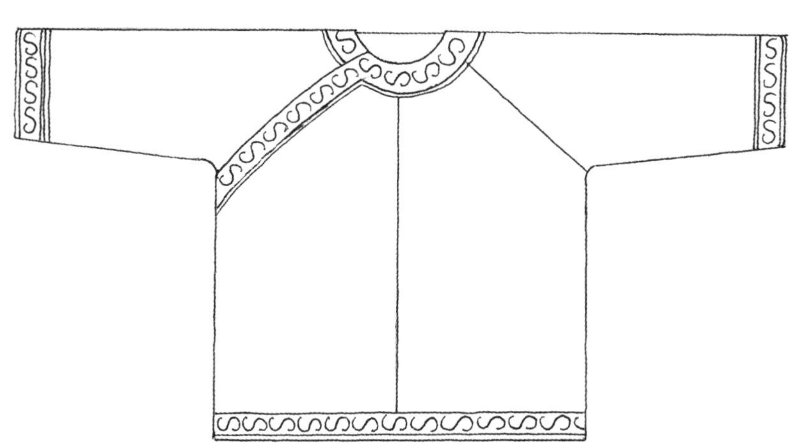

图7-61 赫哲族圆领偏襟式上衣（黑龙江）

## 8 圆领琵琶襟式

圆领琵琶襟是典型清代服装样式，由缺襟袍演化而来，主要流行于清代满族之中，受满族文化影响，一些南方少数民族也喜爱这种领襟形式。如湖南通道侗族女装为圆领琵琶襟上衣，配齐膝密褶裙，琵琶襟上有精细的绣花，服饰风格典雅（图7-62）。

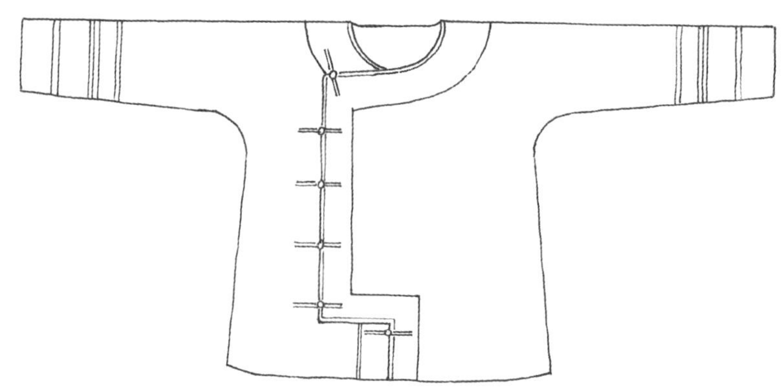

图7-62 侗族圆领琵琶襟女上衣（湖南通道县）

## 9 方领对襟式

领口为方形，衣身对襟，样式较为古老。如云南金平铜厂苗族女装上衣为前短后长的对襟衣，领为方形直领镶边，衣袖饰条状花纹（图7-63）。

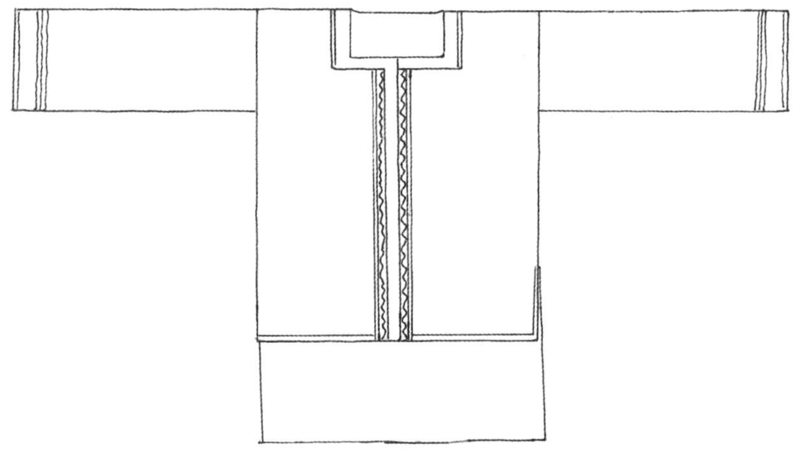



图7-63 苗族方领对襟式女上衣（云南金平县）

## ⑩ 直领开襟式

直领是指在领线和衣襟上加以宽边，穿着时领子贴合颈部会有立起的效果，而与衣襟相连又加强了统一感，显得简洁明快。

直领是南方少数民族中常用的领式，如美孚黎男上衣、侾黎男长衫、舟溪苗女。上衣以及新疆维吾尔族、哈萨克族、塔吉克族等民族的袷袢都是直领对襟式的（图7-64～图7-67）。此外，还有维吾尔族和田女袍，称“箭衣”，直领开襟，衣长过膝。胸前沿边镶补有七条横向排列的箭头形条状图案，两侧对称。据说此图案为箭袋演变而来。贵州雷山大塘苗族女装的领子后领下挖较深，穿着时整个脖颈与衣领相离，类似唐代女装的后领，其领襟结构也是直领对襟式。

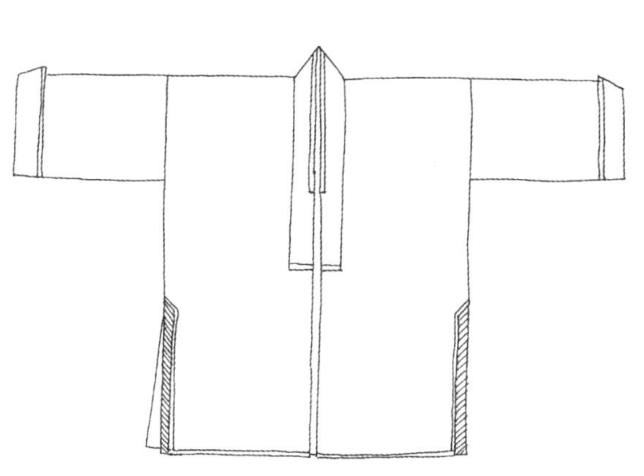

图7-64 美孚黎直领开襟式男上衣（海南东方市）

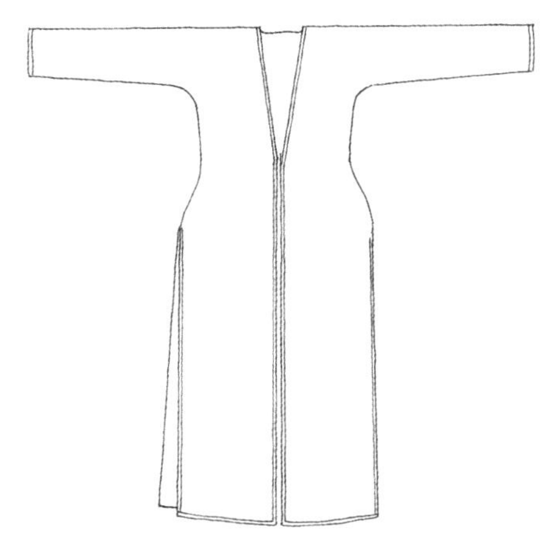

图7-65 京族直领开襟式女长衫“奥黛”（广西）

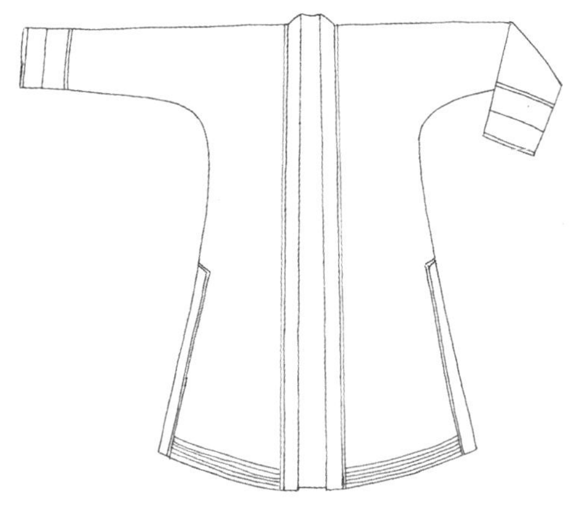

图7-66 侗族直领开襟式女衫（广西三江县）

图7-67 维吾尔族直领开襟式男长袍（新疆）

## ⑪ 交领对襟式

此类领襟平铺时呈直领状，但穿着时领子和衣襟一起交叠，故称交领。即此种服式平面看时为对襟，穿在身上时成为交领，底摆也随之斜向交叠。海南黎族男子的麻布对开襟长衫，穿着时也呈交领状。台江苗女盛装上衣以青色亮布为底，颈肩、两袖绣龙凤、瑞兽等花纹，对襟、无扣，穿时两襟交叠，刺绣精美的宽领护拥颈项，十分华美（图7-68）。

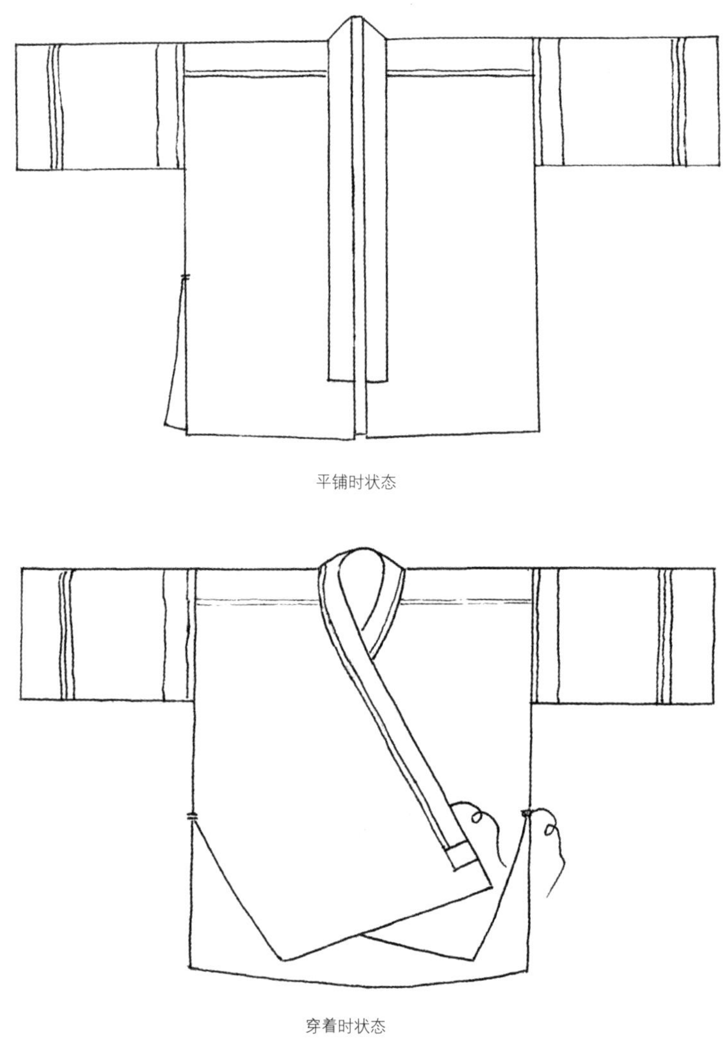


图7-68　苗族交领对襟衣（贵州台江县）

## ⑫ 交领斜襟式

此为南北方少数民族都比较流行的一种服式，青海土族男子所穿长坎肩、贵州月亮山苗族服装皆为此款（图7–69、图7–70）。此外云南景洪傣族女上衣为交领斜襟，下摆装饰五道宽花边，十分俏丽。

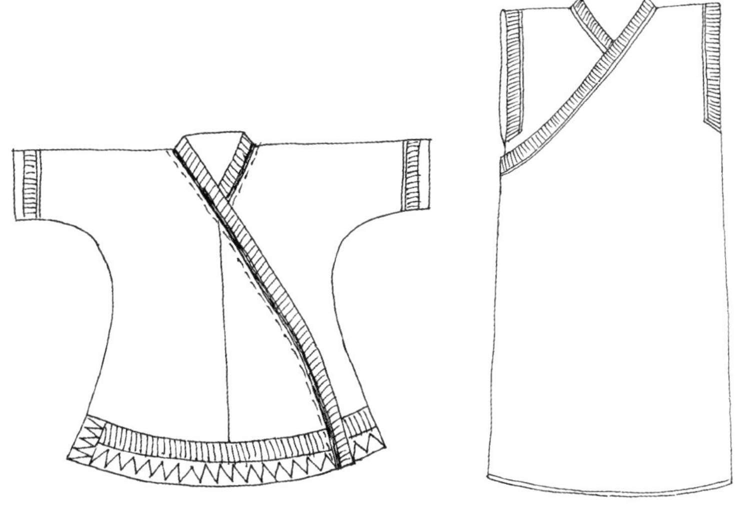

图7–69　月亮山苗族交领斜襟式男装（贵州榕江县）　　图7–70　土族交领斜襟式男长坎肩（青海）

## ⑬ 交领大斜襟式

此种服装款式裁剪时即将衣襟偏向一侧，多为右衽，保暖效果好，寒冷地区的民族多喜用此服式，藏式服装是典型的交领大斜襟式结构（图7–71）。此外，南方少数民族中的苗族、布朗族、侗族等民族也穿大斜襟短衣。

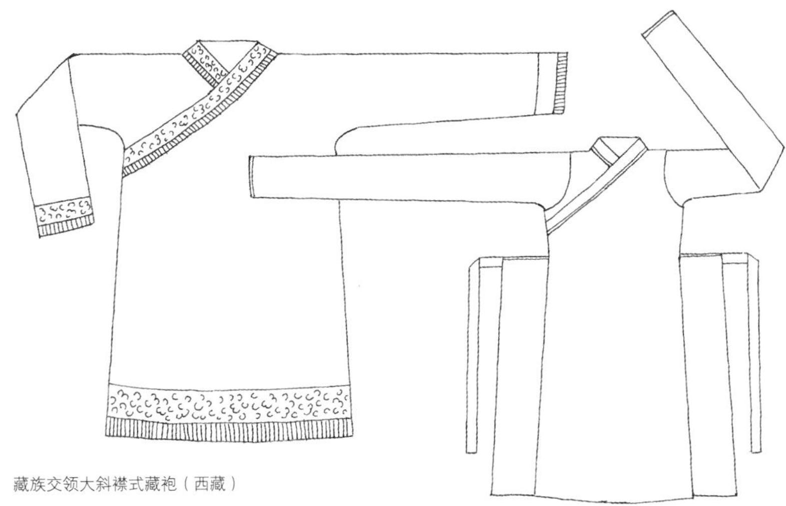

图7–71　藏族交领大斜襟式藏袍（西藏）

## ⑭ 立领对襟式

立领是北方少数民族常用的领式，立领对襟显得庄重典雅，满族男装多采用这种款式，代表服饰是马褂。受满族影响，汉族男装中亦以立领对襟为主要服式，南方少数民族中男装亦多见此服式（图7–72）。

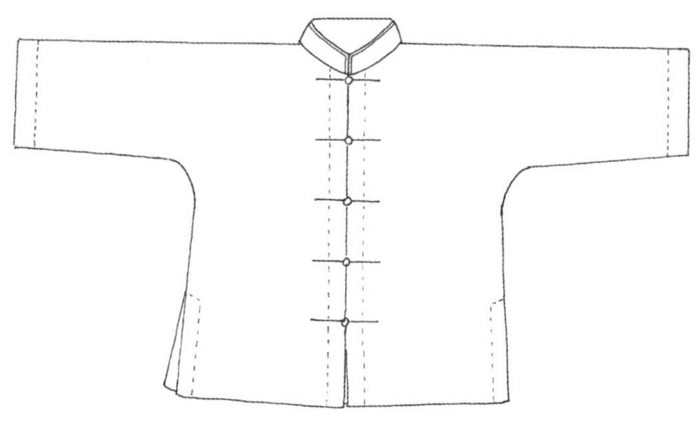

图7–72　满族立领对襟式马褂（辽宁）

## ⑮ 立领大襟式

这是常见的一种服装款式，保暖性最好，多为北方民族采用，如满族、蒙古族、土族、鄂伦春族等，受清代服装改制的影响，南方民族中土家族、毛南族等民族的女装也采用立领大襟式（图7–73～图7–75）。立领有大小之分，领线也有高低之分。

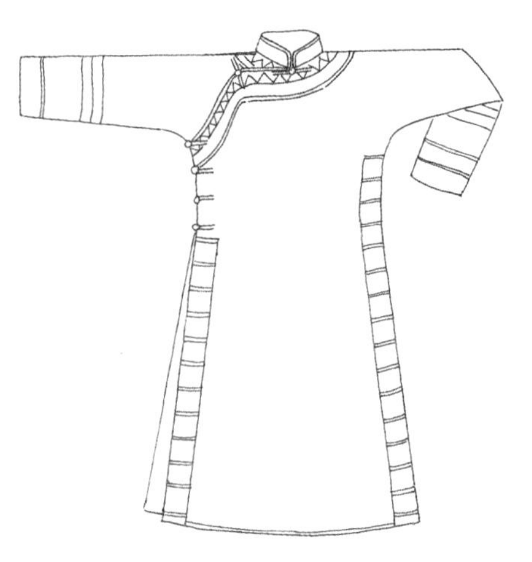

图7–73　拉祜族立领大襟式女长衫（云南）

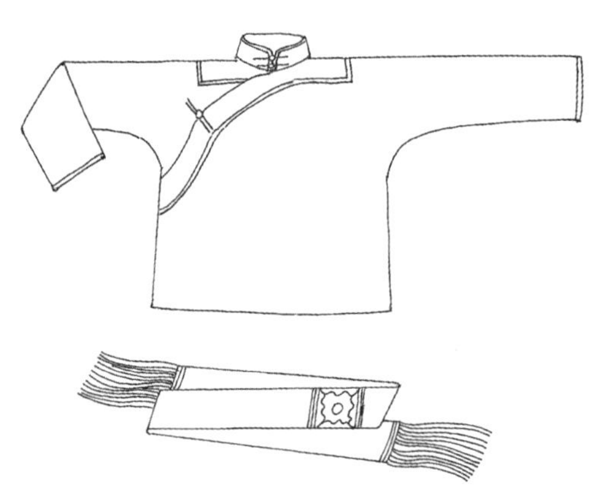

图7–74　土族立领大襟式男上衣（青海）

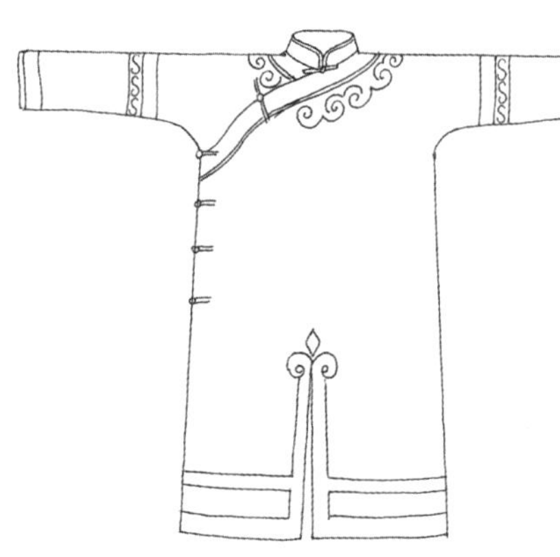

图7–75　赫哲族立领大襟式女袍（黑龙江）

## ⑯ 立领琵琶襟式

立领琵琶襟来源于满族服饰，为便于骑马，满族袍服出现了缺襟袍式样，进而产生了琵琶襟，现在琵琶襟在南方许多民族中也很常见（图7–76），如贵州丹寨县八寨苗女上衣就采用此种样式，湖南湘西的苗族和土家族男装亦常见此种样式。

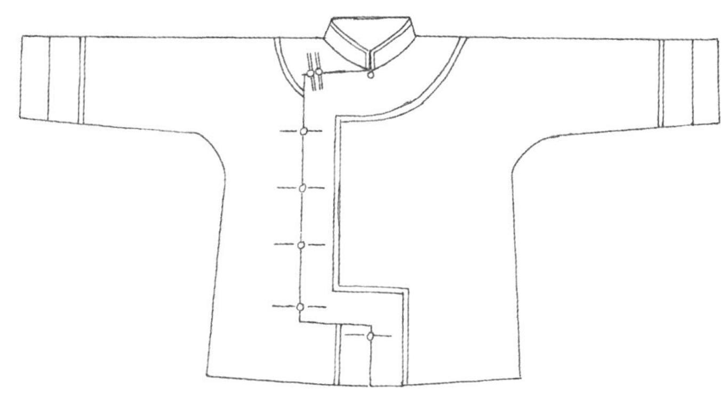

图7–76 土家族立领琵琶襟男上衣（湖南）

## ⑰ 翻领大襟式

乌珠穆沁蒙古族男女都穿翻领大襟式长袍，夏为单袍，冬为皮袍，其制作精美，保暖性能好，适合北方草原民族穿用（图7–77）。另外，四川古蔺苗族男装为披领大襟式长袍，两侧高开衩，衣领为挑花披领，穿时大襟外翻于胸前，束织花腰带。

图7–77 乌珠穆沁蒙古族翻领大襟长袍（内蒙古）

## ⑱ 披领开襟式

大多数民族服饰的披领为无领座披领，根据领子大小和位置可分为大披领、小披领、侧披领，如云南蒙自红寨式苗族女装为大披领，两襟起自肩颈交会处，离开较远，穿时敞开前襟（图7–78）。

图7–78　苗族后披领女上衣（云南）

## ⑲ 披领对襟式

内蒙古敖鲁古雅鄂温克族女装为披领对襟皮袍，其裁剪方式已突破平面裁剪，领贴服于肩颈，宽约10厘米，领缘、襟边、下摆均以各色皮条镶边（图7–79）。四川古蔺苗族女装为青色对襟麻布衣，袖口翻出较宽的白边，上衣另加披肩领，领宽约12厘米，下端绣几何纹。

图7–79　敖鲁古雅鄂温克族披领女袍（内蒙古根河）

## 二、衣摆形式

衣摆为服装上重要的装饰部位，因面积较大，可施以大量镶边、刺绣，展示制作者的手工技艺。同时，衣摆因位于服装底部，可自由发挥创造力，长短、造型都能随意变化，款式极为丰富。

按衣摆形态分有翘摆、圆摆、尖摆、侧三角摆以及燕尾摆等形式。

翘摆上衣一般为短衣，腰部收紧，下摆较短并上翘，显出女性婀娜的身姿。云南文山壮族、景洪傣族、布朗族女上衣翘摆与衣襟为整片裁剪，翘起处向上，缝制时加三角布支撑转弯使其衣摆翘起（图7-80）。

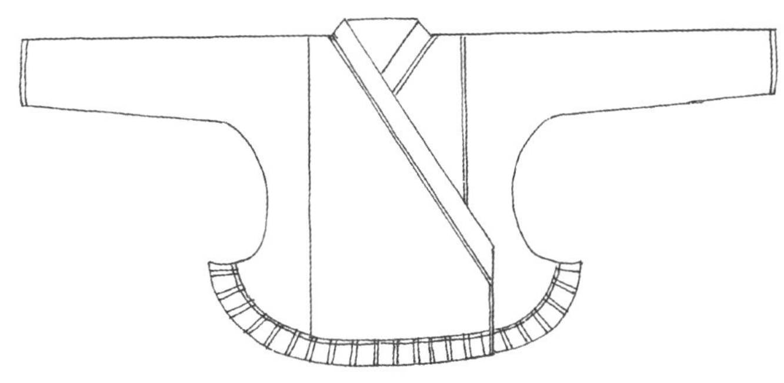

图7-80　布朗族翘摆女上衣（云南）

圆摆，如云南富宁壮族女装下摆为半圆形，镶饰多层花边，与袖口、环肩镶边相呼应（图7-81）。云南文山壮族女装上为短衣，下为百褶裙，其上衣开衩较高，圆衣摆，装饰精美（图7-82）。

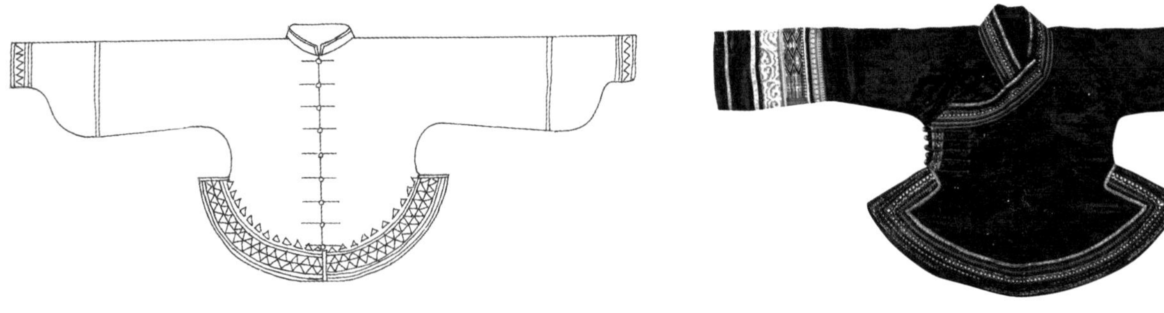

图7-81　壮族圆摆女上衣（云南文山）1

图7-82　壮族圆摆女上衣（云南文山）2

尖摆，前后衣摆中间长、两侧短，呈直线向中间倾斜，形成向下的尖角。如宰便苗族女装。这种衣摆中间部分形成向下的力，使服装富有动感。下配齐膝短裙。

侧三角摆，衣摆的侧面从腋下至底摆接出一个三角形，以刺绣装饰，侧缝在三角形内侧，接出的摆并不加以缝合。如岜沙苗族女装，女子走路时，绣制精美的三角摆在衣侧扇动，十分动人。

燕尾摆，后摆从中间分开，两摆各有尖角，类似燕尾形。云南麻栗坡男子穿蜡染衣，通常为三件套穿，衣摆层层叠叠，每件衣服后摆都呈燕尾形。

## 三、衣袖形式

袖子的构成因素有袖窿和袖片。袖窿是指衣身和袖子的连接部位，其位置上起肩头，下至腋窝。袖窿的大小与着装者的上臂围密切相关，但又不限于上臂围度。袖窿可宽可窄，最窄不能小于上臂围，最大甚至可与衣身长度相等，如蝙蝠袖就是从衣身底摆斜向袖口延伸的。袖窿与袖片应基本保持一致才能正确缝合，但泡泡袖例外。我国大多数民族服饰的袖子为接袖，就是没有袖窿，袖片与衣身的缝合处位于肩部以外。这样做主要是出于传统的平面结构习惯，因此尽管不太合体，仍然得以普遍流行。

从各民族服装款式看，按其长短、宽窄、裁剪方式以及外部线条来分，袖子有以下类型。

### ❶ 无袖型

即没有袖子的服装，衣式为坎肩，多在袖窿处表现造型，如大或小、弧线或直线。由于襟式、袖窿大小、下摆形状、开气高度及形式、衣身长度、肩的宽度以及装饰的不同形成了各种样式的坎肩。

羊皮坎肩为云南彝族男女老少都常穿的服饰，无领、无袖、无扣，长至小腿，通常用两张带毛的山羊皮缝制，保持羊的自然形态，尤其是四脚及尾部的皮毛不能剪掉，在当地彝族民间是姑娘出嫁时的必备嫁妆。平时劳动时也披，晴天毛朝里，雨天毛向外，挡风遮雨，特别适合气候多变的高寒地区。

珞巴族男子传统服饰“纳木”为黑色贯头坎肩，不挖领，上下一样宽，穿在外衣之外，既可防雨，又可作装饰。云南蒙古族坎肩为无领对襟，肩部较宽，宽度基本上位于上袖的位置，前襟钉有直排闪光纽扣，非常别致。哈尼族银泡坎肩款式非常奇特，正面为刺绣螺旋纹，周围镶银泡，背后为水滴状开口，满镶银泡和圆形金属片。阿昌族女坎肩造型很特殊，袖窿底部不缝合，衣摆呈波浪形，立领上缀饰银泡，胸前以三个錾花大方银牌为饰。藏族的长坎肩与藏袍款式相同，只是没有袖子，为交领斜襟，保暖性强。蒙古族男女均有穿长坎肩的习俗，与其生活在较冷的北方地区有关（图7–83）。

图7–83　蒙古族无袖长坎肩（内蒙古）

## ❷ 短袖型

短袖型分连肩式短袖和上袖式短袖，连肩式短袖是将来缝合接袖的衣身和肩部的布幅自然垂下形成的短袖。如侗族银朝衣，衣身紧小，袖也较窄。若为宽短的袖则可称为半臂，多为外穿，北方少数民族多见。上袖式短袖在民族服装中比较少见，如贵州贵阳花溪苗族女装上衣的短袖是起装饰作用的（图7–84）。

图7–84　花溪苗短袖女上衣（贵州贵阳市）

### ③ 中袖型

中袖的袖长及肘，多作外衣，一般在袖内或外部套穿假袖。南方少数民族上衣常见的袖型如舟溪苗女装为中长袖，袖长及前臂中部，手腕上可戴多副手镯（图7–85）。

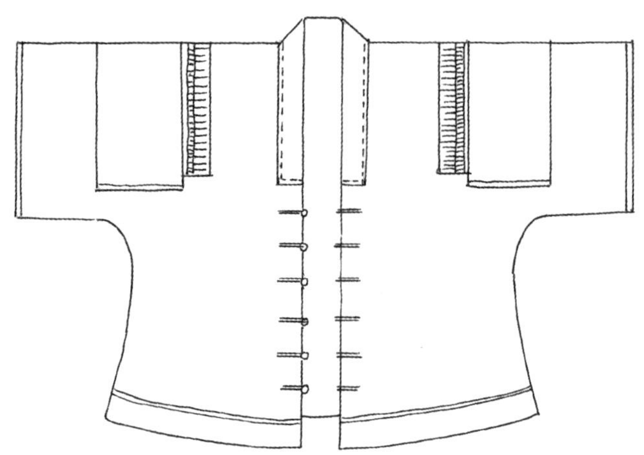

图7–85　舟溪苗族中袖女上衣（贵州凯里市）

### ④ 长袖型

长袖一般长及腕或手，最为常见，少数民族男女装通常都采用此类袖式，如雷山大塘苗族女装的袖子较为典型。

另外还有超长袖型，是指袖长超过手指的袖型。典型的是藏族女衬衣，袖子长过指尖。而且近年来有夸张的趋势，袖子越来越长，能飘然舞动。乌孜别克族贵妇礼服的袖子细而长，袖长可达1米，而袖口宽仅有6~7厘米，并于袖口处将两袖缝接，披于身后，这样的袖子是不能穿的，只能作为装饰（图7–86）。

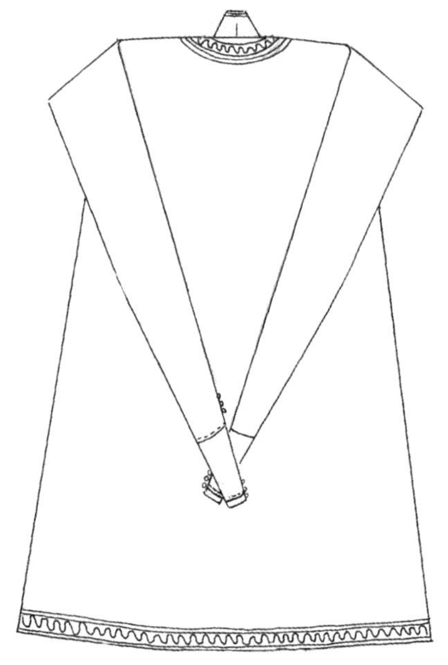

图7–86　乌孜别克族贵族长袖礼服（新疆伊犁）

## 5 挽袖型

挽袖型多见于清代满族和汉族女装，将袖口挽起是为了显示精美的绣花装饰。贵州舟溪苗族和惠水苗族的女上衣，其袖子在肘部挽起来并有刺绣花边装饰，露出较为窄细的内衣袖子，显得很有层次感（图7-87）。

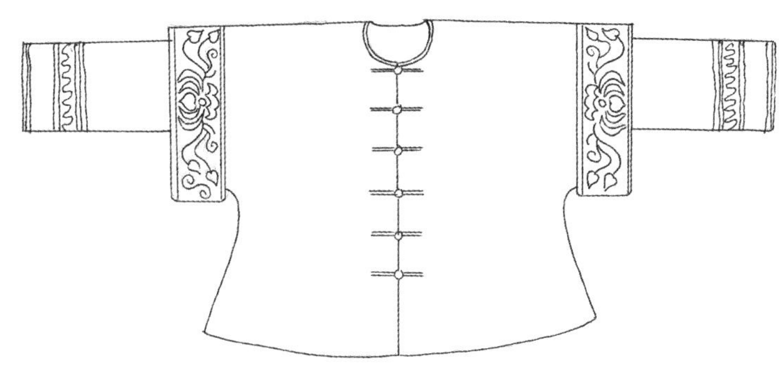

图7-87 摆金苗族大袖女上衣（贵州惠水县）

## 6 宽袖型

袖子按宽度分，有宽袖和窄袖。土家族妇女袖口极为宽大，通过袖口即可给孩子喂奶（图7-88）。如八堡苗上衣，无领开襟，衣身窄小，从肩部接出约40厘米宽的一段宽袖，而长度仅五六厘米，穿时在两肩头翘起，如同鸟雀的翅膀，装饰性极强。

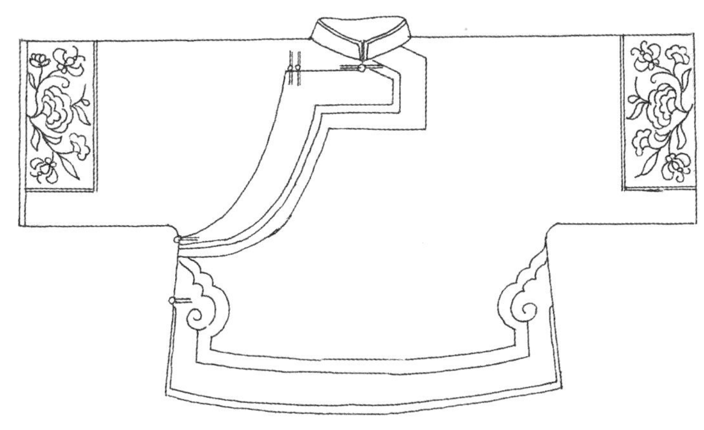

图7-88 土家族宽袖大袄（湖南湘西）

## ⑦ 窄袖型

云南的基诺族、贵州南部侗族袖子极窄，仅容手臂，没有活动余量，穿着时在肩臂部形成许多放射状细褶，以至于活动时不太方便，这不是为了节约面料，而是民族审美需求所致。为了美观，她们世代保持了这样的样式（图7–89）。

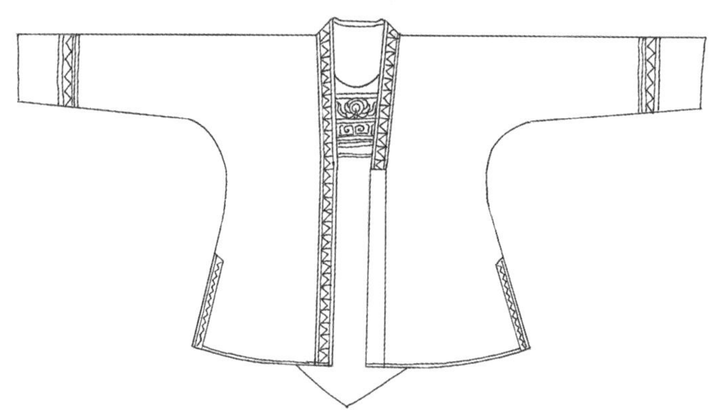

图7–89 侗族窄袖女上衣（广西三江县）

## ⑧ 上袖型

上袖是指做出立体袖窿造型，将衣身与袖子缝合，因此超越了中国民族传统服装的平面结构。大部分民族服饰为接袖式的平面结构，但巴尔虎蒙古族和布里亚特蒙古族已婚妇女长袍为上袖的泡泡袖造型，属立体结构。还有塔吉克族的男女服饰均为上袖型立体结构式（图7–90）。

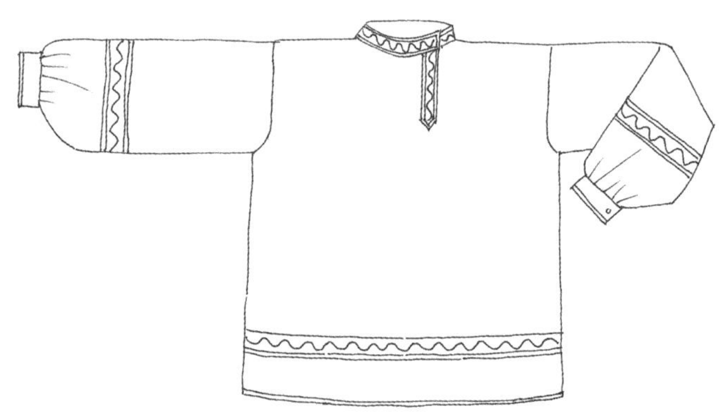

图7–90 塔吉克族男夏装（新疆）

### ⑨ 曲线型

少数民族服装的袖子都基本是直线型的，但也有曲线型的，能够增加柔美的装饰性，曲线的造型和曲度各不相同。如壮族女子衣袖的弧线在腕部，袖口收紧，颇有汉唐遗风。朝鲜族女上衣的袖子也是曲线型（图7-91）。还有喇叭袖，如塔吉克族、柯尔克孜族、哈萨克族女子的连衣裙采用了喇叭袖，并以多层飞边装饰。

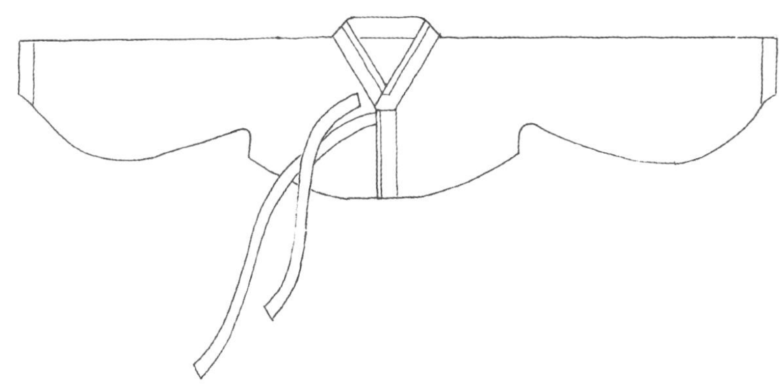

图7-91　朝鲜族曲线型衣袖女上衣（吉林延边市）

## 四、裤的分类

裤是各民族男装普遍采用的下装形式，女装也有采用。裤子款式的构成因素比较复杂。在围度上，有腰围、臀围、横裆（两条裤腿的腿根围）、中裆（膝围）、裤口（踝围）的变化；在长度上，既有总裤长的变化，又有立裆深和裤腿形状的变化，这些因素的变化形成了各种裤式。

少数民族的裤装一般采用腰、臀宽松，立裆较深的款式，宽大舒展，无扣无襻，采用腰部束带方式，裤腰部分为直裁，裤腰很宽，裤身宽大，着装后虽不合体，但活动方便，易于制作，因此得以长期广泛流行，被称为"中式裤"。

裤子的发展历史在民族服饰中也有所反映，其是由遮羞功能发展而来的。珞巴族的兜裆布为原始的裤装，通过缠绕将布附于身体，海南黎族的吊袴则已将其发展为固定的款式，裁剪、制作、穿着均有程式可循。基诺族男子穿麻质条纹布裤，前裆垂一长方形布片，反映出男子下装由兜裆布向裤演变的过程。裤子因保暖功能而发展的历史痕迹可由套裤来体现，民族服装研究发现裤子是由在北方寒冷地区的民族发明的。

按裤与身体的固定方式可分为套裤、缗裆裤、系带裤、背带裤、连衣裤、连袜裤等。

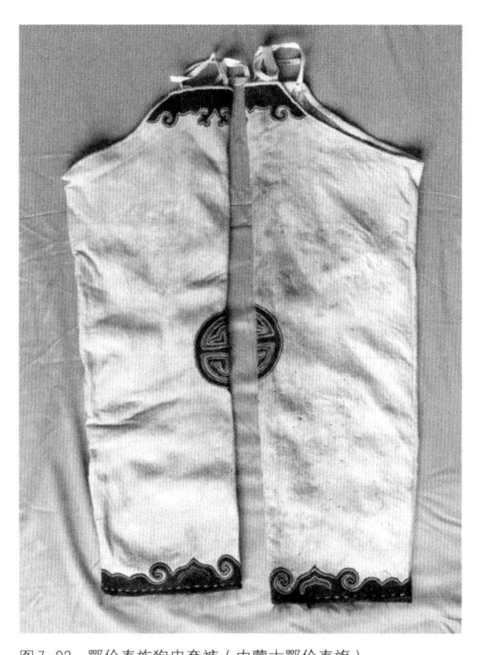
图7-92　鄂伦春族狍皮套裤（内蒙古鄂伦春旗）

套裤是仅有两条裤腿的裤式，上部平口或斜口，无裆。套裤的历史非常久远，北方许多民族都采用这种形式，如蒙古族、鄂伦春族、鄂温克族等。如鄂伦春族和鄂温克族猎人至今还穿皮套裤，皮套裤外面绣着各种花纹，天冷时穿在皮套裤的外面（图7-92）。还有些民族虽然现在不穿套裤，但过去常穿，如西北地区20世纪初的东乡族妇女，其套裤裤腿饰两道边，后面开衩，用细带束住裤管。

缗裆裤的特点是裤腰宽大，穿时将裤腰紧裹腰身，再把多余的裤腰量折叠塞进腰内，以适合腰围，并起到紧固的作用。

系带裤是在穿时要系腰带的裤，很多民族尤其是游牧民族如蒙古族、哈萨克族、鄂伦春族、鄂温克族的裤子都是系腰带的，因为这些民族日常生活中要骑马、打猎，活动量大，裤子也较厚实，裤腰上系腰带才能保证足够牢固。

少数民族也有一些较为特殊的裤子，往往是为了便于行动。如蒙古族牧民的一种裤子为一条裤腿缝合，另一条不缝，散开成片状，穿着时将其裹于腿部，以带系结，腰部也系带。这种形式的裤子便于穿脱，并且避免了裤子厚重时的穿着困难。鄂伦春族妇女的裤子样式比较独特，长至脚面，腰两侧有开衩，前面有兜肚，兜肚顶端钉皮条，穿时系在脖子上。这样的裤子，既保暖又便于骑马，可以护住前胸，又起到了胸兜的作用。此外，还有连衣裤、连袜裤是少数民族尤其是西北民族常用的儿童服式，开裆，保暖性较好，便于照顾婴儿。

按裆的形式，裤子可分为大裆裤、吊裆裤、直角接裆裤等。

大裆裤的裆较低，非常宽松，两裤腿分开角度超过90度，穿时将多余的腰头折起来掖在腰里或用绳带系紧。吊裆裤的裆非常低，几乎垂地。如云南双江佤族男子的裤子，其裆可下垂及踝。凉山彝族男子也有吊裆裤，穿时外形如裙。直角接裆裤为两条裤腿的面料呈直角形排列，裁剪时不浪费布料。如苗族接裆裤将一幅面料呈90度折叠，从折线处剪开作为腰头，分别在前后接上一部分裤腿，一条裤子便做成了。另外如白裤瑶男裤，裤腿外侧为两幅布，从中折叠，前后各半，裤腿内侧前后各用一幅布，从裆下到裤腿斜向剪下的布料正好够接另一条裤腿，其特殊之处在于裤口收缩成灯笼状，款式极有特色（图7–93）。

按裤子长度可分为长裤、中裤、短裤。

长裤的裤长在脚踝部，大多数民族的裤子都是长裤。中裤的长度在膝部上下，裤口可大可小，一般来说都是阔口裤。如云南陇川阿昌族男裤裤腿短肥，仅过膝下，裤腿与裤腰一样肥大，似三个洞，又被称为“三洞裤”。布朗族男裤色黑、肥大，长仅及膝部稍下一点，裤口用红白色线绣花边（图7–94）。短裤的长度在大腿处，如叶车妇女穿极短的“拉八”短裤，是因为哀牢山区的叶车人擅开梯田种水稻，若穿长裤登高埂、下水田都不方便，加之亚热带气候环境使叶车妇女的服饰趋于简化，裤子也采用了极短的形式，并在裤口处打褶作为装饰。

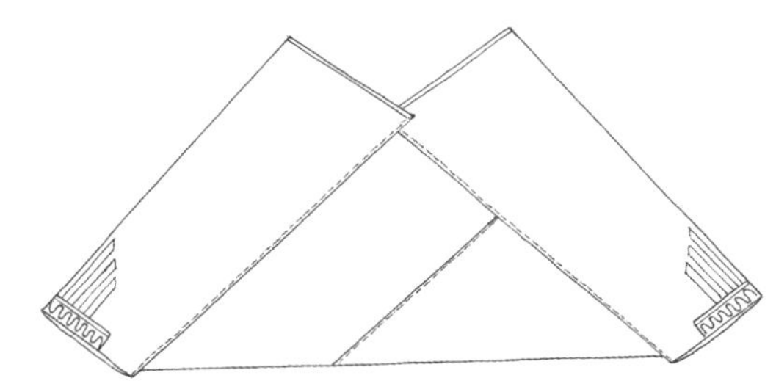
图7–93　白裤瑶男式大裆裤（贵州荔波县）

按裤腿形状分有如下种类：裙裤、宽口裤、窄口裤、灯笼裤、马裤等。

裙裤的裤口极为宽大，两腿并立时仿佛裙子。织金苗族男子穿百褶裙裤，裤腿宽大，可达66厘米以上，腰部均匀打褶，裤脚自然散开，穿时宛如褶裙。宽口裤裤口宽大，裤腿呈筒形，穿时裤脚散开，多为南方少数民族男子所穿，宽阔的裤腿显得精干、彪悍，如四川凉山彝族“大裤脚”男子所穿裤口可达80～100

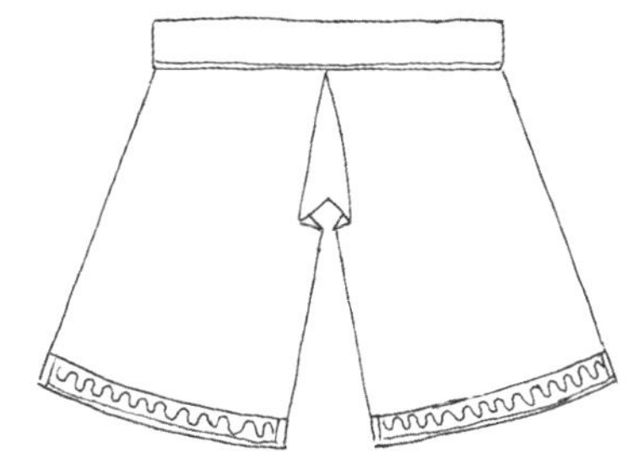
图7–94　布朗族男式宽腿短裤（云南）

厘米。窄口裤在北方少数民族中较为常见，通常裤腿为锥形，穿时系扎裤脚。按传统观念看来，松散的裤腿容易受风着凉，因此无论冬夏都以带缚裤腿。灯笼裤裤腿宽大，裤口收紧，长度不限。如新疆维吾尔族女子的灯笼裤为丝绸制作，长及脚踝，配高跟鞋，行走时摇曳生姿。马裤臀围和大腿围肥大，从膝下收紧，紧裹小腿，便于塞入靴筒内，以利于骑马。朝鲜族男子传统下装皆为灯笼裤（图7–95）。马裤是西方服饰传入中国，并多为北方少数民族所穿。如俄罗斯族男子传统裤装为马裤，显得潇洒挺拔。

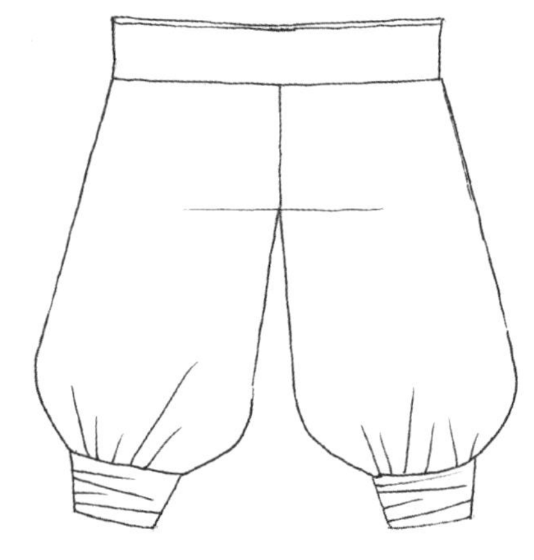

图7–95　朝鲜族男式灯笼裤（吉林）

## 五、裙的分类

裙是各民族妇女普遍采用的下装形式，主要用于遮蔽身体，并具有保暖和美化作用。少数民族女装服式的丰富和美丽，在相当大的程度上应归功于各式各样的裙子。长裙显得高雅庄重，短裙则显得活泼俏丽。少数民族的裙子不但是属于女性的服装，傣族和苗族的一些族群的男子也曾穿着。少数民族中有维吾尔族、哈萨克族、柯尔克孜族、锡伯族、塔吉克族、乌孜别克族、俄罗斯族、塔塔尔族、东乡族、土族、苗族、壮族、布依族、水族、仫佬族、珞巴族、彝族、哈尼族、傣族、傈僳族、佤族、纳西族、景颇族、布朗族、普米族、怒族、德昂族、独龙族、基诺族、阿昌族、瑶族、土家族32个民族穿裙或曾经穿过裙子。各少数民族裙子的式样和装饰、色彩和工艺各不相同；如苗族、瑶族、彝族等民族支系众多的民族，各支系的裙子均各有特色。可见，少数民族的裙子千变万化，多姿多彩。

历史上穿过裙的少数民族中，有的已改裙为裤，如云南德宏州的傣族女青年、贵州水族、湖南土家族等；有的民族中只有部分人或部分地区的人穿裙，如壮族中只有广西隆林、龙胜、大新、龙津和云南文山州一带的女子穿裙；贵州布依族只有镇宁扁担山一带妇女穿百褶长裙，而其他地区妇女已基本不穿裙。现在，有些民族平时已不穿裙，仅在节日穿裙，如西北的东乡族。这些情况说明，我国少数民族中已产生了改裙为裤的一种趋势，其原因是和社会文化背景联系在一起的。最能体现民族信仰的是苗族、侗族的凤尾裙，因其形状呈条形亦称为帘裙，在重要场合或盛装时，男女皆可穿（图7–96、图7–97）。

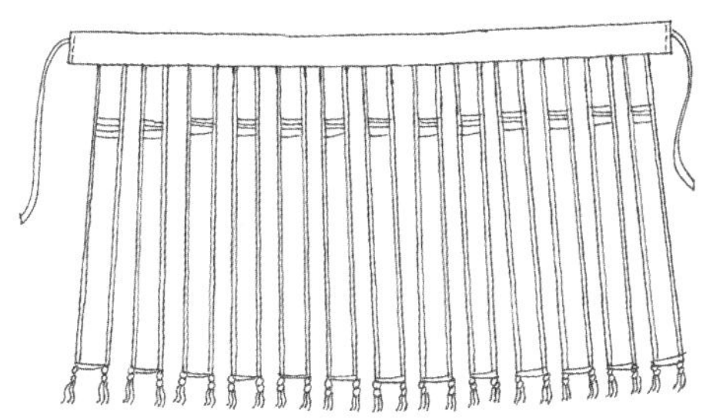

图7–96　侗族绣花帘裙（贵州从江县）

图7–97　苗族绣花凤尾裙（贵州雷山县）

从长度来看，我国少数民族穿着的裙子有长裙、短裙之分。按一般的区分标准，裙子的长短以小腿和膝盖分：长度达小腿以下者为长裙；长度在膝盖附近者为短裙；长度在膝以上并露大腿者为超短裙。少数民族中，大约只有贵州雷山短裙苗穿超短裙，其他民族基本没有穿超短裙的；而长裙和短裙却式样繁多，各具特点。

少数民族的长裙，以四川凉山黑彝百褶长裙、仫佬族三截长筒裙、西双版纳傣族长筒裙、云南宁蒗永宁纳西族摩梭人的百褶裙、贵州镇宁布依族的蜡染百褶长裙、施洞苗族和雷山苗族的百褶长裙等为代表。仫佬族妇女的长裙无褶，呈长筒形，穿时由脚下套入。整个裙子由上、中、下三段组成，中间一段是用羊毛织的，染成红色；上下两段多用麻织，一般有青白色条纹。仫佬裙在实用的基础上明显包含着一种求美的倾向，色彩对比强烈，给人一种修长高雅的审美感受。云南宁蒗永宁乡的摩梭人妇女，其褶裙长可及地，腰系彩带，朴素大方。

我国少数民族的短裙，最短的当属贵州雷山的短裙苗。短裙苗的百褶短裙非常短，长度仅有20厘米左右，穿时一般要裹数十条，层层叠叠，侧摆支起，形成如同芭蕾舞裙的造型（图7–98）。西江苗族也穿百褶长裙（图7–99）。西双版纳和澜沧一带的哈尼族支系“僾尼人”，妇女下穿长及膝盖的黑短裙。但有趣的是，已婚妇女裙子系得很低，裙和上衣之间常留有一定空间；而未婚少女裙子系得很高，紧接上衣，下端自然显得更短。基诺族妇女的合缝短裙也刚及膝盖，黑色，用红布镶边，并用尺许黑布缠裹小腿，配上胸前围着的三角形花布胸兜，显得洗练简洁。还有柯尔克孜族妇女喜欢穿立领连衣短裙“客木斯尔”，长及臀下但不过膝，也属于短裙。裙子为红色绸料或薄呢缝制，下端镶嵌皮毛，并带银质纽扣。

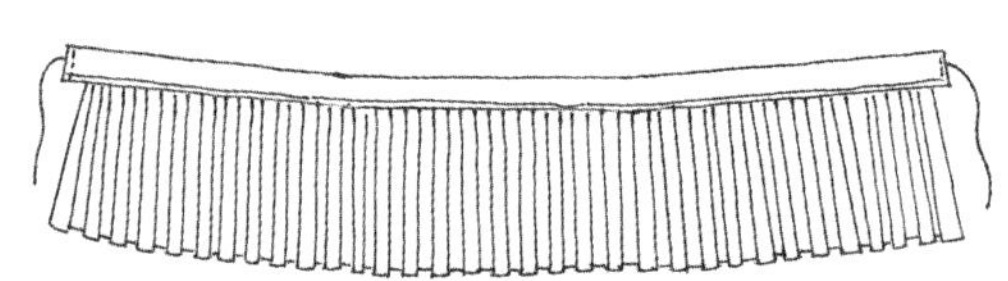

图7-98 短裙苗百褶超短裙（贵州雷山县）

图7-99 西江苗族百褶长裙（贵州雷山县）

我国少数民族裙子的丰富多彩不仅表现在有长有短上，更多的是表现在不同的形式上。从基本结构、造型和相应功能上看，我国少数民族所穿用和制作的裙子可以分为筒裙、褶裙、连衣裙和缠裙等样式。

筒裙，或称为“桶裙”，因无褶或少褶，形似长桶或长筒而得名。我国南方许多民族都穿筒裙，比如傣族、景颇族、佤族、德昂族、布朗族、阿昌族、苗族、黎族等民族（图7-100、图7-101）。筒裙用单色或彩色面料缝缀而成，多用自织土布并装饰花纹，也有用绸料及化纤织物。西双版纳傣族少女的裹身筒裙可为筒

图7-100 布朗族女子长筒裙（云南）

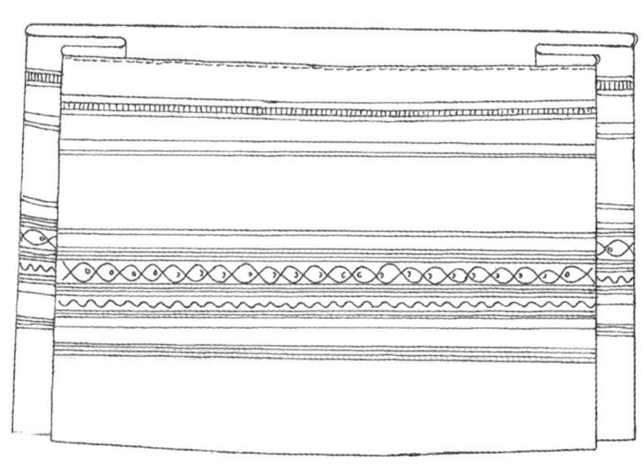

图7-101 苗族女子大筒裙（贵州黔西县）

裙中的典型代表。她们的筒裙多用墨绿、正红、紫、橙的布绸缝制，长及脚面，紧身细腰，使傣家姑娘显得苗条修长，仪态轻盈。景颇族妇女的筒裙稍短，一般长及小腿，多以红色为主调，裙上织有多种色彩相间的图案，配上缀满银饰的黑色上衣，十分美观大方。景颇族筒裙是用手工捻线织成的，织机也十分简单，采用挑数经线的方法织出精美的毛织筒裙，花样多达几百种。因此，景颇筒裙的质量和美观也就是妇女勤劳与否的标志，正像景颇族谚语所说："男人不会要刀，不能出远门；女人不会织筒裙，不能嫁人。"德昂族妇女的筒裙较宽大，前面打褶，行动方便；长及小腿以下，上端遮住胸部。而且德昂族妇女筒裙是区别红德昂、黑德昂和花德昂的标记，红德昂妇女的筒裙，在黑色底布上织着一条横贯全裙约17厘米宽的红色条纹，十分显眼；黑德昂筒裙以黑线为主，其中间织着红、白色细线条；花德昂筒裙横织着红黑或红蓝色的匀称宽线条。佤族妇女的筒裙展开时也称之为围裙，裙长及膝或在膝下，甚至在膝以上，以红色调为主，织有各色横纹。黎族妇女的筒裙有长短之分，本地黎最短，均由各种彩色丝线织成，以红、黄、白等色织绣图案装饰，十分华美绚丽（图7-102）。

少数民族传统裙装皆为无省道的，为了行动方便，一部分少数民族妇女的裙子短至膝上，而穿长裙的少数民族妇女裙子下摆和腰围的差距则以各种方式解决。百褶裙是通过打褶，使腰部布料皱起，然后另上腰头；裹裙则是通过下端开合来便于走路；一般的筒裙宽度是依下摆适于行动而定，至于腰部则是通过系带来贴合人体。因此无论是佤族的裹裙和傣族的长筒裙，还是苗族、侗族的百褶裙，其面料原状均为长方形。

黔西苗族女子的大筒裙，裙围可达6米，穿时捏褶直至适合腰围，然后用腰带系扎。

褶裙就是通体打褶的裙子。少数民族中，苗族、侗族、瑶族、壮族、布依族、彝族、傈僳族、普米族、纳西族摩梭人等许多民族都穿褶裙，裙形展开为长方形，是一种比较古老的

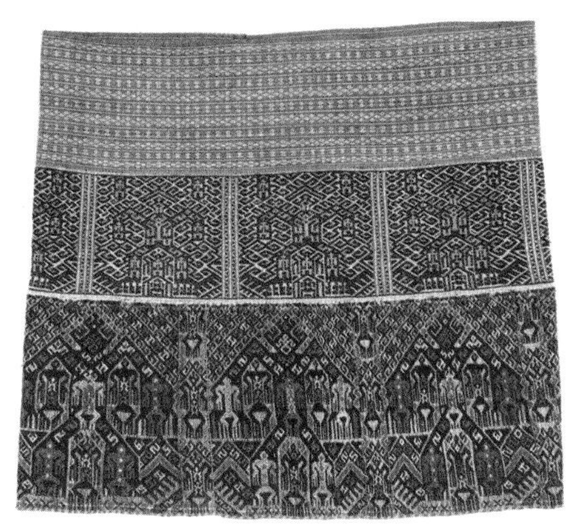

图7-102 本地黎织锦筒裙（海南白沙县）

裙式（图7-103）。裙褶有细的，有宽的，有规则的，也有随意的，有通褶，也有分节褶，还有的为前、后两片褶裙相掩。密褶裙，如三江同乐侗族裙褶宽约2毫米，细密工整（图7-104）。宽褶裙，如土家族女盛装裙褶宽约4厘米，每个褶内均有绣花装饰。分节褶裙，裙身分几节，每节的色彩、面料、装饰方法或褶子疏密不同，产生很强的动感，如凉山彝族的百褶裙。黎族美孚黎男子亦穿片式百褶裙（图7-105）。

图7-103　白裤瑶女衣裙（广西）

褶裙的裙幅很宽，缝时多需折叠成褶，故又称百褶裙。褶裙上端褶纹美观，下摆伸展自如，便于走动。彝族妇女的百褶裙各式各样，长短都有。凉山黑彝女子长褶裙下可曳地，十分有特色。黑彝长裙分四段，上三段由不同颜色的布料连成筒状，最下一段才打褶，据现有的资料讲，展开宽可达十几米，一般的五六米，最少的也有四五米。怒江、德宏一带的傈僳族妇女也穿长褶裙，用麻布或棉布缝制，多为白色，也有蓝色、黑色的，靠下方有一红色横纹。花傈僳长裙尤为漂亮，常绣有许多鲜艳美丽的花边，行走时摇曳摆动，显得婀

图7-104　三江同乐侗族女装（广西三江县）

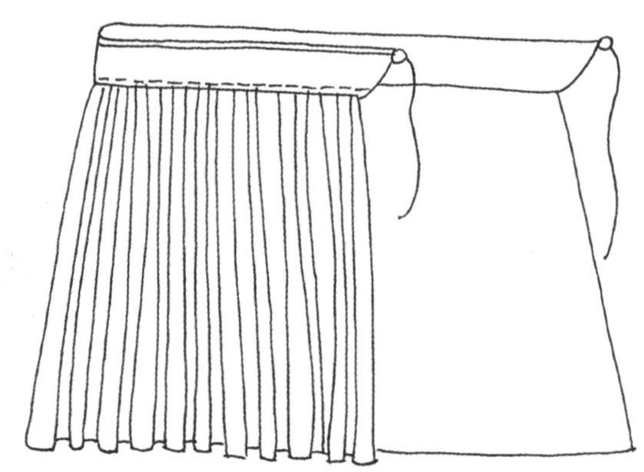
图7-105　美孚黎男子片式褶裙（海南东方市）

娜多姿。贵州安顺镇宁扁担山一带的布依族妇女，下装多为百褶长裙，裙料多用蓝底白花的蜡染花布和暗红色布，也有用蜡染花布和暗红色布分两截制作的，长及脚跟，十分朴素清新。盛装时，她们习惯一次穿多条裙子，最多时达6条。

少数民族中，妇女穿缠裙的不多，最典型的当属景颇族妇女。景颇族缠裙宽长，长及脚跟，穿时将裙片在臀部缠一圈后再将裙的一端掖在腰里。

西北地区新疆各民族多穿连衣裙，维吾尔族、乌孜别克族、塔吉克族、俄罗斯族等民族的女装以连衣裙为主，冬季外套长袍，连衣裙的款式各有不同（图7-106、图7-107）。

从少数民族妇女所穿用的这些裙子中可以看出，民族的裙装样式非常丰富多彩，在生活中的作用又是多种多样。总的看来，西南民族裙子的款式极为丰富，裙的宽窄和长短、褶的疏密、面料的处理千差万别，造就了多姿多彩的女装款式。

图7-106　塔吉克族连衣裙套装（新疆）　　图7-107　维吾尔族艾德莱斯绸翻领连衣裙（新疆）

# 第四节　服装裁剪缝制

面料需要经过裁剪和缝制才能成为服装，有些复杂的服饰还需要整理定型。少数民族中，北方民族服饰大多需要裁剪，而南方一些民族服饰在织造时已经定好了服饰尺寸，因此不需裁剪。少数民族服饰工艺之精细除了体现在织绣方面，还体现在服饰的缝制定型的技术上。服饰的缝制定型全凭针线、熨斗以及一些简单的定型工具，再加上少数民族女子或服装艺人的用心和细致。过去少数民族女子大多有学习女红的传统，家人的服饰都须在劳作之余制作，因此熟能生巧，并实现了对少数民族服饰的传承和创作。

## 一、剪裁缝制

少数民族服装的裁剪和制作方面都有传统的技法和工艺。裁剪是在缝制衣服之前，把衣料按一定的尺寸裁开，是建立在对面料和款式的充分认识基础上的，有的面料不需裁剪即可以直接缝制，有的则需采用抽褶和开衩等工艺以适合人体。

人类最早使用的缝合工具是锥，尖锐的兽角是最适宜做锥的材料，原始人用角锥或骨锥在兽皮上扎孔，然后把切割的皮线穿过孔洞，就完成了皮张的缝合，这在云南彝族的羊皮褂制作工艺中仍然保留。后来有了纺织纤维，人们便发明了针，实现了同时穿孔和引线的功能。最初，南方用竹针，北方用骨针。古代竹针写作“箴”，后来有了金属的针，则开始写作“针”。生活在西南山区的珞巴族博嘎尔人用刀裁衣，用竹针缝纫。竹针的制作是取一年竹龄的竹子，削至火柴杆粗细，长约60厘米，用火烤软，将一头削尖，尖长5厘米许，其余的削成丝绒状，将竹绒分成两股搓成线或与线撮合在一起，即可缝衣。缝制土布衣一般用麻线或名为“郎蒂”的纤维制成的线，缝纫皮革则用一种名为“乌格”的藤皮。

缝衣工具最基本的是针和线。少数民族地区缝制工艺历史悠久，1972年，云南的江川李家山发现的春秋晚期至战国中期的女性墓中就发现了金铜钏、贮贝器、纺织工具及针线筒等。尤其是立鹿针线筒，制作精美，通体作圆筒形，腰微束，子母口，盖与身均有对称双耳，盖上铸有昂首欲奔的雄鹿。此器出土时内有数枚无针鼻的长针及线，故名针线筒。

缝衣用的线一般较为结实，早期人类是用动物的筋来缝制皮革服装，不久前，鄂伦春族还用狍筋缝制狍皮衣，赫哲族用鱼皮线缝制鱼皮衣。古代缝制丝绸或棉麻服饰时，缝纫线的质地一般随面料而定，用丝缝制丝绸衣物，用葛缝制棉麻衣物，均为加捻合股的线。狍筋制成的狍筋线是鄂伦春族人缝制皮制品主要使用的线。狍筋是狍子后背里脊肉上长的筋腱，与狍子的体长相等，很适合做缝纫线。

将狍筋剥下来风干，干透后用木槌反复砸捣，狍筋就会蓬松散开，逐渐成为很细的纤维。妇女们把纤维搓成两种线，单股的用于绗缝，双股的用于连缝。用狍筋线缝制的各种皮制品经久耐用，即使皮板腐烂，筋线也不会开绽。鄂伦春族人过去也用鹿、犴筋制线，但不如狍筋线柔软结实。铁顶针，是缝制狍皮的必用工具。鄂伦春族人早年使用骨锥、骨针缝制皮制品，清朝以后使用钢针。缝制时，右手食指端戴顶针，拇指和中指拿针，针尖朝里缝制，这是北方民族特有的缝纫方式。顶针可以帮助提高缝纫速度，使用灵巧、省力。

人类剪裁制衣的历史非常悠久，最早的剪裁是用石刀切割皮子，切割出简单的服装款型。服饰的裁剪与缝制工艺是由服装的款式决定的。款式简单的有时甚至不必裁剪，在织布的时候就已经确定布幅的大小了。

最简单的缝制就是拼缝和缝边，将一块布的布边缝起来，以免脱线，如独龙族的独龙毯、景颇族的裹裙等。这类服饰的面料一般较为硬挺，不适合裁剪，在穿着时是包裹在身上的。

云贵高原的一些苗族支系缝制衣服时，布料一般不用剪刀裁，仅凭手撕，撕后的布片是完整的矩形，常常两两相对，可以任意调换而不影响衣服缝制；有的甚至仅将布料按大致尺寸横断，立即缝制，为节省缝工，将原有布边用作衣边，以免再去缝衣边。一般只有肩部和袖子需缝合，并且缝合线较短，缝合量也小，制衣过程不产生任何边角布料，可将整匹布完整无缺地缝进衣服中去。

形制较为完备的上衣、裤子都是需要裁剪的，少数民族传统服饰裁剪原则是最大的利用和最小的损耗，由于民族纺织品在服装制作中的特殊地位，不论是宽松的还是紧身的服饰，在织造过程中就已经有了预算。布的幅宽是多少，需要织多长，怎样拼接，如何挖取领窝、袖窿结构，挖下来的布料如何利用在合适的地方，基本上都有规则可参考。由于民族服饰的裁剪过程中多采用直线或类似直线，使面料的损耗基本为零。如新疆维吾尔族的艾德莱斯绸，每匹布长约9米，幅宽约33厘米，这样一匹布是正好做一件连衣裙的，裙子的裁剪过程也很简单，通过打褶、系带等方式贴合人体，基本不会浪费面料。

在充分利用材料方面，毛皮服饰的制作也比较讲究，遵循着一定的原则，这是由于毛皮原料的性质决定的。毛皮大小不一、性质各异、毛色花纹不同，即使一张皮子上也会有厚薄、颜色的差异。因此，毛皮服饰在缝制时必定需要拼接。传统的鄂伦春族皮袍制作须裁成六块，即上背、前胸、后襟、前襟、左袖、右袖；皮袄须裁为五块，即后襟、前左襟、前右襟、左袖、右袖，这样便使服装款式适合了毛皮原料的特点。每一部分使用的皮张都有传统的要求，但由于狍皮往往呈现曲面，做成服装后表面不够平，因此在裁剪时往往需要在鼓起的边缘剪去一个小锐角扇形，再缝合起来，令皮面更平展。鄂伦春族妇女制作狍皮服饰时既要考虑美观保暖，还要精确计算狍皮的使用部位和用量。一般狍身的皮毛较好，常用于做服装，而脖子的皮较厚，一般用于做靴底，后腿皮韧毛短，可以做靴筒子。其他狍皮制品也是这样量皮为用的。为了有效利用皮张，鄂伦春族妇女或是用不同颜色的皮革拼缝；或在上面绣花；或是配上精巧的小饰物，把边角料做成漂亮的皮箱、皮兜、香囊、烟荷包、腰带、枪套、猎刀佩饰等。

少数民族服饰的剪裁很有特色，北方民族的袍服不分男女，大致皆是两片套合而成。在裁剪时，袍身分为左右，由前至后合成一片，包括前胸后背的一半，以及肩部、袖身，因此没有肩线。限于布幅宽度，袖子往往不够长，还需另接一截袖管。如是立领，则要另加领。而背心裁制时则要考虑肩斜并将肩缝合上。勤俭的少数民族妇女为了节约，还发明了一些套裁的方法，如折裆裤的裤脚部分裁下的布正好可以用于拼裆，衣身周边裁下的布正好可以贴里襟，而有些碎布实在用不上的就可以攒起来，以后可拼成一件衣服，或用于贴补绣花，阿昌族的剪花衣就是用各色碎布拼接起来的。小儿穿的百家衣是真正的拼布服装，甚至还讲究到各家讨要碎布，以求多福。在布料的使用方面，有时因布面窄，前后襟出现拼缝，少数民族妇女会巧妙地把它作为装饰线；另外还有如对格、对花的手艺运用，以及“疙瘩扣襻”的盘结等，都是巧用原料的创造性设计。

线迹是构成服装结构和美感的重要因素之一。线迹不仅为缝合衣片所需，还具有其他功能，如加固作用，利用线迹使服装某些部位形状保持相对稳定，这是最常用的；也有保护作用，如包缝线迹即为保护衣片布边不脱纱、不破损。还有辅助加工作用，在缝制过程中，有时为加工的方便和顺利，利用一些线迹做辅助加工，如绷缝、抽褶等，这在制作百褶裙时常用。还有装饰作用，一些服装上利用缉明线等手法达到美化装饰的目的，如“倒三针”，有的则在线迹中加入花色线以起到装饰衣片的作用，如覆盖线迹或者结构性明线。结构性明线就是用线迹来突出表现服装结构，是一种常用的装饰方法，在少数民族服饰中经常可以见到。如回族男子的坎肩，装饰工艺比较简单，在襟边、袋口处用针扎出明线，使衣服各边沿平挺工整，突出服装的线条美，显得非常雅致。

缝纫的线迹有的表露于外，有的则尽力隐藏。常用的针法有攻针、缲针、回针等。攻针俗称排针或推针，是最常用的针法，运针时在布料正反穿走，沿直线前进，线迹外观简单，均匀整齐，平服美观，可用于缝合、镶拼等。缲针是斜着走，正面尽量少露线迹，整个线迹像一根弹簧，一般常用在衣片折叠部分、袖口、领里、盘扣以及一般暗处。回针也称勾针、倒扎针，是向前缝一针，再向后缝一针的循环针法，这种针法有一定的伸缩性并能起加固作用，线迹正面看类似车缝，背面则是针针相叠。此外，还有绷针、锁针、钉针、纳缝和绗缝等针法，均以线迹整齐、细密、均匀为上。

绗缝是用长针缝制有夹层的衣物，使里面的棉絮等固定。由胎料和内外的两层纺织面料组成，为了使外层纺织物与内芯之间贴紧固定、厚薄均匀，常将外层纺织物与内芯以并排直线式或装饰图案式缝合起来，增加了美感与实用性。一般常用在北方民族的冬季棉服中。如蒙古族乌珠穆沁服饰，在大襟、垂襟和下摆边缘的绗缝道数成为区分东、西乌珠穆沁的标志：一道绗缝为东乌珠穆沁，两道绗缝为西乌珠穆沁。在整个面料上，东乌珠穆沁为一指多宽的密针绗线；西乌珠穆沁为三至四指宽的疏针绗线。新巴尔虎蒙古族和陈巴尔虎蒙古族在冬季均穿吊面皮袍和吊面棉袍，并且均采用绗缝工艺，但在绗道工艺上存在区别。新巴尔虎的“哈巴素”（绗线工艺）依据绗线外露的痕迹和绗线之间的宽窄分有几种形态，有“乌日根哈巴素”（宽绗法）、“尼日罕哈巴素”（窄绗法）、“乌勒格斯太哈巴素”（有痕迹的绗法）、“慕日勒森哈巴素”（针脚紧密相连）等。这些绗缝工艺在棉袍上的使用都非常广泛。最常用的“乌勒格斯太哈巴素”意为有痕迹的绗法，特征为长针脚在上面，小针脚在下面，针脚与针脚之间的距离比较近，形成了密密的绗道，整齐而修长。而陈巴尔虎蒙古族则多使用“姑勒格尔哈巴素”，其特征是针脚的短线露在正面，而大针脚留在里面，绗线显得非常平滑。

缝针的方式和顺序不仅是技术上或习惯上的原因，还具有深刻的文化含义。

比如苗族在制作童帽时，认为童帽的灵性取决于缝帽时的针法。苗族习俗规定，童帽缝合的起针是从帽顶开始的，只有这样才能守住灵魂不出壳，才会使童帽具有庇护孩子健康长寿的魔力。凉山彝族女子的婚礼服，均由新娘自己婚前一针一线缝制而成。衣服绣制好后不立刻缝连成衣，须等到举行婚礼前七八天时，择一吉日，届时一早便请来毕摩，招来本村女友，于太阳初升之时，在院内进行缝合成衣，彝语称之为“威嘎觉”。并且缝合结束后，于当日下午由毕摩主持举行祈福仪式。

与其他少数民族不同，精美的藏族服饰在制作上大多是由民间手工匠人完成的。在一般藏族家庭，女人们不大做服饰，服饰的制作主要是男人们的事情，藏族男人在服饰制作上心灵手巧。这些民间手工匠人，平日与农人、牧人一样从事农业或牧业生产，农闲时，便被请到主人家中，按照主人的要求，手工缝制服饰。他们的这门独特手艺，一般并非经过专业训练，而大都是从祖辈或亲戚那里继承下来的。他们制作服饰是凭着直观和灵感，凭着自己对生活现象的理解和体验，能快捷、纯熟地将服饰剪裁缝制得恰当而美妙。

## 二、定型方法

在少数民族服饰的制作工艺中，服装定型是非常讲究的。服装有的是缝好后再整理，有的是在制作过程中进行造型，再行缝制。服装定型一般为烫平或压褶，常用工具为熨斗。据考证，熨斗在汉代时就已出现。据《青铜器小词典》介绍，汉魏时期的熨斗是用青铜铸成，有的熨斗上还刻有“熨斗直衣”的铭文，可见那时人们就已懂得了熨斗的用途。晋代的《杜预集》上写道：“药杵臼、澡盘、熨斗……皆民间之急用也。”说明熨斗已是当时民间的家庭必备用具。“熨斗”名称的来历，取象征北斗的意思，清朝的《说文解字注》中写道：“上象斗形，下象其柄也，斗有柄者，盖北斗。”古代的熨斗是敞口的，汉唐时期的青铜熨斗，样子像现在的水勺，盛上热水就可以用来熨烫丝织品；明清时期的熨斗多为铜质，用烧红的木炭加热，所以又叫作“火斗”（图7–108）。熨斗还有大小之分，衣袖等服饰的细节之处就要用小熨斗，一般是用炭火烤热再使用。到了清末民初，有了带盖的熨斗，虽然仍然用木炭，但因为有了通风口的设计，熨斗的温度开始可以调节了。熨斗的出现使一些复杂服饰的出现成为可能，如女子的百褶裙就是依靠熨斗成形的，褶裥需要手工一条条地缝出来，然后再用装上炭火的熨斗烫过，才能呈现出波光闪动的百叠千裙。

少数民族服饰中定型的另一类特色，体现在苗族、侗族等民族的百褶裙制作工艺方面，用蒸锅定型是一种常见的方法。贵州台江施洞苗族百褶裙是在涂浆打褶后固定好裙褶，再捆在木桶外，放入甑子中蒸，利用高温蒸汽使其定型。苗族、侗族的百褶裙制作工艺非常讲究。侗族妇女的百褶裙裙褶非常细密，褶裥很小，只有2~3毫米，一条裙有几百甚至上千个褶。制作时先用牛皮膏、豆粉、蛋清调成浆液，将精心织染的细纱侗布放在石板上或特制的制裙桌上，用棕叶蘸浆涂浸一条横纹，按纹路折成细褶，用竹片或牛角片刮平。一条裙子要浆刮成一样宽窄的几百道褶子，然后捆扎定型。这样制成的百褶裙，裙褶经久不变形，色泽晶亮发光。百褶裙以细褶为佳，侗歌中常用“嫩菌的褶子”来比作精致的百褶裙。那些裙褶笔挺细密，形成放射状线条的裙子随着穿着者的步姿而自然摆动，自然增添几分风韵。

服装上的一些小配件，如盘扣、花结等，也需民间女子一丝不苟地制作。扣合衣物用的纽扣，早期为盘扣，有直扣、琵琶扣及各类花扣等，多是以绸或布做成；也使用金银、玻璃制的扣子。装饰衣物用的花结，是用一根线编到底，看不见线头、线尾，巧妙精致。刚编出的结形，结构松散，需要经过调整抽形，才能完成。为防止松散变形，必须用同色线暗缝在结形里。

对于较为厚重的鞋帮、袜底、帽片的定型等，热烫不管用，只能用冷压的办法。过去在陕西一些农村的居民家中有一种青石雕刻，状如玉玺，上部雕有瑞兽、寿桃等立体雕刻，下半部为方形的扁平石板，当地妇女就用它来压平鞋底或者鞋帮的布袼褙儿。石雕的镂空部分还可用来穿绳系带，拴住在炕上玩耍的孩子。同时，石雕也成为北方农村炕头上的艺术品。

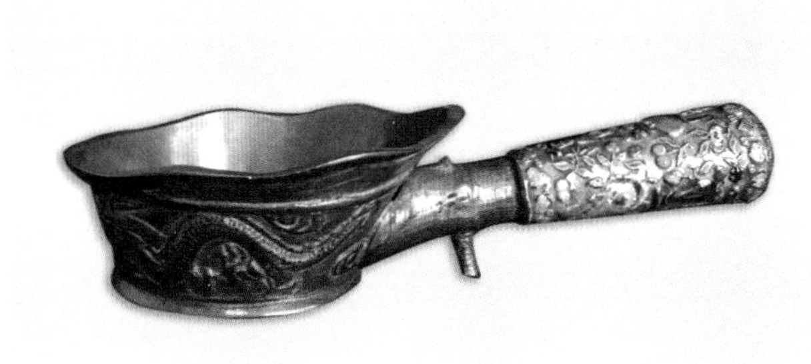

图7-108　清代铜质双龙纹火斗

# 第八章 少数民族服饰面料制作技艺

人类的生产力是从低级阶段在对自然物利用的基础上发展起来的。人类最早的衣料采用的是自然界的野草、树叶、树皮、兽皮等。这些自然物是早期人类在采集和狩猎活动中逐步被认识和利用的。之后，人类在这些材料的基础上加工制成纺织品或鞣制皮革。

少数民族传统服饰的材质早期亦取自天然，经过漫长的材料选择和技术发展过程，形成了一整套原料生产、采集和加工技术。属于动物纤维的丝毛皮革和属于植物纤维的棉、麻、葛、草，甚至树叶、木皮都曾被作为民族服饰材料。各民族对原材料的加工过程也各不相同，但无论怎样的材质，经过种种加工工序都能变得柔软适用。根据不同材质，人们采用了相应的加工技艺，创造出了丰富的服饰面料种类。

## 第一节　纺织技术及工具的发展

人类为了御寒，最初直接利用草叶和兽皮蔽体，后来又采集野生的葛、麻、蚕丝等，并且利用猎获的鸟兽毛羽，搓、绩、编、织成粗陋的衣服，以取代蔽体的草叶和兽皮，由此发展了编结、裁切、缝缀的技术。后来，随着农牧业的发展，逐步学会了种麻索缕、养羊取毛和育蚕抽丝等人工生产纺织原料的方法，并且利用了较多的工具，有的工具已是由若干部件组成，有的则是一个部件有几种用途，使劳动生产率有了较大的提高，并积累了一定的纺织技术。

人类进入渔猎社会后即已学会搓绳，最初的绳索由整根植物茎条制成。之后发明的劈搓技术，是将植物茎皮劈细为缕，再用许多缕搓合在一起，利用加捻以后各缕之间的摩擦力接成很长的绳索。为了加大绳索的强力，后来还发明用几股捻合的方法。据现有的考古和民族学资料，投石索的绳索搓捻应该是人类最早的纤维制造。将绳索做成网兜，在狩猎时装上石球投掷打击野兽。

根据搓绳的经验，人类创造出绩和纺的技术，这是纤维的准备过程。绩是先将植物茎皮劈成极细长缕，然后逐根捻接。动物毛羽本身就是细长的纤维，不需要劈细，但要将各根分散开，即进行松解，人们发现用弓弦振荡可使毛羽松解，然后，再把多根纤维捻合成纱，称为纺。

远古时候人类对纤维的使用，最先是将纤维进行简单的梳理和排列。为了保证纤维的强度的最好办法是把一小束纤维进行搓合绞紧。把麻、丝、毛、棉等纤维原料加工成纺织品的最早工序就是搓捻，这是纺纱的前奏。

从民族调查的情况来看，全手工搓捻纺线的方式有几种：一是手指搓合，在食指和拇指间，放上一束纤维，一指按顺时针，一指按逆时针方向搓转，就可以将纤维搓合为单股纱。二是掌搓合，将纤维束压于左右手掌心间，两掌向相反的方向进行搓动，掌心的纤维转动，被搓合成为单股纱。三是手腿搓合，左右手持纤维一端，将纤维的另一端置于裸露的腿部，左手握紧纤维，右手将纤维放到腿上，压紧纤维向前或向后的方向搓动，纤维裹合成为单股纱。这些搓捻纺线的方式目前仍普遍存在于一些少数民族当中。

随后，纺纱工具的发明及进步促进了纺织工艺的发展。纺专是最初的纺纱工具，20世纪末，这些工具在中国的少数民族中还在广泛使用，至今仍可以见到。

经过了漫长的实践总结以后，人们发现若是利用回转体的惯性来将纤维捻成的长线，会比用手搓捻效率高。这种回转体由石片或陶片做成扁圆形，类似轮子，故被称为纺轮。纺轮的历史很长，人类从数千年前起就开始使用，纺轮代替手工捻搓后，极大地提高了工作效率。纺轮也称纺坠、纺锤，少数民族对纺轮的称呼有多种，有的称为捻轮，有的称为绳拨子，有的称为线垛，还有的地区称为羊骨棒……纺轮中间插一短杆，称为锭杆或专杆，用以卷绕捻制纱线，纺轮和专杆合起来称为纺专，这就是最早的纺织工具了。在少数民族地区，纺轮以陶、石、金属质地最为多见，杆为竹或木质地，也有以金属为杆者。纺专的发明是搓捻技术的一次革命。旧石器时代晚期出土的文物中已出现纺轮，新石器时代遗址中也有大量的纺轮出土。纺纱时，先把要纺的麻或其他纤维捻一段缠在专杆上，然后垂下，一手提杆，一手转动专盘，并不断添加纤维，就可促使纤维牵伸和加捻。待纺到一定长度，再把已纺的纱缠绕到专杆上。然后重复再纺，一直到纺专上绕满纱为止。

从纺轮的轮和捻杆的设置来区分，可以分为串心插杆式和单面插杆式。从纺轮的轮和捻杆的位置来区分，可以分为吊锭法和转锭法。吊锭法就是在使用时把纺轮悬吊转动，此种方法无论是单面插杆式还是串心插杆式的纺轮均可使用。使用者站立，左手的掌中握住一团弹松的纤维，先抽出一段用手指捻为纱，缠到捻杆之上，再抽一段纤维，以右手拇指捻转捻杆，或顺势在腰腿部向下一搓，旋转纺轮，同时右手不断地释放左手的纤维团。纺轮一边转动，一边在重力的影响下下沉，逐渐将纤维捻和合成为单股纱。完成一段后，双手把纺好的纱缠于捻杆上。杆上的纱线多了，就将纱绾成团，或者倒于线架上。[1]转锭法是纺轮也做旋转运动，但纺轮的悬空位置较低。转锭法只适用于串心插杆式纺轮，还要求捻杆必须长一些，这样便于操作。需要先把准备捻的纤维握于右手，并引出一段缠于上段的捻杆，然后倾斜纺轮，将捻杆的下端向前，搓动纺轮，得到裹合的纱线。纺轮的大小轻重在纺纱中起到不同的作用，直径较大且较重的纺轮，旋转快，惯性大，适合纺刚性的纤维；直径小且轻的纺轮，旋转慢，惯性小，成纱较粗。当轻而径大的纺轮加捻转动时间较长时，所得的纱的成纱支数高且均匀。可见纺轮的厚薄、直径的大小、加捻转动时间的长短与成纱的线密度（支数）的关系都很密切。

随着社会生产的发展，一种手摇单锭纺车出现了，很快代替了纺专，成为纺织手工生产的重要工具。因为纺专加捻是很原始的手工劳动，是间歇进行的，加捻一段纱，停下来将纱绕到锭杆上去，再捻一段，再绕上去，如此反复。既费工又缓慢，生产效率低，纱上每片段的捻回数也不均匀。后来演变出纺车，纺专横着支于架上，另有大绳轮，用绳索和纺专上的纺轮套连在一起。这样，手摇绳轮一周，锭子可以转几十周。右手摇，左手纺，左手在锭杆轴向时，就是加捻；左手移到锭杆旁侧时，便可绕纱。这样，锭子回转便连续不断了。每段纱上所加的捻回数也可轻易地由人来加以控制。于是，纱的质量和劳动生产率都得到了提高。

在纺绩麻、丝、棉等生产实践过程中，为了提高质量和产量，人类不断创造发明，进一步提高劳动生产率，在一架纺车上装2～3个锭子。这时，左手就要同时控制多个锭子，于是人们想到可让两手同时纺纱，用脚转动锭子。因此，在手摇纺车的基础上创造了脚踏纺车，把纺纱技术提到了一个新的高度。脚踏纺车是利用偏心轮对手摇纺车完成的一次改革，由于其加捻和卷绕是由同一个零件承担，

---

[1] 罗钰，钟秋:《云南物质文化·纺织卷》，云南教育出版社，2000年。

两个动作必须交替进行。但如果由两个部件分别承担，那么两个动作便可同时进行，每锭生产率还可以提高一倍。两锭、三锭、五锭脚踏纺车，从东晋以后一直都在使用，至今贵州榕江的侗族仍然在使用脚踏两锭纺车。

随着纺纱技术不断进步，织造技术也有了相应的发展。远古人类缝缀草叶要用绳子，缝纫兽皮起初先用锥子扎孔，再穿入细绳，后来演化出针线缝合的技术。北京周口店旧石器时代的石锥、公元前1.6万年的山顶洞人都证明了服饰缝合的开端。骨针既可以说是早期的缝合工具，也可以说是引纬器的前身，是最早的织具。因为对于缝制兽皮服装来说，用锥扎孔，再用骨针引线，即可完成缝制过程；而对于纺织来说，骨针可以如同梭子一般，将线进行经纬编织。伏羲氏“作结绳而为网罟，以佃以渔”。网兜的编结应该是最早的织造技术。织造技术的起源是多元的，狩猎活动能够激发纺织的灵感，制作渔猎用的编结品网罟和装垫用的编织品筐席也能演变出纺织技术。

最初的织是“手经指挂”，就是徒手排好直的经纱，然后一根隔一根挑起经纱穿入横的纬纱。由于仅靠双手编织，织物的长度和宽度都极其有限。据《释名》说：“布列众缕为经，以纬横成之也。”平布就是由许多纵向的经线和横向的纬线相互交织而成的。人们在实践中逐步学会使用工具，先在单数和双数经纱之间穿入一根棒，称为分经棒。在棒的上下两层经纱之间便形成一个可以穿入纬纱的“织口”。再用一根棒，从上层经纱的上面用线垂直穿过上层经纱而把下层经纱一根根牵吊起来。这样，把棒向上一提便可把下层经纱一起吊到上层经纱的上面，从而形成一个新的织口，穿入另外一根纬纱从而免去逐根挑起经纱的麻烦。这根棒就称为综杆或综竿。纬纱以骨针引纬穿入织口后，还要用木制的打纬刀打紧定位。经纱的一端，有的缚在树上或柱子上，有的则绕在木板上，用双脚顶住。另一端连着的织好的织物则卷在木棒上，棒两端缚于人的腰间，织造时是席地而坐，因此叫“踞织机”，又称为“腰机”。云南晋宁石寨山遗址出土的距今2000多年的纺织贮贝器盖上，铸造了一组女奴隶在奴隶主的监视下席地而织的形象。腰机织造最重要的成就是采用了提综杆、分经辊和打纬刀。这种腰织机已经有了上下开启织口、左右引纬纱、前后打紧纬密的三个方向的运动，这是现代织布机的始祖。新中国成立初期，许多少数民族还保存着与腰机相类似的织机及原始的织造方法。

作为一种灵巧轻便的织机，腰机不受场地限制，可以随时随地织造小件织物，所以流行久远，在景颇族、佤族、拉祜族、布朗族、哈尼族、傈僳族、基诺族、独龙族、怒族中普遍存在，是织造头帕、腰带、筒裙等窄幅服饰的快捷工具。但腰机织物也有缺点，就是因人体宽度所限，布幅较窄，导致服饰拼接较多。

后来，人们在织布的生产实践中又逐步革新，发明了脚踏提综的斜织机。这种斜织机已经有了一个机架，经面和水平的机座呈56° 的倾角。这样改进以后，操作的人在坐着织造的时候，可以一目了然地看到开口后经面上的经线张力是否均匀、经线有无断头。更重要的是斜织机已经采用脚踏提综的开口装置。当脚踏动提综踏板的时候，被踏板牵动的绳索牵拉提综摆杆前俯后仰，就使得综线上下交替，把经纱分成上下两层，形成一个三角形的织口。而且实行手脚并用，用双脚代替了手提综的繁重动作，这样左右手就能更迅速有效地用在引纬和打纬的工作上。斜织机的生产效率比原织机提高了十倍以上，大幅度地提高了布帛产量。

现今我国少数民族地区还保存着传统的纺织工艺。少数民族的织机一般是由机架、卷布轴、卷经轴以及筘、综、蹑、梭等部分组成。机架为榫卯结构，可以稳定地立于地面，有时为增加稳定性还在机架四脚设有木桩。卷布轴为两根光滑木片，用来夹住织好的布，两端用绳扎紧。卷动时，卷布轴必须与卷经轴同时运动，即放松卷经轴后方可进行卷布轴的卷紧。卷经轴是将超出机架长度的经纱卷于辊上，便于经纱在机架的范围内绷紧，有利于穿纬。筘为一长方形木框，框内有多根细的竹丝，成梳状排列，竹丝的数量与所织造的布匹经纱数量相当。其作用是每使用一次都把经纱梳理一遍，利用其作为纬刀将纬纱打紧，用来严格控制经纱的密度和位置。同时还具有支持经纱平面的作用，使得织出的织品经纬纱交织均匀平整。筘在纺织中已经属于比较先进的纺织工具，但其综眼有一定的数量，不能随意改变，所以布的宽度是一定的，因此，也有人把筘称为定幅筘。综由综杆和综眼组成，综杆可为竹或木，长度视织物的幅宽而定。一般说来用于踞织机者稍短，用于其他机型的较长。综眼则以细绳绕于竹木杆上，眼径因族而异。综的运动为上下运动，靠脚踩蹑进行提升，保证经纱的沉浮交替，在织造中起着十分重要的作用。蹑是随着织机的改进而产生的，由木杆和绳组成，作用是提综。工作的原理是脚踩蹑杆，牵动绳后将综提高，使经纱平面形成开口，让引纬分别从单数股纱及偶数股纱间穿过。梭为枣核型，两端尖，中间有长方形的凹槽，称梭心，可放置纱锭。

少数民族的纺织都是由妇女在家中完成的，学习纺织是一个世代相传、潜移默化的过程（图8-1）。比如使用纺锤捻线的技术，在穿短裙的倭尼女子中尤为普遍，短裙便于露出大腿，使她们能够借助大腿肌外侧搓动纺锤柄。大多数倭尼女子十多岁就掌握了这项手艺。对于她们来说，纺线随时随地可以进行，上山砍柴或下地劳动都带着纺锤沿途捻线。道光《他郎厅志》记载哈尼族“男勤稼穑，女事纺绩，虽出山入市，跬步之间，背负竹笼，左手以圆木小锤，安以铁锥，怀内竹筒，装裹棉条，右手掀裙，将铁锥于右腿肉上擦撵，左手高伸，使棉于铁锥上团团旋转，堆垛成纱，谓之撵线”。纺纱织布是各民族经济生活和家庭生活的重要组成，所使用的织机大多是前辈留下来的，有的保存了几十年甚至上百年。在村寨中，常常会见到几个妇女聚在一起做纺织，如纺纱、倒纱、整经等，她们周围也都会有一群年龄不等的女童在观看和做一些简单的模仿。掌握纺织技术对于女孩子们来说至关重要，家庭是她们的第一课堂，家中的女性长辈是对她们进行言传身教的最好老师。在村寨中，一些老年的纺织高手家中常有人登门求教。在田间，妇女劳作之余会在一起谈论各种生活话题，其中纺织技艺是谈论较多的话题之一（图8-2）。这些少数民族的女子经过耳濡目染一般都能掌握纺织技术，而在一个或几个相连的村寨中，总会有数个纺织高手，她们悟性较高，又肯虚心请教、刻苦钻研。这些高手能够熟练掌握全套纺织技术，纺纱织布、穿综入筘、穿经压纬样样精通，同时她们还能起到向其他妇女传授技术的作用。

图8-1　为新年织布做衣

图8-2　作者在广西大瑶山采访瑶族妇女

## 第二节　棉纺织工艺

棉纤维是我国运用得最多的纺织材料，在少数民族地区，绝大部分衣料都是以棉为主的。中国是世界上棉纺织生产发达的国家之一。中国的南部、东南部和西北部边疆是世界上植棉和棉纺织技术发展较早的地区。棉花的优点很多，虽然它的历史比丝绸和麻葛短，但它却发展迅速，早已遍布全国并在纺织纤维中位居首位。棉花是极好的保暖填充物，比丝绵更轻更暖；而织成布以后，又比麻布柔软舒适。棉花的种植成本低、产量大，而且因为纤维细长，加工方法也较为简单，纺棉花比纺麻或苎麻更容易，不必在纺线以前接成长线，只要抽出等长的棉纤维，絮成粗细均匀的棉条，就可捻成粗细均匀的细棉线（图8–3）。棉花的织造方法与其他纤维一样，但棉的使用范围更广，冬夏皆宜，使用时间也较长，耐洗耐磨，可以说是服饰材料的首选。

图8–3　基诺族妇女捻纱（云南景洪地区）

### 一、棉花的种类及使用

与中国传统的纺织材料不同，棉花是外来的植物品种。棉花为锦葵科棉属，栽培棉种有亚洲棉、非洲棉、陆地棉（又称为细绒棉）、海岛棉（又称为长绒棉）。但无论是陆地还是海岛都不是指中国的陆地和海岛。棉起源于近赤道的热带干旱地区，原始类型为多年生灌木或小乔木，经长期自然选择和人工驯化，近代栽培的一年生棉花纤维细长而洁白，具有纺织价值。世界产棉区分布在北纬38°到南纬35°。中国宜棉地域辽阔，除最北部的少数民族地区和青藏高原外，其他地区均有棉花种植。

棉花纺织所使用的是棉籽上被覆的纤维，棉纤维制品吸湿和透气性好，柔软且保暖。从棉花中采得的是籽棉，无法直接进行纺织加工，必须先进行初加工，即将籽棉中的棉籽除去，得到皮棉，该初加工又称轧花。棉纤维的长度主要由棉花品种、生长条件、初加工等因素决定。棉纤维长度与成纱质量和纺纱工艺关系密切，棉纤维长度长、整齐度好、短绒少，则成纱强度高、条干均匀，纱线表面光洁、毛羽少。

我国的棉花品种经历过多次改良，现在的棉花和古代的棉花已经有所不同。现在我国棉花种植以陆地棉和海岛棉为主，少数民族地区也是如此。陆地棉源于中美洲和加勒比海地区，又称美棉，是目前世界上栽培最广的棉种，原为热带多年生类型，经人类长期栽培驯化，形成了早熟、适合亚热带和温带地区栽培的类型，其特点是适应性广、产量高、纤维较长、品质较好，可纺中支纱。陆地棉于1865年引入中国，最初只在上海试种。1892年又从美国引入数量较多的棉种，在湖北广为试种，之后逐步推广到其他地区。20世纪50年代，陆地棉取代了原先种植的亚洲棉和非洲棉，并占我国棉纤维产量的99%，世界产量的90%以上。海岛棉也称为长绒棉、埃及棉，原产南美洲，特点是纤维长、强度高，适合于纺高支纱。海岛棉约于20世纪50年代引入新疆，因其需要炎热和干旱两个条件，所以新疆是目前我国唯一的一年生海岛棉产区，而塔里木已发展为新疆最大的海岛棉基地。

在我国古代，棉花的主要品种是亚洲棉（中棉）和非洲棉（草棉），这两种棉花都是粗绒棉，分别从南北两路向我国传播。印度是亚洲棉的起源中心，印度古墓中曾经发掘出距今已有5000多年的棉织品。随后亚洲棉分两路传播，一路从印度次大陆传入地中海沿岸和欧洲；另一路传播到东南亚、中国、朝鲜和日本南部岛屿。在我国，亚洲棉最早出现的地区是海南和云南的澜沧江流域，之后传到福建、广东、四川等地区。南朝时，上层贵族已开始穿戴棉布衣，时称“南布”，多为异族贡品，所以甚为珍贵。这些亚洲棉又传入华南，流行于珠江、闽江流域。亚洲棉绒毛纤维长，质优于非洲草棉。草棉首先在非洲传播，再由阿拉伯经伊朗、巴基斯坦东传到中国新疆，同时西传到地中海沿岸国家。至少在汉代以前，西域就已经以非洲棉作为主要纺织原料。魏文帝黄初年间，新疆的棉纺织品大量传入中原，这一品种就是非洲棉，俗称“小棉”，绒毛纤维短，产量较低。《梁书·高昌传》记载：其地有“草，实如茧，茧中丝如细纩，名为白叠子。”《梁书·西北诸戎传》记载“高昌国多草木，草裙带茧，茧中丝如细纩，名曰白叠子。国人多取织以为布，布甚软白，交市用焉”。唐代长安城内已有白叠布店。而在中原地区，直到宋末元初，黄道婆将海南的棉纺技术引入后，棉花才成为大众常用的纤维，使用率能与丝麻抗衡。在棉花传入我国之前，我国只有可供充填枕褥的木棉，木棉广泛地生长在南亚地区，高达十几米的木棉树（乔木、攀枝花），春末未发叶之前，先开红花，极为鲜艳，果实大如拳头。其果实内绽出之絮，韧度太低，不能纺成纱，只能用作枕垫之填充物。但因树名相同，常常被误认为是古代用于纺织的棉花。

从古文献记载来看，古代的棉花有两个名字，“吉贝”和“白氎”。学术界普遍认为，“吉贝”及其转音如“织贝”“古贝”“劫贝”“家贝”等词源于印度梵文，佛经中译成“劫婆娑”“劫波育”“迦波罗”。而“白氎”及其转音如“帛叠”“白叠”“钵吒”“白答”等则源于古波斯语，而且与现代波斯文同源。也有学者认为，吉贝可能是指亚洲棉，即中棉；而白氎则可能是指非洲棉，即草棉。战国时期的史料《尚书·禹贡》有“岛夷卉服、厥篚织贝”的记载，说明当时南方沿海一带居民已穿着棉织品。秦汉时期，西南古代永昌郡濮族的一支也擅于纺织棉布，被称作“木棉濮”。《史记·西南夷列传》载，公元前122年，张骞出使西域归来，在大夏见到了“蜀布”。张骞问大夏人“蜀布”的由来，乃知大夏人的蜀布得于蜀郡商人之手。“蜀布”是一种棉织品，产自僚、濮族之中，因经蜀郡商人的转手贩运而得此名。这种布又称为“白叠”“帛叠”“榻布”或“桐华布”。刘逵《蜀都赋》说：“橦华布，出永昌。”按秦、汉之际的设置，僚族、濮族居住的地方已被永昌郡纳入其下。《华阳国志·南中志》说，哀牢夷“有梧桐木，其华柔如丝，民绩以为布，幅广五尺以还，洁白不受污，俗名曰桐华布。以覆亡人，然后服之及卖与人。”桐华布即木棉布，它无疑是少数民族地区的高级产品。晋朝人郭义恭在《广志》中说：“永昌有木棉濮，土有木棉树”。这些记载与其他文献关于古代时哀牢地有“帛叠”和“桐华布”等棉织品是相吻合的，也说明“濮”人是最早种植棉花和纺织棉布的族群。《后汉书·西南夷·哀牢传》载：僚族、濮族的某些地方“土地沃美，宜五谷蚕桑，织染采文绣、罽毲、帛叠、兰干细布……”由此可知，帛叠布在西汉初年已经出现，并且部分僚族、濮族的农业生产和手工业生产技术已达到较高水平。西南很多民族称之为“白叠”，至今佤族还将白色的棉布称为“白戴”。唐代时南诏国地区（现云南地区）的居民用木棉做衣是很普遍的。到宋代，云南地区少数民族生产的木棉布还远销内地。

在新疆民丰县的东汉古墓中多次发掘出棉布和棉絮制品，表明新疆使用棉花的历史至少始自汉代。1959年在新疆民丰县尼雅遗址一座东汉墓中出土两块平纹蜡染棉布食单，当是印度输入品。到了唐代，新疆就已种植草棉，因为在新疆巴楚和吐鲁番的晚唐遗址中曾多次发现棉籽，据鉴定为草棉棉籽。草棉耐干旱，适于西北边疆的气候，且生产周期短，只要130天左右，种植并不难。但草棉纤维过短，只适于织粗布。新疆气候干燥，湿度很小，织布时棉纱易断。而且此棉种的棉丝与棉籽附着坚固，脱籽不易，在大弹弓发明以前，去籽是一道很费时的工序。因此，唐代西北边疆的棉布生产成本高，无法与内地的丝绸麻布相抗衡，并不能形成大规模的生产优势，但作为西域特产，已经引起了中原地区的关注和喜爱。在唐代及以前，棉花还不适应中原的气候，棉织物主要依靠我国的西域、南诏、琼州地区以及更远的中亚、印度等地进口，在唐代西域各民族与内地的交往频繁，据陈鸿《东城老父传》记载，唐玄宗时长安城里“卖白衫、白叠布行，邻比廛间”。到了北宋末期，现新疆、海南岛、广东、广西、云南、福建等地区的棉纺织工艺已较为发达，并通过商贾逐渐向内地流传。同时期，海南和西南各地的棉织工艺已发展到了很高的水平，在制作工艺上和印染、刺绣相结合，在纺织原料上与丝相搭配，走出了各民族不同的发展方向。宋以前，我国只有带丝旁的“绵”字，没有带木旁的“棉”字。“棉”字是从《宋书》起才开始出现的，元代的《农桑辑要》和《农书》均采用“棉”字，沿用至今。

棉花经过长期的培育和改良，棉花的种植地域慢慢地向北延伸，棉株的特性也已经发生了变化，生长周期逐渐变短，已培植出一种一年生的、分枝少或不分枝的变种。这样棉花更能适应北方的气候，农民更容易控制一年生植物的产量，从而使植棉业的经济潜力大大增长。棉花品种的改良和脱籽技术的改进刺激了棉

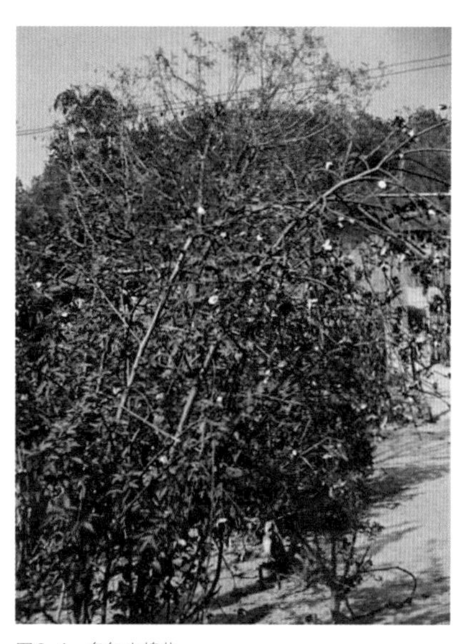
图8-4 多年生棉花

花种植的推广。到13世纪末棉花已成为纺织业的主要作物。棉花的出现虽然远晚于麻丝，然而其发展远远超越了麻丝，是因为其拥有的优良特质，非其他纤维品所能及，王祯《农书》说“且比之桑蚕，无采养之劳，有必收之效；埒之枲苎，免缉绩之工，得御寒之益，可谓不麻而布，不茧而絮”“又兼代毡毯之用，以补衣褐之费”。棉花曾被誉为“传入物品中之有最大价值者”。到了明朝“地无南北皆宜之，人无贫富皆赖之。”直至今日，棉花仍然处于纺织材料的首选地位。

棉花品种很多，除了被驯化的高产棉种外，在西南地区，野生木棉仍然存在并为人们贡献着纺织价值。比如，云南有一种本土的联核木棉，属半野生状态的多年生海岛棉，这种棉花史称云南棉或木棉，为多年生之灌木，高约4米，与埃及棉同种，性状相似，又都是长绒棉。据专家推测，因为云南的冬季气候也很暖和，一年生的埃及棉迁入云南后，越冬不死，逐渐变为多年生（图8-4）。离核木棉每年开花吐絮两次，可纺出50支以上的高档细纱。但由于该棉花纤维太长，弹棉花时，纤维易缠绕在弓弦上，无法弹开，因此使用手工加工比使用纺织机械更好。经测定和比较研究，云南木棉的纤维较长，一般都在30毫米以上，最长的可达40毫米，并且捻曲性能很好，使用简单的工具就能织造出质量很好的布匹，所以在相当长的时间里云南少数民族都很喜欢种植云南木棉。而且云南的少数民族对其早有认识，如佤族先后种植过这两种棉花，对它们的称呼也不一样，他们把多年生的棉花称为“台让”，意思是种植在庭院里的棉花；把引进的大面积种植的棉花称为“台马”，意思是种在田里的棉花。在调查中，佤族妇女们都说，过去祖祖辈辈种的都是“台让”，但是产量太低，不够用，后来才从汉族那里拿来了新棉花种。[1]红河地区的彝族直至今日还在种植本地棉和引进棉，本地棉植株比较矮

[1] 高宏慧，赵明生：《佤族棉花种植、棉纺织业、棉神崇拜和传统服饰》，首届云南民族服装服饰文化节论文。

小，棉铃也小一些。为了区分这两种棉花，他们把本地棉称为“锁”，把外地棉称为“锁艾摩”，意思分别是小棉花、大棉花，很显然他们是按棉花的外形特征来区分的。

云南少数民族棉花种植与纺织非常普遍，主要为了满足自身穿用需要，种植数量不多，但都十分重视，都用最好的土地来种棉。云南《孟连县公信区公良乡佤族母权制残余调查》载：“耕地耕种一次则休耕六年。每块耕地分成两部分，一半种旱谷，一半种棉花。地少者第一年种旱稻，第二年种棉花。例如公吉大寨的六片土地，按顺序每年种一片，每片分两部分，一半种旱谷，一半种棉花，种棉花的一半则是向阳部分。”如果山地民族在山上种棉的地方气温不够高，就不惜和山下的傣族进行土地临时的交换，到山下的土地上种植棉花。适宜种棉地区的大部分人家都有棉地、织机。新中国成立前，佤族地区一直延续着种植棉花的传统，做衣服的布料主要靠自己种棉、纺线、织布而得，棉花种植业与纺织业在佤族世俗生活中具有很重要的地位，由此也产生了相应的棉神崇拜。棉花对种植技术的要求比较高，所以种植棉花和采摘棉花时有很多讲究。如佤族种棉花时，要选好节令与日子，由生产能手承担撒种的任务，两只手的配合必须非常协调，一手扬棉种，一手握扫把拍打，这样做是便于籽种散开后落地均匀，盖种要用锄头轻轻拢土盖上。薅棉时拔草要极其小心，不能碰掉花苞，否则前期的辛劳就白费了。

采摘棉花之日，整个寨子就像过节一样，男主人要戴上白包头，女主人要着新装、戴耳环，隆重打扮之后才下地（图8-5）。一般来说，未成家或未生育之人很少参与采摘棉花。采棉时间多选取中午的两三个小时。无论是种棉还是采棉，当天都要到地里吃饭，并且还要有糯米饭。轧棉时，全寨子的人基本不出工下地，各家各户都要相互帮忙或换工。棉花种植费工、费力，成本

图8-5　傣族妇女采棉花

大，对耕作技术要求高，不但土壤的条件要好、肥料要充足、灌溉要得法，而且整枝等技术细节都要掌握一套特殊方法。比如，发现“赘芽”和“边心”就要去掉；不必要的“油条”和“空枝”也要打掉，并且要打得适当；“顶尖”要根据棉花的生长情况和季节，分几次剪除；中耕、培土等要及时结合进行。佤族的棉花种植技术，在当时还受到了土司的重视，傣族土司要求佤族所承担的贡品中就有棉花。

## 二、棉纺工具及工艺

在植棉和棉纺织中，少数民族做出了杰出的贡献，他们很早就积累了大量棉花的纺织加工技术。少数民族地区种植棉花，在农历三月末或四月初下种，八月棉桃成熟，开裂吐絮，便进行采摘。他们把收获的籽棉在太阳下暴晒，这时籽棉里还有许多的棉籽和残留的棉铃壳，所以还必须用手把残留物去除，用轧棉机去除棉籽，得到皮棉。这项工作费工费时，从古至今，去除棉籽的方法一般有剥、轧、搅等方法。剥，就是用手把棉籽去除，棉花少时可以采用手剥，效率很低；数量较多时使用一种小型的搅车，搅车的原理是转动轧辊经，将籽棉中的棉籽挤压去除（图8-6）。搅车去籽的方法历史悠久，早在南宋以前就十分普遍。据《农桑辑要》所载，当时的搅车结构和使用过程为“用铁杖一条，长二尺，粗如指，两端渐细，如赶饼杖杆。用梨木板，长三尺，阔五寸，厚二寸，做成床子。遂旋取棉籽，置于木板上，赶出籽粒，即为净棉”。搅车就是用两根圆棍设于木架上，用手摇动，轴向相反方向旋转，把棉籽轧出，一般一天能轧出棉籽1.5~2千克。西南地区曾有一种村寨共享的轧棉机，其形状与鼓风机相似，由一个巨大的圆轮带动两轴运转方可进行工作，这种轧棉机一般是一个村寨有一架或几个村寨共有一架。

图8-6 傣族搅车去籽

弹花也称弹松、弹棉或熟花衣（图8-7、图8-8）。弹花的作用是对皮棉再次加工，使皮棉纤维变得蓬松，并净化皮棉。弹花工艺虽然很简单，却是纺织工艺的重要一环。西南少数民族的弹花工具主要是小型竹制的弹花弓（图8-9）。竹弹花弓由弓和弦两部分组成。弓一般长70厘米，宽3~5厘米，弓身弯曲、多不对称；弦为一根细竹丝，拴在弓的两端，受弹力的作用常处于紧张状态。弹时一手握弓，将弦伏于棉上；另一手用食指拨动弦，使弦振动。弹棉要均匀用力，使弹弓的振幅、频率比较一致，从而将棉弹松。竹弦很光滑，纤维不易缠绕，特别适合弹长纤维木棉。

棉纤维经过了弹花后，变得十分蓬松，可以直接纺纱。纺纱工作既可以使用纺锤，也可以使用纺车。纺锤是用木头制成的纺线工具，捻线很费工，一天也就只能捻50克左右的线。由于携带方便，因此西南少数民族妇女常常在行路途中也随手纺线。新疆织粗布的维吾尔族和云南一些少数民族存在着直接握住纱团利用纺轮纺纱的方法，这样织出来的布一般用于缝制衣里等不太重要的部分。如果使用纺车，则最好加上卷莛的工序，否则纺的线粗细不均，并且效率也不高。卷莛也称搓条、探条和拘节，可以提高纺纱的效率，卷莛是纺织技术成熟的标志之一（图8-10）。其是以木棍为工具，用手把弹过的棉纤维加以搓转，使其成为细长中空的圆筒状（图8-11）。西南少数民族经卷莛后完成的棉筒为直径3~4厘米，长15~18厘米，这样的长度非常适合纺纱操作，因为人的手掌握住棉筒以后，露出

图8-7　傣族手工弹松

图8-8　基诺族手工弹花

图8-9　弹花工具

的部分棉卷长度使其能正好保持呈直立状，而不会歪倒。这样十分有利于抽纱，即便抽完一次，棉筒向上移动后仍然可以继续抽纱。用于棉花卷莛的工具十分简单，是以当地特产的一种无节箭竹作卷轴，以饭桌等平面当卷台，以甑盖、锅盖为搓板，将已轧软弹松的棉花铺在桌上即可卷莛，最后将棉花卷成棉筒。也有专门的搓棉板，即一块木板上钉一个把手，其长度与卷莛的长度相同，宽度稍大于卷莛的周长，更有利于操作。

从纺车来看，既有直径61厘米的大竹轮纺车，也有小直径的竹轮纺车，直径有30~40厘米，可以适应各种需要（图8-12）。

苗族有一种纺纱车是手摇单锭的，这种手摇单锭纺车过去几乎在每个苗族村寨都可以找到，由锭子、绳轮和手柄几个主件构成。锭子一般用铁钎做成，较粗的一端套上竹质或木质的长2~3厘米的轮子，并将其穿在两木柱或索套上；另一端伸出木柱或木板外，从绳轮过来的绳弦则套在两柱之间的锭杆圆轮上，这样锭子便可以自由回转。锭子伸出柱外部分另套上竹管、芦管或稻茎管，纱线绕上后就成纡子了。绳轮则由若干竹片或木片作径骨，用绳将之连缀成轮，轮心穿一木轴，轴的一端装上手柄。整个绳轮一般安装固定在方木做成的凹形骨架上。这时手握手柄转动绳轮，带动锭子回转即可开始纺纱了。这种纺车有边纺边加捻的功能。

络筒、整经、穿经是经纱准备的必要过程；络筒和卷纬是纬纱准备的必要过程（图8-13）。为了增加棉纱的张力，苗族妇女把纺成的棉锭放入用石灰水或草木灰水做成的碱水内煮炼，然后用络车将之络成纱绺，再经浆纱晒干后方能络成经

图8-10　卷莛工具

图8-11　卷莛成品与棉纱

图8-12　新疆英吉沙维吾尔族纺棉纱

纱和纬纡。浆纱是一道较为烦琐的工序，苗族妇女选用胶汁上好的黏米熬成米汤，浆第一次纱，然后扭在竹竿上晾晒约一周时间。此后还依据所织布料品种的需要，用豆浆、牛胶水或蛋清等浆纱。经浆洗和捣炼多次以后的经纱、纬纱光滑润泽，张力强不易断，为以后牵纱、理纱和织布打下了良好的基础。在浆纱过程中，如果觉得纱线不够白，则可以南瓜叶、藤、根捣烂熬汤反复浸泡，进一步漂白。侗族妇女为了让纱线织成的布染色后更红更亮些，先要将纱线放入一种侗语称为“巴米亚”的植物和草木灰混合的过滤液中浸泡，用冷水洗线，再用萨子熬制的汁液来洗线，然后把线晾干进行分纱。而云南的花腰傣习惯把纺成的线用米汤蒸，经米汤蒸过的线会有一定的硬度，以便后面的理顺和纺织。

图8-13　云南彝族纺纱

牵纱与理纱是连续完成的。苗族妇女把经过浆洗、捣炼的纱线络成大纡用作经纱，小纡作纬纱。牵纱时将大纡经纱上在牵纱车上。牵纱车为木质手提H形框架，每一横条上一个经纱纡，然后在吊脚楼下柱与柱之间钉木楔或在宽阔的平坝上立木桩，提着牵纱车沿木楔或木桩来回牵纱。牵纱完毕立刻理纱。所谓理纱就是将牵好的经纱梳理成所需的幅宽，穿综穿筘并分层卷在卷经轴上。这一道工序至少由三人方能完成，一人以条带系着卷经轴拴在腰间并用腰力将经纱绷直，另两人手持木梳不断地梳理经纱和推移综筘，所以往往一家人牵纱、数人帮忙。人们牵纱要择吉日并一鼓作气，牵、理必须在一天内完成，以求吉利。将理好的经纱轴上机、挂筘、吊综后，即可以一人独立织布了。在湖南省通道县黄土乡的盘寨使用一种特殊的牵纱工具，如果说从侧面看常见的牵纱工具与纱线构成的是一个平面的二维空间的话，那么这种牵纱工具与纱线构成的则是立体的三维空间。这样一来一个人就可以独立地牵纱，减少了人力、物力，极大地提高了工作效率，使得这项以往受场地及天气等因素限制的繁复工作在家中就能独自完成。这在民族牵纱工具中是相当先进的。

络筒使用的工具为络车，络车也有简繁之分。最简单的络车一边是以两根竹竿穿在圆木柱上，呈十字形状，再将纱线套在十字上，并将木柱插入有孔的木凳上；另一边则是一个竹编的宽口竹笼，以一根竹竿将竹笼穿心固定，然后将竹竿插在长木凳的横档间，再以短棍为手柄转动竹笼即用以络纱纡线。较为复杂的是手摇络车，结构与单锭纺车基本一致，只是络车的轮径是活动的，可以张合以便将纱线套取。一般是络车与纺纱车联合使用，络纱、纡线和加捻。

把浆好的纱线卷在竹筒上形成熟纱锭，然后进行布经、穿吊、上筘等上机工作并用木梳将经线梳理整齐，再把一些纱线绕在小竹筒上装入梭子作为纬纱，就可以织布了。少数民族地区各地因发展程度的不同，所使用的织机也各不相同，有斜织机、斜织腰机和卧式织机。

斜织机有一个完整的机架固定送经、卷布装置。织工的机座与经线平面形成斜角，使用奇数、偶数两页股纱综，并以踩蹑提综，有梭引纬，用筘整经压纬。斜织机与踞织机相比应当说更进一步，织工相应轻松，经纱平面平直，张力均匀，穿梭流畅，提高了效率。苗族斜织机有两种结构类型：一类机架前高后低，经纱上机后呈约45° 倾角，仍靠腰力拉直经纱后脚踏综杆张梭口而织，这种斜织机仍以杼刀紧纬；另一类斜织机是机架前高后低，经轴架在前立架间，以卷布轴收缩经纱，并设有木架安置竹筘，以筘打纬。织时足踏蹑提综开梭口，一手投梭，一手拉筘紧纬。手、足和谐并用，大大地提高了效率。

斜织腰机因织布者姿势而得名，是因为这种织机或织布方法主要是依靠腰劲绷直经纱才能织造。很多少数民族都有腰机品种，如贵州的苗族腰机就有两类：一类是没有机架和机台的，经过牵经、分经、穿综、穿筘后，将经纱的一端系在木柱或木桩上，有的木桩为1根，有的为3根或5根，起到分开经纱的作用。经纱另一端则拴系在布轴上，织者席地而坐，以皮带或布带、绳索将布轴两端固定于腰间，靠腰力将经纱绷直，用手提综或以脚踩蹑开口而织，一般穿纬、紧纬多用杼刀。另一类腰机是有机架的，贵州月亮山一带苗族织锦就用这类腰机。将理好并已穿综、穿筘的经纱卷轴固定在斜置机架上，另一端则固定在布轴上，以皮带或锦带护腰并将布轴固定在腰上。织者坐机台上踩蹑或提综张开经口而织，一般多以宽厚的杼刀紧经。这类织机配件还有梭子、幅撑等。

卧式织机一般由卷经轴、卷布轴、提综木鸟、机床、架臂、蹑等部件组成。以方木做成四脚机床，机床两条竖梁的前端开龙口，近身两足柱高出竖梁约20厘米，设一活动横轴即为卷布轴。前端龙口用以安放卷经轴，卷经轴以杉木为轴，两端各以木片做成“十”字，用以卷经纱时档幅和安放分纱竹片。机架中央立架臂，杉木做的架臂呈斜三角形或F形，手臂伸向卷布轴即织者的方向。臂端设有一横轴，轴可自由转动，轴中设有四个或两个木鸟，木鸟嘴用以吊线提综，并与蹑板相连。织者踩蹑即可牵动木鸟上下运动，综片也上下运动，起到张开梭口便于投梭织造的作用。安设竹筘的木架亦悬吊在臂端上，借助木架自重来回摆动用以打纬。一旦将整理好并穿好综筘、分隔好天地经纱的卷经轴上机后，以厂形木质长柄挡在卷经轴的“角”上调控，并使其转动，并以转动卷布轴的方式绷撑经纱，不需织者离开座位即可以自由操作。用卧式织机织平纹布，日织一丈，大大地提高了织布的效率。以其织斗纹布、花椒布或织锦等，只要加综加蹑即可进行织造。当然，在一些少数民族地区，卧式织机的结构多种多样，或是放卷经轴位置不同，或是吊提综片位置和配件不同，如川南一带提综不用架臂木鸟，而是用竹弓提综等，但其基本原理是一致的。

织机除了机架外，还有一些重要的工具，例如，梭是纺织中引纬的重要工具，从不同地区少数民族的梭中，可以看到梭的发展。梭的形制从纱团，到绕线的木辊纡子或纬纱管，再发展到与经纱绕线方向垂直的绕线板，最后定型为枣核形的中空梭（图8-14）。这种形制最完备的梭，中间是掏空的，作为放纬线管的仓，有的梭的底部还增加滑轮，以提高跑梭速度。打纬刀用于纺织中压紧纬纱，用较硬的木料做成。还有一种较特殊的斧形打纬刀，在厚的背上掏空一槽放纬纱管，使引纬、打纬合为一体。筘也称为杼，为长方形木框内竖排着的密实的竹丝，如梳篦。其空隙的数量与所织布匹的经纱数量相等，以控制经纱的密度

图8-14　苗族织布牛角木梭（贵州黔南州）

和布幅的宽窄，并把纬纱打紧。综用于布幅宽度相似的一杆，以细线拴在杆上为综眼，使经线交错着上下分开。在踞织机上使用半综，系住经纱的奇数或偶数股线，以手提综完成一次提综开口，另一次靠经纱张力并由打纬刀辅助。有架织机却不同，奇数股经纱为一页综，偶数股经纱为另一页综，以脚踩“蹑”提综。蹑是用两条板穿绳与织机架上的“马头”相连，下踩时在杠杆作用下提起综。此外，还有卷经轴、分经辊、卷布轴、幅撑等。

虽然在少数民族地区纺车、织布机往往都是自家制作的，但纺织常用的工具锭子却需要专业工匠加工，且锭子易坏，锭尖易断，用久了还会拦腰折断。因此，民间既有车锭子的，也有修锭子的。锭子的加工也很有技术，有的外表好看，但弦线却嵌进锭杆里，质量常常要上车使用后才能鉴定。一般每户至少有一架纺纱机和一台织布机，每寨均有若干轧棉机和弹棉机。纺织是少数民族妇女们从幼年起必须学习的技能，甚至是衡量妇女能干与否的标准。

## 三、棉纺织物的种类

棉花需要充足的日照，且不能在常年有雨的地区种植，只能在4~9月为旱季的地区栽培，因此少数民族的棉纺织物主要产自西南和西北。西南民族有悠久的棉纺织历史，在长期的劳动生产中积累了丰富的棉纺经验。云南的德昂族先民早在唐代就已有较高的纺织技术，能纺织五色花布，史书上称其为“五色娑罗布”。德昂族就是以纺织木棉出名的濮人的后代。

西南地区常用的棉织品有平纹布、花纹布、土花布和棉锦。平纹布是过去使用最广泛也是各地都掌握的一种棉织品。少数民族妇女都是自己用轧棉机去籽，用棉花弓弹松，再用搓棉板搓成棉条，用手摇纺纱机纺线，在榕江一带用脚踏纺车。纺成纱后，用桄绕成大桄纱，上浆后梳理排经，上机织布。这种织法用腰机、斜织机和卧式机都可以完成，是织造布匹中最基本的一种织法（图8-15）。

花纹布是通过踏蹑、提综等方法显花的织品，苗族织花纹布较有名的地区有黔东南的台江县、黄平县、剑河县、雷山县、丹寨县、榕江县、从江县，贵州中部的安顺市、惠水县、贞丰县，湖南湘西的花垣县、凤凰县，广西的融水县。较为著名的花纹品种有斗纹布、花椒布、鱼翅布等。也有用四蹑四综的提综法织出

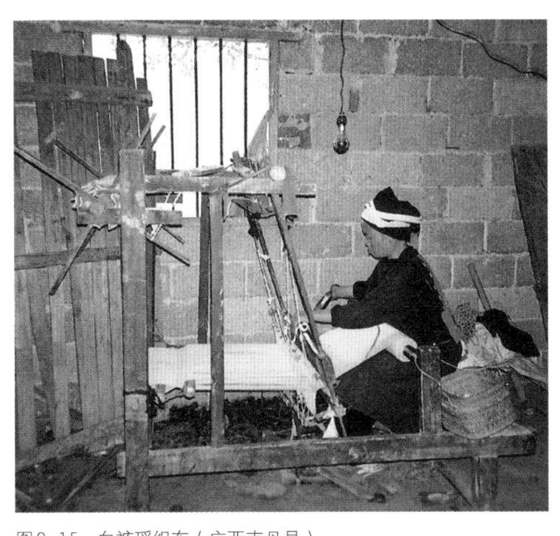

图8-15　白裤瑶织布（广西南丹县）

的和用四综两蹑的方法织出的。特别是花椒布的正面凸起花纹，与长沙马王堆凸纹锦极为相似。苗族在织花纹布时还常采用夹纱的织法起花，即两粗经纱夹一细经纱或两粗纬纱夹一细纬纱。贵州侗族的家织布为侗族服装的主要衣料，一般都织平布，手艺高的人能织出斜纹布、花椒眼布、辫纹布等。水族织的水家布，纱质细，织工精细均匀，染色深透，耐洗不褪色。除平纹布外，还能织出"人字纹""花椒纹""方格纹"等多种纹样。

土花布主要以贵州松桃、雷山、三都、惠水、贞丰等地最为著名。土花布织法与平纹布织法相同，只是在牵纱前先将纱线染色，牵纱时依据所要花色穿综和穿筘，并依据花色投梭走出纬色。其特点是先染线后织花。布依族、水族、壮族等民族的土花布都是用这种织造方法。

棉织锦多用于少数民族妇女的裙装、帽饰及裹腿，如佤族、基诺族、布依族和黎族等。棉织锦最典型的织物是牛肚被，在贵州的苗族和云南的佤族、布朗族都有牛肚被锦，主要用作家庭中使用的盖毯，厚实保暖。因织造纹理形似牛肚而得名。佤族的牛肚被采用当地生长的一种野生棉进行纺织，这种野生棉纤维较长，织成的锦柔软厚重。锦幅宽70厘米，长短自定。因织物太长，中间加无数树桩、竹竿支撑。竹质的综杆分经形成开口，用竹签绕纬穿过，纬线织六行便加一行粗棉线，先把粗棉线在用竹签做成的梭上绕圈，使其凸起，形成起绒，如此反复，利用纬线的凹凸处理形成极强的立体感。色彩主要以白色棉线为主，其间穿插黑色棉线形成条纹或方格。

新疆土织棉布织造主要在和田地区、喀什地区、阿克苏地区的维吾尔族中留存。在传统纺织技艺中棉纺织技术占重要地位，特别是粗棉纺织，即以粗棉纱为基本原材料纺织出来的各种粗布，是新中国成立前维吾尔族社会生活中生产服装、被褥等生活必需品的基本材料。在漫长的历史发展中，粗棉纺织行业成了天山南北普及最广泛、发展最迅速、专业化程度很高的纺织行业。林则徐到和田时写道："回子亦善织布，伊犁库存官布，皆由此地运往也。"维吾尔族的纺织工具与其他地方的结构相同，维吾尔族的土织棉布可以用来做棉袍、棉袷袢、衬里、壁挂、窗帘、坐垫套、餐布等。即使不着任何颜色和图案的大白布也可以用来做衣服，尤其是内衣，柔软舒适、吸汗，千百年来一直受到人们的喜爱。

粗棉纺织产品包括粗布、塔利麻布、且克曼布、纱布、里子布、台布、腰带布和围巾等。根据粗棉纺织产品的颜色，分为无色布和有色布两种。粗布是通过纺棉生产出的粗纱布，因其稀疏不匀，主要用于工厂做抹布，目前已经基本消失。

塔利麻布是从一级或二级棉花中选料，用十分耐用的棉线织出的白棉布。纬纱和经纱都用单棉纱，编织密度高，可以用来生产印花土布、墙围子和褥布等，白色或者染成蓝、黑、靛等色的塔利麻布可用以缝制夏秋季服装、被褥等生活用品。

且克曼布是从一级或二级棉线中选料和纺织的布匹，与其他粗棉布的区别在于其经纱是由两根纱合成股线再使用的，纬纱为单纱。且克曼布密度高、布匹厚、分量重、耐用性强。且克曼布按使用的材料可分为白且克曼布和淡黄色且克曼布两种。白且克曼布是由白棉纺线织成的，织成后还可以根据需要染成黑、蓝、靛、灰等颜色。淡黄色且克曼布是专门用粗淡黄棉布中纺线纺织而成的，基本上不染色就直接使用。由于淡黄色且克曼布是天然颜色棉布，所以它比白色粗棉布更加珍贵。粗且克曼布一般用于缝制男式长袍、袷袢、无袖上衣等。

纱布是使用一级棉花精细纺出的布匹，经纱、纬纱全部都使用单纱，织物成品近似正方形。每一片纱布织出来以后，留出大约6厘米的穗子，再重新开始纺织新的纱布。纱布一般都用来制作夏季用的围巾、衬衫，还可以缝制内衣。

里子布是用质量较差的白粗纱纺制而成的白色棉布，较稀疏，耐用性差，多用作棉衣里子。台布是维吾尔族家庭普遍使用的生活用品，是用餐时的必备用具。台布的花纹是通过直接纺织或印染两种方法生产的。粗棉腰带一般宽0.5米、长1.8米左右。腰带的花纹品种只有两种，分别称为苏拉塔朗式腰带和阳杜马塔朗式腰带。目前粗棉腰带布的生产已经很少了。但是，民间系腰带的习俗，在农牧民中还相当普遍。

粗布围巾由质量相当好的棉纺线纺织而成，最大面积为1平方米左右。用红色、土褐色、麦色、蓝色和绿色等颜色印染而成。粗棉手巾和粗棉手帕选用的原料是用优质棉花精心纺纱而成的细致耐用的棉线，具有柔软、除污性强等优点。粗棉布手帕的棉线往往被染成深色，台布和腰带的花色棉线为淡色。但随着现代纺织品在维吾尔族中的普及，手工操作的粗棉布生产逐步退出市场，粗棉布产品的品种也越来越少（图8-16）。❶

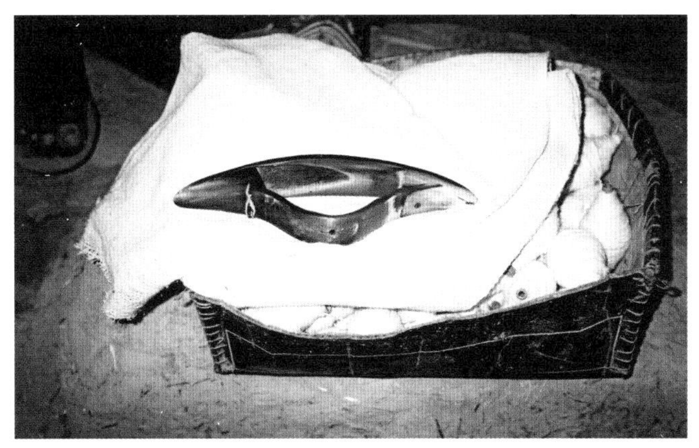

图8-16　维吾尔族棉布、角梭、纱锭（新疆英吉沙县）

## 第三节　麻葛纺织工艺

我国最早采用的纺织材料是葛、麻纤维，据考古发现，这一历史可追溯到远古时代。《小尔雅》记："麻纻葛曰布。"可见古文献中称作"布"的主要是指麻、苎、葛等植物纤维织品。新石器时代的遗址中就曾出土有葛、麻织物。新石器时代晚期，人们开始将编结技术用于制作服饰，编织工艺的精进为纺织技术的发展创造了条件。《礼记·礼运》："未有火化，食草木之食，鸟兽之肉，饮其血，茹其毛，未有麻丝，衣其羽皮。"《淮南子·泛论训》称"伯余之初作衣也，淡麻索缕，手经指挂，其成犹网罗"，说明当时已经用麻作为衣料。

麻（指大麻）、纻、葛是古代主要纺织原料。尧舜时，华夏大地已有种麻的历史，之后的历朝历代都设置了专司大麻生产的官员。西周王室还设立了"典枲"

❶ 塞娜娃儿·苏里坦：《维吾尔族的传统纺织技艺》，《西域研究》2006年第3期。

的官职，专门掌管麻和纻的纺织生产，又设立了“掌葛”的官职，专门“征絺、绤之材”和“征草贡之材”(《周礼》)，也就是征收麻、葛等类纺织原料。梁代的吴钧诗云“麻生满城头，麻叶满城沟，麻茎左右披，沟水东西流”，生动描述了当时大麻生产的盛况。隋唐时期，全国每年苎麻和大麻布匹的总产量可达100多万匹。南宋以后，由于棉花逐渐在全国广为种植，葛麻开始退出主要纺织面料的行列，成为盛夏专用的轻薄型织物和丧服的主要面料。

中国是麻纺织技术的发源地。自古以来，人们日常穿的衣服是麻布做的，在汉文献中，“麻”的文字学来源就是指“在家里剥制麻皮”的意思。大麻是我们祖先最早认识和利用的一种一年生草本植物。大麻纤维在中国古代经济中曾经占据着重要地位。出土文物表明，大麻纤维的利用已有五千多年的历史。古籍中，单称一个麻字的即是指大麻。

由于葛对气候和土质的要求较高，种植范围又仅限于一些山区，而苎麻的加工比较烦琐，细麻与丝绸价格一样昂贵，只有贵族能够享用。因此在很长时期内，大麻粗衣一直是我国广大人民，特别是劳动大众的衣着之一。宋元以来，随着棉花的广泛种植和利用，棉纤维逐步取代了麻纤维作为大宗面料的地位。

葛和麻都属韧皮植物，其韧皮是由植物胶质和纤维组成。要利用纤维进行纺织，必须先把胶质除掉一部分，使工艺纤维分离出来才行。这一加工过程称为“脱胶”。最早记录我国劳动人民进行葛脱胶和纺织加工的是《诗经·周南·葛覃》里的“葛之覃兮，施于中谷，维叶莫莫，是刈是濩，为絺为绤，服之无斁”，不仅描绘了葛的形态，而且也说明了把葛刈回来用濩（煮）的办法进行脱胶，最后把得到的葛纤维按粗细不同，加工成絺或绤。对大麻和苎麻的脱胶方法，在《诗经·陈风》里也有记载：“东门之池，可以沤麻”“东门之池，可以沤纻”。这说的是大麻和苎麻采用池水沤渍的办法进行脱胶。这是利用池水中天然繁殖的某些细菌能分解麻类韧皮中的胶质，从而起到脱胶作用，工艺纤维也就被分离出来。这种沤渍脱胶方法直到现在在农村中仍在采用。采用沤渍脱胶，掌握气温很重要。西汉《泛胜之书》中曾指出沤大麻的时间是“夏至后二十日”，这时正值阳历7月中旬，气温比较高，适宜于细菌繁殖，脱胶也就较为爽利。北魏《齐民要术》中又总结了劳动人民对沤麻的水质和水量的要求，指出“沤欲清水，生熟合宜，浊水则麻黑”；如果水太少不能浸没麻皮，“则麻脆”；又沤渍不透，麻皮就难以剥下；如果沤得过头，就“太烂则不任”。苎麻除用沤渍脱胶外，也可以“煮之用缉”，就是用煮的办法。但是用煮的办法给苎麻脱胶，水里必须加入石灰等强碱性的物质。我国早在公元前4世纪前后就已经使用石灰来加工丝绸了，所以也懂得使用石灰汁来煮苎麻。苎麻除用沤、煮、碱性脱胶外，在宋元时期又创造了半浸半晒的新方法。加工过程是把用石灰水煮过的麻缕用清水洗净以后，摊开铺在水面的竹帘上，半浸半晒，日晒夜收。由于半浸半晒，日光紫外线和水起界面反应放出臭氧，把纤维中的杂质和色素去除，起到了漂白的作用。

## 一、大麻的种植及纺织

麻布在我国少数民族中使用的历史已经相当长久，西南许多民族都有过“衣麻”的历史。大麻也称火麻或中国麻，桑科，一年生草本植物，皮质粗糙、布满沟纹，被短线毛，茎端及中部近方形。麻的茎皮会长成长长的纤维，雄性麻株的纤维比雌性麻株好，在两三千年前，我国劳动人民已经从生产实践中鉴别出大麻是雌雄异株，把雄麻称为枲（xǐ）；雌麻称为苴（jū），这是世界上最早对大麻植物生理方面的认知。枲麻韧皮纤维比较柔细，可以制作精细的织物，因此雄株的韧皮常用来纺线织布；而苴麻纤维粗硬，织出的织品比较粗糙，现在一般做麻绳、麻袋及同类产品。

云贵高原种植火麻的历史很早，而且适于种植火麻的地方很广泛。杨慎《南诏野史》中说，傈僳族在南诏时期就“衣麻披毡”。明清编纂的地方志书中，也有不少民族“衣麻”的记载，如《东川府志》卷一：“倮罗，麻布麻裙，刀耕火种，其类最苦。”《开化府志》卷九：“仆喇……山耕火种，迁徙靡常，衣麻被羊皮，弓矢随身。”《景东直隶厅志》卷三：“小倮罗，男着麻衣短衣裤，女蓄发两辫；覆麻布帕，着麻布密褶裙，赤足。织麻布，薄种山地，捕鼠鸟，樵宋木植以佐生计。”“白倮罗，男女皆衣麻，女束发，青布缠头，别用青布帕覆之。男务耕，女织麻布。”《永北直隶厅志》卷七：“倮罗一种，性朴质，男人以帕包头，身衣麻市齐脐，大半跣足。女子青布束发，背负羊皮。男耕种易食，女绩麻营生。”种植火麻在云南少数民族的经济生活中占了很大的比重，特别是过去不少少数民族的男女老幼穿的全是麻布衣服。现在，云南地区的彝族、傈僳族、怒族、独龙族、苗族等少数民族还穿麻布衣。云南贡山怒族妇女的上衣是右衽麻布衫，裙子也用麻线织成。怒族妇女的麻布裙其实是一床麻毯，白天作裙，夜间作铺盖。独龙族男子在身上披一块麻布，对角交错在胸前打结，下身穿麻布裤，跣足。现在虽然里面已穿着布衣，但出门时无论男女仍习惯要披一块麻布。贵州黔西地区的苗家妇女更离不开麻布，织麻是苗族妇女不可缺少的手工劳动，她们漂亮的花裙子就是用麻织成的。

贵州很多民族，尤其是苗族，最常用的纺织纤维就是麻。过去，贵州中部和西部的少数民族地区几乎家家种麻，人人穿麻衣、盖麻被，被子为麻布筒套、内填麻皮。种麻的工作主要有整地、播种、中耕、收割、留种等几道主要工序。苗族一般选用离家近、地势平缓、土质好且潮湿的箐沟地做麻塘地。云南少数民族对麻地的选择也很严格，他们多挑选那些水肥条件优良，离水源、肥源较近的地方。每年的秋收后妇女们就要盘算好明年使用哪一块地来种麻、种多大的面积可以保证全家人的穿衣等。随后，家中的男子驾犁，用铁锄把麻地翻好，让太阳把土粒晒酥，形成团粒结构。

麻塘地首先必须深翻、敲细、平整，接着用小锄挖成一条条距离相等的小沟，将麻种均匀地顺沟撒播，放上肥料再盖上一层薄土。一星期后麻苗长出地面。由于麻棵密度均匀，且生产迅速，因而没有杂草，用不着进行中耕除草。麻长到1~1.3米高就用竹条打去麻叶。两个月后，麻棵高至两米左右便可收割。每当五月、七月和九月都是收麻季节，一年可收三次。人们将麻棵齐根割下，去掉麻尖，剔除麻叶，成为麻秆。将麻秆分成束，扎紧上端，摆开下端使之成为伞形立在麻塘中晒干。两星期后将麻秆收回家保存，并在凉爽的夜间将其搬到屋外露凉，以便今后容易将麻皮与麻秆剥离，并增加麻皮的韧度。待麻皮发黄则剥取麻皮，用刨子刮去粗皮，只留纤维部分，撕成线条，称为生麻。再用灶灰水煮沸，经多次漂洗，除去浆汁使之雪白，则为熟麻。勤劳的妇女们把熟麻派成细丝、集成束带在身边，只要稍有空闲就捻绩麻纱，绾成麻团，再把麻团倒成纡子装入梭子作为纬线，把若干个麻团用纺车纺紧作为经线。然后经过牵纱、梳布、绾综，把经线在织机上理好，就可以织布了。有些地区有专门的麻布师傅，以编织麻布为业。

在云南少数民族中使用麻的种类很多，主要的有大麻（火麻）、苎麻、树麻以及荨麻等多种，其中大麻、苎麻可以人工种植，其余的均为野生。火麻也称大麻或中国麻，拉丁名为Cannabis Satiua，桑科，为掌状复叶，小叶5~7片，披针形，边有锯齿，单性花，雌雄异株，雄花为圆锥状花系，雌花为球状或短穗状，瘦果为卵形，有棱。云南不仅种植火麻的历史很早，而且适于种植火麻的地方很广泛，在云南全境都可以见到火麻的踪迹（图8-17~图8-19）。

种植火麻在云南少数民族的经济生活中占了很大的比重，特别是过去男女老幼穿的衣服几乎全是麻布。

云南少数民族播种火麻的方法各不相同，撒播、点播均有，其中以彝族的最有代表性。到了每年的农历五月（海拔高、气候偏冷的地方要相对晚一些），彝族就开始种麻了。他们所采用的是点种的方法，播种时2~4人为一组，男人负责挖塘，女人撒籽。塘与塘之间的距离很小，基本保证株行距为10~20厘米，这是为了保证麻株出苗后，因间距小而促使每株苗不断向上长，从而获得较高的麻产量。播种时女人边施底肥边用手指撮2~3粒麻籽播入坑中，顺势踢些土盖住。由于麻栽种得比较密，不利于杂草生长，但还是要进行中耕管理。主要的工作是把杂草和长得不好的瘦苗拔出，同时把一些侧面乱长出来的叉枝剪除掉。火麻的收割多在农历的十月以后，这时天气已经逐渐变冷，麻株达到了2米多高，火麻的叶子变黄脱落，植株由绿变黄，就可以对麻株进行收割了。收割工具为镰刀，用于割麻。为了保证来年的种植，人们会特别重视火麻的留种。留种的方法是在一块麻地中按传统的方法留

图8-17　火麻的种子

图8-18　火麻

图8-19　傈僳族种火麻

下3~5株高大的雌株和2~3株雄株，让它们自由授粉而结籽。

将麻割回家以后，还要进行沤麻，沤麻常见的方法为水沤法和露沤法（图8-20）。在织火草布的民族中沤麻的方法主要是水沤，具体做法是将割下的麻秆全部浸入水中，与水面保持大约10厘米的深度，为了不使麻秆浮起，还要用重物压住。也有在池塘中钉上带钩的树桩，让桩没入水中，再把麻束放入水中，在倒钩之间挡上横杆，使麻长时间浸于水下。这样太阳一照，水温升高，细菌繁殖，便可将麻秆中的果胶分解。在沤麻的过程中，水温和水质对麻纤维的影响最大。据调查，彝族对沤麻的水的基本要求是清洁且水面要宽，最好是有一股小流水，天气的要求则是晴天最好。妇女们都说麻捆不能放到死水里泡，一泡麻秆会变黑，纤维容易断，难纺纱，即便是织成了布，也不结实。

麻经过3~4天的浸沤以后，将麻束晾干后就可以剥麻了。剥麻也称劈麻、破麻或剖麻，在晴朗的日子里进行。劈麻工作是先将麻秆上的麻皮剥离，操作时一手持麻秆，一手从麻秆的根部撕起麻皮，往上一扯，一张麻皮便剥落下来。一般来说，粗的麻秆可以撕4条麻皮，细的可以撕3条。大的麻皮撕好以后，还要将麻皮分别撕开，将它们撕小成为1~2毫米的细麻缕，为下一步的绩麻工作打好基础。绩麻就是把所有的麻缕进行连接，连接的方法有劈接法和裹接法：劈接法是使麻缕的一端分叉，放入另一根麻缕的端头，用双手的食拇指夹紧，沿逆时针方向搓转，使得分叉的麻缕与另一根麻缕缠绕结合；裹接法是把麻缕的一端展开，放入另一根麻缕，以双手食拇指夹紧，沿顺时针方向搓转，使两根麻缕裹合。绩麻时是使用裹接法还是劈接法因族群和地域而异，还跟个人的习惯有关，表现为接头的大小、搓转的方向也各有不同（图8-21）。实验表明，劈接法承受的拉力要比裹接法的大一些。绩麻的好坏将直接影响到纺麻纱，纺麻纱又影响到布匹的质量。因此各民族都特别注重绩麻这一关键的工序，绩得好的麻缕看不出接头，没有鼓包，布匹也就特别的光滑和平整。

绩好麻以后还要进行二次脱胶，其目的主要是使以后织出的布更加的洁白和光滑。去除多余果胶的主要方法是淘洗（图8-22）。有的民族在淘洗的时候还加上鸡蛋清，据说这样可以保证织布时纬纱比较滑顺，从而提高纺织的速度。

火麻的绩纺就是把纤维进行裹圆，使织造顺利进行。麻纤维尽管已经经历

图8-20 沤麻

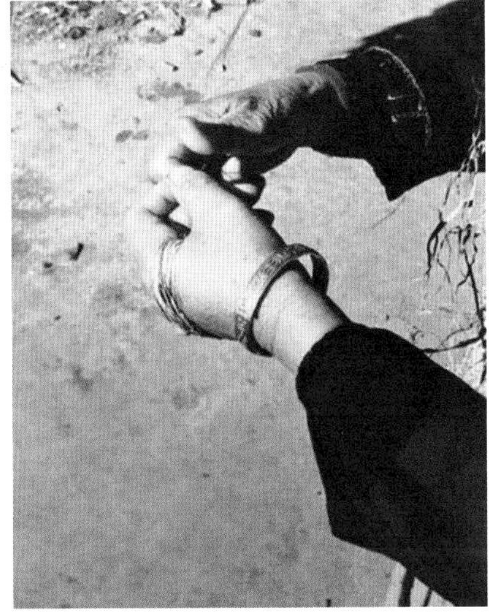
图8-21 苗族绩麻

图8-22 彝族洗麻

了绩接和两次脱胶，但是硬度还是比较大。对于较硬的纤维，使用纺轮进行纤维的裹圆有一定难度，所以有些民族使用一种称为麻车（摇车、搅车）的纺麻工具。摇车史称纫车，内地早已罕见，而在边疆民族中至今依然存在，从结构和使用的方法来看，基本没有变化。手摇车出现的意义主要是使纺轮的平面运动改变成了立体的运动，为纺车的出现打下了基础，也可以将其视为纺车的雏形。

在农闲的日子里，妇女们将麻皮剥下，剔成宽窄相等的麻片，扎成束掖在腰间，再将麻片一根根地捻接起来，呈“8”字型绕在手背上。为了解决全家人的穿衣问题，苗族妇女是非常勤奋的，但同时也是非常辛苦的。她们无论在家休息，还是外出劳动，甚至背着沉重的东西行走在崎岖的山路上，或是放牧时，手里都在一刻不停地绩麻，日复一日地重复着那些单调的动作。麻绩好后，用纺车纺成一个个的车线，再将其绕在一个大大的“十”字型绕线架上，使其成为一大缕麻线。随后将麻线放到锅里用草木灰蒸煮，然后拿到河边或池塘里冲洗，脱去绿色，使麻线洁白柔软。洗白晒干后，再将其放到绕线架上，把线抖松散，再一丝丝地抽到箩筐等容器中。在风和日丽的日子里，苗族妇女在院坝里插上几排小木桩，将麻线绕在这些小木桩上，做成织布所需的经线并穿上经线导梳，就可以架到织机上织布了。

在云南，由于使用麻作为纺织材料的民族很多，麻纺车使用广泛，现今仍常见于彝族、傈僳族、怒族、苗族等少数民族中。麻纺车由架子和轴组成，架子为“中”字型，两侧是用来转动和缠麻纱的，中轴较长，上穿出头，下穿空心管，手摇动时架子会旋转，将麻缕裹圆成纱（图8-23）。使用麻纺车时，先把搓捻圆的一段麻纱缠到架子上，然后左手持麻缕，右手握空心管，并摇动架子，架子作圆周运动，麻缕随之裹合，不大一会儿就可以纺好一段麻纱。这时左手牵定麻纱，右手停止转动，把纺好的纱缠到架子上，完成一次后再周而复始。

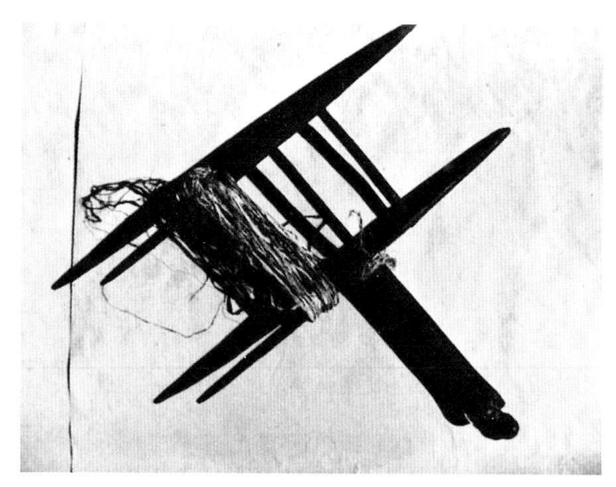
图8-23　麻纺架

纺麻的方法之一是用一个纺锤把熟麻纺成线。纺锤的形状像个陀螺，把麻绕在上面，一手放线、一手转纺锤，同时，边转边续麻纤维，使它不断绝。把麻搓紧，绕在纺锤上，最后把麻线绕成约0.25千克重的一团。纺麻是个细而慢的活计，一个妇女一天不停地纺，最多不过纺200克麻线。所以，云南、贵州的山寨中，随处可见到妇女走路、喂奶、做饭时也在抽闲纺线，甚至背上背着20~25千克重的东西，只要手闲着，也都在纺线。

地区不同，纺麻的方法也有差异，比如，四川盐边地区的傈僳族是用纺车纺麻线。这种纺车是用一根木棍作中轴，将六七块60多厘米的竹板从中间小孔串联起来，然后用绳子把竹板缠成轮状，中轴上加一个摇把。在离纺轮1米左右的地方，斜插一块长方形木板在地里，并且一定要插稳。木板上有4个小洞，用绳子或钉子将一根很光滑、长30多厘米的细木棍从中间固定。纺轮和细木棍中间，连接一根绳子，木棍中间要留有齿状，右手摇动纺轮，带动细木棍转动，左手将麻缠在细木棍顶端，借助转动产生的拉力纺线。这种纺车还可以纺羊毛线。

纺麻的纺车，常见的有单锭纺车和多锭纺车。单锭纺车在彝族、傈僳族、怒族等民族中很常见。单锭纺车就是只有一个锭子的纺车，其工作原理是以手摇动传动轮，通过传动绳把能量传到纺纱锭上，使锭子转动将麻缕裹合成纱。而多锭纺车则多见于苗族，为手动或竹木质地，由底架、绳轮、锭子、传动绳、手柄等部分组成。底架为木质，用来固定绳轮和锭子。绳轮为竹或木质，因民族不同，形状和制作上有差别。锭子为竹质，主要是裹圆麻缕和缠绕麻纱。传动绳的材质用棉、麻均可，略粗糙，有较好的摩擦力。手柄为木质，连接绳轮。纺时将麻用水湿过后，放到纺车旁边的地上，一根一根地续上去。

在四川、贵州等地用于纺麻的多是足踏多锭纺纱机，纺机有四锭，也有五锭，其基本结构都一样。底架用方木做成，形状与手摇纺车的底架基本相同，主要起到稳固纺轮的作用。在基架的右边方板上竖起一根高约1米的方柱，用以安装纺轮。纺轮用铁环或木环做成外围两个圈，用木片横置固定。同时用2~3根粗方木做成轮径骨架，轮心穿孔固定在木柱上，并确保纺轮自由转动。在纺轮的上方安装锭子，锭子另一端伸出板外，朝向左面，以皮带或绳弦将纺轮与锭子连接起来。在基架的左侧竖立起一根高约20厘米、顶端为凹形的木柱，即山口托架。将一根竹竿或木棒的一端置入纺轮径内的凸铁钉上，棒身放置在木柱凹处作为踏杆，两脚踏在木柱两侧的踏杆上，左右用力转动纺轮，也就带动了锭子，即可以纺纱加捻了。这种纺车设计运用了杠杆原理，省力、功效高，是西南地区用以纺麻的主要纺具。

麻作为一种纤维作物，长期以来源源不断地为人们提供了生存所必需的资源，在西南地区的传统社会里，人们除了利用麻作为衣着原料外，还将麻广泛用于传统的宗教活动中。如纳西族流传于祭司之手至少数百年、长达15米左右的长卷“神路图”，以及众多的神轴画都是绘于麻布之上的，它们是宗教仪式情境中必不可少的象征物。

## 二、苎麻的种植及纺织

苎麻是中国古代重要的纤维作物之一，原产于中国西南地区，多生长在山区平地、缓坡地、丘陵地或冲积平原上。中国是苎麻品种变异类型和苎麻属野生种较多的国家。苎麻栽培历史悠久，距今已有4700年以上。秦汉以前，苎麻就已进入北方，但长期以来，苎麻的主要产地仍在南方，故王祯《农书》说：“南人不解刈麻（大麻），北人不知治苎。”苎麻纤维中间有沟状空腔，管壁多孔隙，并且细长、坚韧、质地轻、吸湿散湿快，比棉纤维的透气性高三倍左右，比大麻纤维更柔软、更有光泽，特别适合做夏衣，即便在潮湿的气候里也易于晾干。因此，苎麻布的价钱是麻布的好几倍。战国时期，精细的苎麻布已和丝绸媲美，贵族常用它作为互相馈赠的贵重礼品。长沙马王堆一号汉墓出土的精细麻布，已接近今天的白府绸。唐宋以后，苎麻织物加工更是丰富多彩。广西邕州地区今南宁地区生产一种称为“练子”的苎麻布，用它“暑衣之，轻凉离汗者也”“一端长四丈余”“而重止数十钱”，卷起来放到小竹筒里“尚有余地”[1]，可见它精细至极。到了清代，广东和湖南地区又生产一种用苎麻纱和蚕丝交织而成的“鱼冻布”，“柔滑而白”并且“愈洗愈白”。除中原地区发展葛麻纺织生产外，一些少数民族地区也精于纺制苎麻布，如《后汉书·西南夷列传》中闻名西南的“阑干细布，织成文章如绫锦”，十分精美。

苎麻栽培有有性繁殖和无性繁殖两种方式，各有其利。《农政全书》说：“无种子者，亦如压条栽桑，取易成速效而已。然无根处取远致为难，即宜用种子之法。”元时农书，如《农桑辑要》，讲种苎由于旨在扩大推广苎麻种植，故对种子繁殖讲得较多。种苎从苗床整地开始，要求土壤松细湿润，俾幼芽易于萌发；要用蚕沙作为种肥；选种要用水选，取其沉者，播种采用和细土拌匀撒播。为了防止幼苗遭干旱、大雨冲散或冲乱，《农桑辑要》提出了搭棚覆盖的方法：“可畦搭二三尺高棚，上用细箔遮盖。五六月内炎热时，箔上加苫重盖，惟要阴密，不致晒死。但地皮稍干，用炊帚细洒水于棚上，常令其下湿润。遇天阴及早、夜，撤去覆箔。到十日蝗，苗出，有草即拔。苗高三拔，不须用棚。如地稍干，用微水轻浇。”种子繁殖的苎麻在正式移栽前，要经过一次假植。《农桑辑要》指出：“约高三寸，却择比前稍高壮地，别作畦移栽。临移时，隔宿先将有苗畦浇过，明旦也将做下空畦浇过，将苎麻苗用刃器带土掘出，转移在内，相隔四五寸一栽。”假植以后，“务要频锄，三五日一浇。如此将护二十日后，十日半月一浇。到十月后，用牛驴马生粪厚盖一尺”，以后再在“来年春首移栽”。移栽时宜，以“地气动为上时，芽动为中时，苗长为下时”。《农桑辑要》中也提到了分根、分枝和压条等多种繁殖方法。“分根，连土于侧近地内分栽”；分枝“第

[1] 周去非：《岭外代答校注》，杨武泉校注，中华书局，2006年。

三年根科交胤稠密，不移必渐不旺，即将本科周围稠密新科，再依前法分栽”，“压条滋胤，如桑法移栽亦可”。在实际使用中，中国古代常把多种繁殖方法综合运用于老苎园的更新和苎地的繁殖。《群芳谱》载：“苎已盛时，宜于周围掘取新科，如法移栽，则本科长茂，新栽又多。或如代园种竹法，于四五年后，将根科最盛者间一畦，移栽一畦，截根分栽，或压条滋生。此畦既盛，又掘彼畦，如此更代，滋植无穷。”

光照强度和日照时数对纤维产量有很大影响。日照不足，则光合作用减弱，茎秆软弱，麻皮薄，纤维细胞壁薄，产量降低。但阳光太强，高温干旱，也会使麻茎生长受到抑制，纤维细胞壁木质化，降低纤维品质和产量。

多年生苎麻喜暖畏寒，冬季必须保暖。《农桑辑要》指出：“至十月，即将割过根茬，用牛、马粪厚盖一尺，不致冻死。”长江流域可以盖得薄一些，也能越冬。冬季盖粪壅培，既是防冻，也是施肥。《群芳谱》指出“十月后用牛马粪盖，厚一尺，庶不冻死。二月后，耙去粪，令苗出，以后岁岁如此。若北土，春月亦不必去粪，即以作壅可也”。

苎麻的适时收割非常重要。明代《菽园杂记》指出：“若过时而生旁枝，则苎皮不长。生花则老，而皮粘于骨不可剥。”清末《抚郡农产考略》也说：“早则太嫩，迟则浆干。”主要是依据苎麻自身生长情况，如根旁小芽高度、根部颜色和麻皮色泽等来确定收割的时间。《种苎麻法》和《抚郡农产考略》等说：“视麻之皮转灰黑至梢，则可剥。尽半月内须剥尽。”《诗经》上说：“东门之池，可以沤苎。”说明周代就已经用自然发酵的方法来加工麻料。凡苎皮剥取后，日晒燥干。苎质淡黄色，漂洗后变成白色，即先用稻灰、石灰水煮过，入长流水再漂、再晒，最后变成白色。

在西南种植麻和苎麻的地区，捻线的工作耗费了少数民族妇女很多时间。但如果纺锤较好，工作效率要高一些。手持纺锤纺出来的线粗细不匀，且速度太慢。有人计算过，供一部踏板织布机工作一天的麻线，需要用手持纺锤纺一个月。后来出现了手摇纺车，明显提高了效率。效率更高的是脚踏纺车，可以同时有三四个纺锭在转。后来一些地方还出现了水力驱动的大纺车，使纺线更轻松快捷。但总的来说，由于大麻的生产制作更为便利，因此在生产范围和使用广泛方面比苎麻更有优势。

## 三、葛的种植及纺织

用于纺织的葛是豆科多年生落叶藤本植物，茎长6~10米，缠绕他物上，花紫红色。茎可编篮做绳，纤维可织葛布。葛分布在我国南方的很多山区，大凡有树林处都会见到它的踪影，葛藤的生长速度极快，在气候条件好的情况下，一天可以长5厘米，一年就可以长15~30米。它对土壤适应能力很强，不管是红土、黄土、泥沙土还是瘠薄的荒坡、石缝都能扎下根生长。葛藤之所以生长迅速，得益于它发达的根系。葛藤的根是须根，呈水平分布，可以从土壤中吸收大量的营养。它还有较粗的储藏根深扎土中，可聚集吸收根送来的营养，及时把营养输送给植物。在葛藤的茎节上还分布着许多小分根，可以就近吸收营养、补充消耗，还可以在攀爬时借力。

葛藤经碾压、浸泡、梳整而成的葛纤维成品也称作葛麻，每到夏末葛藤叶黄枝壮时，山民们便上山采割，之后加工成麻。葛的利用必须是当年新生的鲜嫩葛藤，长度一般在1.5~2米。把割下来的藤去叶，然后扎成小捆，每捆在2.5千克左右，扎捆时可盘可绕，但不能折。为保持其新鲜度，应尽可能少见阳光。收割后可进行加热处理，必须先割去离割口1厘米的藤，接着浸入清水，使藤充满水分后再放入装有冷水的锅中蒸。水沸后再蒸1小时左右，以茎和皮分离为度。然后进行发酵处理，即立刻浸入清水中浸泡一夜，捞出后用塑料布密封好，密封时间为3天左右，以表皮腐烂为度。发酵结束后，再完全浸入清水河中。然后用手套或布在流水中抹去表面的腐烂皮，其腐烂皮必须洗净，不能留有残余物质，否则影响成品质量。然后即可剥出白层皮，如果剥下的白层皮中带有一层黄色或红色的杂皮也应清除。摆放时根部齐整，洗净摆齐后在阳光下晒干。一般其质量要求长1.5米、皮白、有光泽、干燥、无杂质、有韧性。

葛作为纤维材料更优于麻，《天工开物》中说，凡葛蔓生，质长于苎数尺。破析至细者，成布贵重。很早以前葛就成为人们的常用服装材料，《周南·葛覃》："葛之覃兮，施于中谷，维叶莫莫。是刈是濩，为絺为绤，服之无斁。"即是说用镰刀割葛，用大锅煮葛，剥下葛皮，抽取纤维，织成葛布，做成衣服。当时用葛纤维纺织成的织物有精细和粗糙两种，精细的称为"絺"，粗糙的称为"绤"。《淮南子》中也有记载，"冬日被裘罽，夏日服絺纻"。

“葛是花叶草树为衣的整合与提升，在材料上是一种抽象与提纯，但它的普世价值不只是技术上的，也延展到了人文世界。”[1]汉代刘向《说苑》：“绵绵之葛，在于旷野。良工得之，以为絺纻。良工不得，枯死于野。”就是以山野之葛来表达怀才不遇的惆怅。李白《咏黄葛》：“黄葛生洛溪，黄花自绵幂。青烟蔓长条，缭绕几百尺。闺人费素手，采缉作絺绤。缝为绝国衣，远寄日南客。苍梧大火落，暑服莫轻掷。此物虽过时，是妾手中迹。”也是以葛衣加工的不易来表达对情谊的珍惜。

葛布因其凉爽透气，在纺织材料品种丰富之后则成为夏季服装面料之一。由于葛能够纺织加工得非常精细，因此成为统治阶级的奢侈品。《周书》云：“葛，小人得其叶以为羹，君子得其材以为君子朝廷夏服。”后世所用葛茎的纤维所制成的织物俗称“夏布”，质地细薄。葛之产地，一为吴越，一为岭南。自周以来，历代贡赋。尤以广东之葛为有名，其织葛者名细工，织成布弱如蝉翅，重仅数铢，至明清还有用丝纬、葛经混织者。清人屈大均《广东新语·货语·葛布》：“粤之葛，以增城女葛为止，然恒不鬻于市。彼中女子终岁乃成一匹，以衣其夫而已。其重三四两者，未字少女乃能织，已字则不能，故名女儿葛。所谓北有姑绒，南有女葛也。其葛产竹丝溪、百花林二处者良。采必以女，一女之力，日采只得数两。丝缕以针不以手，细入毫芒，视若无有。卷其一端，可以出入笔管。以银条纱衫之，霏微荡漾，有如蜩蝉之翼。”

葛的应用范围不但是夏服材料，魏晋以来也多用来制巾，它还是很好的制鞋材料，并流传至今。葛鞋所谓“葛屦”，《魏风·葛屦》：“纠纠葛屦，可以履霜。”西南少数民族用葛麻制成的鞋轻便耐磨，且上山下坡不打滑，因此穿上爬山不易跌跤。山里人从七八岁时就自己动手给自己编织，一生穿鞋不必花钱购买。穿上葛麻鞋，夏秋透气凉爽，冬春在鞋里衬上苞谷皮，隔风、防雪、利水，倍觉暖和。

在少数民族服饰中，侗族曾将葛作为服饰材料。在棉花普遍种植和利用之前，葛布为侗族人民的主要衣着原料。侗族先民越人精织的葛布，称越布，曾驰名于世。引进棉花以后，棉布成为侗族人民的主要衣着原料，但直到1949年，湖南芷

[1] 邓启耀：《衣装秘语：中国民族服饰文化象征》，四川人民出版社，2005年。

江侗族自治县的一些侗族村寨仍保留着上山采葛藤，经过剥皮、漂刮、捻线织成葛布的遗风。

## 第四节　蚕桑丝织工艺

我国很早就有栽桑养蚕的历史了，根据考古发掘，陕西神木石峁发现有新石器时代的玉蚕，因此可以推断，古代养蚕始于5000年以前。西北和西南地区古代的蚕桑业很早就形成了体系完整的蚕桑文化。四川是蚕桑的发源地之一，古代的丝织业非常发达，并有著名的蜀锦；新疆和田地区种桑养蚕已有1700多年的历史（图8-24）；甘肃陇南地区气候宜桑，唐宋时期蚕桑业已相当发达，现今还保留有千年的古桑，足以证明少数民族地区蚕桑业的历史之悠久。在西南边疆，丝织业自古也很发达。南诏时期，大理地区的丝纺织业已大量出现。由于蚕与人们的物质生活密切相关，蚕的价值一开始就受到统治者的重视，丝织品成为统治阶层的专享品，所以历代的统治者都十分重视养蚕，这是古代养蚕业发达的重要原因之一。只要是有条件养蚕植桑的地区，就一定会大力发展丝织业，如果实在没有条件养蚕，统治者只好通过交换或掠夺的方法得到丝绸锦缎。

图8-24　蚕茧的抽丝加工（新疆和田县）

### 一、丝的种类及使用

蚕能够被利用最初应来源于野蚕的数量丰富，大量的野蚕结茧使人们意识到其具有的纺织价值。利用野蚕的历史，最早可追溯到《禹贡》时代。所谓“莱夷作牧，厥篚丝”，这里的“丝”即野蚕丝或山茧丝。在古代，野蚕基本处在自生自育的状态。野蚕成茧，古人视为上瑞，史不绝书。如《后汉书·光武本纪》写道："王莽末……野蚕成茧，被于山阜，人收其利焉。"又如《宋书·符瑞志》载："宋文帝元嘉十六年，宣城宛陵广野蚕成茧，大如雉孵，弥漫林谷，年年转盛。"到了宋孝武帝大明三年，又载："五月癸巳，宣城宛陵县石亭山，生野蚕三百余里，太守张辩以闻。"唐代贞观十二年，据《册府元龟》载："六月，楚州言野蚕成茧于山阜；九月，楚州野蚕成茧，遍于山谷。"

野蚕的种类包括柞蚕、蓖麻蚕、天蚕、樟蚕、枫蚕、柘蚕及野蚕等，除野蚕为蚕蛾科外，其余属天蚕蛾科。各种野蚕依其生态及经济价值，逐渐为人们以饲养家蚕之方法加以培育。蚕的种类很多，据《尔雅·释虫篇》所列举的，有"蟓，桑茧；雠由，樗茧、棘茧、栾茧；蚢，萧茧。"再根据晋代郭璞的注解，在"蟓，桑茧"下注："食桑叶作茧者，即今蚕。"在"雠由，樗茧"下注："食樗叶"；在"棘茧"下注："食棘叶"；在"栾茧"下注："食栾叶"；在"蚢，萧茧"下注："食萧叶"然后总括一句说："皆蚕类。"宋代邢昺的解释是："此皆蚕类作茧者，因年食叶异而异其名也。食桑叶作茧者名蟓，即今蚕也；食樗叶、棘叶、栾叶者，名雠由；食萧叶作茧者名蚢。"从这些注解中可以知道，现在用桑叶喂养的家蚕，原先都是野蚕，而且只是野蚕中的一种。还有吃樗树叶的野蚕——雠由，同时它也能吃棘树的叶子，还有栾花树的叶子也是其爱吃的。至于蚢，则是吃蒿草的又一种野蚕。

古代的蚕农们在实践中注重对蚕性的观察，不断总结和探索养蚕技术的经验，并取得了显著的成就。中国古代的农书及相关文献都有关于其极为详尽的记载。晋人张华的《博物志》中有"蚕三化先孕而交，不交者亦产子；子后为蚕，皆无眉目，易伤，收采亦薄"的记述，就是当时人们对蚕性的观察。北魏贾思勰的《齐民要术》则对以前的养蚕技术进行了总结，在其卷五"种桑柘"中辑录了前人的养蚕之法，详细地介绍了养蚕的方法及操作技术，包括选种、暖室、温度、卫生、喂食、照明、防雨等，极尽合理；还有用低温冷藏培育八辈蚕的技术，破坏了蚕种的滞育机能，使蚕可以在一年之内连续繁殖多代，即"永嘉有八辈蚕：蚖珍蚕，三月绩；柘蚕，四月初绩；蚖蚕，四月初绩；爱珍，五月绩；爱蚕，六月末绩；寒珍，七月末绩；四出蚕，九月初绩；寒蚕，十月绩。"唐代以后的养蚕技术有较大的发展，达到了理论和技术的系统化、规范化，并有一系列养蚕专著的出现。宋代有秦观《蚕书》、陈旉《农书》，元代有司农司《农桑辑要》、王祯《农书》，明代有徐光启《农政全书》、宋应星《天工开物》，清代有《授时通考》等，这些大型农书系统总结了当时的养蚕技术，对蚕种的选育、制种、给桑饲养、蚕病防治、养蚕工具、禁忌等都有详尽的论述，对当时及以后的养蚕技术的进步和发展具有重要的指导作用。

桑叶是家蚕最好的食物，栽桑对耕地肥力要求很高。同其他的农作物相比，桑树生长迅速，根系特别发达。一般的农作物都是以收获果实或种子为生产目的的，而种植桑树则是以收获叶片和枝条为目的的，并且一年中要分别饲养春蚕、夏蚕和秋蚕共三季，如此重负的生产方式对耕地的消耗是非常大的。所以，我国古代形成了“桑基鱼塘”生产模式，以肥沃的塘泥来维持桑园的土壤肥力。由此可知，地力肥沃是蚕桑的基本保证。少数民族地区尤其是西南地区和西域以及西藏的山谷地带，气候温和，地力肥沃，也是发展丝织业的有利环境。《后汉书》载“哀牢夷，所居之地，土地沃美，宜五谷蚕桑”。但若土地不够肥沃，也可以饲养其他蚕种，如《新唐书·南蛮传》记载：“蛮地无桑，悉养柘，蚕绕树。村邑人家，柘林多者数顷，耸干数丈。三月初，蚕已生，三月中，茧出。抽丝法稍异中土，精者为纺丝绫，亦织为锦及绢。其纺丝入朱紫以为上服。锦文颇有密致奇采，蛮及家口悉不许为衣服。其绢极粗，原细入色，制如衾被，庶贱男女许以披之。亦有刺绣，蛮王并清平官礼衣悉服锦绣，皆上缀波罗皮。俗不解织绫罗，自太和三年，蛮贼寇西川虏掠巧儿及女工非少，如今悉解织绫罗也。”说的是云南古代少数民族饲养柘蚕，进行丝织生产，且无论贵贱都能穿丝织衣物，而权贵更是皆服锦绣。后来从西川抢来了善织的工匠，才发展了当地的高级丝织品。

中国是世界上最早开始养蚕织丝的国家，并且还是一个在很长时期里唯一能养蚕织丝的国家。这一点，在英国人李约瑟的《中国科学技术史》里已有论证。商代甲骨文不仅有“桑”“蚕”“丝”“帛”等字，而且从桑、从蚕、从丝的字也有105个左右。就中华蚕桑丝织业的发展史而言，根据迄今为止的考古资料与典籍记载，可以认为其拥有三个大的发源地，即属于黄河流域的中原地区、长江下游流域的江浙地区以及长江上游流域的巴蜀地区。三地的先民们在各自不同的地域，在大体相同或相近的时期内都为中华蚕桑文化的产生与发展做出了独特的杰出贡献。[1]

丝织技术从中国传播到世界各地，据拜占庭历史学家普罗柯比（Procopius）的《战记》记载，开始西方人不知道中国的丝绸是通过养蚕缫丝纺织出来的，当他们得知后，很想得到中国的蚕种和养蚕技术，以便在自己国内生产。公元6世纪，罗马皇帝查士丁尼一世（Justinian Ⅰ）召见了一位到过中国的传教士，派他去中国引进蚕桑技术。这位传教士来到中国后，果然弄到了桑种和蚕种，并得知桑树是用桑籽种出来的，蚕是春天将蚕卵放在胸前暖一个星期后孵出来的，幼蚕孵出后，用桑叶精心喂养，即可抽丝结茧。谁知这位传教士回国后把学到的本领用反了，他把蚕籽种入地下，将桑籽揣在怀里，结果不仅一无所获，还受到了埋怨和指责。后来，查士丁尼又重派了两位精明的传教士借传教之名再到中国窃取蚕桑技术。他们这回潜心求教，将蚕桑技术铭记于心，并将蚕籽和桑籽藏在空心杖内带回罗马，此后中国的蚕桑技术便流入了西方。

蚕桑技术不仅惠及西方，也通过政治手段传到了西域和吐蕃等周边邦国。《大唐西域记》记载了瞿萨旦那王向东国公主求婚，密托她带蚕桑之子的事：王城东南五六里，有鹿射僧伽蓝，此国先王妃所立也，昔者此国未知桑蚕，闻东国有也，命使以求。时东国君秘而不赐，严勅关防，无令桑蚕种出也。瞿萨旦那王乃卑辞下礼，求婚东国，国君有怀远之志，遂允其请。瞿萨旦那王命使迎妇而诫曰，尒致辞东国君女，我国素无丝绵桑蚕之种，可以持来，自为裳服。女闻其言，密求其种，以桑蚕之子置帽絮中。既至关防，主者遍索，唯王女帽不敢以捡，遂入瞿萨旦那国，止鹿射伽蓝故地，方备仪礼，奉迎入宫，以桑蚕种留于此地。阳春告始，乃植其桑，蚕月既临，复事采养，初至也。尚以杂叶饲之，自时厥后，桑树连荫。王妃乃刻石为制，不令伤杀，蚕蛾飞尽，乃得治茧，敢有犯违，明神不佑，遂为先蚕建此伽蓝。数株枯桑云是本种之树也。故今此国有蚕不杀，窃有取丝者来年辄不宜蚕。据我国著名考古学家黄文弼和日本西域学家羽溪了谛考证，首位嫁给于阗王的中国公主是东汉末年刘氏王室之女。于阗王迎娶中国公主的第二年，曾派了庞大的使团去东汉朝贡。朝贡使团到洛阳时，曹丕已夺其王位，但曹丕仍以

[1] 李绍先：《中华蚕桑丝织起源多元论》，《文史杂志》2010年第5期。

厚礼接待了于阗使团。这一历史史料与《大唐西域传》所记载的传说相印证，或许确有由公主传入蚕桑之事。但也有不少历史学家认为蚕桑是由中原次递传入于阗的，只因于阗“气序和畅”，适合栽桑养蚕，所以其蚕桑业比西域其他地方发达。

文成公主进藏也带去了种植蚕桑和纺织技术，植桑织丝大大地促进了吐蕃服饰技艺的发展，文成公主的《琵琶歌》即有“扶桑织丝兮，编竹为缝兮，灰岩为陶兮”的描述。青海海西州都兰出土的大批吐蕃服饰文物，真实、生动地反映了吐蕃服饰的工艺水平。其服装的织物纹样多为联珠动物纹，装饰品中的金质首饰、佩饰的精美皆使人叹为观止。云南的丝织业在南诏国时期非常发达，1974年大理州洱源县三营火焰山塔中发现了大理国时期的丝织品，且保存情况良好，经鉴定为白绢一幅、丝绸三块，这对于研究当时的丝织工艺确实是一份难得的实物资料。南诏国时期贵族的衣服都要用精丝织成的绸、锦、绢缝制而成。南诏王、清平宫的服饰皆用锦绣，外缀虎皮，异常绚丽。在唐代的《南诏中兴二年画卷》中，对所描绘的王族和官员的服饰，做了详细的描述。《南诏德化碑》碑载用“二色绫袍”做功臣赏赐。[1]

## 二、丝织物

中华民族中有一部分民族将丝绸作为服装面料或服饰的装饰材料，有的民族养蚕织绸，有的民族则是购得。少数民族地区的丝织生产以新疆地区为主要产地，云南、贵州、广西亦有生产。

新疆的丝绸生产始于公元1世纪，其发源地和田以盛产丝绸著名。清代文献中关于新疆的丝绸记载也比较多。椿园《西域记·和阗》：“原蚕山茧极盛，所织绢、茧布极缜密，光实可贵。”《西域图志》等著作中，有关丝织品的名称就有绸、绫、绢、倭缎、金丝缎、荡缎等诸类词汇。其中倭缎和金丝缎为内地各省所生产，而和阗等地也能生产，这也充分说明了当时的丝织技术已达到相当高的水平。新疆政治的稳定促进了经济的发展，丝织品生产较之从前又有所进步，其显著标志就是回回锦的出现。回回锦是一种纬丝在三种以上，织造技术较为复杂的丝织物，

[1] 沈正伦，徐明，黄平，廖鹏飞，刘敏:《云南蚕业起源与良种生产》,《西南农业学报》2004年第12期。

多用金线织花，色彩绚丽，具有与波斯和中亚相似的艺术风格，与云锦、宋锦、蜀锦、壮锦等一样，都是我国著名的艺术瑰宝[1]（图8-25）。

图8-25　艾虎五毒纹回回锦

左宗棠平定新疆后，认为“南疆土沃泉甘，环庐树桑，宜兴蚕事”，于是招募浙江“湖州士民熟悉蚕务者六十名……并带桑秧、蚕种及蚕具前来”。这有力地推广了蚕桑技术，丝绸生产范围扩大，阿克苏、吐鲁番等地也开始缫丝织绸。经左宗棠的提倡，养蚕织绸风气大开。清末新政在新疆推行后，光绪三十三年，新疆布政使王树楠派赵贵华来指导新疆的蚕业发展，蚕民们改革了蚕具，改良了桑树种，完善了养蚕的方法，新疆的丝织业逐渐复苏。进入民国后，新疆的丝织业又迈上了新的台阶。谢彬在《新疆游记》中生动细致地描述了喀什、和田两地丝织业欣欣向荣的景象，“自莎车至和田，桑株几遍野，机声时闻比户，蚕业发达，称极盛焉”“叶城岁出茧丝万斤，丝数万缕，皮毯丝布，每岁输少数，其利往往三倍”“和田工艺发达，甲于全疆，最其著者，一曰：丝毯，丝毯皆缠民人工织成，精致可观，如有绘成图样，则任何花彩都能织成。二曰：夏夷绸，原料之丝，织成之布，皆视莎车叶城所产为佳”。而且丝织品的质量也很高，“于阗男子皆力农，女子皆蚕织秉机，绔缕缣缚镐绡茧布，旖旎滑实，扬采鲜明，冠于南部。”和田的洛浦县是生产艾德莱斯绸的故乡，又生产白绸和乌威夷绸，其中乌威夷绸“柔软似江浙”。

和田是丝绸之路上著名的丝绸之乡，蚕茧总产量达到全自治区产量的70%以上。公元10世纪于阗国王曾带大批和田制作的“胡锦”“西锦”到中原进行商贸交易，受到中原关注。维吾尔族传统纺丝业中最具特色和被广泛应用的就是艾德

[1] 孔祥星：《唐代江南和四川地区丝织业的发展——兼论新疆吐鲁番出土的丝织品》，《唐史研究会论文集》，陕西人民出版社，1983年。

莱斯绸。艾德莱斯绸的传统产地主要在和田、喀什和莎车等地区。其中属和田艾德莱斯绸的生产最具代表性，生产最集中的是在洛浦县的吉亚乡。吉亚乡紧靠玉龙喀什河，是蚕桑产区，也被认为是艾德莱斯绸的中心产地。这个乡几乎家家户户都会织艾德莱斯绸，不少家庭当男方娶亲和女方择婚时，往往要打听对方会不会织艾德莱斯绸以及技艺怎样。20世纪50年代以后，和田的缫丝逐步用机器代替了纺车，但制作艾德莱斯绸的生丝仍多选择用纺车纺出的生丝，且制作艾德莱斯绸也是手工操作。织绸机一人多高，制作时很辛苦，需手脚并用。图案是通过扎染制作的，工匠根据图案的需要，将经线用玉米皮扎起来，浸到矿物和植物的染液中着色。随后根据图形排列在织机上绷紧，这样浸染出的丝线在织造成绸缎后在图案周围具有由深至浅的色晕。

艾德莱斯绸的色彩变化多样，可根据图案需要染成各种颜色，图案为黑、蓝、红、绿与白相间的不规则的几何图形或线条波浪纹样，这些图案纹样多被认为是水纹、树枝纹、木梳纹、木板纹、巴旦木花纹等的变形，色彩绚丽，整体纹饰既抽象又浪漫（图8-26）。艾德莱斯绸按色彩大体可分为黑、红、黄和多色。各种艾德莱斯绸的基色为一种，但又可恰到好处地搭配其他色彩，以凸显图案纹样，艳丽中不失端庄，飘逸中不失稳重。艾德莱斯绸质地柔软、轻盈飘逸，尤其适于夏装。布料一般幅宽仅40厘米，图案呈长条形，有的呈二方连续，有的为交错排列。艾德莱斯绸色泽十分艳丽，与沙漠边缘单调的环境色彩形成了强烈对比，突出了维吾尔族人民对现实和未来生活的热爱和追求。[1]艾德莱斯绸不仅为和田的维吾尔族妇女所珍爱，而且整个新疆维吾尔族妇女都喜欢穿艾德莱斯绸制成的衣服，即使在中亚几个国家特别是乌兹别克斯坦也相当流行。

图8-26　新疆和田艾德莱斯绸纹样

❶ 木合塔尔，买托合提，阿布力克木，等：《新疆维吾尔族艾德莱斯绸的研究》，《北方蚕业》2009年第2期。

在维吾尔族诗歌故事中都曾描述过那些有身份的人如官宦人家、地主（巴依）妇女穿上艾德莱斯绸长裙出席各种社交场合或“麦西来甫”的情景。另一品种的丝绸“巴克赛木”，是色彩素雅的条格绸，多制成宗教人士的袷袢，现已少见。此外还有“沙衣”，即为白绸。这几种丝绸的制作方法相同，在和田统称为艾德莱斯绸，也可以认为这是艾德莱斯绸的旁系品种。

贵州黄平谷陇一带的黄平苗族每年阴历二三月开始养蚕，至七八月止，共养两三次。49天可得蚕丝，每年约500~1000克，经煮、纺、搓、染等工艺制成丝绸或绣花丝线，不仅自己用，还供给施洞等地的苗族女子绣花织锦。精细的破丝绣必须用这些丝线才能绣得。黄平苗族女装都是开右衽交叉襟，其盛装被妇女们称为“乌嘎干先”，意思是蚕娘花衣。因为黄平苗族的服饰是选取蚕丝织的绸作底料，其绣花图案所用的线是蚕丝染成的各色彩线，其中红的为主色线，其他各色要与主色搭配协调。而其中主要图案——背面图案是一块方方正正的“蚕虫花”，袖子、前胸衣襟等图案则为其他的蛇花、细枝花、天星花等（图8-27）。

云南德宏地区的傣族养蚕较早，宋元时期居住在滇南，今元江、思茅、西双版纳一带的金齿百夷（傣族）擅于种桑，一年四季养蚕。他们以丝织锦，质地细软，色泽光润，产量多而极受欢迎，非但官宦和有钱人爱穿以锦镶边的衣服和锦缎服装，而且普通民妇也穿得起有锦纹的衣裳。云南干崖即今盈江产的丝质五色土锦还成为献给朝廷的贡品。《景泰云南图经》载：干崖“境内甚热，四时皆蚕，以其丝染五色织土锦充贡”。德宏傣锦图案多采用菱形几何纹样，在每个大的菱形单位中又由许多小的单个纹样组成，构成一种富于变化又严谨的图案。因为，傣族能工巧匠们常在一个菱形纹样里，把亮度相同的红、白、淡黄、橘黄、翠绿、艳蓝、紫等色相配在一起，对比强烈，并被统一在一个浓黑的底色里，所以给人以热

图8-27　黄平苗织绣女上衣（贵州黄平县）

烈、鲜明、富丽、光彩照人之感[1]。

广西历史上蚕桑不发达，《白色厅志》记当地“妇女以纺织为事，地无桑柘，独树棉麻”。《镇志府志》云：“镇属向有野蚕，人无知者，考后汉书西南夷传句町国地无蚕桑，至今亦然。”有关壮族地区蚕织业的记录很少，但还是有的。如《岭外代答·服用门》记：“广西亦有桑蚕，但不多耳，得茧不能为丝，煮之以灰水中，引以成缕，以之织绌，其色虽暗而特宜于衣。”这是宋代关于壮族桑蚕丝织业的一条比较清楚的记录，这种“水绌”是完全的丝织品。清代，壮族地区的桑蚕业有了很大的发展，《清朝续文献通考》记载“蚕桑为农业大瑞……龙州见亦拨款开办蚕业学堂，以开边地风气，各属出口丝茧，据梧州关税务司呈到光绪三十四年贸易册谓岁有增加”。此时广西成为全国桑蚕业的重要产地，对壮族地区的丝织业的发展无疑起到积极的促进作用（图8-28）。起源于宋代的壮锦，在壮族民众中使用最多，其生产遍及广西各地，北到环江、宜山，南到靖西、龙州，中部的忻城、宾阳都盛产壮锦。忻城壮锦是广西壮锦中的精品，其织工精美、色彩艳丽、

图8-28　壮族养蚕屋（广西宾阳县）

[1] 李何林：《傣族织锦》，《云南民族学院学报》1984年第2期。

图案丰富，曾作为贡品进献皇宫。壮锦作为一种优秀的民间传统工艺品，与云锦、蜀锦、宋锦并称为中国四大名锦[1]。

# 第五节 毛纺织工艺

中国是世界上手工毛纺织发展较早的国家，这已被考古学所证明。中国毛纺织技术的萌芽、形成和发展，主要是北方及西北游牧地区民族的贡献。毛织物的出现与生存环境有密切关系，畜养羊、牛、马、骆驼等牲畜是北方和西北游牧民族生产生活的主要内容。毛皮资源的丰富促进了少数民族地区毛织物的发展。

## 一、毛的种类及使用

毛纤维在我国历史上开始使用的时间甚早。诗经《豳风・七月》中说："无衣无褐，何以卒岁。"这里的褐就是一种粗疏的毛织品。1957年在青海诺木洪发现一处相当于周代早期的遗址，出土了大量羊毛和牦牛毛的织物。新疆哈密一带也发现了许多相当于周早期的墓葬和遗址，出土了大量精制的高档毛织品。这都说明了我国使用毛纤维的悠久历史。

羊毛是毛纤维的主要来源。羊毛的种类与羊的种类相关，我国人工饲养的羊主要有绵羊和山羊两大类，其中绵羊剪毛是获取羊毛纤维的主要来源。清代杨屾在《豳风广义》中记载了八种羊的名称："哈密一种大尾羊，大食一种胡羊，临洮一种洮羊，江南一种吴羊，英州一种乳羊，我秦中一种绵羊、一种羖羊，同华之间一种同羊。"除羖羊属山羊外，其余均属绵羊。绵羊在南方也有分布，宋代周去非《岭外代答》载："绵羊出邕州溪峒诸蛮国，与朔方胡羊不异。有黑白二色，毛如茧纩，剪毛作毡，尤胜朔方所出者。"羊绒用于纺织的历史也相当久远。宋应星《天工开物》载："一种矞芳羊，唐末始自西域传来，外毛不甚蓑长，内毳细软，取织绒褐，秦人名曰山羊，以别于绵羊。此种先自西域传入临洮，今兰州独盛，

[1] 吴伟峰：《广西壮族的织锦技术》，《广西民族研究》1990年第3期。

故褐之细者皆出兰州，一曰兰绒，番语谓之孤古绒，从其初号也。”

牦牛产于亚洲中部山地，在我国分布于青藏高原一带。牦牛古称犛，在秦汉时代史书已有记载，诺木洪出土有周代牦牛织品，《尔雅》中提及有“犛罽”，即用牦牛毛织成的较精细的显花毛织物。牦牛这一年轻而又古老的动物是藏族先民最早驯化的牲畜之一。牦牛伴随着这个具有悠久历史和灿烂文化的民族生存至今已有几千年的历史。《说文》中记载曰：“西南夷长毛牛也。”《山海经·北山经》中则描述曰：“潘侯之山……有兽焉，其状如牛，而四节生毛，名曰旄牛”。牦牛被称作高原之舟，主要分布在喜马拉雅山脉和青藏高原，生活于海拔3000米以上的高寒山地，能耐-30℃的严寒，是世界上生活在海拔最高处的哺乳动物，具有独特的耐寒性且耐粗放、耐劳，可载运重物爬高山。少数民族以牦牛毛与羊毛混合编织做帐篷，据称这种帐篷既保暖又防湿（图8-29）。牦牛毛编成的绳用以支撑帐篷；牦牛角是帐篷桩，用以固定帐篷；牛、羊毛用以织帐篷料。帐篷料一般有23~27厘米宽，长短不定，由所织帐篷的高低来决定，最后将帐篷料缝在一起。用牦牛毛织出的帐篷呈黑色，被称作“黑帐”；用羊毛织出的帐篷是白色的，被称作“白帐”。用牦牛毛线织成宽20多厘米、长6米多的毡子，再把数十幅毡子缝制成两大片长方形的帐篷布，然后把两幅帐篷布用十多个扣环连接起来，就形成了帐篷。

骆驼毛也是少数民族常用的纺织原料之一，尤其是骆驼原绒，是我国三大稀有动物纤维中较好的一种，是发展高档毛纺织品的极好原料。驼毛是双峰驼的主要产品，也是我国毛纺工业的四大特种动物纤维之一。驼毛的纺织工艺价值，不仅受其细度均匀性和长度一致性的影响，也与其结构和横切面径比有密切的关系。生存在青海的柴达木骆驼所产的驼绒，毛色杏黄，绒多质好，光泽艳丽，轻柔松暖，是人们普遍喜爱而又难得的珍品。

图8-29　阿柔大寺的牦牛毛和羊毛编织的毛帐篷（青海祁连县）

青海柴达木双峰驼俗称柴达木骆驼，根据产地条件、体质外形和生产性能属阿拉善骆驼品种，主要分布在柴达木盆地即青海省西蒙古旗藏族自治州的都兰县、乌兰县和格尔木地区。柴达木骆驼以其独特的生物学特性一直在干旱少雨、风沙大、植被贫瘠、气候严酷的柴达木盆地荒漠生态条件下繁衍生息，是边陲民族群众赖以生存的生活资源和生产资源，享有“沙漠之舟”的美誉，曾为我国沟通中外经济文化的“丝绸之路”增添过绚丽的光彩。[1]骆驼毛有粗、细两种纤维，细者称为骆驼绒。新疆乌鲁木齐阿拉沟战国时期古墓群曾出土大批毛织物，其中有用骆驼毛织制的物品。《新唐书·地理志》记载了甘肃境内的会州会宁郡的土贡驼毛褐，以及内蒙古境内的丰州九原郡的土贡驼毛褐、毡的情况，说明我国利用驼毛纤维的历史很长。驼毛可以制成柔软舒适、质地优良的布，马可·波罗曾对这种布赞赏不已。在唐代时，这种驼毛褐是由甘肃境内的会州和内蒙古鄂尔多斯地区的丰州出产的，会州和丰州都位于驼毛的主要产地——西北边疆地区。驼毛褐是这两个州每年必须向朝廷进献的贡品。

我国古代还利用鸟羽进行纺织。早在新石器时代，人们就衣兽皮、戴羽冠。后来则逐渐开始用羽毛制作纺织品。《南齐书·文惠太子传》载：太子“善制珍玩之物，织孔雀毛为裘，光彩金翠”。而最有名的乃是唐代安乐公主的百鸟裙。《新唐书·五行志》载：安乐公主“使尚方合百鸟毛织两裙，正视为一色，旁视为一色，日中为一色，影中为一色，而百鸟之状皆见，以其一献韦后。公主又以百兽毛为鞯面，韦后则集鸟毛为之，皆具其鸟兽状，工费巨万”。这里除百鸟毛之外还有百兽毛，原料不择其类，丰富多样。自此后，“贵臣富家多效之，江岭奇禽异兽毛羽采之殆尽”，说明唐代是利用羽毛纺织的巅峰。这一方式直到明清仍见应用，大量明清帝后所用丝绸服饰，也经常采用孔雀羽进行妆花织入或刺绣装饰。在少数民族中，西藏贵族的服装和佩饰就有用孔雀羽捻线织入金丝缎的面料制成的，称为“孔雀羽织”。

早在新石器时代，在新疆、陕西、甘肃等地区，手工毛纺织生产已经萌芽。周代以后，上述地区加上北方边陲、西南边疆和四川、青海等地区，已能生产精细彩

[1] 王圣君：《浅谈柴达木骆驼及其驼毛（绒）品质》，《纤维标准与检验》1993年第3期。

图8-30 柯尔克孜族弹羊毛（新疆克孜勒苏州）

色的毛织品。秦汉以后，毛织品、毛毯两大类主要产品在质量、品种和产量上都有很大发展。制毡是毛纺织的前导。毛纺织技术是和丝、麻纺织技术互相交融发展起来的。古代用于毛纺织的原料有羊毛、牦牛毛、骆驼毛、兔毛、羽毛等，其中被大量应用的是羊毛（图8-30）。自古以来，羊毛织物和羊毛绳索一直作为各民族人民的大宗衣料和日用品。其他毛纤维一般用于与羊毛混纺（图8-31~图8-33）。

约公元前3000年，陕西半坡人已经开始驯羊。约公元前2000年，新疆罗布淖尔地区已把羊毛用于纺织。羊毛的利用最初是将落在地上的羊毛收集起来，称拾毛；春秋战国时期，从羊皮上采集羊毛，称采毛；南北朝时盛行剪毛。中原地区和江南地区，每年剪毛三次；漠北寒冷地区，每年剪毛两次，且掌握了适宜剪毛的季节，为防止损伤羊的体质，一般中秋节以后不再剪毛。在少数民族地区，至今仍保持着传统的剪羊毛方法。四川大凉山的彝族非常重视绵羊毛的剪收，羊毛一年剪收两次，彝族人民用其制作各式各样的披毡、察尔瓦、衣服等毛制品。剪

图8-31 柯尔克孜族捻毛线（新疆克孜勒苏州）

图8-32 哈萨克族捻毛线（新疆克孜勒苏州）

图8-33 哈萨克族捻毛线（新疆伊犁州）

收羊毛的时间要经过几位德高望重的大毕摩推算出开剪日。一大早，孩子们提早把自家的绵羊赶出去觅食。太阳升起来的时候，男人们要把绵羊赶到河里去清洗，等毛干了，再把羊群赶到平坝上，这才开始剪毛。彝族人剪、收羊毛是件隆重而喜悦的事情，人人都穿上漂亮的服装，家家带上美酒佳肴，热热闹闹地庆贺一番。[1]山羊绒的采毛，据明代《天工开物》记载，有两种方法：抓绒和拔绒。抓绒是用竹篦梳下绒毛，此法应用于一般山羊绒。采集较细的山羊绒，必须用手指甲沿着它的生长方向拔下，称拔绒。这两种方法，产量甚微，起源于古西域，即今新疆，于唐代传入中原地区。现在内蒙古地区已经成为最大的山羊绒生产基地。

羊毛带有油脂、砂土，纺前必须除去。《齐民要术》中有把剪下的羊毛在河中洗净的记载。《天工开物》中也有记述："凡绵羊剪毛……皆煎烧沸汤，投于其中搓洗。"据清代《新疆图志》记载，新疆地区有用"碱水""乳汁""酥油"洗羊毛的传统方法。在云南山区，另有干法去脂的传统方法，即将羊毛放入黄沙里，用手或工具搓揉，也能达到除去油脂的效果。这是缺水地带因地制宜的去油脂方法。羊毛洗净晒干后，必须开松成单个纤维分离松散状态，并去除部分杂质，以供纺纱。古人用弓弦弹松羊毛，称为弹毛。弹毛技术后来移用于弹棉。新疆、河西走廊到内蒙古草原一带，至今还保留着一种古老的传统弹毛工艺，即两人用4根皮条手工弹毛。这种方法适用于弹山羊毛和粗羊毛。弹松的毛纤维用于搓制绳索和纺纱织制日用毛袋。皮条弹毛法比弹弓弹毛法更为原始，但出现年代已不可考。现在云南少数民族手工弹毛所用的竹弦弓，据考古推测，也是古代遗留下来的弹毛工具。这是南方少数民族的祖先因地制宜、就地取材的创造。经过初加工的羊毛纤维，再经理顺、搓条即可纺纱。

西北地区毛织技术起源于公元前2000年，并延续不断。1980年4月，新疆考古研究所在古代"丝绸之路"的罗布淖尔孔雀河古遗址发现了裹着古尸的最早的粗毛织品。秦汉时，中国毛织技术已经相当成熟。这个时期，毛织物品种丰富，有平纹织物、斜纹织物、纬重平织物、罗纹织物、缂毛织物、栽绒毯等。新疆地区的山羊绒纺纱，直到明代仍有用铅质纺专的，这种方法适于小批量手工生产精

[1] 萨古曲惹：《彝人与绵羊》，《凉山日报（汉）》2006年6月30日。

工细作的产品。据《天工开物》记载："凡打褐绒线，冶铅为锤，坠于诸端，两手宛转搓成。"这种纺纱技术，自唐代开始传入中原地区。至今在西北地区，民间尚有用巨大的纺专竖立在地上，上端系在人的腿上，以手搓转加捻纺纱。宁夏一带是用六锭纺车，纺纱时，一人摇动轮轴，带动六锭转动，另三人每人左右手分别在一个锭子上纺毛纱。一人一天可纺3.5~4千克毛纱。这种纺纱技术一直沿袭至今。清代的新疆和田地区出现了使用畜力拖动的12锭大纺车。相应的，公元前1200年以前的漫长时期，使用的织机是腰织机和地织机。地织机是铺在地上，一边织造、一边向前移动的织具。在现今的新疆、青海、云南等地的少数民族地区仍能见到这些种类的织机。

公元前1200~公元220年，是中国毛织技术的成熟期。新疆哈密遗址出土的约公元前1200年的毛织物中，纱线的投影宽度平均0.5毫米。1977年，新疆吐鲁番阿拉沟战国墓出土的约公元前300年的毛织物中，纱线最细达0.2毫米，不仅大量使用绵羊毛，还用山羊毛和骆驼毛等作为毛纺原料。新疆民丰尼雅东汉遗址出土的毛织物中，纱线投影宽度平均0.3毫米，最细达0.1毫米，捻度异常均匀。从纱线质量可以看出，毛织技术到汉代已有重大进步。经纬向密度的大幅度增加和斜纹组织的普遍运用，表明当时毛织技术已出现突破性进步。织布工具已采用具有固定机架的织机，而且至少有4片综。到东汉时，中国毛织技术在组织结构上有所发展，出现了纬重平组织和通经回纬的缂织法，在织毯技术上出现了栽绒织法。新疆民丰尼雅东汉遗址出土的人兽葡萄纹罽、蓝色龟甲四瓣花纹罽和彩色毛毯就是这时期的代表产品。彩色毛毯上的绒纬是用马蹄形打结法，每交织6根地纬，栽绒一排，如此循环。新疆古楼兰遗址中出土的汉代缂毛织物也是采用这样的通经回纬织法。从南北朝到近代的1000多年间，毛织技术处于稳定期。通经回纬的缂织法和栽绒毯织法更加流行，并不断向中原地区传播。新疆巴楚脱库孜沙来遗址出土有北朝平纹、斜纹毛织物、栽绒毯和唐、宋通经回纬缂毛织物。宁夏、内蒙古的辽代遗址也出土了一些毛织物。据元代《大元毡罽工物记》记载，当时按颜色、用途、织法命名的栽绒毯达十多种[1]。

[1] 尚衍斌：《关于新疆古代衣着质料的初步研究》，《新疆大学学报》哲学社会科学版1992年第1期。

毛纺织在西部地区是多地同时兴起的。在1957年青海柴达木盆地南部诺木洪遗址发掘出公元前790年的黄、褐二色相间排列的条纹罽，比新疆五堡遗址的要粗糙。其中还出土了较多用牛、羊毛编织的毛织品，有毛带、毛绳和毛线，被染成红、黄、蓝等不同颜色。毛织品的纹饰除采用经纬线编织外，还采用了人字形编织法。从遗址内还出土了大量动物骨骼以及马、牛、羊、骆驼粪便堆积物等，反映了当时纺织工艺发展的雏形和与纺织相关的畜牧业的发展。西藏阿里地区日土县阿龙沟新石器时期石丘墓出土的织物残块，有女尸脚上所穿的一种酱红色的亚麻布织成的套袜，用黑、红、白三色羊毛编织成的绳索残段。多种色彩毛织物的出现，反映了当时已有了初具规模的染色技术，并有了追求色彩多样变化的审美能力。不同色彩的块面组合变化、条形色带的流畅感表现、纺织底纹技艺的丰富多样等特点说明其已具有突出的工艺美术属性。纺织品纹样色彩的多样化，纺织成品种类的增多及使用的普及，说明在2000多年以前，藏族远古人类已具有了较发达的编织手工艺技术，展现了拙朴的地域风格特征。约在公元前4世纪时，吐蕃社会生产以农、牧业为主，牲畜种类较多，畜牧业生产的长足发展极大地促进了毛纺织技术和编织工艺的普及和提高。吐蕃时期毛纺织品种类增多，已出现了色彩绚丽的多种毛织品，尤以牛羊毛所织的以黑色和白色为主的毛织品质地优良、工艺精美、保暖耐用。其在藏族生产、生活中必不可少，多用于制作服饰中的衣袍、藏被、睡垫、鞋帽等，或用于生产中的牛马驮具、垫具、盛具、包袋和在游牧区、军备装备中缝制各类大小帐房。至元初的萨迦时期，藏区的编织工艺已有了相当高的声誉。据藏文文献《年曲琼》记载：元初，江孜地区家家有织机，处处闻织声，商铺昌盛，卡垫业兴旺。萨迦法王八思巴去京都朝见忽必烈皇帝，所赠贡品中即有江孜卡垫，博得了“蕃人精品”的美誉。15世纪后，宗喀巴大师创建的格鲁派兴起，社会安宁，人民生活、生产相对稳定，藏族民间纺织业也进入一个前所未有的兴盛发展阶段。所生产的卡垫、帮典、氆氇、藏袍、藏被等牛羊毛编织物非常丰富，并以精巧的工艺、绚丽的色彩和拙朴的民间风韵，展现了藏族人民的审美观和创造才华（图8-34、图8-35）。

历史上最细致的毛织品当属姑绒。甘肃兰州是毛纺之乡，当地生产的细软毛绒，择羊毛之细软者，纺线斜纹织之为绒。明代的贵族，选用姑绒作衣料，成了风靡一时的高级消费。细而精者谓之姑绒，每匹长十余丈，价值百金，惟富贵之家用之。以顶重厚绫为里，一袍可服数十年，或传于子孙。到了清初，满洲贵族崇尚皮裘，姑绒才声价日跌。

图8-34　身着氆氇、帮典的藏族妇女（西藏山南市措麦县）

图8-35　身着毛呢藏袍的牧羊人（西藏山南市曲松县）

## 二、毛的加工工艺

《天工开物》载，“凡绵羊有二种，一曰蓑衣羊，剪其毳为毡、为绒片，帽袜遍天下，胥此出焉。古者西域羊未入中国，作褐为贱者服，亦以其毛为之。褐有粗而无精，今日粗褐亦间出此羊之身。此种自徐、淮以北州郡无不繁生。南方唯湖郡饲畜绵羊，一岁三剪毛。每羊一只，岁得绒袜料三双。生羔牝牡合数得二羔，故北方家畜绵羊百只，则岁入计百金云。一种矞芀羊，唐末始自西域传来，外毛不甚蓑长，内毳细软，取织绒褐，秦人名曰山羊，以别于绵羊。此种先自西域传入临洮，今兰州独盛，故褐之细者皆出兰州。一曰兰绒，番语谓之孤古绒，从其初号也。山羊毳绒亦分两等：一曰挡绒，用梳栉挡下，打线织帛，曰褐子、把子诸名色；二曰拔绒，乃毳毛精细者，以两指甲逐茎挦下，打线织绒褐。此褐织成，揩面如丝帛滑腻。每人穷日之力打线只得一钱重，费半载工夫方成匹帛之料。若挡绒打线，日多拔绒数倍。凡打褐绒线，冶铅为锤，坠于绪端，两手宛转搓成。凡织绒褐机大于布机，用综八扇，穿经度缕，下施四踏轮，踏起经隔二抛纬，故织出文成斜现。其梭长一尺二寸，机织、羊种皆彼时归夷传来，故至今织工皆其族类，中国无典也。凡绵羊剪毳，粗者为毡，细者为绒。毡皆煎烧沸汤投于其中搓洗，俟其黏合，以木板定物式，铺绒其上，运轴擀成。凡毡绒白黑为本色，其余皆染色。其氍毹、氇鲁等名称，皆华夷各方语所命。若最粗而为毯者，则驽马诸料杂错而成，非专取料于羊也。”此记载对少数民族羊毛加工工艺及品种做了详细的描述（图8-36）。

图8-36　织羊毛腰带的白马藏族妇女（四川平武县）

## ❶ 擀毡

擀毡技术是用羊毛经过湿润、加热等工艺处理，再反复碾压，使其黏缩而成，质地坚实（图8-37）。擀制“佳史”是彝族传统手工业之一。在彝族地区所有的人都要穿披毡“佳史”，因为这个地区海拔较高，早晚温差大。“佳史”是人们生活的必备品，这种手艺已经流传了几千年。彝族擀制“佳史”的工具有弹弓、笆扎、竹帘等。擀制“佳史”的工序包括首先要梳羊毛，在竹席上把羊毛弹松，然后再放到专用的金竹细筒上喷水，随后由多人或单人用双手滚动。等羊毛凝结后取开金竹细筒，再继续用双手滚动擀，擀后打开并加热水用手搓。搓好了送染坊染成蓝色或

图8-37　彝族羊毛毡鞋（四川凉山昭觉县）

黑色，然后上夹板晾晒，最后才穿领。羊毛毡有单层、双层和三层的。每年的五月是凉山彝族擀羊毛毡的季节。除这季节外，因气候冷或热，羊毛都不太好黏合，如要在其他季节擀羊毛毡，热天必须用冷水，冷天必须用热水口喷羊毛。

新疆的少数民族也擅长擀毡（图8–38、图8–39），品种有补花毡、绣花毡、擀花毡、印花毡四类。《魏书·西域传》中提到过“锦毡”，即花毡，汉藉则称作“旃”。补花毡是用红、黑、橘、绿等颜色的布套剪成羊角、鹿角、骨、树枝、云等纹样缝绣在素毡上，正反对补，又称“贴绣花毡”，是哈萨克族、柯尔克孜族常用的方法（图8–40）。绣花毡是用彩色丝线锁盘针法在色毡上绣出纹样，细腻精致，是新疆和田的维吾尔族常用的方法。擀花毡是用原色羊毛和彩色毛絮在黑色羊毛或白色羊毛为底的毡基上摆成各种图案擀制而成，也称“压花毡”或“嵌花毡”，多为维吾尔族所用。印花毡是指在素毡上用固定木印模拓印出图案（图8–41），是维吾尔族特有的技艺。在花毡中质量最好的数绣花毡，是用彩色丝绒锁

图8–38　维吾尔族擀花毡（新疆英吉沙县）1

图8–39　维吾尔族擀花毡（新疆英吉沙县）2

图8–40　柯尔克孜族缝补花毡（新疆乌恰县）

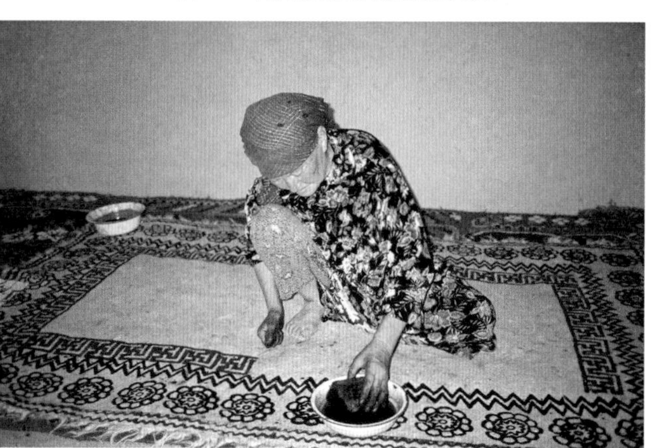
图8–41　维吾尔族印花毡（新疆和田地区）

盘针法把各种花卉对称地绣在毡子上，主要产于新疆和田地区。

制毡是游牧民族的一大发明。维吾尔族的祖先回鹘人曾是游牧民族，其生活习俗与其他游牧民族大同小异，有着久远的制作和使用毛毡的历史。公元前108年远嫁于乌孙汗王为妻的细君公主，在伊犁草原生活了三年后留下了一首诗："吾家嫁我兮天一方，远托异国兮乌孙王。穹窿为室兮毡为墙，以肉为食兮酪为浆……"描绘出了游牧民族住毡房的居住方式。唐代诗人李端所作《胡腾儿》一诗中，有"扬眉动目踏花毡"的句子。公元840年以后，回鹘人西迁进入塔里木盆地周缘地区，改游牧为农耕。但定居后的维吾尔族人仍然大量饲养牛羊，大量制作和使用畜产品，其中日常使用最多的就是毛毡。花毡图案由花草、几何纹以及生产工具、窗棂、壁龛、城堞、飞禽走兽等变形组成。式样可分石榴花、鸡冠花、玫瑰花、马莲草、缠枝花、月亮花、缤纷蹄印、花瓶、万字等。按照维吾尔族的传统习俗，居室内目光所及之处都要精心装饰，羊毛毡就是进行居室装饰的传统手工艺品之一（图8-42），它主要用于铺炕、铺地、拜垫和壁挂等。除了阿拉伯风格的几何、花卉纹样及维吾尔族独特的日常用品和生产工具纹样外，还有伊斯兰教风格的净壶、圣龛等纹样，甚至还有古代西域流传的一些纹样，反映了维吾尔族人民的生活状态及外来文化与汉文化交流的悠久历史，有着很高的人文和艺术价值。

西北地区的东乡族毡匠也用羊毛擀成的毡制作衣服鞋袜。擀毡先要分拣羊毛。用于擀毡的羊毛要严格区分春毛、秋毛。春毛长而粗，刚劲有力，不容易黏结凝聚；秋毛短而细、柔软，黏结凝聚力极强，容易缩水，不容易脱落。毡匠必须识别两个季节剪下的羊毛，认真细致地挑选分拣、归类堆放。将拣好的羊毛摊开在阳光下晒，并在羊毛上撒白土"拔"羊油。羊毛晒好后，用连枷或两根红沙柳甩打使其松散。在临时准备的弹毛房里支木板做案，将打松散的毛铺到案上。

图8-42　哈萨克族拼花毛毡（新疆伊犁州）

用一张2~3米长的弓，弓背吊在屋梁上。身强力大的弹毛工左手持弓，右臂套弓捶，用力弹毛。羊毛弹到“蓬松净洁、云团絮摺”的程度后，毡匠再将11平方米有余的竹帘铺到四面有风墙的院子里，左手松松掌握着毛，右手挥动竹竿、沙柳等条子，一边抖放羊毛、一边拨打使其降落。铺好的羊毛用撒毛杆轻压，再将温水噙入口中，一口一口喷洒到羊毛上使其黏结。羊毛被喷洒浇透浸泡成型后卷起竹帘，用毛绳多处捆绑，平放于地面上。视毡大小或两人或四人相向而站，手背身后，脚踢踏竹帘使其来回滚动。竹帘渗出水时，毡胚黏结成型。此时用木板在平地上铺成洗毡案，案首放置长条凳子，用两条洗毡绳拴在条凳撑条上。将毡胚从竹帘上取出铺在洗案上，挑一担八九十度的水，用脸盆等器皿盛水，笤帚蘸水扬洒毡胚各个部位。洒匀浇透后将毡胚卷筒放到拴好的绳上，两名毡匠脱鞋卷裤腿，抓住绳头并排坐在凳子上，趁热赤脚猛踩狠踏毡胚，羊毛上的油污浊泥则变成浊水排出。用毡匠的行话称为“洗毡放大水”。通过揉、洗、挤，毡进一步凝结收缩，开始变厚。经过两次大水、一次小水的洗毡，厚薄均匀的毛毡基本成型。擀毡的最后一道工序是搓边子。用开水边洗、边搓毡边，用特制的铁锚钩溜角，一直到毡边坚竖卷曲、硬邦邦为止。搓洗好的毛毡一般放到椽木上晾晒，待水干后再铺平晒干即可。一般用秋毛擀的毡做“毡脑”，形似大氅或雨披，农民牧羊时多用来遮风挡雨。用羊羔毛做毡帽，老人孩子戴上暖和舒适。用秋毛做毡鞋“窝子”及毡袜等[1]。擀毡工具过去很简单，弹弓、竹帘、沙柳条即是大件，烧水锅等则由东家提供。现在弹弓被弹毛机取代，繁重的人工蹬踏程序也由擀帘机完成；农民常用的粉碎机也可用于弹毛。

### ② 织毛布

这里所说的织毛布是指织造幅宽30厘米以上、用于制作衣物的毛织物。西部地区织毛布的民族主要有彝族、藏族、东乡族、傈僳族、普米族、纳西族以及乌蒙山区的苗族等民族（图8-43、图8-44）。

彝族毛纺织过程中的剪毛、弹毛流程和工具与擀毡剪毛、弹毛流程和工具相

[1] 马如基，马有禄，汪佐华：《东乡民间手工业》，《甘肃文史资料选辑·第50辑》，甘肃人民出版社，1999年。

图8-43 彝族毛织布百褶裙（四川凉山州）

图8-44 藏族妇女织毛布（西藏昌都市）

同。毛纺织品有“瓦拉”“沙梳波”（纯毛裙）、“丹红扎尼”（红毛裙）、“提莫”（毛衣）等。这里主要记述“瓦拉”的制作技艺。彝族毛纺织技艺中的“瓦拉”要经过洗羊、剪毛、弹毛、捻线、搓线、设织线、织布、缝制、搓穗、打领、染色、作花等技艺流程。彝族纺线时多用竹木质的纺轮，每抽出一段绒或纤维，都将其固定在纺轮的轴端小钩上，然后捻动纺轮将绒或纤维纺绕成线。织布机是一种腰机，它主要由紧板、推线木棒、线梭、腰带等构件组成。织布时，先将经线一端系于木桩上，另一端缠在织布者的腰上，织布者将带纬线的梭子在交叉的经线中一一穿过，然后用紧板压紧。凉山彝族做察尔瓦非常烦琐，有十多道工序：第一道工序是梳羊毛；第二道工序是用纺车纺线；第三道工序是缩线；第四道工序是合线；第五道工序是上梯子牵线；第六道工序是捡皱、套皱，将经线按照一定规律挑出来……最后一道工序是搭上17厘米长的须线，最后洗净晾干，一件察尔瓦就做成了[1]。

新中国成立前，东乡族服饰面料多用羊毛织成的褐子。东乡族把织褐子称为“木褐诺克”，称专门织褐子的人为褐匠。织褐子的原料是用羊毛捻成的毛线。捻线工具很简单，用一根70多厘米长的竹竿，下端垂一块用木或砖磨制而成的圆形纺锤，或用一个洋芋代替，另一竹篮或木叉装上撕好的羊毛，然后一手撕絮羊毛、一手转动竹竿捻线。东乡族农家男女老少几乎都会捻线，赶集或走亲戚时大多随手持羊毛和竹竿捻线，有的甚至骑在驴背上且行且捻。捻好的毛线置入蒸笼放到锅上蒸2~3小时，致使毛线蒸透，拧结的线团疙瘩疏松，然后晒干，在纺织机上

[1] 苏小燕：《凉山彝族服饰文化与工艺》，中国纺织出版社，2008年。

织成褐子。不同颜色的羊毛选配，可以捻成红、白、黑三色毛线，进而可以织成三色的褐子。起初织褐子用单线，到20世纪30年代开始用双线，并能在褐子上织出人字形、麦穗子、方罐圈等图案。经线分400根、800根、1200根，所织褐子也宽窄不一。东乡褐子柔软厚实、结实耐用，一般可用于缝制衫、裤、被面等。一般长衣称为褐衫，短衣称为褐褂。用精制的褐子做制服、大衣、长衫，既挺括厚实，又美观大方。

清代以来，东乡褐子以其毛质优良、做工精细著称，不仅是东乡人民的主要衣料来源，而且远销兰州、西安、西宁、乌鲁木齐等地。抗日战争时期，东乡褐子盛销兰州及甘肃各县。当时的东乡几乎家家捻线，户户织褐。新中国成立初期，羊毛价格较之前骤涨四五倍，而土布价格低廉，因而很少有人继续从事织褐子的副业。到1969年左右，东乡织褐民间手工业几近消失。

### ③ 编织

羊毛线编织是柯尔克孜族、哈萨克族等以畜牧为生的民族使用最多的毛纺织工艺（图8-45）。羊毛编织品一般用于生产生活，可以织成衣物、挂毯、马褡子、绳索以及毡房里的装饰品，既实用又美观。编织要用色线，先从绵羊身上剪下来羊毛，用双棍拍打，使羊毛蓬松，去除羊毛上的杂物，然后清洗、晒干。将水烧开，放入所需的染色颜料，将羊毛放入锅中温煮一小时后，将染色的羊毛放到阴凉处晾干。将晾干和染色的羊毛撕开捻成所需要各色的毛线。在草地上钉入三根铁桩，使三根铁桩形成等边三角形，如果编织物长，则三角形相对就大，将一根羊毛线缠绕在铁桩上围绕着三角形放线，在三角形的一边钉入一块分线板，在分线板的旁边钉入一根木桩，再将一根白线绑在这一根木桩上，目的为了把编织线一根根分开，起到“综”的

图8-45　柯尔克孜族妇女织毛带（新疆克州）

作用。再围绕三角形放线到分线板时将线平均分开，内线放松，外线绑紧。这一程序是为了在编织时很好地错位。将所有不同颜色的羊毛线放完后，在分线板的旁边插入一根木棍，木棍的下面三根线、上面三根线，依次类推按组分开用线绑紧，这样在编织时线不容易产生混乱。完成以上工序后将分线板取出，再用线捆绑在木棍的两头，便于吊挂。将所有围绕在三角形上的线提起，再将一根木棍插入两层线中间，将线的一头挂在地面上的铁桩上，将木棍捆绑在相对一头的两根铁桩上并拉紧，这时所有的线都被拉直成为编织上的经线。再用一捆线在编织时来回横向穿梭，这捆线为纬线，再用一个三角形将分线棍吊起，在它的前面插入一块错线板，在它的抹面插入一块分线板。最后用一个挑线板将经线按图案的需要挑起，将分线板取出拉动错线板，将上下两层经线交织错位。这时将挑线板向上推出，插入分线板推紧取出挑线板，横向穿入纬线。用挑线板挑出经线，再用分线板刮动所有的经线使其上下分离，依次类推将图案织出。

针织是以一根线利用织针构成线圈、再经串套连接成针织物的工艺过程。针织物的质地松软，有良好的抗皱性与透气性，并有较大的延伸性与弹性，穿着舒适。少数民族地区的针织技术是由早期的手工编织演变而来，可以追溯到上古时期人类的渔网编结。早期的手工编织是用两根或数根木质、骨质直针，将纱线弯曲，逐一成圈，编成简单而粗糙的织物。以后逐渐发展成为一种家庭手工业。新疆的维吾尔族、塔吉克族等大多数民族都有针织工艺，主要用于编织毛袜。塔吉克族牦牛皮制的红靴内就是套着各色线编织成的花毛袜，质地厚实，保暖柔软（图8-46）。

图8-46　塔吉克族妇女编织毛袜（新疆塔什库尔干县）

## 三、毡及毛织物种类

少数民族的毡及毛织物主要存在于新疆、青海、西藏、内蒙古、四川、云南、贵州等地区。由于这些地区有畜牧传统，且冬季寒冷或早晚温差大，毛织物是最好的御寒服饰。而且厚实的毛织物还能挡风挡雨，或者遮阳，或者垫坐，是少数民族同胞喜爱的服饰品。此外，毛织物也能加工得非常精细，成为高端服饰材料。

羌族古代服饰中以“披毡”最具特色。毡的制作工艺比纺织毛布简单，早在3000年前就已出现。《后汉书·西羌传·集解》记载，两汉时西北甘青高原的羌人“女披大华毡以为盛饰”。而与之相同时期的“滇族”等羌支民族的贵族男子也多披毡。可见“披毡”原为羌族最古老的服饰之一。唐宋时期，羌族披毡已较普遍，《新唐书·党项传》称：“男女衣裘褐，被毡。”这一服饰传统，至今仍在羌支民族彝族中保存。

居住在山区的彝族，过去无论男女都喜欢披一件“察尔瓦”，它形似斗篷，用羊毛织布缝制而成，一般13幅，每幅宽七八厘米，长至膝盖之下，下端缀有毛穗子，多染为深蓝色。以凉山圣乍地区的最为华丽，边缘镶有红、黄牙边和青色衬布，下边吊有30厘米长的绳穗。披毡用两千克左右的羊毛缝制而成，薄如铜钱，折以6厘米宽的褶皱，一般为30~90个褶。上方用毛绳收为领，用夹板夹起晒一日方成。多为原色或蓝色。质量要求厚薄均匀、扎实，能如篾席般立于平地不倒。彝族披毡，源远流长，始见于青铜时代，鼎盛于南诏大理国时期。彝族披毡起于何时，已实难考证，但从有关史料推测，至少在战国时期已经有了高质量的产品。云南晋宁石寨山古墓群——“滇王家族”墓地出土的铜俑，有的身着麻装，有的身着披毡。毡上装饰着孔雀、狼噬鹿、蛇噬兽等动物纹样，显得十分华美。就披毡的称谓，各个时代略有不同，东汉称“扁髭”，晋代称“厕旄”，宋人称“毡扁”，到了唐宋两代的南诏大理国时期，史志对披毡已有了生动翔实的记载。察尔瓦和披毡是彝族男女老幼必备之服，白天为衣，夜里为被，挡雨挡雪，寒暑不易，至今仍是彝族人的日常衣着和节日盛装。

青藏高原少数民族使用毛织物的历史悠久，青海诺木洪出土文物中就有羊毛织物，1984年四川炉霍石棺葬中亦出土有羊毛织物。炉霍石棺葬墓葬的时代，经综合分析研究初步定为“上起春秋下至战国中期前，最晚也不会晚于战国中期[1]”。事实证明，雪域高原人早在春秋战国时期不仅已经会用羊毛纺织，而且织法多样，技

[1] 陈明芳：《炉霍石棺葬族属刍议——兼论炉霍石棺葬与草原细石器的关系》，《南方文物》1996年第1期。

术水平较高。西藏著名的毛织物有“卡垫”，即西藏的毛织地毯。卡垫按毛织物质量大致可分为三种：第一种是用牦牛绒捻纺的毛线和羊毛线套织而成，这种地毯质量最佳、重量轻，适宜在藏南等气候温和的地方用；第二种是用绵羊的细毛捻的毛线织成，有素色和彩花样两种，其中彩花样地毯用彩色毛线织成，很受城市居民喜欢；第三种是用牦牛毛和羊毛混合纺织而成，这种地毯黑白分明、粗厚耐磨，深受农牧民的欢迎。卡垫已有600多年历史，江孜卡垫是工艺精巧的藏族编织品。早期江孜卡垫没有图案纹样，颜色也单调，仅为类似藏被的羊毛织品。后借鉴吸收了唐卡、壁画和从内地传入的华丽绸缎的花色纹样，设计出了许多具有藏民族特色的图案纹样，编织技术也日臻成熟，并以织法别致、结构紧密、精细美观、经久耐用、色泽鲜艳、毯面柔软细腻和风格浓烈而著称全藏。其产品除本地自足外，还远销印度、尼泊尔、不丹、锡金等周边地区。藏族卡垫品种繁多，用途十分广泛，可分为坐垫、床垫、寺庙大经殿坐垫、盘龙柱套、壶套、挂毯、靠背垫、椅垫、枕垫，以及用于牦牛、骡、马、驴的鞍垫和头、面、颈、腰、背、尾脊饰垫等（图8-47）。

藏族氆氇是藏区最常见的一种手工织成的毛呢，是制作服装、鞋帽的主要材料。明代《正字通》说：“登毛。中天竺有登毛，今曰氆氇。”“氆氇”质地紧密厚实，耐磨，耐洗，耐晒，久不褪色。其制作方法是先将羊毛漂洗晒干，把羊毛夹在一副铁刷中间，来回刷刮，使之梳理成松软的羊毛长丝，以供纺经纬两线之用。然后用手摇纺车和纺锤，分别纺出纬线和经线。再将经线以一匹氆氇的宽度和长度，依次纵向排列后缠绕在经线轴上，将经线轴固定在织布机上，由织工开始织造氆氇。已经织好的氆氇可以漂洗、揉搓和染印自己所喜爱的颜色，颜色有白、

图8-47　牦牛（西藏日喀则市）

黑、蓝、红、赭、青等，也有各色相间织成彩条的。过去只有贵族、富裕户等才能穿上氆氇做的藏装，穷人穿的俗称毪衫。氆氇除单色外，还有毛织扎染的色条氆氇和十字花氆氇两种。氆氇的使用范围极其广泛，从旧时中央王朝的贡物，到初生婴儿的尿布样样少不了它。无论活佛高僧、达官贵人、平民百姓、男女老幼，每个人所穿戴的服饰各有其不同的色彩、不同的类型和不同的风格，但其90%以上的材料均来自氆氇织品。帮典即彩色围裙，是一种彩虹般五颜六色、装饰性很强的毛织品，多用来制作妇女的围裙、坎肩、挎包或镶嵌在袍边上。帮典编织精密，色彩鲜艳，纹饰有宽纹和细纹两种，宽纹以强烈的对比色彩相配置，具有粗犷明快的风格，细纹以纤细的相关同类色形成娴雅和谐的格调。藏北常见的帮典下部饰有长穗，两侧用十字“加洛”纹氆氇呢镶边，非常华丽。噶擦帮典，以白色为主，为女孩节庆时所饰；擦钦帮典，为老年妇女在节庆时所饰；降加则帮典，亦为老年妇女所饰；色绒帮典，为尼姑所饰；俄邛帮典，为少女所饰；夏札白萨帮典，为青年妇女所用。每逢节日，妇女腰间系一帮典，有如彩虹缠身，几人、几十人簇拥在一起，更是五彩缤纷、艳丽多姿。藏地帮典主产于山南、日喀则和拉萨等地区，以贡噶姐组德秀所产最为驰名，已有近600年历史。其中又以甲噶康巴家所织最佳。贡嘎姐组德秀地方家家户户均以织帮典为业，且多为女人捻线、男人上机，所织帮典结实、均匀、细密、绚丽，工艺性极高。

新疆维吾尔族的毛织品主要是花毡和针织物。维吾尔族先民很早就掌握了针织品的编织技术，可以编织出长、短大衣；他们也掌握了本色织物和多色织物的织造技术，能够编织出无花纹织物和各种花草、动物等图案织物，目前这些编织技术仍存在于偏远的山区和牧区。维吾尔族传统毛纺织品按生产方法和生产手段不同可以分为合铺且编织品、梭子编织品和皮力提库毛织品三大类型。合铺且编织品是指用毛线手工编织成的网状产品，主要用于服装、生活用品和玩具等。传统的合铺且编织品的原料为骆驼毛和绵羊毛，一般骆驼毛使用本色纱，而羊毛染色后使用，产品主要用本色纱附加一些鲜艳的纱织成。合铺且编织品有很多优势：一是编织工具简单，在任何地方都能进行；二是编织技术简单；三是不需要裁剪，不会因裁剪带来材料浪费；四是编织品的弹性较好，柔软性强；五是保暖性好、重量轻，适合不同性别的各年龄段的人穿着[1]。

哈萨克族、柯尔克孜族是以游牧为主的马背民族，毡房是他们主要的居住场所。在装饰毡房的各种材料中，羊毛线编织品具有色彩艳丽、做工精美的特点，而且能充分地反映出哈萨克族的审美情趣和文化特性，且地域性极强，能突出表现出民族的艺术风格。羊毛制品有毡房内部装饰的各种壁毯、地毡，围绕毡房内壁的毛带，悬吊餐具用的各种碗套、绳索，出门骑马用的鞍鞯、马衣等，都出自女性的巧手（图8-48）。

图8-48　柯尔克孜族缝毡子（新疆克孜勒苏州）

# 第六节　皮毛鞣制工艺

少数民族用野兽皮和牲畜皮做衣服的历史悠久。游猎民族采用野兽皮，并掌握鞣革和绣花技艺的历史久远，且技艺娴熟。毛皮是人类最早的御寒物，毛茸茸的触感和柔韧的质地带给人温暖的感觉，也含有一定的象征意义。比如新疆和田、洛浦等地的维吾尔族婚俗很有趣，在这里人们不是让新娘坐在厚褥垫上，而是把一件羊皮大衣翻过来铺在炕上，让新娘坐在毛茸茸的羊皮袄上。羊皮袄是“温暖”的象征，让新娘坐在羊皮袄上，就能使她婚后的生活幸福，家庭“温暖”。各种动物的皮毛都能被人类利用，最早是用野兽皮，大至虎皮、熊皮，小至灰鼠皮，畜牧业产生后开始用家畜皮，都是人类制作服饰的好材料。

## 一、皮毛的种类和使用历史

据考古出土资料看，大约在旧石器时代中期已有骨锥和骨针出现，那时的人

[1] 塞娜娃儿·苏里坦：《维吾尔族的传统纺织技艺》，《西域研究》2006年第3期。

类已摆脱了赤身裸体的状态，过着食肉、衣皮的生活。从民族学资料来看，鄂伦春族曾使用天然的狍角锥缝制皮衣，这种工具比人工磨制的骨锥要原始得多。四川木里县的藏族以前也用骨锥，后来才发明了骨针，这说明最古老的缝制工具是锥而不是针。从骨锥和骨针的这些考古发现可以看出，人类利用皮毛制衣保暖已经有几万年的历史。

兽皮可分为野兽皮和家畜皮，并分属于游猎和畜牧两种经济形态。到20世纪中期，使用兽皮做服饰的习俗仍存在于兴安岭密林中的鄂伦春族和鄂温克族，以及西南山区丛林里的珞巴族和门巴族当中。如：珞巴族博嘎尔部落男子的帽子是用熊皮压制成的圆形帽子，类似有檐的钢盔。帽檐上方套着带毛的熊皮圈，熊毛向四周蓬张着。帽子后面还要缀一块方形熊皮。这种熊皮帽十分坚韧，打猎时又能起到迷惑猎物的作用。随着社会生产力的发展，人类历史上有了第一次大分工，畜牧业得到了极大的发展，人们不仅有数量众多的牛乳、乳制品和肉类，还有羊皮等家畜皮制成的服装面料。

在我国古代，以兽皮为衣早于以丝麻为衣。《礼记·礼运》云："昔者先王……未有麻丝，衣其羽皮。后圣有作，然后……治其麻丝，以为布帛。"《韩非子》也说："古者，妇人不织，禽兽之皮足衣也。"到了唐代樊绰的《云南志》，其记载就具体得多：寻传蛮"俗无丝棉布帛，披波罗皮（指虎皮）"，东爨乌蛮"土多牛马，无布帛，男女悉披牛羊皮"，施蛮"男女终身并跣足，披牛羊皮"，么些蛮"男女皆披羊皮"。现在少数民族仍保持着衣兽皮的习俗，彝族和纳西族服饰至今仍然离不开羊皮。云南南涧彝族中的新娘不论经济条件如何，结婚时必披羊皮，充分反映了衣皮这一传统习俗和观念在彝族中影响之深远。在北方，衣兽畜之皮就更为普遍，除鄂伦春族和蒙古族外，鄂温克族也常穿大长皮衣，这种大衣由七八张羊皮做成，皮板朝外，羊毛朝里，耐用大方。撒拉族男子冬天穿光板羊皮袄。在西南地区，羌族男子喜欢在麻布长衫外套一件羊皮背心，晴天毛向内，雨天毛向外（图8–49）。

最常用的毛皮是羊皮，羊皮类包括绵羊皮、小绵羊皮、山羊皮和小山羊皮。绵羊皮分粗毛绵羊皮、半细毛绵羊皮和细毛绵羊皮。粗毛绵羊皮毛粗直，纤维结构紧密，如中国内蒙古绵羊皮、哈萨克族绵羊皮和中国西藏绵羊皮等。小绵羊皮又称羔

图8-49　身着羊皮坎肩的羌族男子（四川阿坝州）

皮，新疆库车羔皮、青海贵德黑紫羔皮，宁夏滩羔皮和滩二毛皮，均在世界上享有盛誉。内蒙古山羊绒皮，皮板紧密，针毛粗长，绒毛稠密。这些羊皮在古代少数民族的毛皮中就很有名，如《天工开物》提到了西北著名的羔裘，以及绵羊、山羊皮的用途和南北习俗。其对各种皮毛分析如下：羊皮裘母贱子贵。在腹者名曰胞羔，初生者名曰乳羔，三月者曰跑羔，七月者曰走羔，胞羔、乳羔为裘不膻。古者羔裘为大夫之服，今西北士绅亦贵重之。其老大羊皮硝熟为裘，裘质痴重，则贱者之服耳，然此皆绵羊所为。若南方短毛革，硝其鞟如纸薄，止供画灯之用而已。服羊裘者，腥膻之气习久而俱化，南方不习者不堪也。然寒凉渐杀，亦无所用之。在千年前，宁夏地区的养羊业已相当发达。到了清乾隆年间，滩羊二毛裘皮就已闻名。《甘肃新通志》中赞称“裘，宁夏特佳”。宁夏的滩羊是我国滩羊羊羔出生35~40天时宰杀后获取的皮子精制而成的裘皮，称“二毛皮”。皮板薄如厚纸，不仅坚韧柔软，而且非常轻便，有“轻裘”美称。色泽晶莹的毛穗弯曲柔软，波浪起伏，有“九道弯”之赞，若将皮板倒立放置，毛穗顺次自然下垂，洁白如雪，轻盈动人。滩羊喜欢干旱，厌恶潮湿，四肢刚健，善于奔走。“边游走，边觅食”是滩羊的采食习性。滩羊是蒙古羊的后裔，蒙古族游牧迁徙到宁夏贺兰山麓和黄河西岸的草滩上，这里气候干燥，草量丰足，牧草种类繁多，为滩羊生长提供了得天独厚的优越条件。经过长期的人工培育，滩羊品种不断进化，使这个绵羊品种成为优良裘用绵羊品种之一。宁夏滩羊属长尾脂、粗毛型羊种，绝大多数白色，但是在头部、眼周围和两颊多具有褐色、黑色、黄色斑块。滩羊全身被毛为异质毛，由有髓毛和无髓毛组成，毛长在10厘米以上，细而柔软，毛质优良，尤以宁夏盐池县出产的滩羊品种最为纯正，出产的毛皮最为著名。

此外，《天工开物》还提到了野兽皮，如能够防蝎的麂皮，以及西南少数民族喜爱的威武的虎豹皮、西域民族喜爱的光亮的獭皮，甚至南方的金丝猴皮[1]或飞鸟裘等。"麂皮去毛，硝熟为袄裤御风便体，袜靴更佳。麂皮且御蝎患，北人制衣而外，割条以缘衾边，则蝎自远去。虎豹至文，将军用以彰身；犬豕至贱，役夫用以适足。西戎尚獭皮，以为毳衣领饰。襄黄之人穷山越国射取而远货，得重价焉。殊方异物如金丝猿，上用为帽套；扯里狲御服以为袍，皆非中华物也。兽皮衣人此其大略，方物则不可殚述。飞禽之中有取鹰腹、雁胁毳毛，杀生盈万乃得一裘，名天鹅绒者，将焉用之？"可见古代对各种野兽裘皮的用途已非常明确。

作为北方的狩猎民族，鄂伦春族的狩猎生产和狩猎生活与狍皮文化有着密切的联系。鄂伦春族人食肉衣皮的狩猎生活是以狍子为基本保障的，狍子是鄂伦春族人的衣食之源，狍肉是鄂伦春族人的主食，狍皮是鄂伦春族人制作服装的主要材料。狍子又称矮鹿、野羊，是大、小兴安岭山林中最多的野生动物，毛色随季节变化，尾根下有白毛，雄狍有角，雌狍无角。狍子繁殖快、喜群居、生性胆小而好奇心重，因此比较容易猎取，是鄂伦春族主要的衣食来源。狍皮致密粗厚，光泽不如狐皮、貂皮，不适合做高档裘皮服装，因此不被人们重视。但狍皮经久耐磨，毛厚质轻，防寒性能极好，非常适合在寒冷的兴安岭地区使用，可以说它是大自然给予鄂伦春族的恩赐。在长期的狩猎生活中，鄂伦春族人对狍子的生长规律和皮毛特征了如指掌，善于用不同季节的狍皮制作各种服饰及生活用品。夏

---

[1] 虎豹、金丝猴：国家一级保护动物，已列入《世界自然保护联盟》（IUCN）2012年濒危物种红色名录ver3.1——濒危。——出版者注

天的狍子皮俗称“红杠子”，呈褐红色，毛短无绒且薄，适合做夏装，因为兴安岭的夏夜是很凉的；秋天的狍子毛呈青黑色，毛短无绒，适合做春秋装和手套；冬天的袍子皮，毛呈青白色，毛厚有绒，毛杆是中空的，毛密质轻，防寒力强，适于制作冬季的御寒皮装和皮筒子。幼狍子毛色棕红，背部有白色纵斑，柔软美观，适合做挎包等饰物（图8-50）。用途广泛的狍皮制品形成了最具游猎民族特色的狍皮文化。

图8-50　鄂伦春族狍皮包（黑龙江黑河市）

新疆哈萨克族的鹿皮绣花大衣，显示出他们鞣革、缝纫制作、绣花等工艺的高超水平，展示了少数民族妇女的聪明才智和丰富的文化内涵。新疆是我国的主要牧区之一，历史上生活在新疆的民族主要以牧业为生，并开展狩猎活动。牧民们捉到马鹿，除了吃肉，还用马鹿皮制作服饰及各种生活用品。新疆马鹿体型较大，体长两米，体重超过200千克。马鹿皮的手感极佳，纹路自然，皮质松软，孔率大、韧性足、延伸性大，是其他皮料所不能比拟的，鞣制后可制作高档服装和皮件。

新中国成立前，东乡族地区流行皮衣。东乡族把专门制作皮衣的人称“毛毛匠”。毛毛匠先把绵羊皮或山羊皮鞣成熟羊皮，熟羊皮工艺有揉制法和酿制法两种。揉制时先把皮子里外洗净，用茯茶泡制后用手反复揉搓制熟。酿制法是把洗净的皮子放到有皮硝等作料的水中浸泡，每天搅拌，泡至18天取出揉搓制熟。两种方法都要用铲刀将羊皮上的残肉、油脂铲洗干净，再喷温盐水，并用铲刀将羊皮铲软铲光，随后缝制成衣。长皮衣称为皮袄，短皮衣称为皮褂，还可以做皮坎肩、皮护套等。

## 二、鞣皮工具及工艺

少数民族的传统鞣皮工具和技术，对于研究远古皮革加工工艺具有重要的参考价值。在农业出现之前的漫长历史中，人类是以采集和渔猎为生的，衣着的主要原料是兽皮。皮革加工工具可以追溯到很久以前，技术也很原始。在走过了一个逐步发展和完善的漫长历程后，少数民族在长期的狩猎和游牧生活中积累了丰富的经验，传承了许多宝贵的知识，使毛皮加工技术逐渐发展、成熟，拥有了一套包括削皮子、晒皮子、发酵、刮皮子、熟皮子、染皮子等工序完整而科学的加工工艺流程以及实用的工具。

动物皮毛需经过多道工序的加工才能用来制作服饰。皮毛需从动物身上剥离，皮板上附着的血肉也需要刮除，这需要锋锐的工具才能实现。在旧石器晚期和新石器时代的考古发掘中发现有许多细小石器，其中有些刮削器就是用来加工兽皮的。剥皮工作一般在打猎或屠宰时就完成了，皮张是否完整取决于打猎和剥皮的技术。这些技术是以毛皮为衣的少数民族男子都能够掌握的（图8-51）。

毛皮晾干后，还要采用物理和化学方法进行鞣制处理才能柔软适用，牙齿和手指是人类最早的工具。早期人类先民一般是将皮子反复揉搓、咬啮，而唾液也有助于皮板表面发酵，以快速软化皮板。现在所见到的少数民族的传统制皮工具有轧刀和带齿刮刀，都是模拟人类的牙齿，而后来发明的木质、石质和骨质工具也都是人体工具的延伸。

生活在西南山区的珞巴族博嘎尔人制作皮衣的方式简单，皮革加工的方法原始，即将剥下的兽皮铺平，用竹棍支撑晒干，然后用石头、铲子或刀子把皮张削薄和去油脂，或两人拉着皮子在木头上来回摩擦。待皮子削薄和油脂去净后，涂上狗熊油将皮张拉直风干，即制成了可供做衣服的皮张。

图8-51　藏族揉羊皮（西藏江孜县）

长期的游猎生活使鄂伦春族在鞣制加工动物皮毛工艺方面积

累并创造了比较完整的符合科学的熟皮鞣制加工工艺。鄂伦春族妇女是熟皮、缝纫、刺绣加工各种皮毛制品的能手。各种动物皮张经过她们的巧手加工就会变得柔软如布。她们可以鞣制狍、犴、鹿、熊等动物的皮，也可以鞣制猞猁[1]、貉、灰鼠、兔子等小动物的皮。熟皮步骤包括晒皮子、敲打平整、发酵、刮皮子、鞣制、熏烤等过程。鄂伦春族妇女都曾娴熟地掌握这些加工技艺，鞣制出的皮张洁白如雪、柔软如棉（图8-52）。对于以狩猎为生的鄂伦春族来说，狍皮加工的切割、刮削、鞣制、缝纫的工具最为重要。这些加工兽皮工具在游牧部落中有很强的生命力，一直延续至今。

图8-52　鄂伦春族鞣制狍皮（内蒙古鄂伦春旗）

狍皮是鄂伦春族生活制品中的大类，包含了生活用品的方方面面。以狍皮加工为例，猎取狍子后立即用猎刀趁热剥皮，否则狍子僵硬后皮很难剥下，容易把皮子割坏。古时，鄂伦春族人就地取材，以木刀、石片剥皮，近代则改用猎刀。猎刀在鄂伦春族的狩猎生活中用途极为广泛，既是打猎工具，也是剥皮工具，削刮皮上的肉筋、脂肪也是用猎刀。剥取狍子皮是由肛门到下腭沿着腹线前后切开，接着挑开四肢，剥下的皮张呈完整的片状。狍皮剥下来后要及时将沾在皮上的污血清净、晾晒。皮子晾干后非常板硬，为了便于加工，必须使皮子平整并具有一定的柔软性。因此风干时要用树枝撑开湿皮使其绷紧，放在阴凉通风处晾晒直至八成干。

熟皮子是一件体力消耗多、时间耗费久、劳动强度大的工作，一个妇女鞣制一张皮需要三四天。熟皮子先要用木槌敲打，干皮要先润湿再敲打，否则会敲裂狍皮。然后再用带齿的刮刀刮，这是为了去掉脂肪肉筋，初步鞣软。木槌是熟皮工具之一。槌头直径20多厘米、长30多厘米，用于将风干的狍皮初步砸软，以便于涂抹发酵剂。还有一种木槌的头部包有带齿铁皮，可以用来刮掉皮上的残肉。

[1] 猞猁：国家二级保护动物。已列入《濒危野生动植物物种国际贸易公约》附录Ⅱ和《世界自然保护联盟》（IUCN）2014年濒危物种红色名录ver 3.1——无危（LC）。——出版者注

木铡刀上部有锯齿，用途是将风干的狍皮初步铡软。经过铡床对狍皮各个部位的反复铡压后，狍皮渐渐平整、软化。皮梳子是一种带有锯齿的弧形刮皮工具，长67厘米，用以刮削发酵以后的狍皮上的脂肪和筋，使狍皮逐渐软化。皮铲是在长约30厘米的木柄上安有一铁圆铲或铁圈，圈外带刃，用于铲除动物皮上的毛，是制作板皮的工具。熟皮刮刀为弧形的木柄内安装一条带刃铁片，无齿，当狍皮刮好之后，用它反复鞣刮，使狍皮逐渐变软变白（图8-53）。

经过初步鞣软的皮子需要发酵，将狍肝煮熟碾碎呈稀糊状，然后均匀地涂在皮板上，然后把皮子卷合起来存放两天待其发酵。也可用柞木腐皮代替狍肝，朽木多菌类也能使皮板上的肉丝发酵。如果狍肝和柞木渣都没有，用水闷也行，脱毛皮革放在温水中浸泡一两天也能发酵。小狍子皮薄只需闷一天，母狍子皮闷两天，公狍子皮厚，先要用木槌或棒子敲打，稍软再涂狍肝卷起来发酵。将柞木渣加开水浸泡后，和开搅匀做发酵剂。攥一把乌罗草蘸取柞木腐皮水，在狍皮上均匀地涂抹一遍。再将皮子卷起来，揉一揉、捶一捶，闷上待其发酵一天。狍皮发酵以后，必须用刮刀将其上的肉丝、脂肪刮除，皮革才会柔软。在刮削过程中，为了增加摩擦力和保护皮板，还需在皮板上撒一些草木灰、锯末。先用刮刀细细地刮皮板，刮去多余的皮渣，将皮板表面刮出一层茸茸的纤维来，促使皮子更加柔软，并有助于扩张皮子。然后再用细刮刀反复鞣制，渐使皮子洁白如棉布。最后是将皮子拉撑一遍，转着拉，再转着鞣制，一边用细刮刀擀刮，一边手拽脚蹬用力拉撑。这样撑开了鞣制，皮子不仅更加柔软，而且能恢复原大。皮子熟制得干净柔软了，还要用火熏烤。经过熏烤的皮子不会变形，还能防止长虫，而且遇水不僵硬。狍皮制的乌拉更是必须熏烤。在大铝盆内点上柞木树皮，把皮子熏成黄色，称为“撑皮子”，四个人拽着皮子在火上熏烤，过去是在撮罗子里，中间支起

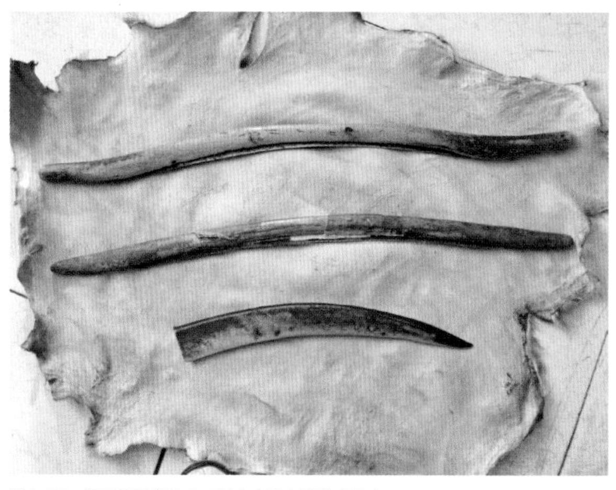

图8-53　鄂伦春族的熟皮工具（内蒙古鄂伦春旗）

木架，铺上皮子，底下点火熏。鄂伦春族的鞣皮工作都是由妇女完成，不需要专业的师傅。鞣完后皮质非常好，能保持很长时间（图8-54）。

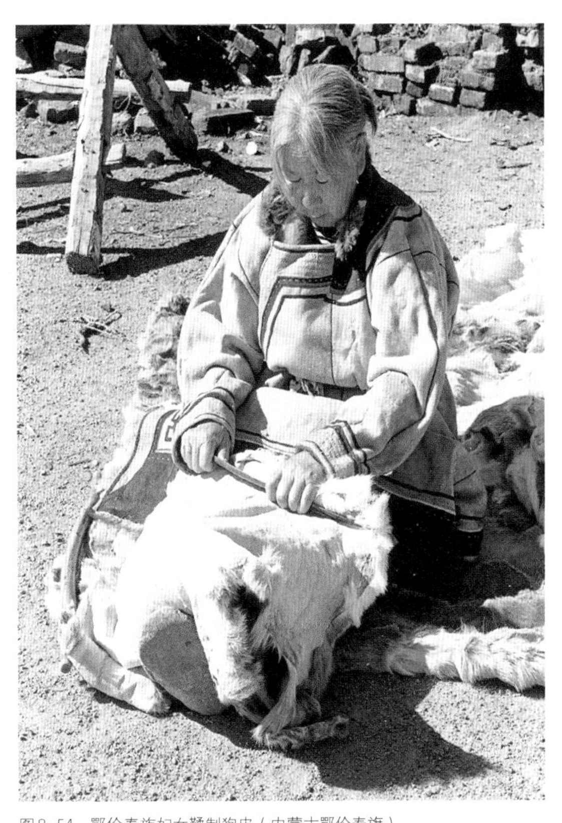
图8-54　鄂伦春族妇女鞣制狍皮（内蒙古鄂伦春旗）

西北地区以游牧为生的哈萨克族也有自己的毛皮加工方法，据《哈萨克民族简史》介绍："早在16~17世纪，草原上就有手工皮革加工匠、服装裁缝师等手工业者"。显然，鞣革成了一项重要的技艺。长期以来，他们对牛、马、羊和野生动物的皮张的鞣革积累了丰富的经验。主要包括三项工艺：将皮子进行浸泡，除去皮板上的肉、筋膜等软组织，也有将原皮浸泡在石灰水里脱毛，或者将原皮装在布袋里，深埋在羊粪堆里，使其在高温中发酵，然后取出刮去毛和脂肪层；加入发酵剂浸泡或用酸奶、面粉、麸皮拌成粥状涂抹在皮革上；晾干用刨刀刨鞣、刨软。经过处理，皮革就会变得柔软而结实。鞣革的技艺已成为草原民族不可或缺的技艺。在皮革染色上，哈萨克族就有利用自然界各种染色物的民间传统，即提取矿物颜色、牲畜体内的颜色以及植物中的颜色进行染色和绘制图案的做法。皮革的染色多用红松皮、刺黄檗、大黄根、马耳草籽、匙叶草等，并加入白矾、盐、白硇砂、苔藓、酸奶汁等这些草原上常见的原料，按着比例混合熬煮成汁，并根据皮张的大小及数量，把配制好的染料涂染在皮革上。这种传统的染料具有不褪色、无污染、无异味等特点。

蒙古族从剥皮到鞣制同样有一套自己的方法。剥皮方法有两种：一种是从牛羊的颈部到腹底割裂一缝后分别向左右行刀，在四肢内侧各割一缝，接着从裂缝中剥起，直至剥完。头部和四肢膝关节以下一般不剥。另一种是从一后腿内侧行刀，经裆部至另一后腿割一裂缝，然后从缝开始向头部剥下，状如筒，俗称“筒筒皮”。鞣制也分两种：一种是生鞣，即将刚剥下的畜兽皮，切割成所需形状后拧干皮子中的水，进行鞣制。使皮柔软如棉，水浸不怕，称之为“生鞣皮”。生鞣因费工、费时，一般较少使用。另一种常用的鞣制牛皮的方法是将剥下晾晒干的生牛皮在水中泡软，剥去里皮油脂后抹上石灰，经折叠后浸泡在水中，六七天后捞出，抓掉快要脱落的牛毛后铲刮干净。这样的皮子，按不同需要有三种制作方法：一是放进溶有盐、奶或面粉的水中，过几天拿出鞣制即成熟皮；二是若制作板形皮绳或用来拧绳，则按需要裁割好后放入溶有盐、奶或面粉的水中，待熟后取出揉搓或拧绳；三是如需缝制靴子，则要先盘一临时灶，灶内置燃烧之物，使之冒烟，将皮置灶上，反复熏烤，达到将皮叠起后在隆凸处挤出水的标准，即可成为缝制靴子的熟皮。沤制羊皮的方法有两种：一是用水泡软生皮，刮去油脂，晾晒干后置于盐和达拉水或拌以面粉的盐水中，过几天将皮取出，稍干后刮蹂各处，反复多次，其软如布。如用达拉水加盐沤熟的皮子，用至破损也不发硬，而用面粉加盐水沤熟的皮子则无此优点。二是将泡软的皮子缝合成筒状，只留一腿部的横截面作口，装入盐、奶或由水、盐、面粉合成的液体，扎口后放于毡包之中，不时用手搓动外部，过几天则熟，将液体倒出，拆其缝线，展皮，稍晾后即行刮鞣，直到满意为止[1]。

西北地区畜牧业发达，分工较细，有专业的毛皮加工师傅，在近现代也使用到一些化学辅助品。家畜及野兽的皮张，在完成生皮初加工后，必须经过鞣制才具有洁白、柔软、美观的特点，从而用于制造各种毛皮商品。这种加工鞣制在北方称为熟皮，南方称硝皮。根据其特点，不同品种的皮张用途也不同。有的是制革原料皮，如毛绒稀疏粗短、皮板坚韧而厚的猪、牛、山羊、马驴等，在硝制过程中需去毛留皮。有的是制裘原料皮，指毛绒厚密、色泽光润、美观轻便，并有良好的保温性能的毛、皮兼用的皮张，如绵羊、兔以及各种野兽的皮。鞣皮的方法较多，西北民间鞣皮方法一般分为以下步骤：

首先要浸泡脱脂，将初步加工的干皮或盐皮置于温水中浸泡6~10小时，目的

[1] 徐英：《蒙古族马鞭制作的田野调查——以材料、装饰及工艺为主要调查内容》，《艺术探索》2010年第6期。

是使原料皮吸透水，软化恢复到新鲜状态。将皮张上的油脂铲除干净，并把附在皮上的血液、粪便等污物和食盐完全清除。对皮质较厚的干皮或盐干皮可加酸或碱促其软化。通常经过一天的浸水就可达到目的，为防止脱毛，水温不宜过高。为了清除皮板上的油脂，可采用碳酸钠或肥皂洗衣粉液进行洗涤。其他兽皮视皮板大小厚薄、绒毛稀密长短以及污染物状况，适当增减用量。南方有的地区采用茶子饼，即油茶榨油后的渣，化成溶液洗皮，既可除去皮中的油污，又能去掉腥臭味，效果很好。洗皮这一工序直接关系到除臭、腥等，因此要清洗干净，不可省略，并要严格遵守操作程序。先用温水将碱或肥皂等原料溶解成溶液，但水温不宜过高。然后将皮放入缸中进行搓洗，使皮张油污渗出，再放入清水漂洗，排除油脂、碱水等并拧干。在碱水中洗皮的时间为5分钟左右，若时间过长就容易使绒毛脱落，影响裘皮外观。

接下来要进行硝皮，材料有多种，有的采用米浆、皮硝配成溶液，米浆以糯米最佳，大米次之；也有的采用明矾、食盐配成硝制液。先用温水将明矾溶解，然后加入食盐及全部的水，使其混合均匀。然后要用双层纱布或粗布垫在米箩或菜篮中过滤，不可让脏物漏入硝液中。硝液可以用手指蘸取，放入口中用舌尖品尝，以咸为宜。若不咸应追加硝水，但过咸会造成皮张的“缩板”现象，因此要追加清水稀释。北方地区硝水中忌用食盐，不管用量多少，对于用盐腌法防腐的生皮，硝前必须把盐清洗除尽，以免皮张下缸时，使硝水增加盐分。否则这种带有盐分的皮张被运销南方时，会因温暖潮湿的气候发生潮解，致使皮板部分腐烂，影响使用寿命。随后的下缸硝制是一个关键工序。将皮张慢慢地放入硝水中，待全张皮进入硝缸后，用右手捏住头部提出，左手紧靠右手挤出硝水，把皮张上的硝水挤干，再将全张皮浸入硝水中，依此步骤操作三次。最后双手捏住皮张一侧前后腿，在硝水中浸一浸，提起沥一会儿硝水，再浸入硝水中。从下缸后的第二天开始，每天早、晚各翻缸一次，将皮张转动搅拌，每次半小时左右。各种皮张品种不同，厚薄、大小不一，气温不同，所需的天数也不同。一般皮张较大的，硝制时间需20天左右，皮张较小的需15天左右。若温度高则会更快一些。

将起缸后的皮张沥去水分，排放在草地上或清扫干净的水泥地上晒皮，也可用绳索挂晒。晒前把每张皮的头、尾、腿拉直拉平，以利晒干。先晒皮板，后晒绒毛，晒干后皮板挺直坚硬，这时用手顺着毛势揉摸，以恢复毛势原状。然后进行铲皮，也称为刮软。铲皮用旱铲、湿铲均可，但在铲皮的前一天晚上，应一张一张地喷水于皮板上，使其湿润。然后皮板对皮板将两张皮全部合在一起，上面用麻袋遮盖闷一夜，次日即可铲皮。铲皮分为钝铲、快铲两道工序。操作方法为左手紧握皮张、右手提铲刀，从上至下，一下一下地回铲，将皮下残存脂肪铲除，使皮板纤维松弛，达到柔软状便完成了钝铲工序。接着转入快铲，又称铲光，即将铲软的皮张用米粉涂满，在皮板面上沿着皮张脊椎中线对叠，揪紧后再打开。然后板面向上搭在铲架上，此时要用快刀进一步把皮板铲薄、铲软，把皮下组织层与真皮层相连的一层皮削除。若皮张间都不易铲软，可再涂上米粉铲一两次。通过快铲可使皮板柔软、光亮、雪白，成为制裘的好原料。

待全部皮张铲完后，将毛面曝晒半天，趁热用小竹竿和木条拍打毛面，以除去绒毛中的米浆灰及其他灰尘。经几天晾挂散去臭味后，装入袋内，并放入防蛀药物，扎紧袋口。经一段时间后，除去臭味，这时即可收藏，可放于干燥通风的仓内。在保管过程中要适时翻晒，防止潮湿，避免虫蛀。

## 三、皮毛和皮革服饰

直至20世纪中期，北方的狩猎民族鄂伦春族仍然沿袭着游猎生活，他们的服装都是皮制品，有狍皮衣、狍皮裤、狍皮靴、狍皮手套、狍皮包、狍皮被褥等。鄂伦春族具有的这种生活形态不仅表明了皮毛文化的悠久，而且也说明了服装是在寒冷地区充分发展起来的（图8-55~图8-59）。

鄂伦春族人的狍皮制品种类繁多，以服饰为主，包括皮袍、皮袄、皮裤、皮套裤、皮靴、皮袜、皮手套、皮坎肩、狍头帽等。鄂伦春族男子狍皮袍分为冬、夏两种，冬季长袍为右衽紧袖式，底边及膝，用七八张冬季厚绒狍皮缝制而成。为便于骑马，男袍前后或左右有开衩，开衩处镶有薄皮。在袍服的右衽、底边、袖口等处镶有板皮做绲边饰条，结实美观。衣襟、袖口处绗缝8~10行，以增加牢度。皮袍可以正穿，以利于保暖；也可以毛朝外反穿，以便于林中伪装狩猎。夏季穿的皮袍又称为“古拉米”，是用夏季“红杠子”狍皮做的，衣长至臀下，穿时

图8-55 鄂伦春族刺绣狍皮包（内蒙古鄂伦春旗）

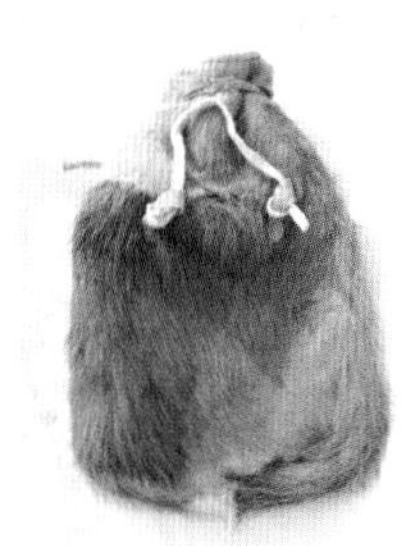

图8-56 鄂伦春族狍皮包（内蒙古鄂伦春旗）

图8-57 鄂伦春族狍头帽（内蒙古鄂伦春旗）

图8-58 鄂伦春族狍皮服饰（内蒙古鄂伦春旗）

图8-59 鄂伦春族狍皮女装（内蒙古鄂伦春旗）

腰间扎皮带，毛朝外穿，可以防雨，也有一定的伪装作用。鄂伦春族女子的狍皮袍款式和男袍不同，女袍较长，夏袍衣摆过膝，冬袍长至脚踝，且女袍底边左右开衩，前后无开衩。但最主要的区别是女袍比男袍更重装饰，其领口、袖口、衣襟都有镶边、补绣、锁绣，且缝制技艺精细，装饰风格古朴淳厚。女皮袍有两种衣领：一种是圆领，另一种是立领，都在胸前、后背饰有一条黑色花纹镶边。鄂伦春族儿童的狍皮袍用0.5~1岁的小狍子的皮制作，柔软舒适，其皮子上有天然的白色花斑，孩子们穿上十分可爱。儿童皮袍样式同成年人一样，只是装饰简约一些，尺寸更小一些。鄂伦春族的狍皮坎肩一般用秋季的狍皮制作，比较短小，饰有花纹，主要是妇女穿用。

鄂伦春族男子的狍皮裤称为“额勒开依”，冬季皮裤用冬狍皮制作，绒毛向内，十分保暖抗寒；夏季则用俗称“红杠子”的夏狍皮制作套裤“阿木苏”；还有一种用9只狍子的小腿皮缝合而成的皮套裤，称为“木伦”，一般是猎人们在野外打猎时穿，保护皮裤不被磨损。皮套裤正面至大腿根，后面只到腘窝上，顶部两边成斜角，缝有皮绳，穿时系在裤腰带上。皮套裤两面都能穿，有的在膝盖部位加缝毛朝外的长方形皮块作为护膝。内蒙古古里乡的鄂伦春族皮裤的膝部还饰有染色黑皮剪花云纹镶绣装饰。妇女的狍皮裤长及脚面，款式像背带裤。裤腰两侧有开衩，前身裤腰上有兜肚，兜肚上有皮绳，可系在脖子上。后裤腰两侧有皮带，穿时把皮带系结在腹前。这样的女裤不仅适合骑马、采集等活动，还便于怀孕时保护胎儿。

狍头帽“密塔哈”独具匠心，显示了鄂伦春族人的智慧。其不仅御寒保暖、装饰性强，而且能够以假乱真，起到伪装作用。猎人头戴狍头帽，易于接近野兽，提高狩猎的成功率。狍头帽是用完整的狍子头皮制作的，保留着狍子的眼、耳、角，经过鞣制后，略加修剪，缝成半圆形帽子状。两眼在前，双耳和犄角挺立，眼圈镶上黑皮子并补绣双目，活灵活现。帽檐加有一圈皮子，更加暖和。鄂伦春族儿童戴的狍头帽装饰更为丰富，儿童狍头帽与成人的一样，女孩的狍头帽没有犄角，耳部饰有染色皮穗子。有的不仅以补花绣出狍子的双眼，还绣出鼻子及嘴的造型，狍耳还垂有十几厘米长的红穗。狍头帽映衬着孩子们胖嘟嘟的小脸，虎头虎脑的，非常可爱。除了传统的狍头帽以外，鄂伦春族男女老少都有自己的狍皮帽。其顶部有刺绣，前后有两个小帽檐，左右有两个大帽檐，帽筒有精美的染色皮装饰和刺绣，帽顶饰有各色的染色皮穗。女帽的装饰比男帽的装饰更为讲究（图8-60）。

图8-60 内蒙古鄂伦春族狍皮女帽

鄂伦春族的狍皮手套主要有三种。一种是“皮恰克”，即有五个手指的绣花手套，是用秋冬季小狍皮制作而成的（图8-61）。手背及五个手指上绣有纵向花纹，手腕镶有灰鼠子皮，这种手套制作精美，常常是男女之间的定情物。一种是“考胡鲁”，即单指手套，主要是冬季男子狩猎时使用。手套单分出大拇指，样式有点像拳击手套。四指联合的指根处有一个开口，以便于伸出食指扣动扳机射击。在手腕部有一开口，便于干活时伸出两手。手套上端钉有皮绳，可系在手臂上。这种鄂伦春族的传统手套是用半张狍皮缝制的，手背上刺绣有云卷纹装饰。还有一种是“夸夸洛”，即皮手闷子，总长有50厘米左右，分上下两部分，上半部分为狍子腿皮缝制的套袖，下半部为手闷子，拇指上多以黑色皮做鹿头形对称补花为饰。在手闷与套袖缝合处留有横式口，钉有皮扣和皮条。在劳动和狩猎时，手可以从中缝中伸出，非常轻捷自如。这种手套主要是妇女和孩子使用，具有一定的防寒作用，还能防止衣袖磨损（图8-62）。

鄂伦春族的狍皮靰鞡有两种，其中狍腿皮制作的靰鞡称为“其哈密”，汉意为矮筒靴子，以16只狍腿皮拼缝靴靿，毛朝外，以狍脖皮缝靴底。靴靿用皮绳系结，以防脱落。“其哈密”有许多优点：一是轻便，狩猎时行走没有声音，容易逼近野兽而不易被发现；二是柔软，不怕折曲，结实耐用，是鄂伦春族最常穿的鞋子。还有一种狍皮靰鞡是用夏狍皮制作靴靿，毛朝里，以狍脖皮缝靴底。皮面染成明亮的黄色，靴头和靿身镶绣有黑皮花纹，很漂亮，一般是女子穿用。鄂伦春族的狍皮袜“道布吐恩”，以夏狍皮和秋狍皮缝制，款式很有特点，由两片皮子缝合，简洁无饰，穿在“其哈密”里边，柔软防寒。过去，鄂伦春族人也用犴皮制作靰鞡，其比狍皮靰鞡更结实耐用，多为男子狩猎时穿用（图8-63）。

图8-61　鄂伦春族镶皮绣狍皮手套（内蒙古鄂伦春旗）

图8-62　鄂伦春族镶皮绣狍皮“考胡鲁”手套（内蒙古鄂伦春旗）

图8-63　鄂伦春族犴皮靴（内蒙古鄂伦春旗）

鄂伦春族的萨满服饰也体现了狍皮的服饰文化特征。每个鄂伦春族人都有自己的“萨满”，萨满是沟通人神之间的“使者”，一般不脱离生产，也不收取报酬，所以深受猎民尊敬，并享有较高威望。萨满服通常以狍皮或鹿皮制成，往往取用狍或鹿的全身各部位的皮毛来缝制，其上还装饰有铁制的日月、飞鸟等饰件和铜镜、染色的皮流苏等，帽子以鹿角或狍角制作。萨满的手鼓“文图文”，是扁平的单面鼓。用狍皮蒙成鼓面，鼓背面装有铜环，用皮条连接便于手持，鼓槌用狍皮裹着狍筋制成。

新疆维吾尔族、哈萨克族、塔吉克族都有鹿皮绣花大衣，其绣法多为锁绣。与哈萨克族的绣花大衣不同的是，塔吉克族人用了插肩袖。这些大衣均为暗红色或接近这种颜色。领口、袖口、前胸、后背、底边等处绣的图案和花卉讲究对称，采用花苞、花叶、绿叶、小花相连的构图，华贵秀丽。另外，还有以波浪形成的圆形图案象征太阳。新疆阿勒泰地区布尔津县有一件传承九代人的鹿皮绣花大衣，当地人称为“胡安德克的鹿皮绣花大衣”（图8-64）。这件鹿皮大衣由七张鹿皮分68块拼接缝制而成。用传统的锁绣法，在前胸、后背、领口、袖口等处用丝线绣了红、褐、黄、白、绿、蓝、黑7种颜色的415朵花卉和其他图案。经历近三个世纪，这件大衣依然保存完好。这件大衣蕴藏着动人的故事和不平凡的经历，记述了1745年准噶尔部在漠西横行，无辜百姓遭到杀害，使克烈部落陷入战争。为了保卫家园，抗击侵略，当时不足20岁的胡安德克·巴依哈拉刺杀了进犯的侵略者头目，保住了领地，成为战争中的英雄。为了奖赏胡安德克·巴依哈拉，部落首领决定从12支阿巴克克烈的部落中选出多才多艺的妇女，花三个月时间，用七张鹿皮做这件绣花大衣，以展示英雄的风采。

西藏工布藏族男子穿一种贯头式无袖套袍，藏语称“谷秀”，其上方开一圆扣，穿着时腰间紧系腰带，两手从左右伸展。有一种称为“甲果纳”的喜马拉雅

图8-64　哈萨克族胡安德克鹿皮绣花大衣（新疆）

山牛，其皮毛有着火红的颜色，是缝制“谷秀”的上品。此外，“谷秀”也有用熊皮、狼皮、猴皮等其他兽皮或羊皮缝制的。

羊皮褂在彝族地区流传已久，据《新唐书·南蛮传》：“乌蛮……土多牛马，无布帛。男子椎髻，女子披发，皆衣牛羊皮。”四川凉山布拖一带的彝族羊毛披毡很有特色，用五张羊皮制成。选择纯黑良种，定养三年，臀部毛不剪，其余部位每年剪三次，三年后宰杀，此时长毛约16厘米，短毛约3厘米，过长过短都不合格。从羊颈到羊尾正好是披毡的长度。披时毛朝里，底部垂着约16厘米长的羊毛，其余都是细卷毛，长短毛之间形成一平凸沟线，十分美观。此种披毡为珍品，喜庆之日才披，盛装者披之高贵威风。在云南巍山、南涧、弥渡、永仁等地的山区彝族也有穿羊皮褂的习俗。其羊皮褂款式多为对襟，无袖、无扣，长至臀下，皮张的形状也基本保持原状，两侧有皮穗装饰。有的羊皮褂用整块羊皮制成，不做任何加工、修饰，甚至原皮、原毛保留了羊只的外形，前后四条腿则成为天然的结扣。另有一种羊皮褂风格较为精细，采用光板皮，对襟，外缘全部镶边，还有口袋、纽襻等。羊皮褂是用带毛的羊皮缝制而成的领褂，也就是坎肩，是滇西彝族最常穿用的服饰。羊皮褂最初的主要功能是为了御寒。彝族居住地多在高寒山区，气候变化无常，将羊皮褂的毛向里穿可保暖，遇到下雨把有毛的一面翻向外穿可遮雨。这样，一件羊皮褂就具有了御寒和防雨两种功能。在外劳作时，羊皮褂用以垫背，能起到较好的劳动保护作用；晚间睡觉时，羊皮褂可铺可盖，又有保暖防湿的功效。彝族人非常喜爱羊皮褂，凡节庆、婚丧、打歌等重要场合需盛装时必有羊皮褂，且做工十分精细，配有皮革线编结的各种穗条以及绣饰、绒球等。

云南丽江地区的海拔、气温、水草山林等自然条件宜于发展畜牧业，牛羊皮毛也就成为纳西族服饰的重要组成部分。古老的东巴经《迎东格神》中有这样的描写："牧养白绵羊，用羊毛做衣衫披毡，用羊毛做帽子腰带……"直到现在，纳西妇女的"羊皮披"仍是民族服饰的一个主要标记。纳西族妇女的羊皮披肩以毛色纯黑为最佳，上部横镶一段黑氆氇或黑呢子，内衬天蓝色棉布。其下有并列的7个直径约为8厘米的圆形彩线绣花布盘，肩部还缀有两个直径为14厘米左右的圆形彩线绣花布盘。披戴时以两条绣花长白布戴在胸前相系。纳西族羊皮披肩，以妇女披戴为主，过去男子也曾披用。这种披肩首先源于纳西族先民的游牧生活，其发展经历了三个阶段。远古的时候，羊皮披肩是纳西族先民的主要御寒工具，那时，纳西族是山地游牧部族，以放牧为生，他们剥下羊皮披挂在肩上以御风寒。随着社会的发展，劳动需要背负重物，羊皮披肩又多了一个负重垫背的功能。随着社会文化的进一步发展、人们审美意识的提高，羊皮披肩开始向适用美观的方向发展，而且装饰的功能日益突出，成了今天纳西族妇女特有的一种背饰。

普米族成年妇女都披皮披肩，通常是用山羊皮、绵羊皮、牦牛皮制成的，以山羊皮的为贵。披肩大多选用洁白的毛皮制成，美观大方。在披肩上结两根带子系在胸前，白天可防寒，坐时当垫坐，睡时当褥子。在日常生产生活中，普米族妇女喜欢穿羊皮褂。皮褂有两种：一种是有袖子的开衫皮褂；一种是不作任何加工缝制的披肩皮褂。一般多用披肩皮褂。

门巴族和珞巴族妇女服饰中都有背披小牛皮的习惯，既能防寒保暖也能作为背负重物的背垫。

阿里普兰地区盛行羔皮袍，制作精细、装饰典雅，羔皮袍的面料以毛呢为主，领、袖、襟底镶水獭皮，外套绸缎，这在整个藏区都是较具特色的。

乌珠穆沁蒙古族的长袍，以肥大的款式风格和绚丽多彩的组合镶边工艺在蒙古人的服饰中独树一帜。他们在冬季主要穿高领宽绲边、肥大且无开衩的熏皮长袍。这种倭缎般柔软的烟黄色熏皮袍，由于其皮子是用酸奶熟化、用特制的刮刀划鞣、用秋季马粪熏制而成的，所以具有防水、防蛀、防污和久穿不变形、美观大方等优点。

除了皮毛服饰，还有皮革服饰，最典型的如凉山彝族古老的战服和皮铠甲，多用于旧时械斗和战争。战服为圆领、右衽、短袖、紧腰。面料多用氆氇或毛织品镶拼，内衬一层棉布，通体密衲，坚实厚重，可御刀箭（图8-65）。皮铠甲是用生牛皮制成的漆绘护身服，分前胸、后背两片。每片又分上下两截，上截前后各由5块硬皮片组成，用以护胸；下截将300多块长方形小皮块用皮条缀联成片，状似短裙，可以护腹。其彩漆纹多寓意防矛避箭，保护穿甲人平安和胜利归来（图8-66）。

图8-65　彝族战袍上装（四川凉山州）

图8-66　彝族皮铠甲

# 第七节　原始纺织材料及工艺

不同的服饰材料是人类对自然界的认识以及受生存环境条件的影响而生产出来的。通过这些现存的少数民族服饰的原始纺织材料，可以清楚地看到人类衣料制作的早期足迹。除了常用的动植物纤维，人类还利用特殊动植物以及矿物纤维作服饰材料，并一直延续至今。

## 一、树皮布制作工艺

树皮布是一种未经过纺织工艺加工的天然树皮纤维。但必须经过特殊的捶打处理，才能形成类似布的自然纤维并能够制作衣物。在世界范围内，如环太平洋地区，以及东南亚向西经过马达加斯加岛，而达非洲东部甚至远至西非等地，这一广大区域内的民族，古时都存在以树皮制衣的史实。树皮衣是人类服饰萌发期的产物，现存的树皮衣堪称早期人类服饰发展史的“活化石”（图8–67）。

在我国古籍中，早就有关于民族以树叶、树皮为衣的记载。如唐朝樊绰的《云南志》，其卷四写云南的“裸形蛮”即景颇族先民“无衣服，惟取木皮以蔽形”。清代雍正年间，鄂尔泰等撰的《云南通志》中写独龙族“俅人，丽江界内有之，披树叶为衣，茹毛饮血无屋宇，居出岩中”。清代范承勋等著《云南通志》，对基诺族、景颇族等民族先民都有“居无屋庐，夜宿于树巅，以树皮毛布为衣，掩其脐下，手带骨圈，插鸡毛，缠红藤”的记载。说明在唐代乃至清代，云南的基诺族、景颇族、独龙族等少数民族的先民们以树皮为衣的现象是比较普遍的。直至20世纪中期，使用树皮布的民族有云南的傣族、哈尼族、基诺族，还有海南岛的黎族。这些民族掌握的树皮衣制作方法基本相同。据20世纪50年代初的民族调查材料，新中国成立前，云南佤族以棕皮为衣，拉祜族支系苦聪人用芭蕉叶和椰树皮做衣，西双版纳傣族用箭毒木树皮缝制衣服，勐腊县的克木人还身着构树皮缝制的衣服。可见，用树叶、树皮为衣曾经的确是早期人类历史上的事实[1]（图8–68）。

图8–67　哈尼族男子制作树皮布

图8–68　穿着树皮衣的哈尼族男子

[1] 罗钰，钟秋：《云南物质文化·纺织卷》，云南教育出版社，2000年。

## ❶ 树皮布的原材料

树皮布原料主要取自构树与箭毒木。构树又称为沙纸树，属桑科，落叶乔木，树高可达16米，在我国主要分布在黄河、长江和珠江流域各省区。在云南省的西双版纳等亚热带地区有大量生长。树干笔直、树皮洁白、瘢痕不多的构树的茎皮是最理想的制衣原料。使用构树制作树皮衣时，先削掉最外层的表皮，再用铁锤敲打构树，以形成层组织，使树皮与木质分离，取得所需的树皮。因构树皮包含周皮组织，可使树皮衣具有防水的功能。此外，构树的树皮纤维也适合用来造纸，相传东汉蔡伦造纸的材料就是取自构树的树皮。

箭毒木又称为大药树，属桑科，落叶乔木，树高可达数米到数十米。其树汁有剧毒，俗称“见血封喉”。箭毒木的树名的来由，也是因为有很多民族在狩猎时用其树汁来涂抹箭头，借以提高射猎的成功率。适量的树汁也可药用，主要用于催吐，也能强心。该树在云南西双版纳低丘陵热带雨林中有大量生长。虽然箭毒木有剧毒，人称“鬼树”，但选择“箭毒木”来制作树皮布是因为人类最早制造的衣服，只能是取自生活中容易获得并且容易加工的材料。上述民族生活的热带、亚热带地区大量生长着箭毒木和构树，其树皮容易加工，他们通过实践认识到箭毒木本身虽然有剧毒，但用这种树皮制成的树皮布，不仅经久耐洗，而且轻软透气，还具有杀虫防虫的功效，这对当地的居民有积极的实用意义[1]（图8-69、图8-70）。

图8-69 箭毒木树

图8-70 箭毒木树纤维

❶ 刘玉璟：硕士毕业论文《树皮服饰研究》，昆明理工大学，2006年。

构树皮由韧性极强的长纤维组成。在放大镜下观察、比较构树纤维和箭毒木纤维，可看到构树基杆部的纤维厚度为1~3厘米，而箭毒木的纤维厚度为2~5厘米，且结构比较紧密，前者相对后者纤维较薄，柔软度和紧密度稍逊，且少有横向的纤维（图8-71、图8-72）。

图8-71　构树

图8-72　构树纤维

砍伐箭毒木和构树来制作树皮布，一般是在农闲的季节和雨水较少的时候进行的。为了避开箭毒木汁液分泌的旺盛期，而春末夏初是其鲜汁最多的时候，所以他们砍伐箭毒木的具体时间是当年的11月至次年的3月。人们对于箭毒木的砍伐特别小心，在砍树的过程中必须保证身体没有外伤，因为箭毒木的鲜树汁中含有多种毒素，而这些毒素是通过血液的传输产生毒性的，所以关键是树的汁液不能和血液渗合。哈尼族把箭毒木称为“明地沙贺”，傣族把箭毒木称为“高扬共”，基诺族把箭毒木称为“额木”。傣族、哈尼族、基诺族以及克木人对树皮衣的制作过程及工艺技术基本相同，利用箭毒树和构树制作树皮布的方法也基本相似。

### ❷ 树皮布的加工工具

据对树皮布制作者的调查，发现在傣族、哈尼族、基诺族以及克木人等少数民族中，树皮布的制作者通常都是60岁以上的老人。主要原因是只有老人才熟练掌握着制作技术，而且这些老人们大都热爱并恪守着传统技艺。

制作树皮布的工具一般都为铁斧、铁砍刀或临时制作的一个木槌。铁斧与平时所见的基本相同。铁砍刀多为条形，并安有木或竹制的柄。铁砍刀在少数民族

图8-73　制作树皮布的工具

中既是重要的生产工具，又是必需的生活工具，平时人不离刀、刀不离身，被称为“万能工具”（图8-73）。

### ③ 树皮衣的制作过程

树皮必须经过砍、截、剥离、打制、浸揉、淘洗、晒干、缝制等几道工艺才能制成一件衣服。树皮衣的制作工序：第一步是“砍树”。对于树的选择标准，基本要求就是树干笔直粗大，胸径在40厘米以上，表面光滑，少有疤痕和树节。如果节多或疤痕多会使面料产生很多的空洞，影响树皮衣的美观和保暖。树选中了以后，就按传统的方法用铁刀或铁斧将树砍倒，并进行修枝打杈，然后将树身按需要截成一段一段的，运送到河滩或山间平地。第二步是“剥皮”。先用铁刀将树皮纵向破开，挑开裂缝，用木楔子插入树皮与树木之间，然后用木棒转圈、均匀捶打外皮，使树皮与树干脱离。捶打约20分钟，再纵向剥开树皮，一张整树皮就剥取下来了。第三步是“打制”（图8-74）。树皮剥下后，要在其变干之前打制，否则其纤维就不易被打松软。外皮之内是富含纤维的真皮，有一定的厚度，呈网状分层组合。打制之后，外皮杂质碎散脱落，而内层纤维不会断裂散碎，能完整保留。第四步是“浸揉、淘洗”（图8-75）。把树皮打制成松软状后，将整块树皮浸泡在河水沟溪里，将树皮表面刮平，然后用手反复搓揉，将树皮中的树汁冲洗干净，直至露出白色纤维为止。脱去树胶的纤维不会腐烂且柔软，方便制作。用构树皮制作衣服的克木人砍下构树后，要将树放到水中浸泡20天左右，让树皮中的果胶和肉质腐烂，然后在水边用木槌进行捶打，使腐烂的果胶和肉质顺水漂走，

图8-74　打制树皮纤维

图8-75　浸泡树皮

洗去灰黑色外皮，并去除杂质，便得到黄白色的结实坚韧的纤维。第五步是“晒干”（图8-76）。将洗去树胶的树皮晒干，即得到一块略呈黄色的树皮布。经反复搓揉，树皮布会变得柔软服贴。第六步是“缝制”（图8-77）。按人体的需求裁剪树皮布，剪出领口、袖口，进行简单的缝制，就制成了树皮坎肩。如果制作的是长袖衣，就要按上身的长短宽窄，剪出领口，缝出袖子。基诺族的做法是把一块树皮布对折出后背和前襟，剪出袖口，缝上袖子。裤子比较简单，剪好裤腿后缝到一起即可。制作坎肩则更容易，把树皮布折出后背和前襟后，左右各掏一个袖窿就完成了。

与此相似，过去穷苦的基诺族人还采割树皮纤维作垫絮、被盖，用这种树皮纤维捶制的“木棉被”，纤维交错，坚韧耐用。苦聪人的树皮布却用藤葛制成。他们把粗大的藤葛砍来，剥下皮，泡进水里捶打，晒干后就可以做成衣服，可穿几个月或半年。棕树和构树一样，是亚热带植物，都生长在哈尼族分布的地区。哈尼族人按棕皮纤维的走向，毛口向下做衣袖和衣摆，缝合也用棕丝，裤子也是毛口向下（图8-78）。此外，苗族也有树皮布，但使用的是云南山区生长的一种称为“火神树”的乔木，树高4米左右，直径约12厘米，树叶宽大，且叶背面有一层细细的绒毛。苗族人将砍来的树干根据所要制作衣服的长短，断成节，然后用木槌顺着树皮由上往下捶打，将皮中的肉质部分捶除后，剩下的是相互连接的纤维。随后再将纤维放到水中捶洗、晒干，便可根据自己所需来制作衣裙、护腿、帽子等。因通过加工的树皮柔软结实，保暖性能好，是这些民族用于过冬防寒的最好服饰（图8-79）。

图8-76　晾晒树皮布

图8-77　裁剪、缝制树皮布

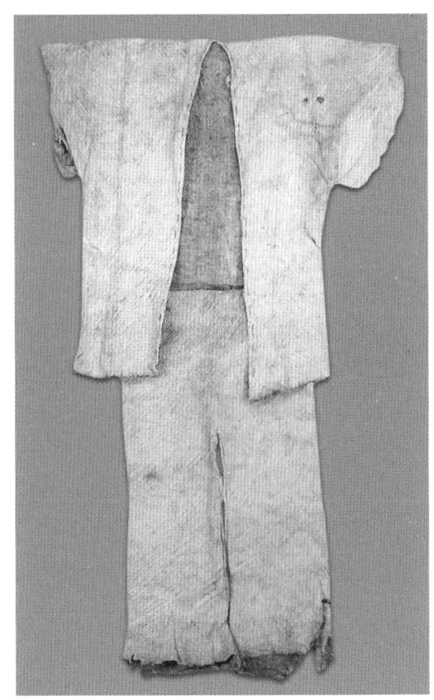

图8-78　哈尼族箭毒木树皮衣（云南勐腊）

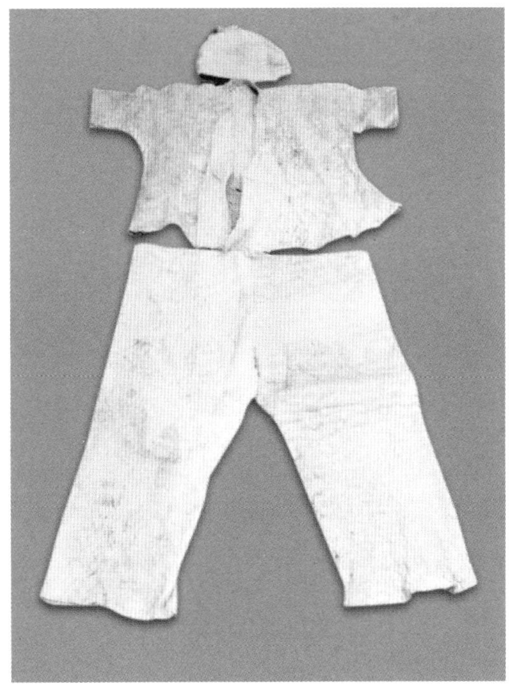

图8-79　基诺族制作的树皮衣

### ④ 树皮衣工艺的传承

基诺族使用树皮的历史源远流长，对树皮布的熟练加工和广泛使用，充分说明树皮布的制作和树皮服饰的穿着不仅有实用价值，同时还有着丰富深厚的历史文化内涵。

树皮制品至今还在基诺族地区流传着，一些老人还掌握着树皮衣的制作工艺，尽管树皮衣已不再穿用了，但在日常生活中，树皮仍被加工成垫单、蓑衣等生活用品。透过树皮衣的制作工艺过程，能够看到人类先民的身影，他们用最原始的工具把树皮材料加工成了衣服，用以遮羞、暖体、防身。他们在风雨中徘徊、摸索着走过了难以计数的岁月，在实践中不断磨砺、总结，终于艰难地跨进了文明时代的门槛。

20世纪80年代以来，少数民族中掌握树皮衣制作技术的人日趋稀少了。其次是自然环境被人为破坏，乱砍滥伐导致许多树种渐渐消失，使得制作树皮衣的原料越来越少，古老的树皮衣工艺难以延续。最后是现代各种纺织品已经渗入到每一个山寨、每一户农家，人们已经不可能再一直穿着树皮衣了。但与此同时，调查也看到，少数民族自身也有一定的保护意识，他们以深厚的怀旧之情把树皮布的制作和树皮衣的穿着视为对祖先的崇敬，特别是在一些仪式和盛典中。

随着科学技术的发展，现代树皮衣的制作已更加讲究舒适性，不再是以前那种三五道工序就可完成的，四川新研制的用桑树皮纤维制作的树皮衣的制作工序就达到22道之多。其中，关系到纤维分解的最关键步骤——树皮脱胶一项就占了11道工序。这种树皮衣不仅具有蚕丝般的光泽感和舒适度，还具有麻制品的挺括，并且既保暖又透气，是最佳的绿色生态服装。

同时，随着审美观念的改变，人们日渐崇尚那种自然气息和生活情趣浓郁的服饰风格，树皮衣作为一种具有鲜明特点的少数民族服装，在民族服饰领域中也逐渐开始引人注目。

树皮服饰作为一种民族文化的产物，从其产生以来，至今已有数千年的历史。它的产生不是偶然的，而是由制造它的人们所生存的社会历史条件决定的，既有自然环境也有人文环境，这其中还包含着多种因素，如自然地理条件、社会经济状况、审美心理等。这些因素的状况以及它们之间的关系，都成了树皮衣产生、延续、发展的重要条件。

## 二、火草布制作工艺

云南少数民族的服饰被公认为极富民族特点和地方色彩，这些特点除了体现在服饰的款式、制作、穿着等方面，服饰的质地包括原材料，也是构成民族特点和地方色彩的重要因素。云南少数民族传统服饰的材料除了人们常见的家种的棉麻及家养牲畜的毛皮等，还有一种一般人不太熟知的野生材料，这就是来自山野丛林中的火草，用它织布制作而成的服饰，有其特别的实用价值和特殊的美感，还有着特定的历史和民族的文化内涵。云南的一些少数民族至今仍然在使用，并将其作为原材料来织布做衣裙。这种情况不仅在国内，而且在世界上都是很罕见的。据调查，目前利用火草纺织的云南少数民族有彝族、壮族、傈僳族以及生活在金沙江边的傣族。

把火草作为纺织材料，主要是利用这种野草叶子背面的一层白绒来进行加工织造的。关于火草作为纺织材料和火草布的使用及其历史，在云南的地方史料中能够查找到一些记载，如《滇略》卷三中，有这样一条关于火草纺织的记载："……有火草布，草叶三四寸，塌地而生，叶背有棉，取其端而抽成丝，织以为布，宽七寸许。"《滇略》作者名字是谢肇淛，福建人，他于明万历至天启年间，在云南做过官，担任云南右参。在任期内，他注重对地方民间资料的收集，通过数十年搜罗通记、咨询耆旧，合经所见，删繁就简，类别条分，完成《滇略》十卷。这条文献较为详实地记载了火草的植物形态、火草布的织造技术乃至尺寸。此外，《滇略》卷八还收录有当时昆明人倪辂著的《南诏野史》，其下卷记录了古代彝族穿火草布的情况："老犗罗罗，即罗婺，又名罗午、罗武，男披发贯耳，批毡佩刀，穿火草布；女辫发垂肩，饰以海贝、砗磲，穿火草布裙。无床帏被褥，以松毛藉地而卧。"罗婺是彝族中比较古老的一支，主要分布在昆明附近的武定县。对武定地区的调查证明，直到20世纪60~70年代，当地的彝族还在织火草布、穿火草衣裙，后来由于工业生产的纺织品充斥市场，当地人才不织火草布了。但云南其他地区的一些民族，至今仍保留织火草布、穿火草衣的习俗。

云南大理白族自治州的鹤庆县，居住着彝族的一个支系，被称为“白衣人”，他们无论男女都喜欢穿着用火草布缝制的白色褂子，尽管一件褂子从采集原料、织布到缝制费工费时，他们也在所不惜。从实用角度来说，火草布比棉布稍厚，且有一种特殊的光润感，比棉布的手感更好一些。用火草布缝制的衣服穿着厚实、暖和，特别适合多雨的山区。更重要的是，当地彝族认为穿火草布做成的衣服，可以表达对祖先的崇拜，火草衣自然地便成了维系族人的重要纽带。

云南楚雄彝族自治州的南华县五街乡的彝族自称为“罗罗濮”，也特别喜欢火草布，他们把火草的植株称为“摆地”。该乡的迷黑门村居住着80多户居民，每家每户都有织火草布的织机，妇女们一有空闲的时间，就要织一段火草布。每年火把节前后，每户人家都要把青壮劳力投入对火草的采集中。由于采集量太大，周围已经没有了火草，现在他们都要到离村寨四五十千米的外县采集了。在调查时，当地人告诉我们，彝族穿火草布的历史已经很久了，他们的老祖先就是靠穿火草布而生存下来的，现在火草布主要是用来做孝服，这是为了纪念和怀念祖先。

“罗罗濮”办红白喜事十分隆重，在操办中白事又胜于红事，更加庄严隆重，要举行一系列的宗教仪式，以表达对长辈的怀念，这当中火草布发挥了特殊的作用。举行宗教仪式那天，逝者的晚辈都要穿一套火草布做成的孝服，孝服有领、有袖，上衣一件、裤子一条为一套，男女款式略有差别。他们认为只有穿上火草布制成的孝服，才能充分表示对逝者的尊重。毕摩（巫师）主持完一系列的宗教仪式后，将逝者入殓到棺木中，盖上棺盖，这时逝者的女系亲属们就要把自己平时织好的火草布卷成卷，按长幼顺序，从棺头排放到棺尾，放不下就重叠堆放。据我们观察，这些火草布卷布幅宽17~25厘米，布卷直径最小的也有50厘米左右，估计长度在30~35米以上，重量约有8~10千克。堆放布卷的做法是向人们昭示逝者在另一个世界将过着不缺衣服穿的生活。这些布卷中最大的一卷还要被拿下来，让毕摩（巫师）坐在上面为逝者念诵“送魂经”。这样织该卷火草布的妇女将获得无上的光荣，说明了她对祖先的崇拜是真诚的，她的勤劳能干得到了大家的认可，社会地位也会有较大的提高。



彝族对火草布的使用和喜爱，充分说明彝族使用火草的历史源远流长。火草布的制作和火草衣的穿着不仅有现实的实用价值，同时还有着丰富深厚的历史文化内涵。

火草布是一种古老的混纺布，少数民族往往采用麻或棉来做经纱，火草纱则被用来做纬纱。这样织造出来的混纺布料的强度和柔韧性都得到了大大加强，缝成衣服穿在身上耐用且舒适，冬暖夏凉，脏了也方便洗涤。

## ❶ 火草原材料的准备

火草是民间的叫法，之所以这样叫是因为云南少数民族的先民在燧石取火的时代，曾用此草的叶子来作引火材料。火草，属菊科大丁草属中的钩苞大丁草，其拉丁名为Cerbera delauayi Franch。

火草为野生植物，分布的范围很广，从滇中到滇西的广袤地区都有火草的分布。火草常生长在混交林或小山丘上，性喜温暖湿润，喜散见光，一般丛生于地面。每株多为7~10片叶，形似尖矛，叶面翠绿光滑，有较强的光泽；叶背有交织紧密的白毛依附，花为勾卷焰状苞，盛开时呈菊花状，宿根（图8-80）。在放大镜下观察火草叶背面，可见薄层白色棉状物，由白色、细长的丝状物交织而成，排列无序，可用手轻易将白棉绒层和叶绿层分开。

火草野生于山间，无须种植和管理，但是采集适时至关重要。各民族采集火草的时间，一般在农历六月二十四的火把节前后，每次只采火草叶片，留下根，以保证来年的采集。为什么此时采集最好？因为经过旱季，火草叶背面的白色棉绒层已完全形成，到火把节前后，云南正值雨季，雨水下足后，火草的整个植株都吸足了水分，而白棉绒层是不吸水的，所以这时白棉绒层与叶绿层最容易分离。而且，此时的火草叶子也已长到最宽大的时候。在采摘中，他们往往采摘那些大小相近的叶子，特别注意不要让泥浆溅到叶背的白色棉绒层上，避免影响到火草绒的洁白。

图8-80　火草标本

在采集火草时，还有一些民族习俗贯穿其中。如楚雄金沙江边的傣族，在采集火草时要用丝线绣成鸡心和腰子形的两种荷包，里面装上少量的盐、茶、米、豆，以及一小撮豹毛或其他猛兽的毛，上山时把荷包或缝或挂在背上。他们认为这样做可以在采集火草时避免发生意外和遭到野兽的攻击。

### ❷ 火草布纺织工艺

火草布是一种古老的混纺布料，常以火草为纬，棉、麻作经，因此织火草布需要准备的纺织材料有火草纱、麻纱或棉纱。由于生活在金沙江边的傈僳族对火草布的织造技术掌握比较娴熟，其技术具有普遍性，下面以傈僳族为例进行介绍。傈僳族语把火草称为“扎曼”。

火草纱（纬纱）的制作：火草布的纺织材料的准备工作，首先是火草纱的制作。少数民族采火草的工具主要是各种大小不等的竹背篮（图8-81）。在云南少数民族中，火草布的织造都是由妇女进行的。妇女由于长时间从事此项工作，技术都很娴熟，因此火草纱的采集也基本是由妇女来进行。据调查，在傈僳族进行火草布材料的采集时，男人们也会加入对火草的采集和纺纱中来，目的是提高纺织的速度（图8-82、图8-83）。

火草采集回家以后，需要把火草的叶子用清水淘洗一下，以保证火草白棉绒的洁白（图8-84）。同时还要再用蕨叶或蒿枝叶包垫的箩筐中放置一晚，据说经这样处理后更容易把白棉绒层和叶绿层分开。

经过对火草简单的处理后，接下来是撕棉绒和绩纺（图8-85、图8-86）。

撕棉绒时，人们不分男女老少，围坐在火塘边，将一片片的火草叶以火草的主叶脉为界限，用食指和拇指将叶脉右侧的白绒棉从叶尖处轻轻揭开，使白棉绒层与叶绿层分开，顺势捻一下，将白棉绒层裹圆成纱。然后用手掌在腿上

图8-81　彝族采火草用的篓

图8-82　傈僳族采火草

图8-83　傈僳族采火草（近照）

图8-84　傈僳族洗火草

图8-85　撕火草棉

图8-86　搓火草纱

搓捻，再将接头与叶脉右侧的白绒棉裹合，一手搓圆，一手把住火草叶撕开火草棉相接裹合成条，成为一条长约20厘米的火草纱。反复多次以后就可以得到大量的火草纱。傈僳族除了在腿上搓以外，还有使用木纺轮来纺火草纱的（图8-87~图8-89）。火草纺轮为木质，厚约8毫米，长约14厘米，宽约8厘米，削为翼状，中心钻孔并插入捻杆，是最大的一种插杆式纺轮。撕好火草绒以后，将其栓于捻杆的下端，只需顺势在腿上一搓，就完成了一段长约20厘米的火草纱的绩纺。如此不断地绩、不断地纺，然后把火草纱绕成团或是绕在线架上即可。

绩纺过程看似简单，但对于使用火草的民族来说有着重要的作用和意义。

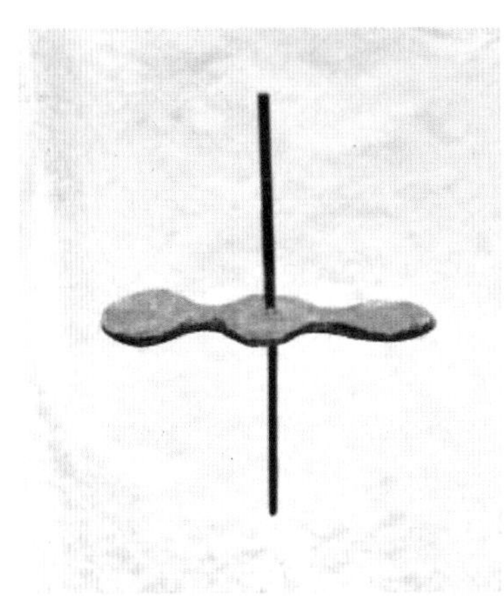

图8-87　纺火草的木纺轮

图8-88　傈僳族织火草布

图8-89　火草布的穿纬

调查表明，此项工作对火草纺织的传承十分重要，大人们在绩纺火草棉的时候，爱凑热闹的小女孩们会叽叽喳喳地围到火塘边，时而拿起火草撕上几条，时而用纺轮滚几下，时而问这问那。而大人们也会耐心地教她们撕火草，回答她们的问题，给她们讲述道理。日复一日，年复一年，随着女孩们的长大，她们对火草的认识也逐步加深，有了更进一步上机操作的要求，技术也就逐渐娴熟了。

由火草制成的火草布、火草裙，如图8-90~图8-92所示。

在火草纱的制作过程中，彝族则是用手指捻合火草纱的。经观察，云南少数民族的火草纱均为单股纱，呈S捻（图8-93、图8-94）。彝族服饰中由火草布制成的服装多种多样，如图8-95所示。

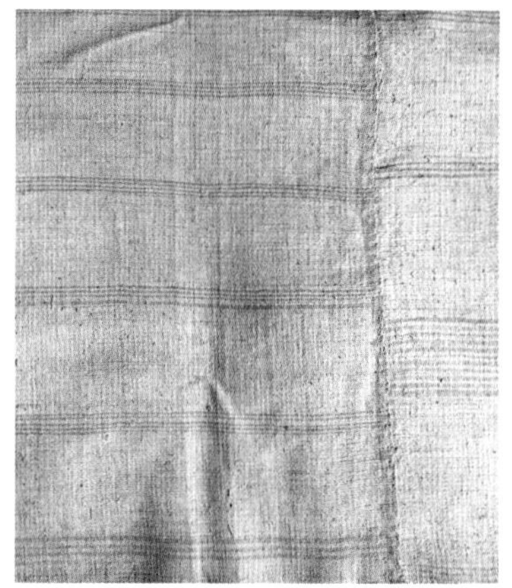

图8-90 傈僳族火草布

图8-91 穿火草裙的傈僳族(妇女)

图8-92 傈僳族的火草裙

图8-93 彝族祭祀用的火草布

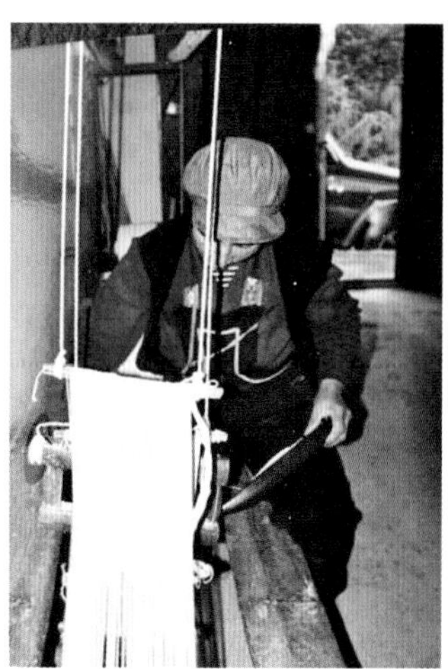

图8-94 彝族织火草布

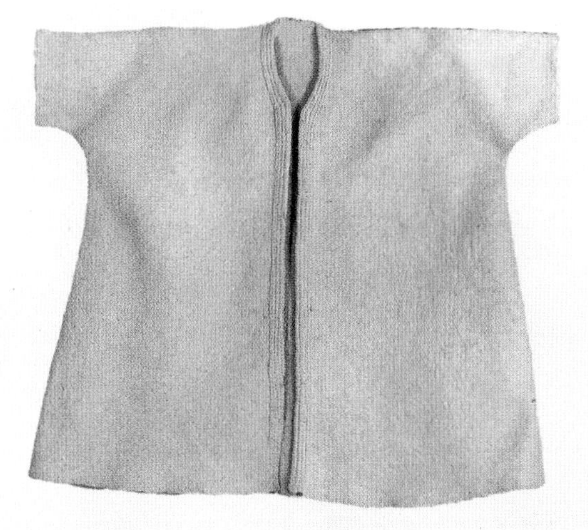

图8-95 彝族火草衣（云南楚雄州）

从现在还在织造火草布的民族来看，各族虽有各自的风格和特点，但也有共同特点：

（1）用比较简单的架子织机进行织造。

（2）有完整的卷布轴和简易的卷经轴。

（3）整经在机架上进行。

（4）坐在织机右侧操作，不用纬刀，以筘压纬，踏蹑开口，以梭穿纬。

（5）布匹的幅面较窄，一般宽度多为18~25厘米，这是因为如果幅面太宽，梭的跑程长，火草纱的强度不够，容易扯断，所以幅面不能太宽。这种窄幅面的布主要用来做男人的衣服和妇女的衣裙，亦可做火草被。

火草布文化及其加工技艺作为社会历史的"活化石"，是云南少数民族世代相承的非物质文化遗产，被赋予了丰富而深刻的民族文化内涵，因此应当关注、研究并保护火草衣制作这一珍贵的民族传统工艺。

# 第九章 少数民族服饰面料装饰技艺

服装的材料、款式、装饰手法以及服装的制作方式，既体现出少数民族的创造才华，也体现出少数民族生活习俗和生存环境。服装的制作材料是构成服装艺术的物质基础。少数民族的服饰拥有丰富的民族特色和地域特色，除了体现在服饰的款式、制作、穿着等方面以外，服饰的质地和材料加工方式，也是构成民族特色和地域特色的重要因素。

作为社会生活及文化的基本要素，少数民族以精湛的织绣染技艺装点着他们的服装及生活用品。织绣染工艺用途广泛，衣料、配饰和工艺品等都少不了各种织、绣、染等装饰工艺。从总体来看，少数民族服饰保持着中国民间的织、绣、挑、染的传统工艺技法，在运用一种主要的工艺手法的同时，穿插使用其他的工艺手法，或者挑中带绣，或者染中带绣，或者织绣结合。精湛的服装材料装饰技艺及缝制工艺使民族服饰花团锦簇，流光溢彩，显示出鲜明的民族特征和地域文化特色。

## 第一节　织锦技艺

锦是用彩色经纬纱线织出的具有花纹图案的织物，基本原料有丝、棉、麻、毛四类。织锦工艺历史悠久，是在纺织印染技术充分发展的基础上形成的，织造工艺复杂，成品艳丽华美，图案变幻无穷。许多民族的织锦在我国民间纺织工艺中占有重要地位，也是各族人民主要的服用和家用面料。著名的民族织锦有壮锦、黎锦、傣锦、景颇锦、侗锦、瑶锦、土家锦、布依锦等（图9-1~图9-3）。

图9-1　花腰傣织锦（云南新平县）

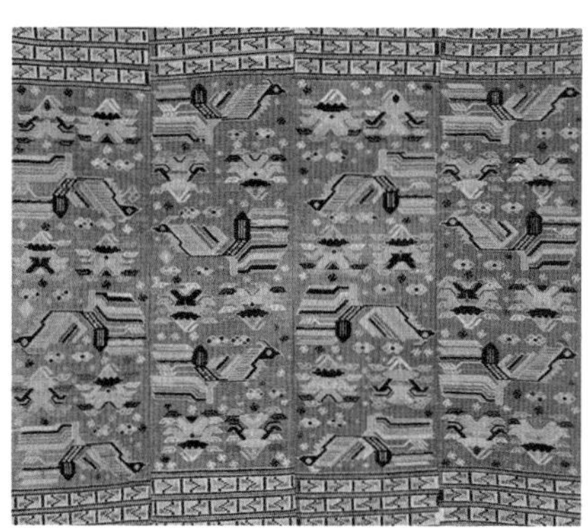
图9-2　土家族织锦(湖南湘西)

图9-3　本地黎织锦筒裙（海南白沙）

锦的织造费时费工，东汉刘熙《释名》中说：“锦，金也。作之用功，重其价如金，故惟尊者得服之。”所以古代将织锦看得同黄金一样贵重，仅供地位高贵的人享用。由于锦的特质而产生的精神效应，古代曾把锦视为区分身份、地位的衣料，所以古代服饰仅仅以织锦作边饰，镶作锦缘。同样，少数民族也有用织锦镶作衣边的习俗，如蒙古族长袍以锦饰边，显得华贵美观。少数民族中，将织锦用于衣、袍、裙、裤以及头帕、背带、围腰、腰带等服饰的民族主要有满族、蒙古族、藏族、土族、裕固族、傣族、苗族、侗族、布依族、阿昌族、景颇族、瑶族、壮族等民族。藏族中的康巴藏族善用织金锦缝制藏袍（图9–4）。

图9–4　藏族织金锦男袍（四川甘孜州石渠县）

## 一、织锦种类

少数民族织锦历史悠久，以西南地区最为发达，种类丰富。从材料上看，丝、棉使用为多，丝锦、棉锦和丝棉混合锦占多数。唐代，南诏国盛行养蚕纺丝，出产各类丝锦，王者、宰相以锦制衣，凡用朱红、紫色锦做的衣服皆为上品，尽由官贵们享用。明代杨鼎《南诏通记》说滇南有“兜罗锦”（木棉锦）；清代，道光《广南通志》卷二说，壮族会织“棉锦”；道光《云南通志》引《清职贡图》说苗族能织麻类的苗锦。少数民族的织锦生产，在历史上曾较普遍和著名。至近现代，主要保存和延续在苗族、瑶族、土家族、黎族、侗族、布依族、壮族、傣族、景颇族、德昂族、佤族、拉祜族等民族以及其他部分民族地区。20世纪中期还有不少织锦能人，锦的产量也比较多，如西双版纳、德宏的傣锦除自给自足外，尚有余富，能拿到市场进行交换。随着经济发展，工业纺织品大量涌入市场，对传统手工纺织业造成冲击，民间织锦人数骤然减少，产量大幅下降，现今少数民族古老手工织锦技艺面临逐渐消失的境地。

以锦地的颜色基调来划分，人们习惯把锦地素色的叫素锦；锦面布满花纹的叫花锦，且以花锦居多。锦的花纹叫作锦“文”，是锦的主要特征。锦“文”使得织锦华艳生辉，灿若云霞，备受人们喜爱，成为古往今来令人瞩目的纺织艺术品。织锦主要通过手工织机织成。如傣族、壮族多用木架织机，景颇族、佤族、布朗族、德昂族、拉祜族多用斜织腰机，苗族使用的织机两种皆有。织锦色彩丰富，纹样种类较多。纹样主要取自民族信仰及自然与生活事件原型，或仿形，或加工提炼使之抽象变形，构成各种生动的、观赏性强的图案。少数民族织锦图案的民族特色浓郁，如壮锦图案以花卉为主，是因为壮族人信奉花王圣母。壮族人自认为是花王的后代，称“求子”为求花。苗锦、侗锦图案多是龙凤、鱼蝶，显示其远古信仰及对自然生活的认知。瑶锦的图案以文字为主，多是一些有吉祥意义的诗句，显示出瑶族与汉文化有着密切关系。

## ❶ 傣锦

傣锦是傣族一种古老的特色工艺，古代就颇有名声。宋、元时期，居住在今滇南元江、思茅、西双版纳一带的金齿百夷长于种桑，一年四季养蚕。他们以丝织锦，其质地细软、色泽光润、产量多而极受欢迎，不仅富贵的有钱人爱穿以锦镶边和用锦缝制的衣服，普通民妇也穿用有锦文的衣裳。干崖（今盈江）产的丝质五色土锦还成为献给朝廷的贡品。明代，傣族织的“兜罗锦”远近皆知。“兜罗”即今傣语“吨留”（木棉的音转），“兜罗锦”即木棉锦。近现代，西双版纳、德宏、保山等地区是傣锦的主要产地（图9–5）。

傣锦的制作方法采用高台木架织机织造，织机有提综装置，可织几何花纹，效率较其他织机高。傣锦织造染色的线为经纬线，经线穿过机综，两端分别系于卷纱辊和卷布辊；纬贯于梭，梭数与纬线色数相同（即纬有几种色便有几支梭），然后再左右来回穿梭织出各种纹样。传统的染料多为草实、植物茎叶之色汁和矿物颜料，古代还用动物血加染，现代已用化学染料。傣锦分棉织锦和丝织锦，棉织锦采用通纬织花的工艺，丝织锦既有通纬织花，也有断纬织花。

傣锦风格古朴，织工精巧、色彩鲜艳、坚牢耐用，主要用于制作筒裙、筒帕、床单、被面等，富有浓郁的生活气息及民族特色。虽然受到现代纺织业的影响，但用织锦制作的衣物、裙装、筒帕、佛幡和床上用品仍在民间流行（图9–6、图9–7）。

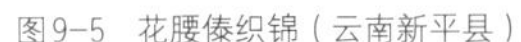

图9-5　花腰傣织锦（云南新平县）

图9-6　花腰傣织锦腰饰（云南新平县）

图9-7　花腰傣少女织锦衣裙（云南新平县）

传统上，傣族妇女选用织锦作为筒裙的材料，而少以刺绣为服装装饰工艺，这与傣族生活在亚热带季风气候环境，滨水而居、天天洗涤有很大关系。在傣族人生活中广泛应用的傣锦，以德宏和西双版纳地区的最有特色。德宏傣锦除红、黑色外也掺用翠绿等鲜艳色线，其几何纹样结构严谨、工艺精致、色彩富丽（图9-8、图9-9）。版纳锦多为白底，红、黑纬纱织花，常用平行二方连续，纹样有

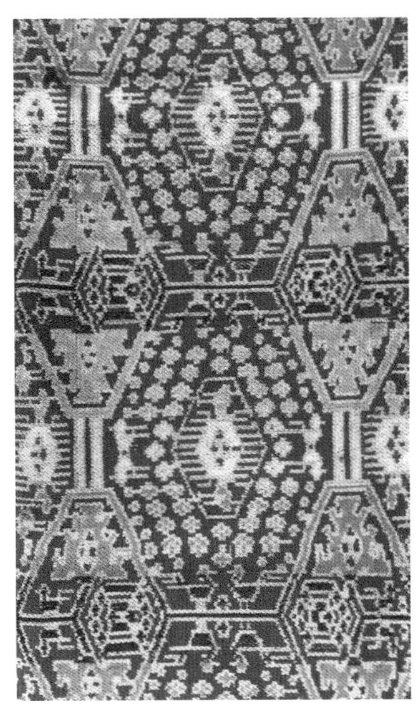

图9-8　傣族五色土锦（云南德宏盈江县）1

图9-9　傣族五色土锦（云南德宏盈江县）2

象、狮、马、孔雀、花树、建筑和人物等，色彩明快（图9-10、图9-11）。傣锦花纹绚丽多姿，奇幻无比。花纹多采用动物、花卉、树、草、人、房等原型形态，加以抽象变形成为较概括的几何纹样，再交错排列，产生变化多端的视觉效果。傣锦图案有珍禽瑞兽、奇花异草和几何图案等，每种图案的色彩、纹样都有具体的象征寓意。如红、绿色是为了纪念祖先，孔雀象征吉祥，人纹象征五谷丰登。这些寓意深远，色彩斑斓的图案，充分显示了傣族人民的智慧和对美好生活的追求和向往。

图9-10　傣族织锦（云南西双版纳）

图9-11　傣族棉织锦（云南西双版纳）

## ❷ 土家锦

土家锦是中华民族传统织锦工艺的代表作之一，堪称民族织锦佳品。土家族织锦的历史悠久，源远流长，其织造技艺精湛，民族特色浓郁。土家锦说明了传统工艺是技术的也是艺术的，是历史的也是现实的，民族精神通过艺术家的手来体现，展现了人类的智慧和审美。土家锦的图纹内涵极为丰富，马毕花、实毕花等图纹反映出土家族先民古老的渔猎生活。太阳花、阳雀花、八勾纹、大蛇纹等图纹隐喻着土家族族源并反映出土家族的农事信仰，而龙凤、狮子、麒麟、牡丹等图纹则是多元文化交流的体现。对于没有本民族文字的土家族，织锦图案就成了一种图画文字，讲述了土家族悠远的历史和对美好生活的追求（图9-12、图9-13）。

图9-12　土家族织锦1

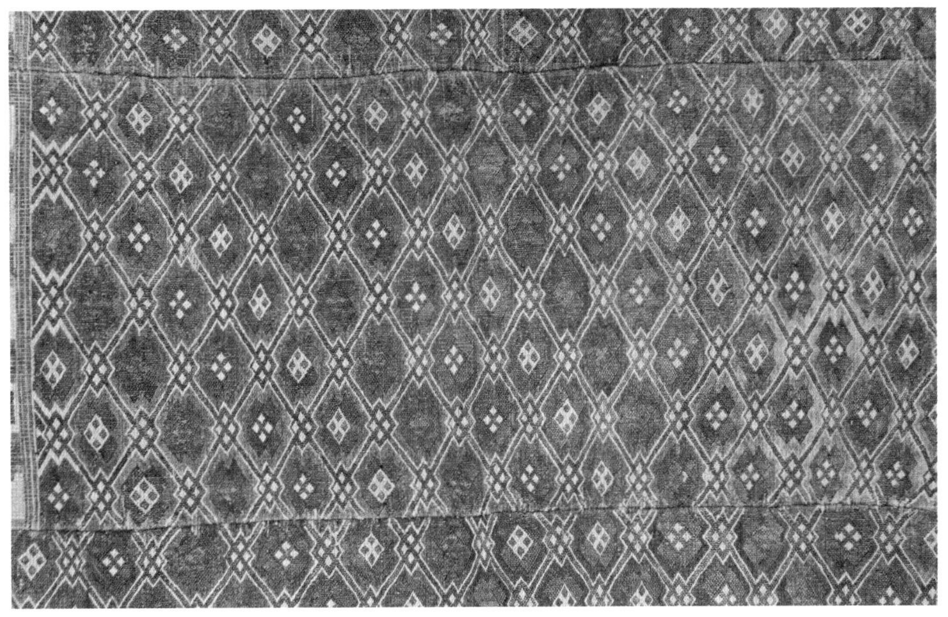

图9-13　土家族织锦2

土家族织锦在土家族的居住、服饰、礼仪以及民俗活动中发挥着重要的作用。土家锦既是生活必需品，又是一种艺术创造，具有浓郁的民族特色和艺术风格。

土家锦是湘西土家族的传统手工艺品，当地人称为“土锦”或“西兰卡普”。“西兰卡普”已有两千多年的历史，相传是一个名叫“西兰”的土家族姑娘所创造

图9-14 土家族狮子纹锦（湖南湘西）

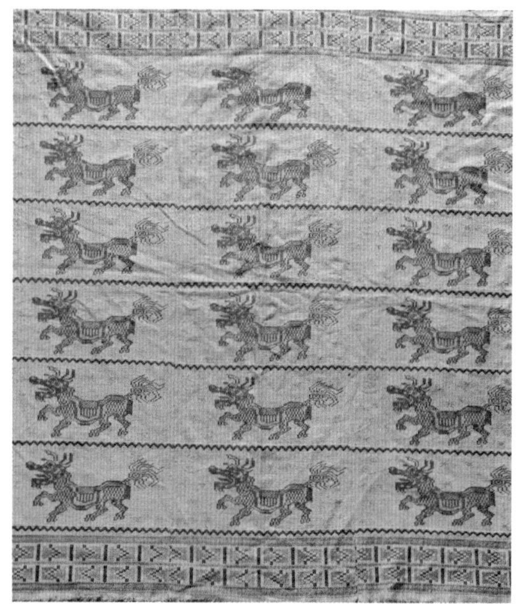
图9-15 土家族麒麟纹锦（湖南湘西）

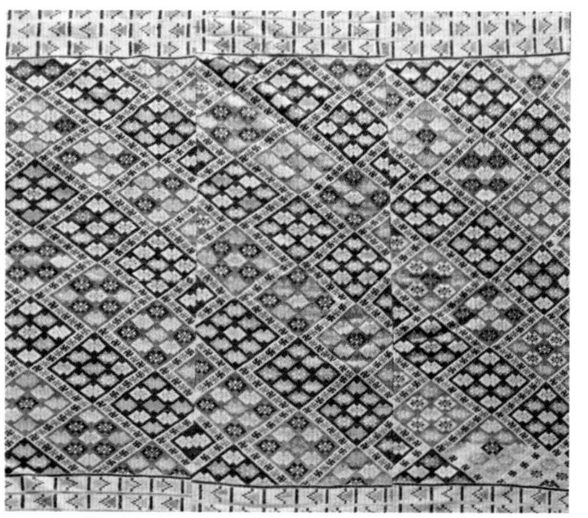
图9-16 土家族九朵梅锦（湖南湘西）

的。土家族姑娘到了十多岁，就要织一块最好的“西兰卡普”，出嫁时用来当盖头，赶歌舞会时可作为披风；若丈夫出远门，则用它为丈夫包衣物，表示妻子的心随时与亲人相伴。“西兰卡普”质地厚实，经久耐用，一般多用蓝色或黑色纱线为底纱，再用五色丝线织出各种图案，色彩清新和谐。湘西土家族妇女用斜织机织出土家锦，织造时用一手织纬一手挑花，花纹和换色都极为灵巧。在传统的织锦中，以柘蚕丝编织的土家锦特别引人注目，它利用柘蚕的天然色丝，以棕、橙、黄、白色所形成的暖色，配之天然蓝靛染成的冷色，色彩朴素，透气而不怕水洗是其重要的特点。柘蚕是中华民族古老的蚕种之一，宋《溪蛮丛笑》中所记“蚕事少桑多柘”，就是指“桑蚕少柘蚕多”。柘蚕茧比桑蚕茧略小，丝质仅次于桑蚕，但比桑蚕丝粗且韧性好。

这种通经断纬，丝、棉、毛线交替使用的五彩织锦，既是土家族的服装饰料和姑娘出嫁时的被面，也是跳“摆手舞”时的披甲（图9-14~图9-16）。现在湘西龙山县洗车河两岸的捞车、猫儿滩、梁家寨、朱家寨和永顺县的对山、凤栖等地，依然保持着传统的织造方法和风俗。

## ③ 苗锦

苗族织锦在苗区各地都有盛行，织锦分宽、窄两种：最窄的不超过7厘米，通常用作花带；宽的则根据用途不等，多用于苗族服装的领、襟、袖的装饰，小孩的背带，女子的围腰，也用于日常衣被。

苗族织锦工艺有通经断纬法和通经通纬法两种，前者运用较为广泛，从湘西苗族到云南楚雄苗族都使用。贵州台江县、黄平县、剑河县一带以通经断纬法织出的彩锦图案十分丰富，有龙纹、舞人纹、鹭纹、鱼纹以及几何纹等，尤以台江县施洞、革东、五河一带织锦为甚，其用红、黄、青、紫各色线织成以龙凤为主的各种彩锦，对比强烈、图案丰富、绚丽典雅，一般用作围腰和衣背。

榕江、三都、丹寨、从江等县交界的贵州月亮山区的苗族以腰机织出的宽幅锦，以细彩丝线为经纬纱，按通经通纬法织出的花手帕、头巾等称为细锦，以几何纹为主，间有飞鸟龙鱼纹，也十分富丽（图9-17）。麻江、丹寨的织锦，全用细丝织成，白纱为经，青纱为纬，图案多几何图形，黑白分明，精密细致，鲜净素雅，古朴大方。黄平、施秉的挑织，用白棉线织成，染作藏青色，做妇女衣背用。

黔西北威宁及云南昭通、楚雄“大花苗”的织锦披肩，是以细麻纱为经，以彩色毛线为纬，以通经断纬法织出，图案以菱形为主，显得十分粗犷。广西融水、贵州黎平、从江等县苗族织锦有黑白锦和彩锦两种，彩锦织法为通经断纬法，黑白锦织法为通经通纬法。彩锦用作背儿带、衣背装饰，黑白锦用作被单、床单。黎平尚重一带苗族织锦现在渐衰，但从古锦看，其织锦技艺也十分高超，以棉或丝为经纱，以丝为纬起花，深褐色和金黄色相间，十分华丽高贵。

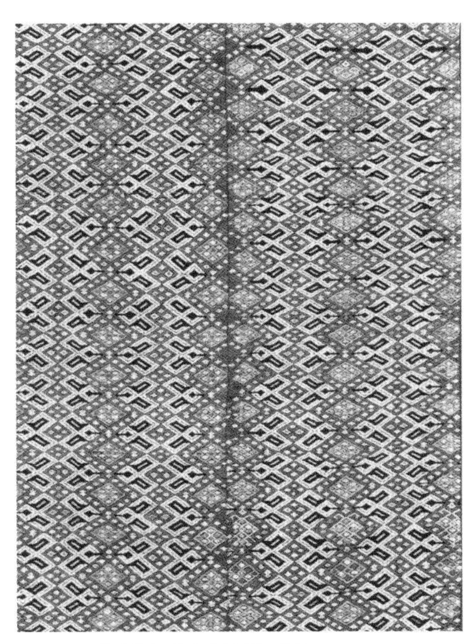
图9-17　苗族棉织锦（贵州从江县）

苗锦中最精者首推贵州省凯里地区的舟溪丝锦。舟溪苗族以细丝为经纬纱，在卧式织机上凭借储存在每一位织者大脑中的纹样，借助竹片挑纱，织出的锦细腻有光泽，手感轻柔，色彩淡雅，图案有飞鹭、浮萍、游鱼、八角花、寿字纹、几何纹、菱形纹等。该锦用丝之细，达到每平方厘米经纱60根、纬纱90根的精细水平。

湘西苗锦一般以细棉纱或丝纱为经，以粗棉、毛或丝纱为纬，有菱形、几何纹、字纹、团花纹等，一般用作被面，也用于服饰镶边。称为“芭排”，即汉语俗称“牛肚被面”，曾广泛流行于吉首、泸溪、古丈三县市交界的“仡佬苗”聚居区，色彩沉着，古朴厚重。苗锦芭排采用“通经断纬”的挖花工艺，在木质斜织腰机上手工挑织，其经线细，纬线粗，只显纬而不露经。芭排往往同时采用平纹、斜纹两种不同的基本组织进行织造。其主体纹样是斜纹，图案相对精细丰富。[1]芭排是仡佬人从“僚”那里继承下来的织造文化，在与苗家人长期的文化交融中形成的，它既保留了兰干细布、僚布所有的特点，也适当吸收了苗族刺绣和土家锦的特征。清同治《乾州厅志》有这样的记载：“曰苗锦，苗人以蚕丝织成者。花纹远望甚丽，近观之稍粗。然好者，亦极坚持耐久。”民国年间，吉首籍苗族著名学者石启贵先生在《湘西苗族实地调查报告》中也谈道：“（苗锦）俗称花锦，用丝织物织成，五彩花纹，精美夺目，坚持耐久，苗族喜好之至。如生小孩，三朝或满月送做礼品，尤不可缺。如无此物，则社会常议之，非大家庭人也。”

### 4 瑶锦

瑶锦以广西瑶族织锦闻名。清代同治年间《象州志》说瑶人善织瑶锦，汉族嫁女所用被面、小孩的襁褓都用瑶锦。斑斓的瑶锦多以黑纱为底色，凝重古朴。瑶锦应用也较普遍，常见有床毯、被面、挎包、背带芯、彩织腰带、脚笼带等。瑶锦以棉线为经，彩色绒线作纬，腰机织造。在深蓝、青蓝布上用红、黄、橙等色线织出变化多样的图案。有斜“十”字、“人”字、“米”字等几何纹样，常以对称式、水波式、二方连续、四方连续式组合。瑶族世居深山峻岭，受自然环境的陶冶，织锦纹样多为方形、菱形、三角形等几何形作对称式波纹状二方连续排列，组成山峰、巨龙等象征性图案，色彩多用大红、桃红、橙黄等暖色调，间以蓝、绿、白、紫等，色彩鲜明强烈（图9-18、图9-19）。

“八宝被”是江华瑶族纺织工艺的代表作。所谓“八宝被”，即在菱形的花纹里，

[1] 王伟，田小雨：《湘西苗锦芭排及现代产业化思考》，《民族论坛》2010年第1期。

图9-18 瑶族大龙纹锦（广西宾阳县）

图9-19 瑶族大龙纹锦局部（广西宾阳县）

图9-20 瑶族万字纹锦（广西宾阳县）

织着艳丽的“犀牛望月”“双狮抢球”“麒麟送子”“金龙出洞”“丹凤朝阳”“葫芦藏宝”“蟠桃庆寿”“富贵有鱼”八种吉祥图案，应了八卦之数。“八宝被”以四方连续的菱形图案为主，结构严谨，色彩绚丽，组合舒展，配色和谐，图案清新、鲜明，渗透着瑶族独特的文化观和审美情趣，也是姑娘出嫁时嫁妆中的必备之物。

广西金秀地区的“盘瑶”以红色瑶锦表示吉庆喜瑞，以橘黄和绿色表示悲伤哀悼。图案取材于生活，如花草、飞蝶、家禽、家畜等。图案构思巧妙，线条刚柔相济，形象栩栩如生。在色彩处理上使用鲜明而强烈的颜色，斑斓多彩，古朴厚重。

广西瑶族锦带是在小木机上织成，其织造方法与其他丝棉织品相同，经过送经、开口、投梭、打纬等过程，以经线作底，纬线起花，用棉纱与丝线织成。织锦的图案构图完整，形式多样，装饰性强，疏密节奏自然，纹样简洁概括，物象突出；色彩富丽而庄重，造型生动，工艺精致，具有美观、结实、大方、耐用等特点，多装饰在袖口、胸襟、护肩、腰带、围裙等的边缘和裤脚边，既美观大方，又起加固边角的作用。瑶锦的图案题材内容广泛，各种纹样与实物形象巧妙结合，意境深远，充分反映瑶族人民对理想与幸福的追求。瑶锦在色彩运用上富有民族特色，用色大胆，善用强烈的对比色调，以红、橙、黄、绿、蓝、白等色为主，五彩缤纷；而且瑶族人民善于巧妙运用黑、白色作间隔及连缀，华而不俗，和谐统一，具有独特、浑厚、稳重的效果（图9-20）。

## 5 侗锦

侗锦在清代就已著名，一些地方志和笔记累有提及。如《贵州通志》第十五食货门·物产载有“黎平府洞锦出曹滴洞司，以五色绒为之，精者甲于他郡。”《黎平府志》辑录康熙朝胡奉衡的《黎平竹枝词》中有“峒锦矜夸产古州”之句。侗族织锦用自纺棉纱或丝线手工织造而成。织造方法因地区不同而有多种。一般分为两类，一类是用斜织腰机类的织锦机织造，这类织机较普遍，只是经架的大小、筘的多少有所差别，都是经线作底、纬线起花，通经断纬织造。用这种方法织造的侗锦面积都比较大，可作头帕、背带、被面、衣饰及宽袖口等。如湖南通道侗族织的素锦，即经线用白棉纱，纬线用黑棉纱或丝线，黑白两色织成（图9-21）。

另一类是简单花带机，用于手工编织花带。织者将经纱的一端钉在柱上或任何一种物体上，另一端绕在一块约3厘米宽、17厘米长的竹片上置于腹前，竹片两端以绳系于腰，用彩色丝线作纬线，挑织编出花纹。这种方法用具简单，可随身携带，随时随地都可以编织，但只能编织一些花带织品，如腰带、窄幅花边及口袋背带和系带等。侗锦图案有动物、人物、花卉等。动物多为一组对称连续纹，人物多为牵手连续纹，花草多为二方连续纹。如贵州黎平水口、湖南通道黄土的四方素色头巾，也是黑白相间的满花织锦，也有两头缀棕、黑、绿条纹的织锦，如广西三江独峒侗族，还有较为独特和名贵的满地花纹织锦，如鱼鳞纹锦、鸭头纹锦等，色彩绚丽，编织精巧，占有记载。

图9-21　侗族黑白锦（湖南通道县）

侗锦古称“纶织”，一般用两种颜色的细纱线交织，黑、白为主，彩色较少。每逢传统的祭祖仪式，男女老幼肩披“纶织”，表示不忘先祖，继承先业。

婚丧嫁娶，更是必备之物。结婚时，女方必送一件侗锦给婆家，表示自己已嫁在这家，永不变心。老人去世后，用侗锦床毯或被面陪葬。侗锦的主要产地在贵州黎平、湖南通道、三江、龙胜等地。黎平的“诸葛锦”之美，早在清代的一些文人中已传为佳话。纹样多为菱形结构，有“人”字形、“米”字形、“口”字形、“之”字形等。有的还织出精致的边框，适于做被面。题材以花鸟及几何形居多。织锦和绣花，已经成为姑娘们显示才华、获得好声誉的手段之一。侗家姑娘如果不会织锦和绣花，就无形中降低了自己的声誉，甚至被耻笑，被小伙子冷落，在农历四月初八的“围野节”中，也是没有光彩的。侗锦常用来做衣裙、头帕、童帽、背带、被面、床单、门帘等。

## 6 壮锦

壮锦历史悠久，卓有成就，工艺极为高超。壮族传统手工织锦主要产地分布于广西宾阳、环江、靖西、忻城等县，以宾阳和环江两地织锦最负盛名。壮锦是用棉或麻的股纱作地经、地纬平纹交织，以不加捻或者微捻真丝、棉彩作纬，织造起花，在织物正面和背面形成对称花纹，并将地组织完全覆盖。还有用多种彩纬挑织的，纹样组织复杂，多用几何形图案。壮锦色彩鲜明，工艺精湛，结实耐用，具有浓艳粗犷的艺术风格。

壮锦有上千年的历史，据传约起源于宋代。其色彩对比强烈，纹样多为菱形几何图案，结构严谨而富于变化（图9-22~图9-26）。传统的壮锦既有几何图案，又有

图9-22　壮族太阳花万字纹锦（广西靖西市）

图9-23　壮族太阳纹锦（广西靖西市）

图9-24　壮族织锦头帕

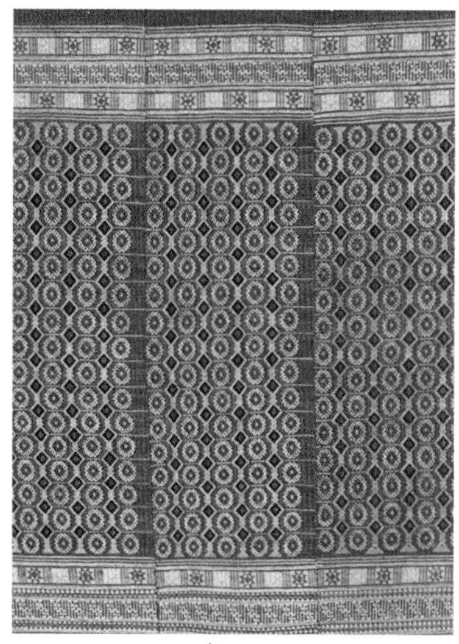
图9-25 壮族花树对凤纹织锦（广西宾阳县）

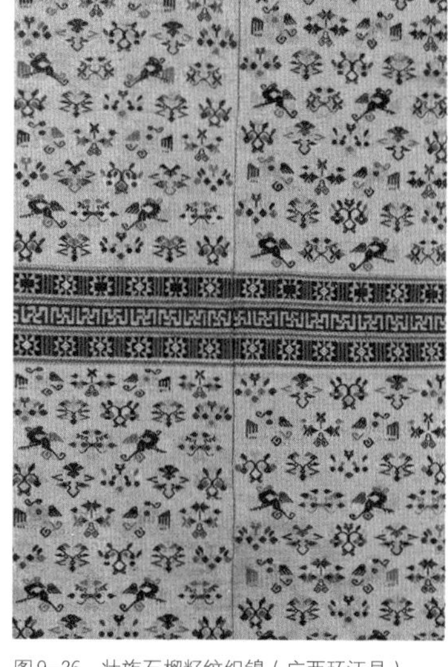
图9-26 壮族石榴籽纹织锦（广西环江县）

各种具象花纹，常见的有万字纹、水波纹、云纹以及各种花草和动物图案，尤以凤纹在壮锦中最为流行。“十件壮锦九件凤，活似凤从锦中出”，这是由于壮族喜爱凤凰，视之为吉祥的象征。

环江壮锦以棉纱为经、丝线做纬，采用竹笼织机编织，织出来的锦结实厚重。竹笼织机的竹针数常在40~60根，织法一般为纬线显花的三梭织法，一梭织表面花，一梭织底面花，一梭织平纹地；也有采用二梭织法的，则无底面花。壮锦品种多样，用途广泛，可用作床毯、被面、围裙、背带、腰带、挎包、头巾、衣物装饰等。

### ⑦ 布依锦

贵州布依族的织锦以荔波坤地布依锦和安顺镇宁布依锦最有代表性（图9-27、图9-28）。荔波坤地自古就是织锦之乡，早在清代，坤地布依锦已远近闻名，其织造工艺精湛，配色典雅华贵。坤地布依锦用斜织腰机挑织，黑地或白地，以彩纬显花。织锦的主体纹样为几何形大龙纹，辅以象征太阳的八角花纹，图案花纹均为几何形。色彩以红、黄、绿、紫、蓝、橙等为主，纹样配色古朴大气。坤地布依族棉织提花素锦有数十个花色品种，颜色素雅，织有极细的几何纹样，是深受当地布依族和壮族欢迎的衣料，用于制作衣服、头帕、腰带、筒包等衣饰，男女老少皆宜。

安顺镇宁布依锦极为精细，是以红绿色调为主的色彩鲜艳的菱纹织锦，图案多为菱形、三角形、四方形等，几种几何图案穿插组成人物或各种动物。彩色花线交相辉映，花纹精致紧密，表面光滑平整，图案瑰丽美观，色彩鲜明夺目。织

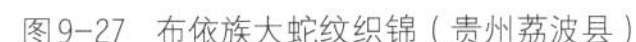

图9-27　布依族大蛇纹织锦（贵州荔波县）

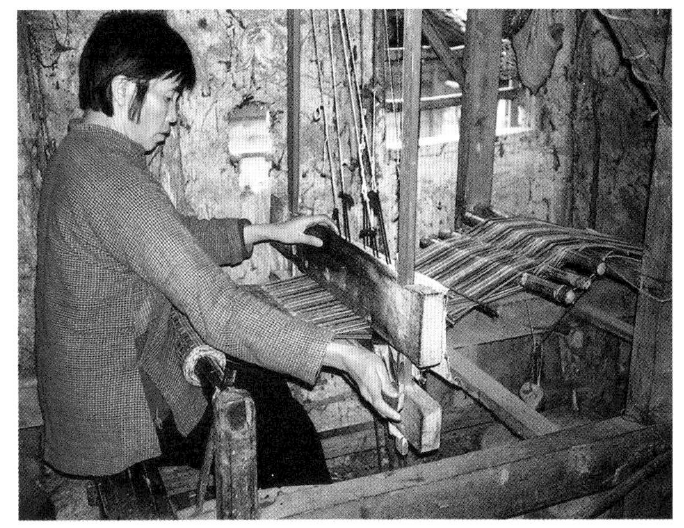

图9-28　布依族妇女织素锦（贵州荔波县）

锦多用于制作妇女头帕、衣服、围腰、背带、挎包和各种花边等。布依族织锦堪称民族民间织锦艺术中的精品。

## 8 景颇锦

景颇锦是云南民族织锦中独具风格的一种，织锦色彩艳丽，工艺精巧，用纤细的羊毛线织成，是做妇女的长裙、挎包、护腿、包头等服饰的面料，按不同需要织造，工艺精美细致，色调对比强烈，构图简洁而多样，图案丰富而抽象。妇女筒裙是景颇锦的代表作，多为黑底或红底，上以红、绿、黄、蓝、紫色织出瓜果种子、草木花卉、飞禽走兽等图案，色彩艳丽，花纹丰富（图9-29）。

景颇锦制作材料以毛为主，经线为棉，纬线为毛、丝。织造工具主要是踞织机。现在的踞织法较以前有所改进，用细竹签或棕制成线综装置，提升经纱，形成织口，引纬织造。利用光滑的竹木挑纬刀，使花经与地经分开，用杼刀贯以各色纬丝，不但能织平纹，还能织斜纹，产品结实、自然、华美，比古老踞织法效果好得多。

图9-29　云南景颇族织锦长裙女装（云南德宏）

景颇锦主要有两类，一是黑地红纹锦，这是产量最多的一种。地为黑色，花纹以朱砂偏暗红为主，适量点缀其他颜色，使红、黑对比强烈，主次清晰，层次丰富，色调浓重。另一种是蓝或黑地彩纹锦，质如棉布，适当间隔条纹状彩色图案，以黑托彩，别有意趣。景颇锦的用途除了缝制筒裙外，还可用于做挂包、被面、枕头、腿套和挂饰、摆设。

### 9 阿昌锦

云南梁河阿昌族妇女善于纺织，织锦称为“抠花”。阿昌锦工艺精致，色彩艳丽，主要用于制作筒裙，也有专织做筒帕或腰带、绑腿的锦带。织锦材料以棉为主，花纹点缀用色丝，常以深青色为底，各色鲜艳丝线织出几何形动植物花纹，造型抽象，有寓意消灾避邪的狗牙、象征开辟新生活的长刀、祈望子孙兴旺的瓜子、表示五谷丰登的谷穗等，内涵深刻。阿昌锦用腰织机织造，农闲时阿昌妇女在家中堂屋席地而坐，将腰机经线一端缚于房柱，另将腰机的宽带系于腰部，用杼刀（梭）、挑花竹针和竹箝织出精美的阿昌锦（图9-30）。

图9-30　穿织锦筒裙的阿昌族妇女（云南梁河县）

### 10 佤锦

佤锦主要是用于制作佤族妇女的筒裙，其中少女服饰用锦色调十分鲜艳，中老年妇女服饰用锦色彩层次变化较少，色调也稍暗一些。佤锦也可用于做挎包、裹腿、被盖、床单等。佤锦挎包是佤族男女都喜用的配饰，其色彩以红色为主，黑白点缀，并饰以草珠、流苏，是佤族服饰中的亮点。过去，沧源、西盟和孟连等地佤族妇女普遍织各种花纹的佤锦。

按质地分，佤锦主要有两类。第一类是麻质的，全用麻线织成，花纹以直线纹为主，白地上加红、黑色线纹，色调和纹饰比较简单；第二类是棉锦，以棉纱线为主织造，色彩纹样多变，花纹除棉纱外，还穿插些麻、毛质的线和纺金、银线，使图案显得艳丽灿烂。

图9-31 穿织锦筒裙的佤族少女（云南西盟县）

佤锦用腰机织造。织者席地而坐，把经线一端缚于房柱上或树上，另一端挂在系于腰部的宽皮带上。用若干细竹棍按规律挑或压下经纱，挑出织孔，用梭引纬穿过织孔，拉直，然后用穿过经线的梳板将纬线打紧，如此循环往复。织的速度虽慢，但是线匀孔密。佤族同胞世代居住在山区，与大自然关系密切，这一点在织锦上也有较清晰的反映（图9-31）。佤锦花纹典雅漂亮，出现最多的是雀眼花纹，其基本形状是在菱形框中加点。此外，还有老虎脚花、几何纹绕花、弯形框格花等。❶

## ⑪ 黎锦

黎族悠久的棉纺织技术至汉代已趋成熟，公元10世纪初，黎族妇女已将丝麻纺织技术运用到棉纺织中，有效提高了黎锦织造和棉纺织技术水平。宋末元初，黄道婆把黎族棉纺织技术带回上海地区，将当地原有的单锭手摇纺车，改为脚踏式三锭棉纺车，使纺纱效率提高了三倍，这种新式纺车很快地推广开来。这一重大改革使中国棉纺织技术居于世界领先水平，而当时这种脚踏式棉纺技术在黎族地区早已广泛运用。

黎族妇女早期利用野生棉和培植棉作纺织原料，将棉纱染成红、黄、黑、蓝等颜色，织出色彩古朴的黎锦，后在与其他民族的交往中吸取了蚕丝作为提花图纹材料，令其织锦色泽艳丽美观。黎锦的工艺制作包括纺、织、染、绣四大工艺，其织造皆为腰织机，利用纬线色彩的变化织出各种花纹图案；染的特色在于“扎经染”，美孚黎妇女在白色经线上扎结出所需的花纹，先染出黑白斑纹的经线，再用彩色纬线编织出色泽斑斓古朴的黎锦筒裙；绣是锦上添花，黎锦织成后，还要在局部施以刺绣，使筒裙面料更完美。不同地区、不同支系的黎族织锦各有特色，

❶ 刘晓蓉：《滇西典型民族织锦研究》，《江苏纺织》B版2007年第12期。

丰富多彩的黎锦艺术既显示了黎族妇女的聪明才智，亦美化了黎族人的生活。黎族各支系妇女的筒裙皆以黎锦制作，男子的长衫、头帕、腰带等服装也以黎锦为饰。黎锦具有吉祥幸福的美好象征。

黎锦图纹有五种类型：一是人形纹，亦称“青蛙纹”，反映出农业民族的传统信仰，在黎族的古老观念中，“蛙”即祖公；二是动物纹，即“狩猎纹”，表现了山地黎族的狩猎习俗；三是植物纹，反映出早期社会中黎族妇女的采集生活；四是生活生产工具纹，反映出黎族久远的农业生活；五是丰富的几何纹，展示出黎族人的艺术审美观。黎锦可谓内涵深厚的精美之物，一直是珍品和贡品，以工艺精细、图案丰美而著名（图9-32、图9-33）。

图9-32　本地黎蛙鹿纹织锦筒裙（海南白沙）1

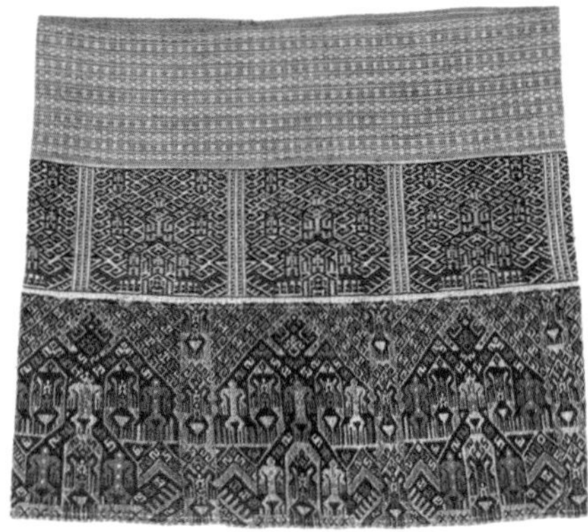
图9-33　本地黎蛙鹿纹织锦筒裙（海南白沙）2

## ⑫ 艾德莱斯绸

艾德莱斯绸是新疆和田地区维吾尔族织造的扎经染斜纹纬锦，色彩和花纹都极有特色。和田自古是著名的丝绸之乡，盛产丝锦，公元10世纪于阗国王曾带大批和田制作的“胡锦”“西锦”到中原进行商贸交易。古代和田也是丝绸之路南路的交通枢纽，是重要的丝绸集散地，是西域三大丝都之一。新中国成立前，生茧生丝除部分外销，基本都在本地织成艾德莱斯绸。扎经染是艾德莱斯绸的一大特色，维吾尔族手工艺人先按图案扎染经线，再牵经拉线，用手工织机织造出艳丽、柔软的艾德莱斯绸，新疆维吾尔族妇女皆喜穿艾德莱斯绸制成的衣裙（图9-34~图9-38）。

图9-34　艾德莱斯绸染色

图9-35　艾德莱斯绸经线整理

图9-36　艾德莱斯绸晾晒

图9-37　艾德莱斯绸织造

图9-38　维吾尔族艾德莱斯绸（新疆和田市）

艾德莱斯绸有四大类型，按色彩分为黑艾德莱斯绸、红艾德莱斯绸、黄艾德莱斯绸和多色艾德莱斯绸。黑艾德莱斯绸制造历史最为悠久，在民间被称为“安集延艾德莱斯绸”。这种艾德莱斯绸多制作成中、老年妇女的服装。红艾德莱斯绸图案为红色，底色用黄色或白色，色彩鲜艳，富于青春气息，因此深受姑娘和少妇的喜爱。黄艾德莱斯绸图案为黄色，在各种底色的衬托下庄重而典雅，显示出一种富贵气息。这种艾德莱斯绸多制成中青年妇女的服装。还有一种为混合式，维吾尔族人称“买利奇满”，把各种基色有规律地进行排列，或造成强烈对比，或呈现舒缓的变化。

艾德莱斯绸图案富于变化，样式很多，植物图案的有花卉、枝叶、巴旦木杏、苹果、梨等，饰物图案的有木梳、流苏、耳坠、宝石等，工具图案的有木槌、锯子、镰刀等，乐器图案的有热瓦甫琴、独他尔琴等，都具有强烈的和田地方特色，是和田人民生活美在服装上的艺术反映。图案中瓜果、枝叶运用得较多，表现了和田是瓜果之乡这一特色；采用的热瓦甫琴、独他尔琴图案较普遍，显示了和田歌舞之乡的特色。图案一般是从上至下按规则排列，如把花瓣、栅栏、独他尔琴、耳坠组合为一组，两侧再配以流苏等纹样。

新疆和田艾德莱斯绸生产最集中的地区是洛浦县的吉亚乡，吉亚乡紧靠玉龙喀什河，是蚕桑产区，曾经家家户户都织绸，是艾德莱斯绸的中心产地。

## 二、织造工具和技艺

少数民族织锦技术的发展与织锦机的发展密切相关，其织锦机无论是机件构造还是织造方法，都有其独特的一面。少数民族织锦特点之一是棉丝合织，棉为经、丝做纬，壮锦、瑶锦、苗锦、侗锦、毛南锦等都有这样的特点，织出来的锦结实厚重。织锦机的状态呈现出早期的、发展的过程，如瑶族、苗族、侗族织锦机均系轴于腰，用打纬刀，没有花本(图9–39)。

壮族竹笼机主要分布在忻城、宾阳，北到环江的范围内（图9–40）。机台从前端到后端呈倒梯形，前端稍窄，后端稍宽。机架中部和上部有两个杠杆结构，分别用来提拉地综和悬挂、提拉编结有花本的竹笼。悬挂竹笼的杠杆后端吊有重物以保持平衡。竹针编排在竹笼周围，竹笼就是花本。织花时根据编好的程序顺

图9-39　侗族织锦机（广西三江县）

图9-40　壮族织锦机（广西环江县）

次取下竹针，拉起一组提花通丝就能牵动经线形成开口。竹笼机上的竹针数可达百余根，少的也有30多根，根据织锦图案的繁简增删。竹笼机只用一片地综，配以踏杆，就能完成平纹地的制织。地综由综丝与综杆组成，每根综丝带动一根底经。综杆上连杠杆，杠杆后端连着踏杆。竹笼机地综形成梭口的过程是，在卷经轴稍前的位置有一个直径约14厘米的分经筒，使底经和面经上下分开，形成第一次梭口。踏动踏杆，因杠杆作用提起地综，底经跟随而起，变成面经。这样形成的第二次梭口很小，还需要通过一个竹筒以加大梭口，便于引纬。取出竹筒，放开踏杆，便复回原来的形态，又形成第一次梭口。

瑶族织锦机主要见于广西金秀大瑶山地区（图9-41~图9-43）。瑶族织锦机由机台、机架两部分组成。机台前端有一块活动坐板，坐板前有固定的卷布轴，机台中央有一横槽，用以固定机台以及装放梭纬管。机架上端设有齿状卷经轴，前梁吊有一根分经辊，将经纱按奇、偶数上下分开，经面与机台约呈30度角，经纱下面吊有4片花综，用绳子分别与4根踏杆相连，综丝只吊上层经纱。引纬用梭，打纬用的则是竹制梳状的筘。瑶族织锦采用的是经、纬相结合起花的技术，在牵经时将色线按一定的规律排列组合，然后根据花纹图案的提沉起花要求，挑结花本，穿综上机。织造时，第一纬织平纹地，利用分经辊形成的自然开口，引纬打纬。第二、三、四、五纬起花。织完第一纬后，依次踩动踏杆，花综受力牵动，将面经拉下来变成底经，从而形成第二、三、四、五次开口，引花纬后进行打纬。第六纬与第一纬一样织平纹地，其余类推。这样五纬一组，不断往复循环。卷布和送经是人工调节的，织到一定程度时便转动齿状卷经轴，放出一段经纱，同时亦卷起一段织锦。

图9-41　大瑶山瑶族织布机（广西金秀县）1

图9-42　大瑶山瑶族织布机（广西金秀县）2

图9-43　大瑶山瑶族织布机（广西金秀县）3

苗族织锦机主要分布在黔东南苗族聚居地区，属于斜织机，其机台略倾斜，前端低，后端高。前端设活动坐板，后端是绕纱板。苗族织锦机只有一根踏杆，上连杠杆结构提拉一片地综，综线吊单数或双数经纱。筘为竹制梳状，地综与分经筒之间是压纱辊。另外还有一把竹制挑花刀，一把背部剜空装置纬管的刀杼。苗族织锦采用挑花技术，织造时第一纬织平纹地，利用分经筒形成的自然梭口，通过刀杼，引纬打纬。第二纬挑花，踩动踏杆，提拉综片形成梭口，根据需要的花纹图样，用挑花刀挑起经纱，使上下层经纱形成梭口，手工引入色线，再用筘和刀杼打纬。第三纬织平纹地，脚踏踏杆提拉地综形成梭口，通过刀杼，引纬打纬。第四纬挑花，用挑花刀挑起经纱形成梭口，手工引入各种色线，用筘和刀杼打纬。

毛南族织锦竹笼机分布在环江毛南族聚居区，机型原理与宾阳壮族竹笼机大致相同（图9-44~图9-46）。分经筒尺寸较大，呈三角形。竹笼小巧，竹针数一般在40根左右。悬挂竹笼的杠杆后端直接连着踏板，织造时脚不能离开踏杆。毛南族竹笼机没有梭子，通过地纬时用刀杼。刀杼背部装置纬管，兼有梭子的功能，又能起打紧经纱的作用。由于竹笼很低，故不需要降低竹笼拨动竹针。毛南族竹笼机和壮族竹笼机一样没有固定的卷布轴，织造时锦的一端绕在夹棍上，再用布

图9-44　毛南族花树对凤纹锦（广西环江县）

图9-45　毛南族织锦机（广西环江县）1

图9-46　毛南族织锦机（广西环江县）2

带捆在腹前，经纱的张力需要织造者的腰脊来维持，因此劳动强度较大。

布依族、花腰傣族、侗族织锦机的织造原理和苗族织锦机相同（图9-47）。除了织锦外，还织造花边、花带，用于镶饰衣物。白族、土家族、黎族也有各具民族特色的织锦机（图9-48~图9-50）。许多民族热衷于织花带，不亚于织造衣料，如侗族、彝族、苗族、瑶族、水族、布依族等，几乎所有的农业民族都善织造精美的装饰花带，而且还根据不同的装饰部位，如胸襟、袖口、裤脚、腰带、背带的不同装饰要求，设计纹样的色调和布局。打花辫也是常用的编织花带的方法，苗族妇女用于打花辫的工具有编带机、铁环、小桶等。

编带机是一种形似圆凳的三脚或四脚木质架，上立两只木柱，木柱之间穿一横条圆木，有的置一个专用的高背木凳子，凳面用石头制作，防止凳子倒地。从凳背拴上需要编的8~14根线，通常3个颜色，色彩岔开了排列。每根线底端拴着缠线的木轴，编带时先将丝线一端系在横条上，另一端则系在纺坠上，纺坠一般是以竹条作杆，杆的上端做成勾状，丝线络于内，杆的下端以线拴上石或纺轮。

图9-47　花腰傣织锦机（云南新平县）

图9-48　白族织锦机（云南大理）

图9-49　土家族织锦机（湖南湘西）

图9-50　美孚黎腰织机（海南东方市）

操作时双手交替更换木轴，手法与女孩编辫子相同，木轴来回摆动，丝线穿插跃动，就可以获得所需的组带花纹。有时以家用小水桶替代编带机，将竹棒拴在小桶的提手，然后将系好纺坠的丝线一端系在横拴的竹棒上即可编织。

另一种被苗族妇女们广泛运用的简易编织方法，即用麻线做成小型综，理好经线，然后将经线一端拴系在铁环上，编织时另一端则系在身体腰部，用脚绷撑经线，手提综线即可以编织，再以竹片钩经起花和紧经。这种方法简易，便于携带，苗女们常随身带在山野中、乡场上，一有空即可以编织。一般较宽的组带则在织锦机上编织。

湘西苗族织花带的织机十分简单，由两块木板撑成三角形的架子，像个大马扎，几乎家家户户都有。织花时在两个斜边的上缘缠紧需要挑织的三四十根线，多以棉纱线为经，彩色丝线作纬。苗族姑娘一手拿着木刀梳理纱线，将线打紧，一手用光滑的牛角整理花带图形，按图形所需填入各色丝线。织好的花带约三四厘米宽，表面有各种图案，两端垂着彩色绦须。平日里苗女穿的围裙都用花带系扎。男女相爱时，女子拿一条自己最满意的花带寄托情意，把它系在男子贴身的衣服上，并有意露出花带的绦须，让人们看到。花带编织紧致，图案富有立体感，对称的鸟兽为主花纹样，两边有植物二方连续或“万”字、“米”字、“寿”字的几何装饰，还有隐藏在织路里的回状暗纹。主要图案处于突出部位，陪衬图案向两边层层展开，充满了大胆的想象。

哈尼族叶车女子闲暇时间喜欢编织“帕阿”。编织时以身体手足为支撑，坐下伸直两腿，将五色棉线的一头相间固定于腹前，另一头互相交叉扣在脚拇指上作为经线，身体左右放五色线团作为纬线。经线交叉一次，纬线便横穿一次，并用木片压打纬线。不停地交叉、穿梭、压打，一条长长的“帕阿”便织成了，其中的原理类同腰织机。“帕阿”一般宽约15厘米，长1~5米，两端系有彩线绒球。多用作腰带、篾帽带、伞带、三弦带、月琴带。因为“帕阿”通常作为爱情信物赠送给心爱的小伙子，所以姑娘们在编织“帕阿”时，都要避开叔伯弟兄等同族宗亲。

## 第二节　刺绣技艺

刺绣是少数民族服饰中一门突出的装饰艺术。几乎所有的民族都用精美的刺绣来装饰衣物。刺绣是用绣针引彩线，按事先设计的花纹和色彩，在面料上刺缀运针，以绣迹构成花纹图案的一种工艺，包括绣花、补花、挑花、拼布、镶边等。与所有的民间艺术一样，刺绣挑花从劳动人民最平凡的生活中孕育和发展起来，体现了少数民族的生活追求与精神寄托。刺绣不仅在人们的日常衣着装饰中起着重要的作用，还与节日庆典、婚丧嫁娶、礼乐仪式有着密切的联系，是民俗活动的重要内容。

少数民族刺绣品种繁多，主要用于妇女儿童服饰中，可装饰在不同种类服饰的各部位，如帽子、头帕、衣领、绑腿、围裙、套袖、裤脚、鞋面、背带等（图9-51、图9-52）。还有姑娘为出嫁准备的婚服、披肩，定情用的荷包、腰带、花袋等。这些刺绣服饰与每个人的生活紧密相连。

少数民族刺绣内容丰富，立意深厚，构成形式多样，显示出少数民族女性与生俱来的艺术天赋和卓越才华，经过漫长的发展变化和无数巧女的经验积累，已形成富有个性特征的民族符号与艺术语言定式。精美的绣品不仅与人们的生活息息相关，而且传统的刺绣装饰艺术还渗透到民族文化中，与深层的民族意识、民族心理构成特定的民俗风情图卷。

图9-51　纳雍苗刺绣背带（贵州纳雍县）

图9-52　壮族贴补绣背带（云南西畴县）

## 一、刺绣种类

少数民族刺绣种类丰富，南北方各有特色。西北地区的刺绣技法相对简约，色调对比鲜明，强调以点带面的装饰性，有主题有重点，常用的针法有锁绣、盘绣、挑花、平绣等。有代表性的是土族、柯尔克孜族、塔吉克族、维吾尔族、哈萨克族、蒙古族等。西南地区的刺绣技法多种多样，色彩斑斓厚重，而且不同民族、不同地区、不同服饰的刺绣手法也各有特点，有平绣、挑绣、凸绣、皱绣、辫绣、结绣、缠绣、卷绣、堆花绣、贴花绣、打籽绣、马尾绣等，最有代表性的为苗族、彝族、哈尼族、侗族、布依族、水族、羌族、白族、傣族等，其中刺绣种类最丰富的当属苗族。虽然南北方少数民族刺绣都很精美，但南方民族的刺绣在服饰上的运用比北方民族更为丰富、更为多样。

### ❶ 苗族刺绣

苗族民间刺绣历史悠久，工艺丰富，方法独特，绣品绮丽工整，装饰特征浓郁，体现了中国少数民族刺绣的最高水平。苗族妇女刺绣时，有的先贴剪纸，照纸绣制；有的则信手绣出，图案有龙、凤、蝴蝶、鸟雀、鱼、麒麟、虫、花、果等。刺绣常用于妇女的衣裙、腰带、围腰、鞋花以及小孩的背扇、帽子等服饰。苗族各地刺绣风格差异很大。最精细的是施洞苗绣，最粗犷的是南丹苗绣，其他地区苗绣各有独特的地域特色。如湘鄂川地区较为写实，两广地区较为简朴，云南苗绣较为厚重，其中风格最丰富的地区当属贵州，几乎每个支系、每个村寨都有各自的特点。

施洞苗绣最为细致，以破丝绣为特色，将一根丝线劈为十二根，技艺精湛。施洞苗族刺绣主要装饰在女子上衣的肩袖、领襟、围腰等部位。以极细的手法绣出人、龙、鸟、蝶、鱼、蛙、牛、狗、虎、猫、蟹、猴、鸡、兔以及花草等纹样（图9–53）。

雷山苗绣技法丰富，常用的有辫绣、盘绣、结绣、皱绣等，绣以龙、狮、麒麟、鸟、蝶、蝙蝠、鱼、蛇、桃、石榴、花、葫芦等动植物纹样，主要装饰女子上衣的肩袖、领襟、围腰等部位。

摆贝苗绣色彩斑斓，以平绣为主要技法，绣有龙、鸟、蝶、鱼、蛇、穿山甲、蛙、龟、猫头鹰、阴阳鱼等纹样，造型粗犷豪放，变形夸张，近乎抽象，如锯齿形状的花和叶构成的龙、鸟纹。

图9–53　施洞苗族破丝绣（贵州凯里市）

凯棠苗绣稚拙饱满，工艺以梗边打籽绣和三角绸叠绣为主。打籽绣以蓝绿和粉红系列的不同明度的色线由浅入深填充。叠绣以绢绸叠成小三角构成图案，层层铺满。刺绣主要装饰服装的肩袖、领襟以及背小孩的背扇。刺绣纹样有凤鸟、鱼、蝶、花、百果叶纹等，构图多为中心对称式。

黄平谷陇苗绣以数纱绣为主要技法，辅以补绣、拼镶，刺绣风格独特。刺绣纹样以几何抽象形为主，有人形纹、龙鳞纹、马蹄纹、柿蒂纹、豇豆纹、蝴蝶纹、鸟翅纹等，主要装饰服装的袖、腰、肩背、领襟、围腰、裙边、少女帽等。

舟溪苗绣古朴抽象，以蚕锦绣为主要技法，以抽象的太阳纹、井字纹、三角纹等组合成纹样，各母题纹样以二方连续排列，其纹样一般用蚕锦纸剪成后贴在绸布上，再用马尾梗线沿纹样边锁钉，形成节状的装饰。上衣袖腰及前围腰是刺绣的主要装饰部位。

剑河苗绣以锡绣为主要技法，银光辉映，银白色的锡粒绣在青色布料上，对比鲜明，酷似银质。纹样以几何图案，如万字纹或寿字纹为主。锡绣技法讲究图案的整体布局整齐对称，锡粒制作均匀细致，钉绣整齐细密，绣品以“软”而“坠”为佳品。

花溪苗绣挑花精美艳丽，以数纱十字挑花为主要技法。早期挑花底布为自织青色麻布，色彩单纯雅致，以黑白色调为主，构图严谨，图案有几何化的特征。中期色彩热烈华丽，以红色调为主，配以黄、绿、白等色丝线，构图较为活泼，图案丰富。晚期挑花底布色彩和质地都呈多样化趋势，绣线增加了彩色毛线的使用，构图粗放。

织金苗绣细致繁密，以绞绣为主要技法。绞绣也称钉线绣，是织金和纳雍一带苗族特有的绣艺，需先用丝线缠裹马尾丝制作出特殊的绣线，再将线按图案需要钉在底布上，工艺十分复杂。纹样以传统的团花和鱼鸟纹居多，色彩古朴，以红黄色为主，装饰效果非常强烈，多用于制作衣裙和绞绣背带（图9-54~图9-56）。

图9-54　织金苗绞绣（贵州织金县）

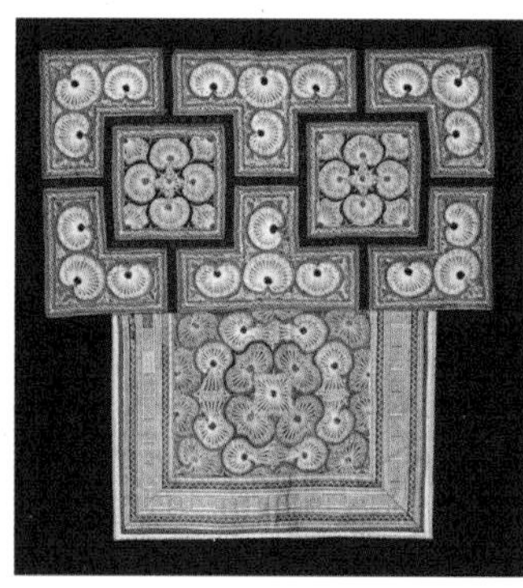

图9-55　织金苗绞绣背带（贵州织金县）1

图9-56　织金苗绞绣背带（贵州织金县）2

南丹苗绣粗犷简洁，以数纱绣为主要技法，辅以蚕锦绣。南丹苗女着贯头短衣和多褶长裙，刺绣主要用于胸背和裙摆，纹样多为十字、菱形等几何图形，色彩以明度不同的红、黄色为主，底布为自织的粗麻布，刺绣时用粗针穿引未加捻的粗丝，裙子下摆要用很多幅10厘米宽的蚕锦拼接镶饰，整体感觉粗犷厚重。

图9-57　苗族补花绣（贵州麻江县）

另外还有其他地区各种工艺的苗族刺绣，如麻江苗族的补花绣（图9-57），贵州台江苗族的辫绣、皱绣等（图9-58、图9-59）。

图9-58　苗族辫绣女装（贵州台江县）

图9-59　苗族皱绣女装（贵州台江县）

## ② 彝族刺绣

彝族刺绣手法较多，有缠针、乱针、长短针等针法，大多采用挑花斜绣，多以挑、压、镶等工艺结合，色彩根据图案色彩的需要，以红、白、青、绿、蓝、黄等交替使用。绣花工艺有挑花、贴花、穿花、盘花、锁花、绲花、补花等。凉山彝族以补绣为主，辅以平绣。楚雄彝族以平绣为主，辅以挑绣。沪西彝族以锁子绣为主，辅以挑绣。

彝族服饰的主要工艺是刺绣，与别的民族将刺绣只作领边、袖口、襟角的装饰不同，彝族是通身刺绣，即“从头绣到脚”。彝族刺绣用于服饰、鞋子、包头、围腰、马甲、钱包、枕头、挎包和各种饰品，工艺独特，做工精美，色彩艳丽，寓意深刻，具有很高的实用价值和观赏价值。

云南彝族妇女擅长挑花刺绣，在彝族居住地区，彝族妇女都穿着精美的绣花衣裳。在衣服的胸襟、背肩、袖口或整件衣服上用各种颜色的丝线挑绣各种花纹图案，在衣领上还镶嵌有银泡。此外，彝族妇女还喜欢在头巾、衣襟、坎肩、衣裳的下摆、围腰、腰带、裤脚、裙边等处绣上各式色彩鲜艳、寓意深刻的花纹图案作为装饰（图9-60）。图案内容有日月、山川、花鸟等具体的事物，也有表示

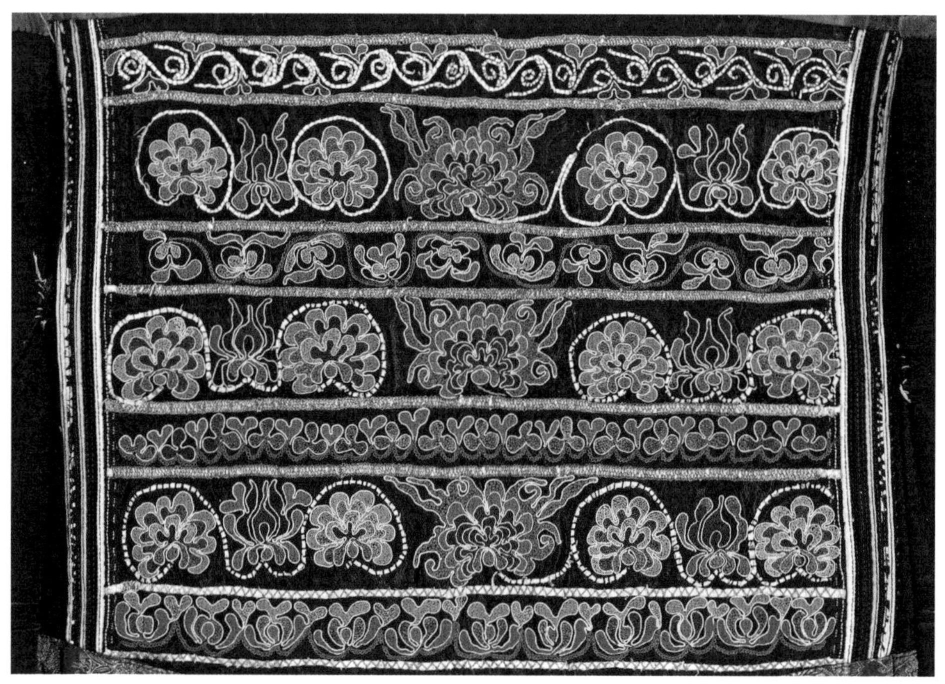

图9-60　云南彝族打籽绣

吉祥、爱慕等含蓄意义的，还有抽象的文化符号，即图案中反映出的是神话传说、宗教信仰、历史迁徙路线等。比如楚雄彝族的满襟大围腰，上部一般要绣上一朵比较紧密鲜艳的盆花，中部一般绣一朵艳丽的富贵花，围腰后面的飘带头也绣满鲜艳花朵。

每个彝家姑娘都有一个绣制精巧的针线包，用以放花线、花边及各种绣制图案。彝族妇女几乎人人都是挑花刺绣的能手，她们从小就在母亲的指导下学习绣花、挑花、补花的技巧。从前，绣一件彝族女装大约需要三个多月，由于她们白天都要下地干活，大多数的刺绣都是在晚上或是午休时间完成。女子在绣花时，一般先请花样高手用纸剪出漂亮的花样，然后缝在布料上，再依图案配线配色进行刺绣。也有不剪花样的，请花样画得好的人直接在布料上画出花样，然后再对照着花样进行刺绣。各个村里都有善于画花、剪花和绣花的能手。彝族绣品丰富多样，除了服装外，常见的还有包、鞋子、鞋垫和其他许多刺绣饰品。

### ③ 瑶族刺绣

瑶族分布广泛，各地刺绣技法不同，但大多数瑶绣以挑花技法为主。如湖南隆回花瑶、广西龙胜红瑶和广东乳源板瑶都是挑花，而瑶族的道公服因人物形象注重写实，则一般采用平绣。挑花以“十”字形和“一”字形为基本单位，由这些最小单位连续组成整齐美观的图案。瑶族挑花以十字挑花为主，辅以挑织或一字挑花，用密集的针脚挑成各种纹样（图9-61）。针脚有大有小，依据底布经纬纱线的粗细，一个针脚可跨三纱、四纱或五纱，针脚越小，图案越精细。瑶族女子挑绣时，不用底稿，不看正面，用针尖从反面的布纹经纬中就能挑出千变万化的纹样。不论构图如何复杂，她们都无须在底布上设计、打稿、描图和放样，就凭自己那灵巧的双手和娴熟的技艺，按照早已打好的腹稿，细心地拨数着土布上的粗纱，逢三一挑或隔四一

图9-61　大瑶山瑶族数纱绣腰带（广西金秀县）

进，一针一线地挑出各种十分对称、色彩和谐、形象逼真的花纹图案。瑶族挑花形状和线条的变化转折全靠数纱来掌握，线条有十字、米字、平行等，形成刚柔结合、变化多端的图案。

瑶族少女初学挑花时往往先以现成的绣品为蓝本，练习数纱、基本针法和组织图形的方法，而后再进行随心所欲的创作。瑶族刺绣多以较粗的黑、深蓝或青蓝色的手织棉布为底布，以红、黄、橙、蓝、白、绿、黑、紫色的丝绒线绣出丰富的花纹，色彩鲜艳而古朴，图案组合奇丽，独具民族特色。瑶族挑花花纹种类很多，有正方形、长方形、三角形、梭形、菱形、圆形、齿状、水纹形、波浪形、之字形、工字形等几何图形，以及花草树木、飞禽走兽、昆虫、人物故事、古老传说等复杂造型。常用的有鸟、蛇、鱼、狗、马、龙、虎等，这些图案都从自然物象和现实生活中提取而来，反映出瑶族人民的生活环境、审美趣味与人文精神（图9-62~图9-64）。

湖南隆回花瑶“筒裙”由两块前襟和一块后襟连结而成，后襟表现着瑶族挑花的精华，一般有三排花，中间为主体图案，上下配花鸟动物等二方连续图案。筒裙挑绣题材最为丰富，挑花纹样达上千种之多，仅蛇、龙图案就达百余种之多，且形态各异。还有太阳纹、万字纹、灯笼纹（亦称南瓜纹）、铜钱纹、牡丹纹、蕨叶纹、勾勾藤等简单图形和寓意五谷丰登的牛、展翅翱翔的大鹏、羽毛美丽的凤凰、幸福相依的鸳鸯以及“双龙抢宝”“双凤朝阳”“双虎示威”“双鹅报喜”“双蛇比势”“双狮滚球”等吉祥纹样。

图9-62　瑶族挑花围腰（广西桂平市）

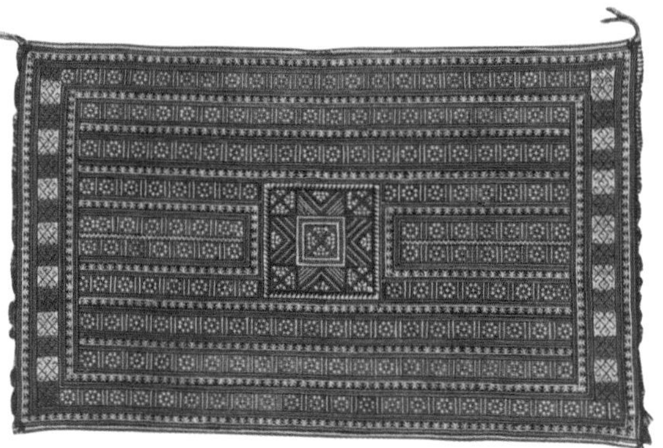

图9-63　盘瑶挑花头帕（广西贺州市）

广西龙胜红瑶以绣工精巧、色泽红艳的衣裳而得名，红瑶姑娘心灵手巧，用红线精心挑出花色，既不画样，也不摹本，凭记忆在布面用各色丝线精心挑绣。其花纹为几何图案和禽兽、花草、云朵、山水、栏杆等，形象逼真，色彩柔和。瑶族刺绣除了装饰服饰之外，还用于大面积的绣锦，可用作被面、背带等。由于绣锦全用手工，可随时随地操作，且花纹不受经纬线的限制，可得心应手绣制出各种形象，因此其图案较织锦更为绚丽多彩。绣锦又分软绣和硬绣两种，软绣是根据图案的颜色要求，选择各色丝线绣成，绣件柔软，故称之为软绣。硬绣则需用特制纸压在绣件上作为中间层，图案立体感强，绣件稍硬，故称之为硬绣。

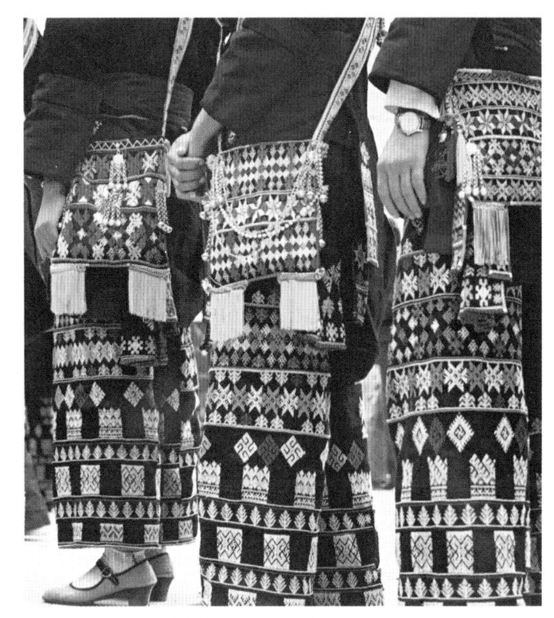

图9-64　花裤瑶刺绣裤装（云南金平县）

### ❹ 壮族刺绣

壮族妇女擅长刺绣，手法繁多，工艺精细，刺绣工艺尤以婴儿背带最具代表性。广西和云南壮族的背带都以刺绣图案精美和色彩艳丽著称，背带尺幅较大，外形多呈蝶状；纹样丰富，形态稚拙，多为抽象与具象图形相结合；构图讲究，一般为中心对称形式，中央绣龙凤或八卦图，边角以花卉、文字以及吉祥图案等组成（图9–65~图9–67）。云南文山壮族妇女上衣刺绣讲究，工艺达五六种之多，有平绣、补花绣、数纱绣等。

图9–65　壮族绞绣背带（广西天峨县）

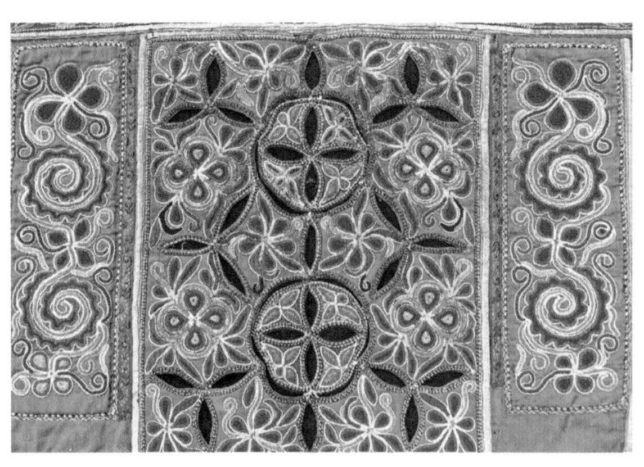

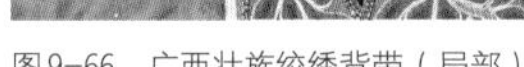

图9-66 广西壮族绞绣背带（局部）

图9-67 壮族镶银泡刺绣背带（贵州从江县）

## ❺ 白族刺绣

白族刺绣以戳绒绣为主，也有打籽绣和平绣。刺绣是白族美化服饰和生活用品的主要工艺，以妇女头帕、花鞋、童帽和背带最为精美。白族刺绣以风格明快著称，色彩丰富，对比强烈，图案多采用具象图形和几何图形，题材常以花鸟、山水、人物、动物为主。白族刺绣图案以洱源、剑川、保山最繁复，色彩则以大理下关地区的戳绒绣最艳丽（图9-68、图9-69）。

图9-68 白族妇女刺绣服饰（云南保山市）

图9-69 白族少女刺绣（云南大理）

## ❻ 蒙古族刺绣

蒙古族服饰十分注重刺绣装饰，以平绣和补花绣为主要技法，应用范围广泛，如耳套、帽子、衣服袖口、领襟、蒙古袍的边饰、花鞋、靴子以及生活中所用的荷包、碗袋、飘带、摔跤服、毡袜腰边、枕套、蒙古包等都有精致的刺绣。还有在毡子和皮料底子上做的贴绣，如门帘、密缝绣花毡、驼鞍、马鞍垫等。在漫长的游牧生活中，蒙古族妇女用自己的聪明才智和勤劳的双手创造出了纹样线条明快、色彩对比强烈、具有北方游牧民族风格的蒙古族刺绣。图案有鸟兽、五畜、花卉、卷草、盘长、蝴蝶、蝙蝠、寿字、龙凤、佛手、方胜、葫芦、云纹以及各种几何形纹样等，极为丰富，形成了具有独特风格的刺绣艺术（图9-70、图9-71）。

图9-70　农区蒙古族刺绣花鞋（内蒙古赤峰市）

图9-71　牧区蒙古族补花彩绣牛皮靴（内蒙古乌兰察布市）

## ❼ 鄂伦春族刺绣

鄂伦春族的刺绣有两种：一种是用彩色丝线或毛线在皮板上刺绣图案，刺绣方法以平绣、锁绣、绲边绣为主；另一种是将染色皮剪成各种花纹补绣在皮制品上，方法是补绣加上锁绣，先剪贴后刺绣(图9-72、图9-73）。主纹为剪纸式的镂

图9-72　鄂伦春族镶皮绣狍皮包（内蒙古鄂伦春旗）

图9-73　鄂伦春族镶皮绣（内蒙古鄂伦春旗）

刻补花，并在花纹边缘以丝线锁绣。鄂伦春族的刺绣以云朵、河流、山脉、神偶以及各种山花、狍、鹿、鸟等为题材，大都以自然界的形象变形而来，纹样有云纹、团花纹、波纹、回形纹、角隅花等单独纹样，不同的花纹图案分别绣在不同的服饰部位，而且十分讲究对称美，色彩对比强烈，风格清晰明快。

### 8 土族刺绣

土族服饰讲究刺绣装饰，以盘绣为主要技法。盘绣即锁子绣，是一种古老的绣法。据考古发现，在青海省都兰县发掘出的土族先祖吐谷浑墓葬中就有类似盘绣的刺绣品，由此可以推知，在公元4世纪左右，土族盘绣工艺已经发轫。土族盘绣讲究图案富有吉祥寓意、绣面制作饱满充实、针线运行细腻工整、整体风格艳丽大气，多用在腰带、衣领、鞋面、烟袋、筒袖、针扎等衣物和装饰品上（图9-74~图9-76）。互助县佑宁寺珍藏的“十八罗汉”“四大金刚”大型绣像，技艺高超，栩栩如生，是土族妇女精心绣制而成的。盘绣体现着土族文化的深刻内涵，成为土族最有代表性的民间工艺美术。土族堆绣是用各色布帛剪贴衔接堆绣成各种形象生动的神像图案，配色和谐，栩栩如生，具有强烈的艺术魅力。运用堆绣的日用品有衣兜、背包、鞋帮等。

图9-74　土族盘绣腰带头（青海互助县）1

图9-75　土族盘绣腰带头（青海互助县）2

图9-76　土族盘绣（青海互助县）

## ⑨ 柯尔克孜族刺绣

柯尔克孜族有风格独特的刺绣艺术，以锁绣为主要技法，辅以其他刺绣手法，工艺十分精湛，堪称北方民族之最。柯尔克孜族是一个以畜牧为主的山地草原民族。优美的自然环境和古朴的游牧生活形成了柯尔克孜族的刺绣风格：色彩鲜艳、造型美观、形象生动。勤劳的柯尔克孜族女子娴熟巧妙地运用各种刺绣针法，如锁绣、钩绣、扎绣、串珠片绣、格子架绣、盘金银绣、十字花绣等，将家中生活用品都加以刺绣，大的如丝绒毯、花毛袋、被褥、枕套；中等的如围帘、壁帘、镜梳带、布腰带、长巾条、衣袍、头巾；小的如手帕、帽、靴袜和烟袋等，都绣以精美的图案，尤其是上好的花帽、长头巾、头帕、衣裙，刺绣十分讲究。

图9-77　柯尔克孜族补花绣壁毯（新疆克孜勒苏州）

壁毯是柯尔克孜族家庭必备的一种装饰，其形状为长方形，多用红色平绒做底，不绣图案，黑色平绒做边，以刺绣、贴绣、扎绣和镶坠等方法绣制精美的图案，下缘吊坠金黄色丝穗（图9-77）。妇女们绣制壁毯是一种十分投入的艺术创作，一件壁毯往往要绣几个月，有的要达半年以上。对姑娘们来说，壁毯也是必不可少的贵重嫁妆，结婚前要早做准备。被面也是刺绣而成，除了被头，其余三边都要镶黑边或绿边，绣上山、水、鸟、兽等传统图案。绣花枕头多用红色、绿色、紫红色丝线缝制，枕头两端绣上青山和雪山，四周以流云为边，象征着柯尔克孜族是雪山大地的主人。

## ⑩ 塔塔尔族刺绣

刺绣是塔塔尔族妇女最擅长的技艺之一，以平绣和挑花为主。她们不仅在各种服饰上绣出令人赏心悦目的花纹，同时还在枕头、被单、床围、墙围、桌布、窗帘等室内物品上绣出多姿多彩的图案。姑娘出嫁的婚礼服，更是她们显露自己才能与智慧的天地，一方方图案，一朵朵花卉，无不表达着姑娘的艺术才华和对新生活的美好希望（图9-78）。塔塔尔族小伙子们通常也都以姑娘刺绣技艺的水平来作为择偶标准。

图9-78　塔塔尔族刺绣披巾（新疆伊宁市）

## ⑪ 羌族刺绣

羌族妇女善于挑绣，其头帕和围腰都绣以精美的挑花。挑绣的图案大都反映现实生活中的自然景象，如植物中的花草和动物中的鹿、狮、兔及人物等，无不栩栩如生。内容则多含吉祥如意以及对幸福生活的憧憬和渴望的意义，如“团花似锦”“鱼水和谐”等。平绣也是羌族刺绣的一类，多用于镶饰袍服。羌族女袍的领襟、衣袖和下摆，都饰以平绣花朵、云纹，著名的羌族云云鞋，也以平绣精心装饰，男女都穿用（图9-79~图9-81）。

少数民族刺绣是一项融合了文化与创意的艺术，绣女将丰富的想象和民族的信仰、美好的祝愿都融入精美的刺绣中，故刺绣在表达民族审美倾向的同时还体现出深厚的文化内涵。

图9-79　羌族挑花彩绣（四川茂县）1

图9-80　羌族挑花彩绣（四川茂县）2

图9-81　羌族刺绣（四川汶川县）

## 二、刺绣工具和技法

### ❶ 刺绣工具

少数民族刺绣是历史悠久的民间传统艺术，所需要的材料和工具常见而具有共性，多为底布、绣线、针、剪刀、绷子、绣花纸样等。绣品在美化平凡生活的同时，其绚丽的工艺之美更是凝聚了各民族人民的真情实感，是真情、善念、美的和谐统一。不同的底布对用线、针工和图案都各有要求，应根据绣品的种类和工艺选择最适用的底布。从布的种类上分，大致有植物纤维布、动物纤维布两种。植物纤维布即通常所说的各种纯棉、麻和棉麻交织布，动物纤维布包括丝绸、软缎、毛呢料等。

绣线的种类有丝线、棉线、毛线、金银线等。其中以丝线为主要绣线，用途最为广泛。丝线适合在棉布、丝绸和细毛布等柔软的底布上刺绣，金银线可分为捻金和片金，适合做盘金、平金、钉金绣，由于质地较脆，不适合较复杂的针法。

刺绣用针也不可忽视，好的针易于刺绣还不伤手，一般可按照刺绣工艺的精粗程度来挑选绣花针。传说精细的宋绣所用之针为宋代名匠朱汤所制。选择绣针时要特别注意针鼻和针尖。针鼻应为椭圆形，不易把线割断，针尖则越细越长越好。刺绣用的剪刀也有分类，如剪线头的剪子，剪尖应上翘，这样避免剪线头时剪尖伤到绣面，而用来雕绣和抽丝的剪刀，剪尖则应细尖锋利。

花绷用于展平绷紧底料，便于绣制，多为竹制和木制，从形状上分有方形和圆形。花绷需上紧、上平，绣出的花才能平整不走形。但一些少数民族刺绣时较少用花绷，因为勤劳的少数民族妇女常常在田间地头或放牧牛羊时，忙里抽闲地绣花，因此她们在刺绣底布加背衬，可不用花绷。衬底纸是苗家女在刺绣时贴在底布背面的衬底，用来加强底布的硬度，承受刺绣时的拉力，这样就可以不用花绷，绣制时将衬底纸剪成与底布一般大小，用糨糊将其与底布相贴。有时候将糨糊直接刷在底布背面，也能起到衬底纸的作用。

绣稿是大多数的刺绣都需用的，有剪纸纸样和线描稿两种，依图绣制完毕，绣稿也同时被隐藏于底层。

蜡是苗族刺绣时用来捺线的材料，一般有黄蜡和皂角蜡。在刺绣前或刺绣过程中，用针穿线在蜡上过一道，捺过的丝线平顺柔滑、光泽感好，不易起毛，而且制成的绣品还有防污作用。

### ❷ 刺绣技法

（1）刺绣的针法。

针法是刺绣的灵魂。为充分表现物象，不仅要注重布质纹理的选择、色彩的合理搭配，用线的粗细合度，而且还要讲究针法运用。刺绣的针法包括平针、缠绕针、钉针和编针四大类。

平针有直针、缠针、切针、接针、抢针等。其中直针是用平直的线条绣成图案的针法，针脚起落在形体的边缘，边口平匀齐整，绣面匀称平顺，这是少数民族刺绣运用最多的针法。缠针是用斜向的短直线缠绕着绣稿图案刺绣的针法，起落针方向一致，针迹均匀细密，针口平整，这种针法适合绣花瓣、蝴蝶等纹样，也是少数民族刺绣常用的针法之一。

缠绕针包括锁针、辫子针、打籽针等。锁针是用绣线一圈一圈叠套后形成线圈，因效果像锁链而得名。这是一种比较古老的针法，在战国时已运用得较多，也是哈萨克族、柯尔克孜族、维吾尔族、塔吉克族、土族、鄂伦春族常用的针法。辫子针的刺绣方法与锁针非常接近，是锁针的一种变化形式，刺绣时用针刺破前一线圈，压过第二线圈，然后拉紧绣线，以此往复，绣成后形似辫子而得名，苗族、壮族、彝族、蒙古族善于用此针法。打籽针是我国汉唐时就出现的一种古老针法，它将绣线在针上绕一圈，再在靠近线根的位置下针，拉紧绣线，使线圈收紧后形成一颗颗小结籽，称为打籽，南方很多少数民族都善于运用打籽针。

钉针是将其他的装饰线、装饰织物或是装饰物钉在织物表面形成装饰效果的针法，包括钉线、钉圈、钉珠和钉织物等。钉线是将专门的装饰线，如金线、银线或马尾线平铺在绣面上，再用针引丝线将其钉住，钉线距离一般约3厘米，通常用一根丝线钉两根装饰线，很多民族通用的钉金绣或盘金绣以及水族的马尾绣就是典型的钉线针法。钉圈是将装饰线绕成圈状，再用另外一根丝线将其钉在织物上形成图案。操作时用一大一小两根针，大针引装饰线，小针引丝线，大针绕一圈后再用小针钉上，这种针法又称为拉锁子，贵州侗族刺绣中常见。钉珠是将珍珠或圆形金属小片等装饰物用丝线钉缝在织物上进行装饰，操作时用绣针引线，穿过装饰物的小孔，再钉在织物上。很多民族都运用这种装饰针法，贵州苗族、广西侗族的绣品中最为常见。钉织物就是将不同种类的织物按图案的需要剪好，直接钉缝在衣物上，形成以剪贴织物为装饰的图案效果，民族服饰刺绣中常见的堆绣、补花绣都属于此类针法。

编针是针线之间有交叉重叠，并形成一定网状效果的针法，有环编针、十字针、网针等。编针着重于表现几何纹装饰效果的色块。十字针是用绣线在纱罗、棉布、绸缎地上绣十字，用无数个十字组成各种图案，这种针法在南北方少数民族中运用都非常广泛。网针是用绣线做网状来绣出图案的一种针法，它是用直线、斜线、平行线相互交叉而形成各种图案，再在这些几何纹的网格上加绣其他形状的几何纹，起落针都在图案的边缘，边线饱满整齐，南方少数民族刺绣中常见这种针法。

（2）刺绣的种类。

少数民族常见的刺绣种类有平绣、平金绣、钉线绣、打籽绣、戳纱绣、贴布绣、挑花绣、锁绣，等等。

平绣是刺绣中最为常见的绣法，被大多数民族采用。这种绣法写实表现力很强，可用多种颜色的丝线，绣作色彩丰富，图案布局美观匀称，有明显的物象感。

平金绣是用金银线代替丝线在绣面上盘出图案的一种绣法，先用金线或银线平铺在底布上，金线为铺线，丝线为钉线，行与行之间相互间隔，直到绣满纹样为止。此种绣法在贵族服饰或节日盛装时常用。

钉线绣是用一种特制的细线作为图案边缘的绣法，所用线叫棕线或绞线，即以棕线、棉线、麻线或马尾线为芯，外缠丝线，制作出的绣线。先将其钉于底布上勾勒纹样的轮廓，再用彩丝填绣出花纹图案。钉线绣在苗族、侗族、水族等民族中常用，如水族的马尾绣、苗族的绞绣、侗族的拉锁子绣都属于钉线绣。

打籽绣是采用打籽针刺绣的绣种。打籽绣有满地打籽和露地打籽两种，又因为绣线的粗细不同，有粗打籽和细打籽之分。粗打籽的粒子形似小珠，凸出绣面，较有立体感。细打籽绣面细腻，较有绒圈感。打籽绣是一种比较重要的绣法，很多民族都有运用，在苗族、彝族、水族、侗族服饰中最为多见，常常作为主要图案的刺绣工艺，与其他刺绣技法配合使用，显得主次分明。

戳纱绣也称纳绣，以平纹纱料为绣地，顺着经纱或纬纱运针，按花纹数格子编绣，绣时多为反面挑正面看，因受经纬纱的限制，花纹多呈几何形。绣线一般采用劈绒线，即将一根丝线劈成若干股。绣品露出地的称纳纱，不露地的称纳锦。这种绣法在秦汉时已出现，到明清时更加流行。广西壮族背带中纳绣的运用极佳。

贴布绣也称补花，通常是将各色织物剪出花纹贴于绣地，将边缘固定的绣法。挖补绣也是贴布绣的一种，是依照设计好的图案，用剪刀将绣地挖空，并于下方衬上整块或多块不同色布的绣法。叠绣也称堆绣、堆绫绣，流行于贵州台江、雷山、黄平苗族地区，用事先剪制好的各种造型的绢绫片，层层堆叠在绣地上。拼布绣与贴布绣略有区别，是依照设计好的图案，将布料剪成各式布块，再将布块拼合的一种绣法。这些绣法在苗族、南丹壮族的绣品中都能看到（图9-82、图9-83）。

挑花绣是运用十字针的绣法，挑十字需要数格子或数纱，所取的纱数一般为单数，在同一纹样内，如果需要表现深密的地方也可以用双数。这种绣法能够很灵活地组成各种变形图案，也可以做花边，既美观又实用，运用广泛。十字挑花绣在当今少数民族地区非常流行，是少数民族掌握的基本绣法之一，几乎每个姑娘都是挑花能手（图9-84、图9-85）。

图9-82　壮族贴布绣（广西南丹县）1

图9-83　壮族贴布绣（广西南丹县）2

图9-84　羌族挑花绣（四川茂县）1

图9-85　羌族挑花绣（四川茂县）2

锁绣是我国古代较早出现的一个刺绣种类。凡是运用锁针的绣作可统称为锁绣，采用辫子针刺绣的也可以纳入锁绣一类。在西北地区的哈萨克族、柯尔克孜族等民族中，锁绣运用非常普遍（图9-86）。部分苗族刺绣将锁绣作为辅助工艺使用，如施洞苗族破丝绣往往要加一道金黄的锁绣修饰轮廓，而有的苗族地区锁绣是作为衣饰的主要刺绣工艺（图9-87），如贵州从江的岜沙苗族常使用锁绣绣制胸兜、荷包图案等。

苗绣在民族刺绣工艺中极有特色，其刺绣针法极为丰富，辫绣、皱绣、破丝绣、数纱绣、锡绣、蚕锦绣都是苗族特有的绣法。

辫绣在雷公山巴拉河流域聚居的苗族中流行，其方法是将7~9根丝线以手工编制成2~3毫米宽的丝辫，然后依图案的轮廓，由外向内将丝辫有规则地平铺于底布上，并以丝线固定，按构图盘绕填满整个图案。色彩变化丰富，极富立体感，且结实耐磨（图9-88）。

皱绣的前期制作与辫绣基本相同，先编好丝辫，再根据图案轮廓，由外向内平铺于底布上，将丝辫褶皱成一个个小褶后，用单线穿针，每一小褶皱钉一针，将丝辫堆钉在图案上，直至将图案铺满为止，使图案呈现很强的立体感和浮雕感，

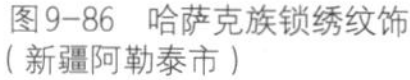

图9-86 哈萨克族锁绣纹饰（新疆阿勒泰市）

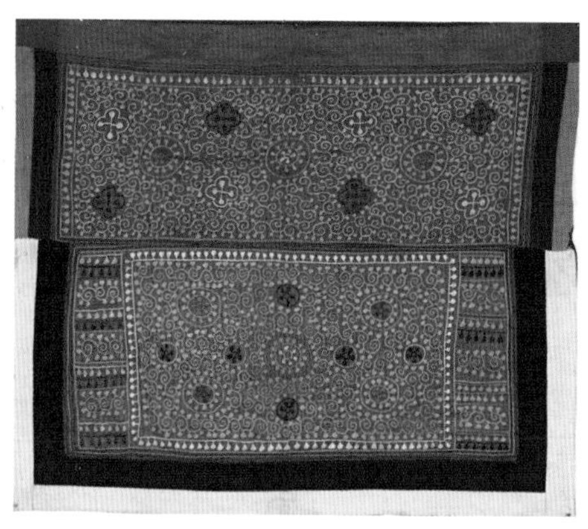

图9-87 安顺苗锁绣背带（贵州安顺市）

图9-88 苗族龙纹辫绣（贵州台江县）

显得粗犷、浑厚、古朴，衣饰经久耐用，图案轮廓整齐，但费线费工（图9-89）。

破丝绣工艺细致，非常耗时，绣品光滑细腻、精美华贵、表现力强，属苗绣中的极品。制作时将要刺绣的图案剪纸贴在底布上，然后将一根普通丝线手工均分成8或16股细彩线，线随针穿过夹着皂角液的皂角叶子，使得彩线变得平顺挺括、亮泽紧密，再用齐平针的绣法，沿图案轮廓挨针挨线将图案铺满。这种技法往往用于刺绣嫁衣、庆典盛装等，完成一套精美的破丝绣嫁衣，大致耗时4~5年时间（图9-90）。

数纱绣在苗绣中应用非常广泛，是几乎所有的苗族支系都会采用的绣技，是贵州黔西、黔西北和云南、海南地区的苗族衣饰的主要刺绣工艺，以针脚细密、构图对称为上品。数纱绣一般没有图样，只有一些基本花样的构成元素，可以由这些基本元素通过不同的组合排列，形成不同的图案纹饰。因整体图案布局全凭苗女自行创作，在绣制时数的纱数也不一样，因而找不到完全相同的数纱绣作品。数纱绣底布一定要用经纬线非常明显的自织土布，按照一定的纱数，沿横向、纵向或斜向规则重复运针，苗女们往往是从底布的反面运针以保持绣面干净，所以有“反面绣，正面看”的说法。以贵州黄平苗族和黎平大稼花苗的数纱绣最为精美。

锡绣是苗绣中比较特别的一种技法，用于刺绣的材料除了彩丝线以外，主要材料是金属锡。先将锡片锤成薄片，剪成宽约2毫米、长约10厘米的锡条。锡条的一端剪成剑锋状，另一端以针为轴，用左手拇指卷曲成钩状；用深色丝线在藏青色棉织底布上依据经纬线数纱布局挑绣纹饰，形成一个个线套。右手用针挑起

图9-89　苗族龙纹皱绣女装局部（贵州台江县）

图9-90　苗族破丝绣双鸟拱日纹袖饰（贵州台江县）

一个线套，左手持锡条，以剑锋穿过线套并拉至底端钩住线套，以剪刀在距底端约2毫米处剪断锡条，再用右手拇指以针为轴将剪断的锡条卷合扣紧，一个小锡粒就被固定在底布上了，就这样由一个个排列规律的小锡粒组合构成图案，最后再用黑、红、蓝、绿四色蚕丝线在图案空隙处绣成彩色的花朵（图9–91、图9–92）。

蚕锦绣，也称板丝绣，针法和平绣相同。但它采用的底布很独特，是让蚕在一块平整的木板上吐丝形成类似于无纺布结构的特殊面料，再染成绿色作为刺绣底布，或染成五彩作花纹图案。贵州月亮山苗族绣制“牯藏衣”时一定要用蚕锦做底布，广西白裤瑶女子的百褶大裙用蚕锦作饰边，凯里舟溪苗族的服饰以精细的蚕锦绣制花纹，是蚕锦绣的代表作(图9–93)。

盘绣是土族的传统绣法，工艺与锁子绣相似（图9–94）。盘绣运针十分灵活，操针时同时配两根色彩相同的线，一作盘线，一作缝线。盘绣不用绷架，直接用双手操作，绣者左手拿布料，右手拿针，作盘线的那根线挂在右胸，作缝线的那

图9–91　苗族锡绣女装（贵州剑河县）

图9–92　苗族锡绣女装局部（贵州剑河县）

图9-93　舟溪苗蚕锦绣（贵州凯里市）

图9-94　土族盘绣腰带（青海互助市县）

根线穿在针眼上。操作时按图走针，把盘线松松地盘绕在针上，当针抽上来后，用左手大拇指压住线，右手将针跨过盘成的圆圈钉牢，就这样上针盘、下针缝，一针二线，按照图案线路，将2毫米大小的圆圈均匀地重叠起来，宛如一串串水泡。线圈环环相套，层层排列，直至铺满整个图案。盘绣要求严密平整、细密均匀、疏密得当，缝线要端正结实，完成的整个图案类似一般刺绣技法中的三重或五重豆针密绣。盘绣虽费工费料，但成品厚实华丽，经久耐用。

马尾绣是水族特有的绣法，工艺讲究，步骤复杂。首先用纺车将白色丝线纺绕在两三根马尾（白色马尾最佳）上，制成马尾线。一边用马尾线盘在已描绘好的花纹轮廓上，一边用穿有丝线的小针将马尾线钉在布面上，再以黑色、墨绿色和紫色为主的各种彩色丝线，将轮廓内的图案空隙部分用锁绣或拉锁子绣填满。水族马尾绣主要用于制作背带和花鞋。为方便制作，常常先绣制各种形状的小绣片，然后用针线将各小绣片依次序排列钉连在一起。由于马尾所具有的弹性和韧性，使马尾线在弯曲成图案轮廓后表现出饱满的张力，线条匀实，使刺绣形象呈现出遒劲有力的美感，仿佛工笔画中的铁线描，为绣品增添了特殊的感染力。

毛皮镶绣是北方少数民族特有的绣法。鄂伦春族的剪皮镶绣是用剪刀在狍皮或鹿皮上进行的艺术创作，用于装饰狍皮衣物。鄂伦春族妇女用狍皮或鹿皮剪制出各种花纹图案，镶绣在皮袍、帽子、挎包、手套等衣物的领襟、边缘、四角等处，装饰效果强烈，同时令衣物坚固耐用。或是在板皮上以补花的形式做装饰，以黑色皮剪出纹样后贴在板皮上做补花，由中心纹饰和边饰组成图案画面。纹样主要有呈十字形骨架的南绰罗花纹、圆形的万字纹、八结盘肠纹和云卷纹等。鄂伦春族皮毛镶绣工艺的另一种形式是用纯皮毛镶绣，是用2~3种毛色反差较大的皮毛（如黑与白、黄与白、黄与黑、黑白黄相间等）组合，用两种颜色的皮毛剪出同一种适合纹样，然后互换镶绣，是最精湛的皮毛镶绣工艺。装饰纹样由中心纹饰与边饰纹组合而成，如云卷纹，是5~7个纹样横列在一行的组合式图案。有的则在中心纹饰四周做单层、双层或三层方格形排列，镶嵌不同毛色的小饰块，显得丰富而有层次感。鄂伦春族狍皮装饰中，皮毛镶绣工艺体现了精湛的兽皮艺术。他们利用各种野生动物不同颜色的皮毛，镶绣出色泽艳丽、图案优美、制作精良的大小挎包、背包、手提包等生活用品。

## 第三节　印染技艺

染是少数民族制作服装面料时都需要的工艺，有浸染、防染和印染等技法，有些民族染线后织布，有些民族则是先织布再染色，也有的是先做衣再染色，因此出现了丰富的染色效果。中国古代各种染色装饰技艺盛于唐代，有蜡缬、绞缬、夹缬、灰缬，即蜡染、扎染、夹染和印染。直到今天，这些染色工艺仍然存在于少数民族地区。1978年，在新疆哈密地区五堡遗址出土了公元前1200年前的精美毛织品，有用红、绿、褐、黑等色毛线编织组成的色彩鲜艳的大小方格和条形色带装饰，还有首次发现的用色线织成彩条纹的班罽，这说明当时哈密地区的染色技术已有很高水平。

少数民族多用植物染料染色，传统染料多为草实、树实、植物茎叶之色汁和矿物染料，其中用靛蓝染色极广泛，还有用核桃树皮煮汁染褐色，冬瓜树皮、麻栗树皮染淡黄色，用茜草、紫胶染红色，姜黄、黄连根染黄色，用刺莓果汁染紫色等，这些都是不同地区不同民族的传统技法。古代还有利用动物血液加染的工艺，现在一些苗族地区仍然可见。

## 一、植物染料

植物染料是指从植物中提取，能使其他材料着色的一类天然植物产物。一般而言，植物染料主要用于纺织物的染色，具有色调自然、对环境和人体安全、有一定功效等特点。植物染料按染色性质分，可分为还原型、直染型、媒染型等。还原型即该植物染料本身不溶于水，需要使用还原剂使其溶解后上染纤维，然后再氧化复变为不溶性而固着在织物上的染料。如靛蓝的染色是先将不溶于水的靛蓝在碱性溶液中还原成可溶性的隐色体靛白，使之上染纤维，然后将织物透风氧化，再复变为不溶性的靛蓝而固着在织物上。直染型染料指植物染料的天然色素对水的溶解度好，染液能直接吸附到纤维上，可以采用直接染色法染色的染料，如红花、冻绿等。还有媒染型染料，指植物染料天然色素对水的溶解度颇好，染液成分虽然能直接吸附到纤维上，但染色牢度较差，需要采用助剂或媒染剂进行染色和固色的一类染料。直染型和媒染型染料可直接进行染色，也可利用媒染剂进行染色，如黄檗、姜黄、栀子等。其他类型，就是利用植物染料中天然色素对酸碱性的溶解度不同，使之在纤维上固着染色，如红花、郁金等。

我国幅员辽阔，地理、气候等自然条件复杂多样，染料资源丰富，在许多乡村和民族地区还保留利用植物染色的传统，其与传统染色工艺扎染、蜡染相结合，可制作出丰富的服饰和生活用品。使用最广泛的是靛蓝，这一传统工艺在云南、四川、贵州、湖南、湖北、广西地区沿用至今。除靛蓝以外，云南、四川、贵州、广西、内蒙古、新疆等地的少数民族地区还保留有其他植物染料染色的工艺，如云南白族用当地出产的黑豆草染秋香色，水马桑染茶黄色，水冬瓜皮染咖啡色，麻栎果壳染黑色和灰色，这些植物染料染色工艺与产品，具有鲜明的地方和民族特色，是少数民族开发利用植物染料资源的宝贵遗产。

### 1 染红色的植物

茜草，多年生草质攀援藤本植物，根紫红色或橙红色，是我国应用最早的红色植物染料。茜草是媒染型植物染料，染色时需加铝盐和铬盐媒染剂，媒染剂不同，所染得的颜色也不同，以铝盐媒染剂所得红色最鲜艳。如不加媒染剂，在丝、毛、麻上只能染得浅黄色。茜草染色主要用其根，春秋两季皆可采收，但以秋季挖到的根质量较好，挖出后晒干储藏，用时切成碎片，用热水煮染。

苏木，豆科植物，大灌木或小乔木，分布于广西、贵州、云南、四川等省区。苏木中的染色成分是苏木素，在其木芯中含有较多色素，可以染红，也是我国古代著名的红色染料。苏木素为隐色素，能在空气中迅速氧化而成苏木红素，为媒染型染料，对棉、毛、丝等纤维均能上染，但必须经过媒染剂媒染，与其中的金属盐络合产生色淀才能有较好的染色牢度。

红花，菊科一年生草本植物，橘红色筒状花。原产埃及，汉代传入中国，在全国各地普遍种植，是红色植物染料中色泽最鲜明的一种。红花中的染色成分是红花素，易溶于碱性溶液，为直染型染料，可直接在丝、麻、毛上染色得到鲜艳纯正的深红色，在民间应用很广。

### ❷ 染黄色的植物

栀子，茜草科栀子属常绿灌木，生长于温暖的疏林、荒坡沟旁，栀子的染色性能良好，适于丝、毛的染色。栀子色素可用直染法染成鲜艳的黄色，亦可用媒染剂染得不同色调和深浅的黄色。如铬媒染剂可得灰黄色，铜媒染剂可得嫩黄色，铁媒染剂可得暗黄色。我国古代种植栀子已有很长的历史，是秦汉以前主要的黄色植物染料。

姜黄，姜科多年生宿根草本，根状茎深黄色，极香，根粗壮，末端膨大。分布于我国西南部，根茎中含有姜黄素，可直接染棉、毛、丝等纤维，用金属媒染可得各种不同的黄色。如铬媒染得棕黄色，铝媒染得柠檬黄，铜媒染得黄绿色，铁媒染得橙黄色。用姜黄直接染色所得的织物，色光鲜嫩，染色牢度差。

### ❸ 染蓝色的植物

凡可制取靛蓝的植物可统称为蓝草，品种较多，主要分布在内蒙古、陕西、甘肃、贵州、广西、云南等省区。蓝草叶中含有的靛蓝素为重要的蓝色染色物质，是植物染料中应用最早的一种，秦汉以前种植非常普遍。传说在夏代我国就已经开始种植蓝草，并掌握了它的生长习性。含有靛蓝的植物有蓼蓝、木蓝、菘蓝、马蓝等。靛蓝是还原型染料，蓝草叶中含靛蓝素，用于染色时将其叶碾成靛泥，在其中加入石灰水，配制成染液，使之发酵，把靛蓝还原成靛白，靛白可溶于碱

图9-95　贵州大塘苗族收获蓝草

图9-96　贵州大塘苗族沤制蓝靛

图9-97　贵州大塘苗族蓝靛池

图9-98　贵州大塘苗族制作蓝靛膏

性溶液，然后使纤维上色。织物染色后经空气氧化可得到鲜明的蓝色。靛蓝染色色泽鲜浓，染色牢度非常好，几千年来一直为人们所喜爱（图9-95~图9-98）。

### ④ 染绿色的植物

冻绿，鼠李科多年生落叶小乔木或灌木植物，又名山李子、绿子、大绿等，分布于陕西、甘肃、四川、湖北、云南、贵州等省区。染料色素成分存在于嫩果实和叶、茎之中，称为冻绿，也是古代为数不多的天然绿色染料之一。冻绿染色，可用嫩的果实或茎枝表皮，在水中煮沸制成染液，然后将织物放入其中浸透，拿出放在空气中，即逐渐呈现绿色，如果重复将织物浸染可得较深的绿色。也可以采用直染法在弱碱性溶液中染棉和丝绸，用冻绿植物染料染得的织物色牢度好。[1]



[1] 赵伯涛，钱骅：《染料植物资源的开发利用》，《中国野生植物资源》2007年第5期。

### ❺ 染紫色的植物

紫草，多年生草本，根含紫色色素。紫草生长于荒山田野、路边及坡地灌丛中，分布于湖北、湖南、广西、四川、贵州、云南、陕西等省区。紫草需加媒染剂方可使丝、毛、麻等纤维着色。紫草加木灰和明矾媒染可得紫红色。

### ❻ 染黑色的植物

黑色植物染料种类有很多，以皂斗的应用历史最为悠久。皂斗，壳斗科植物麻栎的果实，麻栎为多年生高大落叶乔木，又名柞树、柞栎、橡、枥、橡栎。皂斗含多种鞣质，属于可水解类鞣质。鞣质首先与铁盐在纤维上生成无色的鞣酸亚铁，然后被空气氧化成不溶性的鞣酸高铁沉淀，所以染色牢度非常好。各种鞣质用铁盐媒染大都可得黑色。此外，还有胡桃、杨梅、榉柳的树皮及莲子壳也可染黑色。

### ❼ 植物染料的地域分布

历史上我国是植物染料应用技术先进的国家，虽然现代合成染料发展替代了植物染料的使用，但在民间还保留应用植物染料的传统。这些被应用的植物染料和植物染色技术是进行染料植物资源研究开发的重要线索，可以为植物染料开发产业提供借鉴和参考。

少数民族妇女在长期的染色实践中，在彩色植物染料的运用方面积累了丰富的经验，发现了很多可以用作染料的植物，有些与中原常用染料相同，如茜草、栀子、槐等，但大多数染料是特有的，其染色工艺也千差万别。

贵州少数民族地区常用的红色染料有茜草以及黔西苗语称“翁博来”的野生植物。开染时，砍些“翁博来”树根，将其皮剥下劈成小块泡在锅里，然后用文火慢煮，熬到一定时间，锅里的水全变成红色时，把布料放入锅内焖煮即可染得红色。黄色的染料有栀子、槐花等，栀子染深黄色，槐花染淡黄色。染色时将之捣烂，泡入染缸内制成染液，然后投织物于缸内浸染即可染黄色。绿色的染料有绿条刺，用该植物的皮加以明矾熬成染液，然后将织物投入染液内经过浸染和媒染的工序即可获得所要的绿色。紫色的染料是紫草，贵州各地均有生长，紫色素在其根茎中。[1]



[1] 杨正文:《苗族服饰文化》，贵州民族出版社，1998年。

云南素有“植物王国”的誉称，其植物多样性的特点尤为突出。云南大理周城的白族也发现了多种多样的植物染料，有的集药物、染料多种功能于一体。据有关资料记载，明清时期大理白族生产的“洱红布”，就是利用天然植物染色的。根据白族民间的知识，除了可以用植物染料染出蓝色系列的布料外，还可采用诸多植物的花、叶、茎、根染出各种色彩的布料，如红色、绿色、黄色、紫色、黑色等色彩，有的采用冷染技术，有的则采用煮汁入染的方法。布朗族染色具有悠久的历史，他们独特的染色技术在我国少数民族染织业中独树一帜。布朗族不仅能用蓝靛染布，而且懂得用“梅树”的皮熬成红汁染成红色，用“黄花”的根经石碓舂碎，用水泡数日得黄汁染成黄色等，其色彩具有大自然之风韵，耐洗不褪。德昂族染色也很考究，染红色用柴胶，染黑色用马兰花，染佛爷穿的黄色袈裟则用黄花的叶茎或块根植物姜黄，将原料投入铁锅中煮熬出黄汁，再把布料放入煮一段时间。染后色彩鲜艳，不易褪色。壮族服饰主要有蓝、黑、棕三种颜色。壮族妇女用大青染成蓝或青色布，用鱼塘深泥可染成黑布，用薯莨可染成棕色布。

鄂伦春族皮毛服装的染色和装饰都具有北方的民族特色，其狍皮在制作成服装前都要采用烟熏法染色，就是把柞树腐朽后的干木渣堆在一起点燃，烧出黄色烟雾（朽木是不会燃起火苗的），再把鞣好的皮子搭在烟火上熏烤，即可熏染成烟色（浅土黄色）。烟熏色是鄂伦春族人在游猎生活中的一大发明，烟熏过的皮子色泽牢固，还能防虫，这是鄂伦春族人在古代就已掌握了的技艺，至今还在使用。

装饰服装的狍皮剪花则是染成深黄色和黑色，黄色染料是利用腐朽的柞树皮制取的，鄂伦春族语称为“依欣”。粗大的柞树枯死后，3~4年便在树干和树皮之间长出一种菌类，只生长一次，烧死的树长得更多。鄂伦春族妇女在山林中采集时如果发现“依欣”，都会小心地从树干上取下，然后采回存放备用。“依欣”是一种呈深黄色的块状物，使用时用铁锅煮成黄色的汁液，然后用“乌罗草”蘸着涂刷狍皮，便可染成黄色。经过“依欣”染色的衣物既耐用又不掉色，还防虫。

黑色染料也是鄂伦春族人自己加工的，他们刮下吊锅底的黑灰放在热水中浸泡，使其溶于水中，并加少许盐粒搅拌，待沉淀后倒掉水分，只剩下黑色的膏状物，然后把需要染色的小块白板皮放入黑灰膏中搅拌均匀，染上黑色后，取出晒干到八成，再揉搓直到干透为止，即可用于剪制补花图案。此外，用核桃树皮煮水也可以获得黑褐色染料。

## 二、蜡染技艺

蜡染是中国古老的防染技艺之一，古称“蜡缬”“点蜡幔”或“蜡缁”。蜡染工艺的发明需要具备一定的环境因素和技术条件，是基于人们对服饰美化的需要，是人类文明进步到一定程度的产物，是在多种染织工艺的基础上进行的。蜡染产生的时间应在纺织、染色和绘画工艺成熟之后，它是在特定的物质条件和文化背景下产生和发展的。从原料上看，蜡染对面料没有特殊要求，棉、麻、丝、毛织物都能采用；防染材料也不拘于特定品种，动植物蜡均可使用，通常是用树脂和蜂蜡；染色只能用冷染工艺，一般是植物染色，以靛蓝为主。从范围来看，蜡染技术存在于世界很多地方，风格和使用方式也多种多样。

### （一）蜡染的历史与传承

近几十年来，中国出土的古代蜡染实物百余件，新疆、甘肃、青海、贵州、四川均有出土，其中因为气候和葬式的原因，蜡染文物出土最多的是在新疆和贵州，年代最早的是川东风箱峡崖葬和新疆民丰尼雅遗址出土的汉代蜡染，出土文物最多的年代是唐、宋。

1959年，在新疆民丰东汉墓发现汉代“蓝白蜡染布”两片，这是我国目前所知的最早的蜡染棉布。其中一片是圆圈、圆点几何纹样组成花边，大面积地铺满平行交叉线构成的三角格子纹；一片系小方块纹，下端还有一半女神像。这份珍贵的蜡染实物史料反映出汉代西域民族的蜡染工艺已达到相当精巧的程度。

1980年，川东峡江地区风箱峡崖葬现场的峡路上，发现散落的文物中有粗细不等的平纹麻织品七八种，其中有蜡缬细布衣服残片，图案纹样为蜡印团花以及菱形花纹。据初步鉴定，这些蜡染遗物的年代相当于战国至西汉时期[1]。这是迄今在中国西南少数民族地区发现最早的蜡染实物资料。

1987年，长顺县交麻乡干贷村天星洞岩洞葬出土蜡染织品8件，均为棉质夹裙。裙里为本白色，裙面为蓝底显白花的蜡染，有豆点花草纹蜡染裙、勾连纹蜡染裙、忍冬花纹蜡染裙、铜鼓蜡染裙等，其工艺为夹板注蜡法。同年，平坝下坝

[1] 林向：《川东峡江地区的崖葬》，《民族学研究·第4辑》，民族出版社，1982年。

棺材洞发现了15件蜡染衣裙，图案精美、内容丰富，均为棉麻织品，平纹组织。其中彩色蜡染褶裙5件，裙腰为麻质，裙身为棉质，蓝地显彩色花纹。其工艺包括填彩蜡染、挑花、刺绣及布条拼花。这些蜡染图案为手工绘制，线条流畅，形态逼真，配以刺绣挑花，生趣盎然，是蜡染艺术佳作。[1]

由此可见，蜡染在我国中南、西南少数民族地区流传的历史久远。据专家推断，最迟在秦汉时期，西南少数民族聚居的地方就已熟练地掌握了蜡可以防染的特点，利用蜂蜡和虫蜡作为防染的原料。

尽管在唐代以前，西南地区的原住少数民族可能就已使用蜡染，但将蜡染发扬光大、传承至今的却是一批后来者。在唐宋时期活跃在洞庭湖畔的武陵蛮、五溪蛮等族群，在执政者不断地打压下，被迫向南迁徙。有的向西进入川南和贵州大部分地区，有的经川南和黔西北迁入云南，有的向南迁入湘西和广西，有的又由桂北进入黔南、黔东南。正是他们的这一大规模迁徙活动，为蜡染技艺的传承和发展创造了条件。一方面，在不断地迁徙过程中，他们的行进路线和历史需要记录，而这些没有文字的族群则借蜡染行使了图画史书的功能；另一方面，为了对族群进行区分，以便让子孙日后凭以相认，他们规定了各自的徽标，并以蜡染的方式标记在服装上，并忠实地代代相传。为了铭记历史、美化生活、传达理想信念，少数民族将自己对自然和人生的理解通过制作蜡染服饰和家居用品表达出来。虽然刺绣也能实现这些作用，但不论是时间还是材料都比蜡染所费要多。因此，可以说，蜡染是西南迁徙的少数民族最合适的选择，对蜡染技艺的保存和传承也是他们对中国古代印染文明的贡献。

当中原蜡染逐渐被缂丝、织锦、刺绣等工艺取代时，在西南、中南的苗族、瑶族、布依族、仡佬族等民族中，蜡染却依然世代相传。作为蜡染工艺的传承者，西南民族将蜡染技艺完好地保存下来，并流传至今。从考古发现看，西南地区是我国最早使用蜡染的地区之一。贵州素有“蜡染之乡”的美誉，这在全国是绝无仅有的，并以苗族蜡染技艺最为杰出（图9-99、图9-100）。瑶族、布依族、彝族、畲族等民族也都使用蜡染，并因地域、族群的不同而风格各异、各成体系（图9-101 、图9-102）；而

[1] 刘恩元，胡蜡芝，王洪光：《试论西南古代蜡染》，《贵州文史丛刊》1995年第5期。

图9-99 苗族蜡染被面（贵州三都县）1

图9-100 苗族蜡染被面（贵州三都县）2

图9-101 白裤瑶蓝靛染蜡布（贵州荔波县）

图9-102 畲族点蜡绘制蜡染布（贵州麻江县）

水族、仡佬族等民族也因与苗族、瑶族杂居或互相通婚后开始制作蜡染。蜡染是西南和中南民族服饰不可缺少的装饰技艺，是民族传统精神文化和物质文化的载体。勤劳的西南各少数民族妇女一直延续着在耕作之余从事蜡染的习俗，她们以其高超的技艺和卓越的天赋制作出精美的蜡染艺术品，以其杰出的艺术才华和独特的文化自觉创造出一笔丰厚的文化财富。

### （二）蜡染的材料与工艺

蜡染一般是用铜刀蘸熔化的蜡液或枫树胶，在白布上绘出花纹图案，然后将其放入蓝靛浸染数次，直至色泽深青浓艳，再放入清水锅煮沸，蜡熔化上浮，布上便显出绘制的花纹。

## ❶ 蜡染防染剂

蜡染防染剂中最古老的是树脂和树胶，目前在贵州一些民族地区仍然存在。枫香染是用枫树的油脂防染，至今还在使用枫香染工艺的有贵州都柳江流域的一些苗族村寨，如从江县邑沙和惠水县摆金、鸭绒一带的苗族。取枫香时，要找树干较粗的大枫树，用刀将枫树皮砍破，待树汁流出后，连树皮一道揭起，因其黏性特强，需要再以1∶1的比例将牛油加入溶液里制成防染剂，牛油起到加速绘蜡凝固的作用，一般以水牛油为最佳。将枫树液与水牛油一起熬煮，再去掉浆液中的树皮和渣滓，就成了一种灰褐色的胶状物，冷却后似蜡，可以储藏，用时同蜡一样，加温后熔化。因为枫液不易保存，只有冬季的枫液才质地优良，因此枫香染难以广泛使用。

使用松香防染的有麻江的绕家畲族妇女，但这种松香不是商店卖的那种晶莹如琥珀的松香，而是她们从树林中取回的、未加提炼的松香，其中有许多杂质，当地称其为“松木油”。取松香时，一般在树根底部离地约30厘米高处砍开树皮，待松树流出松脂即可取回家。绕家妇女以前也是用枫香防染的，据她们说，用枫香画，染煮后布面较白，而用松香布面则发黄。由于树脂黏度不同，松香是按照1∶1.5的比例加入水牛油制成防染剂的。

荔波瑶族则采用树胶防染。瑶族妇女从山上找一种叫粘膏树的高大乔木，用斧头向斜上方按“品”字形在树干上砍开一些切口，让树流出一种橙黄色浆液，下面用竹筒接取，采回树脂后倒入锅内，掺入适量牛油以文火熬煮，混合均匀后就可制成蜡料（图9-103）。

以树脂作为防染剂是贵州少数民族妇女对自然充分了解和利用的智慧体现，但是，由于树脂防染剂的一些缺陷，使其只能局限在小范围内使用。首先，树脂的品质受季节限制，防染效果不稳定；而且树脂一般黏度较大，难于表现复杂精细的纹样；另外，树脂蜡熔点较高，退蜡时会产生不均匀的现象。因此，在使用树脂防染的地区，蜡染的风格较为粗犷。相

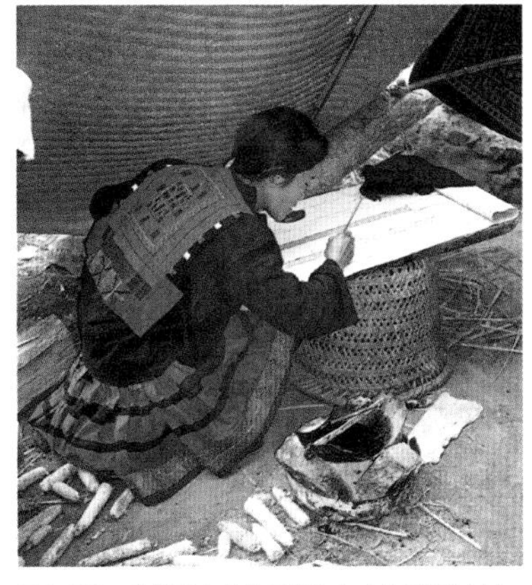

图9-103　白裤瑶点蜡绘制蜡染布（贵州荔波县）

对树脂来说，蜂蜡的防染性更好，保存起来也比较方便，而且随时加温熔化后就能使用，因此现在贵州少数民族地区普遍以蜂蜡作防染剂。

蜡染的作用之一是直接用于服装的装饰，使民族服饰既具独特的艺术性，又具有丰富的文化内涵。蜡染的第二个作用是用于刺绣的底纹，过去的很多服饰绣片，是先施以蜡染，然后按照蜡染的底纹进行刺绣。如日本学者鸟居龙藏《苗族调查报告》中讲到安顺花苗小儿背带布为安顺花苗妇女手制，背负小儿时，披于小儿脊上之物，其在布面上先投以蜡，绘以一定的花纹，刺绣时即依蜡纹而施丝于其上（图9-104、图9-105）。

虽然蜡染包括绘、染、煮等过程，较为烦琐，但比起印染工艺，蜡染更为灵活机动，随时可作；比起扎染，蜡染图案变化丰富，更能表现制作者的喜好和聪明才智。而且，蜡染还可以按照衣服的需要"量体裁衣"，将布裁剪成大小不同的幅面，然后根据穿用者的年龄层次、性格特征、个人爱好安排适合的纹样。

贵州各地的苗族蜡染风格各异。如果以使用蜡染的广泛程度以及对服装、用品的范围为依据来划分贵州苗族蜡染的风格，那么，由东向西，贵州苗族蜡染大致可以分为八种类型：榕江型、丹寨型、重安江型、麻江型、黔西型、织金型、安顺型、六枝型。其中，丹寨蜡染奇巧豪健，安顺蜡染典雅精致，重安江蜡染古朴神秘，麻江蜡染工整秀丽，榕江蜡染饱满简洁，黔西蜡染流畅抽象，六枝蜡染繁复精美，织金蜡染纤巧细密。

图9-104　苗族蜡染被面（贵州丹寨县）

图9-105　苗族蜡染背带（贵州织金县）

从防染材料看，可分为蜂蜡、石蜡、虫蜡、枫香、松香等。其中，最古老的应属枫香染，从江县岜沙一带的苗族和惠水县摆金、鸭绒一带的苗族至今仍然采用；松香染在麻江一带的苗族较为流行。苗族地区最常使用的是石蜡和蜂蜡，许多地区为了取得较好的效果，往往将石蜡和蜂蜡搭配起来使用，各地比例皆不相同。

从服饰用途来看，贵州黔西、织金、六枝等地的苗族服饰多以蜡染作镶边搭配，如袖片、裙腰、衣摆、领口等，图案一般较小；而贵州东部丹寨、三都、榕江的苗族用蜡染做服装、被面、床单的较多，图案形式较为粗犷。

从浸染方式来看，黔西等地小块的蜡染，可以用手晃动促染，随时查看；而黔东南苗族的蜡染布较大，只能用线将布吊在缸里，让其静止上染，这样染色过程就会慢一些。

从图案来看，贵州各地区的苗族蜡染有很大差异。东南部蜡染神秘古朴，能看到很多古老的纹样，程式化也较高；西北部蜡染线条精致，几何纹较多，图案极为抽象；南部的蜡染活泼豪放，图案多夸张变形，充满想象力。

可见，蜡染是一门包括了纺织、印染、绘画等多方面因素的综合技艺。同时，苗族各支系从物质文化到精神文化的特征也都能从中反映出来。

### ❷ 蜡染的工序

（1）点蜡。点蜡是蜡染中最重要的工序，也是体现民族妇女艺术创作能力的最关键的一步。苗族妇女只需几把铜片制作的蜡刀，而云南泸西彝族用竹签或竹刀点蜡，还需用到蜡(蜜蜡、树脂或石蜡)、熔蜡的瓷碗、保温的炭盆、承布的木板、染料(蓝靛)、染缸、洗练过的白布(棉、麻、丝、毛等天然纤维织物)、浆布的魔芋浆或白芨浆等。然后用稻草、竹片当尺子，用竹筒作圆规，或用针尖、指甲在布上定位置，当蜡熔化成液体后，温度大约在130℃时，就可以进行精彩的点蜡了。从准备工具到熔蜡，一般不过10分钟的时间，因此善于点蜡的各族妇女稍有空闲，便能随手点蜡(图9-106)。

各地苗族妇女因蜡染装饰的用途、大小以及审美情趣不同，点蜡方法也不相同。绕家的蜡染以花边饰带等小件物品为主，图案较小，清新秀丽，因此多拿在手上随意点蜡。黔西、织金等地蜡染图案虽小，但极为精致，因此多在平整的桌面上点蜡。丹寨蜡染图案较大，用于被单、被面、包布、衣料等大件的较多，讲

图9-106　苗族二次点蜡（贵州麻江县）

究整体均衡，追求粗犷豪放的风格，她们多放在膝盖上点蜡，布料需用白芨或魔芋浆处理以便制作。黄平蜡染工整细致，以中小型饰件为主，用于方帕、围腰、背扇、衣料等，她们多将布粘在木板上点蜡，还习惯根据布料的大小来构想，用纸剪出图案的纸样，在布上随意组合构图。

点蜡也有极强的随意性。同一主题，图案却可因地而异。比如鱼纹，贵州榕江苗族的鱼与织金苗族的鱼就是完全不同的风格。即使同样的形象，表现手法也会因人而异，比如用同一纸样来点蜡，每个人会用不同的点、线装饰，内部也会添加不同的纹样。因此，相同的纸样可以点出趣味完全不同的图案。

（2）染色。点蜡完毕后即可进行染色，传统上用植物蓝靛染色，主要用浸染方法，浸染温度一般为10~35℃。在浸染前，先用温水浸湿织物，这样才能染得透彻均匀。然后将布放入染缸，其在染液里呈嫩绿色，浸染30分钟至数小时后，将布捞出染缸数分钟观察其变化，若逐渐变为浅蓝色，说明染液正常。染缸上面用木板搭一个架子，每隔两三个小时将布捞上来放在木板上进行氧化，等水滴完后再把布放进缸里染。这样反复进行三五次，再放在清水里轻轻拍打，清除渣滓，继续浸染，根据染色的程度来决定浸染的次数。如此反复多次，就能染得较深较牢的青蓝色（图9-107）。

图9-107　苗族蓝靛染布（贵州麻江县）

（3）漂洗。浸染完成后就可以漂洗退蜡了。蜡的表面沾有染液，布上也有浮色，一般先在冷水中漂洗，尽量清除浮色，然后用热水煮，以脱去蜡质。脱掉的蜡漂浮在水面上，还可回收再用。因蜡中含有残靛，所以呈蓝色，苗家谓之“老蜡”。苗族妇女很喜欢用老蜡点花，尤其是点精致的花纹，因为在白布上，老蜡显得清晰直观。蜡染布脱蜡后，还要放在水中浸漂洗净。

（4）后加工整理。为了使蜡染花布更加平整美观，有些民族还有后加工整理的过程，如上浆和碾压。上浆就是将布匹洗净晒干后，用野生的豆豆柴根皮或猫抓刺捶烂熬水浆一次，有的还用水牛皮熬水，并加茜草根，再把布浆一道，这样做是为了使花布获得一种蓝中泛紫的光泽。而经碾压后，布的表面光洁悦目，对朴素的蜡染布来说，这样无疑为其增添了典雅之美。西南各少数民族蜡染工具、工艺基本相似，均为纯天然染料和手工绘制蜡染。

## 三、扎染技艺

扎染，在我国古代被称作绞缬、撮晕缬或扎缬，是在纺织品上进行染色形成花纹的一种主要的工艺门类。“缬”字的本意，是专门指扎染这门工艺。在《资治通鉴音注》里是这样解释的：“缬，撮丝以线结之，而后染色，既染则解其结，凡结处皆原色，余则入染色矣，其色斑斓谓之缬。”后来“缬”被发展为扎缬、夹缬、蜡缬等防染印花工艺的总称，都被归之为染缬。

### （一）扎染的历史与传承

手工扎染遍布世界各地，因各地的历史文化不同，所创造出的扎染作品也具有各民族的文化特征。中国扎染工艺不仅历史久远，技术也丰富多样，并随着文化交流传播到国外，如日本的扎染，便是奈良时期由中国唐朝传入的。我国云南大理白族地区，是我国目前扎染产量最大、在国内外最有影响的地区之一。这里被文化部命名为“白族扎染之乡”。湘西的扎染也较有特点，其扎染多采用散点状花纹，图案以菊花、海棠花等小型纹样为主，大多采用靛蓝染料染色。

在我国，扎染至少有着两千多年的悠久历史，据刘孝孙《二仪实录·衣服名义图》载，手工扎染“秦汉间始有，不知何人造，陈梁间贵贱通服之”。早在东晋，扎结防染的绞缬绸已经有大批生产，当时的绞缬产品，有较简单的小簇花样，如蝴蝶、腊梅、海棠等；也有整幅图案花样，如白色小圆点的“鱼子缬”，圆点稍大的“玛瑙缬”，紫地白花斑酷似梅花鹿的“鹿胎缬”等。在南北朝时，扎染技艺被广泛用于妇女的衣着，在《搜神后记》中就有“紫缬襦”的记载。现存最早的实物是东晋年间的绞缬印花绢。到了唐代，这种绞缬的纺织品甚为流行、更为普遍。《新唐书·舆服志》记载当时妇女流行的装扮是穿“青碧缬”衣裙，在宫廷更是广泛流行花纹精美的绞缬绸，各类染缬品争奇斗艳，无论从花纹还是色彩来看，都颇具艺术效果，扎染技术已经很高超，达到历史的繁荣时期，从宫廷到民间广泛普及，其扎染的方法在丝绸、棉布、麻布或毛织物上都能应用，很多技法至今还在民间流传。

1959年，吐鲁番阿斯塔那北区305号墓，出土了西凉的方胜纹大红绞缬绢，系扎结出平列的斜方形，周围有色晕。同年，于田屋于来克城遗址出土了北朝时期的一件红色绞缬绢，与阿斯塔那西凉红色绞缬绢花纹极为相似；第304号墓出土绞缬菱形格绢，染前扎缬方法与后来在1969年117号墓出土的棕色绞缬菱形格绢的扎法基本相同，每幅折叠三层，菱形格绉折的线纹多而密。1967年，吐鲁番阿斯塔那北区85号墓，出土了西凉红色和绛紫色绞缬绢，其中红色绞缬绢的图案是斜方形的白花，花心有圆点，行间作交错排列；绛紫色绞缬绢的图案，是近似方形的白花，花心有圆点，纵横排列。1969年，吐鲁番阿斯塔那北区117号墓出土唐代棕色的菱形格绞缬绢，染前折叠成六层，缝缀后染色。1972年，吐鲁番阿斯塔那出土棕色唐代绞缬四瓣花罗，染色前每朵花以中心为尖点折叠成四层，从四分之一处缝扎。此外，敦煌莫高窟发现盛唐时期的彩幡中，也有绞缬绢幡及绢带，一绢幡身湖蓝色，扎染菱形格纹，另一绢幡身第一段和第三段为褐色地白色点。

这些古代绞缬实物的发现，说明扎染工艺很早就有，而且在历史的不同时期都很盛行。各种染法源于何时又由何人所创，虽然没有明确的记载，但我们也可以看到在这历史的长河中，由于劳动人民集体的智慧使各种扎染技艺得到了高度的传承，又由于个人的创新，不断有新的扎缬技法出现。

**（二）扎染的材料与工艺**



扎染，是一种古老的采用结扎染色的工艺，又称为疙瘩花布、疙瘩花。

## ❶ 扎染的材料

作为我国传统的手工染色技术之一，其工具都是缝衣针和线。根据设计图案的效果，扎花的基本技法也大同小异，用线或绳子以各种方式折叠、绑扎、缝、绞、包、绑布料或衣片，其目的都是为了通过这些技法，在浸染时使得染液难以渗透到紧紧缝扎的部分。布料浸入染液中时，绑扎处因染料无法渗入，其缝扎部分的花与未缝扎的底，呈现出鲜明的两种颜色，从而形成自然的特殊图案。扎染中各种捆扎技法的使用与多种染色技术结合，染成的图案纹样多变，具有令人惊叹的艺术魅力。捆扎技法分串扎和撮扎两种方式，前者图案犹如露珠点点、清新雅致，后者图案色彩对比强烈、活泼（图9-108）。

图9-108 制作扎染（云南大理）

白族扎染基本上沿袭了中原地区古代绞缬工艺的传统技术。扎染原料为棉布或麻布，染料为蓝靛，工艺分为上稿、扎花、浸染、拆线、漂洗等过程，其中以扎花最为关键。扎花倾注了制作者的艺术匠心，图案取材主要有喜鹊梅花、花好月圆、龙凤呈祥、松鹤延年等吉祥图案。手法以缝为主，缝扎结合，具有布局饱满、刻画细腻的特点。浸染采用天然蓝靛反复浸染，由于花纹的边界受到蓝靛溶液的浸润，图案周围自然产生多层次晕纹，薄如烟雾，若隐若现，凝重素雅，古朴雅致，有一种回归自然的雅趣。妙趣天成的扎染艺术品千姿百态，常用来制作衣裙、头帕、围腰、被面、床单、门窗、窗帘、桌椅幔等。

白族扎染的纹样图案既有唐朝时期中原地区较为流行的小圆点纹样“鱼子缬”、大圆点纹样“玛瑙缬”、类似梅花鹿毛皮的“鹿胎缬”以及小蝴蝶、小梅花等纹样，也有流传于汉族民间的诸多传统吉祥图案，纹样的构图和文化寓意也大致趋同。白族的染神信仰与汉族民间广为流传的梅、葛染神相同。可见，如今保存在云南大理白族中的扎染，是中国绞缬工艺技术及其传统的重要代表（图9-109~图9-112）。

图9-109 白族扎染（云南大理）1

图9-110 白族扎染（云南大理）2

图9-111 白族扎染（云南大理）3

图9-112 白族扎染（云南大理）4

## ❷ 扎染的工序

从一块布料到扎染成品，整个工序是一个繁复的过程。扎染的生产过程中主要有手工缝扎、浸染、拆线、漂洗、晒干几道工序。缝扎是制作中非常重要的一道工序，首先要熟悉各种针法，每一块扎染布的纹样都采用了若干不同的扎花针法；其次要把握针法的松与紧，这完全是凭着悟性和手感来掌握；再有要防止脱落、错扎和遗漏。整个扎花过程需要极大的耐心和细心，因扎花工艺和挑花、刺绣不同，扎花时用肉眼难以直观看出纹样的形制和工艺效果，要到浸染完成拆线时才能检验，没有任何补救的余地。扎花技术的好坏，关系着浸染后花纹的成形、色彩的深浅对比。用植物染料蓝靛浸染，系冷染的方法，其过程要反复多次。染色的质量，除了与浸染的次数有关外，还与染料的配放、浸染技术、染媒的使用、晾晒、气候因素等有关。拆线工序不复杂，但需格外小心，一旦拆破布料，则前功尽弃。漂洗工序看似简单，但在过去，也是全凭经验，掌握不好，会影响扎染布花纹的成色。在制作扎染的过程中，每一道工序都精益求精，才可能保证质量，否则扎染会有染色不均、纹样错扎和遗漏等诸多问题（图9-113~图9-115）。

图9-113　壮族扎染（广西天峨县）

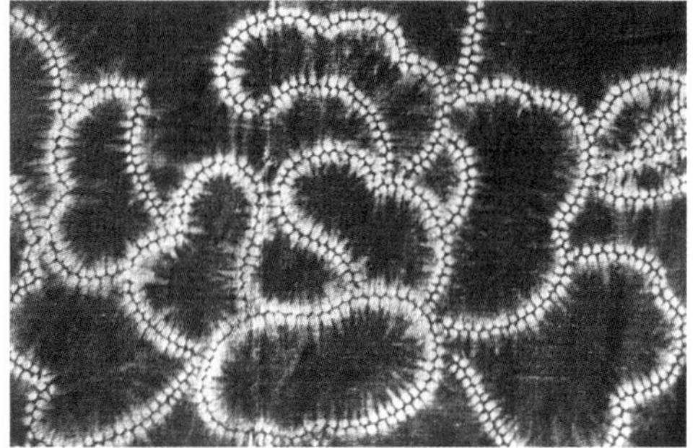

图9-114　壮族扎染（广西靖西市）

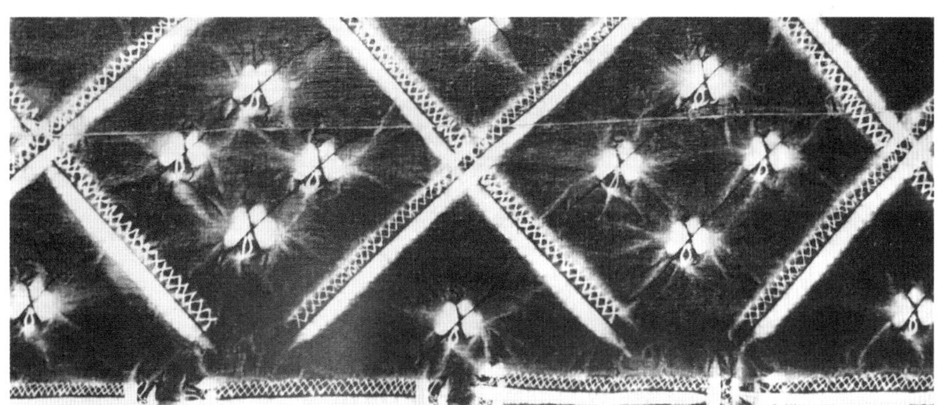

图9-115　壮族扎染（广西环江县）

藏族的扎染十字花氆氇，主要盛行于西藏地区，其在毛织氆氇上扎染十字花，用于制作女性袍服、长坎肩和氆氇靴，色彩浓重深沉，织纹粗而密，花纹呈单体横列，以紫色底、蓝色底配白色花为主（图9-116、图9-117）。有的氆氇还要制作花纹，例如"噶珠哇"（宫廷舞蹈团）的戏袍有蓝色花纹，达赖的服装上有黄色格子，都是用针线一点一点扎成的。

新疆维吾尔族艾德莱斯绸的制作也是扎染技艺的一种，与众不同的是，其采用的是扎经染，即在织造之前先将经线按预先设计的图案扎染出花纹，然后再织出艾德莱斯绸（图9-118）。

“玛什鲁布”是清代乾隆年间新疆维吾尔族织造的一种起绒丝棉交织物。采用了扎经染工艺，具有新疆维吾尔族艾德莱斯绸的特点，可以看作是各族人民染织技术交流的结晶。经线用家蚕丝，纬线用棉纱，经线扎染成蓝、白、绿、红、黄五色，彩条间有别致的无级层次色晕，扎经线染色后再制造。故宫博物院收藏有绿色长条花纹的玛什鲁布绒被和红色织成八角花纹的玛什鲁布。绿色长条花纹玛什鲁布绒被的起绒方法，与中原生产的漳绒相仿，属于起毛杆经起绒类型。

图9-116　藏族扎染氆氇女袍（西藏山南市）

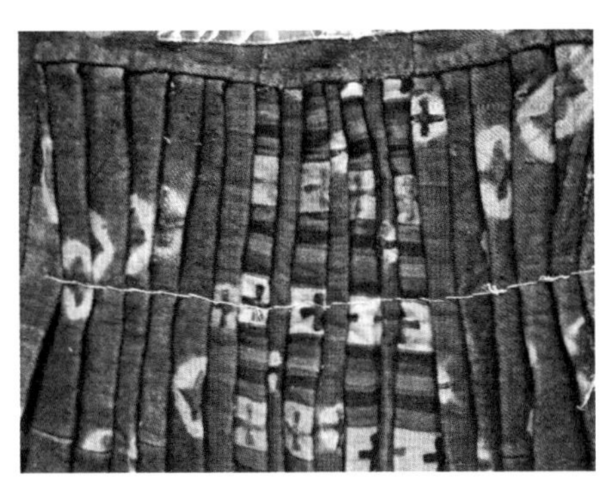

图9-117　藏族扎染氆氇女袍局部（西藏山南市）

图9-118　维吾尔族艾德莱斯绸扎经染工艺（新疆和田市）

## 四、印花技艺

在多种植物染料发明之后，各种颜色的面料虽然形成了服饰色彩的变化，但仍不能满足人们不断增长的审美需求，于是出现了用染料直接在织物上施加花纹的方法，这种手绘方法也一直流传在民间。真正意义上的织物印花最早的是湖南长沙马王堆一号西汉墓随葬的印花敷彩纱，用小幅镂空花版直接漏印银灰色藤蔓底纹。秦汉时期，人们在染色实践中发现了染色与空白的对比关系，认识到控制染色面积及染色形状可以形成空白的花纹，于是防染技术开始出现。新疆地区出土的东汉蓝印花布，可能是用镂空花版和防染浆剂印成。现在各地印染方法均以地区出产和民族习惯而不同，不过工艺大同小异。少数民族地区的印染主要有两种，一种是防染技术的镂空版印花，另一种是直接印染的模戳印花。少数民族印染技艺最具代表性的有苗族的蓝印花布、维吾尔族的印花布和藏族的印花氆氇等。

### 1 苗族镂空版印花

苗族印染主要流行于黔东和湘西，原料土布、染料均为天然，工艺出自民间，效果清新、明快，具有鲜明的民族特色。印染花布制作皆为手工，工序有纹样设计、刻花稿、涂花版、拷花、染色、晒干等。

刻花稿，是在牛皮纸上勾出图案，用刻刀代笔进行镂刻，花版一般用2~3层油板纸或牛皮纸黏合在一起，在纸板上勾出大体的图案，用自制刻刀以刀代笔，进行镂刻，刻花时刻刀需竖直，力求上下层花形一致。刻刀用铁皮切割斜口打磨刀尖后，用竹片夹紧包扎而成。刻刀分斜口单刀、双刀、铳子三种类型。单刀刻面为主，用双刀所刻的线宽窄一致，铳子分大小数种，主要铳制花版所需的圆点。镂刻中又分刻面、刻线、刻点的手法，刻面主要采用断刀的刀法，来表现大块图案，这也是蓝印花布中最具典型的刀法。刻线要刻得流畅、通顺，蓝印花布图案中的线又分阴线、阳纹。刻点一般用自制的铳子来铳，点一般在图案中起装饰作用。除了镂刻以外还有替版，早期用过的版面可以用羊毛刷帚蘸少许颜料粉把原图案保留下来，再进行镂刻，这样可以反复使用。花版镂空后，将刻好的花版用卵石把反面打磨平整，然后刷熟桐油加固，晾干，经过2~3次正反面刷油，最后晾干压平，分类保存，需要用时就可直接印防染浆。

防染浆是用黄豆粉和石灰调制的，加水调成糊状，将刻好的花版放在白布上就可刮浆。刮浆前先将坯布洒水，润湿是为了让白布更好地吸收染浆。苗族蓝印花布防染浆料常用黏性适中的黄豆粉，但单纯的黄豆粉夏季容易变质，且成本高，加石灰粉后不仅上浆好刮，染好后也容易刮掉灰浆，故用黄豆粉和石灰按10∶7的比例调制作防染浆，再加上水调成糊状。有时根据花型要求也采用糯米粉和石灰作为防染浆。调浆时黏稠要适中，黄豆粉越细、浆调得越透，黏性就越好。把刻好的花版放在白布上就可以进行刮浆。刮浆时用力均匀，刮刀一般用铁锻成，手柄为木制圆柱形，也有用牛角和木板做成。接版时要把布和花版放在边沿，使版面匀称相接，印好浆的白布需两天时间阴干，待灰浆晾干后，可投入缸内染色。

### ❷ 维吾尔族模戳印花

维吾尔族民间印花布，是维吾尔族典型的手工艺品。它的最大特色是把手工的印染技术和民族风格的图案融为一体，具有装饰趣味和乡土气息。主要工艺形式是模戳多色印花，从制作到纹样造型、布局、构图，具有强烈的维吾尔民族风格。木模戳印技艺是用雕刻了图案的木模蘸上各种天然植物、矿物染料，戳印到手工纺织的土白布上，使用多种不同的木模图案组合在一起，形成彩印花布。模戳是将纹样覆画于梨木或核桃木上，以木模立槎制纹，雕刻成凹凸分明的图案，一套模戳有几十个不同形状，如圆形、椭圆形、方形、长方形、菱形、梯形等，图案有玫瑰花、草、叶、洗手壶、茶壶、巴旦木等。一个模戳就是一个单独纹样，用一个单独纹样模戳可以拓印形式多样的适合纹样、二方连续和四方连续纹样，形成一个组合的整体图案。木模戳印花布由民间艺人设计制作图纹，丰富多彩。用模戳蘸黑色染液即可印出黑色纹样，黑色染液是面汤浸泡铁锈的酵液。然后，再用不同的填色模戳以毛笔、毛刷蘸上红、黄、蓝、橙、绿、紫、玫瑰、靛蓝、杏黄色等各色染液，按其纹样所需加以拓涂，最后形成色泽绚丽的多色印花布。

维吾尔族的传统染料为植物和矿物染料，均用土法制染。如用槐花、槐籽、桑树根制染黄色；核桃皮制染柠檬黄和黄绿色；红花、茜草制染绯色、红色；红柳根、红柳穗、杏树根制染赭褐色、土红色；葡萄干制染红赭色；锈铁屑和面汤的酵液制染黑色；靛蓝染深蓝色等。还有一种叫“扎克”的有矾性的石料作为媒介剂。印花布也可以先上底色，一般为浅黄的底色，维吾尔族民间艺人将核桃皮等染色用的植物放进手摇石磨上磨成粉，把磨好的粉放入热水中调匀，然后把白布放入水中，浸泡一会儿后，拿出来晾干。白布晾干以后，再用木棒在石板上捶平，便开始印制图案。维吾尔族长期使用彩印花布作为棉袍衬里、腰巾、罩单、窗帘、门帘、桌单、餐巾、壁挂、礼拜单、墙围布和炕围布（图9–119）。

维吾尔族也有镂版单色印花，工艺与其他地区蓝印花布相同，灰浆是用石膏粉配以面粉和少量的鸡蛋清，也是采用蓝靛草浸染，但多采用具有民族特点的纹样。

上述两种不同工艺、不同配方的印花布均具有鲜明的民族风格和不同的艺术效果。印花布的装饰纹样多取材于现实生活和大自然中的各种物象，最常见的是各种花卉纹样，主体纹样多为枝叶、花蕾、蔓草，主要花饰有巴旦木花、石榴花、

图9–119 维吾尔族印花布大单（新疆和田市）

牡丹花、芙蓉花、梅花以及无名的八瓣花、六瓣花等。此外，许多造型优美的民族工艺美术品和生活用品，例如，壶、盆、瓶、炉、坛、罐等的形象也被用来作为装饰主题，但这些纹样中没有人物和动物形象，这是因伊斯兰教不得表现有灵魂物体的教规禁约所致。藏族印花氆氇工艺与维吾尔族相似，是用印花模印十字花纹在氆氇上。

此外，还有其他的防染方法，如糯米染。严格来说，这是同蜡染相似的技法，即需要手工绘图，但所用材料又与印染相似。糯米染是广西龙州一带壮族特有的印染方法。先把糯米舂成细粉末，煮成糊状，将白布放在木板上，用竹篾蘸糯米糊在布上描绘图案纹样，然后将绘好图案纹样的布料放入蓝靛缸中浸染，待布浸透蓝靛后取出晾晒干，再用稻草烧灰煮水，用灰水将布上的糯米糊洗掉，绘制的纹样便显露出来。在印染过程中，凡用糯米糊描绘过的地方，因糯米糊的防染作用而未染上蓝靛色，形成白色的纹样。未用糯米糊涂过的地方，则被染上蓝靛色。糯米染工艺和蜡染工艺很相似，但其图案纹样的色调比蜡染显得柔和。多用于上衣的袖口和挂包。

## 第四节　面料整理工艺

面料整理是通过化学或物理的方法改变面料的外观和手感、增进服用性能或赋予特殊功能的工艺过程，是赋予面料以色彩效果、形态效果和实用效果的技术处理方式，为织物“锦上添花”。整理方法可分为物理整理和化学整理两大类，在少数民族地区，主要采用的是物理方法即机械方法进行的整理。

在少数民族地区，为了适应山区的生活，服饰的衣料除了美观硬挺，还要有一定的舒适度。为了达到这种服用性能，就要对织物进行相应的整理。民间的整理与染色是交叉进行的。研光是利用纤维在湿热条件下的可塑性将面料表面砑平或砑出平行的细密斜纹，以增进织物光泽的工艺过程。平砑光是用硬辊和软辊组成轧点，面料经轧压后，纱线被压扁，表面光滑，光泽增强、手感硬挺。

硬挺整理是将织物浸涂浆液并烘干以获得厚实和硬挺效果的工艺过程，是以改善织物手感为目的的整理方法。利用具有一定黏度的天然或合成的高分子物质制成的浆液，在织物上形成薄膜，从而使织物获得平滑、硬挺、厚实、丰满等手感，并提高织物强力和耐磨性。面料整理主要有上浆和研光两道工序。

## 一、上浆

为了使布匹更加平整美观，还有加工整理的过程，如上浆和碾压。上浆是指将面料浸涂浆液并烘干以获得厚实手感和硬挺效果的整理过程，第一步是对布料的预处理。棉布、麻布、丝绸等天然纤维织物含有杂质，必须反复多次以浸泡、捶打、清洗和日晒的方式来清除，否则会影响染色质量。古代称这道工序为“湅”（练）。苗家妇女织完布，一般都要经“练”这一工序。练的方法，各地也有差异。有的地区用开水煮烫，有的地区用草木灰水浸泡，有的用碱或石灰水来煮。由于经煮的棉纱中的脂类会脱掉，点蜡时会不够平整，易渗蜡。因此，在以煮的方式来练布的地区，点蜡之前先要用魔芋浆或白芨浆浆布。如贵州三都县城关镇巫塘村的白领苗是用草木灰或牛粪煮两三个小时来练布匹，然后用魔芋浆在布的背面均匀平涂来浆布。先将一块魔芋洗干净削去皮，再用小刀细细刮削成糊状，盛在盆里，添少许水，适当降低一点黏稠度，然后用一块毛巾包着魔芋糊，在布的表面用力刮蹭，从毛巾中过滤出来的汁液便渗进布里。等其自然风干，这块布就硬挺了。魔芋有黏层，可使布硬挺，但不会阻挡染料的渗入，而且日后会自行消失。苗族、侗族将布匹洗净晒干后，用野生的豆豆柴根皮或猫抓刺捶烂熬水浆一次，有的还用水牛皮熬水，并加茜草根，再把布浆一道，这样做是为了使棉布获得蓝中泛紫的光泽。而经碾压后，布的表面光洁悦目，这样无疑增添了美感。

## 二、研光

为了让布平整光洁，还需要将其磨平。一般是用牛的肩胛骨作为打磨工具，因为经常使用，变得极为光滑称手，用这块骨头用力来回摩擦布的表面，很快布就又光又平。

如果当地有染坊，也可以将布匹交给专业染整的师傅进行染色和整理，主要的整理方法为石碾碾压。染布师傅将染好的布从染缸中取出，熟练地绕在圆柱状的木轴上，然后放在压布碾上。碾子分两部分，上部略呈U字形，下部为平整的石板，布轴就置于石碾和石板之间。师傅双手攀着钉在墙壁上的木杆，小心地踩上石碾子，两脚分别用力蹬石碾两端，身体也随之左右晃动，木轴便在石碾和石板之间来回滚动，利用巨大的石碾的力量，将布碾压得平滑致密，同时也挤去了一部分水分。然后将布放在叠布的辊子上，用木槌用力捶打，再不断地抽取折叠，一匹平整光洁、折压整齐的染色布就完成了。

关于毛织物的整理，为了获得洁净、均匀的呢料，需要洗出毛织物特有的手感和舒适感。在洗涤过程中，通常借助表面活性剂的润湿、渗透、乳化、分散和洗涤等作用，辅以压轧、揉搓等机械作用，使各种污垢分离，达到净化织物的目的。对毛织物进行充分的水洗加工，不仅能够去除羊毛中的油汗、油污、尘埃、烧毛灰及其他污垢杂质，使外观光洁，还能在织物表面形成一层短绒，获得柔软丰满的手感和毛织物固有弹性，提高织物润湿性能，为染色做好准备。东乡族在褐子织好后，还要用开水浸泡在缸里，用脚踩洗两三次，每一次踩洗耗时两个多小时，直至污垢洗净，凝结柔软，才缝制成衣服。

## 三、亮布的制作

棉布的整理除了砑光之外，西南少数民族还使用一些独创方法以获得特殊质感的面料，其最常见的便是亮布。这是一种采用特殊整理方法制成的面料，多用于节日盛装。苗族、侗族地区一种青紫色的衣料，经靛染、表面经过特殊处理而呈现似金属一样色泽的称为“亮布”或“蛋浆布”（图9–120）。

图9–120　苗族制作亮布（贵州台江县）

亮布是侗族印染织物中的上乘之品，由于其色泽、质地、工艺都不亚于刺绣和织锦，所以备受侗族人民的珍爱，被用于制作礼仪或盛装服饰。许多侗族地区盛装所用的衣料都是整幅布面闪闪发亮的亮布，若要想得到这种面料，还要将普通侗布进行一些特殊的加工。如贵州从江县的西山镇一带，会把染色到一定深度的侗布继续放入甑子中蒸透以固色，然后将蒸好的布再次放入缸中蓝染，反复染三次，每染完一次都要拿去河边漂洗，晒干。接着将薯莨切片，熬出红色的水用来染布，染布方法与用牛胶水染布相同，这个过程要反复两三次。最关键的一步是蒸布。许多侗族妇女认为，蒸布时所加的植物药草可达到使布发红变亮的目的。西山蒸布所用甑子底层所放的布蒸草有干辣椒以及带红色的花草如鸡冠花等。一般甑子底层要先垫稻草，稻草上面依次放干辣椒和带红色的花草等。各个地区所放的布蒸草都不尽相同，如黎平肇兴地区除了放干稻草、干辣椒以外，还放入一种带毛的杜鹃花茎叶。蒸好的布拿去晾晒，干后捶打至发亮。至此，又红又亮的亮布就基本做成了。要得到一匹好亮布，历时约两个月。但这种布不宜水洗，故多用来做本民族的盛装，重大节日或姑娘出嫁才穿。若是不喜欢红亮色，或想使布一面呈红色，另一面呈黑色，则可抹生黄豆水。方法是将黄豆水倒入木盆中，将布依序折好放在木盆外，将欲抹的部分铺平在木盆中用黄豆水抹，抹时动作要快，且不宜抹太多，因为黄豆水抹多了会使布变黑，抹过的地方卷成筒状，抹好后晒干。这样，一块双色的亮布就做好了。

亮布的制作工艺都需要研光整理，即经过上胶和上浆的硬挺整理后的捶打碾压工序。胶质和浆料填充了纱线之间的空隙，增加了棉织物的平整性，而用木槌的光滑面捶打浆好的布属于研光整理，在反复捶打产生的机械压力下，纱线被压扁，竖起的绒毛被压服，从而使织物表面变得平滑光洁，对光线的漫反射程度降低，呈现出灼灼的紫光和薄而爽挺的手感。斗纹布经浆染和研光后光亮坚挺，别具风格，其色调之调和、图案之精细，令人惊叹不已。苗族亮布盛行于台江、从江、榕江、剑河、施秉、镇远等苗族地区，用于制作男女盛装服饰。如台江施洞苗族挺括光鲜的亮布不仅用于制作苗族女上衣，也用于制作百褶大裙。一条大裙需亮布20多米，费时费工，称其为盛装毫不夸张。

苗族、侗族的亮布在民族服饰面料中堪称一绝，其在苗族、侗族民众眼中如同绣花衣物一样珍贵，穿上亮布衣物就是穿上了盛装。

## 四、其他侗布的后整理

三江同乐的侗布选用家织平纹棉布为原料，染以蓝靛、牛胶和薯莨，并经过反复捶打、浸染、蒸熏、晾晒等多道工序后才最终成布。用这种布制成的百褶裙裙褶极细，每褶的宽度大约只有3~4根纱线，这些细褶全是妇女们用双手捏出来的，与工业化的机械加工相比，手工捏褶更为灵动鲜活，捏褶工艺的运用增强了面料的雕塑意味和美学情趣。由于黄豆浆、青柿子浆、鸡蛋清三种浆料的特殊处理，使其产生的褶峰发亮，而底色深蓝偏紫，远看如同抹了金粉一般。三江同乐的侗布以平纹为主，除用做百褶裙外，也是制作传统盛装和便装上衣、肚兜的材料。

贵州从江西山的侗布深蓝色上泛着淡淡的紫光，使西山侗布给人以非常含蓄、柔和的感觉。一方面是因为用于织布的棉纱线较为细密，另一方面，凹凸有致的斗纹组织结构对光的反射能力很弱。西山的侗布质感柔软舒适，不易起褶，极具穿着的实用功效，可用来做便衣裤、头帕和围腰。

黎平肇兴的侗布呈蓝紫色，高光泛红，色相偏暖，亮度较为强烈。织物的组织结构为平纹，棉纱线较细密，整体感觉光滑平整，可做盛装上衣、围腰、绑腿和裙子的布料。家织棉布在染完蓝靛和牛胶后，必须要放到茶树根的皮及薯莨熬成的水中去漂染，并要经过多个重复步骤：蒸布—>晾晒—>染蓝靛八九次—>抹青柿子汁—>捶布—>再抹青柿子汁—>拿鸡毛或鹅毛醮鸡蛋清刷在布上—>晾干—>捶布—>蒸布（甑子底部依次垫映山红花、稻草和干辣椒）—>染蓝靛—>捶打。做好一匹布大概需要一个月左右的时间。据当地人介绍，这里的风俗是8、9月份的时候穿亮布，尤其在结婚、过节和跳芦笙的时候妇女是必须穿亮布的；而11、12月份的时候穿不亮的侗布，且侗布一般穿在里面。

为了让盛装的百褶裙表面亮丽折光，当地的侗族妇女习惯在刻好裙纹的裙褶上抹浆，所用浆料有三种：黄豆浆、青柿子浆和鸡蛋清。抹浆时，先把黄豆去皮碾成粉末，放入布袋中，加水过滤，用碗盛浆，然后轻轻地抹在褶峰上，每幅布要抹3次，注意要抹得均匀，但又不能过于潮湿；第二步抹青柿子浆，将青柿子捶烂、挤浆、过滤，方法和步骤与抹黄豆浆相同，要等黄豆浆干后才抹；第三步抹鸡蛋清，在新鲜鸡蛋壳上开一个筷子大小的洞，然后一手抓鸡蛋，另一只手接蛋清，不能接多，用手揣摸到感觉匀净了，将其抹到褶峰上。裙子不能绷得太紧，抹时要轻轻地，最好不要渗到布的凹槽里。每幅布抹鸡蛋清3~5次，整条裙要耗用鸡蛋至少5个。上好浆后，将裙卷好放入甑子中蒸，使浆料粘牢不掉。因为当地侗族不喜欢褶峰亮度过于刺眼，所以需用蓝靛再染一次。经过这种方法处理的百褶裙呈现出忽闪忽现的条纹纹路，非常好看。

在前面的染色阶段，靛蓝染料经过反复的套染虽已被吸附和固着到棉纤维上，但仍易褪色，必须将表面染料向纤维内部扩散以进一步固色，即通过加热的手段打破常温下织物与染料间的平衡关系，使染料由集合态转变成单态渗入纤维内部。蒸布一方面加强了染料的固着能力，另一方面通过高温加热，织物纤维得到热定型。经过热定型处理后的织物不会在穿着和洗涤过程中形成褶皱，并保持原有的褶裥。

侗布的硬挺整理通过上胶（涂抹和浸轧各种动物胶质和植物胶质）和上浆（涂抹和浸轧各类淀粉）来实现。另外，用靛蓝染色的棉布，再经薯莨汁液处理，还可增加易洗和耐晒的效果。广西三江的侗族需要把用牛胶和薯莨处理过后的平纹侗布做成百褶裙，她们就在百褶裙的褶峰上分别抹上黄豆浆、青柿子浆和鸡蛋清，黄豆浆主要起浆布的作用，青柿子浆和鸡蛋清分别含有果胶和胶质（蛋白质），它们所起的作用是增加棉织物的硬度，并使裙褶保持一定的形状。这种上胶整理的效果是不能持久的，经一次洗涤后就达不到原先的效果了，所以百褶裙一般不洗。再有，从江县西山镇一带，有一种一面红一面黑的双色侗布，当地的做法是在布的一面抹上生黄豆水，另一面保持原样，这样在靛蓝染色时因加碱过多所泛的红光就会因为生黄豆水的加入而有所减弱，这和我国古代蓝染控制色光的方法大致相同（如前所述）。所以抹了黄豆水的一面颜色较深，没抹的一面颜色较红。

# 第十章 少数民族服饰色彩与图案

色彩作为一种象征语言，在民族服饰文化中有着极其重要的地位。民族服饰具有的各种色彩语言生动地展示了民族文化的独特魅力，中华民族的服饰色彩各不相同、风格迥异，都具有浓郁的民族特点，给人以强烈的审美感受。大多数民族都会给予某些颜色以象征意义，这些色彩如同象形文字那样，是一种语言符号，是民族心理的表述。由主观感受带来的象征意义是某些色彩深受欢迎的重要原因。每个民族都有他们自己对色彩和谐的主观概念，这就出现了这样或那样的色彩偏爱，也就是说，在民族服饰的色彩艺术中，主观视觉效果显得尤其重要，通过人的视觉和脑知觉的作用，色彩获得了其社会意义和人性内容，并以服饰为表现载体。

色彩观作为生活中一个重要的组成部分，不仅能反映人们对于色彩的喜爱程度，还能表达民族的深层文化心理。色彩本是一种物理现象，但人们生活在一个色彩的世界中，积累了许多视觉经验，而当这些视觉经验与外来色彩刺激发生一定呼应时，在人的心理上引起的某种情绪与感情，就成了色彩的情感。少数民族的色彩情感往往具有强烈的语言特性和文化含义以及浓厚的地域文化气息。处在同一种大环境中的民族，其色彩文化又形成了一种统一的情感表达。

## 第一节　服饰的色彩表达

中国各民族生存空间和地理环境有各自的独特性，从而产生和保留了各自源远流长、个性突出、特点鲜明的民族特色，并由此积淀发展成为服饰色彩的丰富形式。由于传统习惯、风俗和国家、宗教、团体的特定需要，给某个色彩以特定的含义，使某些色彩因其象征的内容不同，而有不同的表达和语言。对于北方少数民族来说，绿色是草原和沙漠绿洲的象征，红色是火的象征，于是有了蒙古族、藏族崇尚佩戴红珊瑚和绿松石的习俗。不同区域、不同民族的服饰都拥有其独特的色彩文化景观。

红色往往与庆祝活动或喜庆日子有关，是欢乐、兴奋与胜利的象征色，也是很多鲜花的颜色，给人以美丽与热情的感觉（图10-1）。

黄色有着太阳的光辉和金色的光芒，象征财富和权力，也是帝王色彩，代表着骄傲和庄严，给人光明、辉煌、灿烂的感觉（图10-2）。

图10-1　苗族背带红色系图案（贵州三都县）

图10-2　花溪苗黄色系挑花方领背牌（贵州贵阳市）

橙色，也称橘黄、橘红，以成熟的果实命名，既温暖又光明，给人以饱满、丰硕、充满希望的印象。

绿色是地球上最重要的颜色之一，绿色是植物的颜色，也是生命的色彩，绿色处于中庸、平静的地位，又象征生命与希望。

蓝色为冷色，是天空、海洋、湖泊、远山的颜色，显得博大、深远、宁静、崇高、无边无涯、冷漠透明。蓝色的所在往往是人类所知甚少的地方，无垠的宇宙、深邃的海底、流动的大气，给人以永恒、冷静、沉思、智慧的感觉。

紫色是极其矛盾的色彩，既有紫气东来的祥瑞气氛，也有绝望苦闷的孤独感，因此紫色被一些民族看成是富贵吉祥之色，也被一些民族认为是不祥色。

色彩的象征意义在主观上是一种反应与行为。通过视觉开始，从知觉、感情而到记忆、思想、意志、象征等，其反应与变化是极为复杂的。少数民族色彩的应用已经在无意识中关注了这种因果关系，即由对色彩的经验积累而变成对色彩的心理定式。一些民族的称谓即是出自于他们的服装色彩，如蓝靛瑶、白裤瑶、红头瑶、黑衣壮等。

## 一、服饰色彩特征

色彩的配合，主要是追求色彩的和谐与色彩的美感。服饰色彩搭配有其自己的规则。配色与调和是指两种及以上的颜色并置在一起使之产生新的视觉效果，或彼此相互共鸣而无排斥的感觉。配色的规律有几种，同一色配色是指同一色相本身以明暗、深浅所产生的新色彩，如大红和粉红，这种配色显得很艳丽；类似色配色是指相近色靠其相互之间的共有色素来产生调和，如红与橙，这种配色显得很平和。多色配色时，通常以其中一个色彩为主，其他为辅色，由辅色的明度和纯度变化来达到多色变化的调和效果。

色彩作为视觉信息，无时无刻不在影响着人类的日常生活，刺激和感化着人的视觉和心理情感，从色彩给人们的感觉可知，不同的颜色会传达不同的情景感受，即使同样配色，不同的比例搭配，也会有不同的感受。

色彩分为两大类，即有彩色和无彩色。有彩色具有色相、明度、纯度三个属性。无彩色即金、银、白、灰、黑，不含颜色，只含有明度元素。白色明度最高，黑色明度最低。一般认为，服饰色彩的最佳配色应符合一些公认的原则，如一套服饰的搭配色系不能过于杂乱；主色和辅助色、点缀色要符合比例原则；黑、白、金、银等无彩色能和一切颜色相配等。

### （一）少数民族色彩运用的主要手法

民族服饰在色彩和造型上稚拙天趣，既有同一色相的渐变效果，又有对比色的均衡对应，也有多种色调的相互映衬。

#### 1 对比

少数民族的色彩对比运用主要有色相对比、明暗对比、面积对比、补色对比等手法。

原色相配能形成鲜明的对比，有时会收到较好的效果。广西板瑶妇女使用鲜亮而又对比强烈的原色，刺绣的色彩处理能应新巧配，在深蓝或青蓝的底布上，以大红、深红的丝线为主色调，间以黄、绿、蓝、粉红等色，挑绣出线条明快、色彩鲜艳的图案，色彩火红热烈透出斑斓绚丽、古朴厚重之美，与她们生存的自然环境形成了既对立又和谐统一的有机整体（图10-3）。

图10-3　苗族彩锦围腰（贵州雷山县）

面积对比法即利用色彩之间

的比例关系进行面积配置。当两种色彩的色相、明度、纯度不变时，双方的面积越大，调和则越弱，反之越强。如大面积红色配大面积绿色会显得很刺眼，而小面积红配小面积绿则会和谐一些。另一种情况是，双方面积越接近，对比越强，调和效果越弱；而面积大小越悬殊，小面积越容易统一到大面积中，调和效果则越强。万绿丛中一点红就是属于面积悬殊调和，或称优势、统属调和。如青海少数民族和地区的土族妇女喜欢用绿袄配红裙，体现了强烈的对比；而贵州雷山苗族刺绣中往往在红缎上以绿色的丝线刺绣，这种对比方式由于面积差异，则呈现出调和的效果。

色彩面积的对比还体现在色块拼接上。如云南峨山、新平、石屏县的彝族聂苏支系的花腰彝妇女衣裤，用对比强烈的两种以上色布拼接而成，全身以红色为主，红黑相间，配上绿、蓝、白等色，十分鲜艳悦目。青海互助县土族服饰色彩的运用中也表现出了独特的个性，喜用缤纷的色彩来装扮衣袖，称花袖子为“阿拉肖梢”，而且有两种式样，一种是以红崖子沟为中心的地区，袖口部分所用的彩条宽约3厘米，向上依次加宽，到袖根部宽约6厘米；另一种是以东沟为中心的地区，这种“肖梢”分夹缝和堂子两部分，夹缝较窄，堂子较宽。彩条的排列方法是先在肩部以红、黄、紫、绿、蓝为序加宽约5厘米的夹缝，再拼一条宽约13厘米的绿堂子，袖口再加宽约3厘米的四条夹缝，这样有宽有窄，宽窄结合，非常醒目美观。

面积差异悬殊时，视觉效果会显得典雅柔和。如黑衣壮的衣边、衣角、袖口、裙边和头巾的四边都用红布或黄布剪成小条以后镶上去，有的则用红、黄、蓝色丝线绣成波浪形的线条，使黑中衬出红、黄、蓝色的线条来，清雅明亮，色彩协调。再加上头发中插着龙头形的银簪，颈项上戴有银链或项圈，手戴银圈、玉镯，耳挂珍珠耳环等，黑中闪艳，朴素之中亦有玲珑之美，表现了她们独特的色彩审美观。拉祜族最喜爱黑色，以黑为美，服饰以黑为主色。在黑布作底的服装上用彩线和色布缀上各种花边图案，再嵌上洁白的银泡，使整个色彩既深沉而又对比鲜明，给人以美感。

藏族服饰多用对比色配置，形成其色彩浓艳而独具风情的色彩特色。它主要是综合采用了几种色彩元素的构成，即明度改变法、纯度改变法、面积悬殊法、无彩色调和法、秩序法等。秩序法强调色彩以某种规律的变化而组合的和谐色彩，色彩艳丽但又很协调。最典型的例子是藏族妇女的围裙“邦典”。有的“邦典”上以一个色相为基调组成紫红、赭褐、青灰等统一色彩；有的是一组组递增配置；有的为避免色块的单调，而在色条间穿插条形花纹、几何图案，使“邦典”既色彩绚丽又美观大方，颇具匠心。藏族服饰中大胆地运用红与绿、白与黑、赤与蓝、黄与紫等对比色，并且巧妙地运用复色、金银线，取得极为明快和谐的艺术效果。许多白氆氇藏袍镶以宽达尺余的黑色袖口、领口和下摆，为了突出这种黑边饰，还要穿白色裤子。色彩的强烈对比而又谐调统一是藏族服饰的一个突出特点。

彝族服饰的文化魅力也体现在服装配色风格。从服饰色彩来看，青年男女服装色彩鲜艳，喜用红、黄、绿、橙、粉等对比强烈的颜色，纹样繁多。中年人服装的纹样少，颜色多为天蓝、绿、紫、青、白色等，素雅庄重。老年人则喜欢用青、蓝布，以青衣蓝边或蓝衣青边为饰。彝族人崇尚黑黄色的审美情趣在彝族传统节日火把节盛装上表现的格外突出，每年的火把节时，山寨的赛场周围，三五成群手撑黄伞的姑娘来回走动，跳着欢乐的朵洛荷舞。穿着艳丽斑斓的服装，满身缀满月光一样的银饰，有火把之乡美称的布拖地区的女子全身以黑为主，头上是黑或青色的帽子，上身是一件呈长方形的黑披毡，下穿黑白蓝相间百褶裙，在火把和黄伞的交相辉映中也构成了火把节的黑、白、黄三色。色彩的巧妙搭配，具有西洋画重彩效果和庄严的古典风格。

图10-4　穿氆氇邦典的女孩（西藏山南市）

在服饰面料中的经典色彩搭配往往能够成为民族的标志。藏族氆氇尤其是条花色氆氇是最典型的色彩搭配范例，它是用各种色线织成的宽窄不等的彩条（图10-4）。条花氆氇呈现出色彩纯净鲜明的民族特色，色带排列自由洒脱中显现出和谐生动。五色、七色做近似彩虹般的色彩分布，更显有序合理。有的色带已发展到十余种，色调配置更显艳丽。另有一种采用冷调，间以深浅变化做色带排列，每条色带仅1厘米宽，呈现出单纯、谐调、严谨细腻的视感。条花氆氇制的小围裙以三四条氆氇横向拼接，横向的色带相互错落，产生一种美妙的律动效果。用条花氆氇做的外袍领边、襟边、袖边等装饰性很强，几乎成了藏族服饰风格的代表。

色彩搭配的另一范例是新疆的艾德莱斯绸，不仅风格繁多，而且有明确的使用对象。其中黑艾德莱斯绸以黑白为主，色彩感觉肃穆高雅，这种艾德莱斯绸多制作成中老年妇女的服装；红艾德莱斯绸图案为红色，底色用黄色或白色，色彩鲜艳，富于青春气息，因此深受姑娘和少妇的喜爱；黄艾德莱斯绸图案为黄色，在各种底色的衬托下庄重而典雅，显示一种富贵气息，多制成中青年妇女的服装；还有一种为混合式配色，维吾尔族称“买利奇满”，即各种基色有规则地进行排列，或形成强烈对比，或呈现舒缓变化。艾德莱斯绸除这四大类型外，最近几年又出现蓝艾德莱斯绸、绿艾德莱斯绸等。其中绿艾德莱斯绸多制作学龄前女童装。这几种新品种是在时代发展的基础上，充分结合民族传统的色彩观念而形成的，既时尚又有民族特色。

对比色和互补色是属于强烈色配合，民族服饰色彩搭配大多色彩繁多而又鲜明，对比性很强，即主要采用对比色的配置方法。两个对比很强烈的色相相配，变化非常强烈，难以协调，所以对比色应用最能体现出色彩搭配能力。对比色搭配最典型的是补色对比，即黄与紫、红与绿、橙与蓝，当其并置时，相互增强对方的鲜明性；当其混合时，就消灭对方，衍生出一种很深的灰黑色。红与绿、橙与蓝、黄与紫还拥有各自的互补色系，如红灰与绿灰色系、橙灰与蓝灰色系等。每一种特定的色彩，都会有相应的补色，每对补色都有它们自己的特性。

红与绿是民族服饰中运用较多的搭配，在色彩学上，红和绿是对比色，同时也是互补色（图10-5）。最典型的是雷山苗族服饰，黔东南苗族服饰色彩中的红绿补色对比运用及其产生的美感，堪称民族服饰色彩中的典范。她们在红色的缎地上刺绣精美的绿色调的龙凤图案，在其绿色调的运用中，

图10-5 苗族刺绣背带（广西天峨县）

又把绿色分为明暗的、冷暖的、模糊的与鲜明的，色调多层次变化，色域细微而雅致。使其既是红绿补色运用，又以绿色为主调，于红绿之中呈现出华丽之美和高超技艺，令人叹为观止。橙与蓝的补色搭配最典型的是白裤瑶女装。仅以两片布遮体，衣下摆相连而两侧不缝，背部整个图案的底色都是蓝色，为蓝色地衬以深蓝色的花的蜡染，图案隐约地呈现出城池图案，而中央以艳丽的橘红色绣制一方盘王印以及以朱红色绣制的蜘蛛纹，藏蓝色与橘红相映衬，色彩对比强烈，显得深沉而亮丽，古朴而厚重。

苗族善于运用多种强烈的对比色彩，注重颜色的浓郁和厚重的艳丽感。苗族自古对色彩就有着强烈追求，随着对色彩认识的积累，形成一套自己的配色经验。在配色上没有高贵贫贱之分，只是根据不同的性别、年龄、场合穿戴不同色彩的服饰，而且地域不同偏重的色彩也不同。

红色是苗族刺绣使用频率最高、地域最广的色彩，因为在苗族看来，红色代表青春、生命，是吉祥如意和富贵的象征，多用于未婚姑娘和儿童服饰（图10-6）。蓝色庄重、沉稳，象征成熟美，多用于已婚妇女的服饰。青色深邃、凝重，多作服装的基本色和男子服色。

图10-6　苗族刺绣女装（贵州台江县）

## ② 谐调

在服饰上采用同类色、邻近色可产生雅致柔和的效果，同类色相配是指深浅、明暗不同的两种同一类颜色相配，比如青配天蓝、墨绿配浅绿、深红配浅红等（图10–7）。近似色相配是指两个色相比较接近的颜色相配，如红色与紫红相配、黄色与草绿色相配等，近似色的配合效果也比较柔和。黔南水族服饰崇尚淡雅，在服饰上禁忌红色和黄色，不喜色彩鲜艳的大红、大黄的暖调色彩，而喜欢蓝、白、青三种素雅的冷调色彩。服装一般以青色和蓝色为主色，以白色作为装饰点缀。近些年来墨绿色也成了水族服饰的主色，表达了水族独特的服饰审美观，那就是朴素、大方、实用。水族在服饰色彩上的特殊审美观，一方面是与他们谦恭含蓄、感情内向的伦理道德观有关；另一方面，他们欣赏的色调与他们生活的绿色自然环境是和谐一致的。因为蓝色、青色是冷色，往往同清泉、浓荫等清爽柔和的自然景观相一致，在他们心理上产生安定和平之感。绿色和靛青色也是南方民族运用最为广泛的服装色彩，其不仅象征着希望和繁荣，也代表着富饶的田地。

图10–7　壮族织锦绣花背带（云南文山）

对于拥有悠久而发达的农业文明的苗族人来说，田地是生命的根基，他们热爱土地，勤于耕种，他们以绿色的龙凤期盼万物生机盎然，灵动的绿色昭示着苗乡青山绿水中绮丽的田园风光（图10–8）。苗龙作为掌管风调雨顺的农业之神，自然也应该是绿色的。苗族人对绿色的运用可谓得心应手，从深绿到浅绿不同绿色应有尽有。

图10–8　苗族龙凤纹皱绣（贵州雷山县）

同类色配色典型的服饰还有黄平苗族服饰，红色和紫色在色

图10-9　苗族百褶大裙（贵州黄平县）

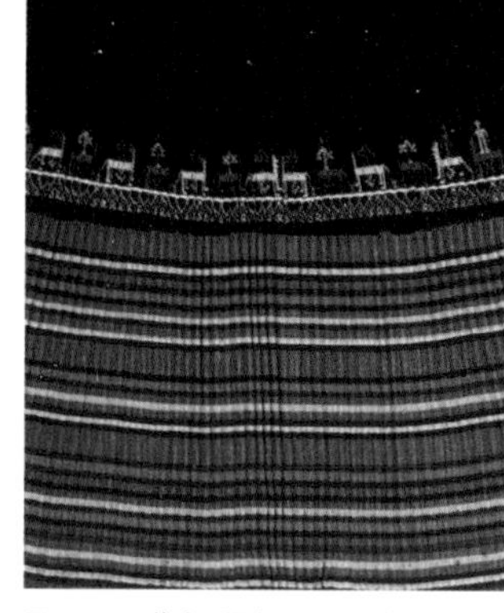

图10-10　苗族百褶大裙局部（贵州黄平县）

相上较为接近，但同时却有明暗对比，从而增加了色彩的层次感（图10-9、图10-10）。黄平苗族刺绣的色彩都是红色，女上装的面料色彩分为两大类：亮紫和绛紫。亮紫色衣，挑绣花的图案大红大紫，底色亮丽，色彩鲜艳，是年轻姑娘所穿和新娘子出嫁时必穿的礼服。绛紫色衣，其挑绣花的图案底色呈暗紫色，使穿着者显得端庄、稳重、典雅，是节日庆典、婚嫁喜宴时中老年妇女的礼服。

景颇族服装的颜色以黑、白、红三色为主调，黄、绿、蓝、棕、紫等颜色作搭配色，色彩鲜艳，对比强烈，搭配和谐。姑娘们的节日装束更为精美艳丽，高高的红色毛织包头，黑色平绒紧身衫，红色毛棉线交织的有几何形图案的筒裙、护腿，红黑毛线交织的缀有银泡银链的挎包，颈项佩饰银项链和银圈，前胸和后背缀三圈闪闪发光的银泡，银泡上挂着一串串银链和银饰物，衣胸前和后背镶嵌两排银牌，再加上藤竹腰箍，其整体色彩艳丽而沉着、浓重而炫目。

少数民族都有鲜明的色彩审美意识，他们对于色彩的运用和领会远远比我们大胆和深刻得多。服装色彩体现了服装的色彩面貌，为服装造型和服装材料提供了可视因素。

**（二）中国传统色彩“五色观”**

我国自古就有五色观，“五色观”是我国古代在色彩科学史上的一大发明，其将世界上万事万物纳入几个大类别中，对中华民族精神具有深远的影响。“五色观”起源于春秋战国时期，当时社会政治、经济、文化获得了前所未有的发展，中国古典美学思想也进入启蒙阶段，并不断地推动着“目观为美”简单朴素的低层次色彩美感认识向高层次色彩审美认识的发展（图10-11）。

中国民族传统色彩“五色观”的形成是继承远古人类对单色崇拜，结合中国人自己的宇宙观——“阴阳五行说”，并与构成世界的其他要素如季节、方位、五脏、五味、五气逐渐发展而来的。五色的象征观念是一种原始文化世界观的表达方式，是人们共通的“色彩联想”逐渐固定下来，形成集中的特定含义。在历史上中原地区与边疆地区的政治文化交流中，五色观也影响到了少数民族地区，但这不是简单的接受，而是一种吸收后的融合，以本民族的文化重新阐释了五色，不同民族有不同的五色观，对于五色的解释也各不相同。在中原地区色彩的世俗功利性越来越强，色彩的符号性越来越淡时，少数民族地区仍沿袭着这种古老的多元色彩谱系，并在一定程度上遗留到服饰色彩中。

图10-11　侗族马尾绣背带（贵州黎平县）

## ❶ 藏族“五色观”

五色是藏族原始宗教本教中代表物种本源的象征色，后来被佛教所借用，蓝色代表天，白色代表云，红色代表火，黄色代表土地，绿色代表水。藏族对这些颜色除了赋予不同的意义和情感外，在服饰和藏戏面具中也赋予了不同的寓意和身份。红色大量使用在僧侣的袈裟上，具有王者地位，永恒不变以显示威严；黄色是黄金的色彩，也是尊贵的色彩，只有高僧、大活佛有资格用，一般人是不能用的；蓝色是藏族服装的主要颜色，也代表吉祥富有；黑色在平民生活中用得最多，黑色氆氇袍是农区男女常用的面料；白色是最受欢迎的圣洁的颜色。[1]

## ❷ 彝族“五色观”

凉山彝族服饰中的色彩，主要是黑、白、红、黄、蓝五色，但是在早期却是以四色为主，后来才发展成五方五色的。彝族古代绘画中把东、南、西、北比为

[1] 根秋登子：《浅论藏民族的色彩观》，《西藏考古与艺术国际学术讨论会论文与提要》2002年。

青、红、白、黑四种颜色。在纳西族早期神话中色系视为东方白、南方青、西方黑、北方黄、中央花（杂色），到了后期神话，变成了东方青、南方红、西方白、北方黑、中央黄。

### ❸ 德昂族“五色绒球”

德昂族的佩饰中，五色绒球是别具特色的，这种绒球是先用一小缕毛线扎成球形，再染成红、黄、绿等色制作而成，不论是妇女或男子的包头，两端也都钉上一些绒球，姑娘的项圈上、青年男女的耳坠上也饰以绒球，挂包的四周用小绒球装饰。更引人注目的是，青年男子在胸前挂上一串五色绒球，而姑娘们则装饰在衣领之上，如同数十朵鲜花盛开在胸前和颈项间，光彩照人，别有风味。妇女们在缝制新衣时，要在下半部用红、黄、绿等色的小绒球镶上一周长方形的空格，中间再绣上些花。德昂族男女全身随处可见的五色绒球装饰，集中反映了德昂族的审美追求，是他们希望自己生活幸福美好的心理反映。

### ❹ 土族“五彩观”

受藏传佛教的影响，土族先民表现出对五色的浪漫艺术审美心理。除了在衣袖上用五色来装扮以外，在土族刺绣中，也常常用五颜六色的丝线构成各种图案，通过色与色之间的过渡，产生类似于音乐中优美旋律的感觉。这种大胆活泼的用色，给人强烈而又和谐的美感。土族“花袖衫”的袖子是用红、黄、绿、蓝、黑五色彩布或绸缎缝制而成，传说是受彩虹的启发而精心设计制作，花袖衫使用了鲜明的色彩，每一道色彩都在土族人民的审美心理中形成了一种象征：红色象征太阳；绿色象征庄稼、森林和青草；黄色是五谷的象征；黑色是土地的象征；蓝色是一望无际的蓝天。另外，土族服饰中“五彩”的观念应该是受了中原文化中的“五色观”的影响，在土族古老的妇女头饰“扭达”中，有着明显的五彩的痕迹。有的扭达被称作是凤凰头，传说是源于“五色鸟”，至今在土族地区还流传有《五色鸟》的歌谣。

### ❺ 瑶族“五色服”

瑶族整体服饰色彩以五彩著称，在挑花色彩的运用上，每个瑶族支系都各有偏好（图10-12、图10-13）。广西盘瑶的五色服，以五彩绸布镶拼五色条纹作衣裙，广西贺州等地的盘瑶服饰亦崇尚五色，皆与其盘瓠崇拜有关。瑶族信仰中的

图10-12 盘瑶女子盛装服饰（广西桂平市）

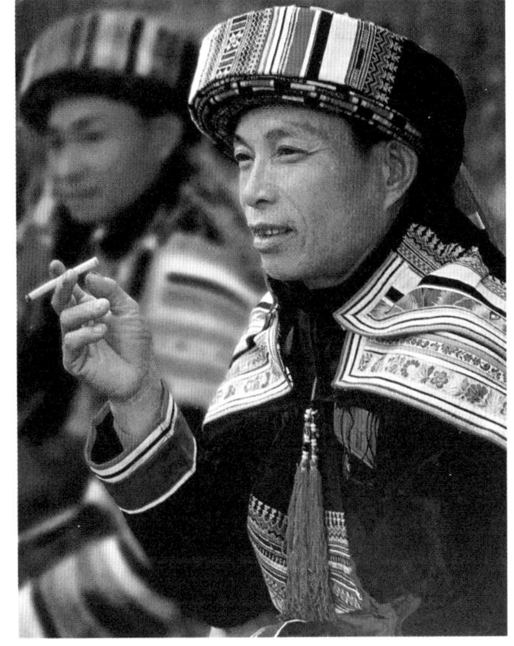

图10-13 盘瑶男子盛装服饰（广西贺州市）

盘瓠祖先是狗头人身，其毛五彩。广东乳源板瑶挑花往往以青色、深蓝色布为底，刺绣的色彩丰富，使用了对比强烈的原色，用红、黄、白、绿色丝线或毛线，挑绣出线条明快、色彩绚丽的图案，显示出斑斓之美。

### （三）无彩色应用

黑、白、灰、金银色称为中性色，相对于有彩色而言，其没有明显的色相倾向，所以也称之为无彩色，它们中的任何一色与有彩色当中的任何色配合都是可调和的。若将纯黑逐渐加白，使其由黑、深灰、中灰、浅灰直到灰白，就成为明度渐变，凡明度越接近黑色的称为低调色，越接近白色的色彩称为高调色，介于中间的色彩称为中调色。色彩间明度差别的大小，决定明度对比的强弱，相隔较近的是弱对比，相隔较远的是强对比，中间的为中对比。

白色由全部可见光均匀混合而成，称全色光，是阳光的颜色，是光明的象征色。冰雪、云彩大量存在白色。在大多数民族中白色常有哀悼与缅怀的感觉。在信仰藏传佛教的民族中，白色代表纯洁、神圣、坚贞。黑色即无光，是无光之色。无光对人们心理既有失去方向、烦恼、恐怖、悲痛、死亡的消极影响，也有庄重、安静、深思、严肃的积极影响以及神秘的印象。灰色是中性色，依靠邻近的色彩获得生命；靠近冷色，则显得温和；靠近暖色，则显得冷静。视觉对灰色的反应较平淡、单调、寂静。同时灰色也是含蓄而高雅、耐人寻味的颜色。

从物理学角度看，黑、白、灰不包括在可见光谱中，故不能称之为色彩。但在心理学上它们有着完整的色彩性质，在色彩系中也扮演着重要角色，在颜料中也有其重要的作用。当一种颜料混入白色后，会显得比较明亮；相反，混入黑色后就显得比较深暗；而加入灰色时，则会降低原色彩的彩度。因此，黑、白、灰色不但在心理上，而且在视觉上都可称为色彩。

### ❶ 黑白色

少数民族中对黑白的概念有的是同时接受，有的则是偏爱其中之一。有的民族对黑白同样崇尚，如纳西族；有的民族则偏爱黑，如彝族；而有的民族偏爱白却恶黑，如藏族。纳西族自称“纳”，“纳”即“黑”，“黑”即“大”。因为在纳西族先民的观念里，光明是看得见的，因而是有限的；而黑暗是看不见的，因而是无限的。所以在其民族语言中把“黑”引申为“大”。称大江为“黑水”，称大山为“黑山”，称自己为“纳西”即“大族”之意。纳西族有“尚黑”的一面，也有“尚白”的一面。《东巴经》中有史诗专讲黑、白两个部落争夺太阳的故事，但史诗所赞颂的正义方是白部落。纳西族的战神、胜利神和保护神“三朵”，也是玉龙雪山化身，是位戴白盔甲、骑白马的战将。由此看出，纳西族既崇尚黑，也崇尚白。彝族以黑为贵、藏族以白为尊，但他们也同时使用其对立色，尽管没有那么崇尚。

在无彩色中，黑和白是两个极色，黑色给人感觉庄重、肃穆，白色给人感觉明朗、轻快，而灰色作为中性色，具有柔和多变的特点，是平凡、温和的象征，还能起到互补、缓冲、强化、调和的作用。而金银色由于本身的特有光泽，加之金银长期用于宫廷装饰、制作高档用品，形成了高贵、典雅、豪华的象征意义。金银色既有闪耀的亮度，又有调和各色的作用，是民族服饰中常用的点缀色和装饰色。

无彩色的应用使色彩纯度降低、明度改变、减少了色彩冲突，从而达到色彩的调和。如傣族服饰色彩淡雅柔和，显得非常和谐。无彩色与有彩色配色时，因无彩色没有强烈个性，与任何色彩搭配都容易调和，因此很多少数民族的服饰常以无彩色为主色（图10-14）。如广西金秀盘瑶“盖头巾”都是以黑布作底，布满挑绣图案，两头有黑线穗，四角有红黄的穗子。瑶族盖头巾色彩有两种，一种色

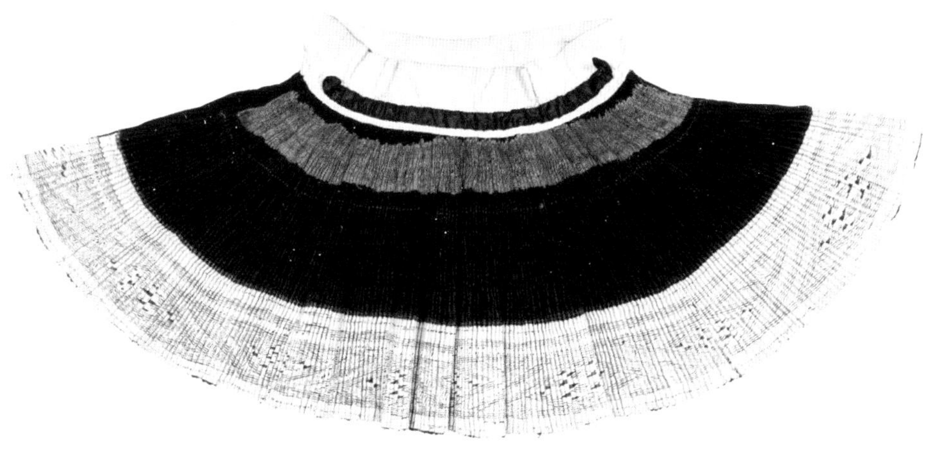

图10-14　苗族蜡染百褶裙——黑白色运用（云南屏边县）

阶排列平稳，白色、土黄色相互运用，色彩协调古朴；另一种色彩对比强烈，常用白、朱红、水红、粉绿、草绿、群青色，色调活泼生动。但无论哪一种，都是在无彩色的黑色底子上，其他色彩无论怎样搭配都显得很和谐。藏族服饰色彩中常用到的无彩色是金银色。在藏族服饰强烈鲜明的色彩对比之间，还存在着高度的和谐统一。由于巧妙地运用复色金银丝线和缓和的色调变化等，或使色阶递增排列，或使色块巧妙过渡，来取得极为明快、和谐、活泼、生动的艺术效果，这也是藏族服饰的一大审美特征。

无彩色的对比搭配是永远的经典，如塔塔尔族服饰喜用对比明显的黑、白两种色彩。塔塔尔族无论男女都喜欢穿绣花白衬衣，在衬衣领子、袖口、胸前都绣有十字花纹，色彩和谐而美丽，在白色的衬衣上喜欢套一件黑色的短背心。戴帽子也喜欢戴黑白两色绣花小帽，冬季则戴一种黑色卷毛皮帽，既别致又英俊。拉祜族青年小伙子多在对襟短衣外面配上一件黑面白里的褂子，姑娘们则在黑衣衫下衬一件白汗衫，下摆露在筒裙上面。他们认为，白色与黑色相配，像喜鹊一样漂亮。此外，回族、撒拉族、东乡族、保安族等民族的服饰色彩也均以黑白为主。在色彩运用中，土族喜欢强烈的黑白对比。比如土族男子扎一种上白下黑的绑腿带，称为“黑虎下山”，在刺绣中也一般用黑布做底子，边上要用白线绣上花边，通过黑色和白色的对比造成强烈的反差，从而形成独特的美感。维吾尔族男子最喜爱的一种花帽是巴旦木花帽，是用巴旦木杏核变形并添加花纹的一种图案，黑底白花，庄重、古朴、大方、对比强烈，把黑白色深印在人们的脑海中。

### ❷ 灰色

灰色可以衬托任何色彩。鲜艳的颜色与灰色搭配后显得雅致，灰色既能调和暖色调，也能调和冷色调。鲜亮的色彩在灰色的底子上也能得到很好的衬托，如土族妇女的插花礼帽选用灰色呢帽，帽檐宽大，把各种颜色的彩绸花分别固定在礼帽帽檐上端和带子上，这种礼帽是年轻妇女在“花儿会”“丹麻会”等集会和婚庆时佩戴的。

灰色在民族服饰中并不多见。一是因为少数民族具有非黑即白的理念，不愿选择介于二者之间的色调来弱化它们的关系。黑白搭配的感觉醒目而协调，符合生活于山野之中的少数民族的审美观。二是灰色调难以达到染色的要求，染料不好获取，染得的效果也不好，灰色的染色在工业时代才能够达到完美的比例和最佳效果。民族服饰中灰色的效果往往是通过织布或挑花时黑白细线的混色效果而达到的。如湖南花瑶女子筒裙的精美图案使用大面积的黑白色，远看是一片灰色。瑶女的说法是“远看颜色近看花”，素色挑花形成含蓄的灰色调与鲜艳的裙摆、腰带和头巾的呼应，形成强烈对比，达到艳丽动人的远视效果，而灰调则处于整体的美感中。

### ❸ 金银色

金银色在服饰中的体现，一是织金织银的锦缎或衣服的金银镶边，二是身上佩戴的金银饰品。没有将纯色的金银色作为服饰的主色的。无论什么样的服饰，经金银色搭配后，顿时产生高贵华丽之感。大面积使用金色的是藏族，他们用华丽的织金锦做服饰（图10-15），还有金银配饰；蒙古族不但用织金锦，更有满头珠翠的金银珊瑚头饰，

图10-15　藏族织金锦袍料（四川康定市）

华贵风格的民族服饰，都少不了金银的提色。苗族喜爱银饰，满身银光为苗族盛装增添了光彩，使女子服饰成为精美的织绣和金工技艺的展示。普米族青年妇女均穿短上衣，一般用条绒缝制、领和衣边镶嵌金银织绣边的夹衣，称金边衣服。除了金银绣，锡绣也是金属类无彩色的经典，锡绣流行于贵州剑河苗族中，银白色的锡粒绣在青色布料上，对比鲜明，酷似银质。锡绣布局整齐对称，锡粒制作均匀细致，钉绣整齐细密，显得银光辉映。

## 第二节　服饰色彩心理

服饰色彩心理直接影响到少数民族服饰的色彩应用。色彩心理反映了色彩与人类心理的关系，是指色彩心理从视觉开始，通过知觉、感情而到记忆、思想、意志、象征等，其反应与变化是极为复杂的。色彩的应用很重视这种因果关系，即由对色彩的经验积累变成对色彩的心理规范。民族色彩观念的形成，与其历史文化背景、地理环境紧密相关。色彩文化观与民俗文化，就是在这个适应过程中孕育而成的。色彩运用的最终目的也在于传递感情。每一个民族有不同的色彩爱好是有其渊源的，每一个民族对颜色的心理感受各不相同，人们对某一种颜色的喜恶往往源于本民族的传统文化、神话故事或宗教信仰。色彩运用的最终目的是感情的传递，色彩的各种感情表现就是随着色彩心理形成的过程而产生的。

### 一、色彩心理与民族服饰

谈到民族服饰的色彩，尤其值得一提的就是各民族对色彩主观视觉的运用和感受。主观视觉是色彩学上的一个专有名词，即是自我对色彩的感受和印象。中国每个民族都有自己对色彩和谐的主观概念，都有给予某些色彩一定的象征意义的经验，这些色彩如同象形文字那样是一种符号，是其民族心理的表述。在人类长期的生活和劳动过程中，由于视觉的生理效应，引起了人们对色彩有意识、有倾向性的思维活动，不同色彩所形成的感受和概念被逐渐加深并确定下来。可以说，色彩的象征意义是人类对某种色彩相对稳定的联想和暗示性的使用。象征是由联想并经过概念的转换后形成的思维方式，各民族、国家、地区都有各自的象征色彩，并随之形成一定的使用规范。

民族心理活动是一个极为复杂的过程，由各种不同的形态所组成，如感觉、知觉、思维、情绪、联想等。当视觉形态的形和色一起作用于心理时，并非是对某物或某色个别属性的反应，而是一种综合的、整体的心理反应。因为色彩心理感受与人的情绪、意志及色彩的认识紧密相关，同时与观察者所处的社会环境与社会心理及主体的个性心理有关。在人的知觉感受条件下，色彩的功能引起强烈的心理效应，被色彩诱导下的情感会因色彩的属性不同而有所差异。冷色与暖色是依据心理错觉对色彩的物理性分类，对于颜色的物质性印象，大致由冷暖两个色系产生。波长较长的红色光、橙色光、黄色光，本身有暖和感，照射到任何物体上都会有暖和感。相反，波长短的紫色光、蓝色光、绿色光，则有寒冷的感觉。冷暖感觉并非来自物理上的真实温度，而是与人们的视觉与心理联想有关。色彩的明度与纯度也会引起对色彩物理印象的错觉。颜色的重量感主要取决于色彩的明度，暗色给人以重的感觉，亮色给人以轻的感觉。纯度的变化给色彩以空间感，纯度高靠前，纯度低靠后。

色彩的客观性质对人的知觉造成多种刺激，并由此影响人们的心理并产生出各种色彩心理状态。人类的知觉感受所反映的是客观对象或现象的整体，而不是个别现象的个别特征。知觉的进程中体现出恒常性，已知的经验起着很重要的作用。人们可以用抽象思维的形式间接、概括地反映现实，进行高级的思维和创造。知觉的过程还包括某种程度的理解作用，对事物理解的深浅程度会受已知经验的支配。

通过上述少数民族的色彩心理，可以进一步了解民族服饰所体现的民族色彩崇拜及色彩的象征意义。色彩具有很强的象征功能，基于人们对生活经历的总结，不同色彩给人不同的心理影响，进而可以产生某种联想。作为象征符号的服饰色彩，它最初所表达的意义来源之一是图腾崇拜。在历史的演化过程中，服饰色彩与图案曾一度记录着一个民族的图腾崇拜，反映着一个民族的宗教信仰。也就是说，民族服饰色彩承担着记史释俗的功能，民族服饰色彩往往成为原始宗教观念的物化形式，在其中渗透着对自然神灵的幻想，并以其神秘的魅力向人们传递着信息。如古代藏族本教将天空之色视为神圣的色彩，至今本教僧装上的天蓝色仍然保留，他们披身的袈裟边缘即为天蓝色。

每一种色彩都蕴涵着神奇的力量，被世界上不同民族、不同文化的人们所崇敬。土族服饰中的各种色彩最初是由各种崇拜赋予了不同的意义。比如花袖衫的五彩来源于土族对自然的崇拜，其红色象征太阳、绿色象征草原、黑色象征大地、黄色象征谷物、蓝色象征蓝天，都是大自然中的事物。土族出于对自然的这种敬畏和热爱，将不同含义的颜色设置在衣服上，表达了他们对自然的原始崇拜。土族信仰藏传佛教，藏传佛教中认为五彩的哈达是菩萨的衣服，所以土族服饰中的五彩还有着与宗教有关的重要意义。土族在历史上信仰过萨满教，在萨满教中白色是天堂的象征，所以土族尚白的习俗也与此有关。由此可见，土族服饰中色彩的一个基本功能是信仰的符号象征。

## 二、色彩崇拜

在色彩崇尚中可看出民族历史文化的内涵以及本民族的性格特征。水族喜爱青、绿色，青、绿两色与山、川乃至整个大自然融为一体，体现了水族和大自然和谐相处的关系，也显示出水族的“水”和自然的“水”是一脉相承、自然贯通的。水族民歌中唱道“最香的，是油是盐；好吃的，是米是饭；好穿的，是布是棉；好看的，是青是蓝”。天蓝、浅蓝、湖蓝、深蓝等颜色是水族服饰的首选，还有翠绿、墨绿、粉绿、淡绿等颜色也为现代水族年轻妇女所喜爱，这些颜色也几乎成了她们服饰色彩的主调。水族妇女在刺绣中用明快的红、橙、黄、白等颜色的丝线绣制图案，与大面积的青蓝色相互映衬，使色彩搭配柔和谐调又对比鲜明，使人赏心悦目。水族妇女的衣饰以素雅、朴实为美，修长的上衣恰掩膝部，青色衣裤的下摆处绣以彩色花边，给人清新、淡雅、秀丽的感觉。

色彩可以使人们想起与它有关的事物，色彩的象征性有普遍意义。柯尔克孜族服饰刺绣以黑、白、红、蓝、绿等色为主，并赋予这些色彩以特别的含义，如黑色表示着广阔、勤劳、朴素，也表示大地；白色表示真诚、纯洁、真理，也表示冰峰、白雪和皓洁的月亮；蓝色与苍天同色，被视为神圣之色；红色表达着快乐、幸福和山花烂漫的夏季；绿色表示青春朝气和绿草如茵的原野。

在民族产生了原始宗教之后，很多色彩被赋予了特定的意义，最后形成了本民族的色彩审美观。民族色彩应该是最易民族化的形式，比如蒙古族人认为，蓝色是天空的颜色，象征着永恒，代表着长生天，长生天是蒙古族人最尊崇的神灵；棕色是土壤的颜色，象征着大地母亲；绿色是青草的颜色，象征着生命繁衍不息；黄色和浅黄色是太阳和月亮的颜色；白色是乳汁的颜色，象征着纯洁、善良和美好。

在色彩崇拜中，黑白崇拜和红色崇拜是最为突出的。

## ❶ 黑色崇拜

我国西南地区崇黑尚白的民族大多为古氐羌的后裔。黑白二色正是古氐羌族群远古时期的崇拜色彩。那些保留着远古色彩崇拜遗风的民族随着不断的迁徙远至边疆，唐代时南诏境内民族被笼统地划分为“乌蛮”和“白蛮”，即崇尚黑、白的两大部族集团。古氐羌遗民的传统习俗中，大都保留着强烈的崇黑或尚白的传统意识。藏族、羌族、普米族、门巴族、珞巴族、土家族、白族等民族尚白，彝族、哈尼族、傈僳族、景颇族、纳西族、拉祜族、基诺族、阿昌族等大部分西南少数民族尚黑。《晋书·四夷》中的“南蛮”一节，就提到少数民族喜着黑色的衣服：“人皆倮露徒跣，以黑为美。”

彝族以尚黑著称，尚黑一是源于彝族的图腾崇拜，传说彝族的先祖是一只黑额虎；二是与其族源有关，彝族源起西北羌戎，羌戎其衣尚青。唐宋时彝族被称之为“乌蛮”，即黑彝，可见其早有尚黑传统。今凉山彝族自称“诺苏”，乌蒙、哀牢山彝族自称“纳苏”和“聂苏”，其意皆为尚黑的民族（图10-16）。黑、青、蓝等深色在彝语中一概称“纳”，意为黑。据明代《云南图经志书》载，彝族“有黑白之分”，黑贵而白贱。唐代樊

图10-16 彝族诺苏支系女服（四川凉山）

绰的《蛮书》也有乌蛮"妇人以黑缯为衣，其长曳地"，白蛮"妇人以白缯为衣，下不过膝"。到了民国，彝族地区仍有以黑彝为贵族，以白彝为平民，特别讲究血统，反映在服饰上更为明显，黑彝无论男女老少皆以一身黑为贵。男子传统服饰皆为黑色，包头布多为黑、蓝、青色；女以黑、蓝、青等深色布料为底色，上绣花、镶边。姑娘的帽子也以黑布为底，上面绣花或配以银饰成鸡冠帽等；老年妇女多为黑色包头饰。女子穿全羊毛或纯棉布服装，上衣不用彩饰，做黑、蓝素花边，裙边镶黑布条，越宽越贵，老年妇女只穿黑裙，即便小孩也不穿花哨服装。滇川黔彝区彝族的祭司毕摩，其法衣为黑、青、蓝布长衫，头戴的毕摩帽为竹胎黑毡面。昭通彝族称无黑毡面的是假毕摩。甚至云南哀牢山和乌蒙山彝族认为祖先喜黑色，故新房建成后大都生火熏黑。滇西永德乌木龙彝族自称"俐侎人"，男子全套服饰为黑色，头裹黑色大包头，圆领左斜襟或对襟黑布上衣，衣外束黑布腰巾，下着大摆黑裤，脚穿草鞋或赤足。女子亦头裹黑布大包头，加盖层叠的黑布包巾，青年女子的包巾喜爱用黑方格花布。上穿无领对襟黑长衣，以银泡做纽扣，有极细的彩条镶边，衣襟两边镶方形银片，袖口有蓝、黑花纹图案。下着黑筒裤，系长尾黑围腰，穿黑底绣花船形鞋，背蓝黑宽大布袋，颇有以黑为贵的古风。

哈尼族是一个尚黑的民族，他们把黑色视为一切颜色中的最高贵的颜色，因此，他们的服饰从帽子、包头到上衣、下裤，直至鞋的主体颜色都以黑色和藏青色为基调，这是其在漫长的迁徙过程中形成的历史沉重感和审美的心理要求以及社会历史文化发展程度所决定的。哈尼族以梯田农业为主要生产方式，黑色，对高山农耕生产者来说在保暖、耐脏、耐磨等方面都有独特优势；另外，黑色崇拜是地理环境、社会生活的封闭以及"避世深隐"的民族心理、传统印染技术的客观体现。

拉祜族男女服装大都以黑布衬底，用彩线和花布缀上各种花边和图案，再嵌上亮丽的银泡，他们爱穿开高衩的黑长袍，喜裹黑色长头巾。阿昌族已婚男女多用黑布包头，男子多穿黑色短襟小上衣，黑色宽管长裤。平日里姑娘们的主要服装也是黑色的，更有趣的是阿昌族妇女还以黑齿为美。傈僳族服饰以黑、蓝色为基调。过去男女多穿麻质衣、裙，包头则都用黑布或青布。姑娘出嫁时腰系一条羊毛织成的黑腰带。

### ❷ 白色崇拜

在信奉伊斯兰教的民族中，白色被视为纯洁的颜色，象征着和平、安宁和宽容，体现着对信仰的虔诚。同时，他们也崇尚黑色，黑色被认为是穆罕默德的颜色，象征着庄重、富贵和神圣。西北地区中的回族、东乡族、保安族等民族的服饰以黑为主要色彩，男子白衣、黑裤、黑坎肩、白帽，其已婚青年妇女戴黑色盖头，寓意庄重，老年妇女戴白色盖头，寓意安宁。

回族崇白尚黑，偏爱绿色。在回族服饰中，这三种颜色使用最多、最普遍。这一特点也源自古代中亚、西亚地区诸民族的传统习俗，源自伊斯兰教的色彩观和审美观。中国史籍有“白衣大食”“黑衣大食”“绿衣大食”的记载。“大食”是古波斯人对阿拉伯人称谓的汉语音译。可见，白色、黑色和绿色自古就是阿拉伯民族的传统服色。他们认为白色素雅、纯净、圣洁；黑色深沉、庄重、神秘；“绿乃天授，山原草木之原色”，它代表着生命、和平与神圣。穆斯林男子普遍穿白衣黑裤，妇女们从头到脚都用黑衣装扮，什叶派穆斯林则喜欢绿色衣装。这一习俗后来被伊斯兰教所接受，并随着伊斯兰教的传播而成为全世界穆斯林的着装准则。据说穆罕默德就喜欢穿白色衣服，并曾多次对信徒们说：“你们宜常穿白衣，因为白衣最洁最美。”回族穆斯林也遵奉圣训教导，把白色作为首选服色。回族人的帽子、盖头、衬衣甚至裤子、袜子都喜欢用白布制作。

藏族喜爱白色，也许和藏族自古以来生活在雪域高原上有关，高原上一座座纯净洁白的雪山，产生出一种神秘之感。藏族崇拜白色还受到了藏区本教文化的影响，本教思想中对含白色的自然现象的敬畏，逐渐表现为白色崇拜，以白色来代替神的形象。自从佛教传入青藏高原之后，吸收了古印度崇尚白色的传统，更加强化了藏族对白色的崇拜。藏族以白色象征正义、善良、高尚、纯洁、祥和、喜庆，而黑色则是代表对立面的邪恶和灾难。这种对白色的认知和崇拜在藏族社会中表现非常广泛，在人们心中，凡与白色有关的神山圣水、仙人巨兽都是拯救人类的神灵，白色作为神的标志具有奇异无比的力量。藏族服饰在色彩上明显崇尚白色。千姿百态的藏族服饰，虽各地有所差异，但贴身的衬衣必为白色，与客交往必送白色的哈达。牧区藏民办喜事时，新郎新娘骑白色的骏马，甚至连新娘包嫁衣的包袱皮也大多是白色的，新娘出嫁的这一天，如遇大雪纷扬，山野银装素裹，则被认为是美满幸福的征兆。白色被视为最能表达和象征纯净心愿的颜色，也是一种吉祥如意的象征。甘肃武威天祝草原的藏族规定只有部落英雄才能骑白马、穿白衣、戴白帽。

蒙古族心目中白色是最美好、最吉祥的颜色之一，人们对它的崇尚几乎无所不在。蒙古族仍保留着新年穿白袍、送白色礼品以示吉祥的风俗。在蒙古族礼节方面，表达崇敬的礼节之一是献上白色的哈达。白色是生活中接触最多的颜色之一，如白色的羊、白色的牛奶、白色的羊毛等。白色物品的多少，是蒙古族人生活水平高低的一个标志。久而久之，白色成为蒙古族人民心目中的吉祥色，是幸福美满、吉祥如意和生活富裕的象征。

普米族衣饰也喜好白色，宁蒗等地的普米族妇女着白色的百褶长筒裙，后背披一张洁白的绵羊皮。兰坪、维西县一带的普米族妇女喜爱穿白色短襟大衣，普米族男子也爱穿白衣，披白羊皮坎肩，裹白布绑腿。

羌族衣饰喜白色，穿“白云鞋”、崇拜白石等。神话中远古羌人与戈基人大战，羌人梦到一位穿白袍的白发老人脚踏一朵白云从天上下来，对羌人说：“等天亮，把白鸡白狗杀了，把它们的血淋在白石头上，用来打对方，一定会胜利。”拂晓，白云盖住了羌人的阵地，戈基人被打得大败。从此，羌人在岷江定居下来，为感谢白发老人并纪念大战取胜，就把白石作为神供奉，并取白云的形态，用来做成漂亮而又结实的白云图案的“白云鞋”。羌族的巫师身着白色棉布衣或白色麻布衣，外套羊皮褂，汶川等地有的还穿白裙（图10-17、图10-18）。巫师头上的

图10-17　羌族白色服饰（四川茂县）

图10-18　羌族妇女白色头帕（四川茂县）

帽缀有九颗白色贝壳，巫师的皮鼓也用白羊皮制成。

在服饰上，古代纳西族以自织的麻布或粗布为衣料，青壮年偏爱白色，老年人喜欢黑色。如今，女子的服饰仍保留着与黑白二色相关的许多传统特征。丽江的纳西族女子上身喜欢着宽腰肥袖的青色大褂，姑娘身着白裙，已婚妇女背披蛙状白羊皮，老妇腰系黑色百褶围腰，身披黑羊皮制成的披肩。

### ❸ 红色崇拜

色彩是从原始时代就存在的概念。众所周知，色彩产生于光，没有光就没有色彩。阳光对于人类色彩观的形成，具有重要的作用。在日出日落中，阳光改变了大地上自然万物固有的色彩，那绚丽和谐的色彩令人对那个时刻的壮丽美景难以忘怀。在严寒的冬天，太阳的温暖给人类以生存的希望。另一方面，火焰产生的光也赋予了世界奇妙的色彩，对原始民族来说，火是活生生的精灵，是人类生存中必不可少的保障。火是红色的，旭日也是红色的，红色象征着太阳和火，是最神圣的色彩。至今在一些民族中，红色仍代表着日出，代表着新生命的诞生，象征着青春的力量。

红色还具有巫术的含义，穿戴红色被认为可以辟邪，即使在现代，也将红色视为吉祥喜庆之色。红色避邪的色彩意识，有明显的中国文化特色，至今在我国一些民族服饰中表现尤为突出。如瑶族崇尚红色，婚嫁喜庆日，穿红衣红裙者，一定是新娘；在宗教仪式上，穿红袍的人，一定是宗教主事者；披红挂彩的人，一定经过了授法名仪式。在这些特定的环境下，衣饰色彩可以体现其特殊的身份地位。广西仫佬族祭祖的仪式有一种叫“依饭祭”。在祭祀时，两个法师中的一人穿着红色法衣，头戴面具，脚穿草鞋，跳跃跪拜。苗族人祭神时，法师头戴礼帽，身披红毯，红毯是法师做法的重要道具。壮族在举行丧葬、节庆等较大规模活动时，有被人们尊为师公的“大巫”出场。师公做法需头戴红巾，顶插雉尾，身穿红袍红裤，腿裹布带，脚蹬草鞋……这里的红色服饰有着非凡的意义。纳西族把红色作为具有巫术功能的色彩，常常用来祛除邪恶，保佑人们的生产生活。纳西族将牦牛尾染红以后挂在马队第一匹马的颈上，用来驱除路途上的邪恶，保佑马队的平安。另外，红色还有巨大的法力，这在纳西族古代的兵器上就可以看见，在盾牌和刀剑上涂上红色可以抵御敌人，避免自己受伤。红色还是东巴法衣的色彩，东巴穿上红色的法衣就拥有巨大的法力，可以驱邪避鬼；在巫师“吕波”的头上也缠着一条红色的布条，这不仅是他身份的象征，更重要的还是这条红布条可以保护他们自身不受鬼怪的伤害，有避邪的作用。藏族对红色有着特别的尊崇，红色被视为尊严和权力的象征，宗教意义上又有避邪的含义。此外，傣族贵族用红色文身，以示高贵。

塔吉克族认为自己是太阳的子孙，故崇尚红色。在新疆塔什库尔干，只要有人的地方，就有红色，有红色的地方就有塔吉克族妇女。塔吉克族青年女子披红色头巾，身穿红色的连衣裙，有的是纯红色，有的是红布上印小花，有的在裙摆上绣花，虽然裙子质地和花纹略有不同，但远看仍是一片耀眼的红色。充满活力的塔吉克族姑娘穿上红色的连衣裙，显示出太阳子孙的蓬勃朝气（图10-19）。

图10-19　戴红色花帽的塔吉克族妇女（新疆塔什库尔干）

蒙古族人也喜爱红色，蒙古语称红色为“乌兰”。蒙古族崇尚红色由来已久，人们对红色的喜爱与其崇火的传统有着不可分割的关系。蒙古族崇拜火，认为火以红色的光芒照耀着人间，给人以温暖和幸福。久而久之，火的颜色——红色就成了吉祥和胜利的象征。蒙古族人在现实生活中对红色的运用也很多，如姑娘在头上系着红色的头巾，箱子在红底色上绘制各种彩色图案，毡制门帘、马鞍等大多用红布贴制装饰图案，蒙古族女性也常以“乌兰”取名。

在彝族服饰中，妇女的裙子边都有一条细红边，传统男子的战斗服装的衣袖和裤脚上都有红边，当地有一种说法认为红色的边是火的寓意，因为人离不开火，人在世的时候离不开火，去世了仍然离不开火，故在服饰上运用红色来表示彝族人与火的依存关系。另外，火镰是凉山彝族取火的重要工具，彝族服饰中有大量火镰纹，在云南石屏、峨山、红河、绿春以及四川凉山等地的彝族服饰上有大量的火焰和火球图案。

原始的“血崇拜”赋予了红色以驱邪的功能。红色与血液密切关联，血往往在激动人心的场面出现，如狩猎、战争、妇女生孩子等。在彝族习俗中，如果女孩子到了初潮的年龄，就必须举行换裙仪式，女子换裙以后，就可以谈恋爱，参加社会活动。换裙仪式中主要的内容就是将童裙换去，穿上一条红色的羊毛裙，还要系红色的头绳。毕摩做法事时都用红线代表女人，白线代表男人。宁蒗的小凉山彝族在新娘出嫁时，母亲要在女儿的头上戴一块红色的羊毛织成的“扎”，象征血，“扎”到了男方家才能取下来，婚礼结束以后又要在男方家的羊圈边重新扎起来，期望“扎”的吉利保佑新婚夫妇顺利得到孩子。

## 三、色彩的象征意义

现在，许多少数民族的服饰色彩已逐渐从一些历史习俗中脱离出来，成为人们美化生活、展示民族心理特征、表达审美情感和审美理想的工具。尽管如此，其象征意义还是十分明显的。少数民族的色彩语言特性是中华民族传统色彩观念多元性的具体表现，民族色彩具有强烈的语言特性和文化含义，以及浓厚的地域气息。

色彩的象征意义是指色彩作为某种观念的表征作用，是在人们的社会生活中逐渐积淀形成的。不同的人对不同的色彩是否有认同感，与民族的社会背景、年龄性格、心理需求、地域差异、用途差异和色彩的流行性等要素有关。色彩的象征还具有多重性，它必须结合一定的社会活动、历史背景、民族习俗和色彩实用价值才具有意义（图10–20）。

### ❶ 生活环境与生活方式

服饰色彩的运用反映了民族的生活环境及经济生活方式。如土族服饰中对五彩的运用，其中象征草原的绿色和象征乳汁的白色的运用，充分反映出土族先民们游牧生活的痕迹，而象征丰收的黄色和

图10-20　畲族补花背带（贵州麻江县）

象征土地的黑色则是农耕文化的遗迹。通过对服饰中色彩语言的解读，便能感受到他们生活方式的变迁。

一些民族的色彩运用倾向于华丽，色谱非常丰富，冷暖色调共存。在回族、东乡族、保安族等民族的色谱里，蓝色、绿色、黑色、白色是他们钟爱的颜色，这是由色彩的象征意义决定的。维吾尔族、柯尔克孜族、乌孜别克族等民族服饰色彩也相对华丽。维吾尔族的艾德莱斯绸是其中的代表作，由红、黄、蓝、绿、白等色彩组成，图案风格堪称构成主义，色彩和图案的巧妙结合产生一种绚丽的效果。

图10-21　傣族织锦（云南盈江县）

另外一些民族的色彩运用倾向于原始色。由红、黄、黑、白构成的色调被称之为原始色调，属于暖色调（图10-21）。这是一些民族通常使用和偏爱的，具有世界性，无论世界任何地方，原始艺术的色彩都可以用原始色调来概括。从色彩感觉上来讲，紫色、绿色、蓝色等冷色调给人坚硬冷漠的感觉，这种感觉与热烈的情感是格格不入的，这是这些民族通常不使用冷色调而偏爱暖色调的一个原因。除此之外，还有自然条件的原因，即暖色颜料易得，原始色基本都是矿物颜料。红色来源于赤铁矿石、朱砂石，黑色来源于煤、锰矿石，白色来源于石灰岩石。一些西南民族仍在使用这些原始的颜料：佤族和基诺族用红土染红他们的棉纱用于织布；景颇族和楚雄彝族用自制的红、黄、黑、白颜色绘身，颜料来自于河谷中的石块；工布藏族用黑泥浆染他们的氆氇。通常这些民族知道如何寻找和配制他们需要的色彩颜料，并运用到服装上。

## ❷ 身份识别

服饰色彩也有身份识别的功能。如果我们把符号化的思维和符号化的行为看作人类生活中最富有代表性的特征，那么，少数民族服饰色彩作为一种文化符号所表现出来的就是身份、地位、等级的井然有序。

藏族男女的头发上都用“扎秀”，在藏语中是辫尾的意思，用丝线制成，非常讲究颜色。留辫子的男子用鲜红色的扎秀，西藏东部康巴地区，男子用鲜红色和黑色的。女子年龄不同扎秀的颜色也不同。年纪较大的妇女系鲜红色的，中年妇女系深绿色配鲜红色的、棕色配浅红色的、鲜红色配淡蓝色的、深蓝色配浅蓝色的、橘黄色配粉红色的、年轻女子喜爱草绿色配黄色，但康巴和阿坝藏族妇女不分年龄大小都喜欢系鲜红色的。藏族妇女遇丧事时，在辫端系白羊毛表示对死者的哀悼。

哈尼族僾尼支系女子以白色表示特殊场合或特殊身份，澜沧一带的僾尼支系未婚成年女子，在庄重场合，需在外衣内加穿一件白色衬衣，白色隐约显现在外衣衣边和袖口。居住在西双版纳的僾尼支系女子在出嫁时必须要换上白色拖地长裙，婚期过后又换回蓝黑短裙。

土族服饰中，“五彩袖”作为土族的服饰特色，有着民族标识的作用，是这一部落成员之间共同的身份标志。而女子裤腿“帖弯”颜色则是标志社会成员社会角色的不同。土族已婚妇女裤腿“帖弯”的颜色是黑色镶蓝边，而未婚少女的裤腿“帖弯”颜色是红色镶白边。通过“帖弯”的颜色就能很清楚地知道土族女性的婚姻状况。另外，黑色在土族中表示尊贵，为年长者所用，一般老年人的袍子为黑色，所戴的帽子也为黑色。土族老年妇女一般身着黑色的长袍，不穿花袖衫。年轻男子戴的帽子多为白色，年轻女性戴的帽子则以绿色及灰色为主。这几种颜色作为一种标记，在不同程度上反映了人们各自的身份和年龄段，也是一种形象的标志。所以说，颜色在土族的身份识别过程中起着不容忽视的作用。服饰中的色彩还具有重要的史料价值。根据土族的尚白习俗和蒙古族的白色崇拜的研究，可以作为进一步探究土族的族源的切入点。对五彩的运用在南方部分少数民族服饰中的出现，可以进行对比研究，并为民族迁徙、民族历史、民族文化的研究提供宝贵而真实的资料。

### ❸ 记述传说

色彩也有记述传说的功能。云南彝族白倮支系婴儿帽上都缠绕的黑白合股线是童帽必不可缺的装饰，这里面包含着一个古老的传说。在很久以前，仙女与倮寨中一男子结合，生下两个孩子，但最终不被天庭所允许，逼回天上，因为思念孩子，她便从天上放下了一黑一白两股线，让孩子们拽着线将其拉到天上，共聚团圆。所以倮寨婴儿的帽子上不论男女都必缠有黑白合股线，这股线在记述仙女救子故事的同时，更系上了一颗母亲期盼孩子健康成长的心。

## 四、色彩禁忌

人们的思维方式是受民族文化的影响和支配的。不同的社会、不同的环境、不同的知识层次，给人与人之间、民族与民族之间带来明显的联想差异。同时，人类也存在着色彩联想的共通性。色彩象征性往往是多意、可变的，每一种色彩的表意都是多意的，往往具有双重性，因此，民族服饰中亦体现出色彩禁忌观念。

白色就体现出这种双重性格。除了崇拜白色的民族，很多民族举办丧事都穿白色孝服，所以白色容易使人联想到凶祸丧葬等不祥之事，故而一般人忌讳穿着，尤其在婚嫁、生育、过年、过节等喜庆日子里更是忌讳穿纯白的衣裳，唯恐大不吉利。服饰忌白的习俗，当起于染色技术精湛后。民间父母在，冠衣不纯素，即是恐有丧象的意思。不纯素就是说冠、衣、裳总得有一部分是带彩的。比如远在北方边境的鄂温克族近代的服饰习俗中，也是把白色看成是孝服，除内衣外绝不穿白色衣服，内衣也绝没有用白色扣子的，且多用有色线缝制。这样，也就认为不是“纯素”了。但是，由于以“素服”送终的习俗已转化为一种色彩的辨别方式，再加上民间染印技术的不断发展、日益精湛，使得“纯素”成为“送终”的唯一服饰色标，于是白色便在日常生活中演变成为一种不吉之色了。鄂温克族和鄂伦春族的白色皮衣都要染色后才穿，其方法是将熟好的白皮子用榉木渣子燃烧烟熏成黄色，既可避忌白色，又能防虫防雨。

色彩在一些民族的心目中具有明确的象征意义。表现在服饰方面，即不同颜色寓示着高低贵贱、好坏吉凶。因此，许多颜色在一定的环境场合、一定的身份表达方面是禁忌使用的。作为禁忌色的颜色，有些虽然被赋予了不吉的含义，但有些色彩有时却仍被看作是神圣的，不能随意使用。

色彩禁忌与本民族的色彩情感有很大关系，一般表示不吉的颜色都不会用于日常服饰中。独龙族认为，蓝色是死亡的颜色，灵魂“阿西”居住的世界是蓝色的，因此独龙族人绝不使用蓝色的衣物。瑶族认为红色象征喜悦吉庆，而绿色、黄色表示忧愁哀伤，因此彩织花带基本色调是大红、朱红。结婚和生第一个孩子的用品，多用大红、玫瑰红等色，而绿色在瑶族服饰中很少见到。

色彩禁忌往往与色彩崇拜有关。土族赋予青色以庄重的意义，认为青色是神圣的，在土族许多庄重或禁忌的场合，人们经常穿藏青色的衣服，或以青色作为基调。在青海大通地区的土族丧事中，前来参加丧礼的妇女一律身着青色的长衫作为丧服。在土族姑娘出嫁时，陪嫁物中一定要有一件藏青色的长衫，这件青色的衣服就是她婚后在各种禁忌的场合所穿的礼服。比如在生完孩子坐月子时要穿青色的长衫，因为土族人认为生完孩子的妇女是不洁净的，是忌讳的。身着青色的衣服还传递了另外一个信息，那就是男人不能过分地接近这个妇女。此外，青色的衣服还在一些重要的祭祀场合中穿着。去祭山神的时候，都要脱下花袖衫，换上青色的长衫，以表示庄重。另外，在土族老人年事已高时，其子女们也要为他准备“老衣”，在老人去世后入殓时给老人穿着，而“老衣”的颜色也基本上以青色为主。又如彝族尚黑，但凉山彝族在服饰色彩禁忌习俗方面是年轻女性不能穿全黑，未换裙的女孩不能穿黑色的裙子，因为彝族认为年轻女性穿全黑衣服太肃穆，未换裙的女孩穿了黑色的裙子就表示该女孩不健康。

对于信仰伊斯兰教的民族而言，色彩的禁忌主要是禁止过于炫耀的颜色。伊斯兰教在男子衣服的色彩选择上，崇尚白色、黑色和绿色，黄色和红色基本不使用。穆斯林禁忌穿金黄色，因为先知穆圣最不喜欢的东西有十样，第一就是金黄色。传说先知穆圣看到他的弟子阿布杜拉·艾斯身穿黄色衣服，表示对他的衣服不喜欢。艾斯回家之后，把衣服焚烧掉了。第二天，穆圣又见艾斯，问他怎样处理了他的黄衣服，听说焚烧了之后，就说可以送给家中女眷们穿，也可以改染成橘黄色。穆斯林妇女结婚等重大日子时是忌讳穿黄色的，此同伊斯兰教义有关。

禁忌的色彩并不是不能用，有时可用来以毒攻毒，人们往往借助禁忌之色来起到辟邪的作用。如藏族认为黑色是邪恶、黑暗之色，但孩子出远门时却要在孩子鼻尖上点上黑色，以镇妖降魔。苗族童帽有“闹色”与“肃色”之分。闹色只有红色，属阳，凡是出生时的生辰八字相合、五行相配且身体健康的孩子，都要戴以红色为基调的帽子，目的是借助红色辟邪和喜庆热闹，所以，这里大多数孩子戴的是红帽。肃色有黑色、绿色和褐色，这些色调属阴，有“失意”与“命亏”的意味，但同时又很庄严与沉重。凡是属猴（猴子怕血）的孩子以及出生时的生辰八字相对、五行相冲或多病多灾的孩子只能戴肃色帽子，才能以重压邪、遇凶化吉。如出生日是水，出生时是火，水火不容，故相冲，只能戴黑色或者绿色、褐色为基调的帽子，目的是避开犯煞，以庄重压淫邪。[1]

民族色彩是一个拥有共同地域、经济、语言和心理素质的稳定族群共同体在视觉上所惯常采用的颜色，是人们对颜色的喜好和选择。这种色彩偏好受到国家、民族的影响以及年龄、性格等其他因素的制约。

民族地区的流行色彩，一是以本地所有的颜料和染色技术的主要颜色为流行色；二是民族信仰所赋予特殊意义的颜色；三是适应当地生活方式并与环境相协调的颜色；四是在历史上吸收当时主流社会的流行色并保持下来的色彩。少数民族地区不仅依然大量地保留了当年汉民族的民族色彩，而且还创造和丰富了有本民族特色的民族色彩。

在长期的发展中，民族色彩越来越内化于民族习惯中，并融合于生存环境和人们的审美心理中。如轻盈飘逸的艾德莱斯绸色泽艳丽，与新疆沙漠边缘单调的环境色彩形成强烈对比，突出了维吾尔族人对现实和未来生活的热爱和追求。民族服饰色彩既有着本民族的显著特征，也反映着本民族的历史和文化特点。

## 第三节　服饰的图案特征

民族服饰图案与色彩是相互关联的，图案造型起到了完善其服装色彩美的作用。少数民族传统图案是数千年来民族知识和智慧的结晶，深刻地反映出民族的思想观念、价值取向、审美意识和对幸福生活的追求。从人类社会形成之初，图

[1] 赵玉燕，吴曙光：《象征生命的原始符号——苗族童帽图案的诠释》，《中南民族大学学报》2006年第5期。

案就被用来表明某些特性，如显示图腾崇拜观念、作为特定意义的标志或用来代替文字。动物是最早的图案主题，其后，人物、花草、山川、河流等自然万物均被纳入图案范畴。神话、历史和现实构成了民族图案中五彩缤纷的浪漫世界。[1]

## 一、图案的装饰作用

为了充分发挥民族服饰图案的装饰作用，图案一般装饰在动感较强的部位或视觉效果明显的部位，如领、肩、胸襟、袖口、前身等。一般来说，服饰中的头帕、外衣、裙子、围腰、腰带、帽子、靴鞋等都会饰以图案，如羌族用挑花和绣花装饰外袍、头帕、围腰和花鞋，羌族挑花围腰上精心挑绣有30多种图案。侗族也多以绣花饰于袖口、领口、鞋面、袜底、襟边。哈尼族的服饰图案主要装饰在上衣的领部、肩部、背部、衣襟、袖口、衣摆处，下装的围腰、护腿和头帕、帽子、腰带、飘带、挎包等衣物配饰上。通过运用不同的组织形式和制作工艺，形成按一定顺序整齐排列、具有特色的服饰图案。花腰彝和花腰傣的腰带刺绣亦十分讲究，绣工精美。侗族的刺绣背儿带十分精美，母亲倾心绣制，祈盼这背儿带能保佑孩子平安长大（图10–22）。

图10–22 侗族凤纹、桃纹、狮子纹补花背儿带（广西三江县）

服饰图案因工艺的不同，装饰部位和效果也不相同。贵州少数民族以蜡染作为衣裙装饰的极为普遍，因民族和支系的不同，蜡染的装饰部位也不相同。有的装饰上衣，有的装饰裙子，有的全身都饰有蜡染图案，也有的蜡染服饰已渐渐被刺绣或织锦取代，仅保留头帕或腰带。同样是装饰衣服，有的装饰衣领，有的装饰两袖，有的装饰衣摆，还有的作为衣襟边条。同样是百褶裙，有的全部用蜡染，有的用在中间，还有的仅用于裙摆。大多数服饰同时以蜡染、挑花、刺

[1] 戴平：《中国民族服饰文化研究》，上海人民出版社，2000年。

绣为饰。在一个民族中，服装的装饰部位都需按照传统观念行事，装饰常固定于衣裙的某个部位，不能随意挪动位置。装饰图案放在服饰的特定位置都有其特定的原因，如贵州黔东南苗族妇女崇尚佩戴银饰，胸、项银器饰满胸襟，其上衣的前身后背也都缀满银饰，故上衣的刺绣图案以肩和两袖为主要装饰部位。蒙古族服饰中，刺绣主要运用于帽子、头饰、衣领、袖口、袍服边饰、长短坎肩、靴子、鞋、摔跤服、赛马服、荷包、褡裢等处。

不同的装饰部位，图案形式即使相同，在花型大小、色彩明暗等外观效果上也会有所区别。如贵州剑河苗族的锡绣之于服饰，分为三种形式：第一种形式为夏装的背部饰件与上衣相缝贴，呈现自然悬垂的“雨滴线”；第二种形式为单纯的黑底锡花，图案略大，主要用于前裙片；第三种形式主要用于后背部，其图案略小，兼有暗花。锡绣图案虽由看似相同的几何纹样构成，但其似有却无的规律连接分布中却有明确的象征和寓意，以最具典型的后裙片为例，图案中具有象征性的女儿纹、鱼纹、岭湾、鸡足、花簇、牛鞍、秤钩、小人头、老人头、木工弯尺、耙纹、山岭、屋脊等都寄寓了苗族女性最原始的生活向往。

服饰图案的装饰作用主要表现图案的修饰美化功能和图案的提示功能，织、绣、染都是功能的载体。在现代生活中，图案的修饰美化作用是最重要的，但在一些保持着传统生活的少数民族地区，图案从描绘的时候就已经注定了它的功能，在进行织绣染装饰的时候就已经明确了它的用途，因此图案对于服装的作用是从最初就固定了的。在民族服饰中，图案的提示功能是保证民族内部生活秩序的一项重要措施，其在维护本民族传统生活习俗中发挥了重要的作用（图10–23）。

图10–23　侗族双凤葫芦纹刺绣背儿带（贵州锦屏县）

民族服饰的图案装饰首先是一种美饰，无论是过去还是现在，从外观来看，图案装饰都具有审美的功能。勤劳的各民族妇女倾其心血去织、绣、染，精心制作她们的民族服饰，展示出她们杰出的艺术才华以及对生活的热爱和对美好的追求。当民族妇女向族人展示她亲手绣制的盛装华服时，她得到的是美和勤劳的赞许。在中国大部分民族中，最美的色彩和最漂亮的装饰是给待嫁少女的，这些少女特有的华丽装饰表示姑娘已经成年，可以谈婚论嫁了。精美的刺绣、艳丽的花纹图案伴随着姑娘出嫁，使所有的新娘美不待言。

由于服饰图案的主要目的是装饰服饰，因此图案与服装之间非常讲究搭配。图案与服饰的配合主要表现在图案与款式的结合，以及图案与色彩的结合。服饰图案与款式的配合形式可从藏族氆氇来看，氆氇的花纹与颜色分为多种，常见的主要有六种。如“南布梯玛”是一种有“十”字形的花氆氇，多用于裁制藏袍和男式上衣的贴边，也常用于装饰藏戏的服装。“帮典”氆氇相间织有红、黄、蓝、绿、黑五色条纹，色彩艳丽，图案清雅，是专用于卫藏一带藏族妇女制作围裙的面料。由此，精致的条纹氆氇装饰形成了藏族服饰的特色。

图案与色彩的配合是图案达到装饰效果的基本方法。不同民族在服饰的装饰和图案的应用中表现各不相同。苗族、瑶族、布依族等民族服饰做工精细、色彩艳丽而协调，独龙族的服装简朴粗犷，两者间的区别一目了然。一些民族的图案趋于精细，色彩华丽丰富，如维吾尔族、乌孜别克族、蒙古族、苗族、傣族、侗族等。另一些民族的图案趋于粗放，色彩多为原始色，如佤族、基诺族等。总的看来，有相当多的民族使用的色彩都趋于原始色，以红黄色调为主。在装饰效果上，图案与色彩是互为提升互为补充的，如装饰最为丰富的哈尼族僾尼女子上衣的整个背部用红、白、黄、绿等彩色丝线绣上方形、菱形、回纹、三角纹、五角纹、格子纹、条纹、水波纹、犬齿纹等图案；整个袖子用红、白、黄、绿等彩色布条镶拼而成，袖口绣有回形纹；绑腿用彩色布条镶拼，并在色布之间绣上水波纹，整套服装因大量的绣饰而显得色彩斑斓、美艳如花。景颇族筒裙用羊毛线织成，多为黑底，少数是红底，上面再用红、绿、黄、紫毛线织出绚丽精美的图案。他们编织的筒裙，图案色彩鲜艳，结构组合多种多样，对比性强，有独特的地方色彩和浓郁的生活气息。

出于美化的需求，服饰图案往往装饰在领口、袖口、前襟、下摆等。领襟处的图案可以突出脖子的优美，衬托出面部的神采；下摆和裙摆的图案可以表现出身姿的健美和步态的优雅。每个民族对美的观念并不相同，因此表现出装饰效果的差异。如拉祜族妇女服饰因支系而异，或穿窄袖短衫饰以彩色布条，间隔出红、黑、白三色；或穿黑、蓝色右斜襟、高领、高衩的长袍，衣领周围及袖口镶有红、绿花条纹布条，并嵌有银泡或半开银币，表示富有。长袍开衩很高，衩两边镶有红、蓝、白、绿等彩色几何纹布块，不同颜色的四块布拼成一个小正方形，一个个正方形连接成几何图案花边。下穿花边筒裙。黑色衣服上缀以色彩斑斓的图案，显得格外庄重富丽。

装饰作用的不同还表现在装饰的繁复和醒目程度，如哈尼族西摩洛支系妇女的服饰在哈尼族众多支系中是最具变化性的。按年龄身份，有四次变动，少女用红布、青年用白布、婚后用蓝布、老年人用纯黑土布。姑娘的帽子最是漂亮，主要采用刺绣、拼接等工艺制作而成。老年的包头是黑布做成的，包头巾把前额部分的头发往上拢起，缠成牛角形，右耳边露出一串用彩色毛绒线做成的穗带。相同之处是无论长衣、短衣，都在正面做成装饰，从胸部到腹部缀满数十或数百颗银泡，衣摆四周绣满花草图案，不同的年龄层次展现出不同的美感。

在少数民族服饰中，图案的提示功能在族群生活中最具有功利性的作用。如根据云南彝族白倮支系年满16岁女子裙上的图案和衣裙上略有变化的花纹，能够推断出这个女子在村寨中的社会角色。年满16岁的女子会在靠近腰部的第一组与第二组月芒纹、星宿纹之间缝制一圈小的龙鳞纹彩布贴绣，整套女裙从裙摆至腰身一共有两大一小三处龙鳞贴绣。裙摆处代表已成年的挑绣也由之前的半花变为单花的田字形挑花，单花在裙上的出现，等于告知同族这个姑娘尚未婚嫁。

## 二、图案的丰富题材

民族服饰图案的主题主要来自于生活习俗或民族信仰，无论是植物、动物还是变形的几何纹，都能在生活中找到它的对应物。每个民族的图案都反映了他们的生存环境和生活习俗。可以说，每个民族都有自己特定的图案作为装饰服装的代表纹样。

### （一）各少数民族的主要图案题材

少数民族居住地的大自然景物给他们带来了艺术创作的灵感。图案纹样不仅有信仰中的神灵，也有山涧中的小草和野花、丛林里的树木和果实、草原的各种

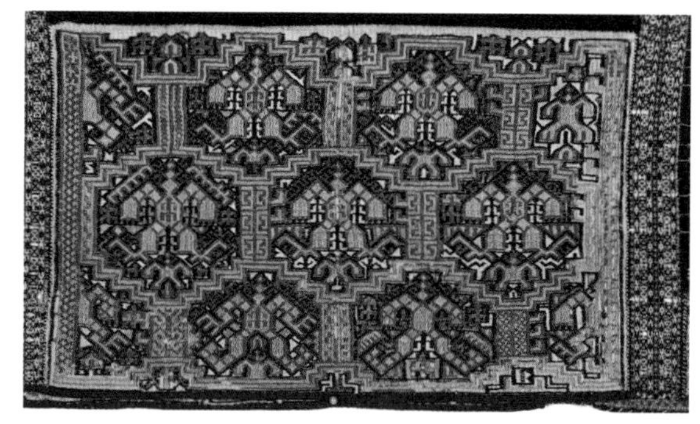
图10-24　本地黎女衣双面绣蛙纹（海南白沙）

动物。南方少数民族的图案题材以各种植物花卉纹样为主，如菊花、莲花、桃花、兰花、牡丹、石榴、葫芦、向日葵、鸡冠花、水草、蕨菜花、忍冬花以及山里各种无名花卉。动物纹样有牛、狗、兔、鸡、鼠、象、蝙蝠、鸟、蝴蝶、蜜蜂、青蛙、螺蛳、龟、鱼、虾等（图10-24）。北方狩猎和游牧民族生活与动物关系密切，因此装饰图案以各种野兽飞禽如虎、狮、鹿、狍、羊、马、猫头鹰、山雀等为主，植物纹样多是草原上的花朵。此外，受中原汉文化影响，南北方少数民族服饰图案中还有来自中原的龙、凤等吉祥图案。

### ❶ 维吾尔族

由于信仰伊斯兰教的民族按习俗不能表现长眼睛的生物，因此鸟兽和昆虫都不能作为服饰图案，植物纹样是信仰伊斯兰教民族的主要纹样。如维吾尔族居于大漠绿洲，各种植物点缀着他们的生活，服饰图案以马莲、柳枝、菊花、石榴花、夹竹桃、忍冬、鸡冠花等植物变形图案为主；此外还有生活中常见的花绳、车轮、水壶、梳子、木耙等工具与日用品变形图案以及窗格、台阶、女墙、壁龛、圣龛、穹顶等建筑物变形图案；各种宗教符号；还有涡旋、月亮、星星、光芒、水波等自然物象变形的抽象图案。

### ❷ 鄂伦春族

大兴安岭原始森林中的鄂伦春族曾世代以游猎为生，服饰图案主要有抽象的几何纹、植物纹、动物纹三种，其中几何纹数量最多，主要有圆点纹、三角纹、水波纹、浪花纹、半圆纹、单回纹、双回纹、丁字纹、方形纹、涡纹等。植物纹数量居次，以叶子纹、树形纹、花草纹、花蕾纹等为主，其中南绰罗花纹样尤为突出，运用甚广。鄂伦春语“南绰罗花”意为“最美的花”，象征纯洁的爱情，多用于姑娘嫁妆，以示爱情纯真幸福。花形呈“十”字形，以云卷变形纹表示。还有各种动物纹，主要有云卷蝴蝶纹、鹿形纹、鹿头云卷纹及马纹。另外还有借鉴其他民族的纹样，如“寿”字纹等。这些纹样经过组合，产生新的图案节奏和旋律。

### ❸ 蒙古族

蒙古族大都生活在草原，以畜牧为生。蒙古族常用的图案有各种自然纹、动物纹及植物纹，象征着天赐的吉祥。自然纹有云纹、山纹、水纹、火纹；动物纹有蝴蝶、蝙蝠、鹿、马、羊、牛、骆驼、虎、龙、凤、鹰、鹿及其他的动物图案；植物纹有花纹、草纹、莲纹、牡丹纹、桃纹、杏花纹等纹饰。受藏传佛教、萨满教文化的影响，宗教中的一些图案也应用于蒙古族服饰中，如盘长、法螺、佛手、宝相花等八吉祥图案。同时受汉文化的影响，也有“福”“禄”“寿”“喜”等文字图案。此外，蒙古族文字书写自由，形式感强，既是文字，又可作为图形。

自古以来，蒙古族的文化受到汉族文化的影响，在蒙古族服饰刺绣艺术中，潜移默化地接受了各种文化的渗透。蒙古族对龙凤非常崇拜，认为龙凤是神物，但并不具有汉族的统治含义，因而在服饰、荷包、建筑壁画、银碗、蒙古刀等地方都用龙的图案进行装饰。蒙古族服饰刺绣纹样无不包含人们对美好生活的愿望，这种象征性的手法与刺绣技艺相结合，形成独特的“有图必有意，有意必吉祥”的图案内涵特征。

### ❹ 柯尔克孜族

柯尔克孜族刺绣图案大多采用高山河流、花卉树木、飞禽走兽、日月星辰等象形图案和几何图形。山为父、水为母是柯尔克孜族的信仰。山峰是柯尔克孜族刺绣中必不可少的风景，水是一连串的弯曲线向同一个方向有规律地翘起、卷曲，意味着水波荡漾。山水之上是天空、云朵和日月星辰，山水之间是土地、森林和鲜花青草，这些都被认为是自然的神灵，给人以生命、智慧、力量和祝福。游牧民族对山野草原间的动物牲畜也特别珍爱，飞禽走兽、兽角、驼峰等动物形象都能在其服饰图案中发现。柯尔克孜族人民是勇敢善战的，刀、枪、剑、戟和旌旗也常常作为坚强勇敢的主题出现在服饰图案中。

### ❺ 傣族

傣族服饰图案主要集中在织锦面料上，多用于制作筒裙，以象、孔雀、狮、蝴蝶、鸟为主，这些动物都是与当地傣族人民的生活、文化息息相关、密不可分的（图10-25）。鹿纹和龙纹也常常在傣锦中出现。常见的植物纹有菩提树、刺花、芭蕉花、八角花、四瓣花、生姜花、红毛树花，这些植物是居住于山区中的傣族人民最常见到的。傣锦中建筑纹样大多数都是反映佛寺建筑，也有一些是反映傣族生活的场景。傣族织锦上的人物图案很普遍，多数人物纹样都是和其他纹样搭配使用，其中包括人形舞蹈纹、楼居纹、戏马纹、舞象纹等。这些与人的生活密切相关的物象表现了傣族安乐的居住场所、优美的生活场所以及宗教活动等实际生活场景。

图10-25　傣族花树对鸟纹织锦（云南盈江县）

## ⑥ 哈尼族

哈尼族服饰图案的题材范围极广，主要有几何、花草、鸟兽以及民俗图案和吉祥图案。几何形图案有直条纹、菱形纹、方形纹、波纹、三角纹、五角纹、折线纹、旋涡纹等；花草图案有向日葵、月亮花、玫瑰、莲花、梅花、八角花、小草、榕树、树枝、树干、树尖等；鸟兽图案有虎头、猴尾、蝙蝠、蝴蝶、蜜蜂、鱼、鱼头、白鹏、猫头鹰眼、蛤蟆、老鼠、蛇、螃蟹、蜘蛛等；民俗图案有万字纹、犬齿纹等；吉祥图案有回纹、云气纹等。这些服饰图案表现了他们对自然环境的理解和对生命的感悟，在造型创意和表现手法上充分展示了哈尼族人民写实和写意两方面的技巧与才能。

## ⑦ 裕固族

裕固族妇女服饰图案多取材于日常生活中的花、鸟、虫、草、鹿、马等的变形图案以及传统的几何图案。如在衣领的外边缘，裕固族妇女常用象征河流的波浪形、取材于动物牙齿的三角形等图案加以装饰，长袍的下摆则通常镶有云字花边，荷包、针扎、刀鞘套等饰物上则绣有各种花草和动物图案。

## ❽ 景颇族

景颇族筒裙图案取材广泛，素材来源于美丽的大自然和景颇人民的生活。有以动物、昆虫为题材的老虎脚爪、猫脚印、蝗虫牙齿、毛虫脚；有以植物为题材的南瓜藤、竹桥花、生姜花；还有反映生产面貌的水田、水沟、谷堆等，千姿百态，栩栩如生，体现了景颇族妇女勤劳、纯朴的品质和豪放的性格。据统计，景颇族妇女筒裙的织物图案就达百余种。

## ❾ 佤族

民族图腾也是常用的图案，也有族群历史或传说的题材。如佤族历史上曾盛行剽牛祭祀习俗，人们认为牛剽得越多越能祈福禳灾，给自己带来好运，所以人们常将牛角纹织在服饰上，以期获得图腾祖先的保佑。有一种中间带圆点的菱形图案也是佤族普遍喜欢的花纹，老人们说那是小米雀的眼睛。传说当初人类在葫芦里出不来，有一只小米雀飞来在葫芦上不停地敲啄，直到嘴壳啄破，眼睛流血，才把葫芦啄开了，佤族先民和其他民族才得以从葫芦中走出来。为了纪念小米雀，阿佤妇女世世代代都把这种小鸟的眼睛织到了服饰上。

### （二）典型图案题材及其象征意义

一方面，自然环境赋予了少数民族服饰的装饰纹样与图案以浓郁的乡土气息，因为这些图案主要来源于他们的生活环境，取材于他们所熟知的各种事物形象（图10–26）。另一方面，服饰图案也都包含着历史传说和民俗信仰，有些纹样对于一些民族来说具有非常特殊的意义和内涵。如变化多样的盘长图案，在与卷草纹等不同图案结合时，象征吉祥、团结、祝福；犄纹，代表五畜兴旺；蝙蝠，象征福寿吉祥；回纹，象征坚强；太阳纹，寓意太阳的转动和四季如意；云纹，有吉祥如意的含义；鱼纹，象征自由；虎、狮、鹰纹等象征英雄。再如

图10–26 白族拼布钱钱花背带（云南大理）

杏花象征爱情、石榴寓意多子、蝴蝶象征多产的母亲。寿、喜、梅代表美好的祝福。

### ❶ 太阳与火

在少数民族的服饰图案中，可以随处看到人们对太阳神和火的敬意（图10-27、图10-28）。如瑶族很多支系的刺绣中常有太阳纹出现。广西贺州市瑶族女子的头帕上饰有众多的太阳纹，先用红线绣成圆点，周围有波状的光芒。头帕戴成头饰后，太阳纹一定要在头部的正前方。白裤瑶女装衣背盘王印的周围也饰有12组变形的太阳花，可见太阳在瑶族原始信仰中的重要地位。瑶族以红、黄来表现这种阳光的色感，深居山中的瑶族从事农耕，充足的日照是非常重要的，而太阳给人的色彩感觉是暖色的，因此瑶族太阳纹刺绣仿佛日光泼洒八方。湖南的盘瑶和花瑶，妇女的头帕和小孩的背带上也喜绣圆形并有光芒的太阳纹，湖南省南部花瑶至今还能见到传统的头帕刺绣图案，基本图案是大树、鸟和太阳。双鸟飞在大树上，而太阳图案有的绣在树梢上，有的绣在树枝下面，有的在树木纹的上下各绣一太阳。瑶族的先民在衣物上刺绣太阳纹图案，是把太阳神作为护身符的缘故。基诺族将太阳视为本民族的来源和祖先、本民族的图腾。基诺族成年妇女后肩部绣一五光十色的太阳形图案，五彩的太阳花底纹为一块10厘米见方的天蓝色布，作为太阳所在天空的象征。在藏族服饰中，“十”字纹常和火纹、月纹连用，或作为一种单独的装饰纹样，绣在围巾和衣饰上。哈尼族叶车姑娘戴的三角形软帽的正面稍后处，钉有一根白线带，绣着一排火形图纹，也含有对太阳崇拜的寓意。❶

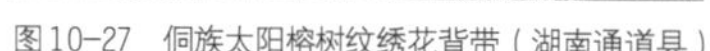

图10-27 侗族太阳榕树纹绣花背带（湖南通道县）

图10-28 侗族太阳榕树纹绣花背带局部（湖南通道县）

❶ 尹睿婷:（硕士学位论文）《云南少数民族的太阳纹样艺术研究》，昆明理工大学，2008年。

像太阳一样，火也是给人们带来温暖和希望的事物，蒙古族到阴历腊月二十三这一天，有拜火之俗。蒙古族人认为火是最干净、最纯洁的东西，她是创造人类的最伟大的神灵。因而在蒙古族的服饰中，一身大红的长袍象征着吉祥和纯洁。彝族男子喜跳火把舞，老人喜欢睡火床，妇女喜戴火花帽，孩童爱穿火花鞋，每年还要举行一次盛大的火把节，他们以种种不同的方式，表达自己对火的崇拜和眷恋。云南巍山县的彝族妇女，喜欢在帽子上缀着火花似的花球饰物，此帽名曰“火花帽”（图10–29）；当地的儿童爱穿一种鞋，鞋面上绣满了火花图案，红白相间，名曰“火花鞋”。

图10–29　彝族刺绣火花帽（云南楚雄巍山）

### ❷ 月亮

一些少数民族对月亮也十分崇拜，如侗族刺绣品中的月亮花（图10–30），壮族织物和饰品上的太阳纹和月亮纹。与女子衣背绣太阳相反，基诺族男子后背绣月亮花。苗族佩戴的银饰也说明了这一点。月亮是苗族人崇拜的天灵，孩子出生当天能看到很亮的月亮，就认为是月神显灵，代表小孩一辈子有福气。于是先人便想了一个办法，即用银子铸成一个像月亮的项圈，戴在小孩的脖子上，就像月神永远守护着他一样。因为银色是月亮的颜色，所以至今在苗族服饰上都会有很多银饰，是一种吉祥的象征。满天的星斗也是少数民族服饰表现的对象，黔西北的小花苗服饰图案为十字形方块，

图10–30　侗族月亮花背带（广西三江县）

寓意青春永驻。小花苗的星辰纹更是有着美丽的传说。相传其祖先在中原遇到大雾，全靠天上北斗星指引方向，后人为了纪念，便描下星图，或编织，或蜡染，或挑花，将其表现在服饰上。虹在瑶族图案中也多有表现，被认为是龙的象征。常用红、黄、绿、白四种丝线绣成，多为直线和波形，形成强烈的节奏感，色彩对比鲜明而协调，反映了求雨祈丰的愿望。

### ❸ 鸟凤

除了这些对天体及自然现象表现出的自然崇拜，图腾崇拜也是图案的重要内容。如鸟是苗族服饰图案中最常见的题材，尤其在贵州南部榕江、三都、丹寨等地区，几乎每一张蜡染、每一片刺绣都离不开鸟，造型千姿百态。在丹寨蜡染中，鸟身常与蝴蝶花草相结合，生动活泼；榕江蜡染中，鸟头与龙身结合而成的鸟龙纹，神秘奇特。鸟纹的盛行与苗族姑娘按照绚丽的锦鸡打扮自己的审美观念有关，还与苗族关于鸟的古老传说有关（图10–31），壮族织锦图案也常见花树对鸟纹（图10–32）。

凤，居百鸟之首，古称火之精灵、太阳鸟，“出于东方君子之国，翱翔于四海之外”，是中国东部民族的保护神。凤是苗族服饰中的主要图案，传说苗族的远祖蚩尤统帅的九黎部落，曾高举以凤鸟为图腾的大旗入主中原，代炎帝为政，于是有了由凤鸟充当主角而演绎的一段又一段吉祥而美好的传说。在苗族服饰装扮中，百鸟衣、三凤大钗、双凤朝阳、飞凤、团凤等凤鸟的造型似长尾禽鸟，姿态优美，神气十足（图10–33、图10–34）。

图10–31　苗族蜡染中的鸟、龙、蝶纹（贵州榕江县）

图10–32　壮族花树对鸟纹织锦（广西环江县）

图10-33　苗族凤鸟纹刺绣（贵州台江县）

图10-34　苗族凤鸟纹蜡染（贵州榕江县）

## ④ 龙

龙纹在许多少数民族服饰中也是常见的纹样，其表现形式有具象和抽象之分（图10-35~图10-38）。安顺苗族的龙纹是曲线组成的抽象造型，而榕江的龙多为鸟首龙身的具象纹样。贵州部分少数民族妇女认为龙是蛇、黄鳝、鱼、水牛，能使大地风调雨顺，常葆生机。贵州苗族的龙纹多种多样、简朴自然，没有一个特定的形态。在苗族服饰中，龙的图案有数十种之多。有雄壮的牛龙、优雅的鹿龙、可爱的蚕龙，还有肥胖的猪龙等。在苗族人信仰中，龙是兴万物、主丰收的吉祥之神。

图10-35　苗族龙纹绣花衣（贵州雷山县）

图10-36　苗族龙纹绣花衣袖局部（贵州雷山县）

图10-37　苗族龙纹蜡染（贵州榕江县）

图10-38　侗族龙纹补花背带（广西三江县）

## ❺ 鱼

鱼纹在西南许多民族服饰中都能见到，形态各不相同。鱼是繁殖能力很强的一种生物，历来被视为多子的象征，也是中原民族远古时期所崇拜的生殖繁衍的神物（图10–39~图10–41）。鱼与苗族、侗族、白族的生活密切相关。丹寨地区的鱼纹多与鸟纹、花卉纹互变共生，活泼生动；织金蜡染的鱼纹则已演化成抽象繁杂的曲线造型；榕江蜡染中，鱼更被赋予了神秘色彩，变成鱼龙。苗族先民曾生活在洞庭水乡，至今还保持着稻田养鱼的生活习惯，传统习俗中还存在着鱼祭。在鼓藏节第三天，全氏族的男女老少，需身挂麻丝和鱼干跳“米汤舞”，苗家认为鱼命大多子，祈求祖先保佑家族“子孙像鱼崽，富贵如涨潮”。苗族婚礼中也有捉喜鱼的仪式，是企望子孙繁衍像鱼那样迅速和众多。云南白族、哈尼族还有用鱼的造型图案制作的鱼尾帽。

哈尼族把鱼作为本族群的神圣图腾。云南红河哈尼族流传的神话里叙述的是，远古时候，席卷大地的洪水过后，天神示意到处寻找物种的人类捕捉水中大鱼，剖开鱼肚取出物种，有怪物体、妖魔种、草种、树种、荞子种、麻种、棉种、谷种、豆种、苞谷种、瓜种……另一则神话有更为神奇的叙述：祖先鱼嫌咸水湖太单调，就来生万物，第一天生天，所以天是老大；第二天生地，所以地是老二；接着生了有、无、黄、红、绿、黑、生、死、大、小……一共七十七个，最后一个是半。不仅具体可视之物为神奇的祖先鱼生养，就连抽象概念也为祖先鱼所生。作为哈尼族心目中万物源出的金鱼娘，理所要受到族人的顶礼膜拜。所以，历经千百年历史长河的冲刷和淘洗，“鱼”依然熠熠闪亮在哈尼族女性的颈首与胸腰，

图10–39　苗族鱼纹蜡染（贵州榕江县）

图10–40　苗族鱼鸟纹蜡染（贵州织金县）

图10-41　白族绣花鱼纹背带（云南大理）

追述着古老的神话。可以说，服饰中的鱼是哈尼族对神鱼创世的歌颂，对民族文化起源的一种记录。[1]

## ⑥ 蝴蝶

蝴蝶是贵州苗族服饰中一种常见的图案，尤其黔东南是蝶纹最集中、造型最丰富的区域，有蝶翅人面的造型，有蝶身鸟足的造型，还有花蝶合体、鸟蝶合体等各种纹样，千姿百态，不一而足。在纳雍、六枝的苗族图案中，整个画面几乎都是由云波状的蝴蝶和花草构成。而榕江的蝴蝶造型有多种形态，一般以大蝴蝶作为母体形象，在它之外又有万物护身，或在轮廓之内进行丰富的装饰，在稚拙的形态中，显露出蓬勃的生气。蝴蝶有美丽的外表，又有极强的繁殖能力，可以说完全符合了苗族人的审美观，但更重要的原因还在于他们将蝴蝶视为祖先而崇拜。苗族古歌传说蝴蝶妈妈从枫树生下来后，因和泉水上的泡沫恋爱，怀孕生下十二个蛋，经大鸟姬宇替她孵了十二年，才生出人类的始祖姜央及其他天体、动物、植物、鬼神，由此天下才有了人类和各种生物。可见，蝴蝶纹样是苗族一种原初的宗教信仰的艺术体现（图10–42）。

图10–42　白领苗花蝶纹补花背带（贵州三都县）

## ⑦ 其他动植物及神话传说

动植物题材的选择不仅注重外在美，还考虑它们所蕴含的美好含义，并将其与人的品性相互关联，如鱼虾表示食物丰足、蛙蟾代表五谷收成、老虎威武勇猛、牛吃苦耐劳。因地域不同，图案的喻义也有所不同。黔东南苗族把蝴蝶纹、鸟纹喻为原始图腾；而贵州纳雍、水城、六枝的“歪梳苗”的蝴蝶纹喻为美好的象征；织金、普定、平坝的“歪梳苗”的鸟纹是繁殖生命的象征。

[1] 白永芳（博士学位论文）:《哈尼族服饰文化中的历史记忆》，中央民族大学，2009年。

图案也是民族历史文化的图式注解。在题材上多选择能代表美好事物的形象，并且都有一系列的理论作依据，如神话、史歌、传说、故事等，陈述了他们之所以选用这些题材的由来，也反映了他们的风俗和审美观念。当少数民族妇女制作民族服饰图案时，神话传说故事的氛围早已暗示着某种心理意识，并且有着某种源自内心确定性的思维定式和价值指向。苗族服饰图案中，有枫木、蝴蝶作为苗族始祖的传说，有姬宇鸟帮助蝴蝶孵化万物的传说，有狗为人采摘稻种的传说，有姜央兄妹成婚繁衍人类的传说[1]。正是这些神话传说丰富了民族服饰的内容，就像西方文艺复兴时期的绘画多来自于圣经题材一样，如果没有这些神话传说的滋润，民族服饰也将黯然失色。动物纹样也是受人们喜爱并赋予其吉祥含义的，如僅家蜡染螺蛳纹，他们的生活中常以鱼螺为食物，还有螺蛳姑娘的美丽传说，尤其在黔东南，这也是一个永恒的题材。在广西壮族图案中常常出现青蛙，他们称之为“蚂拐”，传说青蛙是雷神的女儿，能呼风唤雨。每逢干旱时，青蛙被视为求雨仪式中助雨的神灵，因此被壮族所崇拜。此外，还有纪念祖先狩猎时代的犬纹、象征光明的虎眼纹、辟禳邪恶的蜈蚣纹、比喻夫妻恩爱的鱼鸟莲纹等也很常见。

## 三、图案的构成形式

少数民族图案是各民族共同创造的传统艺术，在民族服饰和民间染织艺术中运用极为广泛，每个民族的服饰和染织物都具有完美的图案装饰，并包含着深刻的精神文化内容。民族图案的制作手法很多，可以绣、染、织，也可以镶嵌和描绘，形式多样。作为民族文化中最为优秀的一部分，民族图案从形式法则到创意设计、从文化内涵到工艺制作都体现着各民族杰出的创造力。服饰图案装饰广泛地运用于各民族的服装、饰品、刺绣、染织之中，尤其是在美化服饰和印染织物方面有着非常重要的作用。

图案元素，即点、线、面，是构成图案暨图形的视觉形象及视觉符号，也是构成图案及图形纹样的最基本要素与单位。人们对这些最基本的元素依据一定的构成形式进行各种不同的变化与组合，就可创造出丰富多样的图案形式。少数民



[1] 杨昌国:《苗族服饰——符号与象征》，贵州人民出版社，1997年。

族服饰图案的构成元素及其构成形式各有特色，但图案元素的形式构成规律基本遵循相同的形式美法则，在文化的进步中，传统少数民族服饰图案都是符合视觉美学规律的，其对图案形式美法则的运用可谓自然天成（图10-43）。

圆点是人类最早用于装饰服饰的图案元素，古人用小棍蘸着颜料点出图案，是比较原始的纹饰，一些出土的古代蜡染中多有点状的纹饰。点纹是有变化的，大小、疏密变化都能形成不同的视觉美感（图10-44）。

点可以连成线，蓝靛瑶上衣的前襟密密排布几十颗扣子，间隔只有1厘米，一列锡做的扣子位于两排长长的扣襻中间，点连成线，线排成面，体现出基本元素的变化原理。长角苗服饰图案是典型的由线及面的构成方式。长角苗女子常用的图案是由短小的直线和曲线组成的几何形，画蜡时以一条条长短不同但变化规则的短线紧密相连，形成小的块面，块面之间留出很细的缝隙。由于这个面是由多条线组成，故边缘呈锯齿状。画线条也是这样，全由小短线并排组成，真正从技法上体现了点线面的统一。因为长角苗的蜡染画得很满，所以图案的整体效果是细细的蓝线勾勒出小块的几何形花纹。由点及面的典型案例有云南新平花腰傣服饰上钉满的银泡，上下连成一片，银光闪烁。点有大有小，造成视觉效果的变化，如哈尼族白宏妇女的上衣以银币为纽扣，胸前部缀有6排银泡，共36颗，正中缀有一枚八角形的大银牌，犹如盛开的白莲花。由点及面最典型的工艺技法就是打籽绣，一颗颗的小籽可以填充于任何图案中形成面，打籽组成的图案显得饱满而富有质感。

几何纹饰是人类纹饰中出现最早的纹饰之一，也是服饰上最早使用的纹饰之

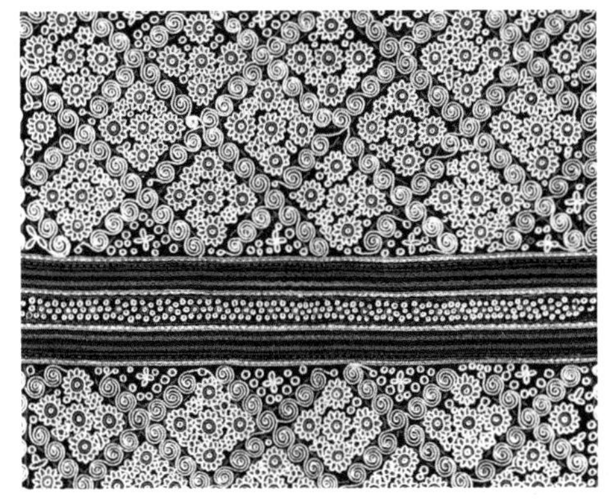

图10-43 苗族点线元素组合刺绣裙布（云南个旧市）

图10-44 苗族点元素组合印染（湖南湘西）

一。从少数民族服饰图案上可以看到几何纹使用得最多最广，这些几何纹在服饰上的使用与人类发明与使用纺织技术同步。

几何纹饰多是以各类线型组成的，十字纹是有了织绣工艺后出现最早的图案元素。十字纹的成因来自织绣工艺的发展和审美需求两方面。首先，它是经线和纬线交织的最基本单位，另外，由于十字纹具有上下、左右对称的视觉特征，最易为人们接受和欣赏。人们掌握了这种美的结构和规律以后，便创作出丰富的以十字纹为元素的服饰图案（图10–45、图10–46）。十字纹是天然和谐的几何形态之一，也是构成少数民族服饰图案中最基本的元素。十字纹被苗族人尊崇为太阳，其四角分别代表着四季。在藏族地区妇女的背饰中，也时见十字纹样。藏语名“加珞”纹样，也是代表太阳的符号，在藏族服饰中得到更普遍的运用。它常常被组织起来，衬以底色，用色条将其分成单元，以各种色彩装饰起来，形成美丽的图案。如在妇女的“帮典”和各种藏靴上，十字纹样被有序或无序地排列着，装饰显得独具一格。十字纹也常常以“╳”形出现，甚至成为挑花工艺的专用元素。

直条纹是佤族、德昂族、哈尼族、基诺族服饰中最常见的图案之一，具有简洁、直观的特点。基诺族的上衣、佤族和德昂族的筒裙在织造时就是以宽窄不一、色彩各异的直条装饰的。哈尼族服饰是以直条纹装饰在衣背和衣袖等处。直条纹方向也可以变化为斜向的“／”或“＼”，带来不同的装饰效果。直角纹“∟”也是民族服饰中最常见的图案之一。折角纹是直角纹的一种变形。它可以通过多种形式进行变化，组成丰富的造型，如回纹、云雷纹、折线纹等。折角纹呈现“∠”形，类似两道相反的斜线相交，常常用于绣花的外围。锐角纹“＜”是折角纹的另一种变形，往往被作为山峰的形象，钝角纹“〈”也是折角纹的另一种变形，连起来时会形成水波纹。菱形纹也是在折角纹图案变化中的一种，如哈尼族服饰中的菱形纹，通常和其他元素一起构成连续的、完整的、变化

图10–45　花溪苗十字纹挑花背带（贵州贵阳市）

图10-46　花溪苗十字纹数纱绣（贵州贵阳市）

丰富的图案。

在线条变化的基础上产生了各类几何纹，最有代表性的是卍字纹，它是少数民族中很常用的元素，尤其在信仰佛教的民族中。十字纹是构成卍字纹的基本元素，将“十”字的每一端进行折向，类似花形的纹样便自然呈现，变成富有旋转动感的“卍”字。卍字纹具有类似螺旋形的连贯运动韵律，在强化了形态美感的同时也丰富了其装饰的效果。

在苗族服饰图案中有许多几何元素，如三角形、正方形、长方形、平行四边形、五边形、六边形、菱形、圆形、螺旋线、星形线等，这些最基本的图形通过连接、对称、组合又构成了基本的纹饰，如太阳纹、锯齿纹、网纹、菱形八角花纹、星辰纹、井字纹、回纹、水波纹、卷蔓纹、团花纹、旋涡纹、铜鼓纹、八角花纹、牛角纹、牛纹、鱼纹、蝶纹、龙纹，这些基本纹饰的再次组合就可构成不同的美丽图案。这些自然物象几何化的纹样，多是民族祖先流传下来的，都有古老的传说。按习俗，这类图案是不能随意改动的。尽管几何纹只是由点、线组成，苗族妇女们却能指着这些抽象纹样解释它描绘的是什么。既有单独图案的明确含义，又有组合图案的象征解释。

新疆艾德莱斯绸也表现出点、线、面变化的特色。它实际可以理解为由线构成的面，图案富于变化，但造型多采用与线型结构相似的纹样，如木梳、流苏、栅栏、牛角、热瓦甫琴、独它尔琴等。有的图案较为直观，很容易辨认；有的图案则运用强烈艺术变形，辨认就不那么容易了。图案一般是从上至下按规则排列，如把花瓣、栅栏、独它尔琴、耳坠组合为一组，两侧再衬以流苏等纹样。

藏族条纹氆氇具有很强的韵律感，其用各种色线织成的宽窄不等的色条纹，呈现出色彩纯净、鲜明的时代特色。彩色条纹排列灵活、和谐、生动，以五色、七色作近似彩虹的色彩分布，更显有序合理。有的色阶已发展到十余种，色相结合色调布置更显艳丽。另有一种以冷调邻色三到五个色阶，间以深浅变化作色带排列，每条色带仅1~2厘米宽，呈现色彩单纯、协调、严谨细腻的视感。色条氆氇制的小围裙以3~4条氆氇横向拼合，横行的色带相互错落，产生一种美妙的律动效果。用色条氆氇做外袍的领边、襟边、袖边、鞋帮装饰性也很强，是具有藏族风格的图案构成（图10-47）。

图10-47　藏族毛织腰带（西藏昌都市）

民族图案的构成形式是将点、线、面以多种形式组合在一起的艺术表现，具有“规整性”“对称性”等艺术特点。少数民族服饰图案是民族精神和智慧的结晶，是民族艺术天赋的体现，其图案的外在形式符合高度和谐的秩序美感，从而达到了内容与形式的统一。少数民族服饰图案的形式具有自身的美学规律，从图案题材的应用、构成元素的布局搭配、图形要素的组合关系等，都体现出少数民族特有的审美情趣，其所包含的美学特征不仅符合少数民族文化传统特质，也适合现代民族社会的审美需求。少数民族服饰图案无论如何排列与组合，都符合一定的形式美法则，具有一种完整的形式美感。少数民族服饰图案艺术，因承载着更多的民族历史变迁、宗教信仰、风俗习惯与情感体验的元素而表现出更加强烈的艺术内涵和文化意蕴，留下了各民族在其文化发展过程中不断探寻美、创造美的印记（图10-48、图10-49）。

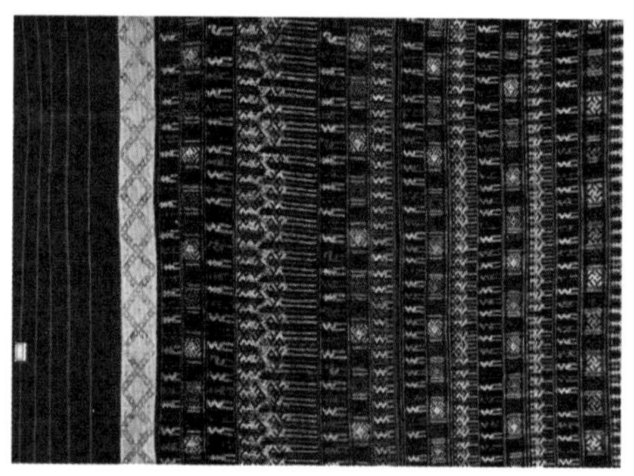
图10-48　美孚黎织锦筒裙（海南东方市）

图10-49　黎族黑白锦（海南）

少数民族服饰纹饰的组合蕴含着丰富的几何变换，包括轴对称、平移、旋转变换和相似变换等。由于民族服饰图案中存在着许多几何变换，这些几何变换的方法能以很小的纹样为单位，变化出比原来纹样大出几倍的花纹。这些花纹又可构成新的纹样，造出千变万化的图案来。如傣族服饰中的八角纹就是有八个“角”，仔细观察它的结构，就可以发现八角纹其实就是一个八等分图案，即将图案划分成八个相等的部分，不论造型的复杂与否，每一个图案都由一个相同的元素组合而成，这些单元图案经过旋转、排列，就组成了八角纹。八角纹往往运用四方连续的构图手法呈面状使用，组成精彩的图案群系，此纹流行于西双版纳地区。

单独式纹样是指具有相对独立性、完整性并能单独用于装饰的纹样，它是一种与周围纹样没有连续关系的装饰图案主体。同时，单独纹样也是图案构成的基本单位，也是组成其他图案，如适合纹样、二方连续、四方连续纹样等造型的基础。按照其形式多呈现“均齐式”组织形式和“均衡式”组织形式。少数民族服饰中单独式的纹样很少，大多单独纹样都呈现为“对称式”组织形式。对称式又称“均齐式”，是指以一条线为中轴线，在其上下或左右配置形状、色彩、大小完全相同的形象。图案采用中轴对称式，显现出一种分量上的平衡稳定，平衡是对张力的抵消与简化，是保持各个部分统一于整体的重要手段，这样的纹样造型显得气韵生动，给人一种稳重感和节奏感。例如，几乎所有少数民族的围腰图案都是对称的。

连续式纹样是运用一个或几个装饰元素组成单位纹样，再将此单位纹样按照一定的格式作有规律地反复排列所构成的图案。连续式纹样按其构成形式可分为二方连续和四方连续。二方连续纹样是以一个单位纹样向左右或上下两个方向进行有规则地反复排列，并能无限延长的图案。这种几何式的骨架形式变化丰富，云南傣锦的图案常以二方连续的形式出现。二方连续图案常见各类花边，花边有织的有绣的，但因其长条形状所限，图案均呈现出二方连续特征（图10-50）。

图10-50　美孚黎织锦（海南东方市）

四方连续是以一个单位纹样向上、下、左、右四个方向进行有规律地反复排列，并可无限扩展、延续的面状图案，云南少数民族太阳纹样四方连续的构成有散点排列、连缀排列等形式。四方连续往往出现在织锦图案中，为连缀排列，也称几何加花式，即在特定的几何形框架内填充纹样，通过几何形框架的无限延展，形成连绵不断的纹样。

少数民族图案无论从造型上还是构图上都体现了少数民族妇女以饱满为美、以齐全为美的审美观念。从造型上看，几何纹、动物纹、植物纹所表现的对象都符合形式美的原则。如贵州榕江、三都的一些苗族蜡染中，动物的头部无论从正面还是从侧面看，都有双眼、双耳、双角，有时在动物身体轮廓内添画内部结构，如动物腹内画上肠子，鱼身内画上鱼刺等。苗族妇女在创作时不会追求表现透视效果，而是要力求形体完整，即便比例失调也要使造型显得完美而齐全。在图案细节造型上，她们也要求完美，如白领苗肩部的“窝妥”几何纹样，外形饱满，线条流畅。在图案整体结构上，贵州少数民族妇女采用对称式构图、中心式构图、分割式构图或散落式构图等构图形式，将各种动物纹、植物纹、几何纹巧妙地组合在一起，形成各种复合形、形中形造型，整个画面和谐统一，生动活泼，充满想象力。

少数民族的图案组织十分讲究视觉秩序，将不同物象处理得多样统一、整齐均衡、满而不乱，对每个纹样的刻画都照顾到全局效果。由于点、线、面的配合有致，取舍、夸张、提炼等艺术手法运用恰当，使少数民族图案丰富多彩，清新明快，极具艺术感染力。如贵州纳雍苗族蜡染，其纹饰是由多重弧线和小块面组成，动感强烈，对比分明，是线、面组合美之典范（图10–51）。黄平俫家蜡染是以线、点的组合为特色的，效果工整、精细。贵州少数民族妇女还根据自己的审美习惯，通过取舍、提炼、夸

图10–51　苗族几何纹蜡染（贵州纳雍县）

张等艺术手段对各种物象进行重新归纳和整理，创造出最具特征的艺术造型。如丹寨蜡染中鸟纹多强调肥壮的鸟身，而舍弃鸟翅的图案；榕江蜡染中常有夸张鸟眼的造型；纳雍蜡染中，极为抽象的鱼和鸟的造型则是对原有形态的整体化概括。

苗族的刺绣和蜡染图案，特别讲究规整性和对称性，就是挑花刺绣的针点和蜡染时的染距都有一定的规格和一定的变化规律，或等距，或对称，或重复循环。图案结构严谨，给人以整齐、紧凑感。尤其是挑花刺绣图案，很容易找到中心，坐标轴不论沿横向还是纵向折叠，都是对称的。许多图案，不仅整个大的组合图案对称，而且大图案与小图案之间也是对称的。同时很讲究图案的色彩搭配，强调色彩与图案的完整和统一，似乎事先经过精确计算。

苗族服饰中的旋转式几何纹样是由具有一定曲率的弧线、螺旋线组合的图案形式，其特点是通常由两个旋转方向相反的螺旋状曲线组合成一个子纹样单位，再由这些子纹样进行排列组合从而构成一幅完整而又饱满的图案形态。这种图案呈现出视觉的节奏感与动感。形式通常包括“蕨菜花纹”“描虫花纹”“桃花纹”“石榴花纹”“太阳花纹”和“云草纹”等。这些图案都表达了苗家人美好的愿望。贵州剑河苗族补花刺绣背带中的旋涡纹就是典型的旋转式几何纹（图10-52）。它们的装饰部位通常位于袖筒、围腰、背被、裙摆和挎包，尤以麻栗坡苗族裙部贴花、文山州苗族辫绣挎包、永平苗族男服围腰等处最为常见。云南苗族服饰隅角纹样的构成形态通常是对称式，是由中间的一个主要纹样和左右的对称纹样来组成。比如弥勒地区苗族服饰背被中的人字纹，它本是图案画面的边角，虽然并不是画面的主体部分，但是它的装饰性对于整体画面的效果起着极为重要的作用。隅角式图案通常应用于面的一角或面的各角。它受制于隅角的形状，如三角形、方形以及不规则形状的限制。

图10-52　苗族补花背带（贵州剑河县）

瑶族服饰图案是把自然事物的形态以几何化呈现，其几何图形的运用使整个图案富有秩序感，广西盘瑶挑花头帕图案堪称这一典范。白裤瑶服饰图案的形式多种多样，有抽象的，也有具象的，其中抽象的几何纹样是用得最多的。在白裤瑶族服饰图案运用上，将所用布料分成若干大小均匀的小方块，运用点、线、面，按照不同的方位交错、连续，构成大小均匀且对称的各种组合纹样和适合纹样。这种经过缜密设计，图样轮廓考究的形象，具有很强的装饰意味，同时，给人以整齐、有序、统一的视觉享受。瑶族挑花构图简练，布局合理，大的构成框架都是中轴对称式。在造型上运用大胆地夸张与取舍的表现手法，通常以少喻多，充分体现瑶族人民对现实生活的认知能力和审美习惯。瑶族的挑花构成形式遵循平面图案的基本法则，大小图案互相映衬，有主有从，层次分明，色彩和谐，体现出浓厚的民族特色和高超的艺术才华。构图的特点主要是“满”，图案密密麻麻地挑满整个块面，瑶族挑花一般不善表现纷繁的场面和深远空间，朴素而直率的思想情感造就了瑶族挑花简洁单纯的艺术魅力。瑶绣立意之独特，内容之丰富，构成形式之完美显示出瑶族女性天生就具有的图案构成的卓越才华。

布依族服饰面料多为自织自染的土布，有白土布，也有色织布。色织布多有格子、条纹、梅花、辣子花、花椒、鱼刺等几何图案，数量众多。服饰色彩多为青蓝色底上配以多色花纹，有红、黄、蓝、白色等，既庄重大方，又新颖别致（图10-53~图10-55）。布依族服饰的制作集蜡染、扎染、挑花、织锦、刺绣等多种工艺技术于一身，反映出独有的审美特征。除了同南方诸民族一样使用蓝靛染

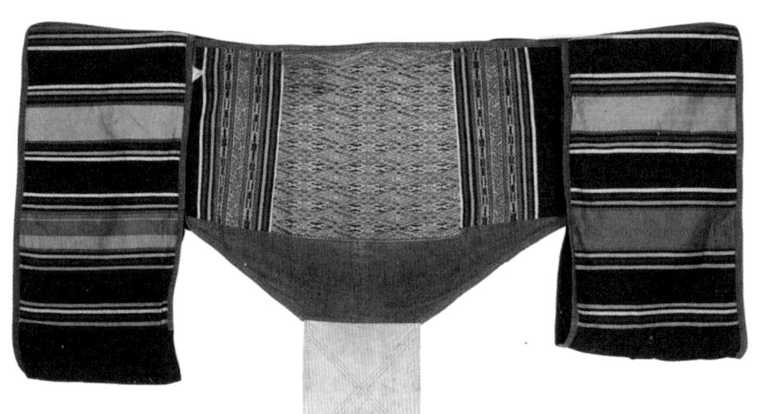

图10-53　布依族织锦背带（贵州安顺市）

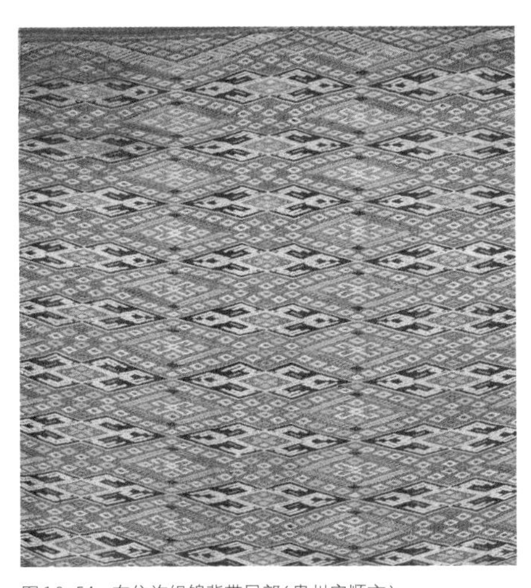

图10-54　布依族织锦背带局部（贵州安顺市）

图10-55　布依族棉织布锦（贵州荔波县坤地村）

布以外，布依族还采用了古老的扎染技术，把织好的白布按各种图案折叠，用麻线扎好进行浸染、漂洗，最后形成蓝底白花的各种几何图案。

水族刺绣在构图上追求对称、均衡。水家女子大胆运用概括、提炼、夸张、变形等手法，在图案造型上变化极为丰富。她们很自然地运用一些纹样构成形式，如对称式、均衡式纹样技巧。在一些本来格式化的纹样上，她们还能寻求创新，或是在造型的左右对称中寻求变化，或是在线条的粗细运用上寻求变化，或是在对称色彩的运用上寻求变化。这些纹样在形、色、线上寻求错落变化，既统一、又有变化，丰富而自然。

土家族妇女服饰上的衣袖与裤脚图案采用挑花法，在绸布上用针刺上连贯的“小十字”，以之连成线条或方块，再组合成花鸟鱼虫等图案。在构图中，运用色彩变换，体现出律动感觉。运用形同色异、不换形而换色的方法，促使呆板、单一连续的纹样丰富起来，使其艳丽多姿，给人以美的享受。这些精巧的服饰，可说是土家人的智慧，是民族服饰的珍品。

裕固族妇女在其服饰图案中还十分巧妙地运用了不同的物质材料与其式样、色彩等构成元素密切结合，形成了富有本民族特色的装饰传统。刺绣、编织、皮雕、银饰、珊瑚、玛瑙、贝壳甚至鱼骨等各种材质混合并置，通过调整面积、色彩冷暖和运用不同的肌理变化将之协调统一于图案之中，体现出一种独特的民族审美心理，使裕固族妇女服饰中的图案艺术呈现出异彩纷呈的形式，表现了更加浓郁的民族特征与传统意识。

维吾尔族镂版单色印花布图案的主体纹样多为各种适合纹样，如团花配以单独纹样，以纵横平行的二方连续或颠倒拼接的四方连续排列。一幅花布仅用几块印花章，反复组合成系列纹样。其花纹结构严谨，主次分明，色彩协调，朴素雅致。

苗族刺绣的图案花纹不受现实自然的约束，它常常把现实和抽象的想象糅合在一起。比如生动活泼的龙纹图案，单头多身的鱼纹图案等，月亮、太阳、星星同时出现在一副绣品中等，当你在玩味体验这些作品时，你会时而处于深邃广垠的宇宙之中，时而体验到赏心悦目之感（图10–56）。近观精美的苗族刺绣，其图案结构间的等距、对称关系竟是分毫不差的。

可以说，民族服饰传统图案大多是少数民族从实际生活体验中创造出的构图佳品，表现了少数民族对大自然中的形态和色彩的妙用，图案造型不仅体现出各民族对大自然的喜爱和对生活的热爱之情，也充分显示了各民族妇女对艺术的敏锐理解力和杰出创造力。民族传统图案大多是世代相传的图形，也有的是在传承的基础上，通过自己在生活中细致观察，再创造的具有独特风格的新纹样，还有的

图 10–56　苗族几何形龙纹刺绣（贵州台江县）

是通过与其他民族交流获得的。传统图案虽历经时代和环境的变化，其造型理念和程序化符号依然留存至今。

图10-57 西畴壮族动物纹刺绣背带（云南文山）

纹样的造型表达了少数民族对社会生活的认识和理解。先民为生存而采集、耕作，感受到自然界的力量无比强大，于是产生自然崇拜。他们对自然精心模仿并进行抽象性创造，形成了各种类型的图案造型。如在狩猎和驯养中对动物的观察和了解使他们创造了各种动物纹样，虎爪、鸟翅等纹样虽然是对自然物象的局部模拟，但高度的抽象和概括使这些图案大都具有超越现实的意象色彩（图10-57）。这些图案有的保持原样，但更多的时候是依据制作者不同的审美眼光和表现手法，通过不同的组合和变形产生千姿百态的造型，有的随着时代的发展而有更新和变异❶。

少数民族的服饰题材都来自他们十分熟悉的大自然，但在造型上又不受自然形象细节的约束，而是做了大胆的变化和夸张的艺术处理。这种变化和夸张既准确地传达了物象的特征，又具有相当高的艺术概括。在贵州一些地区的苗族蜡染中，植物纹与动物纹是一体共生的，而有的地区是以植物纹为主的。如绕家的蜡染多是小巧的花叶变形图案，而俸家的蜡染也多有蕨叶纹、菊花纹的组合。六枝、纳雍等地的苗族蜡染图案，几乎全是花草藤蔓组成的流畅优美的画面。苗族服饰图案从构图上看，它并不强调突出主题，只注重适应服装的整体感的要求。从内容上看，服饰图案造型大多取材于日常生活中各种活生生的物象。因受居住自然环境、经济社会的影响，各地苗族文化、风俗、审美意识出现差异，导致苗族刺绣纹样造型上各具特色。如黔中地区多以纷繁多彩的几何图案为主；黔东苗族喜用折枝花鸟图案；黔西地区以朴实神秘的几何花纹为主；黔东南地区以动植物花

❶ 罗义群：《中国苗族巫术透视》，中央民族学院出版社，1993年。

纹为主，西江苗喜用龙凤、鸟蝶和牡丹、石榴等富于想象又生动活泼的图案，施洞苗通常以龙凤为中心，四周配花鸟虫鱼或神话传说。苗族服饰图案中各种植物花卉的大量使用，除了因为这些在日常生活中经常可见，还含有美好的祝愿与希望。丹寨和三都苗族图案中，鱼、鸟周围总有很多代表爱情的莲花，隐喻多子的石榴，寓意长寿的桃子等。果木则表现充沛的活力，葫芦蕴含新的生命，豆米纹象征五谷，花卉纹象征青春。黔东南和黔南的苗族，他们依照自然界的动物原型创造了神话般的动物造型。但这些经典图形不是像汉族的龙凤图案那样有固定的形象，而是依照苗族女子的想象千变万化的。

服饰图案造型是与其民族心态和民族习俗紧密联系在一起的。如裕固族妇女的创造不求形似，而是在写实的基础上，运用抽象、概括、夸张、变形、增减等手法使具体形象与理想范式结合得更加自然与和谐。她们除了用单线，还善于运用大小不等的块面来表现形象的主要特征。如在裕固族一些部落的服饰中流传的一组图案造型，初看上去是由植物的茎、叶及花朵的局部组合成的花卉图案，但仔细观察却发现这些植物的茎叶被非常巧妙地组合成了动物眼睛的形状，表现了一种原始的图腾崇拜。裕固族妇女正是通过这些看上去“似是而非”的造型向人们展示着其民俗文化传承的深层意蕴和生生不息的生命情感，显示出北方游牧民族图案设计的豪放与洒脱。

服饰图案无论是具象形态还是几何形态都与生活的场景密不可分，是对生活场景的描摹、抽象、提取、演变。在傣锦图案中，傣族为了表达生活场景，许多傣锦图案都是以各类造型搭配组合出现，具有浓郁的地域性特点。笔者将此类图案统称为综合图案。例如傣族屋顶纹织锦中，主体屋顶纹居于中央，其下是马纹、其上是折线纹。屋顶纹反映了傣族屋顶的式样以及在屋顶上的装饰物，其下的马纹与屋顶纹结合似乎隐喻上面住人，下面饲养牲畜的“干栏式建筑”这一生活习俗。傣族象楼塔房纹织锦中，象楼塔房纹居于树下跳舞纹的上部，装备整齐而又华丽的大象与树下的舞者形成了一组气氛热烈的节日喜庆图。反映了傣族在节日来临时的欢庆方式以及在欢度节日时所举行的仪式、所用的物品等民族风情，弥漫着浓郁的生活气息。



很多少数民族服饰图案造型具有程式化的题材和构图方式，无论是造型轮廓还是图案组合，基本上都是按本民族或本支系所特有的一种程式来完成的。如贵州苗族服饰图案从内容题材上看，无论是互变共生的丹寨花鸟鱼蝶，还是造型神秘的榕江各类鸟龙，都有其特定的传说与信仰，并具有固定的模式和形象。从构图形式来看，也反映出程式化的特色，往往根据不同的用途而有相应的构图形式，甚至榕江和黄平的蜡染在点蜡时多是依靠固有的纸样来构图。因此，不同民族、支系、地域的造型构图有着明显的特征。例如丹寨的蜡染被面和床单，图案造型基本是上下或左右的对称组合，同时又具有散落式的特征；而安顺蜡染图案造型基本为中心式加多层构图，较为严谨。对比不同时期贵州蜡染可以发现，经过几代乃至几十代人千锤百炼，图案造型的基本规律在各地几乎是不变的，因为这种程式化的图式是劳动者集体审美意识的产物，所以具有十分强烈的传承性。

少数民族图案充分体现了适合纹样造型的成功运用，贵州少数民族妇女善于依势造型，先安排大的布局结构，然后在不断产生出来空白处设计新的图形，各种图案造型之间相互适应、相互穿插，最终将图案布满画面。她们在设计时把每一块画面都当成独立的空间，随形而设计的图形饱满而又富有创意。如丹寨苗族妇女点蜡时，先直接在布上任意绘制图形，在一个图形出现之后，再于空白处画第二个图形，完成第二个图形后，又在剩余的空白处画第三个图形（图10-58）。每次剩余后的空白都是一些新出现的不规则的形状，给设计新图形带来了难度，但也创造了想象空间，苗族妇女总能根据新出现的形状设计出新的图案，在空白处填上合适的图形。又如榕江蜡染长幡，中心图案是一条蜿蜒起伏的长龙，龙身两侧形成的弧形区域内，则随机填充一些小型图案，如卷龙、飞鸟、青蛙、游鱼等，而鸟翅、鱼身则作适当的变形或增添花叶等内容以适应需填充的区域。因此，她们不用精确计算

图10-58　苗族对鸟并蒂莲纹蜡染（贵州丹寨县）

图案所占的面积，而是随机应变，工巧天成。这种无拘无束、自由自在的创作方法使苗族蜡染图案造型既生动又有序。

少数民族图案造型亦表现出人改造自然的愿望，民族妇女通过对物象进行添加、改造、打散、重构，然后按照自己的认识和理解，把形象塑造得更理想化。她们不拘泥于对自然的模仿，也不强求图案造型符合客观的形式和比例，而是依据动物和花卉的各种形态，根据自己的喜好，自由发挥想象力，对客观物象加以提炼和概括或进行形象的再造，从而创造出各种纹样。苗族蜡染常常可见一些物象解构并重新组合而成的奇花异兽，或在物象内部添加其他元素，使其特点更明确，形象更优美，形成有趣味的形式感。如丹寨和三都蜡染中，苗族妇女将鸟的翅膀或腿移到背部或颈部，或将锦鸡的尾羽变成含苞待放的花蕾、鸡冠处设计成花朵、鸡身变成鱼身等，这些造型虽有违自然规律，却使画面效果活泼有趣，天真自然。

此外，还有许多具有历史表现的图案，如山川纹、田丘纹、湖泊纹、城池纹等。贵州毕节小花苗少女的盛装背牌或妇女背孩子的背儿带，均以“城池”为主要图案，记录了苗族的城池、青瓦房等久远的故乡记忆（图10-59）。苗族人都相信其先民的生息发展与战争迁徙有关，许多服饰图案造型都是对祖先故土的缅怀以及迁徙路线与过程的记录，而那些“苗王印”背牌纹、蝴蝶纹之类，传说都是祖先的化身或象征，是动物崇拜和祖先崇拜的一种印记。铜鼓是南方少数民族的重要文化遗产，从先秦流传至今，已有三千年的历史，其用途有祭祀、娱乐、婚丧、战争、报时等，在很多民族中是作为神圣、权利和财富的标志。铜鼓的影响几乎渗透到民族生活的各个方面，一直是装饰艺术的重要载体。苗族服饰中的很

图10-59　小花苗城池纹贴布绣背儿带（贵州毕节市）

多纹样都可以在铜鼓上看到，例如鼓面纹饰——太阳芒纹、同心圆纹、锯齿纹、云纹、雷纹、钱纹、针状纹、乌纹、鱼纹、瓜米纹、花瓣纹、树叶纹、万字纹、寿字纹、螺旋纹等，造型如出一辙。

少数民族图案造型变化繁多，想象力也极为丰富，经过了历史的积淀，长时间的变化、发展，熔铸出了民族文化的审美特征。少数民族的审美意识来源于生活，来源于劳动，来源于人们对美的理解和需求。祈求喜庆、祥瑞是民族妇女在长期社会实践的基础上，逐渐形成的特定的本民族文化心理。少数民族图案包含了民族的信仰、习俗等各种内涵，蕴含着深厚的文化积淀和精神内涵，以一种视觉符号的形式，表达了人们求吉祥、保平安的心态，这其中的吉祥文化就是他们在创造、体验生活中的感悟与升华。他们还常常根据自己的喜好，对图案纹样的构图关系进行设计，发挥聪明才智去进行创新（图10-60）。

少数民族服饰图案创作的主题、造型及色彩不仅依附于本民族历史渊源、宗教信仰、伦理道德和民俗活动，还潜移默化地吸纳其他民族的优秀文化，体现出文化交融和相互渗透的现象，在内涵上更加丰富。如苗绣中采用的“五子登科”“鲤鱼跳龙门”“麒麟送子”“狮子滚绣球”“福禄寿喜”等汉文化的图案造型，裕固族妇女服饰图案中的色彩搭配吸收了周边其他少数民族的用色技巧，在努力追求色彩的浓郁及厚重的对比效果中显示出强烈的视觉冲击力。

民族服饰图案是一种浪漫主义艺术，表达了创作者的思想感情，使创作者的感觉、情感、愿望、要求都在这方寸之间得到了表现和传达。他们期望借助使用造型中的动植物纹样，幻想有各种动植物的优势，神通广大而不被束缚，希望以它们的形体、能力来弥补自己不能企及之处。如苗族图案中的人头蝴蝶、人头龙、人头虎、人头鱼等，最直接地表达了这一意识。还有些动图案为人与物结合、动物与植物结合、物与物之间相互转换等，则表现了人与植物、动物、自然的相互往来和帮助。

少数民族意识的展现和双手的实践制作产生了精妙的图案艺术，因居住区域文化的差异，其都有自己独特的审美观，选取不同的内容主题，运用不同的图案构成形式，形成各具风格特色的民族装饰图案艺术。

图10-60　壮族龙凤瑞兽纹织锦（广西环江县）

# 结语·传统少数民族服饰保护的几点思考

当我们对少数民族服饰作了一番文化的巡礼之后，感受到的是传统文化的魅力与温馨。少数民族珍视自然的审慎态度，与环境相协调的生存方式，是当今现代社会所日渐缺少的。不同的山、不同的水，就会有不同的人、不同的文化、不同的传统。传统带给我们的是文化的多元性，认知传统、了解传统，当我们面对新生活时就会多一种选择。追溯历史，探索古代文明的兴衰故事，或是站在历史的源头眺望它的流向，我们发现当代人比从前更需要文化的支撑。传统是一种能够跨越时空的“永恒”，传统是人与自然的一种和谐，值得我们珍视。

民族服饰是中国传统文化的重要内容，是兼具物质文化和精神文化的统一体，是文化中最能展示民族个性与文化变迁的物质载体，在表现时代特色、历史发展和文化内涵中有着重要的作用。民族服饰中深厚的文化沉淀，反映了各民族文化传统和民族心理，是在一定的物质和精神环境中产生的，是各民族在与自然抗争的过程中一种精神文化的寄托，体现出生命力、创造力和凝聚力。

生命力是民族服饰延续至今的内在力量，除了实用审美的作用外，民族服饰还作为一种教化方式，以服饰款式、图案造型、色彩运用来讲述民族历史，寄托生活理想，勉励教育后人。少数民族服饰的生命力是通过服饰技艺和文化的传递达到的。作为一种优秀的民族传统技艺，服饰技艺同所有的日常知识和生产技能一样，是千百年创造积累下来的文化成果，在传统社会中主要是通过父母与子女、师傅与徒弟之间单向式的言传身教来实现的，另外也有与同伴互相交流、借鉴的群体互传这一传承方式。在不断的传承与创新中，将民族服饰的传统工艺、主要样式、主要技法、主要图案流传下来，逐渐形成了民族服饰独特的民族审美意识和艺术风格。民族服饰的生命力还表现在对文化环境的适应能力上，各民族不断吸收其他民族的服饰款式、图案艺术丰富自己，但不是一般的照抄，而是通过选择、创新，使其具有自己的族群风格。适应和吸取其他民族优秀的文化并保留原本的传统文化而生存发展，这是民族文化的可贵之处，也是其生存之道。

创造力是民族服饰传承、发展的灵魂。各民族根据自身的生活环境特点和本民族的习俗、信仰及审美观，创造了丰富多彩又各具特色的民族服饰。从服饰材料的选取到色彩款式的选择，从图案造型的设计到不同工艺的运用，无不包含着中国各少数民族对周围事物和日常生活的深刻理解、对人与自然和谐共处的认知，以及在此基础上进行的升华与创造。少数民族服饰以本民族居住地易得的原材料进行加工，款式适应生存环境的实用需求，是各民族为改善其生活状况而创造的成果，同时服饰还包括了对历史事件的纪念和对民间传说的记载，以抽象的符号和精美的纹样展示了丰富的内容，其所表现出来的智慧以及创造力都令人赞叹。正是由于中国各少数民族伟大的创造力，才使得民族服饰显示出如此广博丰富、绚丽多彩的姿态。

凝聚力是民族服饰导向功能的实现。中国自古就被称为“衣冠上国，礼仪之邦”，《尚书·正义》注“华夏：冕服华章曰华，大国曰夏”，《左传·定公十年》疏云：“中国有礼仪之大，故称夏；有章服之美，谓之华”。因此，服饰和礼仪直接关系到民族的凝聚力。人们通过穿戴传统民族服饰向外界表明自己的身份，表达自己的民族情感，增强彼此的认同感、自信心。除了以款式、纹样等方面对历史、信仰等的记录和表达来强化民族文化和民族心理，民族服饰还通过特殊礼仪的功能实现其民族凝聚力：其一是祭祀礼仪，是表达对神灵和祖先的报恩之心和敬奉之意，服饰需严格按照传统习俗穿戴，以体现族人的虔诚；其二是人生礼仪，如出生礼、成童礼、成年礼、婚礼、葬礼等，这些礼仪活动也是通过服饰来实现其象征意义的。

民族服饰是中华民族丰富的服饰文化资源，其所展示出的款式纷呈、工艺精湛、内涵丰富和文化活力，都足以说明民族服饰文化是少数民族的杰出创造，是文化财富和文明的体现。同时也说明千姿百态、绚丽多彩的民族服饰是民族精神和物质财富的聚合体，饱含历史的积淀和深厚的文化内涵，是中华优秀传统文化的重要组成部分。

然而，在全球化和现代化进程中，少数民族生活环境的不断变化和社会交往的日益扩大，使蕴涵民族精神的各种文化形态受到猛烈的冲击，商品经济的发展和现代时装的引进，在给少数民族生活注入活力的同时，使民族服饰面临着现代文明和流行服装的冲击。这种社会人文环境使少数民族传统服饰不断发生变化，那些令人赞叹的民族传统服饰及其制作工艺已处于濒临消失的困境。过去，民族妇女在制作服饰时，都是将人们对生活的美好祈盼通过一针一线缝入服饰中，服饰因此成为一种民族情感的载体。今天，体现着一个民族特有的思维方式和文化意识，承载着一个族群文化特性的绚丽多姿的传统民族服饰，仅在节假日、喜庆日和需要显示自己民族特点或者身份的场合才出现。更有甚者，一些民族的服饰制作技艺已濒临失传，一些民族的服饰已渐行渐远，从现实生活中淡出。这让我们必须思考，在人类可持续发展的未来道路上，如何重新认识祖先留给我们的文明和文化遗产，如何重拾人与自然和谐相生的生存智慧？在倡导绿色文明新时代的今天，非物质文化遗产如何有效保护？

是否可以这样理解，传统文化是建设现代文化的根基，而现代文化又是未来的传统文化。“传统——现代——传统——现代”的循环往复，才能生生不息。保护传统就是为现代化打下更好的基础。因此，多角度、全方位地整理、研究和保护民族服饰文化已成为一项紧迫的任务。

近年来，中国少数民族服饰及其织绣染技艺受到国家的保护和重视，一部分已经列为重要的非物质文化遗产。2006~2015年，国务院已公布四批国家级非物质文化遗产名录，其中有许多少数民族服饰和织绣染等技艺已列入国家级非物质文化遗产名录。随着保护力度的加大还有更多的服饰文化遗产正逐步进入国家保护范围。

服饰类：苗族服饰（云南保山、湖南、贵州）、瑶族服饰（广西南丹）、鄂伦春族狍皮衣（内蒙古鄂伦春旗）、蒙古族服饰（内蒙古、甘肃、新疆）、珞巴族服饰（西藏隆子、米林）、藏族服饰（西藏、青海）、裕固族服饰（甘肃肃南）、土族服饰（青海互助）、撒拉族服饰（青海循化）、回族服饰（宁夏）、维吾尔族胎羔皮帽（新疆沙雅）、维吾尔族服饰（新疆于田）、哈萨克族服饰（新疆伊犁）、塔吉克族服饰（新疆塔什库尔干）、达斡尔族服饰（内蒙古呼伦贝尔）、鄂温克族服饰（内蒙古陈巴尔虎）、彝族服饰（四川昭觉、云南楚雄）、布依族服饰（贵州）、侗族服饰（贵州东南部）、柯尔克孜族服饰（新疆乌恰）。

纺织类：土家族织锦（湖南湘西）、壮族织锦（广西）、侗族织锦（湖南通道）、苗族织锦（贵州麻江、雷山、台江、凯里）、傣族织锦（云南西双版纳）、藏族邦典及卡垫（西藏山南）、藏族织毯（青海湟中）、藏族牛羊毛编织（四川色达）、彝族毛纺织及擀毡（四川昭觉）、东乡族擀毡（甘肃东乡族自治县）、维吾尔族传统棉纺织（新疆伽师）、维吾尔族艾德莱斯绸（新疆洛浦）。

刺绣类：水族马尾绣（贵州三都）、土族盘绣（青海互助）、花瑶挑花（湖南隆回）、羌族刺绣（四川汶川）、侗族刺绣（贵州锦屏）、彝族撒尼刺绣（云南石林）、苗绣（贵州台江）、苗族挑花（湖南泸溪）、蒙古族刺绣（新疆）、维吾尔族刺绣（新疆哈密）、柯尔克孜族刺绣（新疆）、哈萨克族毡绣和布绣（新疆）、锡伯族刺绣（新疆察布查尔）。

印染类：苗族蜡染（贵州丹寨）、蜡染技艺（贵州省安顺市）、白族扎染（云南大理）、苗族枫香染（贵州惠水、麻江）、蓝印花布印染技艺（湖南凤凰、邵阳）、扎染技艺（四川自贡）、维吾尔族花毡及印花布（新疆吐鲁番）、维吾尔族花毡及印花布织染技艺（新疆且末、英吉沙）、维吾尔族花毡（新疆柯坪）。

金属工艺类：苗族银饰（贵州雷山、湖南凤凰）、阿昌族户撒刀（云南陇川）、保安族腰刀（甘肃积石山）、藏刀锻制（西藏、四川、青海）、苗族银饰制作技艺（贵州黄平）、彝族银饰制作技艺（四川布拖）、维吾尔族小刀（新疆英吉沙）。

此外，还有更多的民族服饰和织绣染技艺被列为省地级非物质文化遗产保护项目。对于民族服饰的保护与传承，还需在国家将其列入非物质文化遗产名录的基础上，采取更多的积极措施。在保护工作中，参与主体不仅包括政府，更应该包括关心、了解民族服饰文化的专家、学者以及少数民族的区域、族群和个人等。这也符合2003年联合国教科文组织通过的《保护非物质文化遗产公约》中的内容，即“国家在保护非物质文化遗产的活动中，应努力确保创造、保养这些非物质文化遗产的社区、群体以及有时是个人的最大限度的参与，并积极地吸收他们参与管理”。这是因为，非物质文化遗产虽然是属于全人类，但它首先是属于特定群体的。少数民族在千百年的生活实践中创造并不断完善了本民族的传统服饰，他们对民族服饰文化的认知和理解都最为深刻，也最能在保持民族特色和文化内涵的前提下，使民族服饰文化在现代社会中焕发出生机。如果忽视了民族服饰文化的创造者和拥有者，保护和传承是不可能获得成功的。同时，专家、学者的参与有利于少数民族服饰更全面、更系统地留存，并促进各民族人民恢复、发展濒临失传甚至已经失传的服饰文化。在这些方面，笔者认为可以进行以下保护措施：

第一，开展民族服饰的普查工作，摸清其历史沿革和现状，收集实物和相关资料，并编辑出版图书，从制作技艺、纹样形式、织绣染工艺以及相关习俗等各方面进行深入考察，组织学术交流活动，加强对民族服饰文化和技艺的研究。由于民族服饰工艺传承基本都在族群间进行，是小范围内的交流和继承，其服饰工艺和文化的流传程度受到局限。因此，对民族服饰文化进行系统地考察、整理、研究，尽可能将丰富多彩的传统民族服饰的工艺和文化内涵完整地、全面地记录、留存下来，是民族服饰文化可持续发展的关键。民族服饰的普查工作需要力度、宽度、广度和深度。需要国家和地区政府投入人力、物力、财力，召集专家、学者，并培养更多的普查人员，将民族服饰文化所涉及的款式纹样、织绣染工艺等多个方面进行全面的收集。在普查过程中，需克服少数民族聚居地区自然条件艰苦和交通方式不便等困难，尽可能做到民族服饰实物、相关习俗历史背景、工艺继承者和具有文化价值的村落村寨不遗漏。同时，可运用文字、图片、录音、录像等多种方式数字化立体记录，将少数民族的生存环境、生活方式、各种服饰的穿着礼仪、服饰的装饰工艺等相关资料全面、完整地保存下来。在全面收集资料的同时，对已占有的资料进行深入研究，充分挖掘民族服饰的形式特色和文化内涵，进行系统性的梳理，不仅为恢复和保护传统服饰打下基础，同时也有利于传统的民族服饰与现代社会的文化产业发展相融合，使其焕发出新的光彩。

第二，注重民族服饰的文化生态环境的保护。文化生态环境的消失是导致文化消失的重要原因，现代经济的冲击已使传统民族服饰逐渐消失并远离少数民族的生活。恢复和保护文化生态环境是民族服饰文化得以传承的基本条件。服饰文化生态环境的保护具有两个层面：一是民族服饰文化生态环境的整体保护，即将民族服饰生存的全部条件均原样维持，这或许是民族传统服饰保护的最佳方式，但难度相当大，难以实现；二是民族服饰文化生态环境的局部保护，即保护其生成的最主要的条件，如生活方式、习俗信仰等。这种局部保护办法在当前民族服饰文化保护中应该是可行的。一个较好的个案是黑河市爱辉区新生乡鄂伦春族，其位于小兴安岭北麓、刺尔滨河与索尔干河汇流处的森林地区。该地区鄂伦春族由早期半耕半猎的定居生活逐渐发展为现今的农、林、牧、副、养殖多种经济模式，政府重视自然生态资源的保护。为了保持鄂伦春族传统民族服饰的延续，政策允许猎民按指标定期进山狩猎，鼓励猎民用猎获的狍子皮制作狍皮衣物，其保护政策得到猎民的拥护并积极参与。显然，这种现代狩猎行为和狍皮衣物的使用是以良好的自然生态环境为基础的，而其作为鄂伦春族狍皮服饰的文化生态环境要素也使狍皮服饰得到了保护和传承。从一定程度上恢复传统民族服饰在各民族生活中的穿用，可以调动少数民族的文化自豪感，鼓励其珍惜本民族的传统民族服饰文化，提升服饰文化的自觉性，使民族服饰在面对现代工业产品的冲击时，可以依靠其本民族的文化力量得以传承。

第三，传承民族服饰的传统制作技艺，保护和培育传承者，可以建立传习馆或将民族服饰传统制作和装饰技艺引入校园，鼓励各民族的年轻人学习传统织、绣、染技艺，接受民族文化熏陶，从根本上提升本民族文化的认同感。民族服饰文化的保护和传承，离不开传承人队伍的壮大。民族服饰普遍以“口传身授”的形式代代相传，这种传播形式在传承人年龄较大、人数很少的情况下，传播范围非常有限。目前，各民族的传统服饰文化普遍存在传承人高龄化、后继乏人和生活困难等问题，因此提高和改善民族服饰技艺传承人的待遇，以及扩大传统服饰技艺的传播范围就显得尤为重要。首先要保护掌握着传统技艺的老人，为其提供传授制作技艺和文化习俗的条件，并对其掌握的技能和本人基本情况作详细记录，有关部门对生活困难的老人应给予经济帮助。民族服饰的保护和传承，不能仅靠少数人完成，而需要各民族广大群众的积极参与、共同实现。因此，使现有的传承人能够将自身的技艺最大限度地传授给更多的人——尤其是年轻人，就需改变传统民族服饰文化的传播环境，如建立传习馆、进入校园等。同时，将民族服饰文化引入校园，不仅可以扩展其传播范围，也可以让青少年更多地接触本民族的服饰文化，加深了解，激发民族自豪感和认同感，热爱本民族的传统服饰，从根本上唤起保护和传承服饰文化的自觉性。另外，鼓励年轻人学习传统技艺并能够利用传统技艺生产文化产品，将民族文化的传承和发展与社会需求结合起来，使少数民族的年轻人掌握的传统技艺成为谋生手段，也可以促进他们学习和继承传统民族服饰文化。



第四，开发传统民族服饰风格的时装和工艺品。民族服饰在面料、款式、色彩、工艺、佩饰等方面有很多艺术形式和文化元素是当今服装设计领域和艺术品设计领域取之不尽、用之不竭的丰厚资源。当传统民族服饰已不再是少数民族生活所必需时，开发特色旅游产品有助于实现民族旅游与传统服饰文化复兴的再构建，创造民族服饰文化的新经济价值，提升少数民族的民族自豪感，实现民族服饰文化的延续。民族服饰文化产品的开发和利用，既要有利于地区发展，更要使文化主人得到实惠。民族服饰文化保护和传承需以提高各民族的生活水平为目标，争取形成民族文化创意产业。文化创意产业是社会经济发展到一定阶段的产物，是市场经济规律使文化与经济趋同融合的结果，也是民族服饰文化发展的内在要求和客观需求。目前，云南、贵州、广西、新疆等地凭借各民族独特的民俗风情，每年吸引了大批中外游客，成为一些地区的支柱产业，而传统的民族服饰作为最直观的文化载体，在这些民俗风情旅游活动中，是一道不可或缺的亮丽风景线。打造民族文化旅游圈，更是需要借助风格各异的民族服饰，民族服饰开发的潜在市场必将有广阔的前景。四川昭觉县把开发彝族服饰作为一项文化产业来做，经过几年的努力，凉山地区彝族服饰文化的定位逐渐清晰。火把节、毕摩文化、彝族服饰等已成为彝族传统文化的代表，成功地将彝族传统民族服饰与当地的旅游产业结合起来，使其传统服饰焕发出新的生机与魅力，得到很好的保护与传承。将少数民族服饰文化转化为经济增长点，就必须把服饰艺术作为文化产品来运作。民族服饰艺术是在社会环境中产生、形成的，代表其文化内涵的各类符号都有系统性，交往与变迁也有自身的基本规律，进入市场领域后，民族服饰的文化符号在一定程度上都会发生转换、变化，需把握好传承与开发的关系。创新一定要强调在传统文化的前提下进行，应该尊重原有的图案、技艺、形式和相关习俗，这样才能维护民族服饰所特有的文化传承，这也是民族服饰产业化的正确道路。因此，在开发和利用民族服饰时，需做好其文化定位，应提倡以传统手工技艺研发生产出具有一定规模的、传统民族特色浓郁的、现代社会所需的产品，使具有悠久历史和丰富文化内涵的民族服饰文化得到保护，以社会效益和经济效益双赢，实现民族服饰文化的可持续发展。

# 参考文献


[1] 杨源.中国民族服饰文化图典[M].北京:大众文艺出版社,1999.

[2] 罗莺.傈僳族服饰精粹[M].芒市:德宏民族出版社,2008.

[3] 邢莉.中国少数民族服饰[M].北京:五洲传播出版社,2008.

[4] 黄赞雄.服饰美学[M].北京:团结出版社,2005.

[5] 莫尼克·玛雅尔.古代高昌王国物质文明史[M].耿昇,译.北京:中华书局,1995.

[6] 徐万邦,祁庆富.中国少数民族文化通论[M].北京:中央民族大学出版社,1996.

[7] 杨正文.苗族服饰文化[M].贵阳:贵州民族出版社,1998.

[8] 爱德华·谢弗.唐代的外来文明[M].吴玉贵,译.西安:陕西师范大学出版社, 2005.

[9] 林幹.中国古代北方民族通论[M].呼和浩特:内蒙古人民出版社,2010.

[10] 云南省编辑组.云南彝族社会历史调查[M].昆明:云南人民出版社,1981.

[11]《民族问题五种丛书》云南省编辑委员会.怒族社会历史调查[M].昆明:云南人民出版社,1981.

[12]《民族问题五种丛书》云南省编辑委员会.拉祜族社会历史调查[M].昆明:云南人民出版社,1981.

[13]《民族问题五种丛书》云南省编辑委员会.布朗族社会历史调查[M]. 昆明:云南人民出版社,1982.

[14]《民族问题五种丛书》云南省编辑委员会.哈尼族社会历史调查[M].昆明: 云南民族出版社,1982.

[15] 邓启耀.衣装秘语:中国民族服饰文化象征[M].成都:四川人民出版社.2005.

[16] 竹村卓二.瑶族的历史和文化[M]. 金少萍,朱桂昌,译.北京:民族出版社,2003.

[17] 邓福星.中国美术史·原始卷[M].济南:齐鲁书社,2000.

[18] 席勒.审美教育书简[M].徐恒醇,译.北京:中国文联出版社,1984.

[19] 露丝·本尼迪克特.文化模式[M].王炜,译.北京:社会科学文献出版社,2009.

[20] 杨源,何星亮. 民族服饰与文化遗产研究——中国民族学学会2004年年会论文集 [C].昆明:云南大学出版社,2006.
[21] 王圣君.浅谈柴达木骆驼及其驼毛绒品质[J].纤维标准与检验,1993,03.
[22] 多杰东智.青海循化藏族的“果杰”帽[J].青海民族研究,2007,4.
[23] 李元媛.项饰起源及其审美功用调查[J].艺术百家,2008,6.
[24] 青青.巴尔虎蒙古族服饰研究[D].呼和浩特:内蒙古师范大学,2010.
[25] 安菁.裕固族妇女服饰中的图案艺术[J].广西艺术学院学报(艺术探索),2007,3.
[26] 刘群,崔荣荣.传统服饰中的“备物致用”造物思想[J].丝绸,2010,1.
[27] 吴建陵,黄华丽.“好五色衣裳”——瑶族服饰色彩特点初探[J].艺术教育,2005,4.
[28] 李田甜.彝族白倮支系蜡染女子民俗服饰[J].设计艺术.2009,5.
[29] 桑吉才让.保安族服饰及工艺美术的社会文化内涵[J].青海师专学报·教育科学,2006,5.
[30] 兰宇.中国传统服饰美学思想概览[M].西安:三秦出版社,2006.
[31] 张京.羌族服饰：飘逸的云朵[M].成都:四川美术出版社,2015.
[32] 中国艺术研究院美术研究所.2017中国传统色彩学术年会论文集[M].北京:文化艺术出版社, 2017.
[33] 孟燕.羌族服饰文化图志[M].北京:中国社会科学出版社,2014.

# 后 记

本书的出版得到了中国纺织出版社有限公司的大力支持，其以弘扬中国民族服饰文化遗产和珍贵的传统技艺为宗旨，策划团队用心编辑图书并积极申报，使本书成为"'十三五'国家重点图书"并获得2017年度国家出版基金资助。在国家倡导弘扬中华优秀传统文化、振兴中国传统工艺的当下，此举令作者深为感动。

同时，本书的出版还得到很多摄影家朋友的支持，他们为本书提供了部分精彩的图片；各位编辑也为本书的出版做了大量工作；深圳大学文化产业研究院执行院长、著名文化学者周建新教授慷慨应允为本书作序，一并致以衷心的感谢。

笔者力求全面深入阐释中国少数民族的服饰装束，这是十分具有民族学和民俗学意义的，少数民族服饰承载着民族风俗文化和民族意识形态中的大部分内容，因此本书以大量的民族学和民俗学资料阐述中国少数民族服饰所具有的文化内涵和社会价值。然而，中国少数民族服饰是既古老又繁复的文化现象，笔者在写作过程中难免错讹疏漏，恳请读者见谅并赐教。

作者

2018年初冬于北京